西洋建筑发展史话

从古典到新古典的西洋建筑变迁

傅朝卿 著

中国建筑工业出版社

谨以本书献给

鼓励我在建筑史领域中发展的几位恩师

成功大学　贺陈词教授

美国西雅图华盛顿大学　Robert Small 教授

美国西雅图华盛顿大学　Norman Johnston 教授

英国爱丁堡大学　C.B.Wilson 教授

目　录

自序：与西洋建筑约会二十年

1976年，我在大学二年级时，第一次在西洋建筑史的课程中接触到了西洋建筑，不过当时教育资源并不充足，学生只能在印刷不佳的黑白教材中，勉强地拼凑出西洋建筑的一些印象。1980年，我第一次出国进修，在美国西雅图华盛顿大学，重新修习了几门建筑史的课，在老师生动的陈述与精彩的幻灯片中，西洋建筑逐渐成为我最喜欢的课程之一。1983年，我怀着一颗朝圣的心，第一次踏上欧洲的土地，拿着准备已久的资料，寻访书上的名作。当一栋栋以前只在书本中看过的建筑一一出现在眼前时，心中的兴奋真是无法形容。同年，我开始回到成功大学任教，西洋建筑也跟着成为我引导学生认识世界建筑的媒介。

时间飞快，我在成功大学教授西洋建筑史一晃就是二十年。这二十年来，我每周固定陪同学生在课堂上与西洋建筑约会。有时候，虽然是同一栋建筑，却往往因为年纪的成长与阅读更多的知识而感受认知一再修正。为了让自己能真正了解课堂上所想讲授的建筑，二十年来我也不断地旅行，以尽量能够参访课程中的建筑，建立第一手的资料及体验为目标。往往为了亲眼目睹一栋建筑，不辞辛苦长途跋涉。二十年来，竟也看了几百座西洋建筑名作，同时更于1992年开始带领学生与社会人士前往欧洲参观，让更多人得以分享与西洋建筑约会的乐趣与奥妙。

由于国内西洋建筑方面的中文资料并不齐全，为了解决上课之需，从一开始我就将课程资料整理分印给上课的学生。二十年来，也因为教学相长资料不断的累积增修。对我而言，在与西洋建筑约会二十年之后，西洋建筑已经成为我生活中的一部分，不但坐拥许多相关书籍，更亲自拍摄了数以万计的照片。西洋建筑更在这二十年间，使我从一个原来只关心台湾建筑的人，成为一个积极关怀世界建筑的知识分子。经验告诉我，西洋建筑史不但是建筑系学生的必修课，更应该成为全民认识世界的通识教育。在从事教学二十年之后，我终于得以将西洋建筑发展的个人诠释出版，与学生及社会大众分享。我相信，本书的出版会对想进一步了解西洋建筑发展的人，有些实质的助益。我也相信，我与西洋建筑的约会，并不会因为此书的出版而停止。相反地，我将透过本书，继续将西洋建筑的点点滴滴，传播给学生以及喜欢世界文化的人。

导论：以西洋建筑开阔世界视野

建筑是人类文化的具体呈现，包含了艺术、技术与生活的面向。每一个民族都拥有自己独特的建筑表现方式，每一个朝代的建筑也都会有其时代特性。不同时空与文化背景下的建筑，往往呈现出不同的风貌，这种现象也使得世界变得多彩多姿。也许有人会好奇地问：全世界到底有多少种类的建筑呢？这恐怕不是一个容易回答的问题。基本上，从文化的观点来看，建筑经常被概分为东方与西方两个不同的世界，当然也可以各自再细分成更多的建筑类型。世界如此多样的建筑，并不是一本书所可涵盖。本书探讨与引介的是西方世界在现代化之前的建筑；也就是空间上从北非到北欧，从大西洋到地中海，在时间上从埃及西亚一直到工业革命前后，跨越了近五千年的时空的建筑发展。在最后之章节中，本书也纳入了日本及台湾受此脉络影响的建筑案例。

虽然本书以埃及为始进行讨论，但并不意味着西方的建筑发展发源起于埃及，因为西方世界还存在着一些历史没有记载，真相也还未厘清的建筑。以位于英国南部索尔兹伯利（Salisbury）平原上英国新石器时代之巨石群遗迹（Stonehenge）为例。为什么这群石头会矗立在这里，而其又有什么意义呢？这些问题一直是很多学者极力想深究的谜。根据有些学者对英国三百多个类似的巨石遗迹所作之研究显示，在这些巨石营建时代大约公元前3000－前1000年左右，当时社会的人们对自然的关切程度是远比我们所想像的要精致复杂许多。不少学者认为现存许多巨石群可以被视为是古代人类观测月球与太阳之大天文台，而且其配置是根基于和天文角度偏移有关之简单几何原理所成。巨石群这种配置所含神奇之机能是首先于18世纪时被发现归纳出来。每年夏至那一天，如果一个人在日出之时站在巨石群的正中央，朝着轴线上之一块所谓的“跟石”望去，便可在石的顶尖看到缓缓升起的太阳。

▽ I.1 英国巨石群

不仅是天文观测上的成就而已。在结构方面，巨石群精练的处理和结构本身同样是密不可分的成就。巨石群建筑的重要

性并非是每一块石材本身，而是整组石材如何借由细部之处理而达成一部优美的构造舞曲。在垂直之石材方面，每一块均经过修饰往上逐渐收分，使它们在厚重的体量下，得以看起来比较活泼，而修饰横楣使里外均能衔接成一个完整的圆，更不是件简单的事。同时为了避免石块之滑落，直立石材之顶上是微微凹陷，而其上之横楣也相对地凸出。这种技术即是往后在木结构和石结构常见的阴阳榫之早期原型。新石器时代的人营建巨石群之真正意义，一直是现代科学家、历史家、考古家所想努力解读的事。在许多学者之观点中，巨石群之功能绝非止于一年一度的夏至日出观测，它还有更复杂的天文含义在其中。地上一些小洞数目是代表了阴历年与阳历年之天数差；在马蹄形内石材内之青石数目与日蚀的某种周期有关；还有一圈30块石头中有一块特别小，约只有其他之一半，以使石头数成为29.5，代表阴历月之周期。简单地说，它是一个开放式的天文台，人类可借由它准确地、不可思议地预测许多天文现象，难怪有人赞誉其为“新石器时代的计算器”！

建筑史家柯斯多夫（S. Kostof）认为巨石群结合了机能性与仪式性。巨石群被用来预测天文现象只是它机能上之作用而已，它真正之意义则是仪式上的。纯机能并无法解释为什么要自远处运来特殊之石材，因为要达成预测天文现象任何方便取得的石材均可。特殊石材之选取与对如此大规模工事之投入均来自于当时居民精神上之需求，以致于整个结构可以视为一种对天国种种事迹之彰显与庆祝。在巨石群中，我们看到了古代人类探索自然的智能，看到了营建技术成就。

基于实际上的考虑，本书介绍的案例以规模较大的宗教建筑、皇宫与大宅为主。换句话说，本书是以西方大传统的建筑为主体内容，但这并不意味着本书中的建筑就是西洋建筑的全部。事实上，西方世界还存有非常多小传统之建筑，丽树镇土卢里建筑群（The Trulli of Alberobello）就是一个非常好的例子。这种特殊的乡土建筑是一个个圆锥顶的民居，以当地石灰岩片叠砌而成，完全不用灰浆粘着，墙身涂以白灰，屋顶为圆锥状，除了锥顶涂白之外，其他中间段则保存原色，每一个圆锥体代表的就是一间房间。“土卢里”（trulli）此字与迈锡尼文明中的“tholos”、拜占庭时期的“torullos”与拉丁语中的“turris”

▽ I.2 意大利丽树镇土卢里建筑

指的都是有圆顶的圆形建筑，也表明了其结构是逐层出挑而成。虽然这些建筑的年代都不算久远，约是几百年的历史而已，但它们之源头甚是非常地久远，也关系着人类圆顶建筑的发展。另外在意大利、希腊、北非，甚至是中欧与东欧也都存在着许多令人惊艳的山城、小镇与聚落，其中都有各式各样的传统民居或特殊机能的建筑，如风车、谷仓及工坊。东欧及北欧有许多隐藏于聚落中的木造小教堂，美洲更有一些特殊的土砖教堂，它们或许没有高大的尺度与华丽的装修，但却是当地人民生活的重心，更与人民的心灵生活关系密切。

本书之主体共分为五十章。第一章至第十六章包括埃及、西亚、希腊与罗马建筑，可以泛称为“古典时期”。这一个时期是西方文明的第一个高峰，西方的古典建筑发展也达于成熟的阶段，奠下往后西洋建筑发展的基础。第十七章至第二十五章包括早期基督教、拜占庭、仿罗马及哥特建筑，可以泛称为“中世纪时期”。这一个时期中，基督教发展达于极盛，不但成为西方信仰之主流，人类完成了许多著名的教堂，其中不少仿罗马及哥特大教堂更成为日后城镇的地标。第二十六章到第四十章包括了文艺复兴、矫饰主义、巴洛克建筑，可以泛称为“文艺复兴时期”。在这段时间内，西方世界走出了黑暗时期的阴霾，重新以古典事物为基础而出发，创造了一个在艺术及科学上光辉灿烂的西方文明，而西方列强更在这时候借由贸易、宗教与军事往外扩张，使西方建筑开始影响及于全世界。第四十一章到第五十章包括了新古典主义、浪漫主义与历史主义及工业革命对建筑之初步影响，可以泛称为“历史主义时期”。这是西方世界的历史主义最后一次全面性的兴盛，各种不同时代的建筑语汇被建筑师大量地应用，不过却也在新建材与新技术之发展中，渐次失去主导的角色。

△ I.3 意大利山城聚落

▽ I.4 北非民居

本书最开始撰写的动机是作为成功大学西洋建筑史的教材，不过在历经二十年的不断修改中，最终的目的却已跳脱教科书的框架，希望本书能成为一本帮助国人以西洋建筑开阔世界视野的基本工具书。几年前，吾师贺陈词教授在一次西洋建筑史座谈会上曾经提到西洋建筑史教学之目标及意义，是借鉴不是投入。他慎重地提出：“中国人学西洋或近代建筑史，就好比洋人学中文。洋人学中文与我们学中文基本态度就不一样。洋人学中文是从中国文学发展的趋向、历史背景等着手，偏重于文学思想、文化背景的研究；以帮助他们扩大视野、增长知识，进而再对自己本国文学和文化有所借鉴。至于那些被称为中国文学精髓的诗、词、歌、赋，在他们看来，美则美矣，却从不打算真正投入，也无法真正了解其玄奥。中国人学西洋建筑史的心态亦复如此；我们看罗马式，歌特式建筑繁复的细节，除赞叹其美好外，其实也不甚了了；我们所要着重的，还是在那个时代，那样的思想、文化、社会背景之下，当时的建筑师是如何面对和解决那些问题，解决的方式如何？效果如何？以作为我们自身从事建筑设计时的借鉴。”

当然，以了解西洋文化与建筑间之关系作为基础，认识西洋建筑一方面可以帮助建筑从业人员正确地应用西洋建筑之设计手法及构成元素。另一方面，西洋建筑许多经典之作更可作为了解世界文明与文化的媒介。坦白地说，台湾一般民众对于整个世界文明与文化的基本知识，仍是普遍不足。其中原因之一乃是在台湾一直缺乏完整又有体系之媒介来教育民众。虽然各级学校的相关教材中对于世界文明与文化多少会加以介绍，但总是会流于人名地名与年代之记忆。西洋建筑由于与世界文明之发展有非常密切的关系，被列名为“世界文化遗产”的案例非常多，因此认识西洋建筑可以说是认识世界文化遗产乃至是世界文化的必要条件。“世界遗产”是联合国教科文组织根源于1972年11月16日于会员大会中通过的《世界文化与自然遗产保护公约》，由“世界遗产委员会”与“世界遗产基金”推动的世界文化保存与自然保育成果。截至2003年7月3日为止，世界遗产的数量已经达到754个之多，其中属于文化遗产的数目更高达582个，复合遗产亦有23个。

△ I.5 西班牙风车

根据《世界文化与自然遗产保护公约》的精神，地球上重要的文化遗产与自然遗产，都是人类祖先所遗留下来的资产，为人类所共有，应妥善保护，以传后人。该条约也认定自然与文化遗产应是一个相辅相成的整体，因而制定有一个标志，其为外圆内方彼此相连的图案，方形代表人造物，圆形代表自然，也有保护地球的寓意，两者线条相连为一体，代表自然与文化的结合。由于世界文化遗产是经过严格的标准才选出，在时空上涵盖了各个文明的重要时刻，因此若能以其作为了解世

▽ I.6 匈牙利农村建筑

界文明与文化的基本素材，必能更生动地成为教育之一环。另一方面，台湾虽属东方世界，但台湾日治五十年所建之建筑中有许多佳作均属西方历史式样，它们的出现是紧紧地扣着西方世界的建筑发展。如果要欣赏及鉴赏这些建筑就必须有正确的西洋建筑知识，因此本书也可以作为国人鉴赏台湾日治时期建筑之必要知识来源。

西洋建筑在漫长几千年之发展过程中，存在有许多旷世杰作，但是由于时空与文化差异，期望台湾的读者了解西洋建筑中的每一栋建筑是不可能而且也不实际的事。因此如何在本书中选择适当的内容作比较深入之介绍，绝对是比起企图照单全收全部灌输给读者更重要而且有效果。以台湾读者的角度来思考，西洋建筑诸期中，希腊、罗马、哥特、仿罗马、文艺复兴、巴洛克与新古典理应当成是重点，因为它们跟世界建筑脉动比较有直接之关系，而且台湾日治时期建筑中也较多采用这几个时期之语汇。其他之时期如埃及、西亚及拜占庭建筑也相当有趣，但其可以与台湾实例联想进而引发讨论的实例则较少。当然，希腊、罗马、哥特、仿罗马、文艺复兴、巴洛克与新古典每一时期中之作品也相当多，本书也依据台湾读者的角度，作了适度的筛选，而不似国外建筑史书籍一样全数收录。

▽ I.7 芬兰木造教堂

西洋建筑发展过程中，每一个时期均有明显或者比较重要之建筑特征，读者在阅读本书时应该着重于思考这些特征在不同时期是如何发展的，而不是去孤立某一时段之建筑特征。孤立时段地看建筑特征只能了解建筑外貌而已，对于了解建筑发展并无太大助益，因此本书之重点是置于建筑之发展，而非建筑特征或建筑元素。当然这并不是说建筑之特征或建筑元素不重要，而是强调其要在一种比较之基础上才有意义。对许多想一窥西洋建筑奥妙的国内读者来说，一般译自国外的书因为是写给西方人阅读，因此若是没有很好的西洋人文学科基础，在认知上有时就会成为一个障碍。因为建筑是社会文化之产物，在认识西洋建筑史之际，读者不能只了解各个时期建筑之式样而已，还必须把存在于式样后面之社会文化背景了解清楚。但是多数国内读者对于西方世界之许多地名、人名以及历史事件了解有限，也因此往往加深了读者与西洋建筑之间的距离。本书特别针对这个问题，强化了基本的西方人文知识，使读者在有限之时间下，对于西洋建筑会有更深刻之理解。

台湾读者在企图了解西洋建筑发展时之另外一个大问题乃是必须面对许多外来专有名词（包括人名、地名、建筑构件及元素）。目前在台湾，这些专有名词并没有统一之译名，不同书本文章中往往会对同一事物有差异相当大之译名，造成认识上之问题。当然直接采取外文不加翻译也是一种办法，但毕竟不是一个最好之策略，况且有许多建筑元素之原文均相当艰涩。本书在撰写的过程中，也不断地企图克服这个问题，所有的外文均会加以中译。书中的原则是，如果外文已有约定俗成的中文，就采纳之；如果尚未中文化的外文，则均以最简单易懂的中文加以翻译，同时加上原文，务必让此书比起同类的书籍，更加地中文化。

建筑是一种时空之艺术，必须以身体各部分去体验才能完全掌握建筑之精髓与尺度。如果不亲临金字塔之前，你就无法感受到金字塔之巨大；如果不亲临雅典卫城，你就无法了解卫城与希腊建筑和周围环境之关系；如果不亲临哥特教堂，你就很难体会到光线在建筑中所扮演的角色；如果不亲临文艺复兴教堂，你就很难了解所谓向心空间之力量；如果不亲临欧洲巴洛克时期规划之城市，你就很难感受到所谓轴线空间之作用。本书虽然详尽介绍了西洋建筑发展的来龙去脉，也举了非常多的实例说明西洋建筑的特色以及其背后的历史文化背景，但却没有办法取代亲临现场的西洋建筑体验。笔者多年来的经验是，在没有亲眼看到一栋建筑，亲身走入这栋建筑时，所有的认知都不是百分之百的正确。20年浸没在西洋建筑之后，笔者深切地体会到世界文化之奥妙，以及行万里路对于知识成长之重要性。套句俗话，在认识西洋建筑之前，西方世界是黑白的；在认识西洋建筑之后，西方世界是彩色的。期望所有本书的读者，在阅读完本书之后，都可以和笔者一样，走入西方世界，以西洋建筑开阔更宽广的世界视野。

▽ I.8 美洲土砖教堂

第一章
埃及金字塔建筑

自然环境

埃及位于北非，北临地中海，南与苏丹为邻，西接利比亚、东则以西奈半岛与红海分别与以色列及沙特阿拉伯为界。从自然环境来看，埃及腹地虽然广大，但孕育古埃及文明之条件并非十分良好。除了适合人居住的尼罗河两岸之狭长地外，其他地区都是黄沙遍地的沙漠，根本不可能利用。史前时代，埃及因为地理环境而自然形成两大部分，以孟斐斯（Memphis）为界。孟斐斯之南，尼罗河上游地带称为上埃及，大部分为游牧区，孟斐斯以北，即尼罗河下游到地中海之三角洲则为农业区，称为下埃及，在政治上亦类似地一分为二。

尼罗河每年6月至9月，上游的雨季会使下游定期泛滥，但淤泥也使得沿岸及三角洲有了沃土。水退后，埃及人便在土地上耕作，也因而希腊古典史学家希罗多德（Herodotus）会说道："埃及是尼罗河的恩赐"。为了掌控尼罗河之水位，埃及人自几千年前就发展出一套测量水位之方法，并且与传统农耕方式一直延续至今。也因为尼罗河沿岸及下游的三角洲是埃及自然条件较佳的区域，几乎是所有重要的建筑活动也都发生于此区域内，而且均以河流为参考轴线，不是与之平行就是垂直。换句话说，尼罗河不仅是条河流，也是建筑兴建的参考指针。

▽ 1.1 尼罗河

社会文化

要了解埃及建筑，不能不了解埃及的宗教信仰、生命观与历史发展。埃及因为阳光充足，整年几乎都没有阴霾的天气，因此使埃及人相信太阳为万物之主宰。每天，太阳从东方的水平线冉冉升起，然后搭乘一艘肉眼看不到的圣船，渡过天河到达西方的沙漠，再转乘另一艘船横越地府到达东方。如此日复一复，白天成为生命的象征，而夜晚则代表死亡。太阳神拉（Ra）因为主宰生命，也成为至高无上的神祇。这种东生西死的观念也使得与生命有关的建筑大多数位于尼罗河东岸，与死亡相关的建筑则位于西岸。

由日出日落所衍生出的生命循环观使埃及人深信复生之说，所以在世之时就积极准备来生之事，木乃伊、金字塔及装饰精美的坟墓都与此种生命观有直接的关系。在这种生命观中，也孕育出一些特别的神祇。在众多神祇中，有些是全埃及普遍信仰之神。俄塞里斯（Osiris）因为克服死亡而再生，因而被埃及人视为是审理生前善恶作为决定是否可以再生的神，也是代表冥界的神。伊希斯女神（Isis）是俄塞里斯之妻，亦为死者之守护神。荷鲁斯（Horus）是俄塞里斯与伊希斯之子，是天神也是法老的守护神，兴盛时更结合太阳神拉成为太阳天神拉哈拉克提（Ra-Herakhty）。胡狼神阿努比斯（Anubis）则司木乃伊之制作，也是墓地之守护神。哈陶尔（Hathor）则是掌爱与丰饶之女神。

埃及人相信死亡时是灵魂暂时离开了肉体，木乃伊的制作其实就是让灵魂可以回到身躯而再生。至于木乃伊为何要用布条紧紧缠绕，虽然有其制作上的程序依据，但也可以从神话中找到解释。传说俄塞里斯遭其弟弑杀然后分尸丢弃于河中，伊希斯辛苦地把所有尸块找回，并以布条紧紧包住以防散落，并吹进生命之气使其再生复活，因而也使埃及人深信包裹布条的木乃伊是再生的手段。为了要安置木乃伊以为来生之准备，坟墓的兴建于是

△ 1.2 圣船渡过天河画像

▽ 1.3 俄塞里斯画像

▽ 1.4 胡狼神与木乃伊画像

△1.5 伊希斯女神画像

▽1.6 荷鲁斯神画像

▽1.7 哈陶尔女神画像

成为埃及人的大事，不仅陪葬之物多，墓中的装饰彩画也描绘了神明世界与来生美丽的远景。

当然，神庙的兴建也具体反应了埃及人对于神的信仰。除了跨地域的主要神祇外，埃及每一个地方也有地方神，孟斐斯之神为普达（Ptah），也是万物之创造神及幽冥神。阿蒙（Amon）原为底比斯地方神，于新王朝时也变成了至高无上之代表，进而吸收太阳神于一体之躯成为拉阿蒙（Ra-Amon），并与他的妻子缪特（Mut）和儿子孔述（Khonsu）共同成为底比斯三神。

十八王朝的阿蒙欧菲斯四世（Amenophis Ⅳ）曾想领导一次宗教革命推翻阿蒙之权力而代之以阿顿（Aton）为惟一的真神，甚至将自己改名为阿克赫阿顿（Akhenaton）以彰显其对于此神之热诚，可惜并没有持续到他们王朝之后。当阿蒙之力量巩固扩大之后，祭司之力量渐渐地超过法老，甚至于无视于法老之存在，而新王朝之没落意味法老只成为一个国家之政治统治者。而代表阿蒙之祭司则成为世袭而且扩张力量至宗教以外的事物。埃及重要的神庙如果不是以神祇之名而命名，就是庙中会以神祇之雕像或图像作为装饰。

在历史发展方面，不同的史学家的分期会有一些差异。不过，大多数的人都认为埃及的历史约略可以分为下列几期：王朝前期（第一王朝至第三王朝，公元前2920–前2575年）、古王朝（第四王朝至第八王朝，公元前2575–前2134年）、第一过渡时期（第九王朝至第十一王朝，公元前2134–前2040年）、中王朝（第十一王朝至第十四王朝，公元前2040–前1640年）、第二过渡朝（第十五王朝至第十七王朝，公元前1640–前1550年）、新王朝（第十八王朝至第二十王朝，公元前1550–前1070年）、第三过渡期（第二十一王朝至第二十四王朝，公元前1070–前712年）、王朝末期（第二十五王朝至第三十一王朝，公元前712–前332年）与希腊罗马统治期（公元前332年–公元395年）。

从建筑发展的观点来看，埃及王朝中，古王朝以金字塔有名，其中第四王朝的斯奈夫鲁（Sneferu）王是第一个兴建真正金字塔的人，其子孙胡夫王（Khufu）、哈夫拉王（Khafra）及孟考拉王（Menkaure）则是吉萨金字塔的建造者。中王朝至新王朝初之建筑则以陵墓为多，十一王朝的曼都赫特普（Mentuhotep）与十八王朝的哈特什帕苏（Hatshepsut）女王之陵墓都极为著名。新王朝则是神庙的兴盛期，其中十九王朝的拉美西斯二世（Ramsses Ⅱ）

则是最伟大的建庙者。到了公元前1000年以后，埃及各地几乎为外力所控制，王朝末期，公元前525年被波斯征服，公元前323年被希腊亚历山大大帝征服成为希腊行省，公元前304年起之托勒密王朝（Ptolemaic Dynasty）为埃及最后一个王朝，克娄巴特拉七世女王（Cleopatra VII），即著名的埃及艳后，被迫向罗马降服，使埃及成为罗马统治之行省。王朝末期虽然经过许多变乱，公共建筑物仍持续不变，由于外来统治者往往必须靠祭司之力量来维持权力，因此仍然可以见新王朝之神庙形态之持续兴建。

金字塔的意义

在古埃及建筑中，金字塔是最引人注目的一种建筑类型。从机能而言，金字塔其实就是埃及古王朝帝王之坟。然而是什么力量使平顶墓演变成金字塔，世人并非是十分地清楚，但可以想见的必然不只是物质上或是视觉上的考虑而已，精神上及象征意义层面上的力量更是无限的。这种情况下埃及人不再兴建早期普遍应用的平顶墓，而将坟墓的造型往上升起，使法老之身躯朝向天堂那个属于太阳神之领空。

古王朝时代，法老及太阳神之关系是如同父子般的亲密。有关太阳神之仪式通常于孟斐斯北方之赫利奥波利斯（Heliopolis）举行，因为那里有一锥形之土堆为太阳神最先显现之处，第三王朝出现的阶梯金字塔可以说是这个小山丘之重现，其顶则为太阳神驻留之地。然而阶梯金字塔并不是一个真正之金字塔，所以埃及人不断地努力，花费巨大的人力、时间和实验，想完成一个真正锥体之金字塔，以便太阳神能够和其儿子法老永恒地结合在一起。这种努力终于在约一世纪后，亦即公元前2570－前2500年间于吉萨（Giza）实现。

然而到目前为止，并没有现存之记录可以完整地告诉我们正确的金字塔营建方式，而学者也有不同之推测与看法，甚至到现在是如何运送石块也是一个谜，因为有些石块之重量高达数吨以上，然而其技术却不得不教我们信服。首先其必须在沙漠之地整出一块完全方正之地，然后不借助指南针正确地定出方位，再将石块逐渐地抬高。当然这必须牵涉到大规模的人力问题，然而金字塔之成就并不是只是这些劳力的问题所能涵盖。

今天我们一直被金字塔之物质成就所迷惑，但是对于埃及人而言，金字塔则是他们全部之希望。金字塔是神的一种

△ 1.8 普达神画像

▽ 1.9 阿蒙神浮雕

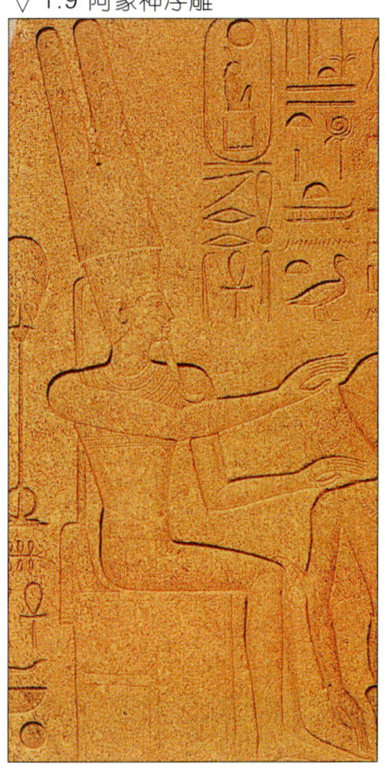

△1.10 阿拜多斯蛇王之碑

▽1.11 萨卡拉金字塔门厅现貌

代表，是惟一能够有效地将他们之心灵和神的领域结合为一的媒介。埃及人以建筑为手段，创造了一个以太阳为主宰之宇宙真理。在埃及许多历史记载中，也都有法老利用阳光升天与神相结合之传说，所以金字塔并不只是一堆石块而已，它们是一种超越物质之精神产物。对于埃及人而言，看到阳光就是深信自然之运转生生不息，所以当我们看到经石灰石或者各种镶金饰物之反射光时，对于埃及人而言，却是希望之光，来自于太阳神或是带他们前往太阳神之世界。

阿拜多斯帝王墓

大约是在公元前2920年左右，上埃及国王美尼斯（Menes）统一了全埃及，成为第一个法老，建都孟斐斯，而埃及也进入了有历史记载之王朝时期。当然这一个年代说法不一，自公元前3100年至前2850年均有。在统一之后，法老去世时都必须要举行两次葬礼。因为法老是上埃及之王，所以第一次在开罗南方480公里的阿拜多斯（Abydos）举行形式上的葬礼，因为这里是法老历代祖先的故乡，而真正的葬礼则于萨卡拉（Saqqara）举行。阿拜多斯之帝王墓以一个半地下之墓穴为主体，上为木屋架，再覆以砂和砖所构成的屋壳，墓碑则置于外以供祭拜。在低矮之墙边则设置有王室之小平顶墓（Mastaba），主墓穴外还置有墓碑以供祭奉，现存一个最著名的为“蛇王之碑”，由巴黎罗浮宫所珍藏。

萨卡拉阶梯金字塔

与阿拜多斯之帝王墓相较，萨卡拉之帝王坟则较为复杂，不仅有深入岩床之墓穴，还有其他之附属建筑以存放葬者之各种财产及殉葬物，并且在墓区之外有几何图形之砖造外墙。早期法老左塞王（Djoser）之墓群是埃及建筑史上十分令人注目的，它比以前所有之建筑更庞大且更精致，而且十分例外的是，不在尼罗河之轴线控制下。

一般而言，尼罗河从南到北形成埃及建筑的相对轴线，建筑物之轴线不是与之平行则成正交。在建筑之空间安排上，萨卡拉帝王坟有两个墓穴，两个中庭，这是一种利用空间来表达象征意义之手法，以说明法老为上下埃及之惟一统治者。所有之建筑均以石灰石兴建，并且以石材来诠释木造或砖造之建筑，亦即所有之石块均被切割成像砖般的小尺度，有些地方亦仿效木材之处理，这种技术性的革命应该归功于其建筑师殷霍特普（Imhotep）。埃及古建筑之建筑师均有史可循，而且往往留有建筑图，而同时期之美索不达米亚建筑则不同，均以帝王之名而建，殷霍特普后来亦被奉为神。

△ 1.12 萨卡拉金字塔现貌

萨卡拉这组建筑是封围于南北540米、东西270米之围墙内，主体为立于平台上，藏有左塞王遗体之阶梯式金字塔（Step Pyramid）。整组建筑之入口位于东南角，经过一个有两排半柱之门厅入内，此门厅之天花系石材，但却做成像木材一般，其高度比周围之建筑要高，所以可以开高窗采光入内，可能是世界上第一个高窗之例，影响后世建筑甚深。而柱子之数目为42，也可能是意义上代表埃及之42个行政区域。通过此门厅为一个大庭，在西南面有一小建筑，可能是作为被隐藏在南墙下平顶墓之祭奉室。

▽ 1.13 萨卡拉金字塔入口现貌

△ 1.15 萨卡拉金字塔门厅现貌

在埃及，帝王之内脏在其被做成木乃伊之过程中一定要挖出来埋葬，因而这个平顶墓可能是形式上代表阿拜多斯地方之墓，也可能是帝王内脏之真正埋藏处，亦有可能是在举行狂欢节庆时，帝王必须要牺牲时的一种假坟。而前述两个中庭及墓地则分别代表法老之上埃及白宫与下埃及红宫，其分别可以从代表上埃及之莲花或者百合柱头及下埃及之纸草柱头得到印证。金字塔之东面与此两部分相接，在其北面并且设有灵殿，内存有左塞王之雕像，而左塞王真正之遗体则藏在金字塔之中的一个自然岩

▽ 1.14 萨卡拉金字塔总平面图

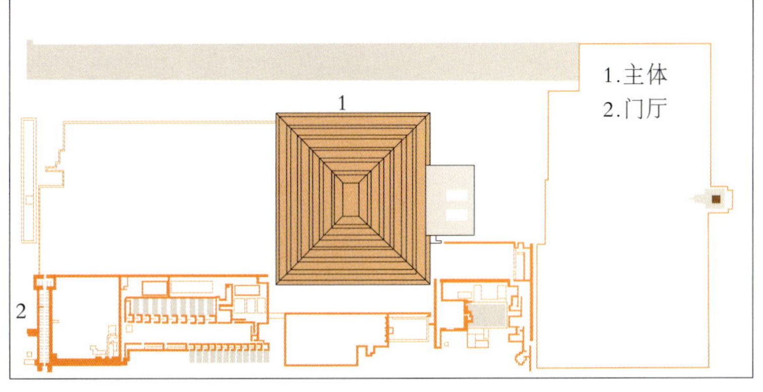

△ 1.16 萨卡拉金字塔门厅复原图

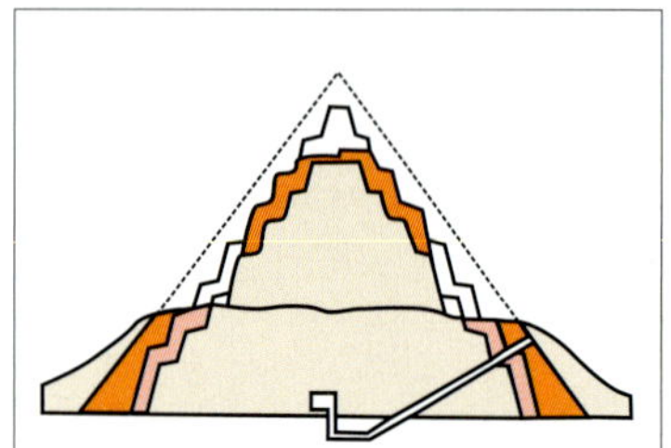
△ 1.17 达哈苏金字塔示意图

▽ 1.18 梅杜姆金字塔示意图
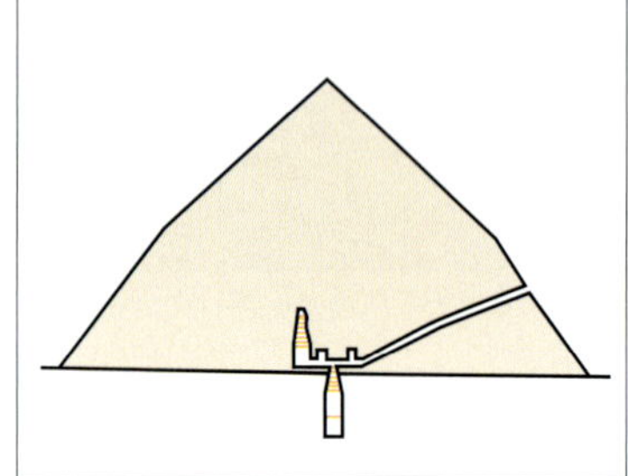

床中，上面本来只计划置一简单之石块作为平顶墓，后来在兴建时扩大为现存规模金字塔的最下层，然后再增为6层，共约62米高。

梅杜姆及达哈苏金字塔

由于体认到阶梯金字塔并不是完美的金字塔，在一心一意想创造真正金字塔的动力驱策下，埃及在吉萨实现金字塔的梦想之前，在梅杜姆（Maidum）及达哈苏（Dahshur）尝试过几个过渡时期之作品。梅杜姆的金字塔可能是第三王朝最后一位法老胡尼（Huni）所建，一说是亦可能为其所建。虽然其最后完成时是一座斜角51°的真正金字塔，但是却是从一座七阶的阶梯金字塔所发展而来，第四王朝第一位法老斯奈夫鲁（Sneferu）所建，底座边长约145米，高90米，目前已毁，呈现塔状。兴建达哈苏两座金字塔之法老为特别崇信太阳神之斯奈夫鲁。第一座建于公元前2723年左右，位于南面，兴建到一半时，突然因为重量之关系改成折边金字塔，下半斜角54°，上半斜角43°，底座边长约187米，高102米。另一座因为石材颜色称为红色金字塔，可能为斯奈夫鲁不满意折边金字塔而再次兴建，可能为斯奈夫鲁坟墓真正所在地，底座边长约220米，斜率只有43°，但是作为世界上第一座以真正金字塔形设计并完成的金字塔，其意义非比寻常。

吉萨金字塔群

第四王朝斯奈夫鲁之后的

▽ 1.19 吉萨金字塔群

3个帝王于吉萨（Giza）兴建的三个独立之金字塔，则是古埃及金字塔最后的完美之作，兴建于公元前2500年左右。三个金字塔中最大的是被称为“岐奥普斯”（Cheops）之胡夫王（Khufu）之墓，他是斯奈夫鲁之子，为第四王朝第二位帝王。整座金字塔底座边长约230米，高146.4米，斜度为51° 50′，为吉萨金字塔群中最高者。金字塔占地约5公顷多，比罗马的圣彼得教堂大两倍多。旁边还有三个小金字塔供其他王室成员之用，而也有一个为其母亲所建之平顶墓。

相对于其他金字塔的简单，胡夫王金字塔则较为复杂，而且经过仔细设计。入口位于北面中央偏东之处，从这里有一信道下沉至中央的一个自然岩床，此处建有一室，原为准备存放遗体之处，但后来决定将之存放于金字塔真正之内，而非其下，乃在距原入口18米处重建一信道往内部之皇后室。而为了防止破坏及小偷，帝王之室乃继续上升至整个为花岗岩所建之室。

第二大的金字塔为哈夫拉王（Khafra）之金字塔，边长215米，高144米，斜度53° 20′，为三个金字塔中保存最好的一

▽1.20 吉萨金字塔群总平面图

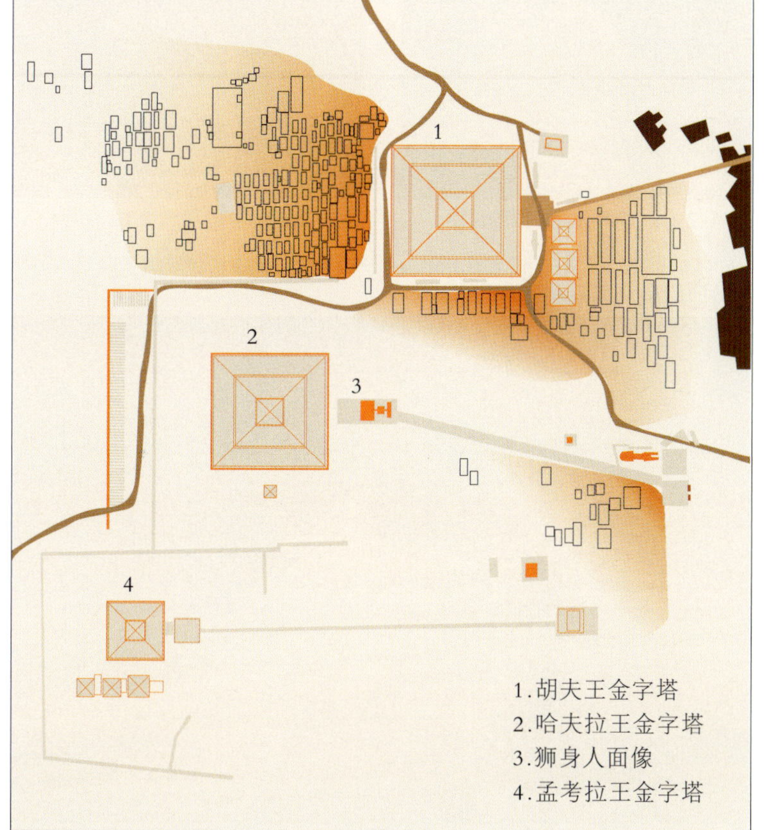

△1.21 胡夫王金字塔现貌

▽1.22 胡夫王金字塔现貌

△1.23 胡夫王金字塔细部

▽1.24 胡夫王金字塔内部通道

▽1.25 胡夫王金字塔剖面示意图

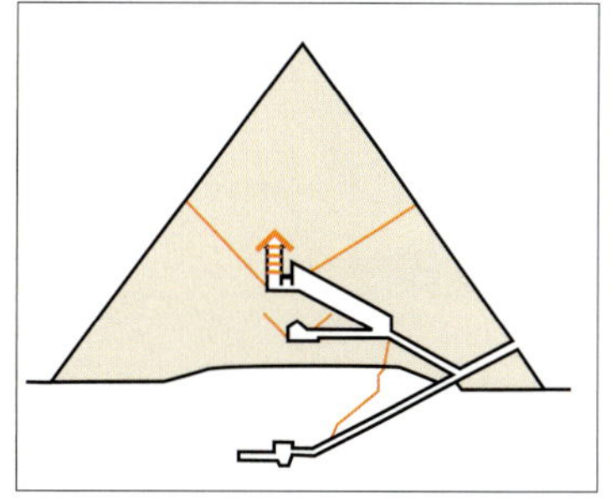

座，在此金字塔之前则为世界著名之狮身人面（Sphinx）雕像，其原本是一个狮形守护神，然而头部却据哈夫拉王之脸塑造而成。狮身人面像之前有一神庙，庙之建筑为围绕一个以雪花石地面之庭，内有24根柱子代表太阳24小时之行迹。在其旁为山谷神庙，入内后有一长的前室，然后有一T形之厅，内有23尊哈夫拉王之雕像，代表其体内之各种器官。从这个山谷神庙，法老之遗体可以经由信道而达灵殿。灵殿也有一个T形入口，然后则为一中庭，西面有5个狭小关口，各有一座哈夫拉像，到这里就只有祭司可以入内举行仪式。

兴建年代最晚，也是最小一个为第四王朝孟考拉王（Menkaure）之金字塔，边长约109米，高67米，斜度51°20′，除了基座为花岗岩外，大部分为石灰石所建。在专制前提下，吉萨三个帝王之权力是无上的，因此显现出来之吉萨金字塔之尺度亦是史无前例的，但是在吉萨3个帝王之后的继承者却逐渐地把庙殿和坟墓分开，坟的尺度渐小而庙殿之尺度渐大。

△ 1.26 胡夫王金字塔内部墓室

1.27 胡夫王与哈夫拉王金字塔远眺 ▽

△ 1.29 哈夫拉王金字塔现貌

△ 1.30 哈夫拉王金字塔现貌

1.28 狮身人面像前神庙柱列现貌 ▽

▽ 1.31 狮身人面像现貌

1.32 哈夫拉金字塔与狮身人面像现貌 ▷

第二章 埃及陵墓与神庙建筑

中王朝时期埃及人的重点已经不再落于视觉效果上强大之金字塔，金字塔日渐缩小，最后甚至消失，取而代之的是陵墓。从金字塔到陵墓的改变明白地显示出对于死亡的态度不再只是单纯地以巨大的建筑来安置死者，透过神职人员各种仪式的举办也日益重要。

曼都赫特普陵墓

古王朝后期，埃及统一之局面渐渐失控，一直到十一王朝之殷亚德夫一世（Inyotef I，公元前2134–前2131年）自封为“上下埃及之王”后才渐有起色。接下来曼都赫特普（Mentuhotep，公元前2060–前1991年）正式统一埃及，定都在底比斯（Thebes），并大兴土木。在过去的记载中，历史上曾有好几位曼都赫特普，但近年的研究则发现其实他们都是同一人，其陵墓（公元前2060年）则位于尼罗河西岸的戴尔－埃尔－巴哈利（Dier el-Bahari）之岩麓。

曼都赫特普陵墓有三个部分，最外为一个前庭遍植柽柳（tamarisk）和小无花果，再则为由岩石所构成之平台，上为主要之陵殿，也可能有金字塔，再入内则为深藏于岩内之坟。在殿中有一石灰岩浮雕，上为曼都赫特普二世之雕像，头戴上埃及白皇冠，颈上有宽阔的珠宝，其旁立有哈陶尔女神头像柱，并刻文曰：“我已经依照赫利奥波利斯的神所诏示之神谕，为你统一了上下埃及”。

哈特什帕苏女王陵墓

曼都赫特普陵墓旁，建于五百年后之哈特什帕苏（Hatshepsut，公元前1473–前1458年）女王陵墓（公元前1520年）亦有相同之规制，而且必然深受前者影响，但是层次上多了一层平台，也没有金字塔。哈特什帕苏是埃及史上第一个夺取男人帝位的女人，在埃及历史上有其一定之地位。十八王朝的图特摩斯一世（Thutmose I，公元前1504–前1492年）执政十多年，远征西亚，使埃及国力又逐渐

1.下层平台
2.中层平台　4.圣室
3.柱厅平台　5.哈陶尔女神庙

△ 2.1 哈特什帕苏女王陵庙平面图

▽ 2.2 哈特什帕苏女王陵庙现貌

强盛，然而其在位最后几年将国事委由其女哈特什帕苏管理。图特摩斯一世去世之后，由哈特什帕苏之丈夫，亦为其同父异母兄弟之图特摩斯二世（Thutmose II，公元前1492–前1479年）继任。二世死后指定由其子图特摩斯三世（Thutmose III, 公元前1479–前1425年）继任，然其年纪尚小，乃由哈特什帕苏摄政，是为太后。

几年之后，哈特什帕苏进一步废太子，自立为王。然而依照埃及之政治与宗教传统，埃及君王必须是阿蒙神之孙，亦即必须要为男性，可是哈特什帕苏却弃之不理，并且将自己神格化以巩固其大权。另一方面，她也积极创造她男性化之偶像。在后世见到之哈特什帕苏之一些雕像中，有时她会被塑造成男性战士，嘴边长有髭须，而且女性特有的胸部也不见了。

虽然哈特什帕苏是位女王，但是她果断的政治统制却创造了埃及历史上最强盛及富裕之朝代之一。她甚且远征彭特（今索马里），开拓新的市场。在建筑上，哈特什帕苏也积极修复其父王在戴尔－埃尔－巴哈利之陵殿，更在卡纳克神庙加了两根方尖碑及修复许多沦为废墟之神庙。最后她修筑自己的陵墓，由数层平台组成，面宽为列柱形式，内有相当精美的装饰，描绘女王的各种战功。哈特什帕苏女王修筑华丽陵墓之举，使新王朝之帝王一个个跟进兴筑自己的陵墓，几十个帝王陵墓构成了今日著名

△ 2.3 哈特什帕苏女王陵庙现貌

▽ 2.4 哈特什帕苏女王陵庙壁画

△ 2.5 哈特什帕苏女王陵庙现貌

△ 2.6 帝王谷陵墓现貌

▽ 2.7 帝王谷陵墓入口

▽ 2.8 帝王谷陵墓室内（图坦卡蒙墓）

之帝王谷，不过重心都已改置于墓室的规划设计与装饰，陵墓的形式也愈来愈少。诸墓之中，图坦哈门（Tutankhamen）之墓因保存最好没有被盗取最为著名。哈特什帕苏在位二十多年，其死后图特摩斯三世复位，继续维持强大之国力。

神庙的崛起

虽然新王朝时，对于陵墓的态度更趋消极，可是对于宗教上各种仪式和神职上的重视却是有增无减，进而也使神庙成为埃及景观上和精神意义上最重要的建筑类型。在底比斯，阿蒙被视为是至高无上的，而底比斯亦从小地方爬升到政府之行政及宗教中心。拉美西斯二世（公元前1290–前1224年）在阿蒙之主宰下，行使扩张主义向外征服了叙利亚和巴勒斯坦地方。大量的战俘涌向底比斯，成为帝王们建造自己陵墓及神庙之主要人力，而中王朝时期之位于卡纳克（Karnak）及卢克索（Luxor）之阿蒙神庙均被急速地扩大规模。二座阿蒙神庙，卡纳克位于北，卢克索位于南，被称为是阿蒙之南方后宫，两者之间有一条羊头狮身怪兽神道相连。每一个庙并且有自己独立之泥砖围墙，在两座庙宇之间也有各种政治及宗教上必要之建筑设施，而今日我们所看到之两座神庙均是经过数百年慢慢发展而成今日之规模。

卢克索神庙

神庙通常有三个主要部分，第一为最内部之圣殿（sanctuary），内存神像、圣船及神器；第二为柱厅（hypostyle hall），位于中间；第三则为前庭，由牌楼进入。这三部分之组合其实和埃及住宅之观念没有什么两样。神庙之前庭和住宅之前庭或前室一样，起居室则等于柱厅，而卧

△ 2.9 卢克索神庙现貌

▽ 2.10 卢克索神庙入口现貌

▽ 2.11 卢克索神庙平面图

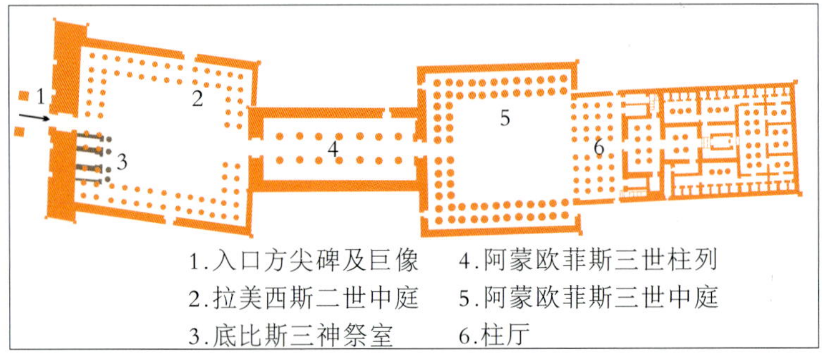

室则为圣殿。在埃及之习俗中，常会在旧有之庙加上新的牌楼及中庭于同一个轴线上，所以当一个人在轴线上行进时，他不但是在空间层次上由公共空间一直深入到至尊之圣殿，在时间上，他亦是经过一个时光隧道由庙宇最新之部分进入到最原始之部分。

卢克索神庙（The Temple at Luxor，公元前1408－前1300年）是以奉献给底比斯之三神而建，年代已久，新王朝之标准神庙可以说是始于阿蒙欧菲斯三世（Amenophis Ⅲ，公元前1391－前1353年）改建卢克索神庙。神庙有一个精致的圣殿，一个柱厅以其全部面阔开向一个中庭，外有牌楼，再外则为一条行进大道，14根巨大之纸草柱分列两旁，在轴线北边有一小祠堂为图特摩斯三世建于早年之底比斯三神祭堂。中王朝之神庙轴线毫无疑问地是平行于尼罗河，但穿过中庭的轴线则开始略为东偏，一则以避过此祭堂，一则以衔接通往北面卡纳克之大道。一个半世纪之后，拉美西斯二世加了一个前庭于北方，在巨大之牌楼之前则树立有自己之巨像及2个方尖碑，这个平行四边形之前庭是为了和已偏向之轴线相配合而致，而原有之图特摩斯三世祠堂则被纳入成为牌楼之一部分。

△ 2.12 卢克索神庙拉美西斯二世中庭现貌

卡纳克阿蒙大神庙

而在卡纳克地方，中王朝神庙一直荒废至图特摩斯一世统治下，建筑师艾尼尼（Ineny）将神庙重新整建并于周围围之以墙。在历经不同朝代的增建之后，卡纳克的阿蒙大神庙（The Great Temple of Amun，公元前1530－前323年）已成为一庞大的建筑群。最外的大牌楼宽113米，是托勒密王朝之作，第一中庭则是第二十二王朝与二十五王朝所建，两侧有柱列及拉美西斯所建的狮身人面像群；往柱厅之轴线上则有原衣索匹亚王泰哈卡之亭

△ 2.13 卢克索神庙阿蒙欧菲斯三世柱列现貌

▽ 2.14 卢克索神庙柱厅现貌

△ 2.15 卡纳克阿蒙大神庙神道

▽ 2.16 卡纳克阿蒙大神庙平面图

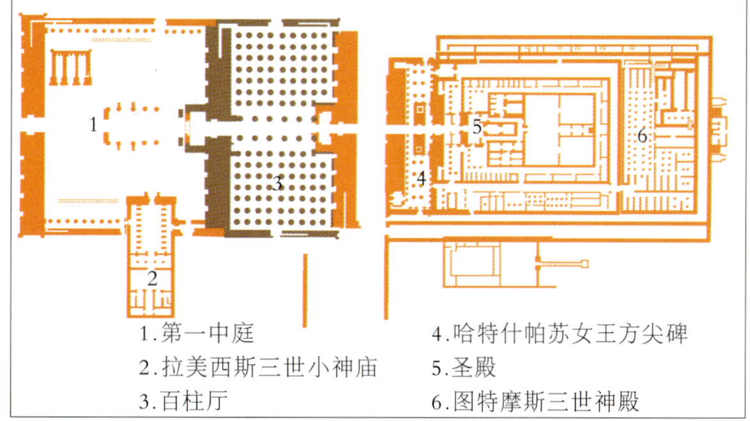

△ 2.17卡纳克阿蒙大神庙拉美西斯三世小神庙现貌

△ 2.18卡纳克阿蒙大神庙百柱厅现貌

2.19卡纳克阿蒙大神庙百柱厅巨柱 ▽

△ 2.20卡纳克阿蒙大神庙百柱厅现貌

（Pavilion of the Ethiopian King Taharka）所遗留的大柱子。中庭左侧则有拉美西斯三世小神庙，内有俄塞里斯像之壁柱。中庭之东为第二道牌楼，其与第三道牌楼间有建于第十八王朝与第十九王朝间的新百柱厅，此厅宽102米，深53米，内有134根巨柱，中央两排为盛开之纸草柱，为圆周15米，上可站立50人，由阿蒙欧菲斯三世开始兴建，整个柱厅仿如是一片柱林。

第三牌楼之后基本上为图特摩斯三世及哈特什帕苏所增建的神庙，有第四、第五及第六牌楼。两根由哈特什帕苏所建之方尖碑位于四、五牌楼之间，圣殿位于第六牌楼之东，再往东则是图特摩斯二世所建的节庆厅（Festival Hall）及图特摩斯三世替阿蒙雷赫拉克提（Amon-Ra-Herakhty）所建之庙，其开有一个东门朝向日升之阳。事实上，卡纳克神庙也是一条完整之日轨。阿蒙雷赫拉克提庙之东门为日出后第一小时驻留之处，经过节庆厅到达庙之圣殿部分为日出后第9小时，柱厅为11小时，经过第4牌楼后，太阳白天之轨迹已经完成12小时下山了。

除了神庙主体之外，南面也有一个圣湖，并且平行其立了一个花岗岩之圣甲虫（Scarab）代表日正当中之太阳。另外主体之南北，也分别有二组附属庙发展而成。北面为卡纳克守护神蒙图（Montu），南为阿蒙之妻缪特。在主庙和北面地方守护神庙中间有旧都孟斐斯之神普达（Ptah）之圣殿，是中王朝砖石木构，而图特摩斯三世以石材重建，南边缪特庙有自己不规则形状之墙垣，和庙主体以羊头狮身怪兽大道相连，经过四道牌楼可连新柱厅之东侧。

欧佩特祭典

卡纳克和卢克索之间的主要行进大道从卢克索一直到接近缪特庙附近分叉为二，一条转向东南入此庙，另外一条则转向阿蒙大庙之主体。在轴线上位于墙内为拉美西斯三世（Ramsses Ⅲ）所建之孔述（Khonsu）庙，另外还有一条大道自尼罗河岸停船坞一直延伸到大庙。这些大道之作用在每年之欧佩特祭典（Feast of Opet），帝王前往南方后宫造访时特别显著。这个神秘的节庆是每年阿蒙与缪特之神秘婚礼，是非常庄严、多采多姿的。

拉美西斯二世在位之时，欧佩特祭典是从尼罗河泛滥的第二个月之第18天晚上举行初步的仪式开始至泛滥第三个月之第12天，一共约三星期左右，也就是大部分之九月，而法老通常要亲自参与这项重要的祭典，来自于各地参与的人员也都陶醉在狂欢的盛会中。仪式的第一天，内有缪特神与孔述神雕像之可动式圣船就会从他们之神庙到卡纳克神庙中由拉美西斯二世与瑟托斯一世（Sethos I）所建之柱厅内与阿蒙神之圣船会合。经过帝王举行仪式之后，30个祭司身穿老鹰及狐狼面具，将船架在身上，经过重重关卡到达两根花岗岩柱子，上有代表上埃及之莲花及下埃及之纸草浮雕。再经过牌楼而到达大厅，这时候教职人员可能已经在大柱厅中恭候起驾。这时之气势是足令人屏息的阳光透过高窗而照射于两侧纸草柱头之柱上，在柱上及墙壁上可满布以神为形之

△ 2.21卡纳克阿蒙大神庙柱头图

△ 2.22卡纳克阿蒙大神庙哈特什帕苏女王方尖碑

▽ 2.23卡纳克阿蒙大神庙哈特什帕苏女王方尖碑

△ 2.24卡纳克阿蒙大神庙圣甲虫

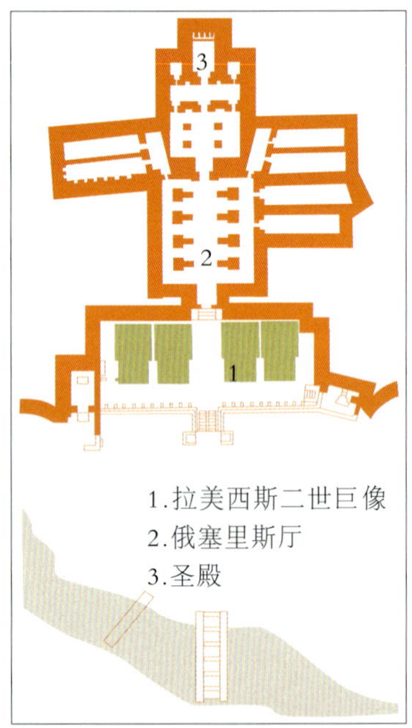

△ 2.25阿布辛贝尔大岩庙平面图

▽ 2.26阿布辛贝尔大岩庙入口巨像

法老图案。新王朝之法老就是在此厅加冕，然后船由乐队和舞队前导神庙专属的码头搭乘金碧辉煌之仪式船上，再由许多人以缕拽引于大道上往卢克索，在卢克索之前尚有6个站各有一个祭坛。

当到达卢克索之后，首先穿过拉美西斯二世牌楼及两根方尖碑及统治者之巨像，再穿过拉美西斯二世中庭，此时空间突然变窄而且阴暗，行列在两边柱子中进行，柱头是纸草式，高约15米，这种比例使人不自主地往前行而到达阿蒙欧菲斯三世（Amenophis Ⅲ）中庭，在三边均是柱子，天花是涂成天蓝，第四边则直入柱厅，内有4排32根柱子，感觉上于是更加地拥挤而且压迫，最后到达卢克索之圣殿。祭司抬着圣船而入第一道门，这里地面渐高而天花渐低，光线亦逐渐昏暗，经过两个方形之房间而入圣船之存放处。而阿蒙之圣像则在更后而经一前室与前面完全分离，上面有一束细微之光自上而下，整个仪式也告一段落。

阿布辛贝尔岩庙

拉美西斯二世是一个充满精力之神庙建造者，在努比亚（Nubia）地方他亦建立了几个神庙，其中以阿布辛贝尔大小岩庙（Temple of Abu Simbel，公元前1301年）最为著名。阿布辛贝尔位于阿斯旺（Aswan）南边280公里处，拉美西斯二世在此兴建神庙有其特殊的双重意义，一是持续营建生命不朽的永恒纪念物，二是以神庙之威严来震慑努比亚地方原本不驯的居民，使此地成为跃进非洲心脏的据点。

大岩庙又称为拉美西斯神庙，有一条主要大道引向前而到达一个平台，门面高33米、宽38米，有四尊高达20米之拉美西斯二世之巨大雕像分立入口两侧，巨像脚边亦立有皇室其他成员之雕像。岩庙是经过非常细心的处理，一年有2次（2月20日及10月20日）在日升之太阳出现在尼罗河东岸之水平线上，它的光束会穿越入口经过有八个装扮成俄塞里斯神之拉美西斯二世雕像的柱厅，有四根柱子的第二柱厅及圣殿，再抵中央神龛。神龛内之四尊神像分别代表太阳神拉哈拉克提（Re-Herakhty）、拉美西斯二世、阿蒙神与孟斐斯之神普达神秘雕像之前三尊立刻呈现一年二次之光明，也象征了生命的再生。普达神没有阳光之照射乃是因为他是地府之神。大岩庙也是见证拉美西斯在世时就转化成神之处，因为庙中之浮雕很清楚地刻画拉美西斯在其神化的像前举行仪式

△ 2.27阿布辛贝尔大岩庙出土图

△ 2.28阿布辛贝尔大岩庙圣殿内部图

▽ 2.29阿布辛贝尔小岩庙现貌

的景象。

小岩庙是拉美西斯二世为其王妃纳菲塔丽（Nefertari）所建，也同时供奉哈陶尔女神。入口两侧分立拉美西斯二世及纳菲塔丽之10米立像，共有六尊。通过入口进入室内有哈陶尔女神头像柱之柱厅及优美精致的壁画。1960年代，由于埃及在阿斯旺兴筑高坝，阿布辛贝尔岩庙有没入湖底的危机，于是联合国教科文组织发动国际救援行动，将岩石一一切割下来，重新搬到较高的地方重组，形成今日之情景。

艾德夫荷鲁斯神庙

艾德夫荷鲁斯神庙（Temple of Horus，Edfu，公元前237－前57年）是一座保存良好的希腊罗马时期的埃及神庙，其分三个阶段兴建，彼此间隔一段时间。最先是托勒密三世兴建的本体，接着是其外的柱厅，最后则是外墙与牌楼。基本上此座荷鲁斯神庙是一座举行行进仪式的庙宇，圣殿周围有小信道，亦可以由此通往13个小祭室。所有室内的房间都是无窗全暗。正面的牌楼宽约63米，高31米。虽然基本上此座神庙仍然依循以前神庙的传统所建，但是却已经添加了当时的一些特色，特别是在柱厅，如各种不同设计的柱头形式。

△ 2.30艾德夫荷鲁斯神庙图

▽ 2.31艾德夫荷鲁斯神庙入口

第三章
西亚的塔庙与宫殿

苏美文明与塔庙

除了埃及之外，西方世界古文明另一处发祥地乃是美索不达米亚平原（Mesopotamia），亦即是由底格里斯河（Tigris）与幼发拉底河（Euphrates）所构成的两河流域。若依其发展历史而言，西亚文明则可分为苏美、亚述、新巴比伦及波斯几个阶段。

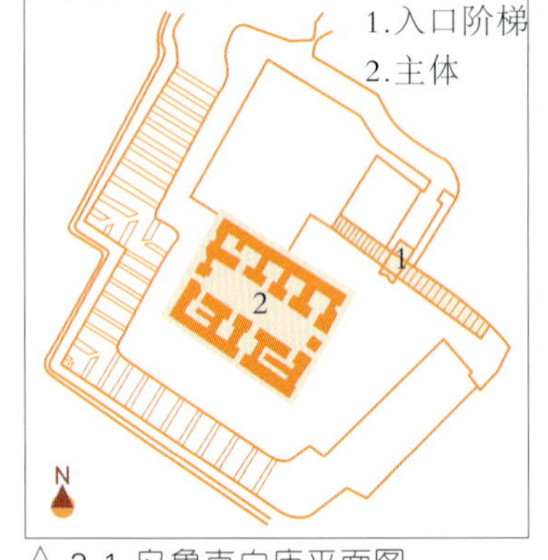

△ 3.1 乌鲁克白庙平面图

▽ 3.2 乌鲁克白庙遗迹

苏美文明（Sumerian，公元前3000–前1250年）是西亚地方第一个有迹可循之文明，然而苏美人至今却仍然是一个谜。据古雕像的描述，他们应该是中等体材，有圆形颅骨及短小之颚骨，从公元前3000年左右开始定居两河流域，主要以农为业，并逐渐聚居形成城镇，神殿则为美索不达米亚城镇之中心，独立之小庙早在城镇还没形成之农业社会里已经存在。通常这些庙宇都有两个主要元素，一个为壁龛，另一则为祭祀之桌。到了公元前3500年左右，神庙逐渐扩大并且成为发展城市中的一部分。每一个城镇均有一个神，所有的镇民将他们之生命均奉献给此神，各种作物之播种、收成等一切均由神庙支配，而各种工匠及技艺人员及劳工和农民也都由神庙控制和分配，整个神殿是一个“神权社会主义”经济系统之中枢。每一个城镇均城墙壁垒分明以御外敌，如果城镇陷落，整个城镇之所有一切均随之陷落，守护神也会被驱逐出，就好像飞鸟找不到归巢一般。

有两个特征使神殿不同于城镇中其他之建筑，第一是它屹立于一个平台之上，叫作圣塔或塔庙（Ziggurat），并且有开阔之环境。这些标准之神殿和塔庙是由一个共同之模式发展出来的，最早是一个小且薄墙所围成之长方形空间，在其内有略为突出之圆柱，在其外有两个圆形之桌以供奉祭品之用，当此建物经风沙而被埋于地下之时，另外一个类似之建物乃会立于其上，但重大的改革为其有可能会突出之空间以作为祭坛。第三个阶段则加速扩大成一长方形之庙宇，有一个中殿，角落为棱堡，并且在周围有各种附属空间，入口有一个附属空间取代了前室，而由阶而上入内，外墙亦渐渐变厚而有扶壁之产生。

乌鲁克白庙

乌鲁克存在有比较早期之塔庙，其并没有棱堡，而外观则细致地利用扶壁和凹处形成折纹，是泥砖的构成也是一种美学系统。白庙（White Temple，Uruk，公元前3500—前3000年）位于一个人造之平台上，不规则之轮廓高起于低平之地面上，庙宇是经过吸收以前之庙宇屋体而形成最后之尺度，平台之外墙是倾斜的并且有凹纹。由东北面之阶梯和坡道可以到达庙宇，庙宇是朝向西南。其四个角分别朝向四个方位，是标准的宗教建筑做法，由于整个是涂白而且高大，可自几公里外看到，成为一个意义特别之地标。

在塔庙中，神是高高在城市之上，翱翔于天堂与海洋之间，而其中间之领域则为山岭，藉由山岭天地合而为一。地上之神住于其间，而天上之神则栖息于山顶，山岭成为两种史前信仰力量调和之处。地面是生命孕育之所，亦是死躯永眠之处，而山岭向上有力飞扬，就像一个固若金汤之朝拜者，朝向太阳日月星辰生生不息之处。它结合了人间及天堂，变成了神与世俗之桥梁，在早期之宗教中信仰总会爬升向上，当作一个仪式。而塔庙则被视为山岭的一种替代品，建立美索不达米亚第一个城镇之苏美人即是来自北方的山区，可能是里海（Caspian）一带。在黄泥平地之南方，他们想重建一个他们家乡情况建筑环境之急切心情，当然是可以想见的。

乌尔南姆塔庙

塔庙之基本条件是必须要高，因为在其周边还必须要摆置神权社会主义的各种设施，包括各种储藏室、工作室、办公室、祭司室，最后高高在上才是神。在神庙中，君主和神往往结合成一体，君主藉神之命而召示世人予各种事物，君主本身也往往参加神殿之建筑工作。在一幅苏美人之浮雕中就可以看到乌尔南姆王参与工事之情况。在最上层，国王正在献酒于一个手持标竿、准线登位之神。在下则可看到国王举着建筑工具袋装着十字镐，国王由一位祭司相佐而由神相引导。

与乌鲁克地方之塔庙只有一处阶梯相比较，后期之塔庙通常均有数处阶梯，其中最著名

△3.3 乌尔南姆塔庙复原图

▽3.4 乌尔南姆塔庙现貌

▽3.5 乌尔南姆塔庙楼梯细部

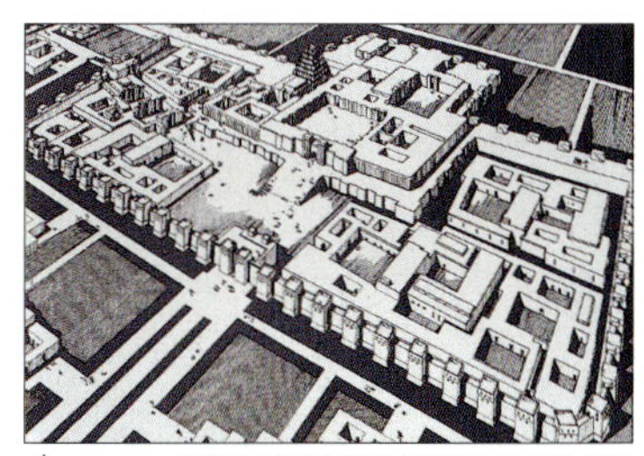

△3.6 柯沙巴萨贡宫殿复原鸟瞰图

▽3.7 柯沙巴萨贡宫殿遗迹旧照

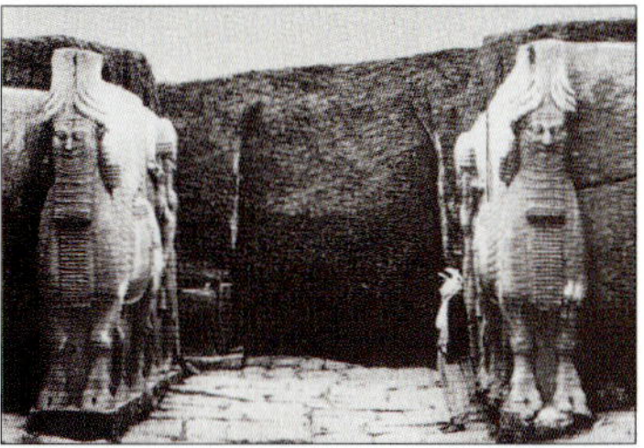

△ 3.8 柯沙巴萨贡宫殿复原想像图

▽ 3.9 柯沙巴萨贡宫殿遗物（大英博物馆）

▽ 3.10 萨贡国王

的为乌尔南姆塔庙（Ziggurt，Urnammu，公元前2000年），约建于公元前2000年左右。整个塔庙之中央为泥砖所组成，厚实之表面是以沥青灰泥接合日晒砖而成。主要入口是由东北面3座楼梯扶摇而上，而其中一座与建筑物垂直，另外2座则延墙而上。三座楼梯相交于第一点后，再由一个单一之阶直入神殿。在此塔庙中没有任何一条线是直线的，倾斜之墙壁事实上是外凸的，在地面上之墙线也是类似的外倾，这种视觉乃是为了调整如果都是直线会引起之僵硬感。

事实上，如果我们想完全了解塔庙就必须加上颜色与植栽之考虑。平台必然是种有树木以形成悬空花园，因为外墙均可见到为了排水以防墙崩之滴水口，而也必然藉助瓷砖以形成丰富之颜色。到了公元前1950年前后，西闪族人入侵，其中有一族名曰“阿莫尔”，传到了第六代君王汉莫拉比（Hammurabi，公元前1728-前1686年），建立了所谓的巴比伦王国，是为苏美文明中最强盛者。作为巴比伦历史的开端者，强而有力的汉莫拉比可以说是法律秩序的创造者，一共统治巴比伦43年。

根据历史文献的描绘，汉莫拉比是一位聪明绝顶，但脾气不好、火爆的国王。他率领部队，翻山越岭，到处征战。他一生打过很多次仗，总是每战必胜，以铁腕制服了两河流域其他小国，同时公布了一部史无前例的法典。这部被习称为“汉莫拉比法典”之法律，于1902年在苏沙（Susa）出土，条文刻于绿玉圆柱之上。

像摩西的十诫一样，汉莫拉比法典也宛如是天赐的。绿玉圆柱的一端，刻有“汉莫拉比谨受于太阳神”字样，其下面是法典的前言，也是充满着神谕的色彩：诸神就全世界特别选定巴比伦，并于其上建立永恒的王国时，神圣庄严之帝王及皇天后土的主宰，兼巴比伦命运之决定者。汉莫拉比，令人称颂之君，诸神的虔敬者，你当使正义广被四方，铲除邪恶，抑强扶弱，教化万民，增进万民福祉。

亚述文明与宫殿

公元前1531年，北叙利亚之西台族入侵，消灭了巴比伦王国，从此西亚进入了所谓的亚述文明时期（Assyrian，公元前1250-前612年）。塔庙也逐渐丧失它在城市发展中所扮演的强势角色而拱手让于帝王之宫殿。在美索不达米亚开始之历史中，帝王住在神之辖区内亦可能和最高祭司是同一个人。可是到了亚述时期，塔庙渐渐成为帝王宫殿之一个部分而已，而主宰城市的力量已为宫殿。这种发展之过程并不是十分清楚，但宫殿之尺寸逐渐扩大，而塔庙则相对地变小。

柯沙巴萨贡宫殿

塔庙之最后衰败时期可见于柯沙巴（Khorsabad）的萨贡宫殿（Palace of Sargon，公元前721–前705年），此城是亚述帝国之一个据点，然而并没有完全完成就放弃了。整个宫殿占地2.5平方公里。在每一边各有二个拱门，由牛身人头之神所护卫。在西北角，有一个拱门被改成一个城堡，作为宫殿之平台，宫殿位于此，不但在外患上，在内乱时都可以形成最后之防卫线。行政之中庭叫“荣誉殿堂（Court of Hornor）”，是位于平面之顶，而王室则位于其旁，入口之庭则有一些庙宇位于其侧。一个单一的塔庙，规模像个小人造山丘位于其旁，可由内侧的一条坡道环绕而上。到皇宫之路径是要经过市区，通过防卫的城门，再经过一个大广场经由一条宽得可以通行马车之坡道到达宫殿之主要大门，经过第一个中庭后再经小信道入第二个庭。在这里有一个等候室，获得召见之人即可在此等候，其墙为石版刻，有各种与真人一样大之浮雕。在慢长的演变中，皇宫从原来只是塔庙的一个附属物渐渐发展成主体，甚而牺牲掉塔庙之存在而在此时发展成为顶点。在政治上，这也表示了政治渐渐压过宗教和国家的力量。

除了萨贡宫殿以外，亚斯纳西伯二世（Ashurnasirpal II，公元前883–前859年）所建之宁鲁德（Nimrud）宫殿与亚斯班尼伯（Ashurbaanipal，公元前668–前631年）所建之尼尼微（Nineveh）宫殿也都极为精彩，尤其是内部之浮雕，不少都是描述亚斯班尼伯之狩猎。其中景象栩栩如生，尤其被猎杀狮子之浮雕更是逼真写实，可惜均已毁坏，但不少均收藏于大英博物馆中。

新巴比伦文明

公元前612年，即亚斯班

△ 3.11 宁鲁德宫殿遗构现貌

▽ 3.12 尼尼微宫殿猎狮浮雕

▽ 3.13 尼尼微宫殿猎狮浮雕

△ 3.14 尼尼微宫殿猎狮浮雕

▽ 3.15 尼尼微宫殿猎狮浮雕

▽ 3.16 新巴比伦城鸟瞰透视图

尼伯死后14年，一向与亚述为敌的巴比伦人在纳波伯拉萨（Nabopolassar）之领导下；米底亚人（Median）在西夏瑞斯（Cyaxares）之领导下；再加上塞亚西人（Scythian）之一些部落，组成了联合军向亚述进军，尼尼微终于不敌而陷落，房屋被烧，人民被杀或成为奴隶，亚述帝国从此消失，尼尼微的繁华从此不再。美索不达米亚平原之文明移向南方，著名的尼布甲尼沙二世（Nebuchadnezzar，公元前605–前563年）恢弘了汉莫拉比之巴比伦，是为新巴比伦文明（Neo-Babylonian，公元前612–前539年）。他重建许多旧有苏美人之城市，而巴比伦旧城亦被扩大，使建筑提升到一个高潮。

尼布甲尼沙二世虽然在一些史书中，声誉不佳，但在巴比伦历史上，他是重建巴比伦的大英雄。而在他就职时，就立志要重建巴比伦城，而事实上尼布甲尼沙二世所说的，差不多都兑现了。尽管有人批评他，但尼布甲尼沙二世在他那个时代，的确为西亚最伟大的统治者。他不但是最成功的军事家，最英明的政治家，而且也是最伟大的建筑师。他对巴比伦的贡献，除汉莫拉比外，无人可和他相提并论。当尼布甲尼沙二世之时，埃及与亚述共谋置巴比伦于附庸地位。但当埃军到达幼发拉底河上游经他一击，即告全军覆没。趁战胜余威，尼布甲尼沙二世进兵巴勒斯坦及叙利亚，西亚再无人敢和巴比伦抗衡。

此时，巴比伦商人，随着国威的发扬，控制着从波斯湾到地中海的一切贸易。尼布甲尼沙二世利用属国的进贡、本国的田赋及商人的税收，大肆美化其都城及神庙。“重建巴比伦并不是我惟一的任务”，他为了与老百姓接近，曾常常出巡。老王纳波伯拉萨在世之时，曾拟有重建巴比伦大城计划，目标在把此一大城建为当时最大最美的都市，但来不及实现便去世了。现在，尼布甲尼沙二世有力量、有了时间——他统治巴比伦达43年——于是便把老王计划付诸实施。希腊史家希罗多德150年后游历于此，曾这样惊叹：“好宽广的都市！”

新巴比伦城

原有的旧巴比伦城是位于幼发拉底河之东岸，是一个不太规整之平面，有八公里长之城墙。尼布甲尼沙二世在河之西岸建了新城，借着一条石桥相连，并且建了双重之防御城墙及护城河。巴比伦新城，环以长数十公里之高墙。此墙不但高大，而且宽广可容纳一辆四匹马的战车在其上奔驰。城内面积近五百平方公里。幼发拉底河横贯其中，横跨此河，为一极其壮观之大桥。而皇宫，也经过尼布甲尼沙扩大重建，其边则有古典传统之空中花园（hanging garden）。公共建筑物集中于一条略为提高之游行大道，从著名之伊修塔尔门（Ishtar Gate）一直通到拥有自己墙垣之艾特美纳吉（Etmenanki）塔庙并经伊修塔尔门入城内。

富丽堂皇之神庙中所供奉的是马杜克（Marduk），即巴比伦之守护神，环着神庙向外延伸，即系由大街小巷运河商店住宅等所交织而成的市区。游行大道亦称“圣道”，街道满铺大理石，以便神走时不会把脚沾污。圣道两旁，由蓝色釉面砖砌成之墙，墙上刻有120只狮子。这些狮子皆作怒吼状，据说为避邪之用。伊修塔尔门，系以彩陶砌成，雄踞圣道一端。除了双层壁垒外另有两个高塔而比其他邻近建筑都高，但基础却深入地下10米，表面为蓝色上釉之砖，有狮子、牛等动物，色彩奇丽，姿态逼真。这些动物一再地重复在地下，但没有上釉，目前有段复原于柏林博物馆。整体而言，巴比伦建筑，主要材料为砖，因为美索不达米亚不产石头。这些砖之制作极为精致。表面不只有蓝、黄、白之釉，而且刻有动物花卉图案。今天，巴比伦所有出土之砖，大部分均系尼布甲尼沙二世时代所制。这些砖上，大都刻有“尼布甲尼沙，巴比伦之王”等字样。

塔庙以巨石砌成，共7级，计高320米，宛如一座小山。塔顶有华丽宽广之神龛，龛中设有精雕细镂之桌床。桌上布满黄金，床上睡着美女，都是供神享用。据史家考证，这可能就是希伯来神话中所提到的“通天塔”（Tower of Babel）。依神话之说，有一族人，不知敬奉耶和华，欲造一塔以通天，塔未造成，神即令他们说话彼此不相通。

空中花园

塔庙之北，有一台地。在

△ 3.17 新巴比伦城伊修塔尔门

3.18 新巴比伦城伊修塔尔门狮子浮雕 ▽

△ 3.19 新巴比伦城祥兽浮雕

3.20 新巴比伦城塔庙想像复原模型 ▽

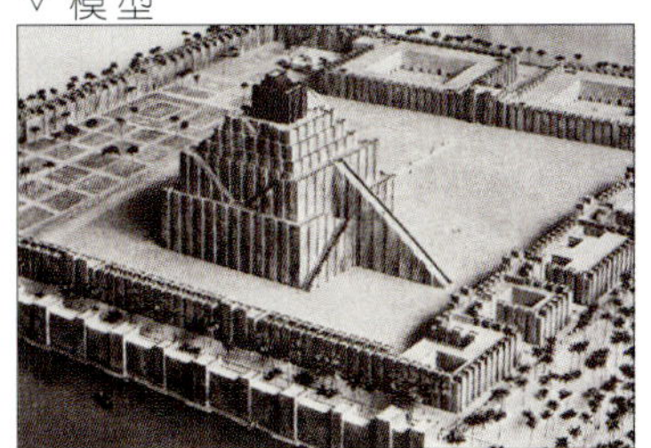

此台地上，就是尼布甲尼沙二世的壮丽宫殿，金碧辉煌，雕梁画栋。其中寝宫，尤为别致，墙为黄色砖，地为白色及杂有花纹之石，门墙俱有浮雕装饰，门外列有巨型石狮。宫殿附近，就是有名之空中花园——希腊人许之为世界七奇之一。空中花园，建于无数高大巨型圆柱之上。作为花园之地面，所回填之土极为深厚，不但可植花草，而且可种大树。花园由高达20多米之圆柱支撑，所需灌溉花木之水，即输送于柱中，水系由奴隶分班以抽水机自幼发拉底河中抽来。此空中花园，系尼布甲尼沙二世为其宠妃而作。此宠妃据称为米底亚西夏瑞斯之公主。由于她不耐巴比伦之烈日风沙，故尼布甲尼沙二世乃比照其故乡景物建此花园。空中花园，高踞天空，绿树浓荫，香花处处。后妃畅游其中虽不戴面纱，亦不用担心被平民百姓窥见。在空中花园下面，生活着的就是巴比伦的庶民。他们一代又一代，男耕女织，不停地以双手双肩支撑着整个巴比伦。

△3.21 颇塞波利斯宫殿遗迹

▽3.22 颇塞波利斯宫殿大阶梯

▽3.23 颇塞波利斯宫殿平面图

1.入口大阶梯
2.接见厅
3.柱厅
4.寝室

波斯帝国

公元前539年，西鲁斯（Cyrus）大帝攻克巴比伦，建立第一个波斯帝国，将其首都建于苏沙东南五百公里地方之帕沙格达（Pasargadae），一直持续到公元前4世纪是为波斯帝国（Persian，公元前539-前331年）。大多数之波斯建筑，几经刀兵水火及无情岁月的摧毁，所残存于世者，除数处宫殿废墟外，业已一无所有。目前最引人注目的则是颇塞波利斯（Persepolis）宫殿，颇塞波利斯自大流士一世（Darius I，公元前552-前486年）起，一直是波斯帝国的首都。这个由大流士一世及其继承者所建之颇塞波利斯宫殿则是位于一个自然之状约长500米，宽300米之基座上。从平原到高台则用石阶连系。波斯人所建的石阶，显然与众不同。这些石阶，据推测可能系脱胎于美索不达米亚塔形建筑之外廊。不过，这些石阶虽像塔形建筑，然本身亦另有特点：阶与阶之间，升高度非常之缓，同时，每一阶又非常宽，可容十人十马并排行走。以大流士之雄才大略规模已够宏大，其后各代之历次增建，自然更加可观。现在这些石阶、高台及廊柱，显然即是那些宫殿之蜕变。

颇塞波利斯宫殿

颇塞波利斯宫殿素有波斯建筑杰作之称，为泽克西斯一世（Xerxes I，公元前486-前485年）之宫殿，占地逾一万平方米。整个宫殿是由西北角之两座石阶而入，石阶分左右两旁向中央入口会合。石阶两边，都有浮雕，其雕刻技术，是迄今所发现波斯浮雕中最精致的。经过屋门后可以向南到达谒见厅（Great Audience Hall），从第二个内门可达到帝王室（Throne Room）或叫柱厅，有廊柱72支，但现在存留于废墟上者，仅仅有13支。这13支柱子，疏疏落落看起来颇像沙漠绿洲中的棕榈树。柱子为大理石，现虽残缺不全，但其制作技巧，却相当完美。每支廊柱，高达20多米。以之与埃及及希腊廊柱比较，似乎格外苗条。这是一种具有凹槽之廊柱，每支柱子，共有48条凹槽。柱底呈钟状，其上饰有仰拱叶片。柱头分两层，下半为花状，上半为兽头。在宫殿中央，一个复杂之正门将这些仪式建筑与皇室住宅部分及妻妾闺房（围绕中庭）分隔开来，在东南角，则有戒备森严之宝库，在此室中可以看到有凹纹之石柱，通常是站立于倒钟形之基础上，其柱头是结合于希腊及埃及之母题。而在外墙及阶梯之纪念性尺度之浮雕则大大和亚述时期只用于内部不相同。

公元前3纪元泽克西斯与希腊激战，败于亚历山大大帝（公元前336-前323年），美索不达米亚成为希腊之一部分，建筑当然也受其影响，而日渐式微之波斯艺术乃由沙撒尼亚（Sassanian）加以再赋予生命，其首都即为泰西封（Ctesiphon），通常是认为沙撒尼亚王索罗斯（Csosroes，531-579年）所建，但也许更早，一边开放之大厅室（iwan）有一砖拱高40米，跨距20多米，在两侧可以见到假的拱券为罗马式之作。

△ 3.24 颇塞波利斯宫殿浮雕

△ 3.25 颇塞波利斯宫殿柱厅

▽ 3.26 颇塞波利斯宫殿柱头细部

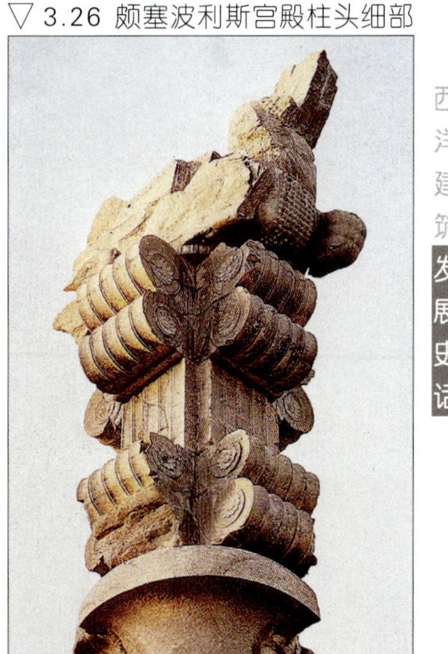

▽ 3.27 泰西奉宫殿

第四章 克里特岛与迈锡尼的建筑

自然环境

希腊位于南欧，在地理上包括由巴尔干半岛南端，伯罗奔尼撒半岛以及位于爱琴海（Agean Sea）、地中海及爱奥尼亚海（Ionian Sea）中的许多岛屿所共同构成。希腊境内平原不多，大部分为山丘，海岸线长。气候上除了北部为大陆性气候外，绝大多数地方为典型的地中海型气候。克里特岛是爱琴海南端最大之岛屿，由于地理位置之关系，克里特岛乃成为希腊、埃及和美索不达米亚文化之一个中间站。克里特岛是一个由数个山脉所盘踞，土地相当肥沃之地方。在其西面乃为琉卡山（Leuka），东边为迪克特山（Dikte），中央为依达山（Ida）。

▽ 4.1 宙斯神

社会文化

在历史分期上，古代的希腊历史非常地纷乱，但是可以简单地分为史前文明（公元前3300–前1100年）、神话时期（公元前1100–前776年）、古典时期（公元前776–前331年）与希腊化四个主要的时期。史前文明又可以分为克里特文明（公元前3300–前1500年）与迈锡尼文明（公元前1500–前1100年）。神话时期是文明的黑暗期，也是神话中诸神竞争建立地盘之期，建筑也相对地较为衰颓。古典时期是文化的黄金期，城市生活达于鼎盛，在建筑上也是最成熟的阶段。克里特文明的建筑以宫殿为著名，迈锡尼文明则建有固若金汤的卫城，神话时期是建筑较为衰颓之期，古典时期之后则是市集、神庙与剧场等公共建筑最为有名。

在岛屿罗列、阳光普照的环境中，希腊孕育了重要的古文明，也影响到建筑的发展。而神话本身对于古希腊而言，既是文化又是一种传说式的历史。希腊神话中的神祇很多，但以天神宙斯（Zeus）之体系影响最大。根据希腊之神话，宙斯是生于依达山的一个洞穴而被秘密地养大，此乃因为宙斯之父为了防止神谕预言其将被自己之子废位之事发生，所以每当他的儿子出生时，就将其吞食而亡，但宙斯却因被藏匿于洞穴之中而幸免于难，希腊的神话文化乃于克里特岛山麓下发展而开。而宙斯家族所衍生出来的各种神祇，有些掌管山海地，如海神波塞顿（Poseidon）及地神黑地斯（Hades）；有些成为各地的守护神，如雅典的雅典娜（Athena）、德耳菲的阿波罗（Apollo）及小亚细亚的阿特密斯（Artemis），最后涵盖了整个希腊。

△ 4.2 克里特岛海岸

克里特文明

克里特岛人民在长期海洋之熏陶之下，性情活泼开朗，富有朝气，荷马（Homer）曾在史诗奥迪赛（Odyssey）中对克里特岛屡加赞美："有一个名叫克里特的地方，处于如醇酒颜色的大海中，物产丰饶，风平浪静，热情洋溢"。早在迈锡尼人于公元前16世纪控制希腊之时，克里岛上早已发展出一个相当精致的文化。甚至在其于公元前1450年被消灭后，克里特之宗教信仰思想还是对迈锡尼人产生影响。由于克里特与迈锡尼同被视为是希腊史前文明，二者也常被混为一谈，其实克里特文化和迈锡尼文化间有极大差异，甚至他们所使用的语言也不同，是一种至今尚不可解之文。

克里特岛上的文字被称为A型线形文字，与希腊语不同。岛上在公元前2000年左右就发展新石器时代文化之民族，也可能是来自于小亚细亚。这时，克里特岛东边已经发展成一种相当精致之文化，各种文书上之记录及由繁华城镇所簇拥之宫殿乃为这个文化的外在表现与证明。虽然公共建筑逐渐庞大起来，但是在此时于岛上也可看到非常活泼之居住社区，位于岛东北米拉贝尔（Mirabell）海湾之瓜尔尼亚（Gournia），我们就可以看到保存得很好的社区轮廓，这个小镇上约有60余栋房子紧凑地建在一起，大部分之住宅都有两层楼，由户外楼梯到达。地面层通常作为储藏室，最先在街道面并没有开口，以后的发

△ 4.3 克里特岛瓜尔尼亚社区遗迹

▽ 4.4 诺萨斯建筑图案陶片

展才在正面上开始留门窗，这时候的米诺安（Minoan）小镇风光可以从遗留下的一些诺萨斯（Knossos）陶片上看到。

△ 4.5 米诺托与西修斯

▽ 4.6 克里特岛诺萨斯宫殿现貌

迈锡尼文明

大约是在公元前1700年，说希腊语的民族开始了他们在历史上多彩多姿的生活。此时之主角迈锡尼人（Mycenaen）应该不能算是一种土著，因为他是来自于小亚细亚之西移。在公元前1600多年之时，他们已经巩固地控制了希腊本土及附近的岛屿，更在这些地区建立了许多城寨，例如位于提尔恩斯（Tiryns）和迈锡尼（Mycenae）之卫城均极为出色，他们所使用的文字为1950年代由英国学者解读成功的B型线形文字。迈锡尼人之事迹和功勋，在其文明没落的几世纪后，曾由荷马在伊里亚德（Iliad）及奥迪赛中，加以吟赞。在其最强盛之时，迈锡尼人之贸易据点曾远至西西里岛，而军事殖民地则满布小亚细亚之海岸线。

▽ 4.7 克里特岛诺萨斯宫殿复原想像图

诺萨斯宫殿

克里特岛上希腊史前文明最重要的建筑乃是宫殿，通常是围绕着一个长方形之中庭，面临中庭的立面，也反映了躲在立面后房间之机能。这些房间是依机能、仪式、行政、宗教及居住而彼此成群。克里特岛上建筑之特征有柱列、入口或者是柱厅，可能部分是来自于埃及之影响。而以石块作为墙基及开口部之框，还有宽阔之阶梯，则为在此首创。这些宫殿在公元前1700多年之前，由于一次大地震被全部损毁。不久，在这些宫殿之原有之轮廓上，再度建立起新的诺萨斯宫殿（Palace of Knossos，公元前1600年）。虽然规模不大，但这些城镇再加上它们之公共设施，却是希腊城邦（Polis）之前身。

由于克里特文明到了米诺斯（Minos）统一整岛后才兴盛，许多历史学者也习惯以代表米诺斯时期的米诺安文明来指称克里特文明。然而历史学者对于米诺斯的定义却不是指特定之某人，而是泛指一个政权。米诺安的建筑师通常不太考虑到所谓的平面架构，他们不太关注到是否会有一个干净整齐之轮廓。在诺萨斯之宫殿，我们所看到的通路则不是直线的，而重心则在于多用途之中庭上。在此中庭之周围，空间的层次性是混淆不清的，而且也没有强而有力的轴线贯穿建筑。我们甚至可以说，整个建筑是个迷阵（labyrinth）。事实上，迷阵此字亦源自于克里特岛，其字源原意双面斧，为克里特岛上重要宗教象征。在这个建筑内，我们可看到不同层数不同元素之立面搀杂在一起。

诺萨斯宫殿错综复杂的空间可以使我们想起人身牛首米诺托（Minotaur）之故事，此故事应溯至米诺斯的身世，他原为天神宙斯与腓尼基公主欧罗巴（Europe）之长子，有一次在祭拜海神之仪式中，私自占据了一头甚美之公牛因而触犯海神。海神因而让公牛与米诺斯的王后帕希腓伊（Pasiphae）通奸，因而生下米诺托。米诺安于是聘请泰达鲁斯设计建造迷阵将之困于宫殿中，但每年必须自雅典进贡七童男与七童女供给米诺托祭杀。后来西修斯（Theseus）潜入宫殿将之杀死，然而西修斯却深陷于迷阵中，最后经由亚利亚德娜（Ariadne）公主之指引才得逃出，看来这个神话和事实的确有好几分吻合性。

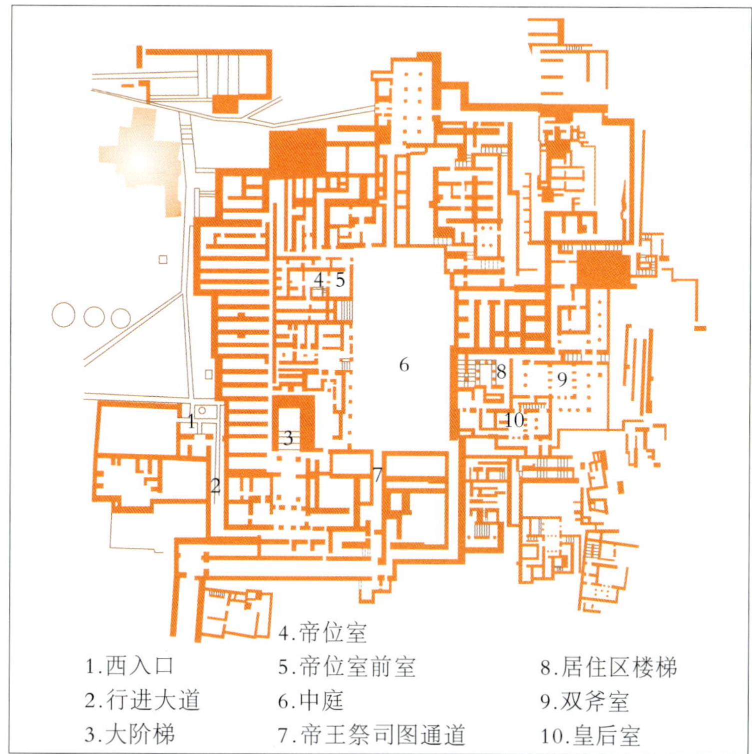

△ 4.8 克里特岛诺萨斯宫殿平面图

整个宫殿由中央之中庭略分为东西两个部分。西半部再由一条南北向的信道分为储藏室和包括帝位室（Throne room）之各种仪式空间。东半部则分为北部之工作室及南边之帝王及王室住宿区。诺萨斯在全盛时期有四万住民，宫殿是位于一个微凸之地上，有缓坡朝向海面，东及南面较陡面临河，在河口有港，有一条路连接宫殿与港口，经过小宫殿（little palace）及剧场区后再南转经过入口入宫。在南面则有路与菲亚斯多斯（Phaistos）相通，虽然北面有一个美丽之入口信道，但是正式之宫殿入口却是

△ 4.9 克里特岛诺萨斯宫殿西入口现貌

4.10 克里特岛诺萨斯宫殿大阶梯现貌 ▽

4.11 克里特岛诺萨斯宫殿大阶梯复原想像图 ▽

△ 4.12 克里特岛诺萨斯宫殿帝王室外貌现况

4.13 克里特岛诺萨斯宫殿帝王室现貌 ▽

4.14 克里特岛诺萨斯宫殿帝王室想像复原图 ▽

位于西面。经过一个只有一根柱子之入口，和一间警卫室而进入所谓的“行进大道（Corridor of Procession）”，在这个狭窄之信道上，画有五百个和真人一样大小手持各种供奉品之男女，信道向南延伸约21米，然后向左转可以到达一座宽大阶梯之基部。在其上有一些祭仪空间，再往下则为帝位室。此间帝位室亦可以由中庭经过一间前室入内。在信道和中央中庭之间亦夹有另外一个信道，在其间有一幅著名的“帝王祭司图”，描述一个帝王祭司头戴百合花及孔雀羽毛冠，左右可能牵引一只葛利芬狮鹫兽（Griffin）之情形，帝位是由雪花石膏所做，其两侧之凳亦为相同之材料，此外，墙上亦画有葛利芬狮鹫兽以作为护卫。

△ 4.15 克里特岛诺萨斯宫殿帝王祭司图

4.16 克里特岛诺萨斯宫殿居住区楼梯 ▽

位于中庭之东的居住部分是低于中庭下面两层，然而其上必然还有两层之存在。这一部分是一座有采光井之大楼梯作为垂直之主要动线，在这个楼梯间，亦可以很清楚地看到遍布全宫殿木制下缩而且有个大圆柱头之柱子，柱身除最下部分漆黑之外，全为红色，而柱头则为黑色，整个柱身与柱头之断面为椭圆而非圆。下了大楼梯之后便可以进入双斧室（Hall of Double Axes），亦即为帝王之室，地面铺设石膏石板，墙上则刻有克里特岛上之神圣象征——双面斧，室中五根方柱将空间一分为二，而柱间之双推门则可以依必要或非必要之需而加以开闭，东面及南面则有游廊直接朝向外面。

在帝室之南则为皇后室，在墙上则有精致之海洋景色及歌舞女郎，顶棚亦有螺纹形之装饰，中央中庭则为大部分活动举行之所，尤其是在举行米诺安牛舞时，更加狂欢。牛舞是岛上一种神圣的仪式，和旧石器时代晚期有角怪兽祭礼必然有某种程度之关联，在仪式进行之时，观众围在中庭四周，经过训练之男女勇士与发怒之牛相互搏斗，他们可能会抓住牛角不放，亦可能会跳立牛背，这些景象可以由一幅牛舞图之壁画中看得很清楚。这种牛舞相信亦和神话有关，前述之半牛半人之米诺托怪物有关。在宫殿中，圣角被置于某些特定位置，而在宫殿轴线之远处，有裂缝之多克塔斯（Touktas）山，也能唤起人对这种古老象征之敬畏。

大约在公元前1400年之时，诺萨斯宫殿和其他克里特岛上之城镇已经完全荒废，宫殿已经毁坏，而住民则移往希腊，大约是此时，或许是更早，已经控制希腊大陆2至3世纪之迈锡尼人已经将统治势力扩充至克里特岛上了，过去一直有人认为迈锡尼人是破坏克里特岛上米诺安文化之主要因素，这是相当值得怀疑的。因为有很多迹象看起来米诺安文化的消失主要是由于自然界之巨变——德拉（Thera）岛上火山爆发所致。德拉岛上之层层火山灰烬之下目前已经开挖出一处完整之米诺安殖民地了，埃及十八王朝时之文献曾有“当时天昏地暗，雷电交加，是个狂暴的天灾”，相信是对

△ 4.17 克里特岛诺萨斯宫殿帝王室现貌

4.18 克里特岛诺萨斯宫殿帝王室想像复原图 ▽

△ 4.19 克里特岛诺萨斯宫殿皇后室想像复原图

4.20 克里特岛诺萨斯宫殿皇后室现貌 ▽

4.21 克里特岛诺萨斯宫殿牛舞图 ▽

▽ 4.22 克里特岛诺萨斯宫殿圣角

△ 4.23 迈锡尼文明帝王室想像复原图

▽ 4.24 迈锡尼卫城远眺

此事之记载。

迈锡尼文明之卫城

迈锡尼文明卫城大约是形成于公元前1400年左右，大量移民浪潮涌入希腊本土之后的几世纪，这些卫城代表了希腊文化第一个主要的建筑插曲。这些以战略为优先之卫城，非但是防守线严谨，而且有非常优良之供水系统。在其中央的最高处为帝王宫殿，在宫殿组群中，美格隆圣室是主宰的元素，并且决定了主要轴线之方向。美格隆圣室通常朝南，由一个入口入内，入口与主室之间则往往置有警卫室。在主室中，有一个大火炉形成这个仪式空间之焦点，围绕着这个焦点即是献酒及祭杀各种祭牲之处，火烤祭牲之烟则由火炉上方之洞散发出去，而此洞则兼有采光作用，有时此洞面积甚大，四角则会有支柱以承屋顶。在火炉旁则有一供桌以置祭品，帝王之龙位则位于长边之中央，两边则由希腊神话中半狮半鹫之怪兽葛利芬画像作为护卫。地板常为灰泥表面，而且往往细分为好几格，每个方格中均有不同颜色之图案，在墙壁上则有各种景象之灰泥壁画。迈锡尼这些宫殿之结构可以说是以粗石为主干，再加上以水平及垂直之木材来加强。在外观上，主要的墙壁则

▽ 4.25 迈锡尼卫城平面布局图

▽ 4.26 迈锡尼卫城鸟瞰

贴以石灰石，这种外贴表面材之手法可能传自于克里特岛人。相对地，整个卫城之防御围墙则是由巨大不规则之石块堆砌而成。

迈锡尼卫城

迈锡尼时期一个著名卫城乃是位于迈锡尼卫城（Mycenae Acropolis，公元前1400年）本身，位于科林斯（Cornith）西南，东有札拉山（Zara），西有马答山（Marta），后则为普罗菲提艾利亚斯山（Profitis Elias），在其顶上有以前迈锡尼之岗哨遗迹。卫城之位置，向南可以洞悉从克里特岛及爱琴海方向之海上动态，北则可以控制前往科林斯和希腊中央之陆路。而这个粗犷之石灰石卫城，由于其巨石所构成之城垣，更加显得坚固难破。其城垣有的厚达7米，石块单一重量有的达5吨重，希腊神话中传说是独眼巨人赛克罗普斯所搬来。迈锡尼卫城内有一个地下储水池，由东南之墙内侧进入。

卫城之大门位于西北角，为一巨石群之组成。横楣就大约有25吨重，在其微凸之表面上有一幅被完整保存下来之浮雕，为石灰石之狮子，是希腊文化上第一个大型雕塑，此即著名之“狮子门”。以动物来作为护兽早在哈都萨斯就看得到，而对迈锡尼人来说，护兽即为大女神（Great Goddess）之守护者，而大女神亦是克里特岛上非常普遍之神，在许多徽章中均可以见得到。经过狮子门后就有一坡道通过宫殿，昔日之美格隆圣室已留下不多痕迹，因为在其上曾在后代陆

△ 4.27 迈锡尼卫城城垣现貌

▽ 4.28 迈锡尼卫城狮子门现貌

△ 4.29 迈锡尼卫城狮子门现貌

△ 4.30 迈锡尼卫城鸟瞰

▽ 4.31 迈锡尼卫城宫殿区现貌

▽ 4.32 迈锡尼卫城宫殿区现貌

续建过庙宇，坡道之下则另有一路通往所谓的A区圆形坟墓。

A区圆形坟墓群是最早期迈锡尼帝王坟之形式，内有6个坟墓，周围是两道平行之墙，上端被修平以置放屋顶，每个坟墓均有墓碑，这些碑之作用是当作一种假门，以让鬼魂得以进出墓室。墓室中帝王之身躯常绑有绷带，这种类似木乃伊之做法相信是传自于埃及。在迈锡尼尚可以看到晚期之圆形墓（tholos），亦名蜂巢墓（beehive tomb），其结构为石砌挑拱顶，在圆墓之前有一条长的墓道（dromos），这种可以追溯到公元前1500年之蜂巢坟通常是半地下的。它们的构筑方式首先墓道是被沿着山坡开挖出来，同时在两侧做挡土墙以后，接着再挖圆形墓室，整个圆顶上再覆以泥土，同时再围以圆形扶壁。

△ 4.33 迈锡尼卫城A区坟墓群鸟瞰

4.34 迈锡尼卫城A区坟墓群复原图 ▽

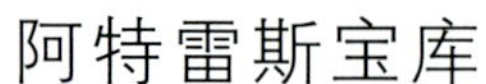

阿特雷斯宝库

在这些蜂巢坟中，最有名而且最好的叫作阿特雷斯宝库（Treasury of Atreus，公元前1325年），其之所以被称为宝库乃是因为国王把财宝带到棺材，所以墓里充满着殉葬物。此墓的墓道有约37米长，6米宽，地面上以水泥粉刷作为铺面。两侧墙壁渐渐升起，在墓室入口处形成两层楼高之门面，下半层做成像埃及牌楼之样子，横楣横贯整个立面而和墓道两侧之墙交接成一起。立面上有2根绿色石灰石之半柱作为装饰，上边有曲折之装饰带，其下缩之处理及柱头之形式很清楚地是来自于克里特岛之影响。上半层之柱子尺度则较小，中间原有三角形之浮雕，用以减轻横楣之重量。圆形墓室之墙壁在地面上就开始以曲面上升，一共有33层，使整个圆室之内部形成一个精彩之曲面空间。在这个墓室中，真正的遗体埋葬地点是位于圆室旁边的一个小长方形之房间内，送葬行列是经由墓道把帝王遗体连同其妻和殉葬者送入，安置在一个深入地下之

4.35 迈锡尼卫城阿特雷斯宝库现貌 ▽

▽ 4.36 迈锡尼卫城阿特雷斯宝库剖面示意图

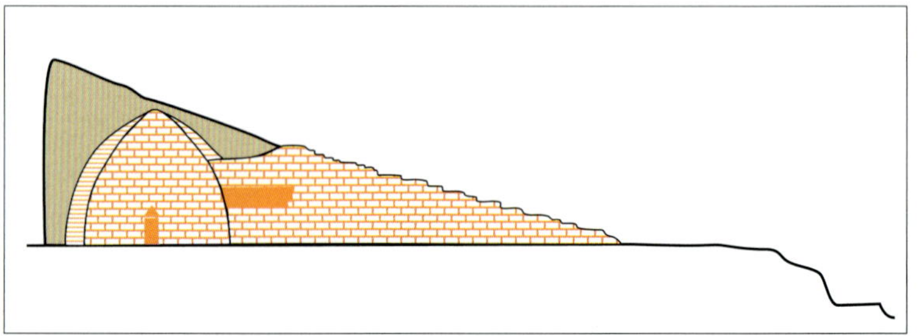

坑，上边摆设各种祭品和殉葬宝物，架上柴火，等柴火及供品燃烧成灰烬后就自然落下坑内。此时再回填泥土，再覆以石块，等殉葬行列出来后再把门加以填实或封死。

提尔恩斯卫城

提尔恩斯卫城（Tiryns Acropolis，公元前1600-前1100年）就像一艘航向大海之船，矗立于亚格斯（Argos）之石灰石上。这个卫城主要是由两个部分构成，一为北面较低部分之空地，可由西南角之门入内；一则为南面之宫殿建筑，主入口是位于东，必须要经由朝北之坡道入内。由此再穿过两个门、四个庭才可以到达中央之美格隆圣室，在东南边及南边之墙内各有一系列之炮塔房（casemate），是石砌挑拱顶（corbel vault），以巨大乱石一块块出挑而成拱，这种做法应当是传自中亚，西北角有两道平行之隧道通往储水池。

4.38 迈锡尼阿特雷斯宝库入口复原图

△ 4.39 提尔恩斯卫城鸟瞰复原图

4.40 提尔恩斯卫城石砌挑供现貌

4.37 迈锡尼阿特雷斯宝库入口现貌

▽ 4.41 提尔恩斯卫城城垣现貌

第五章
希腊神庙发展与古典柱式

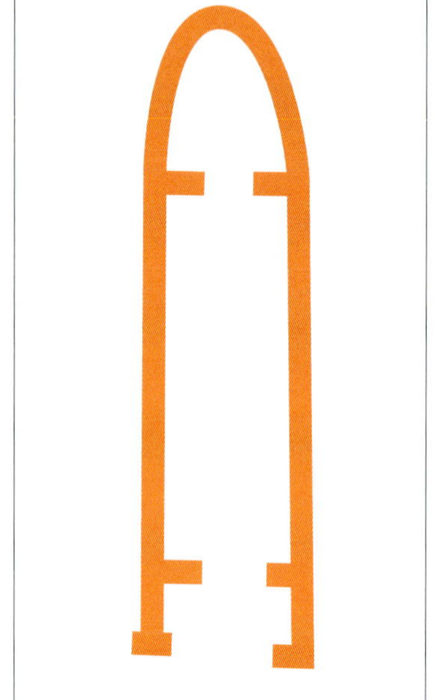

△5.1 希腊神庙雏型空间示意图

▽5.2 希腊早期神庙陶土模型

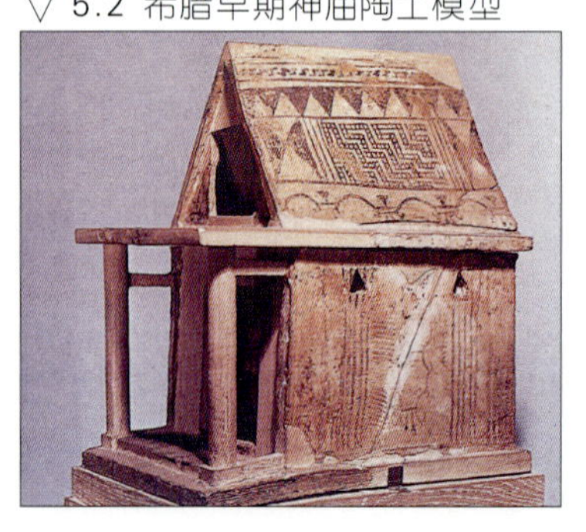

多立安人之入侵

公元前13世纪末至12世纪，多立安（Dorian）人开始蜂涌而入，他们以武力破坏了迈锡尼之卫城，推翻了希腊迈锡尼时期之城市，建立了一个以种族忠诚及酋长与神为最高权力之村落社会。此时，土地为大家所共享，火葬取代了土葬，铁器取代了铜器成为工具及武器之主要材料，文明从一个灿烂夺目之时代退落到毫不起色之时代。这时候所兴建之公共建筑简单而统一，像迈锡尼宫殿般的建筑再也没有被尝试过。

宗教性的祭堂也极为平凡，除了室内有个称为夏农（Xoanon）之木雕像外，也没有特殊变化。据推测，这些祭堂可能在室内会有不规则之支撑，或者一两排柱子以支撑三角形之屋面，堂前之挑檐也经常横越整个建筑之尺寸。这些祭堂虽然看起来很简陋，却预测了以后希腊宗教建筑之两项重要特征。

第一，这些祭堂是所在地整个地区惟一的一个特殊焦点，而日后发展成熟之希腊神庙也均是城市中主要的标帜。第二，这些祭堂主要是为一个神或女神而建，而不是信徒聚集于内举行仪式之处或者城市之社经中心。这个意念延伸到以后之希腊城市之中，仍然不变。

一般而言，希腊并没有非常有力之祭司阶级来掌管神庙及各种仪式，希腊人对神之关系是公开于神庙之外，一般老百姓执行圣职作为一个市民之责任，市民尊敬神但是并不属于神。希腊人和神之关系是比较世俗的，虽然宗教建筑是整个景观之重心，然而城市本身就是神圣及信心之代表，神庙只是再强调这种力量而已。

希腊神庙之演变

自古文明发展以来，就一直有两个力量在相互消长平衡，一为人一为神。而如果表现于建筑之上，前者即为宫殿与帝墓，后者则为神庙。在美索不达米亚早期社会里，帝王是城市之管理者，但却是属于神之管辖，此时塔庙或神庙突出于环境之中，而宫殿则渺小不堪。而在亚述时期，我们则可以看到塔庙已经沦为次要元素。在埃及，消长情形正好相反，在旧王朝时期，帝即是神，所以有大型金字塔之帝墓出现；到了新王朝，金字塔则减少威力，而神庙平地而起。

就希腊文化而言，在克里特迈锡尼时期，宗教祭司之力量是次要的，并没有任何大庙之存在。神是无所不在，在树林内，在山头上，在天空中，祭坛及小祭堂乃为主要奉献之处。但是当有权力之帝王渐渐没落之后，神的力量也是渐渐强大，神庙之尺度也随之扩大。

虽然成熟的希腊神庙之基本规制是源自于迈锡尼之美格隆圣室（megaron），但其有差异也是必然的。例如神庙外部之连续柱廊则为新的发明，美格隆圣室之方位通常是南北向，而神庙总是面东；美格隆圣室原为平屋顶，而石造神庙则为斜屋面。然而门廊之柱及长方形之主室，其受美格隆圣室之影响则是不用说的，只不过在帝王室之火炉变成了神像。

在公元前8世纪时，希腊之各个城邦开始兴起一股统一的强烈念头，而在这种泛希腊（Pan-Hellenic）之思潮下，有两个神显得特别地突出重要，第一个是位于希腊南部奥林匹亚（Olympia）之宙斯神，为诸神之父，受大家共同之尊敬。自公元前776年开始，每隔四年就有一次竞技大会，而此时纷争时起之各城邦必须停止所有的争执，而在场上力拼以换取来自于宙斯之荣耀，此后的三个世纪，在奥林匹亚出现了一组建筑，包括体育场、宝库、宙斯神庙与希拉神庙。第二个则是德耳菲（Delphi）地方阿波罗神庙与其神谕（oracle）对于希腊之影响，因为接受此神谕之忠告，很多纷争因而平息，而神谕亦指引希腊人建立

△ 5.4 阿波罗神

▽ 5.3 雅典娜女神

▽ 5.5 阿特密斯女神

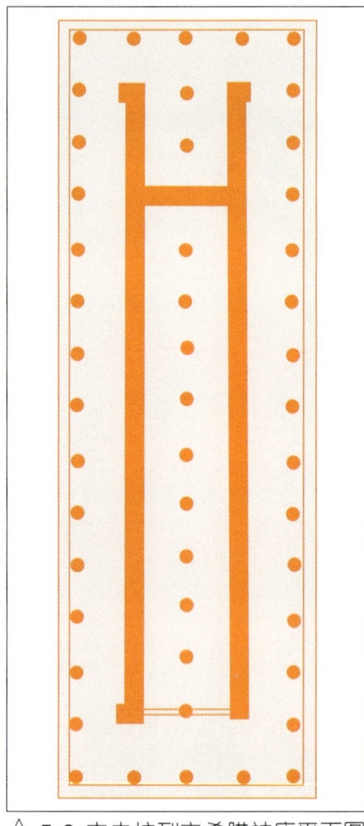
△ 5.6 中央柱列之希腊神庙平面图

▽ 5.7 第一座有外柱廊的萨摩岛希拉神庙平面图

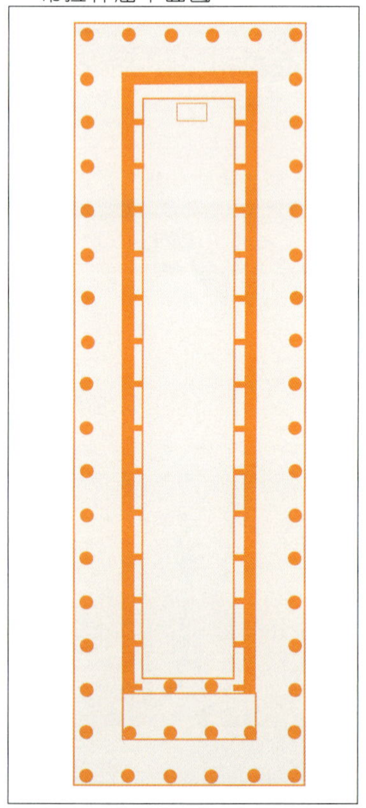

了许多殖民地，德耳菲也出现了著名的阿波罗神庙组群。

这样看来，希腊神庙不仅仅是希腊开始趋向团结的一个象征而已，它们也是一种趋向共同信仰，虽然每个地方还是有其地方神，例如萨摩岛（Samos）之希拉，艾菲索斯（Ephesos）之阿特密斯（Artemis），科林斯（Corinth）之阿波罗及雅典之雅典娜。

除了共同信仰外，希腊还逐渐形成共同语言，共同文化之象征，它们使希腊人从野蛮民族中脱颖而出，亦是使希腊城市享有自己独特风格之主因，希腊神庙因而和希腊人之法律，圣经还有莎士比亚之戏剧成为西方文化之主要意象。

事实上，希腊神庙是经过三个阶段才发展成熟，第一个阶段为多立安人占领之初的祭堂，这些祭堂与其说是庙，不如说是神之家，因为其形式比较接近于居住单元，而也往往在房间内摆设有火炉。第二个阶段为实验时期，也就是城邦崛起之公元前第七、八世纪，这时候国家尚未统一，而希腊庙宇也尚模糊不清，但是尺度也相对地增大而且柱列也已经开始出现，这时候多立安人之祭堂已经完全弃之不用，代之而起的乃是严谨的长方形，置于主要祭室末端之神像从入口望之形成强烈深邃之感。为了强调此感，有时候就必须把比例扩大，因而产生出现中央柱列之情形，但也因而挡住了神像，为了解决这个问题，只好将之位移出中轴线外。

而神庙外柱廊乃首度出现于萨摩岛上之希拉神庙，这些柱廊之效果使希腊神庙不同于以往所见埃及及中东地方封闭外墙之神庙，柱廊使希腊神庙从只是一个神圣的室内空间一变成为从四面八方均很庄严之建筑物，原为木柱之这一圈柱廊使建筑让人感觉到不只是一个大容器而已，而亦使建筑物之正背面不再是那般的明晰，从此，神庙渐渐变成城市中之主要纪念物和最权威之人造环境物了。

早先的柱廊尺度均是小得不能利用，但却有防止泥砖被雨淋之实际效用，等到石柱取代木柱，石块取代泥砖之时，这种实际效用也就无效了。第三个阶段可以说是成熟阶段，屋顶也由永久性的瓦片所取代了，但是因为这些瓦片是靠自重而不是靠粘剂附着于屋顶，因此屋顶的斜面变缓了，而入口之处也由于主室之后退而变深了，当然，此时变粗之石柱也可以解释说因为要承载较重之屋顶之故。

而石造大庙之兴起亦促使了自迈锡尼文化没落之后就不再见之大尺度雕刻之再生。和真人一样尺度的雕像（很多是运动员）被树立于神庙之四周，和建筑物交融于城市中的一部分以显示城市之荣耀，而事实上很多早期之希腊建筑师本身就是雕刻家，他们负责了神庙之整个装修计划，而希腊神庙中丰富之人物雕像及景物石头浮雕也就从此成为一大特色了。

例如原立于德耳菲阿波罗圣域西北区附近的马车夫，为西西里基拉（Gela）君主波利查鲁斯（Polyzalus）献给阿波罗神庙之礼。雕像之主题为他于公元前478年马车竞赛之胜利，原来包括有马车夫及四马马车，为古典希腊最好的雕像之一。另外，原立于奥林匹亚宙斯神庙东南角的胜利女神尼克雕像，连同基座更高达将近12米。这座立于公元前425年之大理石雕像为雕刻家帕欧尼斯（Paeonius）之作，为梅森尼亚（Messenians）与纳乌帕先（Naupactians）在战争胜利后所献给宙斯神庙之礼。

毫无疑问地，这些神庙石材的切割技术及大型雕塑之手法必然是传自于埃及，即使是希腊所独创之多立克柱也有几分埃及味，这些柱子不像迈锡尼及克里特岛上之下收分柱一样，反而是埃及的上收分方式。另一方面，爱奥尼克柱（Ionic）及科林斯柱（Corinthian）也渐渐发展成希腊设计系统之精粹。

△5.8 马车夫雕像

△5.9 胜利女神尼克雕像现貌

▽5.10 胜利女神尼克雕像复原模型

希腊建筑师之名字均被记载在文献之中，他们所面临的问题是如何将根植于传统的木造及泥砖建筑作一番新的革新成为石造建筑，技术与营造之事项虽然重要，但并不是希腊建筑师主要努力尝试之处。希腊建筑形式之性格可以说主要在于其温雅之外观，希腊建筑，其实是相当保守的，它发明的东西少而且又慢，但是其发展过程却是一种理想化之追寻，每一栋建筑均是存在于一种标准与准则之极限内，而且也借着这个标准来评估建筑。

希腊古典三柱式

西洋古典建筑多彩多姿的柱式，其实是西洋古典建筑精

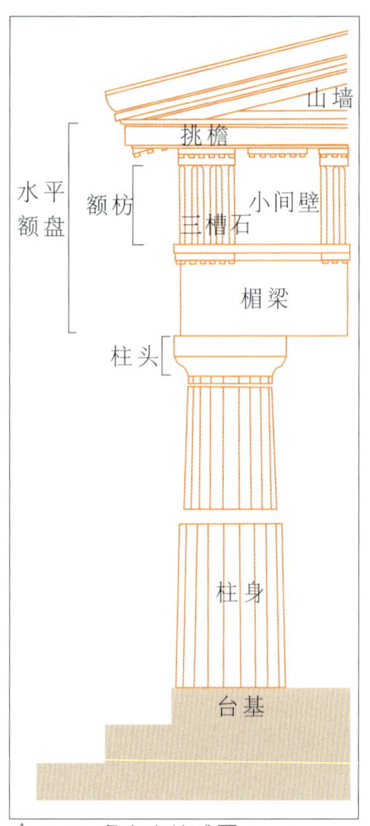

△ 5.11 多立克柱式图

▽ 5.12 多立克柱式柱头

▽ 5.13 多立克神庙

髓之一，而且有其历史上的渊源。要了解与认识西洋建筑，柱式的认识是必要的。在西方古典建筑中，所谓的柱式（Order），指的并不是特定柱子的特殊造型，而是一种兼具美学与结构的整体系统。就如同柱式的英文Order一样，它也代表着建筑的秩序，在建筑的表现上扮演着关键性的角色。一般而言，一根柱子区分为柱头（capital）、柱身（shaft）与柱础（base）三个部位。每一种柱式不仅有其特殊的形式与装饰，柱子直径亦为其基本模距。整栋建筑之柱高、柱距乃至于整栋建筑的规模都与这个基本模距形成一定的比例。

古典希腊人发明了多立克柱式（Doric Order）、爱奥尼柱式（Ionic Order）与科林斯柱式（Corinthian Order）三种基本柱式，罗马人再发展出塔司干柱式（Tuscan Order）与复合柱式（Composite Order）。文艺复兴以后的建筑师根据这五种古典的柱式发展出各式各样的新柱式，形成西方建筑中最具特色之处。两千多年来，西方建筑中几乎无法脱离柱式的影响。凡举支撑、门廊、门框、窗框、家具、灯具或者是纯装饰均可以运用柱式，而且一但建筑中应用了柱式，建筑中的西洋味就自然显露出来。

多立克柱式

多立克柱式（Doric Order），盛行于希腊本土及西西里岛，是希腊古典三柱式中最早出现者，公元前7世纪就已流传。其来源有不同的说法，有人认为其是从木构架演变而来，有人认为其是一种“理想”的发明。一座多立克神庙可以说是一个极端人工化的产品，有着准确之角度及几何形体，在地面突兀而立，可以说是一个抽象之物，和克里特迈锡尼或是哈都萨斯之建筑与自然相配合之目标可以说是完全不一样。希腊并没有像埃及沙漠那般广阔之地区，也没有高大之山脉及广畅之河流，相反地，却有一些山崖峡谷成为各个城邦之界，而一些可耕地则分散在这些山脊之间，就是在这种相当活泼之自然景观中，希腊神庙平地而起，和自然界相抗一直是希腊建筑的中心思想。

建神庙的第一个步骤乃筑一块台基以作为整个神庙之基座，这个长方形之台基也阐明了完成后之建筑不和周围环境融合之决心，大部分台基四周为三阶，当一个人从任何方向迫近时，感觉都是一样的，当然台基之尺寸也必然地影响到柱子之数目、柱距及柱之尺寸，而柱之尺寸（直径）也必然影响到其高度。换句话说，神庙中许多元素之尺寸均有相互的比例关系。

柱子是直接位于台基最上一层（Stylobate）之边缘，由石鼓（drum）垒砌而成，在断面中央有一个洞以安置定栓（peg），在公元前6世纪时，柱身大约是底部直径之4.5倍至5倍，到5世纪则变为5.5倍到5.75倍，以后则愈来愈细长，而向上之收分也减少以使蚌型圆块（echinus）不至变得那般的紧张。收分曲线（entasis）有效地使多立克柱那么生动而且有力地表达了它们负载之功能，而柱身之凹槽（flute）亦增加了这种压力感，并且使柱身在光滑的墙面中更加地突出。

这些凹槽是于现场等到所有之石鼓均安置妥后才进行，通常有20个凹槽，因为这个数目可以使柱头方形托板（abacus）之四个角可以正对弧棱，而柱身之中心线可以正对凹槽，这些凹槽亦使分段的柱子成为一体，一个优美的圆筒，事实上将柱身表面处理成曲线以强调其负重功能在欧洲一些巨石遗迹上就应用过；凹槽之处理在克里特迈锡尼之木柱上亦曾见过，而收分线亦见

△ 5.14 多立克神庙柱头、水平额盘及山墙

▽ 5.15 多立克神庙转角

△ 5.16 多立克神庙柱身

△ 5.17 多立克神庙鼓环

▽ 5.18 多立克神庙台基

△ 5.19 多立克神庙柱头遗构

△ 5.20 多立克神庙额枋复原图

▽ 5.21 多立克神庙柱廊

于埃及之建筑上，如果我们把多立克柱与建于公元前两千年埃及沙卡拉地方之左塞王墓室群相比较的话，我们就会明了前述希腊建筑从其他文化中借取灵感之真实性了。

多立克柱柱头部分为圆形柱身过渡到楣梁（architrave）之元素，由向外出伸的蚌形圆块及其上之方形托板所构成。这是一个重量和支撑物间的接头，和自然界之树枝并没有直接形体上之相关，因之我们不能以任何表面上的意义来看多立克柱，而必须视为一抽象物或者来自于人体之隐喻（metaphor）。就一个肢体构成相当优美的人来说，他身体之各部分必然呈现一种比例上之关系，而多立克柱和建筑之关系也可以说是如此，楣梁是一条水平带分离了柱子与建筑之顶部：额枋（frieze）、挑檐（cornice）和山墙（pediment），在结构上，其实为前后两石板架于二根柱子之间，其光滑之表面，亦有效地区分了有结构作用之柱列及装饰性之额枋。

额枋亦由三槽石（triglyph）及小间壁（metope）所构成，其位置的分配再次强调了柱子之韵律。三槽石原是位于柱子之正上方，但是因为平衡比例不甚良好，所以在两根柱间再多加了一个，屋瓦和两侧山墙挑出于柱列之上而形成挑檐。在原始之计划中，神庙是有色彩计划的，其中三槽石为蓝色，而小间壁之边及背景为红色。在许多尚未完成之神庙中，我们可以发现虽然是极端地不方便，庙之主体还是在室外柱廊完成后再兴建的。柱廊被优先兴建的这个事实再次地强调了整个庙宇被视为外观为上之建筑的特质。

事实上，神庙之背景就是大地，而建筑四面的重要性亦是一致的，柱列在视觉上是连续于四周，台阶、额枋等等均是，而楣梁就像一条优雅之丝带将建筑四周连成一圈，从哪个方向迫近神庙感觉上均是一样，而每两根柱子之间实际上就有门洞之机能。为了强化神庙这个意念，通常到达神庙之路都和建筑成一个角度以便至少可以看到两个面。

虽然神庙之设计是那般的理想，但是建筑师却发现他们所设计之神庙如果在地平线上观看时，会产生一种扭曲形变的效果，于是希腊之建筑师再度发明了视觉矫正之方法，平台之水平线微微向上凸起，而柱子之收分线亦微微外突，四根角柱微向内后倾，而且也比其他柱子更粗大。

多立克神庙在公元前5、6世纪达到成熟的阶段，而庙宇也经过不断的发展，形成一群建筑组群，而诸建筑之配置却往往不是那般地有规则，但是忠实地反映了时间的轨迹。位于奥林匹亚之希拉神庙是希腊石造神庙中最古老的几座之一，也是多立克柱神庙早期的例子。

爱奥尼柱式

爱奥尼柱式（Ionic Order）是希腊建筑的第二个系统，发明于公元前6世纪，盛行于爱琴海岛上及小亚细亚之海岸线。若与多立克柱式相比较，爱奥尼柱式是比较精致，比较有装饰性，但也比较女性化。爱奥尼柱式也不同于多立克柱式纯为一种抽象之物，爱奥尼柱式柱头之涡形花样（volute）很明显是来自于自然界之灵感，柱子本身较为修长，而且立于一个有线脚之柱础之上，柱身之凹槽并非像多立克柱那样的锐，而且在柱身之顶有线脚连成一起。

爱奥尼柱式柱头之涡形纹将柱子之承载能力沿着楣梁展开，以减轻重量在视觉上之压力，使纤细之爱奥尼柱得以在视觉上得到平衡，而楣梁上边

△ 5.24 爱奥尼柱式柱头

▽ 5.23 爱奥尼柱式神庙柱头与水平柱盘

▽ 5.22 爱奥尼柱式图

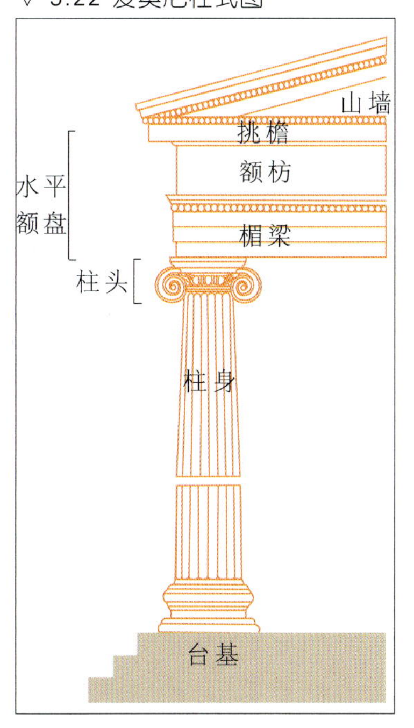

△ 5.25 爱奥尼柱式柱头

▽ 5.26 艾菲索斯阿特密斯神庙

之额枋则通常有水平浮雕而无三槽石及小间壁之分，以加重这种层层相叠之立面效果，整个感觉上和多立克柱之强调垂直完全不同。早期之爱奥尼神庙经常位于一个靠水边低地，刚好与突兀于地平线上之多立克柱神庙相反。

最早之爱奥尼神庙是公元前560－550年间，建于土耳其艾菲索斯地方之阿特密斯神庙（Artemision）。除了阿特密斯神庙之外，像雅典之雅典娜胜利女神神庙（Temple of Athena Nike）也是爱奥尼柱神庙之例子，一直到波斯帝国强大而控制爱奥尼亚人之地区时，爱奥尼柱式仍以一种混血的形式出现于颇塞波利斯宫殿之中。当然波斯人在颇塞波利斯宫殿中使用来自于各个地方之建筑元素亦可能有政治上安抚之用意。

科林斯柱式

科林斯柱式（Corinthian Order）是希腊古典建筑的第三个系统，公元前5世纪由建筑师卡利曼裘斯（Callimachus）发明于科林斯，此亦为其名称之由来。严谨地说，科林斯柱式其实为爱奥尼柱头的一种演变，但不像爱奥尼原先只设计从正面观之，科林斯柱式柱可以很完美地解决转角柱头的问题。但是此柱式特殊之处并非在于结构上之方便性，而是在于其装饰性的效果。最早的例子是位于巴塞（Bassae）地方阿波罗神庙中的一根独立柱子，据说发明者的创作灵感乃是一个外覆茛苣叶之奉献篮。

和抽象之多立克柱式和优美曲线之爱奥尼柱式相比，科林斯柱式更趋有机化与装饰性。科林斯柱式并没有发展自

▽ 5.27 科林斯柱式柱头

▽ 5.28 科林斯柱式柱头

己的系统，而交互地使用属于多立克及爱奥尼柱式之元素，莨莨叶（acanthus）也是在公元前5世纪经常使用于墓碑之装饰元素。雅典的宙斯神庙即为科林斯柱式的一个例子。

科林斯柱式还有一段传说与希腊神话文化相关，此事也显示出它象征意义上的考虑。根据希腊传说，阿波罗的母亲嫘托（Leto）怀有宙斯神之身孕之后，希拉既怒且恨，于是禁止任何人或神提供嫘托帮忙及生产之地方，嫘托只好流浪到宙斯神替她准备的提洛岛，才得以停下来喘口气，并倚靠在一棵月桂树边而产下阿波罗，在提洛阿波罗神庙外部及提洛岛上均树立有铜树纪念此事。巴塞此根独立科林斯柱，也因神话之流传而更加有意义。

或许是因为科林斯柱式有太多的虚饰，或者是因为希腊人太过于保守，以致于科林斯柱式在希腊并没有多大的影响力，反而是罗马人加以大大地利用。罗马时期，罗马人将希腊多立克柱式改良，去掉凹槽，加上柱础，成为塔司干柱式。而复合柱式则兼顾了爱奥尼柱式涡卷与科林斯柱式叶饰的特色。

△ 5.30 茛莨叶

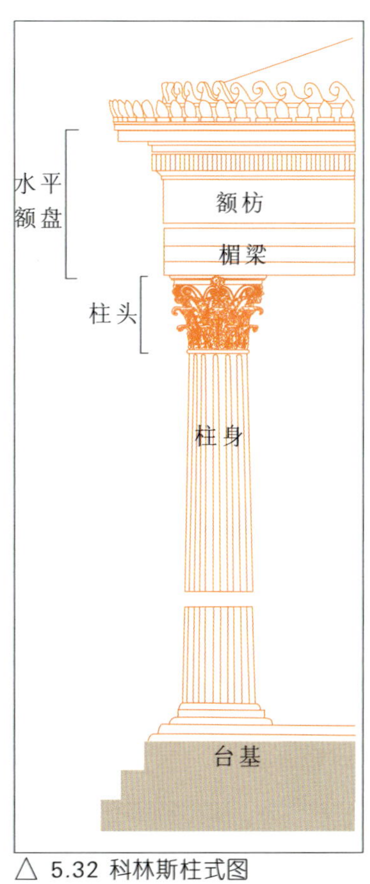

△ 5.32 科林斯柱式图

▽ 5.29 科林斯柱式柱头

▽ 5.31 科林斯柱式神庙

▽ 5.33 塔司干柱式柱头

第六章
奥林匹亚与德耳菲的希腊建筑

奥林匹亚

奥林匹亚，位于伯罗奔尼撒半岛的西北部艾利斯地区（Elis），阿尔菲欧斯河（Alpheios）与其支流克拉德欧斯河（Kladeos）的交汇处，景致优美，绿意遍地，是希腊有名的宙斯信仰中心。阿尔菲欧斯河发源于阿卡狄亚（Arcadia）山区，流入离奥林匹亚不远的爱奥尼亚海（Ionian Sea）。然而传说中，此河并未消失于海中，而于西西里岛夕拉古沙（Siracusa）之阿瑞杜莎（Arethusa）喷泉中涌现。传说中，阿尔菲欧斯是一个年轻的猎人，爱上了月神身旁的女神——美丽的阿瑞杜莎。然而阿瑞杜莎并不想嫁他而求助于月神，月神于是将阿瑞杜莎化为一股清流逃到夕拉古沙对岸的欧蒂加（Ortygia），形成了一滩清澈的涌泉。阿尔菲欧斯并不死心，化身为一条河流，贯穿海底直抵欧蒂加与涌泉合而为一。从字义上来看，阿尔菲欧斯乃是清澈透明之意，是宙

△ 6.1 夕拉古沙阿瑞杜莎喷泉

▽ 6.2 奥林匹亚运动设施与神庙总平面图

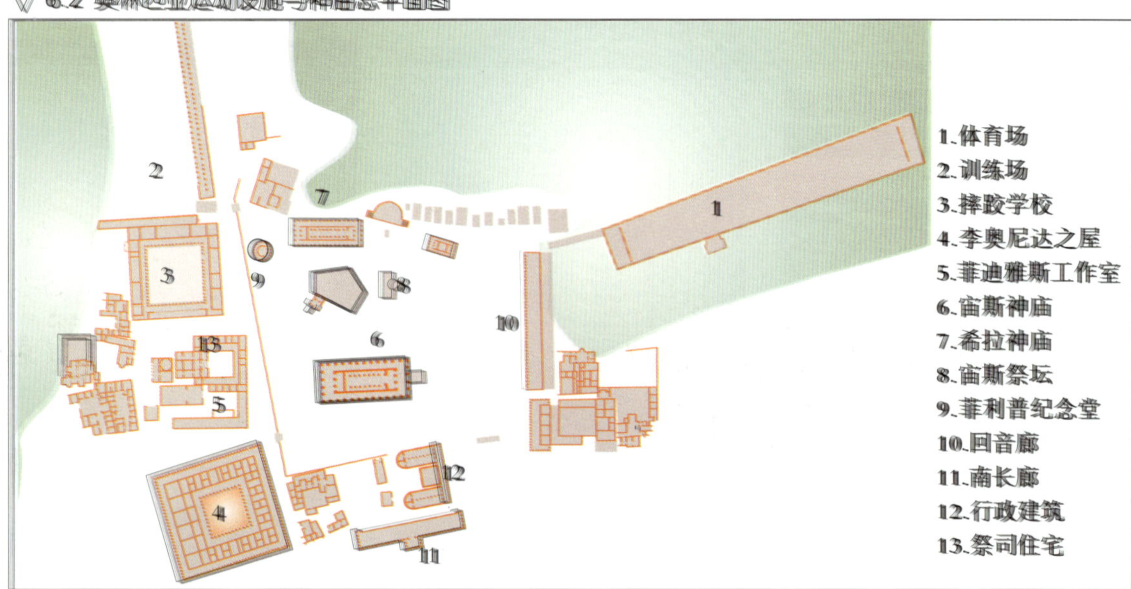

斯最钟爱的河流。每年神职人员都会将河水与祭灰混揉后涂抹于宙斯祭坛之上。

此传说也强化了古典时期，希腊人殖民意大利的事实。在古代，奥林匹亚充满了野生的橄榄树，在当地人的方言中，这片美丽的树丛生长之地被称为“阿尔提斯（Altis）”。在这片安详而又容易亲近的土地上，奥林匹亚展开了其在希腊历史上重要的一页。其中最重要的乃是奥林匹克运动会与宙斯崇拜。

奥林匹克运动会

奥林匹克运动会，是古代希腊非常重要的一项活动，也使奥林匹亚一地，闻名于古今。此运动会发源于公元前776年，当时为四年一次宗教祭典中的节庆之一，项目也只有赛跑一项，后来才发展成多项目的竞技大会。优胜者可以得到橄榄树叶编织的桂冠。公元393年，奥林匹克竞技大赛被拜占庭帝国所禁止，直至公元1896年才恢复举行至今。奥林匹亚地方原建有几座神庙与竞技运动设施，但因公元6世纪的地震所毁，逐渐被泥土所淹没，直至19世纪才重新被发掘出来。

有关奥林匹克起源的传说很多。但是神话中战神之子比萨（Pisa）国王欧诺玛斯（Oenomaus）与伯罗普斯（Pelops）竞技之说却最为人所相信。根据神话之说，欧诺玛斯获得一则神谕，他将会死于自己女婿，亦即希波达米雅公主（Hippodamia）丈夫之手。为了预防神谕的实现，欧诺玛斯于是召告天下，如果有人能够在马车竞赛中胜过他，就可娶回希波达米雅公主当作奖品。

仗着自己有战神所赐的不朽武器与天下名驹，欧诺玛斯战胜了13名求婚者，并将他们处死，首级则悬于城门之上。第14名挑战者是伯罗普斯，他很快地与希波达米雅公主坠入情网。伯罗普斯以王国的一半为饵，诱骗欧诺玛斯的车夫在马车的轮子上动了手脚。比赛不久，欧诺玛斯很快地摔出车外致死，而伯罗普斯则赢得了江山与美人。伯罗普斯并且将王国所在地更名为伯罗奔尼撒（Peloponnese），意即伯罗普斯之地。毫无疑问地，伯罗普斯是伯罗奔尼撒最重要的神话人物。在奥林匹亚的神圣树林中，有人曾发现一处祭拜他的圣域，而且每年举行一次祭典。早在迈锡尼时期，伯罗普斯与希波达米雅的崇拜就已经存在于奥林匹亚地区，许多人也相信奥林匹克运动会也是为纪念他而创立的。

奥林匹克起源的另一传说

△ 6.3 希腊古陶器中的伯罗普斯马车竞技

▽ 6.4 古陶器中的奥林匹克运动会

△ 6.5 奥林匹克体育场现貌

▽ 6.6 奥林匹克体育场入口现貌

△ 6.7 奥林匹亚体育场起跑线现貌

▽ 6.8 奥林匹亚体育场裁判席现貌

▽ 6.9 奥林匹亚训练场现貌

△ 6.10 奥林匹亚李奥尼达之屋鸟瞰

▽ 6.11 奥林匹亚李奥尼达之屋现貌

乃是其为海克力斯（Heracles）与其兄弟的竞赛，并且在优胜者头上冠以野生的橄榄树枝叶。虽然此竞赛可能早就存在，但却是海克力斯将之称为“奥林匹克”。早在宙斯于奥林匹亚被广泛崇拜之前，阿尔提斯就有海克力斯与其兄弟的祭坛，可见其与奥林匹亚存在着密切的关系。

运动设施

目前在奥林匹亚，我们尚可以看到古代遗留下来的一些运动设施。体育场（Stadium）原建于公元6世纪中，后经两次改建而于公元前3世纪移至现址。由一条拱顶的引道通往场中，场地宽30米，总长度为212.5米，从大理石的起跑线到终点有192.2米（600古代尺，据说是由海克力斯以他的脚所丈量而得）。体育场可以容纳四万五千名席地而坐观众，并没有座椅的设置。在南侧则有一处设有座椅的裁判席，裁判对于比赛及选手的纪律有其最高的权威。裁判席的对面，即场地的北侧则有一处女神祭坛，并有一把女祭司的石椅，她是古代惟一可以观赏比赛的女性。

训练场（Gymnasium）是一处四周为多立克柱廊（现存东面及南面），中央为空地的空间。中央空地长220米、宽120米。此建筑之主要机能是运动员的训练，特别是铁饼、标枪及赛跑。在训练场南面为摔跤学校（Palaestra），建于公元前3世纪，四周也有多立克柱廊，其空间接近方形，每边有66米左右。柱廊之后为一系列的房间，为运动员听教练讲课、休息及身体抹油之处；另

▽ 6.12 奥林匹亚训练场南长廊现貌

外也附设有一个冷水浴场。李奥尼达之屋（Leonidaion）建于公元前330年，为一处迎宾院，是竞技举行时之来宾招待所。其名称乃因建筑是建筑师李奥尼达（Leonidas）所建而得。建筑长80米，宽73.5米，内有一处围以44根多立克柱的中庭，外围则绕以138根爱奥尼柱。

△ 6.13 奥林匹克宙斯神庙东向立面图

宙斯神庙

宙斯神崇拜是奥林匹亚最重要的信仰，然而这种信仰是建立于何时却不是非常明确。据许多考证显示，奥林匹亚最早的信仰是属于克罗纳信仰（Cronus，宙斯之父），后来也有大地之母盖雅（Gaia）及伯罗普斯。大约是公元前2000年前后，来自于巴尔干半岛上的移民开始了对宙斯的崇拜。一开始，宙斯是被以战神来崇拜，这可从早期的宙斯头戴战盔一事得到证明。后来宙斯成为众神之父，手持雷霆之棒，威震四方。

宙斯神庙（Temple of Zeus）是奥林匹亚诸建筑中规模最大者，建于公元前5世纪中，建于长64米，宽28米的台基之上，周围共有32根柱子，现已坍毁成一堆石构件。神庙室内原有被称为世界七大奇景的宙斯神像，可以自室内两层的回廊观赏，为希腊古典时期最著名的雕刻家菲迪亚斯（Phidias）之作，骨架为木质，外覆象牙与黄金。竞技大

▽ 6.14 奥林匹亚宙斯神庙平面图

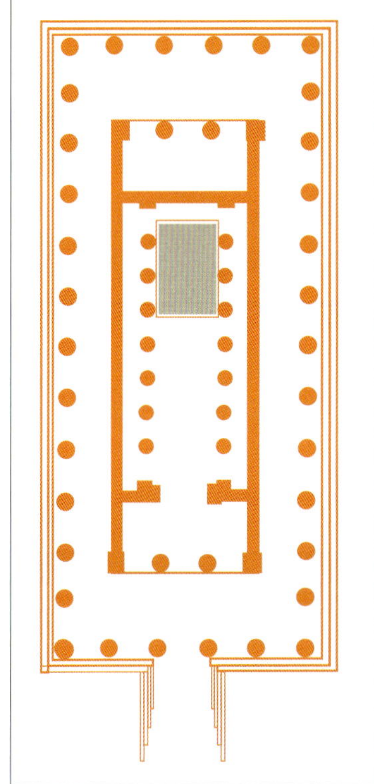

△ 6.15 奥林匹亚宙斯神庙想像复原模型

6.16 奥林匹亚宙斯神庙室内宙斯神像想像复原图 ▽

△ 6.17 奥林匹亚宙斯神庙西立面图

6.18 奥林匹亚宙斯神庙东山墙
▽ 欧诺玛斯与皇后雕像

△ 6.21 奥林匹亚宙斯神庙西山墙
阿波罗雕像

会被禁之后，此雕像被搬至君士坦丁堡，公元475年时毁于大火。

在宙斯神庙东面山墙上，雕刻的主题是以欧诺玛斯国王与伯罗普斯马车竞技的神话。中央是扮演裁判的宙斯，其右侧是伯罗普斯的团队（依序是伯罗普斯、希波达米雅、马车夫、马车、马车夫、占卜师、人格化的阿尔菲欧斯河），其左侧为欧诺玛斯的团队（依序为欧诺玛斯、皇后丝特萝佩、女仆、马车、占卜师、年轻人、人格化的克拉德欧斯河）。

在西面山墙上，雕刻的主题则是在希腊家喻户晓，有关拉比斯族（Lapith）与人头马族（Centaurs）战役的故事。此故事是描述人头马族受邀前往参加拉比斯族英雄毕利多斯（Pirithous）时，因为酒醉而企图绑架新娘黛达美亚（Deidameia）及女宾，结果引起拉比斯族男女的奋力抵抗。位于中央的是直立右望的阿波罗，其右臂也朝右直伸，其是此山墙所有雕像中惟一没有动感的一座，也是惟一呈现出神祇庄严的雕像。阿波罗左右两侧分别有毕利多斯及西修斯

△ 6.19 奥林匹亚宙斯神庙现貌

6.20 奥林匹亚宙斯神庙西山墙
▽ 遗构（奥林匹亚博物馆）

▽ 6.22 奥林匹亚宙斯神庙现貌

（Theseus）及处于缠战状态的人头马与拉比斯族（Lapith）；他们都处于一种动感与张力的状态，而且力量往外递减。柔顺优雅的拉比斯族少女与野兽般残暴的人头马无疑是极大的对立。在艺术表达上，这些雕像之神韵与细部都是极为精彩的。

东西山墙的对比极为明显。在东山墙，所有的雕像都是静止的，力量都呈现平衡，好似屏息以待悲剧的冲突。在西山墙，冲突的力量已经爆发，并且正经历死亡的肉搏战。然而在两面山墙上，都呈现着悲剧的元素。而悲剧的力量在两面山墙上都是同样地纷乱，只是在表现上及剧码的时程上有所不同。在东山墙上，所有的表现都出现悲惨的预兆，新娘脱离父亲的团队奔向父亲对手，也就是将来丈夫之团队，明白地显露出其悲剧之结果。而西山墙上分立于阿波罗两侧的毕利多斯及西修斯两位英雄也明白宣告暴力的人头马族将被击退的讯息。

在柱廊内侧前后室墙上每边6个的小间壁，高1.6米、宽1.5米，上有12幅浮雕，分别代表海克力斯（Hercules）的12件功勋。前室分别为杀死阿克地山野猪（Erymanthian Boar）、杀死色雷斯王戴奥密狄斯恶马（Horses of Diomedes）、屠杀葛利温怪牛（Demon Geryon）、夺取夕阳女神金苹果（Apples of the Hesperides）、制服地狱猛犬（Dog Cerberus of Hades）、清洗伊利斯国王畜栏（Augean Stables）；后室分别为屠杀尼米亚之狮（Nemean Lion）、铲除九头妖龙海德拉（Lemaean Hydra）、消灭阿契亚山铁爪铁喙鸟（Stymphalian Birds）、驱赶诺萨斯凶牛（Cretan Bull of Knossos）、驯服希尼亚怪鹿（Ceryneian Hind）、夺取亚马逊女王腰带（Girdle of Amazon Queen Hippolyta）。这是希腊建筑中第一次出现海克力斯十二功勋之雕像。在宙斯神庙中出现有关海克力斯的故事浮雕是有其双重意义。一为海克力斯为宙斯之子，二为海克力斯也曾是传说的奥林匹克创始者之一。

△ 6.23 奥林匹亚宙斯神庙西山墙人头马族抢亲雕像

▽ 6.24 奥林匹亚宙斯神庙柱廊内侧小间壁雕像（夺取夕阳女神金苹果）

▽ 6.25 奥林匹亚希拉神庙现貌

△ 6.26 奥林匹亚希拉神庙现貌

▽ 6.27 抱着幼儿戴奥尼索斯的赫姆斯

△ 6.28 奥林匹亚宙斯祭坛

▽ 6.29 帕纳索斯山

希拉神庙

奥林匹亚希拉神庙（Heraion）是希腊最古老的神庙之一，原为木造，但因多次损毁而于公元前7世纪改为石造。由于石材部分是取自于同时代之其他建筑，所以44根柱子粗细凹槽并不完全一致，这也显示其可能是逐渐由木柱分批改建。基座宽18.7米、长50米，东面与西面各有6根柱子，南面与北面则有16根。室内则由两侧墙面各伸四面短墙把空间分隔成类似神龛的空间。近代奥林匹克运动会之圣火均点燃于此神庙祭坛附近。由著名的雕刻家普拉希特勒斯（Praxiteles）所作的《抱着幼儿戴奥尼索斯的赫姆斯（Hermes）》雕像就是于此神庙所发现。

除了上述运动设施与神庙之外，奥林匹亚还有奥林匹克行政建筑、宙斯祭坛浴场、祭司住宅、南长廊、回音廊、赛马场、宝库、环池、菲迪雅斯工作室与菲利普纪念堂等多项建筑，其兴建的年代也不一样。

德耳菲

德耳菲（Delphi）位于帕纳索斯山（Parnassos）山腰。早在迈锡尼时期，德耳菲已是重要的信仰中心，不过当时主要的信仰为大地女神吉斯（Gis），公元前12世纪，阿波罗的信仰逐渐风行流传到德耳菲，取代了大地女神成为主要的信仰。据神话之说，当阿波罗获得宙斯恩赐帕纳索斯山之后，就准备鸠工兴建宫殿。但是当他找到理想位置时，却发现许多山谷，其中一个山谷中住了经常发出预言的巨蟒毕颂（Python）。阿波罗将巨蟒杀死，并且将其预言神力据为己有，使自己的神性更为加强。阿波罗占领帕纳索斯山后，当地变得更加清静光明，人们因而将山麓的地方命名为德耳菲，亦即“光明美满之人间乐园”。

德耳菲为希腊最重要的圣地之一，自古以来流传的神谕使希腊本土、小亚细亚与西西里等地的执政者在决定国家大事时，经常会到德耳菲来请示神谕，以作为决定的依据，并且进献财宝，因而使此地累积了无数的财富，在公元前6世纪达到高峰。公元前5世纪开始，神谕威信渐弱，德耳菲也随之没落。公元前1世纪，罗马皇帝尼禄曾加以掠夺，德耳菲更加荒废。公元385年天主教当局严厉禁止异教活动后，德耳菲更是彻底瓦解，成为废墟埋入地下，直至公元19世纪欧洲考古学者大规模调查挖掘后，才又吸引世人的眼光。目前位于德耳菲比较重要的遗迹群为阿波罗圣域与雅典娜圣域。

阿波罗圣域

阿波罗圣域全称为“比西雅阿波罗圣域（Sanctuary of Pythian Apollo）”，其乃纪念阿波罗斩巨蟒毕颂的功勋。圣域中有许多建筑，阿波罗神庙、宝库群、剧场，经由所谓的圣道串联。阿波罗神庙是一座多立克柱式的神庙，许多人都相信，阿波罗神庙最初是以橄榄树枝所建，后再历经数次重建。最后两次分别完成于公元前510年及330年。

公元前510年落成的阿波罗神庙也被称为“亚克米欧尼达神庙（Temple of Alcmeonidae）”，此乃因为此神庙的营建者是被暴君贝西斯特拉特斯（Peisistratus）所驱逐的亚克米欧尼达家族。神庙前后各有6根柱子，两侧各有15根，均是多立克柱式。此庙于公元前373年的地震中震毁。圣域于是募款重建，公元前330年落成，规模与上次所建几乎一样。东面山墙是阿波罗于德耳菲显神迹的故事，西面山墙则与酒神相关。于在此神庙中，阿波罗是光明神与清净神，其藉由女祭司比西雅（Pythia）而得之神谕是希腊人认为最灵验者。

宝库群是德耳菲之一大特色，虽然大部分之宝库都已不存在，但是仍可从其遗迹中推测其规模。这些宝库大多数是不同的城邦捐献给阿波罗，有的只是单纯的奉献，有的是纪念神谕带来之胜利而建。雅典人宝库（Treasury of the Athenians）建于约公元前500年左右，是一栋规模很小的大理石多立克建筑，基座只有6.6米

△ 6.31 德耳菲阿波罗神庙东向立面图

6.32 德耳菲阿波罗神庙南向立面图 ▽

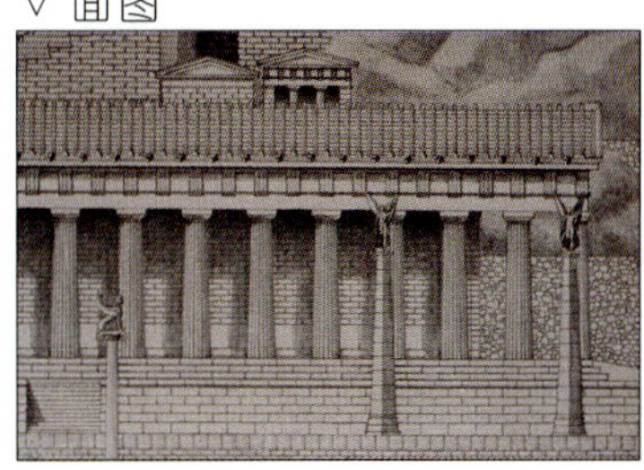

▽ 6.30 德耳菲阿波罗神庙总平面图

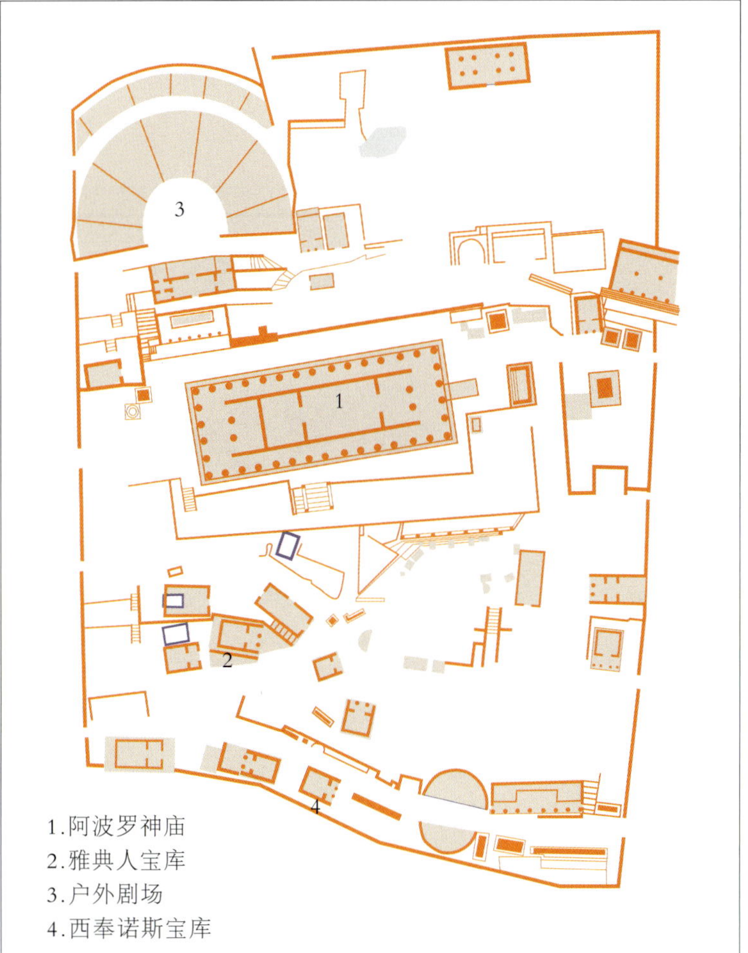

△ 6.33 德耳菲阿波罗神庙现貌

△ 6.35 德耳菲宝库群复原图

△ 6.36 德耳菲雅典人宝库东向立面复原图

宽、9.6米长。正面有两根柱子，其余三面则都是封闭的墙面。楣梁上的小间壁有30面，东西各6面，南北各9面。东面（正面）之主题为马拉松战役，代表的是希腊人战胜外来入侵者；南面是雅典民族英雄西修斯之事迹；北面与西面是海克力斯之功勋。目前有20多块保存于博物馆中。现况是公元1903年到1906年时，由雅典捐助所整建。阿波罗圣域另一座重要的宝库乃是西奉诺斯宝库（Treasury of Siphnos），以大理石建于公元前525年左右。正面两柱柱式为爱奥尼式，但柱身为女像柱。山墙与额枋上都有古朴但生动的雕刻，尤其是

▽ 6.34 德耳菲阿波罗神庙现貌

额枋中的诸神之聚会与特洛伊战争最为引人注意。

雅典娜圣域

雅典娜圣域全称为“神庙前的雅典娜圣域（Sanctuary of Pronaia Athena）”中也有许多建筑的遗迹，其中以建于公元前380年左右之圆堂（Tholos）最为特殊，共有20根多立克柱围绕。此建筑的真正机能目前还未完全确定，但从其精致的装饰来看，应是一栋重要的公共建筑。

科林斯遗迹群

科林斯（Corinth）是古代希腊最重要的城市之一，荷马曾将之描述为一个繁荣的地方，远在迈锡尼文明时，这里就是一处富有的地方。在史前时期与铜器时期，科林斯就有人类聚落存在的痕迹。迈锡尼文明末期不同民族的入侵，重新分配了政治权力与经济发展。多立安人于公元前9世纪到来。公元前8世纪时，科林斯的发展达于一个高峰，并且向外建立了夕拉古沙（Syracuse）与克西拉（Corcyra）两个殖民地。公元前5世纪时，科林斯的发展再次达于一个高峰。现存遗迹中以阿波罗神庙最为著名，其是兴建于公元前6世纪，为多立克围柱建筑。现存7根柱子都是单一巨石所雕，与其他多数神庙柱子是由一段段鼓环相叠而成有着很大的不同。

△ 6.37 德耳菲雅典人宝库现貌

△ 6.38 德耳菲雅典娜圣域圆堂现貌

▽ 6.39 科林斯阿波罗神庙现貌

第七章
雅典卫城的神庙建筑

雅典卫城之重建

公元前480年，泽克西斯一世率领波斯军远征希腊，希波战争唤醒了一向自负的希腊人，自省的力量亦使神庙更加地精致，比例也趋向于苗条，山墙及小间壁也都使用了各种雕刻，奥林匹亚的宙斯神庙是首先反应此趋向之神庙。以女战神雅典娜作为整个城市守护神之雅典，在波斯人尚未入侵时，即控制有几乎整个亚提克（Attica）地区，附近许多小城镇也多渐渐并入雅典城，当希腊遭受波斯人攻击时，雅典人更以希腊领导人自居，领导由三百多个城市组成之提洛联盟。公元前465年，雅典击败了波斯，重建因为波斯人掠夺以致逐渐荒废雅典卫城之声调愈来愈强。

希波战争后，雅典即进入最光辉的时期，此时之领导人物，即为当时之名政治家贝利克里斯（Pericles），从此雅典结合了反抗波斯诸小城而变成一个强大之城邦，而雅典城之重建，也该归功于他。贝利克里斯大约从公元前460年开始控制雅典各种事物，一直到公元前429年死于黑死病为止，曾负责制定雅典对斯巴达（Sparta）之伯罗奔尼撒战争之各种政策。从公元前450年左右，在雕刻家菲迪亚斯（Phidias）之监督之下，以城外16公里的白特利肯（Pentelikon）山上的大理石，兴建了一组由3个神庙和1个大门之建筑群，成为古希腊文化中最光彩夺目之杰作。

贝利克里斯认为雅典是一个神的城市，诸神的城堡，而位于卫城（Acropolis）上新的帕提农神庙（Parthenon）则是最主要之标帜，在尺度上没有任何神庙可以同其匹配，其建材之白特利肯大理石更是光芒四射，眩耀于海上之船只。这时候之雅典城，不但是希腊最有名，也是最大之城市，在近郊之皮拉乌斯（Piraeus），她拥有全希腊最大最好的天然良港；她强大的舰队是在波斯第一

▽7.1 贝利克里斯

次入侵之后才迅速建立起来，但却能保持住海上的霸权，各种民生必需物资则可由一条为了防御斯巴达之攻击而建于港口及城市中间之长墙来运送。由于雅典城是如此地著名而且安全，所以吸引了大量之人口，如果不算港口及近郊的话，大约有20万人。当时之城邦，超过2万人已经算很大了。事实上，这时候存在的700多个希腊城市，尺度均不大，而且外貌上亦平平无特殊之处，但是渐渐地，一些小城市合并在一起，成为所谓的城邦。

△ 7.2 雅典卫城模型鸟瞰

雅典卫城

所谓的卫城一般都位于山丘上，意即城之首。神庙之所以会位于山顶，并不是因为神需要居高临下，而是每个市民都认为他们不该高居其他市民之上的缘故。亚里士多德就体认到这种特殊之象征性的意义，所以他曾说："山头是适合政治与宗教，而平地适合民主"，因为在民主制度下，没有任何一个市民比其他市民享有特权变成是一种必要的前提。而卫城就视觉上而言，就占有优势，而产生一种该是属于宗教之感觉，而不该是属于任何人的，而亦构成了有机城市之特色，而雅典城正好可以当作一个研究旧有不规则城邦之例子，因为她自迈锡尼时代以来，就断断续续地发展。在

▽ 7.3 雅典卫城平面布局图

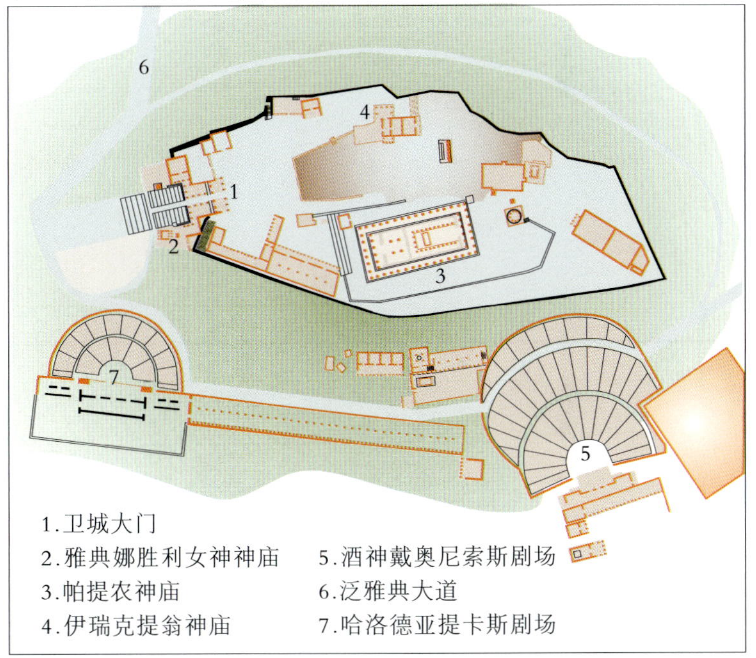

▽ 7.4 雅典卫城远眺

▽ 7.5 雅典卫城远眺

西洋建筑发展史话

△ 7.6 雅典卫城想像复原图

▽ 7.7 雅典卫城大门现貌

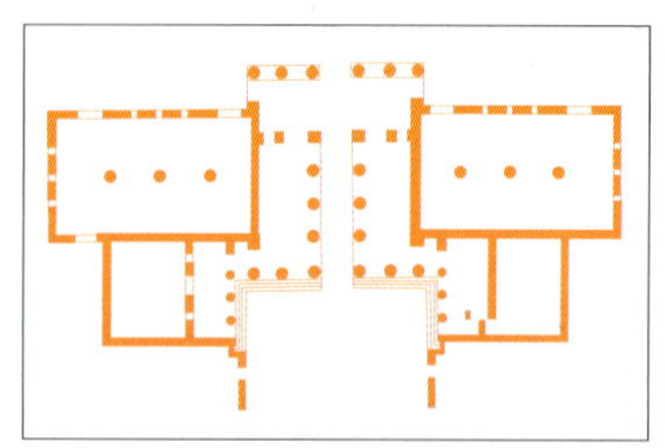

△ 7.8 雅典卫城大门平面图

这个城市中，我们可以看到希腊城市中的各种设施，她卫城上之建筑，更可以使我们看到希腊建筑之真正本质。

雅典城并非一向出名而且伟大，当多立安人南下入侵时，就把这个发展于青铜器时代之卫城忽略过去，大概就是因为雅典那时候不够重要，而且不够富有。其实雅典有非常优良之战略地位，而卫城险峻地矗立在亚提克地方，其他则为环山围绕之平原而在南面朝向海，由一海岬出伸于沙尔尼克（Saronic）湾，所以也有优良之海港存在，但是许多证据都显示出雅典并没有好好利用这个优良之地势，一直到公元前6世纪，这个突出之海岬才被武装起来，而在皮拉乌斯地方也筑成了良港。

迈锡尼时代雅典城市占据了卫城之顶而且向外延伸于南面之山坡上，西面则有亚勒贝哥斯（Areopagos）山丘，聚落则分布于北面的爱里达诺丝（Eridanos）河和南面的伊利索斯（Ilissos）河之间。建于公元前13世纪之城墙尚有部分遗留下来，卫城上则为标准之迈锡尼之卫城，有美格隆圣室，也有秘密之水泉。

雅典城如何从迈锡尼卫城过渡到杰出的雅典娜城邦一直是不太清楚，因为卫城在青铜器时代结束之后就失去重要性了，而在公元前8世纪时，就已经有一间女神神庙取代了王宫，而也是在这个时候，亚提克平原上一些独立之小城市已逐渐向雅典并合。这种合并统一之结果，也废除了各个城市之市议会及行政长官，而将其合并入目前之雅典城而形成了单一议会及市公所，在这种情况下，市民仍然拥有私人财产，但是却只有一个政治中心，亦即雅典，从此所有亚提克之居民均成她之市民。

到雅典城，从四面八方有很多路线，但不管从何方迫近，第一个映入眼帘的即为其在波希战争之后迅速建立起来的围墙，其结构方式和其他城市很接近，都是有很松弛之外轮廓线，而不太考虑内部之组织，有些重要之设施常留在城外，例如著名的学院（Akademeia）区，有体育场及各种学院，这个城墙一共有15个门，其中最主要的叫做迪隆（Dipylon）门，是一个双重门，位于西北面，这地区原来叫做克雷米高斯（Kerameikos）区，现在被墙一分为两部分，外部为一大型墓地，包括埋藏政治家及烈士之国家墓地，内部则为工匠集中之处。

每年古希腊历之“赫卡托巴恩（Hekatombaion）”月28日，亦即7、8月间，为雅典娜之生日，整个雅典城会举行各种庆典，在狂欢数日之后，于迪隆门形成壮观之游行队伍沿此门与广场间之“泛雅典大道”（Pananthenaic Way）到卫城上去，这一段距离约为一公里。在距离卫城较远处，可以看到大理石之神庙高高在上，可是到了山下，神庙又突然不见，必须等到爬上了山头时，气盛凌人之神庙已是在你眼前了。卫城可以说是完全奉献给神，在此，雅典娜以各种不同的化身出现，在入口处为胜利女神（Nike）；在入口与帕提农神庙间则有巨大之铜像，为雅典娜普罗玛琪斯（Athena Promachos），亦即勇冠三军之神；在帕提农神庙中则为雅典娜帕提农（Athena Parthenos）为阳刚之女战神；在伊瑞克提翁中则为雅典娜波丽亚斯（Athena Polias）为温柔优雅之女神。

△ 7.9 雅典卫城大门北翼室现貌

△ 7.10 雅典卫城大门内部现貌

△ 7.11 雅典卫城大门背向现貌

7.12 雅典卫城大门入口想像复原图

▽

雅典卫城山门

卫城入口山门（Propylaea，公元前437－前432年）是一个非常不寻常之建筑，由建筑师明希凯尔斯（Mnesikles）将以前和入口轴线成某一个角度之旧门房重建于公元前437年与前432年之间，后来因

△7.13 雅典卫城帕提农神庙现貌

▽7.14 雅典卫城帕提农神庙想像复原图

△7.15 雅典卫城从大门内东望想像图

为伯罗奔尼撒战争而停工。这个由白特利肯大理石兴建的大门同时使用了多立克与爱奥尼克柱式。当一个人由卫城下爬升到达入口大阶梯最上面时，首先可以看到分立轴线南北两侧的翼室，北翼室为朝圣者休息之处，装饰有精致之图画；南翼室则为通雅典娜胜利女神神庙之室。此大门东西略有高差，以阶梯相连。东西正面面宽25米，高8米，由6根多立克柱式形成5个门洞，中间宽度比两侧宽而成为主要入口，于两旁立有爱奥尼柱。通过入口则刚好朝向帕提农与伊瑞克提翁两座神庙中的此空地，但却不偏袒任何一座神庙，使之成为两个极端不同性格的雅典娜神庙的共同序曲。

雅典帕提农神庙

雅典卫城之上的帕提农（Parthenon，公元前447−前432年）与伊瑞克提翁两座神庙是希腊雅典娜崇拜最重要的建筑。在贝利克里斯尚未命令重建这两座神庙之前，这两座神庙和一般希腊其他神庙没有什么两样，而且两庙是平行的，每间庙都是前后6柱式，北面的庙较小，而且内殿中被分隔成两个部分以表示此庙为雅典娜和海神波塞顿所共有。但是重建完全改变了两庙之风格，且两庙被拉开形成一块空地。

帕提农神庙在建筑师伊克提诺斯（Iktinos）之发展下于公元前447年重建成前后8柱，两侧17柱之巨大神庙，立于从入口渐渐升起之岩石所构成之平台上。神庙主体在开始兴建9年后就大致完成，但是所有的雕刻要等到公元前432年才全部竣工。整座神庙长69.5米，宽30.8米，高13.7米，廊柱则高

10.4米。除了木构造的屋架之外，整座神庙可以说是完全依黄金比例、古典建筑收分与视觉矫正原理兴建的大理石殿堂，明亮而和谐，是古典神庙的典范。神庙空间除了四周之柱廊之外，尚可区分为前殿、内殿与后殿。从东面进入的内殿中有两层两列之多立克柱所簇拥之黄金象牙雅典娜神像，高达12米，披盔带甲，手持矛盾，为菲迪亚斯（Phidias）精心之作；骨架为木材，裸露的身体部位为象牙，战袍为黄金。此雕像在公元5世纪运送至君士坦丁堡后就下落不明。事实上，帕提农神庙之雕像并非雅典娜游行行列真正谟拜之对象，他们所要的神像是位于伊瑞克提翁神庙之中的木制神像。

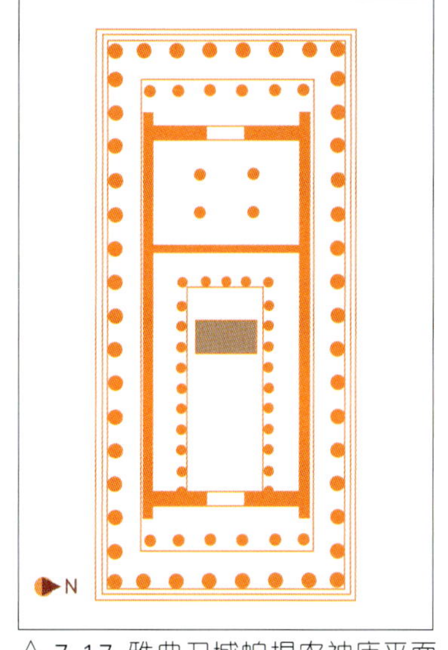

△ 7.17 雅典卫城帕提农神庙平面图

△ 7.18 雅典卫城帕提农神庙室内想像复原图

▽ 7.16 雅典卫城帕提农神庙西向现貌

△7.19 雅典卫城帕提农神庙台基

△7.22 雅典卫城帕提农神庙台基

△7.20 雅典卫城西山墙复原展示模型

7.21 雅典卫城东山墙复原展示模型▽

从西面有宽大之阶梯可以到达平台，这时候，仰头而望可以看到西面山墙上之雕刻，描述雅典娜正和海神波塞顿大战，而其他神正在观战看谁可以统治亚提克。在东面山墙上则为描述雅典娜诞生之情景。据神话所言，雅典娜并非女性子宫所孕生，乃是由其父宙斯所生。在山墙下之小间壁，则有成双成对纠结在一起之世仇，例如古希腊民族拉比斯人和人头马；希腊人和亚马逊人等。在这些小间壁所描述之争执中，往往是两人平分秋色，没有胜利者，也没有失败者，这也是古典时期之一大特质——欲分欲合。而在这种欲分欲合之中，表现出暴力，一种平衡的暴力，艺术家也明白这一点而选择不偏袒任何一方，因为他们体认到伟大的胜利者是因为有敌人优良的战技及顽固之抵抗才看得出来，英雄总是要有强敌相称，而这种平衡就存在于平分秋色之争执中。

7.23 雅典卫城帕提农神庙西山墙现貌▽

在柱列之后，位于建筑物主体额枋之一，我们首度可以在希腊建筑史中，看到市民本身成为浮雕之景象，这圈额枋是现场施工，描述泛雅典大道行列前往卫城之情形，全长160米，高1米，从西南角开始，分成两列，一队往东，另一队往北再折向东而会合于东面，这里也是众神集聚等待之处。这个景象并非描述游行列队之任何一个特殊之时段，而是描述整个游行之过程，从准备情形，到骑马行列、年长者之行列、携带祭罐祭品之人、少女，到最后以雅典娜为焦点，众神在此高呼庆祝，瞻仰者只要沿着墙走上一周就可以体会到人已经成为神庙中之一部

分，当然更是卫城所属城邦之一部分。人们鼓起勇气把他们自己和神摆在一起以表达他们对神之尊敬，因为从某个角度来看，他们自己就是神或者女神之亲人，就像柏拉图曾经对雅典娜所作的描述一样，他说：我们最亲爱的女儿（雅典娜）就生活在我们之中。

伊瑞克提翁神庙

伊瑞克提翁神庙（Erectheion，公元前421–前405年）是一个非常特殊之神庙，始建于公元前421年，然因雅典与斯巴达的战争而中断，直至公元前405年左右才完成。庙名被称为伊瑞克提翁，是因为神庙是奉献给雅典娜及伊瑞克提斯（Erechtheus）而得。伊瑞克提斯为传说中神秘的雅典国王。许多人也认为其应与由雅典娜

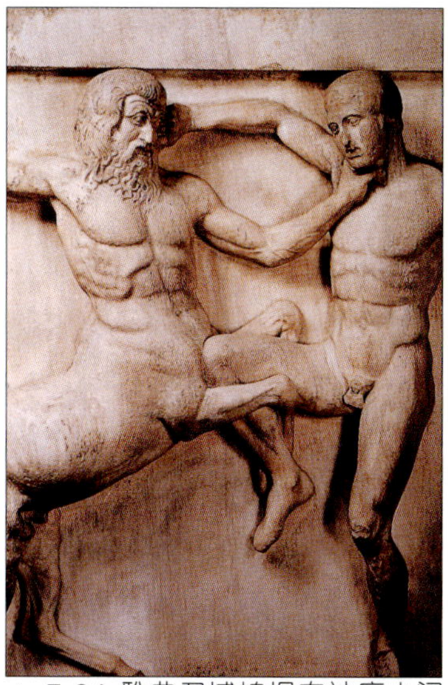

△ 7.24 雅典卫城帕提农神庙小间壁雕刻

▽ 7.25 雅典卫城帕提农神庙额枋想像复原图

▽ 7.26 雅典卫城帕提农神庙额枋浮雕

△ 7.27 雅典卫城帕提农神庙额枋浮雕

△ 7.28 雅典卫城帕提农神庙额枋浮雕

▽ 7.29 雅典卫城伊瑞克提翁神庙平面图

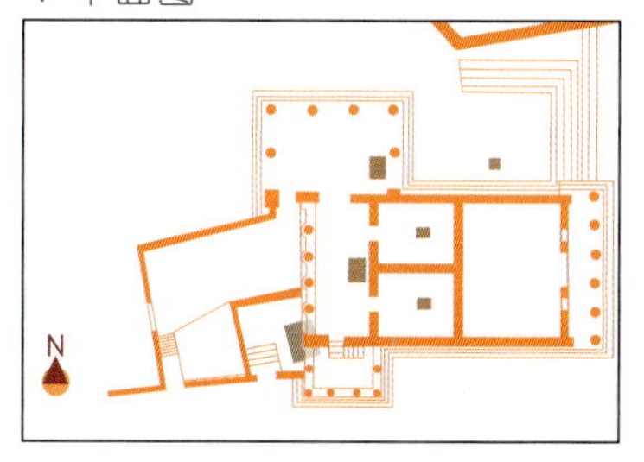

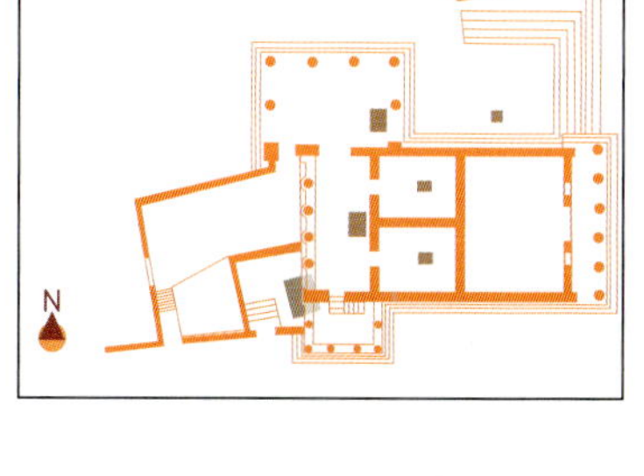

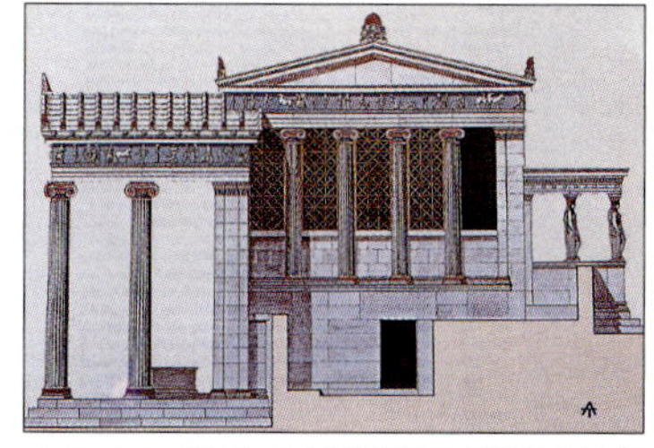

△ 7.30 雅典卫城伊瑞克提翁神庙西向立面图

▽ 7.31 雅典卫城伊瑞克提翁神庙西向现貌

△7.32 雅典卫城伊瑞克提翁神庙柱头细部

抚养长大的黑腓斯塔斯与大地之母盖雅（Gaia）之子伊瑞克提多尼斯（Erechthonios）是同一人。在希腊古典时期，伊瑞克提斯则被认为是与波塞顿同一人。因为有这些传说，伊瑞克提翁神庙成为了一座具有双重性格的神庙，庙中同时供奉雅典娜与波塞顿。庙址为传说中雅典娜与波塞顿争夺雅典地盘之神圣岩石。

▽7.33 雅典卫城伊瑞克提翁神庙现貌

▽7.34 雅典卫城伊瑞克提翁神庙女像柱柱廊

伊瑞克提翁神庙和卫城入口山门一样是建于不同高度之土地上，主体宽11.6米、深22.2米。东面是和帕提农一样高度，外观与一般神庙类似，有6根6.5米高爱奥尼柱柱子作为主要门廊。这一部分是供奉给雅典娜波丽亚丝（Athena Polias），内部有一座橄榄树木所雕的雅典娜神像，每四年举行的泛雅典节庆时都会替她披上长袍。西面与东面有3米左右的高差，先由一片实墙作为基座，再由其上砌出一个神庙假门廊，中央为四根附壁柱，亦为高爱奥尼柱式。墙旁三角形之不规则地上的橄榄树是纪念雅典娜与波塞顿之争时，以矛击地而生橄榄树之事。

伊瑞克提翁神庙南北面还各有一个特殊的门廊。北面之门廊是进入神庙西半部的入口，6根爱奥尼柱高7.6米，是由一片大理石墙下沉一段高度之后而突出之门廊。由此可以进入供奉波塞顿的室内，因为这里存有海神之三叉戟记号，也是据传说当海神和雅典娜比划时，海神以三叉戟击之而中石块流出水来之处。南面突出的小门廊和北面之门廊在建筑构成上有相互平衡的作用。然而支撑南柱廊平顶的并不是一般的柱子，而是6个少女像，即为我们所说的女像柱（caryatids）。这些可能是由菲迪亚斯子弟所雕塑的少女身着希腊古典长袍，虽然各自有不同的细部，却构成了一个整体的韵律。她们眼中注视着亚提克的天空，不仅是建筑与艺术的杰作，也是古典希腊的象征。

与卫城上其他被供奉的雄壮风格的雅典娜，伊瑞克提翁中则为雅典纳波丽亚斯则是较温雅之女神。在这里，雅典娜成了一个仪态动人、富有女人味之女神，而神庙外貌上之爱奥尼柱也因而反应了这个特性风骚的朝向对面阳刚庄严的帕提农。伊瑞克提翁神庙完成后，一组完整之神庙便立于雅典之卫城上面，成为希腊文化中之一项非常杰出之代表物，一方面它是宗教之圣区，但另一方面，它也是整个雅典城甚至是所有希腊人之精神象征，借着它，使希腊人团结在一起。

雅典娜胜利女神神庙

在经过雅典卫城山门之前，可以先看到一间虽然小但是相当精致的雅典娜胜利女神神庙（Temple of Athena Nike，公元前427–前424年），为爱奥尼柱式庙宇的代表作之一，在此庙原址原来就建有神庙，第一个神庙建于公元前566年，泛雅典大典开始的第一年，后再于公元前490年建一庙以纪念马拉松之役的胜利。但是在波斯人入侵时，和石灰石所建帕提农神庙及伊瑞克提翁神庙之前身一起被毁。新的雅典娜胜利女神神庙是由建筑师卡利克拉提斯（Callicrates）所设计，建于公元前427年，所使用之材料为白特利大理石，神庙之前后各有四根柱子，两侧则无柱，而转角处之柱子有非常夸大之涡形饰（volute），是建筑师想把人的视线引到大海及萨拉米斯（Salamis），一个雅典人于公元前480年大败波斯军的地方。此神庙中之胜利女神叫尼克雅博特萝丝（Nike Apteros），意即无翼之胜利女神，据说是雅典人自己将其翼折断以防止她飞离城市。

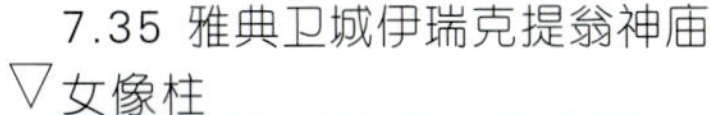
7.35 雅典卫城伊瑞克提翁神庙女像柱 ▽

△ 7.36 雅典卫城雅典娜胜利女神神庙北向现貌

7.37 雅典卫城雅典娜胜利女神神庙平面图 ▽

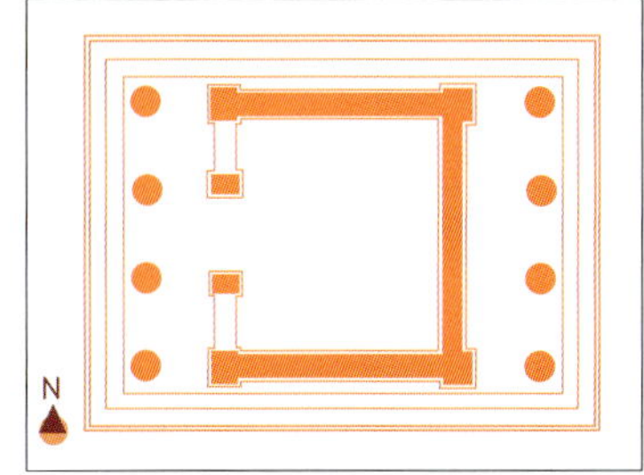

△ 7.38 雅典卫城雅典娜胜利女神神庙想像复原图

7.39 雅典卫城雅典娜胜利女神神庙东向现貌 ▽

1.卫城
2.安哥拉
3.泛雅典大道
4.迪隆门
5.城墙

△7.40 雅典安哥拉广场

△7.41 雅典安哥拉现貌

▽7.42 雅典安哥拉想像复原图

安哥拉广场与长廊

雅典卫城之西北，有一处“安哥拉（Agora）”，周围绕以长廊（Stoa）。一般人均将安哥拉翻译为集市，其实并不能充分地描述安哥拉的特质，其为所有城市公共活动之广场，是一个非常忙碌的地方。如果说卫城是一个宗教中心，在这里安哥拉便是政治与商业中心，政治家可以演讲与论辩，群众聚集，还有各种社会与商业活动。

目前雅典的安哥拉除了有古代的泛雅典大道（Pananthenaic Way）之外，还有议会（Bouleuterion）、国家档案室（Metroum）、神庙、长廊与音乐厅。除了泛雅典大道之路径之外，不少遗构都是希腊时期较晚或者是罗马时期所兴建之物。雅典安哥拉西北面一座黑腓斯塔斯雅典娜神庙（Temple of Hephaestus and Athena），是安哥拉保存最完整的希腊古典时期神庙，建于公元前449年。黑腓斯塔斯，为火神亦为铁匠，为宙斯与希拉之子，神庙西南则为工匠区，这些工匠是建造美丽的雅典城及制造防御外敌各种武器之主要人力。

在公元前7世纪时，长廊可以说是神庙之一部分。在结构上，它并无特殊之处，只是一个独立之柱廊，常常作为朝圣者，或者是前往神庙求医病患者之临时庇护所。到了公元前5世纪，长廊渐渐世俗化，而变成了都市结构中非常普遍的元素，而有各种公共机能例如公共听证会及宴会等，长廊变成人们闲逛论天品地之处，

▽7.43 雅典安哥拉现貌

哲学家齐诺（Zeno）就和学生经常讨论于长廊而被称为斯多亚学派（Stoicism）。

在功能上，长廊与建筑之柱廊并不相同。建筑外部之柱廊，为介于室内外之一种过渡空间，因而作用也是神庙之一部分。长廊却是一道独立自主之柱廊，而且经常两个或数个围塑成一个具包被性的开放空间，并且将开放空间之部分机能吸收入长廊内，可以说是希腊建筑中相当特殊之产品。雅典安哥拉中，有宙斯长廊与皇家长廊之遗迹。目前矗立于安哥拉东侧的则是1950年代依据公元前2世纪阿塔鲁斯长廊（Stoa of Attalus）重建的安哥拉博物馆。

雅典卫城上建筑群，虽然目前都已成为残迹，但却是希腊古典时期最直接的历史证物，即便是有极大比例的构件流入西方的博物馆，但其仍然是希腊古典文化最直接的证物，对于后代之影响，十分深远。

△ 7.46 雅典安哥拉黑腓斯塔斯雅典娜神庙柱廊

7.47 雅典安哥拉黑腓斯塔斯雅典娜神庙平面图 ▽

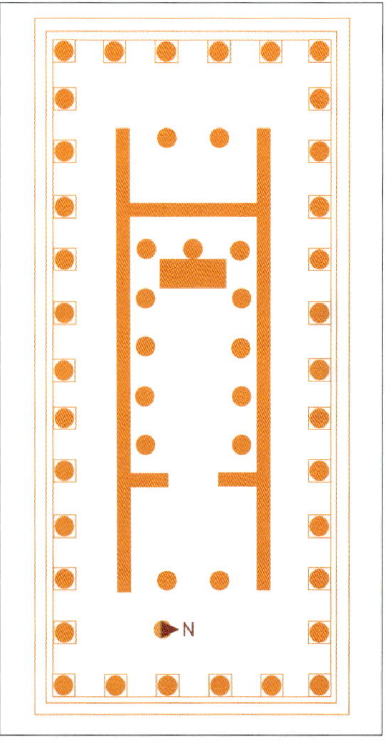

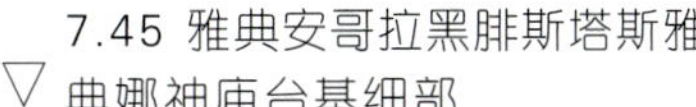

7.45 雅典安哥拉黑腓斯塔斯雅典娜神庙台基细部 ▽

▽ 7.44 雅典安哥拉黑腓斯塔斯雅典娜神庙东向现貌

▽ 7.48 雅典安哥拉阿塔鲁斯长廊

第八章 意大利南部的希腊神庙建筑

△ 8.1 波塞顿尼亚海神庙西向现貌

▽ 8.2 波塞顿尼亚海神庙东向现貌

8.3 波塞顿尼亚海神庙柱头与山墙细部 ▽

除了希腊本土及爱奥尼亚海沿岸之小亚细亚外，希腊文明在最强盛的时期，范围包括了现今意大利南部地区。不同地区的希腊人在此建立他们的殖民城镇，因此在此地区中也遗留下甚多的遗迹，其中以波塞顿尼亚（Poseidonia）及西西里岛上的阿克拉加斯（Akragas）、瑟林努特（Selinunte）、瑟格斯塔（Segesta）与夕拉古沙（Syracuse）之神庙最为著名，几乎都是多立克神庙，在自然景观中显得特别地突出。

波塞顿尼亚神庙群

波塞顿尼亚位于拿坡里以南，建立于公元前7世纪末，是希腊于意大利南部殖民最后的高潮，是一处拥有不少古典希腊遗址的所在地。希腊人兴建此城后以海神之名为城名，有其高度的文化意涵。公元273年，罗马人占领此城，并将之改名帕艾斯屯（Paestum）。中世纪时逐渐荒废，直至18世纪考古热潮后，才又被重新发现，现存有数座重要的希腊神庙遗迹。

海神庙（Temple of Poseidon）建于公元前5世纪，是当地保存的状况较佳的一座多立克柱式神庙建筑。神庙位于3层台基之上，外有柱廊，短边6根柱子，长边为14根。由于保存得很好，因此可以让后人认识希腊古典时期建筑的理想模式。以当地石灰岩所建的柱子约有9米高，顶部比基部较小，并且在中央突出形成收分。柱身有24道凹槽以使柱子看起来比实际纤细。柱子的顶部有3道水平线，而与蚌形圆块相接处亦有装饰线脚。水平额盘的楣梁、额枋与挑檐也都是标准的多立克柱式，山墙则平实没有装饰。柱廊内之圣殿据推测存在着两排柱列，其前室与后室则分别立有两排各7根柱子。虽然此神庙一般被通称为海神庙，但其真正的祭祀神祇则还存在着学术上的论辩，除了海神之外，亦有学者分别认为其应该是供奉宙斯、希拉与阿波罗。

长方形大会堂（The Basilica）位于海神庙之南，也是多立克柱式建筑。然而其在楣梁上却没有山墙的痕迹，因而有学者认为其该是一种非宗教的建筑。建筑兴建于公元前6世纪中叶，可以说是目前帕艾斯屯地区较早之建物。建筑外围有多立克柱廊，比较特殊的是短边有9根，为奇数，长边多达18根。柱子与海神庙一样有收分处理，但柱身只有20道凹槽。柱廊内之建筑，则以向东开口的圣殿为主体，前室有3根柱子，而圣殿正中央也有一排柱列，此种处理方式与短向奇数柱都是属于比较早期神庙之做法，就机能而言是相当地不合理，但却见证了希腊古典神庙发展的必要过程。由于在此建筑附近发现部分与希拉祭祀相关的证据，所以亦有学者认为此建筑该为一座希拉神庙。罗马共和时期，此建筑也曾经改为供奉朱诺（Juno，天后希拉之罗马名称）。

农耕女神庙（Temple of Demeter）位于安哥拉广场北侧的圣域，现在留存有一个建于公元前580年左右，并于公元前500年重建，位于3层台基上之多立克柱式外柱廊。这座于18世纪被考古学者指称为农耕女神之建筑，根据近来的研究发现，其可能是供奉雅典娜的神庙，因为在建筑的周围发现了雅典娜之神像，而且出土的铭刻上也有该女神之字眼。这座神庙是希腊建筑进入古典时期非常重要的作品，处理上非

△ 8.4 波塞顿尼亚大会堂西向外貌

▽ 8.5 波塞顿尼亚海神庙平面图
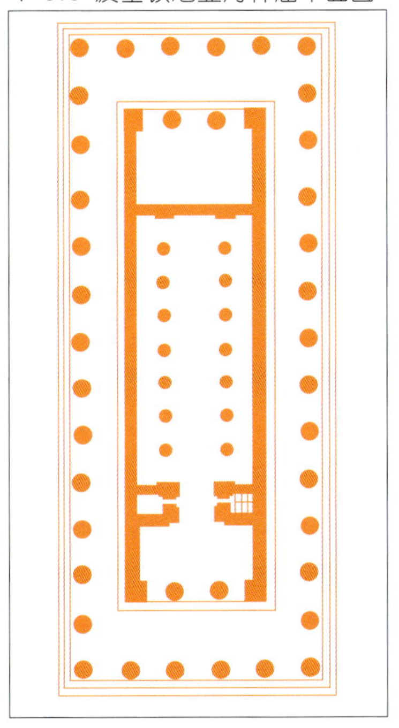

▽ 8.6 波塞顿尼亚大会堂平面图
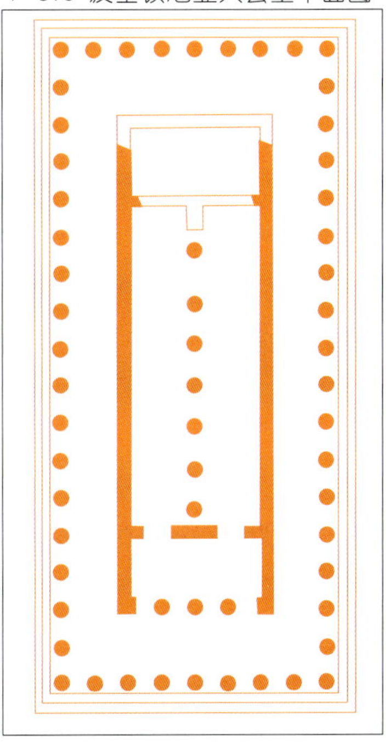

▽ 8.7 波塞顿尼亚大会堂柱头细部

△ 8.8 波塞顿尼亚农耕女神庙东向外貌

△ 8.9 波塞顿尼亚农耕女神庙室内

8.10 波塞顿尼亚农耕女神庙柱头细部 ▽

8.11 佛德塞拉宝贵小间壁（海克力斯）▽

△ 8.12 佛德塞拉希拉大神庙小间壁（成对少女）

常地稳重和谐。短边有6根多立克柱，长边则有14根。室内圣殿之基础仍然清晰可见，前室原有6根爱奥尼柱，显示出当时兴建者已有结合两种柱式于单一建筑之企图，但这些柱子目前已移至他处。外围的多立克柱比例古朴，上面有部分植物装饰浮雕。

除了波塞顿尼亚的三座神庙之外，位于其北方十公里处的佛德塞拉（Foce del Sele）也存在着一处希腊时期的圣域。在公元前570年左右，首先建了一座宝库。在公元前6世纪末，则兴建了希拉大神庙（Great Temple of Hera），其是一座多立克神庙，短边有8根柱子，长边有17根柱子。不过在公元前5世纪末前后，此地的建筑都已破坏，今日只遗希拉大神庙的部分基座遗构。不过在帕艾斯屯国立考古博物馆中，却保存有一些建筑中的小间壁浮雕。属于宝库者之主题以希腊神话中的海克力斯与特洛伊战争为主，希拉大神庙之小间壁则有成对奔跑的少女，可能是神话情节中的一部分。

阿克拉加斯神庙谷

阿克拉加斯（Akragas）位于西西里岛，是公元前580年左右，由希腊罗得岛与克里特岛的希腊人所建立的重要殖民城镇，留有许多希腊遗迹。罗马时期，此地改称为阿格力真屯（Agrigentum），即为现今名称阿格里真托（Agrigento）之前身。在希腊遗迹中，以所谓的神庙谷最为集中，有几座著名的神庙。这些神庙不但提供了了解当时希腊文明于西西里岛发展的历史见证，许多石材上清楚的U字凹槽更可以帮助后人理清希腊建筑的营建技术，推敲厚重石材的搬运过程。

奥林匹亚宙斯神庙（Temple of Olympian Zeus）是希腊人为了纪念于希梅拉（Himera）打败迦太基人而建于公元前5世纪。此神庙后来遭受几次地震的损毁，于公元前5世纪末更几乎全部被迦太基人所破坏，其建材更被掠夺用于其他建筑之上。与一些古典希腊有柱廊的围柱式神庙不一样的是奥林匹亚宙斯神庙是一座“伪”围柱式（pseudo-peripteral）建筑，建筑外围没有独立柱构成的柱廊，而是由紧靠着墙壁的半柱所构成，在短边有7根，长边有14根。在此地，奥林匹亚宙斯神庙是惟一一栋正面为奇数柱子的神庙。在每两根半柱间有巨大的男像柱（Telamon）。这种男像柱除了作为装饰之外，还有承托其上水平额盘的机能。庙宇遗址上有一尊这种男像柱的仿作，原作则存于考古博物馆中。

奥林匹亚宙斯神庙规模之大，在古代可能是数一数二

△ 8.15 阿克拉加斯奥林匹亚神庙遗构

8.16 阿克拉加斯奥林匹亚宙斯神庙复原模型 ▽

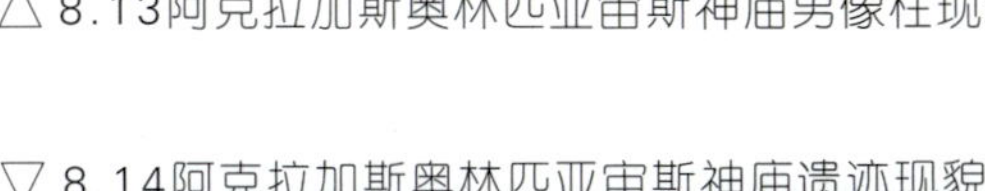

△ 8.13阿克拉加斯奥林匹亚宙斯神庙男像柱现貌

▽ 8.14阿克拉加斯奥林匹亚宙斯神庙遗迹现貌

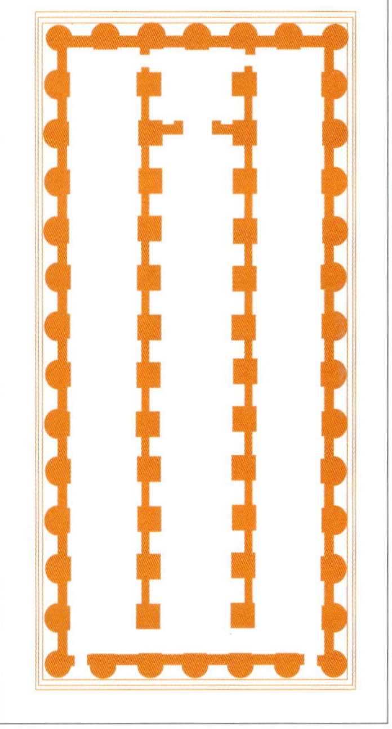

△ 8.17 阿克拉加斯奥林匹亚宙斯神庙平面图

8.18 阿克拉加斯协和神庙南向现貌 ▽

者。台基有5层，长113米、宽56米，面积几乎是等同于一个可以容纳四万多人的体育场。神庙中央部分并无屋顶。半柱高达16.8米，并且相当地厚重，基部的直径为4.22米，有10道凹槽，每道宽为50公分到63公分，可以说是一个人的宽度。男像柱高7.6米，应为希腊神话中的亚特拉斯（Atlas），传说中其因为帮助提坦族（Titans）而被罚以用肩扛天。神庙内部由东向最外两柱间所开设之两个门进出，而非由中轴线进出，与一般希腊神庙较不相同。

协和神庙（Temple of Concordia）是一座优雅的多立克神庙，建于公元前430年左

△ 8.19 阿克拉加斯协和神庙西向现貌

▽ 8.20 阿克拉加斯协和神庙柱头与山墙细部

▽ 8.21 阿克拉加斯协和神庙室内

▽ 8.22 阿克拉加斯海克力斯神庙东向现貌

▽ 8.23 阿拉克加斯协和神庙平面图

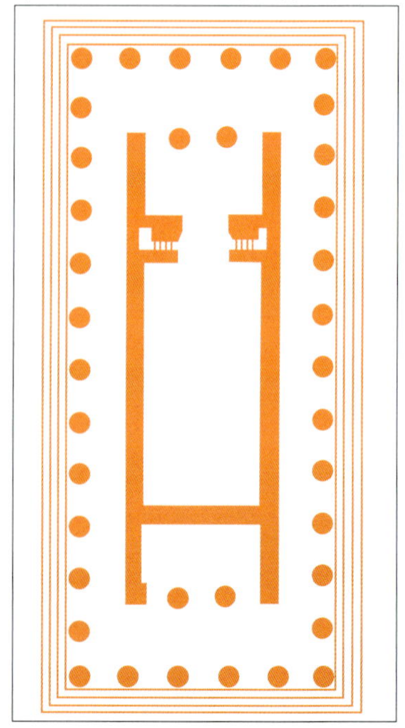

右。虽然历经岁月沧桑，作为建材的多孔贝壳石灰凝灰岩经风化，表面的灰泥也已脱落，此建筑仍是西西里岛上保存最好的一座神庙，也是岛上最吸引人的建筑之一。此神庙为六柱围柱式，外部柱廊总共有34根柱子，短边6根，长边13根，位于4层之基座之上。神庙总长42.2米，宽19.7米。神庙现有的名称是16世纪时所取，当时在神庙附近发现了一个拉丁文的铭文。公元6世纪时，此神庙被改成一间教堂，圣殿墙上所挖之拱券与室内所挖之壁龛，就是当时改建之证物。

△8.24 阿克拉加斯海克力斯神庙东向现貌

海克力斯神庙（Temple of Hercules）是阿克拉加斯最古老的神庙，建于公元前6世纪。海克力斯是希腊时期西西里岛上重要的信仰，因而此神庙在当时是一座重要的精神象征。就建筑而言，建于高起的3层台基上之此座神庙中可以说是较早的多立克神庙原型。柱廊原有38根柱子，短边6根，长边15根，但目前只留有9根。柱子高10米，直径为2.2米。圣殿有前后室，门前各立以两根柱子。神庙的山墙原装饰有雕刻，但均已失散，只有一块武士躯体保存于博物馆中。

希拉乐西尼亚神庙（Temple of Hera Lacinia）建于公元前450年左右，是希腊人举行婚礼之处，因为希拉乐西尼亚是当时的婚姻保护神。神庙位于4层的台基之上，长41.1米，宽20.2米，也是属于有柱廊的围柱形式。柱廊有34根柱子，短边6根，长边13根，柱子高6.3米，直径为1.7米，若与奥林匹亚宙斯

8.25 阿克拉加斯希拉乐西尼亚神庙
▽

△ 8.26 阿克拉加斯西拉乐西尼亚神庙现貌

△ 8.27 瑟林努特C神庙现貌

△ 8.28 瑟林努特E神庙西向现貌

▽ 8.29 瑟林努特E神庙西向现貌

神庙相比较，规模只有其一半。此神庙保存状况还算不错，留有30根柱子，不过有完整柱头的只有16根。双子星神庙（Temple of Castor and Pollux）为公元前5世纪之作，原来也是有34根柱子构成柱廊的围柱神庙，不过现在只留存4根柱子。

瑟林努特神庙群

瑟林努特创建于公元前651年，为古典希腊重要的城市，面临地中海，曾为重要港口，其因为邻近瑟林诺河（Selinos）而得名。然而在公元前409年被迦太基所毁。目前尚存有数座神庙遗迹，由于不确定所供奉者为何神，一般以英文字母代号称之。其中位于卫城的C神庙以及东郊马利内拉圣山（Marinella）的E神庙、F神庙与G神庙是最为重要者。

瑟林努特的C神庙是当地兴建最早的多立克神庙，建于公元前580年左右。柱廊有42根柱子，短边6根，长边17根。建筑长63.7米，宽23.9米，圣殿相当狭长，前有4根柱子。柱子高8.6米，然而直径并不完全一致，而柱子凹槽的数目也不相同。有关此神庙祭祀的神明一直存在着争议，有学者认为是阿波罗，也有些学者认为是宙斯。

E神庙建于公元前480年左右，根据附近出土的遗物推测，神庙供奉的应为希拉。此神庙建筑为标准的多立克围柱型制，位于4层的台基之上，长67.8米，宽25.3米，柱廊有38根柱子，短边6根，长边15根。圣殿有前后室，入口各立以两根柱子。柱子高10.1米，有收分处理。而额枋的小间壁中则装饰以希腊神话为主题的浮雕。F神庙建于公元前6世纪中叶左右，是东郊三座神庙中最小的一座，可能是一座供奉雅典娜的神庙。神庙位于3层台基之上，长61.8米，宽24.4米，柱廊有36根柱子，短边6根，长边14根。此神庙比较特殊的是根据推测，在柱子中间有一道墙，形成类似像阿克拉加斯奥林匹亚宙斯神庙的伪围柱式，其原因可能与庙中举行的仪式有所关系。F神庙目前保存的状况只是大片的遗迹，只有东侧的部分较易辨识。

G神庙建于公元前6世纪，可能供奉宙斯或者阿波罗。此神庙规模很大，与阿克拉加斯奥林匹亚宙斯神庙同为希腊古典神庙中最宏伟的案例，不过在其尚未完成之前就受到迦太基人的破坏。神庙长113.3米，宽54米，柱廊有46根柱子，短边8根，长边17根。柱廊内的圣殿空间形式也异于一般的神庙，前室之前有6根柱子形成柱列，圣殿本身则由两排十根柱子将空间区分为三部分。此神庙的规模可以同时容纳两万人，因此可以说是古典希腊最大的公共建筑。与F神庙一样，G神庙目前也已坍塌成由散落的建筑元素所构成的遗迹。

在瑟林努特的神庙建筑中，我们看到在公元前6世纪到5世纪的神庙，对于多立克柱式之喜好，但是却也可以发现它们比希腊本土的神庙更有弹性，而且更加重视纪念性与不同空间及量体之关系。借由将不同尺度及处理态度的神庙并置，瑟林努特卫城的神

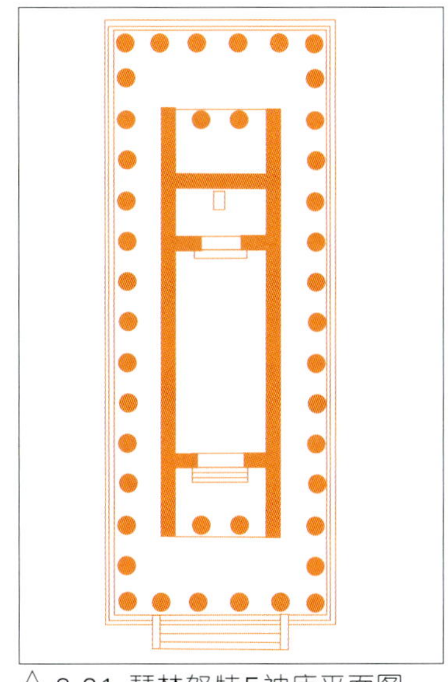
△ 8.31 瑟林努特E神庙平面图

△ 8.30 瑟林努特E神庙台基细部

▽ 8.32 瑟林努特E神庙柱子细部

▽ 8.33 瑟林努特F神庙现貌

△ 8.34 瑟林努特G神庙现貌

▽ 8.35 瑟林努特G神庙平面图

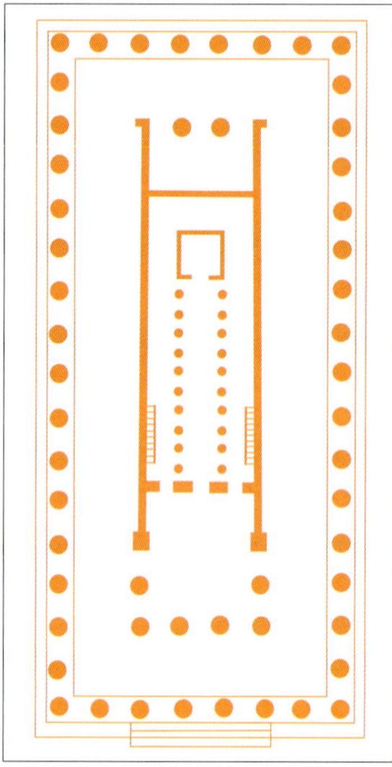

庙群及马利内拉圣山之神庙群都是最好的证明，这些神庙虽然彼此相邻，但却各自有其独特之主体性。规模宏大的G神庙旁却是较为优雅细致的F神庙。

△ 8.36 塞格斯塔神庙现貌

▽ 8.37 塞格斯塔神庙转角柱子细部

瑟格斯塔神与夕拉古沙的神庙

瑟格斯塔是古典希腊重要的据点，兴建于两座山间的高地，有非常优势的战略地位。现存有一座巨大的多立克神庙，建于公元前5世纪，是意大利神庙中保存较好的一座，坐落于一处地扼通往城镇的小山丘上。神庙有3层台基，长58米，宽23米。神庙之外柱廊有34根柱子，短边6根，长边14根。此神庙的柱廊虽然非常完整地保存下来，但是内部的结构却完全不存在。由柱廊内部所呈现的基础显现，此神庙的圣殿可能从未完成。因此也有学者推测，也许此神庙本来就是为了一种于露天举行的宗教仪式所兴建。由于与迦太基为盟，瑟格斯塔于公元前4世纪末受到夕拉古沙之围城而陷落。

夕拉古沙本身则为科林斯人于公元前734年所建立的殖民城市，由于其有相当优势的地理环境，因此发展出辉煌的历史。在公元前7世纪到6世纪，夕拉古沙更往希腊本土拓展，建立了数个次殖民地。雅典娜神庙建立于公元前5世纪，为一座非常优雅的多立克神庙，但于巴洛克时期被再利用为教堂，原有之柱廊被填塞以实墙，不过在外貌上仍然可以清楚地看出原来之多立克柱。阿波罗神庙建于公元前7世纪到6世纪，是西西里岛上最古老的希腊神庙之一，在中世纪时期也多次被更改为教堂，目前也只剩台基及数根柱子。此外，希隆二世祭坛（The Altar of Hieron Ⅱ）也是夕拉古沙一个重建的希腊建筑。此座建筑长198米，宽22.8米，高15米，兴建于公元前3世纪，为希腊古典时期最大之祭坛，现在只存基座部分。

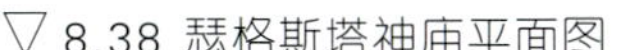
▽8.38 瑟格斯塔神庙平面图

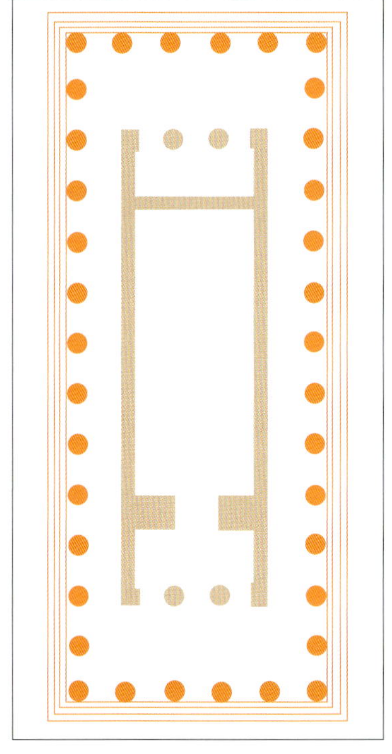

△8.39 瑟格斯塔神庙室内现貌

▽8.40 夕拉古沙雅典娜神庙现貌

▽8.41 夕拉古沙阿波罗神庙现貌

▽8.42 夕拉古沙希隆二世祭坛现貌

第九章
希腊的集会建筑与剧场

集会建筑的发展

希腊的建筑除了宏伟的神庙建筑之外，还有属于其他功能的住宅、市政建筑与剧场。希腊住宅和美索不达米亚地区的一样，均是朝向内部发展，由一个小入口进入，而房间均围绕一个中庭，通常是有一口井或者一个水池，还有一个小祭坛。在精致一点的住宅中，中庭则在一侧或者数侧均有柱廊，房子内房间和功能之关系并非那么严谨。其中最主要的房间是餐室兼娱乐室叫做“安达隆（andron）”，通常位于角落，以便直接可以采到两个方向之光，这个房间及中庭或入口可能铺有水泥及小石头，其他则为泥土地，而墙壁则为日晒砖，另外有一种房子，在中庭北面有横宽全部房子之空间叫做“巴斯达斯（pastas）”。

在老城市中，房子之组合轮廓均是不规则的，只有在一个经过小心规划设计过后之新城市，才可以看到规则整齐的街道系统，而且房子之分割坐落也都依循一定之方法，这些规则几何形之城市大部分是殖民城市，因为其为一人工化之产品，而不像经过自然发展之城市一样，有较自由之外貌。从原城市分过来之火炉于是变成了殖民地城市中之圣火，而被慎重地置于所谓的“帕莱坦尼（Prytaneum）”中，这种空间之名称在其他文化很难作适当之翻译，但可以视为是市公所。这种建筑起源于公元前6世纪，通常位于城市中心，是赫斯提女灶神（Hestia）仪式之所在，也是城市中珍贵档案收藏之处，也提供了市政官与市民代表共同生活之处。基本上，市公所是一栋长方形的建筑，内部至少有三间房间，分别为赫斯提女灶神祭室、有宴会功能的集会室与档案室。这些房间都面向中庭，整座建筑与安哥拉广场则关系密切。

一开始，希腊的市民集会活动是于户外举行，直至公元前6世纪市民代表建筑才有独立的建筑，希腊语称为“包勒

▽ 9.1 古典时期希腊住宅标准平面图

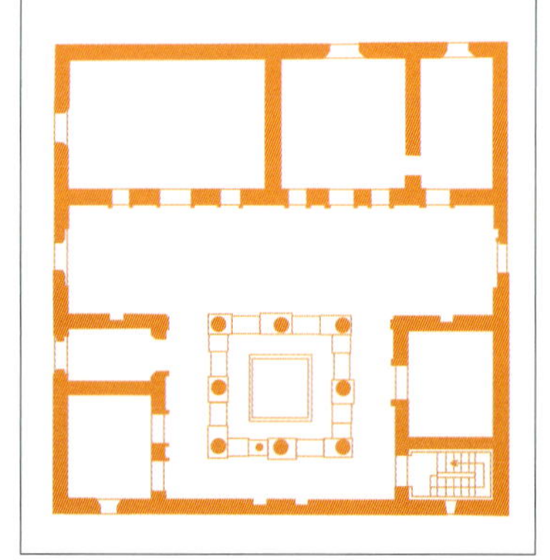

特尼（Bouleuterion）”，类似现今之议会。在普利尼（Priene）及米勒杜斯（Miletus）都有很好的例子。虽然有其重要性，但多数城市最早期的市公所与市民代表建筑之详细位置并不很清楚。以雅典为例，其必然在卫城西北面不远广场附近。在雅典和其他希腊城邦一样，渐渐由王权经寡头政治变成民主政治。而广场则往北扩充到原为墓地之平地上，在这里经常举行各种聚会，市民代表在广场西边之包勒特尼建筑举行会议，而最原始时期所建之市公所，则因为尊重其神圣性而留于卫城北面之原址，但是在广场西边盖了一个增建。

市民代表会建筑为长方形建筑，其中由一片墙分成了前室与内室，内室大约可以容纳700人。演讲者内于隔墙中间，而议员则坐于3边层层相叠之座位上。到了公元前5世纪末，一个新的议会建筑产生于旧有建筑之西侧，这个新议会是把一个半圆形之演讲室纳入一个长方形之空间内，坐椅沿斜面而上。事实上，它亦代表了一种想将盛行于前几世纪室外集会空间模式引入室内的企图。

波斯入侵后，这些行政及公共建筑均曾增建，其中市公所之增建为一个圆形之建筑，也叫做“斯凯亚斯（Skias）”。这是在迈锡尼时期之后，希腊建筑少有的例子，因为这时候之希腊人并不喜欢这种圆形弧线之建筑，而且通常圆形建筑都有其特殊之机能，斯凯亚斯有一圆形之实墙和一朝东之门，在北面可能还有小门以连系厨房及议会，屋顶是由分别在南北轴两侧，每组3根之支柱所支撑，桌椅则沿着室内边摆设或者是6根柱子围出之中间部分。斯凯亚斯之功能是作为一个餐厅，及市民代表开会时进餐之处，而正常之市公所则除了保有城市之火不灭之外，尚有处理谋杀案件、市民之宣誓、保持文献及接待外宾等功能，因为其为市火存放之处，所以就角色而论，有点像迈锡尼建筑中美格隆圣室一样。

这种早期兼有集会与宗教功能的建筑亦可于埃莱夫西斯（Eleusis）神秘仪式大堂（Telesterion, Great Hall of Mysteries）中看到。此建筑的机能可能与迪米特（Demeter）之仪式有关，但建筑形式却与集会功能密不可分。埃莱夫西斯的神秘仪式与农业发展有相当程度的吻合。传说中迪米特女神装扮成一位老妇人寻找被冥王（Pluto）掠夺成为半疯状态的女儿普西凤（Persephone），沮丧地到了埃莱夫西斯，公主见状热诚地相待。迪米特为了回报，成为

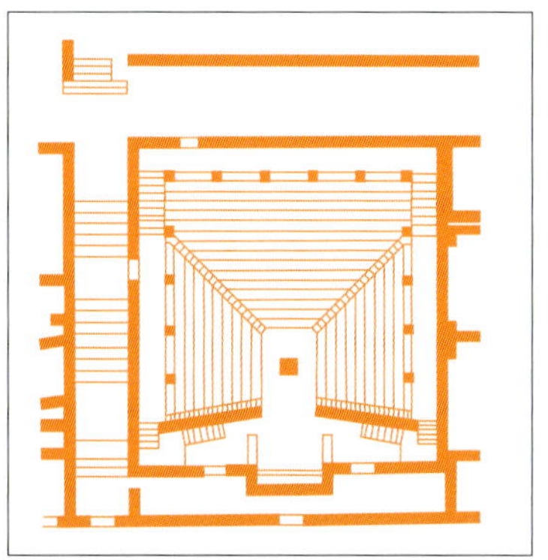

△9.2 希腊市民代表会建筑平面图（初期）

▽9.3 希腊市民代表会建筑室内想像图（初期）

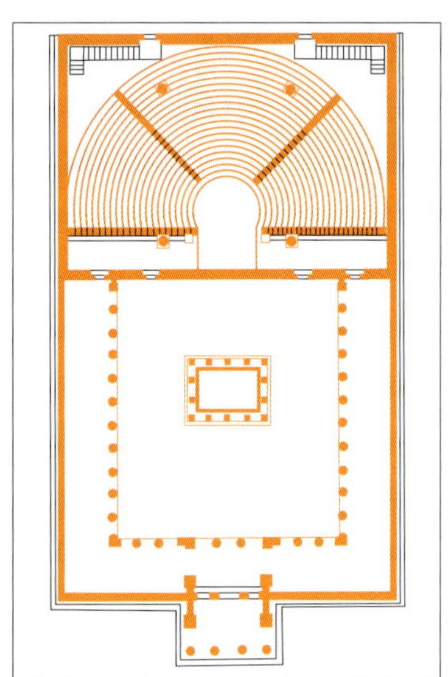

△9.4 希腊市民代表会建筑平面图（后期）

▽9.5 希腊市公所想像图

△9.6 埃莱夫西斯迪米特浮雕

9.7 埃莱夫西斯神秘仪式大堂想像复原模型 ▽

9.8 埃莱夫西斯神秘仪式大堂平面图 ▽

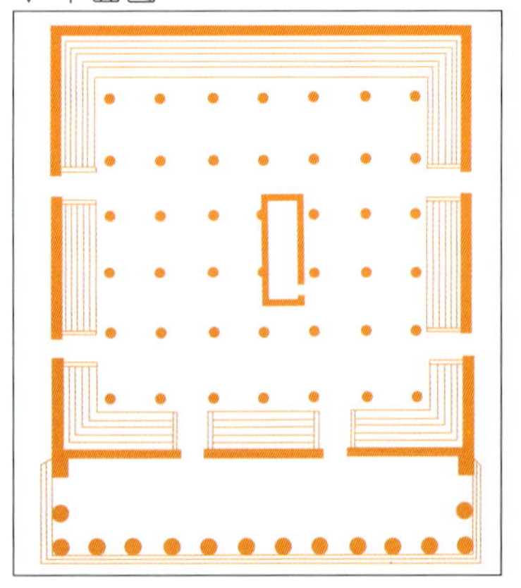

王子达蒙风（Damomphon）之保姆，并且以神油及过火仪式使王子神化。但是此举却使皇后心生恐惧，于是要国王将迪米特驱逐出皇宫。迪米特于是表明身份要求国王为她兴建一所神庙。由于对男神及男性充满怨恨，迪米特于是将自己关于庙宇内致使大地干旱及饥荒。后来她努力地赢回普西凤于人间停留半年，这时候她就高兴地使大地复苏并教导人们农耕。

有关迪米特的传说在希腊有几种不同的版本，但以其为中心的大地信仰在希腊时期甚为流传，但仪式至今却仍不甚清楚，因为所有的信徒都必须宣誓，不可以将仪式所见所闻告知他人，因此历史上就以埃莱夫西斯神秘仪式称之，而神秘仪式大堂就是仪式举行之场所。此建筑是埃莱夫西斯最神圣之建筑，最早的大堂是兴建于迈锡尼时期，作为迪米特之屋。后来其逐渐发展成与迪米特祭祀相关仪式的场所，而仪式也日益神秘。目前埃莱夫西斯所见的神秘仪式大堂遗迹为历经数个阶段发展而成，其方形的空间是贝利克里斯统治雅典时，帕提农神庙的建筑师伊克提诺斯之作，其余部分则无进展。

贝利克里斯死亡之后，大堂由三位建筑师接手。首先是克罗伊巴斯（Coroibus），他建立了42根柱子以支撑上部的楼板；接着是米塔吉尼斯（Metagenes），在楣梁之上加了室内的额枋；最后由辛诺克斯（Xenocles）加建屋顶，并于中央开设天眼以采光。东向的14根多立克柱式之柱廊则是由埃莱夫西斯的建筑师费罗（Philo）所建于公元4世纪末。罗马帝国时期，此建筑曾受大火烧毁，后来陆续重建。正方形大堂室内，每一边都有8层坐席，观众在此观赏神秘仪式。这些坐席有些是直接从岩石中凿出，有些则以石材组立，目前于西侧尚存一些遗构。被称为“亚纳克托隆”（Anaktoron）的神圣空间位于大堂正中央，在此置放有迪米特的圣物以象征其存在于大堂之中，除了执行仪式的人员之外，任何人都不可以逾越界线进入此神圣空间。

希腊戏剧的兴起

希腊以自然坡道作为观众席之由来已久，而雅典城是于公元前6世纪时将公共集会由广场搬到西南之普伊克斯（Pnyx）时，才首度运用。大约同时，在卫城南面也有另外一个酒神戴奥尼索斯（Dionysos）剧场历经数次之改变，这里原来有个酒神神庙，每年春天举行之大庆典中有歌舞表演为庆典中之一部分，因而孕育了戏剧与剧场。换句话说，希腊戏剧的发展真正的缘起年代已无法可考，但与宗教祭典有着密切的关系。每当春天酿制美酒的葡萄采收时，希腊人便会举行祭典，此时总是伴随着歌队表演。演唱者身着羊皮衣，装扮成酒神的同伴羊人萨提罗（Satyros）。

到了公元前534年，雅典作家西斯比斯（Thespis）于传统的歌队之外，再加入一位演员表演，后来再由艾斯奇勒斯（Aeschylus）加入另一演员对话而形成悲剧。希腊语言中，悲剧意即羊人之歌也明白地透露出悲剧的起源。从此以后，戏剧大为发展，每当祭典之时，会连续演出三天悲剧与一天喜剧。而题材也逐渐发展至酒神之外，包括了神话传说与现实生活。在剧作家方面，艾斯奇勒斯、索发克里斯（Sophocles）与欧里皮底斯（Euripedes）最为著名，三人合称希腊悲剧三杰。艾斯奇勒斯擅长表现人类崇高意志；索发克里斯最会洞察人类心灵；欧里皮底斯则以表现人类情感见长。另外亚里斯多法尼（Aristophanes）则是最伟大的喜剧作家。

雅典戴奥尼索斯剧场

希腊戏剧的诞生也促使剧场建筑的发展，雅典戴奥尼索斯（Dionysos）剧场建于公元前534年，是最早的剧场建筑，可容15000人。现在此剧场大部分已成残迹，不过咏唱队（chorus）所站的演唱台（orchestra）却还保存，其中中央菱形铺面为祭坛，咏唱队则绕行其表演。有一条走道将演唱席与座位席（cavea）区隔。座位席是利用自然的斜坡以石材所建，有78排座位。行政长官与重要的市民有权利坐在第一排，座位上往往铭刻上他们的姓名。第一排正中央则为仪式祭司之保留席，有装饰纹样。罗马尼禄皇帝时，腰墙的装饰计划开始执行。现存所见

△9.9 埃莱夫西斯神秘仪式大堂现貌

▽9.10 埃莱夫西斯神秘仪式大堂现貌

△9.11 雅典戴奥尼索斯剧场现貌

▽9.12 雅典戴奥尼索斯剧场想像复原透视图

△9.13 雅典戴奥尼索斯剧场现貌

石雕，即为此时之作。在戴奥尼索斯剧场中，艾斯奇勒斯、索发克里斯、欧里皮底斯与亚里斯多法尼的戏剧举行首演。

艾庇道罗斯剧场

艾庇道罗斯剧场（Epidauros）建于公元前300年左右，是希腊古代最有名的剧场。最初剧场有34排石灰石座位，分成12部分，容纳6000人左右。到了公元前2世纪，剧场扩建了上半部，共21排，分成22部分，位于人造斜坡上，总容量成为14000人，它神奇之音响效果至今仍相当惊人，演唱台正中的任何细微声音都可以清楚地于观众座席中听到。观众座席的安排也显示古代人如何有效利用地形；石阶沿坡放射成楔形，中间部分有一条较宽之路可以加强水平方向之交通量。座席第一排是保留给贵族的，在材料上也与其他坐席略有不同，色彩偏红且有靠背。

演唱席直径20.3米，外围绕以一圈大理石，地面为夯土实作，中央原为祭坛之所在，但目前只剩基座。到了公元前3世纪时，原来附属于戏剧一部分之唱咏队被从剧中独立出来而成为单纯之伴唱，这亦使剧场发生改变而形成另外一种风貌，一个可以悬挂布景之高起舞台开始出现在原有之演唱台之后半部。在艾庇道罗斯剧场本身就是有这种舞台，合唱队在下而演员在上。舞台之腰墙，经常有嵌柱装饰，而柱间为木制装饰板，第二层为演员之背景，由于喜欢戏剧而且不吝于挥霍，所以希腊化时期对于这种舞台之设计特别重视。

9.14 雅典戴奥尼索斯剧场平面图▽

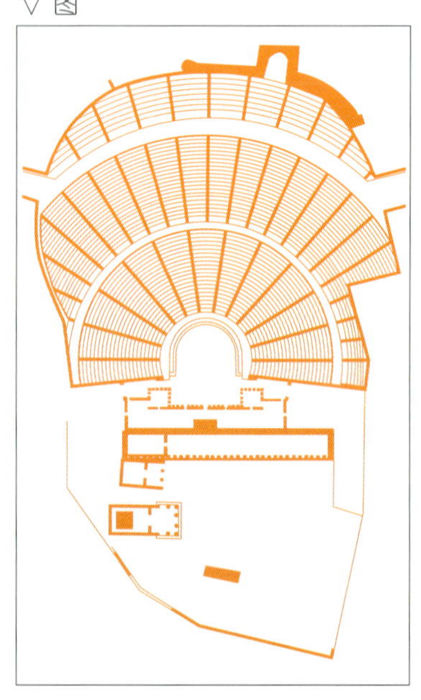

德耳菲剧场

德耳菲阿波罗圣域的希腊剧场，是古典希腊剧场中保存最好的案例之一，以帕纳索斯山的白石所建于公元前4世纪。剧场的主体为35排的座席，在下半部分为7个区位，上半部为6个区位，二者之间有一条走道区隔。公元前2世纪时，剧场曾加以整修，在圣域中留有一块铭文记载此事。剧场的演唱席铺以铺面，并

△ 9.15 艾庇道罗斯剧场现貌

▽ 9.16 艾庇道罗斯剧场现貌

▽ 9.17 艾庇道罗斯剧场现貌

▽ 9.18 艾庇道罗斯剧场现貌

且有良好的排水设备。背景舞台则分为前面的腰墙与后面的台座，但是高度并不高以使德耳菲的优美景观不会被遮蔽。德耳菲剧场的规模并不是很大，大约只能容纳5000人左右。剧场在德耳菲的阿波罗祭典中是定期地被使用，但节庆后则并不是持续使用。从一些古代的记载中，得知德耳菲的

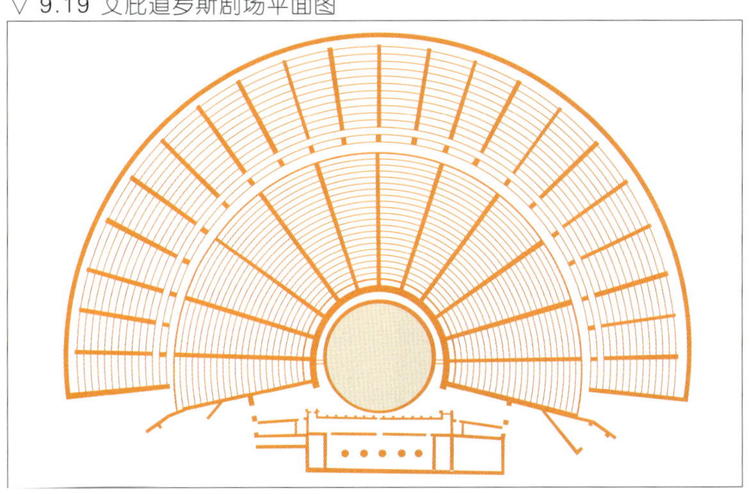
▽ 9.19 艾庇道罗斯剧场平面图

△ 9.20 德耳菲剧场现貌

演说及吟诵是于体育场中举行，音乐会则于田径场中进行，剧场只作为戏剧之用。

夕拉古沙剧场

△ 9.21 夕拉古沙剧场现貌

▽ 9.22 夕拉古沙剧场现貌

位于夕拉古沙的希腊剧场是古希腊最华丽的剧场之一，建立于当地献给阿波罗的圣山坡地上。此剧场真正的起源历史上并未详载，但根据某些剧作家之推测，剧场最初的部分应是建筑师狄莫斯科普（Demoskopos）所建于公元前5世纪，现有的形貌则是公元前2及3世纪时所修建。剧场的规模达直径140米，整座剧场是直接凿自岩石。座席原有61排，但现存只有46排，区分为9个区段。在座席中间有一条中间走道，在石造的座席中铭刻有神祇与统治者的名字。剧场顶部原有一圈柱廊，不过早已坍塌。

除了上述几个比较广为人知的剧场之外，由于希腊人对于戏剧之喜好，在绝大多数希腊人的城镇及殖民城市中，如西西里岛上的瑟格斯塔与陶尔米纳（Taormina），以及现今土耳其境内的柏加曼（Pergamon）、普利尼（Priene）、米勒杜斯（Miletus）与哈利卡纳索斯（Halikarnassos）等地都可以发现希腊剧场的存在。瑟格斯塔的剧场位于一处山丘上，建于公元前4－前3世纪，观众座席有20层，区分为7个区位。陶尔米纳的剧场背山面海，是希腊剧场中景致最为特别的一个，不过在罗马时期改建为罗马时期的剧场，现今只有观众座席的斜坡保有原来的形式。这些希腊剧场虽然地理条件不一样，规模也大小有异，但在建筑的表现上却是相当一致，见证了古代希腊戏剧的兴盛。

△ 9.23 夕拉古沙剧场现貌

▽ 9.24 陶尔米纳剧场现貌

▽ 9.26 米勒杜斯剧场现貌

▽ 9.25 柏加曼剧场现貌

第十章
希腊化时期的建筑

亚历山大大帝与希腊化时期

在雅典与斯巴达伯罗奔尼撒战役之后，希腊的人口愈来愈多，往往超过一个城邦所能够负荷之容量。再加上经济不景气，带来了严重之失业率，殖民政策已经过时，失业的年轻人，为了糊口饭吃，只好摇身一变而成为职业军人，愿意为提供他生活保障的任何人效命工作。这种佣兵之概念其实是和城邦中每一个人均应对该城邦效忠之情形相抵触，但是却在现实之状况压迫下蔚为风气。于是到了公元前4世纪时，团结所有城邦成一个强大之国家以便向外扩张领土之呼声渐高，这种想法在菲利普二世（Philip Ⅱ）国王所控制之马其顿（Macedonia）地区逐渐实现。菲利普二世主张统一希腊，必要时得使用武力之政策在其聪明盖世之儿子亚历山大大帝（Alexander the Great）之手中完成，亚历山大出兵讨平了小亚细亚，他的军队深入了安纳托利亚之中心，势如破竹地一直攻占到了印度边才停止。

▽ 10.1 亚历山大大帝

亚历山大之征服邻近地区也宣告了希腊城邦之结束。这时候，在新的秩序下，数以百计大大小小的城市发现他们突然卷入一个必须和埃及及波斯等古老帝国并存之政治结构中，希腊原有的法令实行起来也倍加困难，因为现在有许多外国人和希腊人生活在一起。而古典希腊中，人种之关系也在亚历山大大帝尚未死时，就被奉为神明之事发生后破灭，这种将元首奉为神之事乃成为以后几个统治者一种通例，这件事可由统治者之铜像中看出一种新价值观。在古典希腊时期，这种公共雕塑均为裸体之男性运动员，绝非统治者，而古典希腊时期之雕刻均是在表现一种力之平衡，但是希腊化之雕刻像却是毫不含蓄地夸大其力量，而且身躯之力与美也被特殊表情（通常是焦虑或蹙眉）所冲淡。这种将头部与躯干作分离之处理，并且靠脸部表情来区分个性之做法是和古典希腊塑像将身首视为一体来处理是不同的。

古典希腊之价值观是在于尊重一个人是城邦中的一分子，每个城邦也会因为其为许多个人所组成而自傲，但是这种价值观却被亚历山大大帝神话般的成就毁坏了。这是因为城邦变成了帝国，即使是在亚历山大死后较为收敛之帝国中，政府的阴影及权力使个人的价值锐减，以前只有在城邦攻击时才起身抵抗之民兵现在均成了职业军人了。

因为帝国过度的强大，所以对于战败者不免就会有怜悯之偏见，这个情形亦反映于雕刻艺术品中：以小孩子来描述可爱天真，以裸体女人来表达浪漫淫荡之爱，以临终之老人来代表痛苦与失望。古典希腊就像一个年轻人一样，傲慢、顽强、排斥性强、没有感情。可是扩大成帝国之后却突然间变老了，多愁善感、满腹情感而且十分地娇弱。另一方面，古典希腊艺术中的英雄常常是冻结于抉择的那一瞬间，而且往往是描述一种进退两难之情形，就是在这种情况下，人性被表露出来，而我们也随之处于一种不偏袒任何一方之角色中，但是希腊化之英雄则并非处于抉择之中，而是倾向于一种伤感之表现，除非他是光荣的胜利者，往往是一种悲剧式的英雄，而观察者则在此时被引导入一种带有情感之立场，要不是为胜利者狂欢，就是替失败者哀悼了。“劳孔”（Laocoön）与“垂死的高卢人”（Dying Galatian）两件作品都是希腊化时期的代表作。前者的主题是泄露天机的祭司遭受巨蟒缠身处罚，脸上痛苦表情表露无遗；后者则呈现一个软弱无力，生命垂危的高卢人，逼真动人。

希腊化时期之建筑

从希腊古典时期到希腊化时期之各种改变，在建筑上也极为清楚。希腊古典时期与希腊化时期之关键点就是亚历山大大帝，因为一般历史学者是习惯于把希腊化时期定义为指亚历山大崛起到希腊于公元前146年成为罗马一行省为止。然

△10.2 劳孔雕刻群（梵蒂冈博物馆）

10.3 垂死的高庐人雕刻（卡比托林博物馆）▽

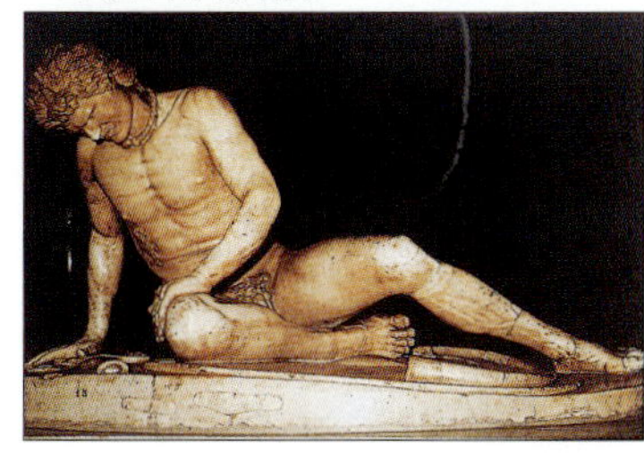

10.4 雅典卫城伊瑞克提翁神庙壁柱▽

△10.5 雅典卫城伊瑞克提翁神庙壁柱

而我们一般所称的希腊化时期建筑事实上要早于亚历山大大帝之兴起，像从雅典之卫城中，我们事实上就可以看到一些希腊化时期建筑之特征。卫城入口处庄严之轴线阶梯和帕提农神庙西面之宽大阶梯及其效果都预测了建筑层层堆砌之效果和使用戏剧化般之楼梯之处理。在伊瑞克提翁西面，原来在希腊建筑中属于分离的墙与柱两种元素，却结合而成附壁柱，成为以后希腊化时期建筑之一种注册商标，而这种附墙柱也变成几世纪以前处理建筑物墙面的一种方式。

▽10.6 雅典里希克拉提斯纪念碑

帕提农神庙把注意力不仅置于室外，亦置于室内，也是预测了希腊化时期神庙的另一项特色，古典多立克柱式神庙之重点是在其外貌之上，室内圣殿是一个非常少用之室内空间，可以说是一个简单又干脆之神像及仪式容器罢了。在帕提农之例子中，两排柱子将室内空间分成三部分，神像就位于中间部分，而两边之柱子则绕到神像后面形成一个三面之柱墙框架。而在柱列之内之额枋上使用浮雕，也是一种邀请人进入柱列内之手法，是相对于古典希腊庙宇之柱列的作用相当于是一种屏障。

帕提农神庙对于室内及半室内空间产生注意力，也许和宗教仪式之改变有所关联。但是毫无疑问地，这种逐渐细致化之室内空间，使人们除了在正式仪式之外，亦会萌生进入庙宇之欲望。这时候，已经有宝库性质之神庙，又增加了一项功能——市民博物馆，而愈来愈多之建筑师也依靠室内之效果来强调每一个神明之个性，建筑也就愈来愈具表现性和戏剧性了。除了卫城上的建筑之外，雅典的里希克拉提斯纪念碑（Monument of Lysikrates）也具有希腊化建筑的特征。此圆形建筑规模很小，建于公元前334年，是纪念戏剧比赛优胜而建。建筑本身就有一基座，屋身上围绕以科林斯壁柱，部分浮雕之主题则是酒神戴奥尼索斯的故事。以壁柱取代独立柱，不仅是结构形式的改变而已，更表明了建筑更装饰性的倾向。

△ 10.7 艾菲索斯阿特密斯神庙想像复原图

希腊化与爱奥尼柱式

▽ 10.8 艾菲索斯阿特密斯神庙平面图
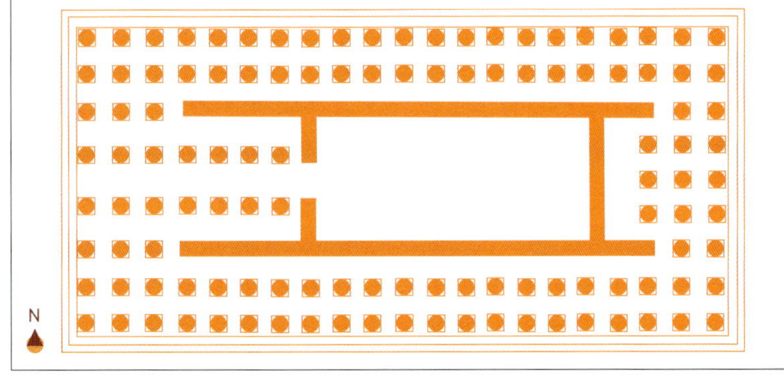

除了雅典城建筑之戏剧性与装饰性变化外，位于艾菲索斯的阿特密斯神庙正背面不一样的柱子数目，也在某种程度上创造了戏剧性。此神庙在正面的柱廊有3排柱子各有8根，但是背面的柱廊却只有2排柱子各有9根爱奥尼柱式。正面3排的柱子与圣殿前室的两排柱子创造了一种柱厅的深邃感，与重视比例的古典神庙极为不同，而柱身下段浮雕之应用也是一大特色。当然从某个角度来看，希腊化建筑与爱奥尼柱式的盛行于小亚细亚，有着非常密切的关系，因为绝大多数希腊化建筑，都会采用爱奥尼柱式。除了艾菲索斯的阿特密斯神庙外，萨狄斯（Sardis）的阿特密斯神庙、马格纳西亚（Magnesia）的阿特密斯神庙与阿特密斯祭坛也都是很好的案例，也充分展现出不同尺度及空间变化的特色。

萨狄斯阿特密斯神庙最先建于公元前6世纪，爱奥尼亚叛乱之时，被雅典人所毁，亚历山大大帝将之重建，扩大了规模与柱子数目，成为一座杰出的爱奥尼神庙。神庙属于围柱形式，正、背面为8根柱子，侧面为20根。与艾菲索斯的阿特密斯神庙一样，此神庙

△ 10.9 萨狄斯阿特密斯神庙现貌

▽ 10.10 萨狄斯阿特密斯神庙现貌

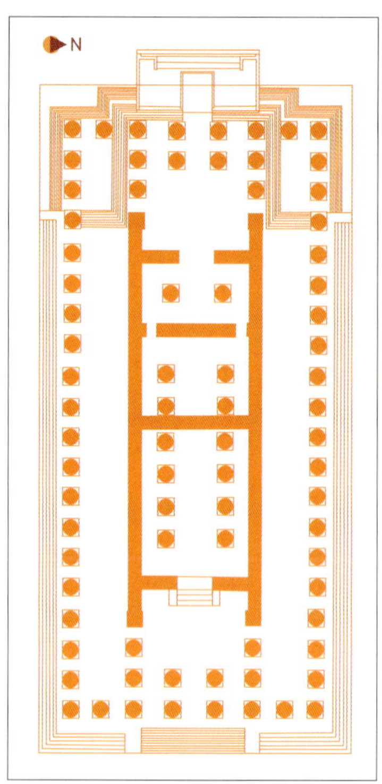

△ 10.11 萨狄斯阿特密斯神庙平面图

10.12 马格纳西亚阿特密斯祭坛平面图 ▽

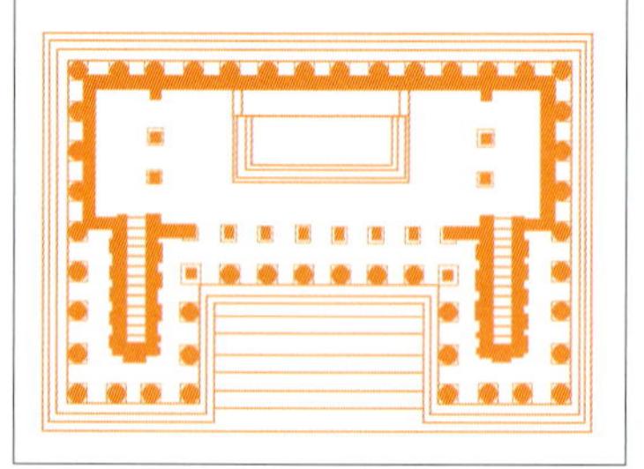

△ 10.14 柏加曼宙斯祭坛复原现貌（柏林博物馆）

的正、背面也多加了2列柱子，因此具有柱厅的意象。背面更因地形之故，于台基有不同高度的变化，极为特别，也显示了希腊化建筑求变的特质。阿特密斯祭坛不但有尺度大的阶梯及结合宽大主体及狭长两翼，甚为特别的空间处理，也有纤细的爱奥尼柱式柱廊。此祭坛虽然目前已不存在，但是从复原于柏林柏加曼博物馆的宙斯祭坛中，我们就可体会此建筑设计巧妙之处，而基座的大量雕刻更彰显了雕刻在希腊化建筑中的地位与新美学中所扮演的角色。

巴塞阿波罗神庙

位于阿卡狄亚（Arcadia）山区旷野中的巴塞（Basse）阿波罗神庙建于公元前5世纪，是一个非常值得我们加以探讨之希腊化建筑案例，大约和雅典帕提农神庙同时兴建，而且不少人也认为它们同为建筑师伊克提诺斯所设计，但是其一直到公元前5世纪末或4世纪初才完成。孤独但安稳的阿波罗神庙坐落于距离奥林匹亚地方

10.13 柏加曼宙斯祭坛复原现貌细部（柏林博物馆）▽

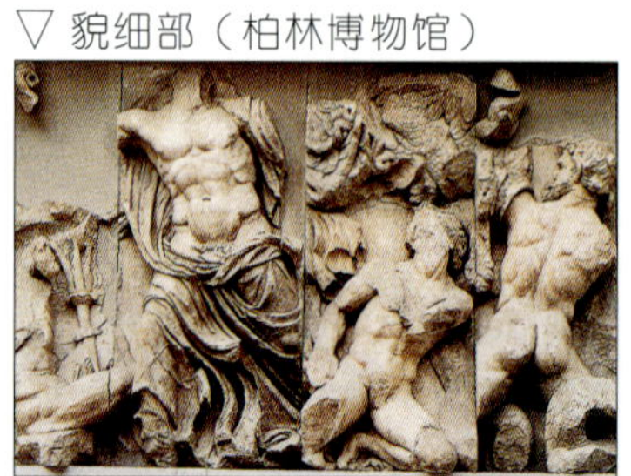

▽ 10.15 巴塞阿波罗神庙透视图

神庙区不远之山中，由于它使用暗淡之黄褐色石灰石，所以和使用大理石所建、光彩夺目之帕提农神庙相较之下，就显得特别地黯然失色，然而其笨拙之外观和粗劣之雕刻却在这种荒郊野外下显得相当地适当，而且动人心弦，很有可能是故意的。很不寻常的，此庙之座向与一般希腊朝东之情形不一样，它是南北座向，入口朝北，是不是建筑师故意如此，以使庙宇得以天天朝向北方的德耳菲—阿波罗最喜欢之地方。

而此庙在东边所开之门也是特殊之处，可以将旭日东升之阳光直接引入内殿后放置神像的地方，在这里和内殿之间有一根非常特殊之柱子，是现存知道的神庙建筑中第三种装饰系统科林斯柱式之最早者。和抽象之多立克柱式和优美曲线之爱奥尼柱式相比，科林斯柱式更趋有机化。科林斯柱式并没有发展自己的系统，而是交互地使用属于多立克及爱奥尼柱式之元素。很显然的科林斯柱式之出发点并不是建筑的，因为把一个花巧华丽之植栽柱头拿来和当作一根支撑重量之柱子相比较的话，其实际上和意像上之不同是非常明显的，科林斯柱深刻而利于捕捉光影，而且装饰效果突出之柱头在视觉上混淆了柱子与楣梁在结构上之合理性。如果科林斯柱式真的是首度应用于巴塞的话，它的出发点必然在阿波罗母亲嫘托生子上之意义重于实际功能上的考虑。因此巴塞此根独立柱子，除了在建筑上成为室内空间长轴之焦点外，在文化意义上也有其特殊之处。

科林斯柱并非是巴塞阿波罗神庙室内惟一特殊之处，在这里亦可以看到在希腊建筑史上第一次在内殿中使用雕刻额枋横饰带。连续于三边之额枋亦使内殿空间之感觉更为集中，而减缓了朝向神像的那种透视感，额枋上所使用之主题均是我们所熟悉的，如希腊人和亚马逊人之争执，拉比斯人和人头马族之争执等。但是在这里所见到的雕刻却不是以前所看到的平衡不分胜负的情景，而是狂暴激烈之一面，不是胜利就是惨败，雕刻中之人物往往衣服翻腾犹如处于大风之中，头部倾斜以传达各种表情等七情六欲，所有对于艺术之新态度均可见之于此神庙中。

神庙内之圣殿（cella）为建筑师注意力集中之处，亦为其巧思之所在。室内空间在两排柱子之后还延伸了一段距离，可以把前来朝拜的人带到较深之内部，由于殿中两排爱奥尼柱是和墙壁连成一体，一方面可以形成很多的小壁龛，

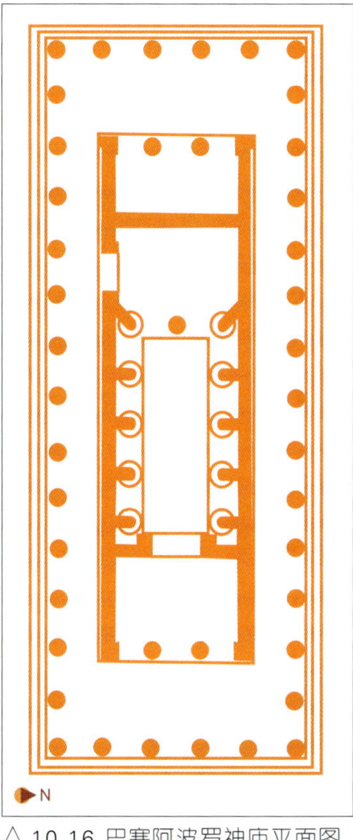

△ 10.16 巴塞阿波罗神庙平面图

10.17 巴塞阿波罗神庙室内想像复原图 ▽

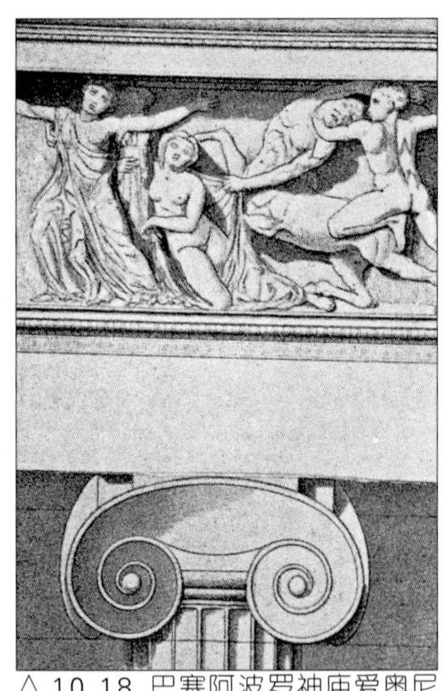
△ 10.18 巴塞阿波罗神庙爱奥尼柱式图

10.19 巴塞阿波罗神庙科林斯柱式图 ▽

◁ 10.20 巴塞阿波罗神庙室内现貌

另一方面不像其他神庙之内殿由两排柱子分成3个空间，在此内殿的空间是一体的，而且由这些神龛形成一收一放之效果。而柱子基座向里夸张的延伸亦形成室内相当特殊之效果，柱头本身亦是不寻常的，每个柱头均是由涡形线构成内凹之三面柱头，和一般爱奥尼柱头只有两个主要面是不同的。内殿之柱子在过去主要是帮忙支持屋顶，而在巴塞之例子中，室内之柱子已经失掉了结构上之功能，变成墙系统之一部分，于是柱子之功能由功能上转到了视觉上。古典建筑中结构和外观视为一体之概念已被打破，柱子一旦从只能当作结构物之观念中解脱出来，建筑师就更可以自由自在地使用柱子了。

狄仲马阿波罗神庙

大约是在巴塞阿波罗神庙建好后约一百年左右之公元前4世纪，一间新的阿波罗神庙在土耳其米勒杜斯外著名的朝圣地狄仲马（Didyma）之古建筑废址上站立起来。建筑师是米勒杜斯地方之达夫尼斯（Daphnis）和来自于艾菲索斯地方之巴尼斯（Paeonices）。这是一个非常浩大之工程，一直拖到公元前2世纪，但最后还是没有全部完成，这间神庙继巴塞神庙之后，再度说明了希腊化神庙式样之转化，而亦可证明此种转化绝不是一种偶发事件。小亚细亚沿岸建筑的黄金时期为公元前六七世纪当波斯人统治入侵希腊以前及亚历山大大帝兴起在小亚细亚重新建立希腊世界时，而狄仲马之神庙在特色上就横越了这两个黄金时代。

其双重之柱列及深深退缩而有柱之入口门廊，仍然保有艾菲索斯阿特密斯神庙一样之特征，然而狄仲马阿波罗神庙其他地方之改变可以说是革命性的。爱奥尼柱在公元前三四世纪已经作了重大改革，愈来愈细长，而在狄仲马此神庙之外部柱子高达20米，为底部直径之十倍，为希腊神庙中柱子最细长而且最高的一座，但是由于爱奥尼柱之装饰性刚好吻合了希腊化时代人们之嗜好，所以成为最主要之形式。在狄仲马此庙中到处都可以看到华丽之装饰。东向的柱子是位于一个有精致曲线之台座上，而此台座再位于一个九爱奥尼英尺见方之基座上，九爱奥尼英尺可以说是此庙之模矩，台座之线脚有时候为形成八角形之雕刻板所取代，这些板中之浮雕有各种海中动物及棕榈等。而转角之涡形装饰中常常有神话中诸神之头凸出于外，这就是所谓历史化（historiated）柱头之开始，这种柱头到了罗马时代之建筑及仿罗马建筑均常见到。

庙之入口位于东北，经台阶穿过5排柱列（其中3排是由建筑物内殿退缩而成），而中轴在此就遭到阻挡不能前进，必须要穿过两侧阴暗之坡道才可以到达一个没有屋顶、开放于大地之圣殿。圣殿之3面均围之以腰墙，在腰墙上再立石块而建构柱（pilaster），但整体看起来就像是墙，在构柱之上则为连续之额枋，并且有莨叶等装饰之柱头。圣殿之末端，原为神像置放处现在则为一间小庙所取代，真是庙中有庙。不管它的规制是和古典庙宇有何关系，狄仲马这间希腊化神庙之精神却是根植于惊奇，尺度之改变，高度之改变及不同元素之对立等效果之上。

为什么狄仲马阿波罗神庙圣殿没有屋顶而反而成为小庙之外庭？为什么到达圣殿要这般迂回？古典时期之希腊庙宇是立于大地之间，它雕塑般的力量只有在和周围环境（自然的或人造的）发生关系时特别明显，这些外在之环境给予了神庙尺度之感，而希腊化时期之神庙，本身之思想与精神就在庙内部完成，其在室内制造各种必须由人一项项去发掘之效果，而人和建筑物之关系似乎完全为建筑师一手来控制，人们对于神庙之诠释已不是他们所想要的一切，而是建筑师所给予的一切，是建筑师所期望的一切了。

△ 10.23 狄仲马阿波罗神庙台基现貌

△ 10.21 狄仲马阿波罗神庙柱廊现貌

▽ 10.22 狄仲马阿波罗神庙平面图

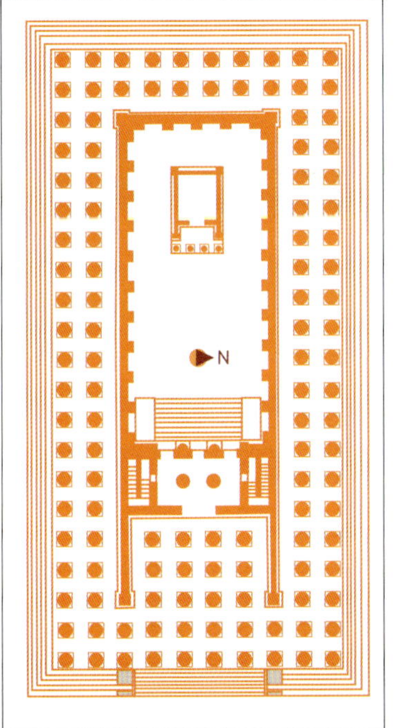

△ 10.24 狄仲马阿波罗神庙中庭现貌

▽ 10.25 狄仲马阿波罗神庙中庭现貌

▽ 10.26 狄仲马阿波罗神庙部分想像复原图

第十一章
伊特鲁里亚建筑与罗马文明之兴起

罗马城与罗马文明之兴起

在希腊建筑蓬勃发展之际，地中海另一个文明也积极地在现今意大利半岛上发展，那就是罗马文明。就其历史发展而言，罗马文明可以区分为早期的伊特鲁里亚时期、共和时期、帝国时期与晚期帝国时期。伊特鲁里亚时期为公元前6世纪之前；共和时期从公元前509–前27年；帝国时期则自公元前27年–公元3世纪，是罗马文明最为强盛之时；晚期帝国时期则自公元3世纪–公元476年西罗马灭亡之间。

△11.1 罗马母狼雕像

11.2《被掠夺的萨宾妇女》▽（大卫）

毫无疑问地，罗马城是了解罗马时期建筑最好的城市。传说中罗马城是由罗慕路斯（Romulus）所创建于公元前753年。传说中罗慕路斯和雷姆斯（Remus）为一对孪生兄弟，其母丽雅斯维雅（Rhea Slivia）原为是亚伯隆加（Alba Longa）王努密特（Numitor）之女儿。努密特之兄弟废了他的王位并强迫使丽雅斯维雅成为罗马女灶神之祭司葳思塔圣女（Vestal Virgin）。丽雅斯维雅之叔父将之关起来并且将双胞胎婴儿丢到提伯（Tiber）河中，被一个牧羊人救起并由母狼喂奶长大，回到罗马所在地建立此城。在二次争执中雷姆斯被杀，罗慕路斯成为君王。这时候牧羊人与农夫散居在七座山丘中。由于传说中罗马人以男性为主，缺少女性，因此每每抢夺萨宾族（Sabine）的妇女以传后嗣。因此“被掠夺的萨宾妇女”乃成为西方艺术家经常创作的主题。当然此传说也验证了罗马人与萨宾族人几世纪以来的纷争，直至公元前290年，萨宾族被罗马征服之史实。

公元前7世纪时，来自于意大利半岛中西部伊特鲁里亚（Etruria）地区的伊特鲁里亚人（Etruscan）势力渐增并且控制了罗马城，一直到公元前6世纪末和5世纪才受到罗马人与希腊人之反击而渐渐衰败。

后来更因实施暴政而被罗马人于公元前509年所驱逐。自此，罗马城改由两位每年选出的执政官管理，开启了共和体制。第一任的执政官为布鲁图斯（Lucius Brutus）与普维陆斯（Horatius Pulvillus）。

一直到希腊亚历山大大帝崛起兴盛之时，罗马人事实上已经以他们自己之体制实行自治，和其他希腊城邦有所不同，范围也逐渐扩大。经过3次普尼克（Punic）战争之后，罗马人分别征服了北非、中亚、欧洲等地。公元前146年，罗马人控制了希腊，西方文明也由希腊转入了罗马。公元前44年，凯撒（Julius Caesar）夺取政权成为独裁者，但一个月后就被暗杀身亡，也使罗马政局动荡不安。公元前27年，凯撒之侄子兼养子渥大维（Gaius Julius Caesar Octavianus）就任罗马第一任皇帝，封为“奥古斯都（Augustus）”，内乱逐渐平息。此后帝国势力逐渐强大，直至公元284年分为东西两帝国为止，罗马处于强大的帝国时期。公元395-476年西罗马灭亡之间则称为晚期帝国时期。从建筑发展的观点来看，罗马文明在不同时期发展的重点也不一样，也促使不同建筑类型的出现。

伊特鲁里亚建筑

伊特鲁里亚人是一相当有文化的民族，在公元前8-前4世纪期间，控制着大部分意大利中部和北部地区。从他们的家乡，亦即今日的托次坎尼，伊特鲁里亚人将他们的影响力延伸超越亚平宁山脉及于波河河谷，直至来自南部的希腊人、北部的野蛮民族以及罗马人兴起后，才被毁灭消失。伊特鲁里亚人部分根源于铜器时代的意大利北部，但渐次地突显其自明性，并从山丘的聚落发展成为较为永久性的城镇。到了公元前8世纪后，伊特鲁里亚文明面临了“东方化”的现象，来自东方的思想与风格被吸收于当地的艺术与文化之中。透过与意大利南部希腊殖民地贸易与文化的交流，伊特鲁里亚结合了当地与希腊及东方之影响，创造了一种独特的伊特鲁里亚文化。

就建筑而言，伊特鲁里亚人的建筑现存非常地稀少，最多的是巨坟。这也与伊特鲁里

△ 11.3 凯撒雕像

▽ 11.4 奥古斯都雕像

▽ 11.5 塔克尼亚巨坟壁画

▽ 11.6 塔克尼亚巨坟壁画

△ 11.7 塔克尼亚巨坟壁画

亚人埋葬仪式的改变有关。大约从公元前700年左右，原有伊特鲁里亚惯用的火葬逐渐发展为土葬，因此也促使巨坟的产生，坟中经常会装有以死者于冥府所需用之物品。在许多留存的巨坟遗址中，以塔克尼亚（Tarquinia）及卡厄瑞（Caere）最为著名，从其中后人可以了解墓葬习俗与早期拱顶结构。塔克尼亚曾经是伊特鲁里亚最重要的政经中心，甚至是当时的罗马政治也深受其影响。在塔克尼亚数十个巨坟中有非常多的是属于公元前6世纪之作，内部有一系列的壁画，是了解当时伊特鲁里亚人生活的非常重要的证物。

卡厄瑞现名为色佛特利（Cerveteri），也是伊特鲁里亚人

△ 11.10 卡厄瑞班迪塔其亚巨坟群外貌

△ 11.8 卡厄瑞班迪塔其亚巨坟群总平面图

▽ 11.9 卡厄瑞班迪塔其亚巨坟群外貌

▽ 11.11 卡厄瑞班迪塔其亚巨坟群室内

▽ 11.12 卡厄瑞班迪塔其亚巨坟群隔间

△ 11.13 卡厄瑞班迪塔其亚巨墓群

重要的据点，这里巨坟最集中，其中班迪塔其亚（Banditaccia）是规模最大的一处。由于各个坟墓兴建的年代不一，因此形成大小坟墓并置的特殊景象。部分墓地的历史甚至远至公元前9世纪，其中公元前7及6世纪，是卡厄瑞最兴盛之时。坟中某些柱子可以看出受到小亚细亚爱奥尼亚文化的影响，部分坟室出现了塔司干柱式（Tuscan Order）的原型。另外一些坟室中可以看到仿木结构的处理，有些坟室的格局则可能是当时住宅的翻版。

在神庙方面，由于伊特鲁里亚文明并没有留下完整的遗物，因此只能从不同的线索加以推测。根据罗马时期建筑家维特鲁威的研究，伊特鲁里亚人的神庙应该是位于一个台基之上，但不像希腊神庙四边都

△ 11.14 卡厄瑞班迪塔其亚巨坟群室内柱子

△ 11.15 卡厄瑞班迪塔其亚巨坟群室内仿木构造

△ 11.16 卡厄瑞班迪塔其亚巨坟群内部隔间

11.17 伊特鲁里亚神庙想像复原模型
▽

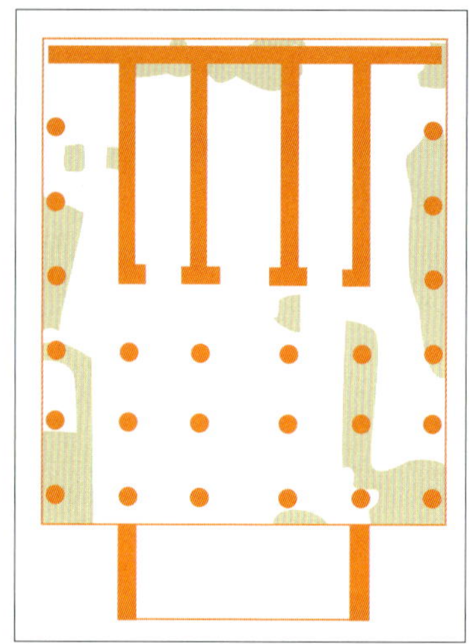

△ 11.18 罗马卡比托林神庙想像复原平面图

11.19 罗马卡比托林神庙想像复原模型

▽

11.20 罗马卡比托林神庙陶土装饰

▽

有台阶，只有正面中央留有阶梯，柱廊只存在于神庙主体之正面，也许是一排，亦有可能是多排。柱廊一般是单面，最多应用于三面，但不会像希腊神庙一样形成围柱。主体圣殿可能分为三部分。这种空间格局也可以在兴建于公元前509年之罗马卡比托林神庙（Capitoline Temple）中得到印证。这座神庙据考证是伊特鲁里亚时期规模最大的神庙，其所祭拜之神可能已是罗马三神：朱比特、朱诺与米娜娃。这个现象也阐明了在公元前6世纪末，伊特鲁里亚文明与罗马文明已经互相影响并且交流融合。在结构方面，伊特鲁里亚神庙基本上应用了砖石，木构架的屋顶，并装饰以陶土装饰，其中不少为脸谱图案。

罗马建筑的发展

因为地理位置的关系，罗马文明深受两个主要力量之影响，一为前述北部伊特鲁里亚文化，一为意大利南部及西西里岛之希腊文化。虽然称谓可能有所不同，许多社会习俗，甚至是宗教信仰都与希腊有关。一般而言，罗马人沿用了希腊和伊特鲁里亚人殖民地之几何规划系统。然而罗马人却习惯将新城市置于南北轴向（cardo）及东西轴向（decumanus）大道之交叉点，公共建筑物更是直接位于两条轴线交叉点上。罗马人在城市之轮廓上比较偏好正方形之轮廓胜于希腊长方形之轮廓。这种城镇规划必然是受到罗马军营（castra）之影响。然而罗马

▽ 11.21 罗马军队军营布局想像图

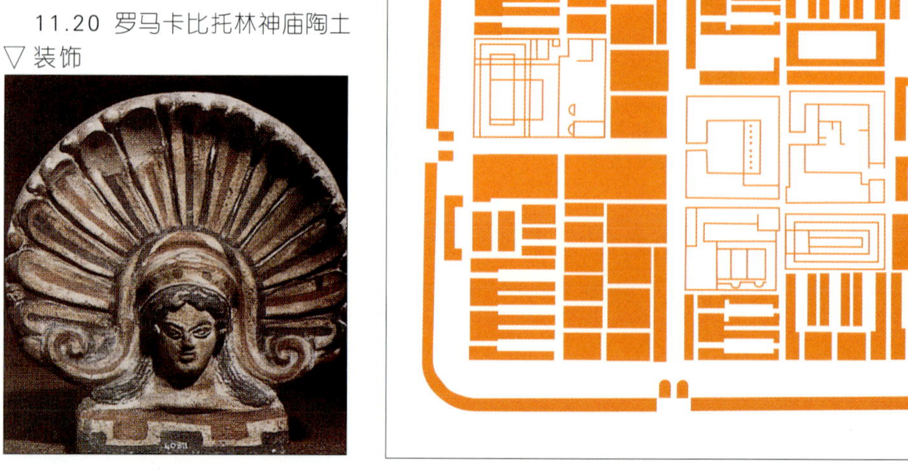

城市最重要的并不是其几何分割，而是城市中公共建筑物设施之组合，这些公共建筑使罗马文化突出于当时而变成了地中海沿岸之大帝国，在奥古斯都大帝之后延续了3个世纪之强势。

对罗马人而言，建筑是一种文明之象征，亦是一种帝国意象塑造手段之一。在其控制之地区，罗马人以独特之建筑形式及建筑形态在每一个地区烙印下了罗马帝国的记号。而帝国的军队也非常积极地参与各项工程建设，军队中之工程师兼建筑师在帝国中变得相当重要。而军团中严格之纪律亦延伸到工地上，因为一座巨大之建筑物往往需要将数以千计之构件组合而成，非有军队中严格之纪律是很难办到的。皇室也参与了营建中的每一个过程，大理石、花岗岩、石灰石、凝灰岩等建筑材料均有专卖制度，采石场、运输等也均由皇室来管理并且统一调配，甚至是人力劳工亦是如此。这时候，罗马发行之硬币也都铸上了当时重要之建筑。

圆拱与圆顶的发展

罗马建筑中，纯粹的创造很少，反而不少是将各种传统之形式或方法加以改进利用。虽然如此，每一个罗马建筑却都或多或少带有罗马特殊之记号，尤其是拱顶（Vault）和拱券（Arch）更使罗马建筑大大地不同于希腊建筑之柱梁与柱廊。罗马人偏好曲线，在平面上、在立面上或者在空间上均是如此，而拱券和拱顶正好可以满足这项偏好。源自于伊特鲁里亚人对拱之使用，罗马初

△ 11.22 罗马营场建场景浮雕

△ 11.24 罗马米尔威桥

▽ 11.25 罗马法布里奇桥

▽ 11.23 罗马建筑标准元素拱券

△ 11.26 尼姆水道现貌

期则常用之于桥梁及水道。在桥梁方面，兴建于公元前109年的米尔威桥（Pons Milvius）是罗马现存最古老的桥梁。法布里奇桥（Pons Fabricius）则兴建于公元前62年，二者都以拱券桥洞构成主体。在水道方面，现存其中最著名的乃是法国尼姆（Nimes）之水道及西班牙塞哥维亚（Segovia）之水道。

▽ 11.27 尼姆水道现貌

▽ 11.28 塞哥维亚水道现貌

尼姆水道建于公元前1世纪，有269米长，由3层拱券所构成，每一层之数量及大小均不一。第一层高20.1米，横越河道部分跨度达21.5米，有6个拱券。第二层高度与第一层类似，但有11个拱券。第三层高8.5米，有35个拱券。塞哥维亚水道一说建于奥古斯都时期，一说建于图拉真时期，现存留有813米，高13米，由2层拱券所构成，共有128个拱券，在外观上比前者显得较为粗犷。除了上述两条水道之外，西欧各地也存在着不少较为残破或现存规模较小之水道，如西班牙梅里达（Merida）水道就是一个例子。这些水道虽然不在意大利，但却是罗马帝国兴盛时远及西欧的最好实证。

就功能而言，这些水道均为将水源输入城市之设施，在罗马城中，一共有11条，每天供水量约为三亿五千万加仑。一直到今天，一些留存自罗马时期的水道仍然是城市中喷泉的水源。不同大小拱券的应用，使这些水道可以跨越不同的空间，调节不同的高度，顺利地将水从水源处运送至城镇中，是罗马时期相当重要的公共设施。

水道虽然令人震撼，但是拱最高表现却不是在类似水道之两度空间上，而是其可以塑造三度空间之特殊效果。如果将一个拱券沿一道直线方向连续推进就形成了筒形拱顶（barrel vault）；由于其类似于现今的隧道，所以也称为隧道拱顶（tunnel vault）。这种拱顶其实也就是一个半圆曲面之顶棚立于两道平行之墙面而界定出的空间。如果将2个筒形拱顶垂直相交就形成了交叉拱顶（cross vault）。如果将一个拱券转360°就成了一个圆顶（dome）了。

拱顶这个字是源自于拉丁文之“转动（Volvere）”。所以拱顶所形成之空间是比较活泼生动，而不同于均是直线所构成之长方形空间。通常一个平屋顶之建筑空间是比较呆板而不具有动感，因为在这种盒子般之空间内，一个人对于室内高度之关系是一成不变的。但是在拱顶之空间内，原来在长方形空间内极为清楚之支撑与被支撑物间的结构关系就显得暧昧起来，墙与屋顶之间之分野是不清楚的。另一方面，屋顶之中央是高于其他边缘地方，所以我们无形中就会被这一条看不见的线或是圆顶之中央点所引导而朝向和地心引力相反的方向了。其实，迈锡尼之圆墓中已有所谓的石挑拱顶（Corbel Vault），但是它们却还不是一个真正之拱顶。希腊人及伊特鲁里亚人也曾使用过真正之拱顶，但却不像罗马人如此普遍地使用于室内外空间及各种不同类型之建筑物上。

为了粘着拱券的构件，罗马使用了火山灰与石灰混合物作为天然的水泥。接着进一步将水泥与小石块或小砖块混合而成为所谓的混凝土。最后更以砖石为表面材料，将混凝土浇灌于其中，使混凝土凝结成一整块的结构体，因此更容易形塑建筑所需要的造型。利用拱券、拱顶与混凝土，罗马文明在其统治之辖区内，以建筑烙印下其独特的承重墙结构建筑，再配合特殊文化需求而产生各种不同类型之建筑，形成了与希腊柱梁为主的建筑极为不同的建筑表现。

△ 11.30 梅里达水道现貌

▽ 11.29 塞哥维亚水道现貌

△ 11.31 罗马建筑重要发明混凝土

▽ 11.32 罗马混凝土与砖石结构

第十二章 罗马共和与帝国时期的广场

罗马城共和时期广场

在罗马人建设的城市中，所谓的“广场（Forum）”是不可或缺的空间元素。其与希腊的“安哥拉”广场极为类似，是城市中公共生活的焦点。由于罗马城的发展经常是直接加诸于以前的建设上，所以罗马广场最早之建筑已无迹可寻。共和时期的建筑以所谓的神圣区（Area Sacra）中之神庙最早。波里乌姆广场（Forum Boarium）的两栋神庙年代也可溯至共和时期的公元前2 世纪。方形的神庙称为佛坦纳维利斯神庙（Fortuna Virillis），是河港之神波图努斯（Temple of Portunus）之庙，门廊为爱奥尼柱式，其他墙面则有附壁柱。圆形的是胜利者海克力斯神庙（Temple of Hercules Victor）。

然就历史而言，罗马城最早之广场就是为所谓的“罗马广场（Forum Roman）”，为共和时期罗马城之政治、宗教

△12.1 罗马波里乌姆广场

▽12.2 罗马佛坦纳维利斯神庙

▽ 12.3 罗马广场西望想像复原模型

▽12.4 罗马广场西侧现貌（右为元老院）

及商业中心，不过原始遗迹不易找寻。其中广场中政治之特质可由元老院（Curia）、议事堂（Comitium）和言论台（Rostra）三部分来代表。元老院是罗马议会之所在，一般认为其创建必须归功于杜留斯霍斯提留斯国王（Tulius Hostilius），以后经历数次之增建改建，目前之砖造建筑是公元303年戴克里先（Diocletian）在位时所建。议事堂位于元老院和赛佛鲁斯凯旋门（Septimius Severus）间之部分，为选举时民众聚集或是群众示威反对元老院之地方，言论台则是政治家发表演说之高台。

凯旋门亦是罗马建筑中比较特殊的一种形态，为皇帝夸耀功绩之用。赛佛鲁斯凯旋门（Arch of Septimus Severus）为纪念皇帝于公元190年及197年两次功勋所建于203年，高20米，宽25米，深11米，由3个拱形门洞构成，中央者较大。凯旋门顶部有一个阁楼层，铭刻有纪念赛佛鲁斯及两个儿

▽12.7 罗马广场总平面图

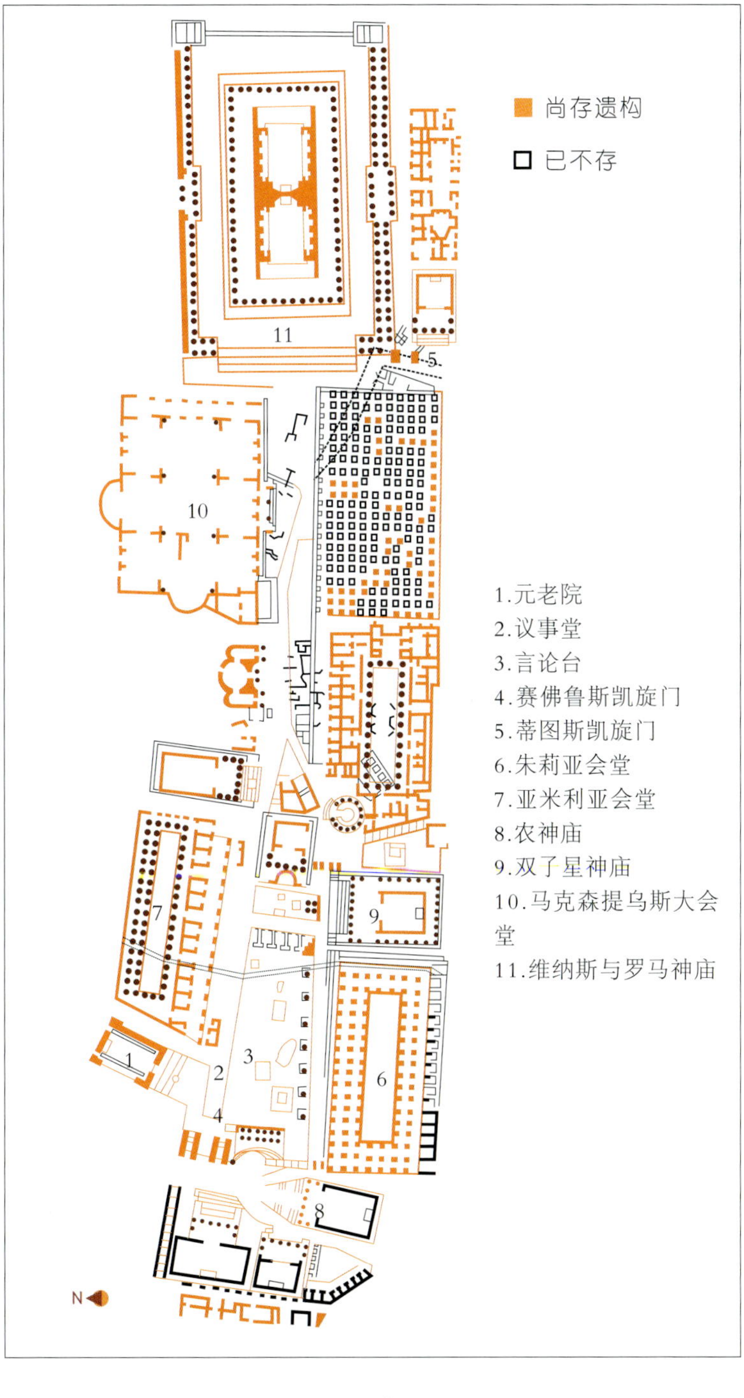

■ 尚存遗构

□ 已不存

1.元老院
2.议事堂
3.言论台
4.赛佛鲁斯凯旋门
5.蒂图斯凯旋门
6.朱莉亚会堂
7.亚米利亚会堂
8.农神庙
9.双子星神庙
10.马克森提乌斯大会堂
11.维纳斯与罗马神庙

N

△12.5 罗马广场元老院

▽12.6 罗马广场赛佛鲁斯凯旋门

△12.8 赛佛鲁斯凯旋门现貌

子卡拉卡拉（Caracalla）与盖塔（Geta）之文。然而在赛佛鲁斯逝世后，卡拉卡拉杀死了盖塔，并将其名字自凯旋门中除去，留下今日孔洞。罗马广场内比较有名的除了有赛佛鲁斯凯旋门外，还有兴建较早之蒂图斯凯旋门（Arch of Titus，82年）及较晚之君士坦丁凯旋门（Arch of Constantine，312年），不过均为帝国时期之作。蒂图斯凯旋门为单门洞，君士坦丁凯旋门则为3门洞。

位于言论台轴线两侧分别是朱利亚会堂（Julia Basilica）及亚米利亚会堂（Aemilia Basilica）。朱利亚会堂为凯撒建于公元前46年，后来历经多次之修改重建，规模颇大，长

▽12.9 蒂图斯凯旋门现貌

△12.10 君士坦丁凯旋门现貌

12.11 罗马广场东望想像复原
▽模型

96米、宽48米。亚米利亚会堂创建于公元前179年，亦是不断修改建与重建，大厅长70米、宽29米，现存的遗迹多为后期重建之物。

朱利亚会堂东西侧分别有农神庙（Temple of Saturn）与双子星神庙（Temple of Castor and Pollux）。农神庙是罗马最古老的庙宇之一，建立于公元前497年，庙址原为一座农神祭坛。神庙在公元前42年全部重建，高大的台基仍然部分可见，长40米，宽22.5米，高9米。公元283年大火之后再度重建，现存8根柱子则是此次重建时利用原有建材之结果。在农神庙兴建之时，罗马城正值面临饥荒、疾病、政经不稳定的关键时刻，社会的乱荡促使不少庙宇的兴建。除了农神庙外，还有商业神庙（Temple of Mercury，公元前495年）与五谷女神庙（Temple of Ceres，公元前493年）。双子星神庙建于公元前484年，也历经重建，现有3根柱子为公元前14年重建，公元6年献堂时之遗构。

广场之端则为凯撒神庙及韦斯太（Temple of Vesta）神庙，其中韦斯太神庙年代非常久远，可能是由罗马第三个君王努马庞毕琉斯（Numa Pompilius）亲自监造，他也是韦斯太宗派创

△12.12 罗马广场朱利亚会堂现貌

12.13 罗马广场亚米利亚会堂现▽貌

▽12.14 罗马广场农神庙现貌

△12.15 罗马广场双子星神庙

12.16 罗马广场韦斯太神庙想像▽复原图

造者。在庙中，由韦斯太圣女看管着象征全市生命之圣火。从此，她再也不能步出神庙。韦斯太神庙是圆的，很像一个简单之住宅，位于一个方形之基座上，其旁就是韦斯太之屋。在信仰上，韦斯太是女灶神，即希腊神话中之赫斯提（Hestia）。在罗马人之家庭中多半祭祀有此神，而亦有整个城市共同信奉之神庙，庙中之圣火则被视为生命之火。负责侍奉韦斯太的为6名纯洁之处女，叫韦斯太圣女，6岁就要进入神殿，接受10年训练，再任女祭司10年，再任10年教师教导新的女祭司，在这期间必须日夜看顾圣火。

不管是共和时代或是帝王时代，罗马广场均是城市之中心，从一大早就会有一大堆人涌入，有的是为了政治上之目的，有的为了商业之目的，有的只是来看人潮或是与人聊天等。而广场本身也反映出当时之政治情况与社会风气。共和时期之罗马广场比较开放，而相对地各个帝王时期之广场就比较封闭了。

罗马城帝国时期广场

帝国时期，广场日益庞大。耀眼广场之新尺度及新建筑秩序和其附近拥挤脏乱的环境形成强烈之对比。就意义而言，这种视觉上之对照亦明白地指出了帝国断然果决之力量。就功能而言，广场也迎合了当时都市需要开放空间以供民众聚集之用，而且城市中宗教、商业、司法及其他各种活动早已超出共和时代所能提供之容量。罗马城中广场全部的

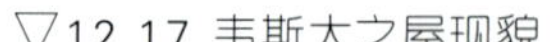

▽12.17 韦斯太之屋现貌

▽12.18 罗马广场韦斯太神庙现貌

计划并非是一项深虑或者庞大之计划，每一个广场均只是屹立于其前面所建之广场旁，相互竞花俏，彼此别出新裁而已。

除了轴线及一些垂直关系外，罗马城帝国广场中之建筑物族群并没有经过协调，而亦没有完备之交通系统，每一个广场之建筑在功能上均成为一个内聚性颇强之个体。但是每一个广场都想比前者更大，或者更突出。凯撒广场建于公元前54年，只有1万m^2，由回廊围绕长方形之空间约157米长，72米宽，中间为8柱科林斯柱式的维娜斯吉妮翠斯（Temple of Venus Genetrix）神庙。奥古斯都广场由奥古斯都命令兴建于公元前42年。广场是一个长约122米，宽约80米之长方形。战神乌尔托（Mars Ultor）神庙位

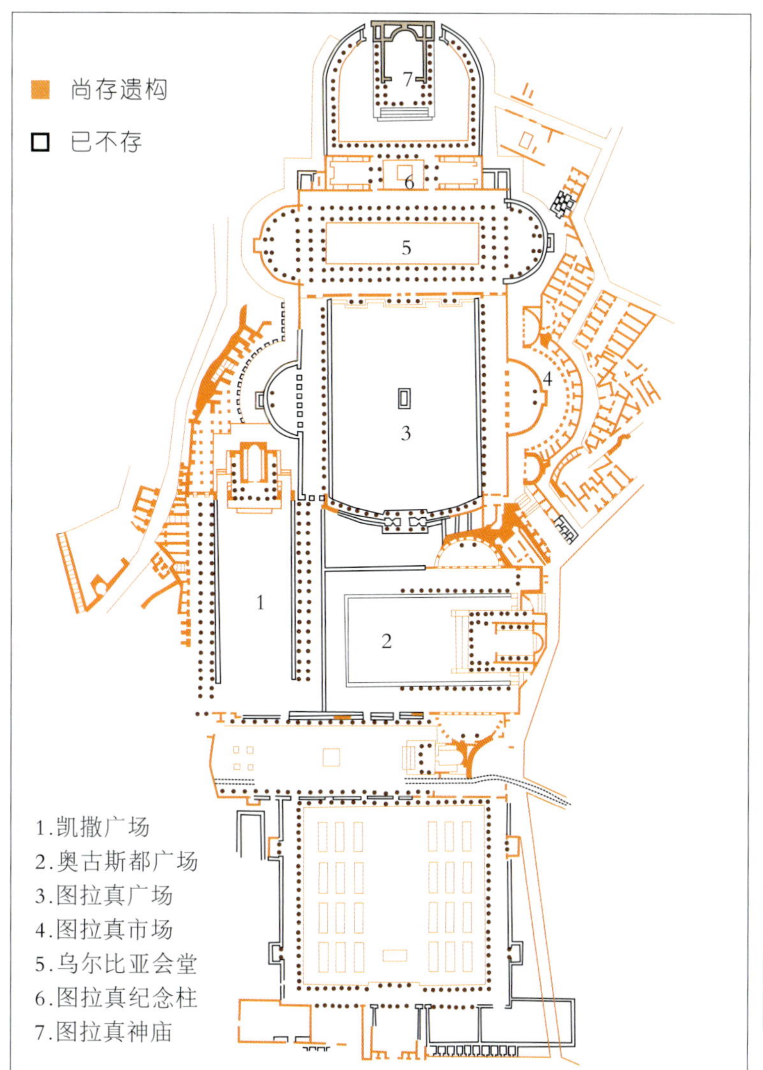

△12.20 帝国时期广场平面图

12.19 帝国时期凯撒广场想像复▽原图

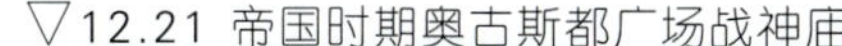

▽12.21 帝国时期奥古斯都广场战神庙

△12.22 帝国时期奥古斯都广场想像复原模型

▽12.23 帝国时期图拉真市场现貌

△ 12.24 帝国时期图拉真广场想像复原模型

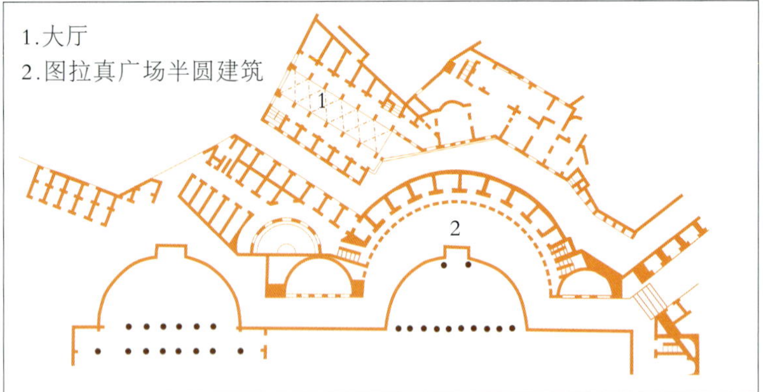

△12.25 帝国时期图拉真市场平面图

▽12.26 帝国时期图拉真市场现貌

于中央，也是8柱科林斯柱式之庙宇，位于一个3米之高台上。

最大的图拉真（Trajan）广场，如果除掉市场之外，有凯撒广场4倍之多的面积，由图拉真之建筑师阿波罗多鲁斯（Apollodorus）所规划完成。为了防止坡地斜崩，其旁的图拉真市场乃以阶梯状兴建，一方面解决了结构上之问题，另一方面也创造了整个建筑群之视觉效果。整组建筑包括有一个有柱廊之广场及两个半圆建筑（exedrae）和其围出之空间。

图拉真市场是极为特殊的多层而且复杂之商业建筑，位于奎里纳（Quirinal）山丘之斜坡上，朝向城市中心。下面3层商店，为标准之筒形拱顶店铺，半圆空间，亦反映出了图拉真广场之曲面形状。市场地面层之商店则直接朝向街道，第二层是往内退缩而形成一个环状之走道，由此走道可经由拱形之窗户看到广场上各种活动及市中心之情景。第三层是朝内向半坡上之一条街，在其另外一边则是市场上部不规则之各种商店和一个相当杰出之市场大厅，其主要是由一个拱顶之长向空间所构成，很像一条市内街道，店铺就位于两侧，有两层楼高，上层是一个开放之长廊由六个横向筒形拱顶分成几间。这个拱顶系统可以说是相当地复杂，因为长向拱顶与横向拱顶之尺度并不一样，为了得到一个一致的中央最高线，必须将横向拱顶升高，而彼此交叉产生拱肋，这种在长方形空间上使用拱顶变成了日后中世纪建筑之主要特色。

面向着图拉真广场的为罗马最大的巴西利卡空间，叫做乌尔比亚会堂（Ulpia），除了中殿外尚有4排长廊及两个环形殿，整个巴西利卡之尺度可以和圣保罗大教堂相比。在乌尔比亚之后则有两个图书馆（一个希腊馆，一个拉丁馆），二者之间为落成于公元113年的图拉真纪念柱（Column of Trajan），其浮雕是记述罗马征服达西亚（Dacia，现在之罗马尼亚）之事迹。再后则是已经完全不见残迹之图拉真神庙。

△12.27 帝国时期图拉真市场现貌

△12.29 帝国时期乌尔比亚会堂现貌

◁12.28 帝国时期图拉真神庙想像复原模型

▽12.30 帝国时期图拉真纪念柱

庞贝城

除了罗马城之外，庞贝城也是了解罗马建筑最好的地方。庞贝是一个小而且不抢眼之城市，人口不过2万人，但是公元79年维苏威（Vesuvius）火山爆发时之熔浆把庞贝城完全覆盖，但却也如此保存了当时所有景象及建筑最完整的一面。庞贝是位于拿坡里（Naples）南方之一个火山高原上，俯视着萨诺河（Sarno）河

△12.31 庞贝模型鸟瞰

▽12.32 庞贝城广场想像复原图

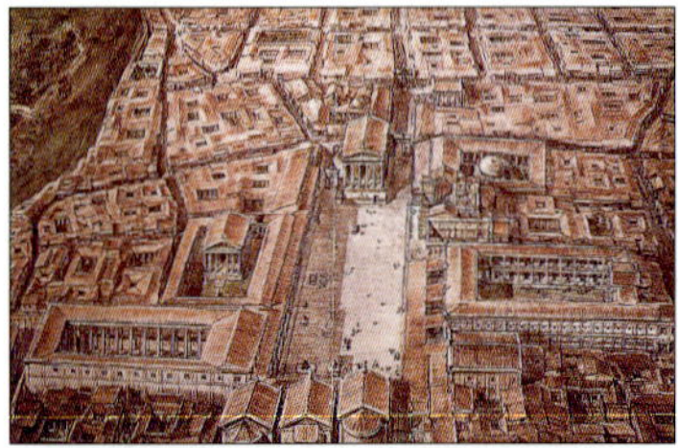

△12.33 庞贝城广场柱列现貌

12.34 庞贝城广场朱彼特神庙现貌▽

口，曾是转口贸易重心，也是葡萄园及橄榄园之大本营，更是罗马一些富豪之避暑之地。在火山与海岸之间，城墙围出39公顷之土地于康帕尼亚（Campania）平原之上，周围大部分是农村，在北面之维苏威城门附近则有全市之储水池。城市中主要之南北大道是位于维苏威门和史塔宾（Stabian）门之间。东西轴向大道则穿过广场地区过城门而至海岸。道路均是铺以熔岩石（lava）并且有高起之人行道，公共建筑则分布于城中的三个地区。庞贝城之广场和其附属建筑物位于西南角，为市政及宗教中心。

庞贝城广场

庞贝城之广场是一个长方形之开放空间，长150米，宽30米，由两层之柱列相连（上为爱奥尼柱式，下为塔司干柱式），包括有些是骑马像之50座雕像站立于这些柱列之前，在这一圈柱列之后有大小建筑物。整个广场禁止车辆入内，而且在晚期甚至除了市集之日外，亦禁止任何商业活动。在周围之建筑中，只有叫“马歇伦（Macellum）”的菜市场有纯商业机能。菜市场为一个旁边有商店之中庭，灵感可能来自于希腊之长廊。而罗马人之菜市场中间常常有一个圆形有柱之亭子，为各种食物在被送上摊子之前的清洗场所。在菜市场之南有一间叫“优玛嘉（Eumachia）”的建

△12.36 庞贝城广场阿波罗神庙想像复原图

▽12.35 庞贝城广场现貌

筑，为衣物类商业联盟之总部，优玛嘉为庞贝最大工业(成衣、织染)之女长老。此建筑规模相当大，并且有一个由2层高柱廊所围绕之中庭，中庭旁为展览各种成品之房间。

朱彼特（Temple of Jupiter）神庙则位于广场之北端，建于约公元前150年左右。朱彼特为罗马信仰中之天神，相当于希腊之宙斯，其妻为朱诺（Juno），相当于希腊之希拉，女儿为米娜娃，相当于雅典娜。朱彼特神庙位于一个高3米，长37米，宽17米之高台上。入口相当深，门廊之柱子为科林斯柱式，内殿则奉有朱彼特、朱诺及米娜娃三神。神庙中并有地下室以作为城市之宝库。神庙之背面是和广场之后墙相接。广场中之另外一个神庙为位于西南角之阿波罗神庙，此庙是建于从公元前5世纪希腊人就开始祭拜阿波罗之一块基地上，为了使庙显得更独立，所以庙宇入口朝向街道，庙宇是位于一个高台之上，由28根科林斯柱所围绕，门廊深入4根柱子以内。整个庙宇是位于一个爱奥尼柱列所围成之大中庭内，整个组合可以说是混血的产品，乍看之下为希腊风格，但实则为罗马性格的。换句话说，这两个庙分别代表准罗马及罗马风格。

庞贝广场另一个端部的巴西利卡会堂，为长廊之一种扩张。然而其宽大之尺度则必须归功于木材桁架之发展成熟，所以我们在不断推崇罗马之拱顶系统时，绝对不能忘记此时木构架系统和工匠均极为进

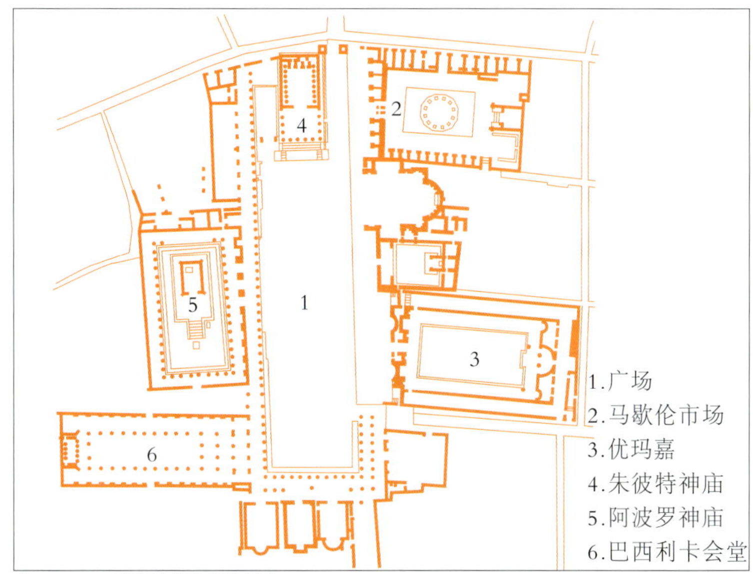

△12.37 庞贝城广场总图

▽12.38 庞贝城广场阿波罗神庙现貌

△12.39 庞贝城广场巴西利卡会堂现貌

12.40 庞贝城广场巴西利卡会堂现貌 ▷

△12.41 庞贝城广场巴西利卡会堂想像复原图

▽12.42 尼姆方形神庙山墙细部

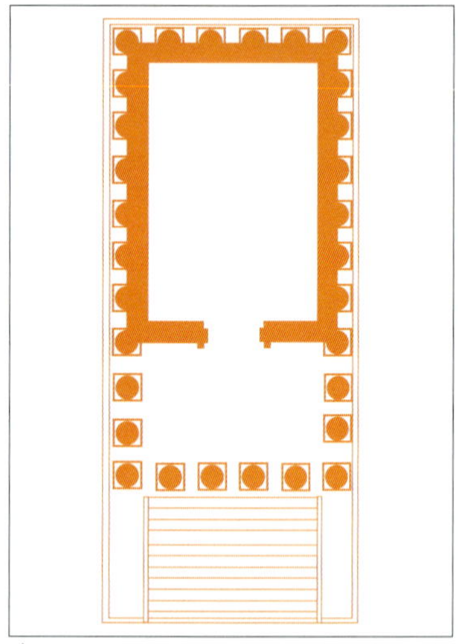

△12.43 尼姆方形神庙平面图

步，而且拱顶之混凝土在施工时更要有良好之鹰架才行。庞贝城会堂在四面均有柱子，长轴自广场一直深入到另一端之主席台，这和其他大部分横向发展，由长向边入内是不同的。室内两层之长廊位于中央空间之两侧，上层有窗朝外，这时候会堂似乎可以看成是一个室内化之长廊或者是一个室外化之神庙。

尼姆方形神庙

在共和时期罗马广场，帝国时期广场与庞贝广场中，我们已经看到一些罗马神庙之遗构，也了解罗马神庙与希腊神庙之基本差异。事实上，法国尼姆的方形神庙（Maison Cárrèe）应是保存最好的罗马神庙，兴建于公元前19-前16年左右。神庙位于一个高3.7米之台基上，在形式上属于伪围柱式，除了正面门廊十根科林斯柱式之柱子外，其余三面之柱子都是附于墙上之半圆附壁柱，与罗马波里乌姆广场中的佛坦纳维利斯神庙极为类似，不过门廊正面却较为宽大，有6根柱子。另外挑檐及山墙等元素则都十分细致。

尼姆戴安娜神庙

除了方形神庙之外，尼姆还有另外一座罗马神庙，一般被惯称为戴安娜神庙（Temple of Diana）。与其他罗马神庙在空间型制上并不相同，是一座拱顶的建筑，长约30米，宽20米。神庙的正面没有门廊的设置，而是开以拱门及壁龛，进入室内之后，两侧墙面各开有

▽12.44 尼姆方形神庙现貌

△12.45 尼姆戴安娜神庙外部现貌

▽12.46 尼姆戴安娜神庙内部现貌

5个壁龛，壁龛上为三角形或楣形顶饰，内置神像，壁龛间则以附壁柱相隔。神庙之端为神龛，为3开间壁龛，前有3排柱列，在罗马神庙中，这种形态极为特殊，也因而有学者怀疑其真正之功能是否为神庙，不过因为对法国日后仿罗马教堂有持续的影响，而使其重要性受到肯定。

奥伦治提伯流士凯旋门

尼姆的两座神庙是罗马人在法国重要的历史遗迹，而奥伦治（Orange）的提伯流士凯旋门（Arch of Tiberius）也是一个重要的案例。这座建于公元前1世纪的凯旋门，原是为了纪念罗马军团征服法国而建，不过后来却添加了赞颂提伯流士皇帝的铭文。凯旋门为3拱门形式，拱门间立有近乎四分之三圆的附壁科林斯柱。凯旋门上部为2层厚实的阁楼层，外墙装饰以丰富的军队相关主题之雕刻。除了正面之外，此凯旋门之侧面亦有山墙处理，并且在山墙内留设有退缩之圆拱，极为特殊。

事实上，形制较为特别之罗马凯旋门也存在于意大利里米尼（Rimini），城镇中的奥古斯都凯旋门（Arch of Augustus）是目前世上现存凯旋门中最古老者之一，其与独立凯旋门并不相同，而是整道城墙的一部分，构成方式是在一个雉堞城门中设有一个古典山墙门面，在其中再设大拱门成为凯旋门。

△12.49 奥伦治提伯流士凯旋门侧向现貌

12.50 奥伦治提伯流士凯旋门阁楼细部▽

西洋建筑发展史话

▽12.47 尼姆戴安娜神庙神龛现貌

12.48 奥伦治提伯流士凯旋门正向现貌▽

12.51 里米尼奥古斯都凯旋门现貌▽

第十三章 罗马剧场与圆形竞技场

△13.1 罗马戏剧主题马赛克镶嵌画

▽13.2 罗玛戏剧面具马赛克镶嵌画

△13.3 罗马庞培剧场想像复原模型

▽13.4 罗马马歇鲁斯剧场想像复原模型

罗马时期的剧场建筑

戏剧为希腊重要的文化社交活动，因此导致了剧场建筑的产生。罗马城市通常也都会存在着一些剧场，这些建筑起初是非常接近希腊建筑中之剧场原型，但却随着罗马戏剧之演变，而逐渐从希腊剧场之原型中发展出不同的剧场形式。其不同之处是在于舞台与观众席（cavea）之关系安排。罗马剧场观众席并不超过半圆而且和舞台连成一体，观众直接由场外经过室内信道而到达座位席，观众席最上端有一排独立之柱子以悬挂遮避阳光风雨之顶篷，甚至连舞台也都有这种顶篷设施。罗马之剧场舞台是低而深的，而背墙则处理成有3个入口之立面，中央一个深凹成半圆形之空间，有时候此墙会留白而加上一个布景作类似之处理，上有各种建筑之元素，这种华丽的处理是受到来自希腊化之影响。另一方面，希腊剧场经常是沿着山坡所建，而罗马剧场则是独立兴建的建筑。在外观上，罗马剧场通常有数层壁柱的墙面，而且开有拱券。剧场中上演之剧幕，除了罗马人最喜欢之喜剧外，也有一些其他的表演。而戏剧的内容也经常成为艺术创作，特别是马赛克镶嵌画的主题。

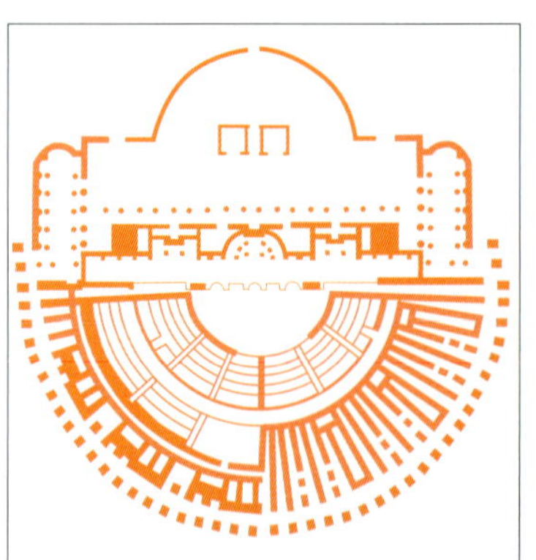
△13.5 罗马马歇鲁斯剧场平面图

▽13.6 罗马马歇鲁斯剧场现貌

罗马城的剧场

有关戏剧在罗马城的演

出，早期的历史记载并不多，据考证最早的剧场可能兴建于公元前179年。不过这些早期的剧场都是木构造的临时性建筑，目前都已无迹可寻。直至公元前55年，庞培（Pompey）才于罗马兴建了最早的永久性剧场。为了突破法令上禁止此剧场的兴建，庞培甚至在计划中的座席上兴建了一座维纳斯神庙。剧场的直径长达156米，可以容纳35000人，其中28000人是座席，其余则为站席。除了剧场本体之外，剧场前设立有百柱门廊，甚为壮观。

公元前13年，罗马城兴建了另一座巴尔布斯剧院（Theater of Balbus），可容纳12000个观众，其中8000是座席。马歇鲁斯剧场（Marcellus）于公元前13年由凯撒所建，而由奥古斯都完成于公元11年。建筑的外观由两层的连续拱券所构成，拱券中立有壁柱，一层为多立克柱，二层为爱奥尼柱。此种处理方式后来则被成熟地应用于罗马竞技场上。剧场在当时容纳20000人，其中15000人是座席，有华丽宽大的舞台，是罗马时期仅次于庞培剧场的大剧场。

各地的罗马剧场

除了罗马城之外，罗马时期于各城市与行省中也有不少剧场，有些是新建，部分则是改建自希腊时期的剧场，其中从意大利的庞贝、欧斯提亚（Ostia）到西班牙梅里达（Merida）、叙利亚波斯拉（Bosra）、雷普提斯·玛格纳（Leptis Magna）、法国奥伦治以及土耳其艾菲索斯等地都有罗马剧场的遗迹。庞贝的大剧

△13.7 庞贝大剧场现貌

△13.8 庞贝大剧场现貌

▽13.9 梅里达剧场现貌

△13.10 梅里达剧场座席现貌

场初建于公元前3世纪，奥古斯都时期加以扩建，最主要的部分乃是最上层的部分与两侧入口上方的包厢。中间座席有15排，分成5个区位，最下一层则是重要公民或贵宾的保留席。除了高起的舞台之外，庞贝大剧院于座席之上也有遮篷之设计，以遮阳或避雨。梅里达为奥古斯都女婿阿古力巴所建立之殖民城市，剧场建立于公元前27年，可以容纳5500多名观众，贵宾与平民间的座席并不相通。剧场有华丽的舞台，为2层楼的建筑，设有3个出入口，壁龛则装饰以罗马皇帝与神　的雕像。奥伦治剧场兴建于公元50年左右，坐落于一个山坡上，座位席依坡势而设。舞台背景墙宽100米，高35米，正中央也设有退缩的壁龛，用以摆设皇帝雕像。

△13.11 奥伦治剧场现貌

罗马时期的室内音乐厅

除了户外剧场之外，罗马时期于某些城市还设有室内音乐厅（Odeon），主要功能是作为音乐演奏、吟诵或笑剧之表演。这类建筑中现存比较著名的是庞贝室内音乐厅，俗称

▽13.12 奥伦治剧场舞台背景现貌

▽13.13 庞贝室内音乐厅现貌

为小剧场，建于公元前80年，室内有21排座位，最下层两侧还装饰以巨人托天像，可以容纳1000~1500人，适合于作比较亲切的演出。雅典的阿古力巴室内音乐厅也是此类建筑非常著名的一座，兴建于奥古斯都时期，可以容纳1000人。此建筑的室内演奏厅跨度达25米，周围则以柱廊围绕，是此建筑相当特别之处。罗马的杜米仙室内音乐厅则在空间格局与规模上都独树一帜。在空间上，此建筑为半圆形，在规模上达一万人的容量，都使此室内建筑可以比美一般的大型剧场，可惜目前几乎已不存在。

雅典的哈洛德亚提卡斯室内音乐厅（Odeon of Herodes Atticus）位于卫城南侧，虽然是室内的音乐厅，却是一座标准的罗马剧场的处理。哈洛德亚提卡斯是罗马一位富有的演说家，也曾是皇帝的老师。他将财富的大部分用之于公共工程与雅典的圣域整建。公元160年，他兴建了一座剧场以纪念去世的妻子，就以其名为剧场之名称。剧场为标准的罗马形式，由半圆形观众席、演奏席及纪念性尺度的舞台及背景构成。演奏席直径为19米，观众席直径为75米，由一条中央走道区分为上下两部分。下层有20排，分为5个区位；上层有14排，分为10个区位。自落成以后哈洛德亚提卡斯室内音乐厅一直是雅典最重要的表演场所，直至公元267年被毁成现况为止。

△13.14 庞贝室内音乐厅巨人托天像

13.15 雅典阿古力巴室内音乐厅 ▽平面图

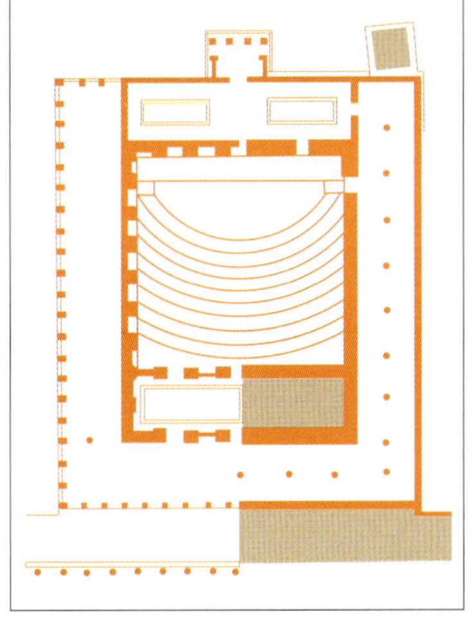

△13.16 雅典哈洛德亚提卡斯室内音乐厅现貌

13.17 雅典哈洛德亚提卡斯室内 ▽音乐厅现貌

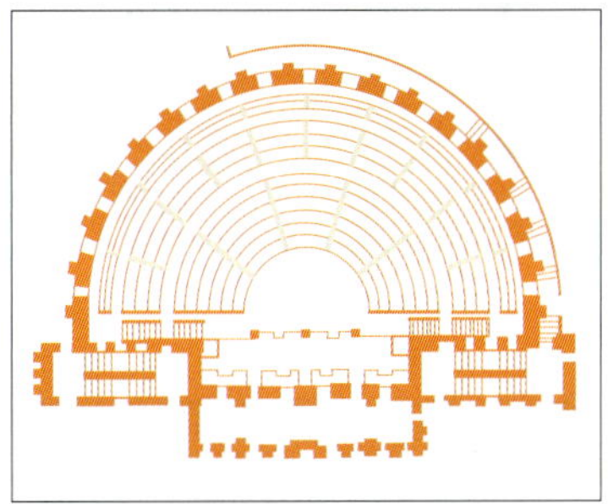

△13.18 雅典哈洛德亚提卡斯室内音乐厅平面图

▽13.19 古罗马斗兽浮雕

罗马时期的圆形竞技场

圆形竞技场（amphi-

△13.20 古罗马斗兽马赛克镶嵌画

△13.21 古画中的庞贝圆形竞技场

▽13.22 庞贝圆形竞技场鸟瞰

▽13.23 罗马城竞技场想像复原模型

theater）是罗马城市中标准而且正式之竞技场所。武士搏斗是源自于康帕尼亚平原，据说最早是和伊特鲁里亚举行于广场之血祭游戏，观众则即席坐于露天座位。而与野兽之搏斗则被认为是始于第二次普尼克战争，当迦太基之一只大象意外地被罗马人捕杀之后所形成的一种庆典仪式。圆形剧场虽然看起来像是两个希腊剧场相连而把舞台拿掉之结果，但却是地道的罗马产品。

每一个圆形剧场都需要花用非常多之石材来完成，通常容量在15000~80000人之间。一方面因为其巨大之尺寸，另一方面由于其发展之时间较慢，所以圆形剧场大半位于城市之外围。中央部分（arena）通常是下沉于地面之下而铺之以砂。竞技场内之竞赛以勇士相互搏斗为主，另外有人与野兽搏战，甚至是一场假的海战都可能出现在舞台上，参加的人基本上都是战俘、死刑犯及奴隶。除了竞技之外，圆形剧场有时候也会举行展览会或特技表演的活动。在历史文献与艺术图像中，圆形剧场中曾经出现世界各地收集而来的大象、狮子、老虎、河马、长颈鹿、羚羊、海狮等珍禽异兽，也曾经出现这些动物的特技表演。当然场中最主要的节目则是人兽之争或者是人与人的搏斗。

庞贝圆形竞技场

庞贝城之圆形竞技场是所知道的例子中最早的一个，建于当庞贝成为罗马殖民地的公元前80年。长向有135米，短向104米，可以容纳2万人。和其他晚期之罗马圆形竞技场不同的是，此竞技场之入口阶梯均是位于外边，而中央部分也没有地下室。最下边之5排座位是为达官贵人所特别保留之座席，最上则是女性席，有独立的出入口与阶梯，一般市民则坐于二者之间的座席。在竞技场的结构中可以看到栓系遮雨篷的设施，表示当时的设计已经考量到天候的条件。竞技场中各种表演与武士比斗非常剧烈，因而经常引起不同支持者间的纷争。在公元59年时从场

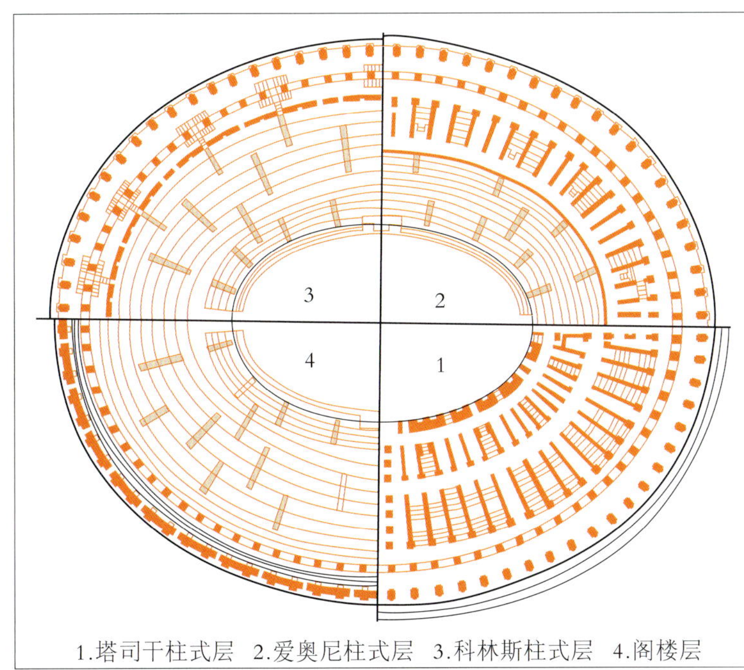

△13.24 罗马城竞技场平面图

△13.25 罗马城竞技场想像复原模型

△13.26 罗马城竞技场外层现貌

13.27 罗马城竞技场外层顶部▽现貌

内到场外引发了庞贝人和邻近纽塞利亚（Nuceria）地方人之暴动事件，死伤颇多，所以罗马之议院在尼禄之命令下，将此类活动停止了十年。

罗马城竞技场

除了庞贝城之圆形竞技场，罗马城之竞技场（Colosseum）也非常著名，也是世界最著名之建筑之一，其原名叫弗拉维安剧场（Flavian Amphitheater），始建于公元72年，完成并开幕于80年，由蒂图斯（Titus）大帝宣布开幕，当时举行百天之大典，据说死了9000头猛兽及2000个武士。竞技场是一个完全独立之建筑物，长188米，宽156米，位于罗马城广场东面三面山丘之凹处，此地原为尼禄开凿的人工湖，以作为黄金宫的一部分。竞技场可以容纳50000人，因此人员的管制与疏散会是一个重要的考量。观众可由阶梯

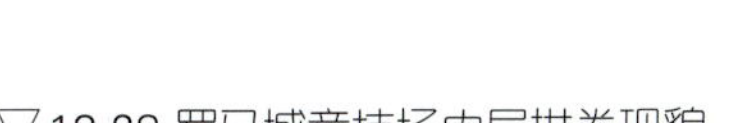

▽13.28 罗马城竞技场内层拱券现貌

13.29 罗马城竞技场内部现貌（由西望东）

13.30 罗马城竞技场内部现貌（由东望西，1999年整修后）

到达倾斜37° 之石座椅。

竞技场之中央地板现已不见，但可看到数以百计之地下房间，以前是作为关野兽及人员休息之处。其雄壮之外观是由石灰石构成，由铁件加强，有3层拱券，分别有80个拱券，以半圆柱及方柱作边。第一层为塔司干柱式，为罗马人对于多立克之另一种诠释。第二层为爱奥尼柱式，第三层为科林斯柱式，3层拱券之上还有一层阁楼，外壁不是拱券只开小方窗，而两侧为科林斯方形壁柱，在这一层上亦有一圈支撑屋顶顶篷之桅杆。原来在每一层之拱券内应安置有罗马皇帝之雕像。剧场中央长轴方向有两个门，位于东南面的为“葬神之门”，即为在搏斗中死掉之人兽出口。在过去，罗马圆形竞技场因为历代的破坏，中央部分已经完全塌陷，只能从观众座席观赏凭吊此一巨大的建筑。然而从公元1999年后，罗马圆形竞技场已以现代工法修复了部分中央场地，并以一条横跨长轴的走道相通，并于适当位置添加电梯，使此建筑有再生的契机。

各地的圆形竞技场

由于罗马人热爱竞技活动，所以圆形竞技场与剧场一样，出现在罗马人足迹出现的地方。各地现存遗迹甚多，其中除了意大利本土之威诺纳（Verona）、西西里的夕拉古沙（Syracusa）之外，西班牙的意大利卡（Italica）、法国的尼姆（Nime）与亚勒（Arles）及突尼西亚的艾尔杰姆（El-Jem）等地也都存在着罗马时期圆形竞技场之遗构。

威诺纳圆形竞技场建于公

△13.31 罗马城竞技场内部拱券现貌

13.32 罗马城竞技场内部拱券现貌▽

△13.33 罗马城竞技场中央部分现貌

13.34 罗马城竞技场内部现貌▽（由东望西）

▽13.35 威诺纳圆形竞技场现貌

▽13.36 威诺纳圆形竞技场现貌

△13.37 尼姆圆形竞技场外观现貌

▽13.38 尼姆圆形竞技场内部现貌

▽13.39 夕拉古沙圆形竞技场现貌

元30年左右，全长约152米，宽122米，中央主要竞技场地长74米，宽44米。原始兴建之时，此竞技场是由四道椭圆同心构造构成，现今只存四个拱门之最外层原高约31米，由73根壁柱构成72个拱券，并以筒形拱顶与第二层结构相连。现存的第二层高约18米，再以拱券及承重墙与内部二层相互组构连接。公元325年，君士坦丁大帝禁止武士格斗之后，此竞技场之表演就日益式微，但直至5世纪初才完全停止活动。

尼姆圆形竞技场兴建于公元1世纪，可以容纳2500多人，其虽然是以罗马圆形竞技场为蓝本所建，在立面的表现上却只有2层，而且层层之间的柱子并不设有水平线完全隔离。夕拉古沙的圆形竞技场建于公元3-4世纪，长约140米，宽120米，观众席分为3层，第一层为罗马人保留席，第二层为富人家庭，第三层为一般百姓。此竞技场在14世纪遭西班牙人挖取石材兴建城市防御工事的破坏，以致损毁成为今貌。

意大利卡是图拉真与哈德良皇帝的故乡，也是西班牙重要的罗马城市。在哈德良时期，整个城市重新设计，兴建了不少公共设施，圆形竞技场就是其中的一个，可

△13.40 意大利卡圆形竞技场现貌

△13.41 艾尔杰姆圆形竞技场现貌

以容纳25000人，就当时的人口而言，是规模太大，但却彰显了罗马人对于此地的重视。艾尔杰姆是罗马时期北非最大的城市之一，而剧场则是北非最大的罗马时期建筑，兴建于公元230年。整座竞技场规模很大，长约145米，宽121米，高35米，由3圈拱券构成，可以容纳30000名观众。与罗马竞技场一样，此建筑之中央部分也有地下室，由拱券构造串联成了无数之房间。

罗马时期的马车竞赛

马车竞赛是古罗马最古老且最受欢迎的运动之一，许多证据都可证明早在两千多年前，这种活动曾热络地举行。其可能起源于伊特鲁里亚人，

△13.42 古罗马马车竞赛浮雕

希腊时期也曾广为流行。根据罗马的传说，第一次的马车竞赛是由罗马城的创建国王罗慕陆斯所发起，当时他邀请萨宾族的人来参加马车竞赛，以便伺机掠夺该族的女人。第一位伊特鲁里亚国王普利克斯（Tarquinius Priscus）就曾于罗马城兴建了一个马车竞赛场，后来发展成为马西姆斯马车竞赛场（Circus Maximus）。到了公元3世纪，罗马城本身建有4座马车竞赛场。邻近地区与帝国范围内也有好几座类似的设施。基本上，马车竞赛场是一

13.43 古罗马马车竞赛选手马赛克镶嵌画▽

△13.44 古罗马马车竞赛镶嵌画

13.45 古罗马儿童模仿马车竞赛马赛克镶嵌画▽

△13.46 罗马马西姆斯马车竞赛场现貌

▽13.47 罗马马西姆斯马车竞赛场现貌

个长而窄的跑道，中央以所谓的中脊（Spina）当作分隔岛，其上装饰以方尖碑与雕像。座位席位于两侧的长边，并于一个短边汇集成为半圆形，设有出入口。另一短边则是起跑亭。

在罗马时期，所有到罗马城的访客通常都要到马车竞赛场观赏比赛，马车竞赛场也因而成为包括皇帝在内的各社会阶层聚集之处。由于马车竞赛是如此地受欢迎，它们也成为罗马许多视觉艺术如马赛克、浮雕与雕像之主题，甚至是在墓碑上都可以见到。当时最有名的马车竞赛团队有4组，分别以红色、白色、绿色与蓝色代表。马车御车夫出赛时会穿着代表该团队颜色的衣服。由于罗马人对于马车竞赛非常的热爱，就连贵族的孩童也经常以宠物模仿此项竞赛，此种现象也经由古代的艺术品中的描述让后人得以知晓。

马西姆斯马车竞赛场

位于巴拉丁山丘与阿文堤内山丘间的马西姆斯马车竞赛场（Circus Maximus），是最古老的一座，早在公元前329年，就已经过逐渐的发展，建设有必要设施，其中包括有永久性的起跑亭，是古罗马最大的同类型建筑，长约590米，宽200米，可容纳25万观众。奥古斯都在位时，曾于巴拉丁山丘下建立皇家包厢，并于中央分隔岛上加置他远征埃及时取回的方尖碑。

公元4世纪时，君士坦丁二世曾加建第二根方尖碑，现在前者位于人民广场（Piazza del Popolo）上，后者于拉特朗

（Lateran）的圣乔凡尼广场上。外观上，马西姆马车竞赛场是一个3层拱券的建筑，外覆大理石。地面层的拱券内充斥着酒店及各种小型商店。第一层的座位席是石造，而二、三层则是木造。在短边圆弧处是入口，为凯旋门的形式，是杜米仙皇帝（Domitian）为了纪念蒂图斯皇帝而建，入口的对面则是起跑亭。

中脊长约210米，上面有一些神明小祠及前面所提的两根方尖碑。每次竞赛马车必须绕行7次。从一些文献中得知马西姆斯马车竞赛场每年约有240天有节目在进行。马车的御夫不仅要会驾驭马车，而且还要完成许多高难度的动作。在奥古斯都时期，马车竞赛通常一天举行12次，卡利古拉（Caligula）时期34次，弗拉维安（Flavians）时期甚至更多。公元前221年，佛莱明马车竞赛场（Circus Flaminius）兴建完成；公元1世纪，卡利古拉与尼禄马车竞赛场（Circus Caligula & Nero）随之兴建，接着则是马克先提留斯马车竞赛场（Circus Maxentius）的完成。

杜米仙体育场

除了马车竞赛场之外，罗马城还有一座杜米仙体育场（Stadium of Domitian）。此座体育场是发展自希腊时期一座类似马车竞赛场的建筑，但是却没有起跑线与中脊。起初，凯撒与奥古斯都在康普斯马提乌斯（Campus Martius）兴建了木构造的体育场，并于尼禄皇帝时加以整修。杜米仙皇帝于公元86年以砖石重建。整个场地长约705米，宽50米，可以容纳二万名观众。观众席由两层的拱券结构支撑，其也构成主要的外观。公元3世纪时，罗马的圆形竞技场曾发生火灾，所有活动曾短期移至此体育场来举行。在中世纪时，杜米仙体育场遭受到破坏，后来逐渐发展成现今纳佛纳广场的空间组织。

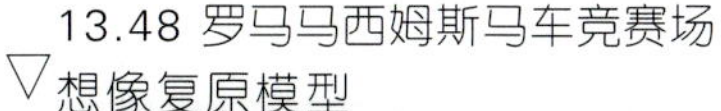
13.48 罗马马西姆斯马车竞赛场想像复原模型▽

△13.49 罗马马西姆斯马车竞赛场想像复原模型

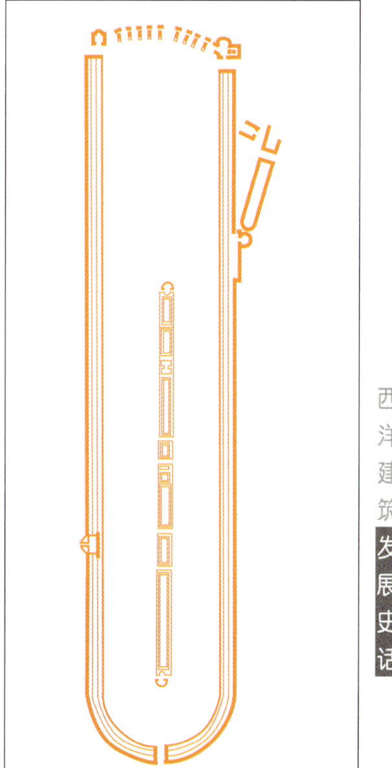
△13.50 罗马马西姆斯马车竞赛场平面图

13.51 罗马杜米仙体育场想像复原模型▽

第十四章 罗马的宫殿与住宅建筑

黄金屋

除了公共建筑之外，罗马人对于居住功能的建筑也相当重视，其中尼禄皇帝的黄金屋（Golden House）与帕拉蒂诺（Palatine）的皇宫群更巧尽心思于设计上。尼禄为罗马第五任皇帝，在位于公元54－68年，为朱利克劳戴（Julio-Claudian）皇朝最后一任皇帝。在尼禄统治之时，这里为一座帝王休闲之宫殿叫黄金屋，据闻为尼禄之建筑师赛佛鲁斯与塞勒（Celer）所设计。现在之竞技场在当时为一座巨大的人工湖，在湖畔则有代表各城市之亭台楼阁，一座36米高，以太阳神之形貌出现之尼禄雕像，位于这建筑与广场之间所谓的神圣大道上面。主要的住宿部分是位于帕拉蒂诺与埃斯奎利诺（Esquiline）两区。一个一百间房间之建筑，目前已从埃斯奎利诺地下被挖掘出来，它的结构与设计均有相当惊人之地方。在这里，我们首次看到拱顶建筑毫不尴尬地屹立在地面上，拱顶已不再是一种暧昧的元素，或者建筑师的借口，而变成一种有意的高度艺术表现。

△14.1 尼禄黄金屋八角厅室内现貌

▽14.2 尼禄黄金屋八角厅平面图

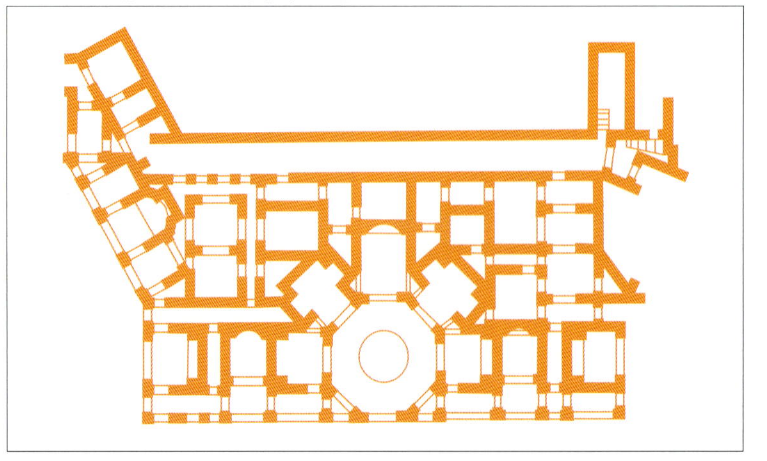

黄金屋可以说仿如一部刺激而且神秘之戏剧，它应用了各种声光效果，和以混凝土作各种几何之表现，外观则使用了大理石、灰泥及马赛克等。位于东半部之八角厅正足以说明这些极尽能事之表现。它是位于一个五边形庭院之一边，旁边为尼禄用来收藏各种雕刻宝物之房间。八角厅如果从上面看的话，可以发现其实际是由两个同心之八角形所构成，高窗位于两者之间，照明了围绕在八角厅旁之房间。有条管道连接一个位于此厅后之服务大道，将水引入，并做成瀑布般的水帘泄到房间内。中央八角空间是位于8个柱墩上之圆顶所覆盖，有一个很大的天眼（oculus），在阳光充足之日子里，一束光便会在建筑中游动，与水声水影交相辉映，虽然这些华丽的设施或许会被拿来批评为尼禄不平衡之心态下的一种奇想，但是它却有很强的政治意义。

因为自从第一位皇帝奥古斯都开始，就想重新塑造罗马，将罗马的环境调整为能够适应一个新的政治状况以阐明一个帝国是由一个单一权威力量所控制之事实，这当然要将旧有的价值观转化成新的系统。就像希腊亚历山大大帝转化古典希腊城市为希腊化式样一般。奥古斯都和他的继承者也是积极地想除去共和时期之各种思潮，尼禄之黄金屋，在某种层面上即为一种理想化之努力。而也就是此时，帝王们开始自许有超人之特权，所以黄金屋也是一种专制思想之代表。这时候王朝之人员开始参与各种仪式典礼之进行，仪式之内容与过程和由市民主持时，并没有什么不一样之处，但是各种活动却演变成耀眼及戏剧化之表现，以光耀政权为主之活动。

但是这种努力太过于华丽，而且来得太快，尼禄因而控制不了而瓦解。弗拉维安王朝之皇帝修订此项政策而将黄金屋埋在一个属于大众之建筑之下，人工湖被转变成竞技场，而尼禄之太阳神像也被正式的太阳神所取代。而在埃斯奎利诺之土地上，皇家浴场及住宅开始出现。

帕拉蒂诺皇宫

帕拉蒂诺是罗马皇室住宅最集中的区域，而其山丘之名也成为日后宫殿（Palace）的同义词。帕拉蒂诺最早的皇室住宅为台伯利亚纳宫殿（Tiberiana），由台伯留斯（Tiberius）在山丘之西侧所建，一直到16世纪兴建法尼塞花园（Farnese Gardens）时才大部分完全被掩

△14.4 帕拉蒂诺山丘远眺

14.5 帕拉蒂诺宫殿全区想像复原模型▽

▽14.3 帕拉蒂诺台伯利亚宫殿现貌

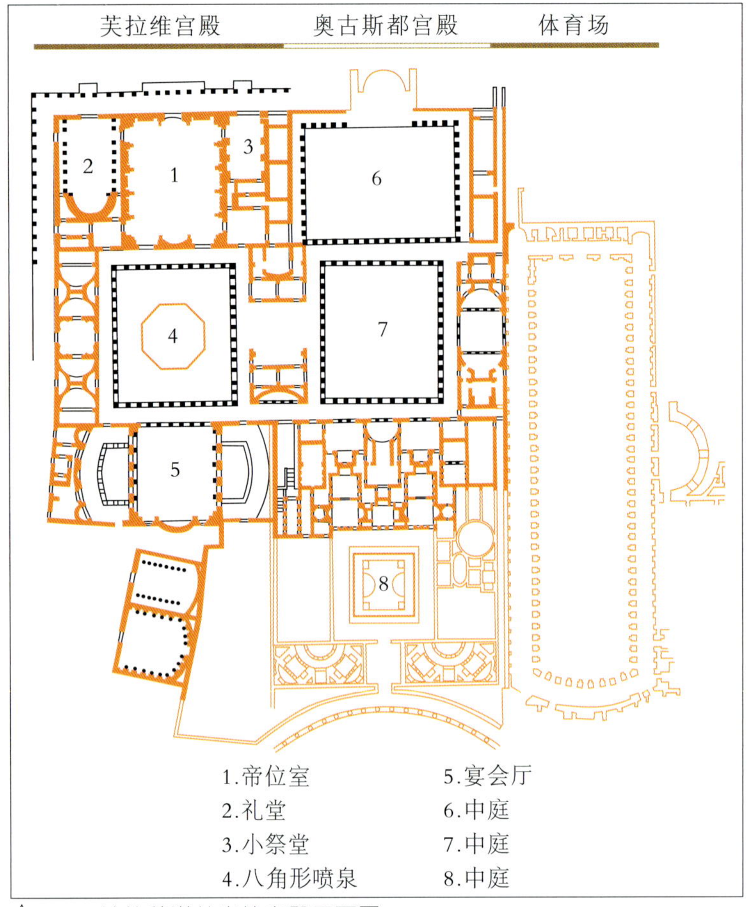

△14.6 帕拉蒂诺杜米仙宫殿平面图

△14.7 帕拉蒂诺弗拉维安宫殿想像复原图

盖，只留下面对共和广场拱券构造。尼禄时期，他建立了一座新宫殿，包括前述的黄金屋。皇室住宅之所以会选择在此山丘上当然还有其他之原因，其一是地理上之考虑因素，因为帕拉蒂诺比较独立，四周均有低凹之丘谷，而且也是城市中最不拥挤之地区，过去一直是贵族所居之地；其二是历史上之考虑因素，因为这里是罗马城发源之地区，到今天我们尚可以看到一些非常古老的遗迹以证明罗马是发迹于此，现存的一些小屋被认为是公元前753年罗马城开始之处。

这些小屋平面是长方形，转角有圆弧，屋顶及墙壁均是以树枝糊泥而成，其中有一间房子被认为是罗马之创立者罗慕路斯（Romulus）之屋而被加以祭祀。奥古斯都就住在这些小屋旁一间单层住宅中，而其继承者一直到尼禄为止也都断断续续在此兴建住宅。所以就政治意义来说，此山丘之力量是不可抗拒的，山丘高高的位于广场之上，就好像一面帝王支配统治共和之旗帜，天天在人民之眼中出现。

在杜米仙统治之时，他在建筑师拉宾琉斯（Rabirius）之计划下，建立了一组新的宫殿，完成于公元92年，包括有三个部分：弗拉维安宫殿（Domus Flavian），奥古斯都宫殿（Domus Augustana）和体育场。弗拉维安皇帝宫殿为正式迎宾之建筑，入口朝东北，高起的平台上有一排柱廊，此处亦为皇帝现身于民众之处。中央为帝位室，装饰以彩色大理石及铺面，室内有12个壁龛，中央环形空间即为帝位所在。在帝位室西边为礼堂，由黄色之柱子分成中央中殿及两侧之空间，一般人称之为巴西利亚会堂。帝位室左边则为一间小祭堂。穿过帝位室则可进入一个大的围柱列，有一个八

△14.8 帕拉蒂诺弗拉维安宫殿八角形喷泉现貌

角形喷泉位于中央，再往后则是宴会厅，据考证其应是宫殿中最华丽的部分，在长向墙面上开有大窗以朝向两侧有椭圆形喷泉之中庭。

奥古斯都宫殿为皇帝所居住之部分，分成上下两层，上层与迎宾之部分同高，有一个大的围柱列，内有喷泉，下层亦有围柱，在其旁则为居住单元。第三部分则为体育场部分，为帝王休闲竞赛之处，亦有回廊围绕。整栋宫殿在面向马希姆斯跑马场是两层内凹之回廊，由下面之罗马城仰望之为一幅壮观之景象。而在宫殿内，我们看到的也是明显的建筑革命，希腊化柱列、平台等效果和大小拱顶空间结合成一种另人惊奇及愉悦之结果，造成大小空间、自由运用、错综复杂之效果，当然必须借助混凝土之妙用。虽然罗马时代之混凝土不像现代混凝土之性质这么优良，但是其强度及弹性却是相当足够的，而且经过数十年之尝试，罗马时代之营建人员已能掌握到混凝土之各种特质，而将之发挥得淋漓尽致。

△14.9 帕拉蒂诺弗拉维安宫殿宴会厅现貌

14.10 帕拉蒂诺奥古斯都宫殿 ▽遗构现貌

△14.11 帕拉蒂诺奥古斯都宫殿中庭现貌

14.12 帕拉蒂诺杜米仙宫殿体育场现貌▽

中庭住宅

除了皇室宫殿之外，罗马时期的住宅也值得注意，而庞贝城的住宅形态是研究罗马时期居住建筑非常好的例子。在整个住宅发展过程中，最早的一层楼的单栋中庭住宅（domus），是一种内聚力强，极为阴凉幽静之建筑。这类的住宅，在空间组织上有其基本形制，通常均以一个中央中庭空间为中心。住宅面向街道设有入口大门（ostium），经由一个狭窄的前室（vestibulum）或川堂（fauces）进入经常是有一部分没有屋顶之中庭（atrium）。中庭上为顶部开口（compluvium），作用为采光及承接雨水，在其正下方承接雨水之水池叫中庭凹池（impluvium），旁边则有数间卧房（cubicula）及至少两间开放的起居厅堂（ala）。经过中庭后为餐厅（triclinium），其中最重要的也是住宅中之圣室（tablinum），其内存有供奉之神明家庭神龛（lararium）及历代祖宗像。入口前室、中庭及圣室均是位于一条轴线之上，而这条一亮一暗之轴线两侧全是对称之房间，这种严谨之安排与希腊建筑比较松散之组合是有很明显之差异，在此我们已经可以看到两项罗马建筑之特色：向心及严谨之建筑构成。

公元2世纪后，当罗马人逐渐富有后，原来盛行的单栋中庭住宅已经无法满足财富较为良好的人民，于是罗马人便将希腊化城市富豪家看到的围柱形式（peristyle）而用之于单一家庭住宅中之圣室之后，形成另一个中庭。但是与希腊在地面上作成铺面不同，罗马人的围柱空间往往成为住宅之后花园，在其中央会有一个喷泉，这个绿洲般之空间其实在入口处的依稀可见。对希腊人来说，自然就在四边，所以建筑物就摆在大地之上，很少将自然的东西引入室内，而罗马人之不同观念在此也就更加明白了，通常住宅之室内外都会涂以灰泥再上漆作最后装饰，尤其是室内常常会有非常精致之壁画。除了中庭住宅之外，皇室或者是非常富裕之人家亦可能兴建所谓的别墅（Villa）。

▽14.13 庞贝维提之屋平面图

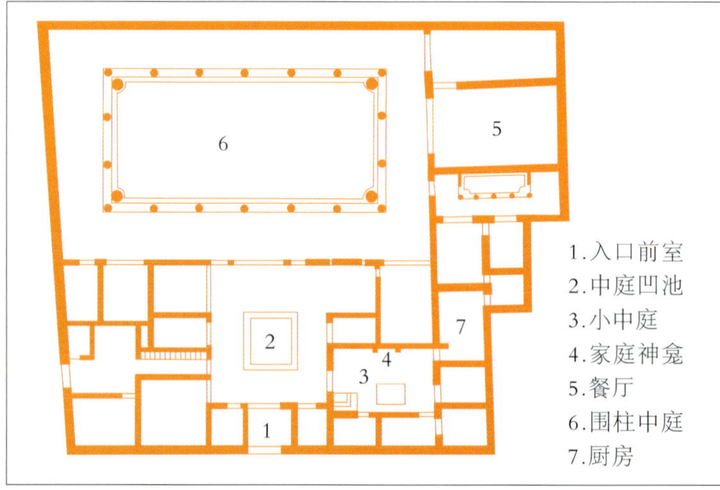

△14.14 庞贝维提之屋中庭

庞贝维提之屋

庞贝城维提之屋（House of Vetti）为一个保存比较好之富人之家。就面积而言，此宅只算是一个规模中等的建筑，由维提两兄弟共同拥有，他们花费巨资于住宅的兴建，同时也藉此展露财富。建筑发展于一个围柱中庭两边，建筑面积约占基地一半多一点，原有妇女及仆人专用的空间，目前已不存在。除了建筑之精致之外尚有许多壁画，这些是极少数得以现地保存的庞贝住宅壁画，完成于公元62年左右。入口后有一般常见之中庭外，中庭之顶部开口及中庭凹池均十分标准。然而在入口右侧另有一个小中庭，在此设有一个古典神庙形式之家庭神龛，内有祖先及家庭守护神，另有一条圣蟒正饮着供奉之酒。在围柱花园右侧的餐厅墙面基部上有描述丘比特（Cupid），被称为庞贝第四风格之精彩壁画。

事实上，庞贝城住宅之装饰壁画明显的分成几种不同的风格。第一种风格流行于公元前150–前80年左右，也被称为表面装饰风格（incrustation

14.15 庞贝维提之屋家庭神龛▽

14.16 庞贝维提之屋墙饰▷

△14.17 庞贝维提之屋墙饰

△14.20 庞贝维提之屋墙饰

style）或结构风格（structural style），因为其墙版或灰泥是模仿大理石材的表面。第二种风格流行于公元前80年到公元14年左右，也称为建筑风格（architectural style），主题以建筑画为多。第三种风格流行于公元14年以后，又称为装饰性风格（ornamental style），内容及色彩都特别地细腻考究。第四种风格于公元62年后广为应用，又称为幻觉风格（illusionist style），因为不管是任何主题或建筑背景，都是以极端幻境及过度装饰的手法呈现。

庞贝神秘别墅

神秘别墅（Villa of Mysteries）是庞贝城另外一个住宅之例，其所以会得此名是因为在一间房间内有描述酒神神秘仪式之装饰壁画而得名。

△14.18 庞贝神秘别墅室内墙饰

▽14.19 庞贝神秘别墅室内墙饰

▽14.21 庞贝神秘别墅平面图

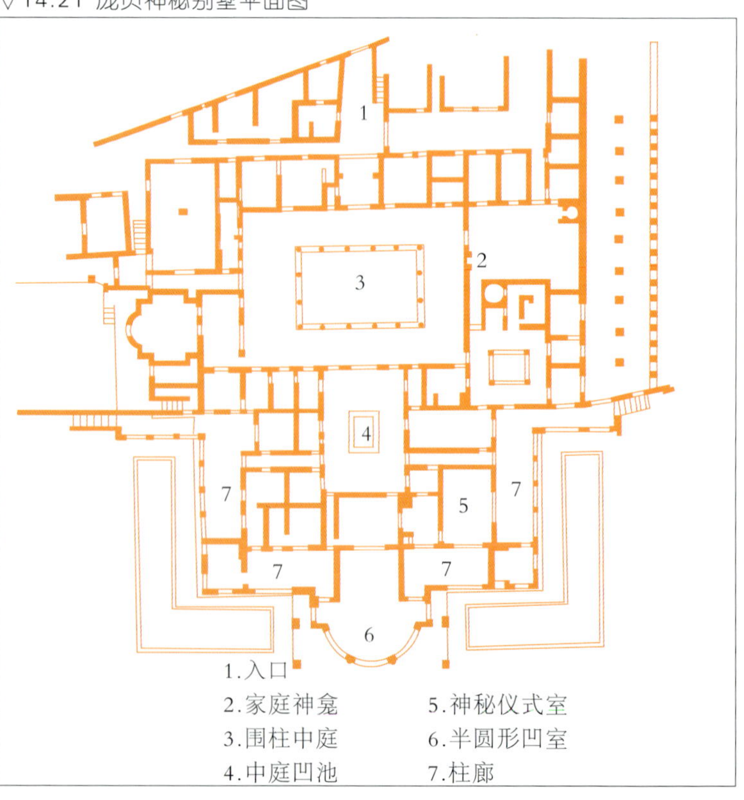

这种仪式在当时颇为流行，画中呈现的是29名演出者所执行的仪式，高3米长17米，描述的是一名妇女进入此仪式的过程。据推测，此画是一名来自于康帕尼亚的画家于公元前1世纪所画，委托者是别墅的最初的所有者，她可能是一名执行此神秘仪式的女祭司。

建筑原来规模不大，几经增建而成。在西面有平台，下为一拱顶之信道，只开小窗采光，上则为空中花园，围绕西半部之建筑。轴线由入口经围柱、中庭而到达一个有非常良好之半圆形凹室，这种以曲线作为轴线端点之手段可以说是罗马人之特殊偏好（希腊通常以平墙为轴线之端）。东北面之酿酒室及储酒室则是在公元62年大地震之后，别墅改为农庄后所建，别墅之原来部分成为现有建筑之西半部。

庞贝潘沙之屋与农牧神之屋

庞贝潘沙之屋（House of Pansa）兴建于公元前2世纪，代表的是大规模发展，同时占有一个完整轮廓之豪宅。此住宅基本上可以视为是由三部分所构成。第一部分以一个小中庭为中心，为正式接待访客之处；第二部分为围柱中庭，属

△14.22 庞贝神秘别墅室内墙饰

▽14.23 庞贝神秘别墅室内墙饰

▽14.25 庞贝潘沙之屋围柱中庭现貌

▽14.24 庞贝潘沙之屋平面图

1.入口前室　4.围柱中庭
2.中庭凹室　5.接待室
3.商店　6.花园

▽14.26 庞贝农牧神之屋现貌

△14.27 庞贝农牧神之屋地板马赛克

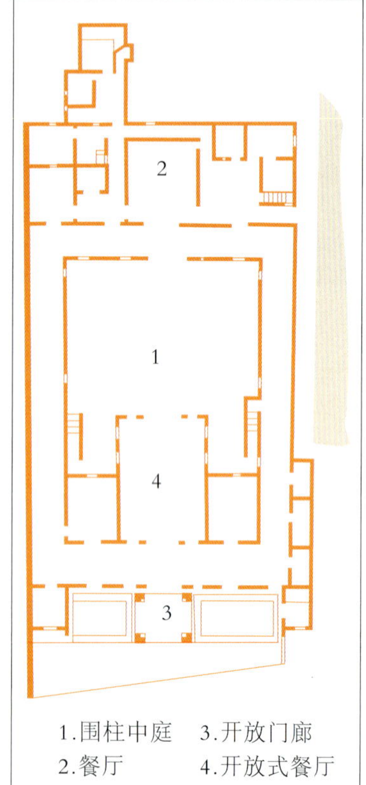

△14.28 海克拉纽鹿之屋平面图

于家庭中较私密的部分；第三部分则为庭园。在第一部分与第二部分间则为开放的起居室，也可能兼有圣室之功能。在面临主要马路的部分，则有独立之商店，有些亦和后面之空间相通。

与潘沙之屋非常类似的庞贝住宅还有农牧神之屋（House of Faun）。其因有一尊农牧神雕像而得名，住宅占地整个轮廓，不过许多部分都以更进一步发展最内的花园全部绕以柱列，形成一个大型的围柱空间与中庭四个角落应用柱子支撑屋檐均是，而精美的地板马赛克更是特色。其中包括了著名的亚历山大与波斯战役。

海克拉纽鹿之屋

海克拉纽（Herculaneum）是与庞贝城同时被维苏威火山岩浆所毁灭的罗马城镇，从18世纪开始陆续被挖掘出土，鹿之屋（Deer House）是其中一栋较为精致的中庭住宅，建于公元41-68年之间。鹿之屋空间格局为长方形，长边约43米，分成南北两个部分。北面部分包括有餐厅与卧室，其中餐厅部分地板有精致的大理石装饰，“被狗群攻击的鹿”雕

14.29 海克拉纽鹿之屋被狗攻击的鹿雕刻▽

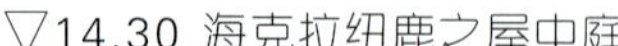

▽14.30 海克拉纽鹿之屋中庭

刻就发现于此，此住宅也因而被命名为鹿之屋。南面部分则有观海平台及一个四面开放的门廊，也有一处开放的餐厅。南北两部分中间夹以中庭，其周围的墙面于内侧装饰有建筑图，通往北面餐厅门面处理以山墙，并装饰有鲜艳的马赛克镶嵌画。这种精细的罗马马赛克镶嵌画，也可以在被命名为《马赛克中庭之屋》（Mosaic Atrium House）及《海神与阿芙泰提马赛克之屋》（Nepture and Amphitrite Mosaic House）中见到，前者中庭地板上，满布着装饰性的马赛克镶嵌画，后者之墙面则装饰与屋名主题相关的马赛克镶嵌画。

店铺住宅与多层公寓

到了晚期，在住宅入口两侧逐渐出现商店，住商合一之形态渐成形。下为商店，上为住宅这种建筑形态叫店铺住宅（Tabernae），开始把商业行为带入了邻里之间。而此时之人口亦增加得非常快，所以多家庭之住宅也出现了。渐渐地，多层公寓（Insula）也成为一种主流。事实上，前述有围柱中庭之单栋住宅一直都不是罗马时期最主要的住宅，它们只是少数富人的住所，大部分的人所住的地方都是多层公寓。到了共和时期末，多层公寓已经非常流行，有些高度甚至达到6层。

基本上，多层公寓都是巨大的建筑群，以砖所构筑，表面就直接显现砖材的构成。地面层大多为店铺，并设有夹层以供商人起居休息之用。上层的公寓房间数不一，约3间到5间，有些设有较大的窗户与阳台，与传统较为封闭的中庭住宅之卧室不太一样。据资料显示，在4世纪初，罗马城有将近45000栋公寓，与为数只有1800栋单栋住宅相较，数量超出许多。虽然现今罗马城中已无法找到任何罗马时期多层公寓的遗构，但是在郊外的欧斯提亚（Ostia）所保存的多层公寓却可以帮助后人了解罗马时期的生活空间。

△14.31 海克拉纽鹿之屋门廊马赛克

14.32 海克拉纽海神及阿芙泰提马赛克之屋现貌▽

△14.33 欧斯提亚多层公寓遗构

▽14.34 欧斯提亚多层公寓模型

第十五章 哈德良皇帝与罗马建筑

哈德良皇帝

罗马帝国在哈德良（Hadrian）在位时，物质之繁荣达到极盛，国界也扩展到最大之领域，这是一个和平而且民生乐利之时代，每一个行省均心甘情愿地臣服于帝国之统治之下。而最重要的是没有什么纷争，整个帝国相当地平静，虽然犹太人曾经闹过革命独立，但是很快地在公元135年被平息。耶路撒冷这个犹太人之圣城也被以哈德良家族名重新命名为亚立亚卡比托利纳（Aelia-Capitolina），并且规划有一个广场、剧场、跑马场及浴场等。

△15.1 哈德良大帝雕像

哈德良可以算是图拉真之侄婿，因为其妻为图拉真之侄女葳葳亚莎比那（Vivia Sabina）。和其他皇帝不同之处乃是他不但关心罗马，也关心帝国其他地方，于是他乃仿效奥古斯都，到各处去考察。他的随行之人，不是皇家贵族，而是各行专家、建筑师、营造者及工程师。在帝国的每一个角落都有建筑工程在进行，而在各地哈德良本人就亲自赞助支持了数百个公共建筑物，哈德良拨款建屋，因而在罗马帝国留下许多有名之建筑，而他本人亦非常积极地参与设计与兴建之工作。这位业余之建筑师皇帝并且花费了相当多之时间替他自己在罗马城之东郊建了一座别墅。

罗马万神殿

▽15.2 罗马万神殿复原模型

在罗马城他所监督兴建之许多大小建筑物中，能与竞技场相抗衡的是罗马万神殿（Pantheon，120–127年），这个建筑可以说是罗马帝国极盛时期之最好的建筑，它入口朝北向着交通繁忙之佛莱明尼亚（Flaminia）大道。前面是一个封闭之广场，长而狭窄，万神殿即位于广场之南端。这座神庙之历史可以追溯到阿古力巴（Agrippa, Marcus Vipsanius，公元前63–前12年），其为奥古斯都大帝最主要之支持者，负责了当时罗马城之许多建设。阿古力巴在公元前25年到27年间建了一座庙奉献给诸神，一方面是宗教上之因素，另一方面是想在神庙所在之地区塑造一个理想中心。后来此神庙毁于大火，仅余门廊。

到了公元2世纪，哈德良大帝将之完全重建，新建的神庙可以说是完全不同于当时其他庙宇之形式，可以说是由2部分非常不同之部分所组成：一个门廊及一个圆厅。门廊是传统希腊庙宇之式样，由16根柱子所构成，正立面上的8根为灰白色之花岗岩，旁边4根及里侧则为粉红色之花岗岩，科林斯柱头则是白色大理石。门廊的天花原为铜铸，后来乌尔班八世教宗（Urban VIII）将之拆除铸造了一百一十门的重炮及圣彼得大教堂的神龛。

穿过这个花岗岩所构成之门廊就可以进入一个难以想像之圆厅，也是万神殿最精彩最美丽的部分。这个圆厅在高度及直径上都是150罗马尺（43米），为现存最大的砖造圆屋顶。就尺度而言，比圣彼得大教堂之圆顶及佛罗伦斯大教堂圆顶都还大。大厅内有自天眼及入口射入之光线，圆顶有五排逐渐缩小之藻井，在藻井内并且有叶形之装饰。壁龛是深入到厚实之墙壁内，每一个均由两根彩色之大理石作为一种屏障，其旁再由两根壁柱收边。在壁龛与壁龛之间则为小的有顶神龛（tabernacle），每一个均作成像小神庙之立面。壁龛在入口处及轴线底端之部分，2根屏障作用之柱子均不

△15.3 罗马万神殿外貌

▽15.4 罗马万神殿平面图

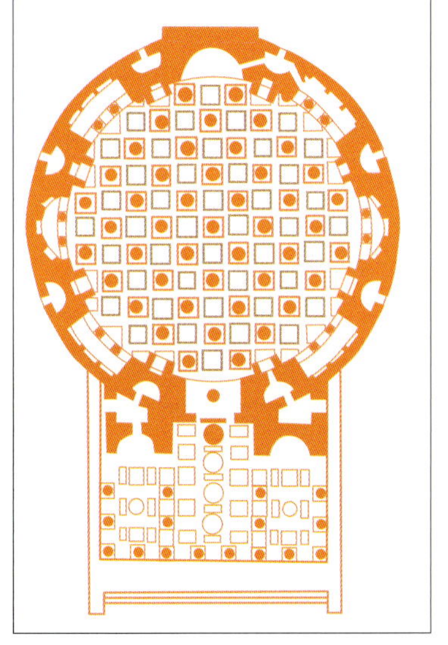

▽15.5 罗马万神殿门廊

15.6 罗马万神殿门廊山墙◁

15.7 罗马万神殿门廊屋架▷

△ 15.8 罗马万神殿藻井

△ 15.9 罗马万神殿藻井与墙面

△15.10 罗马万神殿藻井与墙面

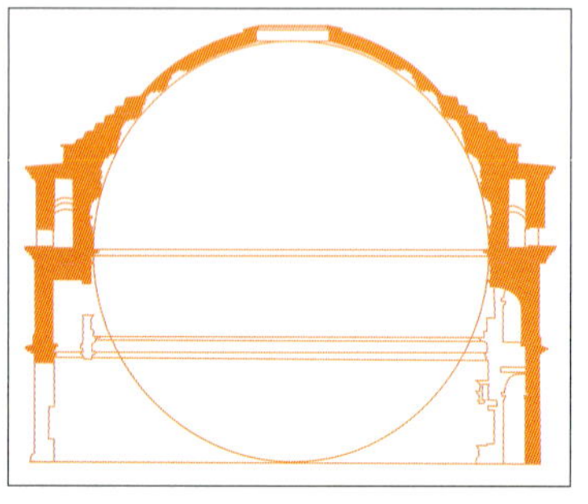

见了，而代之以其他手法来满足其特殊之功能。入口处作成2层楼高之筒形圆顶，而轴线底部则变成环形殿上为半圆顶，而拱之特色刚好均能克服这种需求。二层楼之部分实际上是一个很宽之额枋（frieze），有假窗、格窗及彩色大理石板等元素。

◁ 15.11 罗马万神殿剖面图

▽ 15.12 罗马万神殿室内全貌图

这个金碧辉煌之室内可以说是相当地迷惑人，但也相当成功地欺瞒了人们的眼睛，因为在这层华丽之立面之后是一道非常厚重之墙，有6米之厚，外部砌砖，基部为大理石，整道墙承受屋顶带来之五千吨重量。而这道厚墙并非是以一个完全之实体去承受重量，而是在墙面上内外均挖成了壁龛，这些壁龛一方面可以加速混凝土之干涸作用，另一方面也使重量传达到八组巨大之柱墩上。很明显地，尼禄之黄金屋中的八角厅可以说是万神殿圆厅之原型。

除了建筑上之成就外，罗马万神殿可以说还有其特殊之内涵及想传达之意念。第一就是罗马人之宇宙观，一座万神殿可以说是众神之乡——天堂之象征，而表现在建筑内即是将宇宙之神置于圆形墙壁之周边，每天阳光从天眼射入室内，随着时间之转动，光束便会照在不同之神像上面，强调了他们之存在。另一方面，此庙也有政治上之内涵，在入口门廊有奥古斯都之神像，庙内有神格化之凯撒，而哈德良则位于圆厅内执掌大法。这时候罗马帝国成了一个宇宙之缩影。万神殿中的许多单元及神像就好像是帝国中之许多部分，现在成了一个个体，统合在哈德良之下。如果说得更彻底，万神殿就好像是一个政治之橱窗。和以前提到之波斯颇塞波利斯宫殿一样，罗马的万神殿亦使用了来自各个行省之材料，像埃及之花岗岩及斑岩、非洲之彩色大理石、希腊地中海之白色大理石，而将这些材料组合成一体之媒介力量即是罗马的混凝土。

万神殿在历代帝王统治时都曾加以整修，而从16世纪开始，它变成了埋葬有名人士之地方。文艺复兴时之艺术家像伯拉孟特、拉斐尔和帕拉第奥均非常赞赏此栋建筑，米开朗琪罗更说这是一栋天使般的设计。我们可以说，世界上少有其他建筑能像罗马万神殿影响

△15.13 罗马万神殿室内

△15.15 罗马万神殿侧面外貌

15.14 罗马万神殿室内天眼光
▽线照射墙面效果

▽15.16 罗马万神殿地板

▽15.17 罗马万神殿背面外貌

△15.18 罗马维纳斯与罗马神庙现貌

△15.19 罗马维纳斯与罗马神庙平面图

15.20 提弗利哈德良别墅整体模型
▽

后世的建筑那般地深远。

罗马维纳斯与罗马神庙

除了万神殿外，哈德良在罗马城也兴建了一间维纳斯与罗马神庙（Temple of Venus and Rome），同时供奉维纳斯与罗马神。哈德良亲自规划设计了此庙，并且将此构想拿给当时一位著名的老建筑师阿波罗多鲁斯（Apollodorus）观看，请他提供意见，没想到却遭到严厉的批评，哈德良气得将之处死。此庙的规模是罗马城中最大的一座，有两个圣殿，二神相背而坐，此种空间形态之神庙在当时极为特殊。神庙之天花为半圆拱顶，屋顶铺有镀金铜瓦，是当时罗马城最美丽的建筑之一。

▽15.21 提弗利哈德良别墅水上剧场现貌

提弗利哈德良别墅

虽然哈德良是一位外在表现非常英明果决之一国之君，但是在私底下，他却是一个非常苦闷、经常郁郁不乐之人，因此他急于建造一座私人之退隐住宅之心态是可以被了解的，这个自我的小世界就是位于提弗利之别墅（Hardian's Villa，Tivoli，118-34年），这是一个相当有气氛，而且架势相当大之建筑，延伸于罗马东郊，东面及东北面均有山丘，而向西则有开放之视野，在设计上则可以说是光芒四射，非常富有想像力，值以令人头昏眼花。哈德良位于提弗利之别墅其实是一个庞大之建筑群，建于公元2世纪，一共有750英亩，现今只留约150英亩。其中

▽15.22 提弗利哈德良别墅总平面图

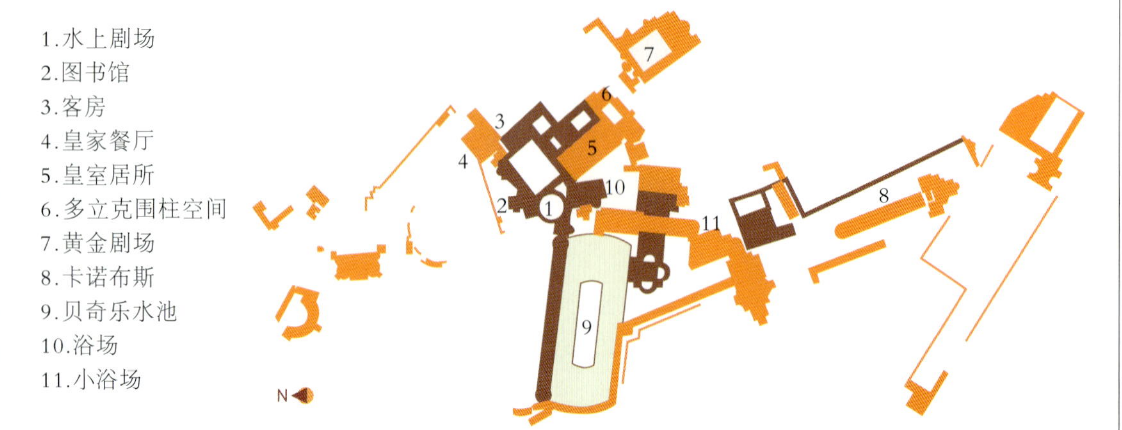

15.23 提弗利哈德良别墅水上剧场

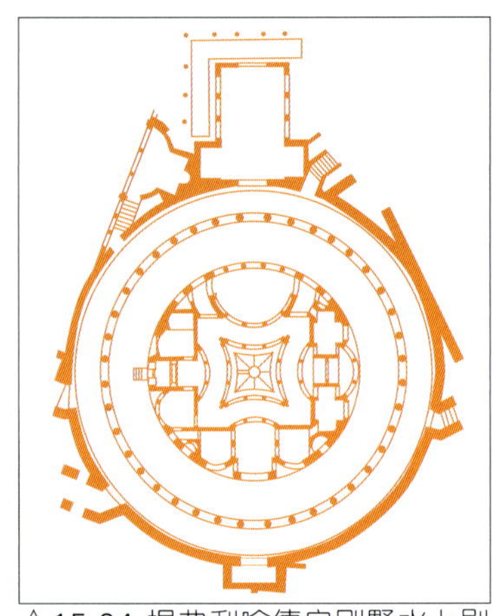

△15.24 提弗利哈德良别墅水上剧场平面图

△15.25 提弗利哈德良别墅图书馆现貌

比较著名的为水上剧场（Teatro Marittimo）、黄金广场（Piazza d'Oro）、卡诺布斯（Canopus）大水池和维娜斯神庙等。

水上剧场因其主题而得名，是一个直径约25米的圆形建筑，原来可借由两座拉升桥而进入，后来则由永久性的水泥构造物所取代。可拉升桥梁之应用可以在必要时，隔离中央部分的建筑，使之更有孤岛的意象。水上剧场可以说是此别墅的一个象征，也是一种设计上的发明。在水上剧场东北为图书馆的组群，西面则有哲学家之室，南面是浴场。在图书馆中庭的东北有一组客房（Hospitalia）与皇家宴会厅，地板上的马赛克几何图案，均以黑白为主。在图书馆中庭、客房与浴室东南即为皇室之居所，此部分另有空间与一个多立克围柱的空间相通，由此可再通往黄金广场。黄金广场此名称暗示着此部分建筑在工程及装饰上之花费，是相当可观的。也因此其成为许多古董爱好者掠夺之处，不少从此出土或拆自于建筑之装饰与雕刻，早已成为私人或博物馆的收藏品。从这些雕像中有不少为皇室雕像一事，即可知道此部分建筑在整个别墅中所占的重要地位，是哈德良接见官员及外交人员之处。整个建筑群包含一个大的中央花园、北面的前室及南面多边形的空间。

卡诺布斯的中央为拉长的水池，用以模仿从埃及亚历山大到卡诺布斯的一条运河，同时也因而以该城为名。水池宽18米，但长却有119米，周围绕以柱列及雕刻，不过在西侧却以女像柱取代柱列。据艺术史

15.26 提弗利哈德良别墅浴场现貌▽

15.27 提弗利哈德良别墅哲学家之室现貌▽

15.28 提弗利哈德良别墅客房马赛克地板▽

△15.29 提弗利哈德良别墅多立克围柱空间现貌

15.30 提弗利哈德良别墅黄金广场现貌▽

家与考古学家推测，卡诺布斯的艺术计画乃是复制希腊著名的雕像，例如女像柱就是由雅典卫城伊瑞克提翁的女像柱而来。水池的北端以弧形为界，但南端则建有一座半圆形的建筑作为端点。与卡诺布斯类似，贝奇乐（Pecile）也是以中央主体水池为重心的空间，四周都是柱廊，宽97米，长232米。其中北面的柱廊之长度据说是医师建议晚餐餐后徒步散步最适合的距离，目前此部分尚存有高墙一道。为了方便各建筑群间之连系，此别墅在地下甚至设有地道相通，在当时算是非常特殊的设计。

虽然在建筑上是如此地杰出，哈德良这座别墅却宛如一首悲歌。别墅中充满了对希腊少年安提诺斯（Antinous）之怀念，他的雕像表现出他是一个陷于沉思的年轻人，看起来就好像是在表现哈德良时代之一种特质——对在罗马帝国统治之下之标准生活加以质疑。安提诺斯是哈德良大帝最喜欢之少年，大约是生于公元110年左右，但却神秘地淹死在尼罗河里，哈德良在其淹死之地方建立了安提诺波利斯（Antinoopolis）城并奉为神，几乎是所有的罗马博物馆均存有其雕像或头像。我们在提弗利别墅所看到的并不是罗马帝国，而是一种个人价值之呈现，是对个人苦闷、寂寞之一种解放。据说哈德良就经常一个人在别墅中之水上剧场孤独地度过好几夜，并且写下了几首悲伤之诗歌，似乎在替他即将远离这个尘世作告白：“我渺小之心灵，快乐的流浪者，是我身躯之客，亦是我身躯之友，你将远离到那灰白、冷静的地方；而我的游戏，我的朋友，一切均将落幕。”

事实上，哈德良晚年因病缠身，生活得非常痛苦，但是却求死不得。他曾企图自杀，却老是获救。他命令奴隶刺杀他，可是奴隶却因此逃跑；他命令医师开毒药给他，逼得医师只好自杀。在这种情况下，他不断感叹自己可以决定别人的生死，却无法决定自己的命运。最后终于在痛苦三年之后精疲力竭而亡，享年62。

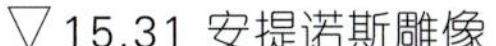
▽15.31 安提诺斯雕像

△15.32 提弗利哈德良别墅黄金广场前室

15.33 提弗利哈德良别墅卡诺布斯柱列▽

△15.34 提弗利哈德良别墅卡诺布斯柱列

15.35 提弗利哈德良别墅卡诺布斯女像柱▽

△15.36 提弗利哈德良别墅地下通道

艾菲索斯哈德良神庙

艾菲索斯哈德良神庙就是哈德良在帝国海外所建之建筑，是纪念哈德良之造访所建于公元138年，虽然哈德良在艾菲索斯只有停留短暂之几个月。大理石是运自于其他地方，工程人员与工匠在最短之几个月完成此作。此建筑令人惊讶之处并不在于其尺度，而是在于其精致之装饰，使之成为艾菲索斯最吸引人之建筑。

△15.37 艾菲索斯哈德良神庙现貌

15.38 艾菲索斯哈德良神庙拱门细部▽

在此建筑之立面上，中央有两根圆科林斯柱支撑一个拱券，拱券之上之拱心石上有艾菲索斯守护女神泰姬（Tyche）之胸像，此部分与周围2根方形柱共同支撑一个三角形门廊。门廊额枋上有细致的浮雕，为众神之像及有关艾菲索斯建城诸神的传说。门廊之后正式大门之处理与门廊类似，拱心石上有一女神，据说是避邪女神美杜莎（Medusa）。此女神一般都是只有头像出现，此部分为全身像，可能是工匠原来雕作另一女神，但完工之后觉得这么好的一座庙该有避邪女神长驻，所以将头部更换所致。避邪女神是安纳托利亚地方共同之信仰，通常以一种“蓝眼”之方式来呈现。另外位于英格兰北面的哈德良长城（Hadrian Wall）由哈德良建于公元120年，是罗马帝国西北边界，全长约117公里，每隔8公里左右就会设置堡垒以为守卫之用。现今堡垒均已不存在，但多段的墙基仍然屹立，见证了罗马帝国于北方的发展。

▽15.39 英格兰哈德良长城

雅典宙斯神庙与哈德良拱门

雅典宙斯神庙原来是公元前515年由毕希斯特拉图斯（Pisitratus）所建，但是在其子希皮亚斯（Hippias）被逐出雅

▽15.40 雅典宙斯神庙现貌

典城之后，工程就中断。虽然在希腊化时期，工事曾经恢复，但不久又因战事而停顿，最后才由酷爱建筑的哈德良所完成于公元124-125年之间。建筑面宽41米，长107米，长向有两排20根之柱廊，短向则有3排各8根。整栋建筑被高达104根17.25米的科林斯柱所围绕，甚为壮观。在神庙室内，有一座巨大的朱彼特黄金象牙雕像，其旁则有较小的雕像。在宙斯神庙与雅典卫城之间，有一座哈德良拱门，是古罗马帝国的遗物。这座是雅典人为了感谢哈德良大帝对于希腊神 之庇护，建于公元125-138年之间，由一个门洞的基座与上部的三开间神庙门面所构成，是区分旧雅典城与罗马人所建新区之界定物。也因此哈德良在拱门上题了两排字。面对着卫城的是：这是雅典，西修斯的古城；另一面则为：这是哈德良之城。

事实上，不管是艾菲索斯的哈德良神庙或者是雅典的宙斯神庙，都只是哈德良长期在海外巡视殖民地时营建成果的一小部分而已。在哈德良在位期间，罗马帝国北界至英格兰的哈德良长城，西边达于现今之葡萄牙，南面抵达阿尔及利亚的丁加德（Timgad），叙利亚的巴尔美拉（Palmyra）则是帝国东面很重要的据点。

罗马哈德良陵墓

从公元130年起，哈德良皇帝替他自己与后继的皇帝在提伯河边建造了陵墓，直至他死后一年才完成。整座陵墓分为3部分，基座为方形，每边长约90米，高15米；第二层为直径64米、高21米之圆锥形建筑，内部为放射状之承重墙及拱顶，外部覆以厚土并种植植栽；最上层为方形，四边均为小神庙门面，顶部立有四匹马的战车或者是皇帝的雕像。陵墓的外观覆以石灰岩，内部则装饰以大理石与灰泥，中间圆形部分圆周顶部也有雕像站立，有些地方也有孔雀雕刻，现存两只收藏于梵蒂冈博物馆。陵墓的墓室可由一座螺旋梯到达。除了哈德良及其妻莎比娜外，亦有不少罗马皇帝也安眠于此。由于此建筑坐落地点拥有战略角色，所以中世纪被作为城堡之功能，即为天使古堡（Castel Sant' Angelo）。

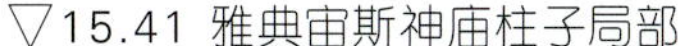
▽15.41 雅典宙斯神庙柱子局部

△15.42 雅典哈德良拱门西面

△15.43 雅典哈德良拱门南面

△15.44 罗马哈德良陵墓想像复原模型

▽15.45 罗马哈德良陵墓现貌（天使古堡博物馆）

第十六章 罗马浴场与帝国晚期建筑

△16.1 罗马浴场热坑系统

罗马浴场的发展

罗马城市除了广场旁之建筑之外，尚有储藏谷仓，这些仓库通常有浮起于地面之楼板（以石或砖为矮柱），以保存谷物或其他东西之干燥。这种特殊之系统始于希腊化之浴场，称为地下热坑系统（hypocaust）。在希腊化时期是由一个火炉产生热气之后再输送到每一个房间，但是却有烟及味之问题，罗马人将之改善而用中空管埋于墙中传至房间，进而成为公共浴场（thermae）温热水之热源。大型的公共浴场可以说是纯罗马人的发明，此乃因为帝国发达之后，许多人涌进城市之后，住在拥挤又没有个人卫生设备的住宅中，公共浴场的需求乃因应而生。在罗马历史上的每一个时期，市民将个人的卫生视为是一件重要的事。几乎所有阶层的人，都视下午洗澡为一种习惯。到了帝国晚期，罗马城中就有11个华丽的公共浴场及八九百个免费或低收费的

▽16.2 庞贝广场浴场温水室

私人浴场。在多层公寓中之地面层通常会设有浴室供住户使用。富人们则会于自宅中自设浴室。

罗马的浴场，原来是又暗又窄，机能的满足远胜于美学的考量。然而自从阿古力巴于公元前25年兴建了第一个新式的浴场之后，旧有的浴场就不再流行。新式的公共浴场中，建筑基本上会有冷水浴室（frigidarium）、温水浴室（tepidarium）和热水浴室（caldarium），规模较大者则会有露天游泳池（natatio）与蒸气浴室（laconicum）。早期的空间配置比较零散，晚期则是对称的。庞贝城之广场浴场（Forum Baths）与史塔宾浴场（Stabian Baths）浴场都是早期的例子。广场浴场是虽然不大，但却处理得很华丽。男性浴场较大，冷水室、温水室及热水室并列，温水室内有男像柱之装饰，热水室的天花及墙面都设有凹槽以导引水蒸气。史塔宾浴场入内后有游泳池，再内则为运动场，再后则为浴场部分，分成男女两部分，等待、更衣、冷水、温水室和热水浴室十分完备。海克拉纽城郊浴场建于1世纪，为长方形之空间，内部也包含各种男女浴室，其中热水室还设有游泳池。

罗马城在阿古力巴之后，蒂图斯、图拉真、卡拉卡拉（Caracalla）及戴克里先（Diocletian）分别兴建了大型

△16.3 庞贝广场浴场温水室细部

▽16.4 庞贝广场浴场热水室

△16.6 海克拉纽浴场现貌

▽16.5 海克拉纽浴场平面图
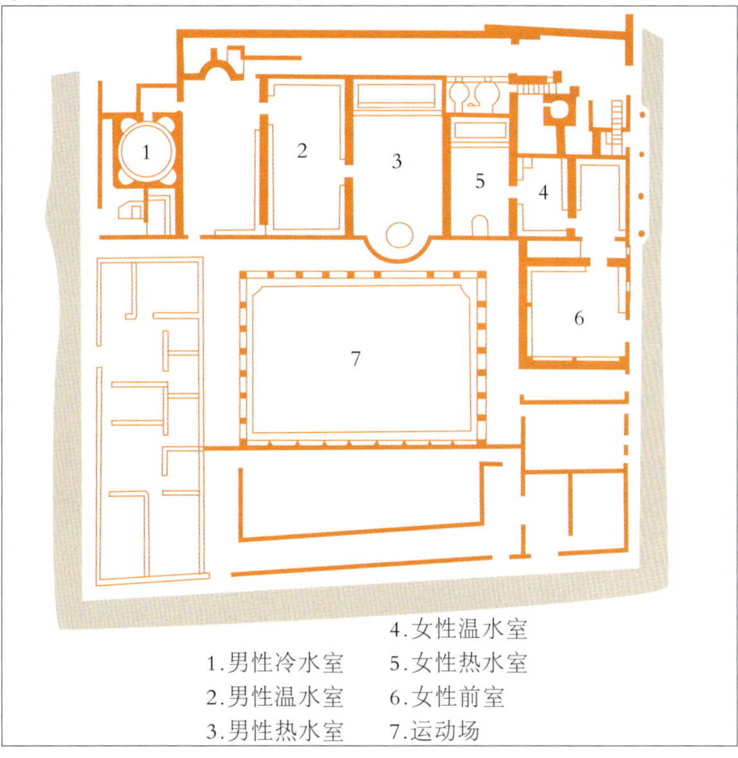

1.男性冷水室
2.男性温水室
3.男性热水室
4.女性温水室
5.女性热水室
6.女性前室
7.运动场

公共浴场。其中图拉真浴场是一个转折点。露天游泳池、冷水浴室、温水浴室和热水浴室都位于中轴线上。在中轴线两侧则是更衣室及各种不同功能的房间。公共浴场也经常和体育中心结合成一体。也有图书馆、俱乐部及以餐厅等设施。休闲运动后再沐浴谈天是罗马时期人们的一大社交活动。这种空间模式日后也持续出现于

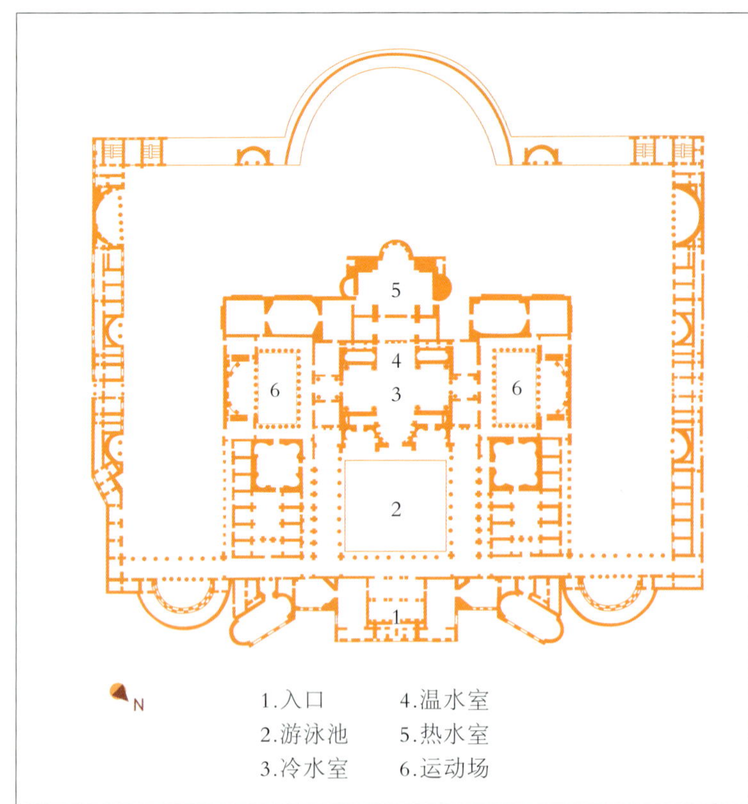

△16.7 罗马图拉真浴场平面图

▽16.8 罗马图拉真浴场遗构现貌

▽16.9 罗马卡拉卡拉浴场现貌

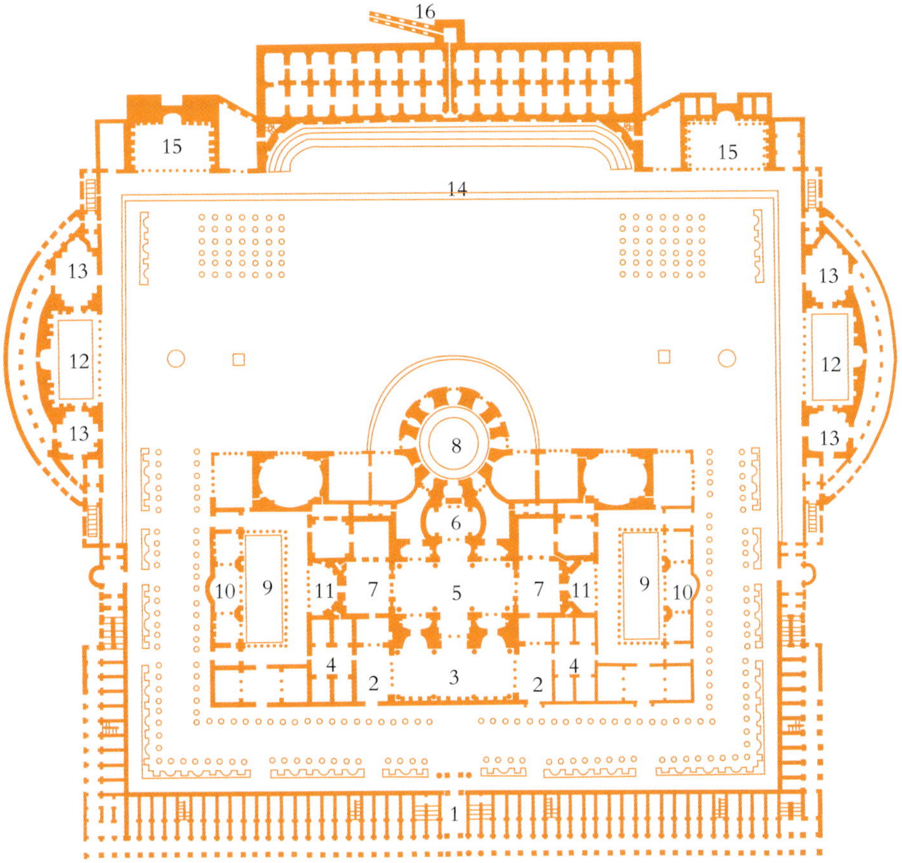

1.主入口
2.冷水室前室
3.露天冷水室
4.更衣及抹油室
5.温水室
6.内层温水室
7.温水室前室
8.热水室
9.运动场
10.运动员学校
11.半圆凹室
12.运动场
13.学者与讲座房间
14.体育馆
15.图书馆
16.水道入水处

△16.10 罗马卡拉卡拉浴场平面图

科摩杜斯（Commodus）、卡拉卡拉及戴克里先浴场中。

卡拉卡拉浴场

目前已为遗迹之卡拉卡拉浴场建于公元212–216年之间，由卡拉卡拉皇帝亲自沐浴揭幕，其后也陆续增建，在其间我们可以看到罗马浴场的改变。卡拉卡拉浴场可以容纳1600人同时入浴，在当时被视为是一个建筑杰作，曾风光了好几个世纪，直至中世纪才荒废。浴场主要沐浴设施是位于一个约337米见方之大架构中，中央的主建筑部分则长约220米，宽约212米。建筑为对称处理，主要入口位于东北面之轴线上，而整个门面由有顶的柱廊围绕。主建筑与四周围墙间则为庭园，由一条横轴贯穿了各种不同之设施。

△16.11 罗马卡拉卡拉浴场复原模型

16.12 罗马卡拉卡拉浴场冷水室现貌▽

△16.13 罗马卡拉卡拉浴场冷水室现貌

16.14 罗马卡拉卡拉浴场半圆▽凹室现貌

中央主体的冷水室长58米，宽24米，可由两侧之前室进入，周围有廊，并装饰以雕像或浮雕，其旁为更衣及抹油之处。冷水室之后为两个层级之温水室，大温水室为一个大型的会堂形式，由位于8根独立柱上之3个交叉拱顶遮覆，有前室与冷水室之前室相通。温水室之后为直径约50米的圆形热水室，其上覆以圆顶。中央主体建筑两侧，则有运动场与运动员学校及半圆凹室，可由独立的门进出，此部分之地板有与沐浴及运动相关的马赛克镶嵌画，墙面则装饰以不同颜色的大理石。除了中央主体外，在外围墙两侧亦各有突出的弧形空间，中间部分为运动场，其两旁则为学者与讲座之

△16.15 罗马卡拉卡拉浴场运动场现貌

△16.16 罗马卡拉卡拉浴场马赛克地板现貌

▽16.17 罗马卡拉卡拉浴场运动员学校现貌

△16.18 罗马戴克里先浴场复原模型

16.19 罗马戴克里先浴场室内▽想像图

▽16.20 罗马戴克里先浴场现貌

房间。热水室至西南围墙之间则为体育场，两旁为图书馆。体育场之外则为水道送水之处与浴场贮水设施。

戴克里先浴场

戴克里先浴场，于公元298-306年之间，由戴克里先与马西米安两位皇帝所建，是罗马城当时最大的浴场，坐落于罗马人口最稠密的地区之一。整座浴场面宽380米，进深370米，中央主体为一座长方形建筑复合体，并且在一边的长向以一个大型的半圆形建筑为界，即目前共和广场的位置。此部分的角落有两座圆顶建筑，其余于边界则另有数座半圆形建筑。在室内空间方面，戴克里先浴场与卡拉卡拉浴场之主要空间类似。公元1561年米开朗琪罗将此浴场之中央部分再利用为天使圣玛丽亚教堂（Santa Maris degli Angeli），由教宗庇护四世（Pius IV）加以祝圣，其大门即当时浴场之热水室。另外东侧之浴场遗迹则于公元1889年起逐渐再利用为考古博物馆。

巴斯浴场

除了意大利之外，罗马帝国于各处殖民地中也不乏浴场的设置，现今英国巴斯（Bath）

△16.22 罗马戴克里先浴场现貌

△16.23 罗马戴克里先浴场现貌

▽16.24 罗马戴克里先浴场现貌

▽16.21 罗马戴克里先浴场平面图
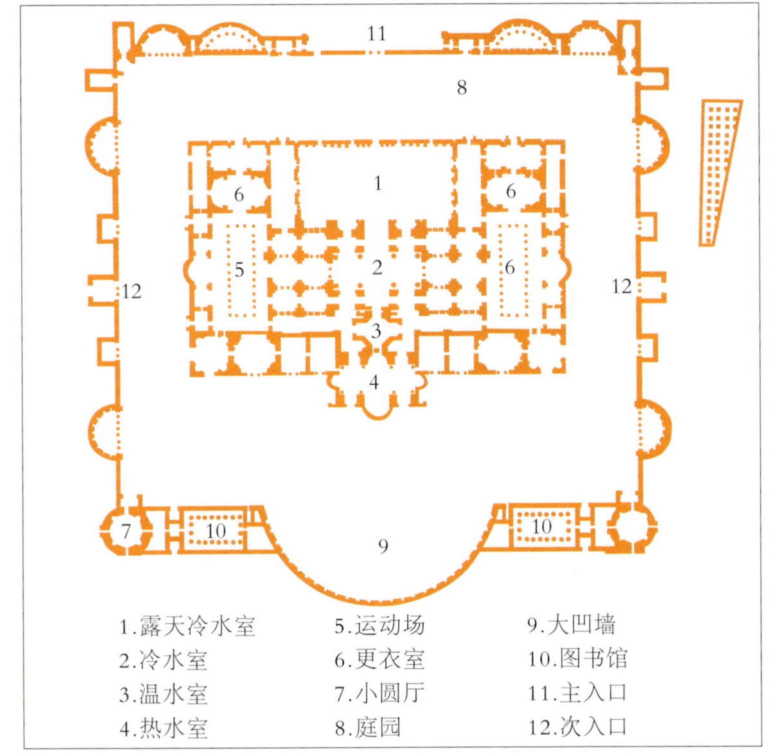

△16.25 巴斯浴场冷水池

▽16.26 巴斯浴场圣泉源头

的罗马浴场就是其中著名的一座。浴场所在地原有罗马人为莎丽思米娜娃（Sulis Minerva）所建之圣庙。公元1世纪时，浴场开始出现，包括有3个温水室及一个地下热坑室。2世纪时，增设冷水池及三温暖设施，并且逐渐扩充成为复合建筑体。其中最大的浴场，位于一座宽20米、长35米的柱厅内，原来有屋顶。除了大浴场之外，也有数个大小不一的浴池，均由罗马人所称之圣泉源头直接供水。比较特殊的是一个圆形浴室，是一个清澈之冷水浴室。18世纪时，巴斯城因为道路建设而挖出神庙遗址而使整个浴场出土，并且改建成一座温泉博物馆。

罗马城墙与四地分治

公元235年，塞维鲁（Severan）王朝最后一个皇帝亚历山大塞维鲁（Alexander Severan）被谋杀，结束了塞维鲁王朝控制罗马之权力，也使

▽16.27 罗马城墙现貌

罗马帝国进入了无政府状态。为了争夺权力，到处都可见到暴力事件。而城市本身也必须建立城墙来防卫外患，罗马城即在公元270年建立了一道长达20公里之城墙，墙有4米宽、8米高，每隔约30米便设有一个防御炮台。一共设了18个城门，每个城门之两侧均有半圆形之塔台，在两个塔台之间则有一条有窗户之长廊，内有城门吊栏之机械设施。而罗马城本身之衰败可以说是开始得更早。经过了动乱的公元3世纪，整个帝国已经是非常地不稳，整个行省之首府都可以在外貌上和名气上和罗马城相抗衡互竞争。而统治之帝国也经常是来自于罗马城以外之其他行省，像图拉真和哈德良大帝均是西班牙后裔。因为这种象征意义上之改变，帕拉蒂诺山丘上之宫殿本身亦改变方向而朝南。瑟提米斯塞维鲁斯（Septimius Severus）大帝为了使他来自于非洲之同胞可以有所感受，所以在帕拉蒂诺山丘上建了一个新奇3层楼之立面。

到了3世纪末，罗马城之霸权已经变成只是传统上之尊重而已，帝王之权力已由雄踞四方之不同人所分持。此事肇因于公元284年11月戴克里先（Diocletian）即位，他是一位现实主义者，认为一个皇帝不可能统治庞大的帝国，于是在公元285年立马希米安（Maximian）为副帝。公元293年，戴克里先又把两帝政治分割成四部分统治，他们两人皆成正帝，各任君士坦提斯（Constantius）与加勒力斯（Galerius）为副帝。一些位于战略地位比较重要之城市也因而崛起而成了分治政府之所在地，而宫殿建筑也因而扩大而增加了浴场及法院等设施。像北希腊之特萨洛尼亚（Thessalonia），叙利亚之安提欧克（Antioch），西北部之米兰、德国之特里尔（Trier）均是很重要之据点。但是比军事及经济更严重之危机却是存在于帝国的精神层面，每个人总是希望能够有安全、稳固之感觉，但是却不一定能够办得到，尤其是皇帝本人似乎比任何其他的人更需要有如此之感受。

3世纪之罗马建筑

早期基督教之墓地及聚集房舍可以说是一种新建筑文化之开始，这个文化在基督教渐占优势后，在罗马和其他地区盛行了几世纪，其中包括了建筑史上之几个重要高潮：像圣索菲亚大教堂、仿罗马式之教堂、哥特式之教堂、罗马的圣彼得大教堂等。而公元3世纪

△16.28 四帝分治雕像

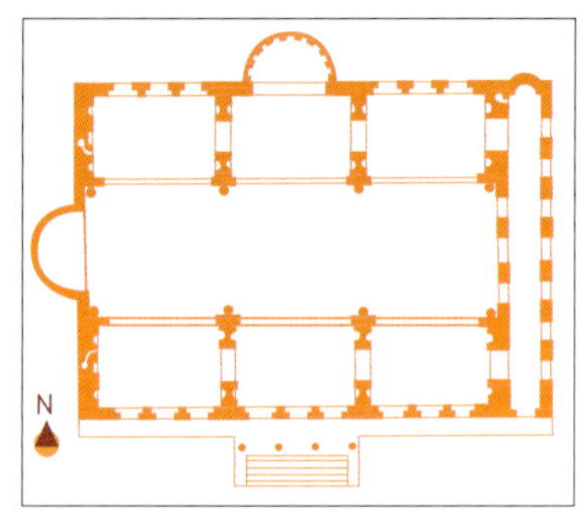

△16.29 罗马马克森提乌斯会堂平面图

16.30 罗马马克森提乌斯会堂
▽模型

特殊的建筑物，乃是即将退隐之异教（非基督教）建筑文化之最后遗笔。而也是在这个时期之努力，大大地加强了罗马时期建筑之自我认同，使罗马建筑更加地不同于古典时期之建筑。前述的卡拉卡拉浴场与戴克里先浴场以及马克先提留斯会堂、西西里马希米安宫殿、戴克里先位于史帕拉托地方之宫殿，君士坦丁大帝于特里尔之宫殿均是。

马克森提乌斯会堂

卡拉卡拉浴场之拱顶空间于兴建于公元4世纪初的马克森提乌斯会堂（Maxentius Basilica，公元307-312年）中再度被应用上，在这个会堂中，两侧通廊和中殿毫无屏障的结合成一个相当宽敞之空间，而

△16.31 罗马马克森提乌斯会堂室内想像图

▽16.32 罗马马克森提乌斯会堂现貌

有藻井处理之两侧桶形顶则压低至上部可以容纳足够之高窗。外观上，这个会堂则是和古典建筑美学概念是截然不同的，主要是由两排3个一组之圆拱窗所构成，这种早在图拉真市场及一些早期之公寓中所看到的无柱美学概念，现在则光明正大地被用之于官方之建筑中了。

史帕拉托戴克里先宫殿

戴克里先位于史帕拉托（Spalato）之宫殿建于公元215年，坐落于亚德里亚海东岸，以作为退隐之地。其规划之目标是以能够自给自足，空间好像是一个罗马之军营，有长方形之防御系统，在其中，两条主要的柱列大道则垂直相交于中央，居住部分是位于南面，必须从交叉点，经过一个两侧有柱之前庭，在前庭之两侧分别为神庙与陵墓，再穿过一个门廊，则可进入一个方形之前室。门廊之水平线在中轴上突然打断而代之以一个拱，有一种塑造一个焦点之想法，使进入宫殿的人能被之引导而向前，神庙及陵墓在此之象征功能显然胜过其实际之功能，神庙面朝旭日东升，陵墓面向日落西山，他们代表的是一种开始与结束，任何想进入宫殿的人都必须穿越这条有意义之轴线。

虽然史帕拉托宫殿有非常严谨及规则之秩序，但是他的精神意义却是超过其严肃之军营概念，整个宫殿可以说是一

16.33 史帕拉托戴克里先宫殿外观旧貌图▽

△16.35 史帕拉托戴克里先宫殿现貌

▽16.34 史帕拉托戴克里先宫殿平面图

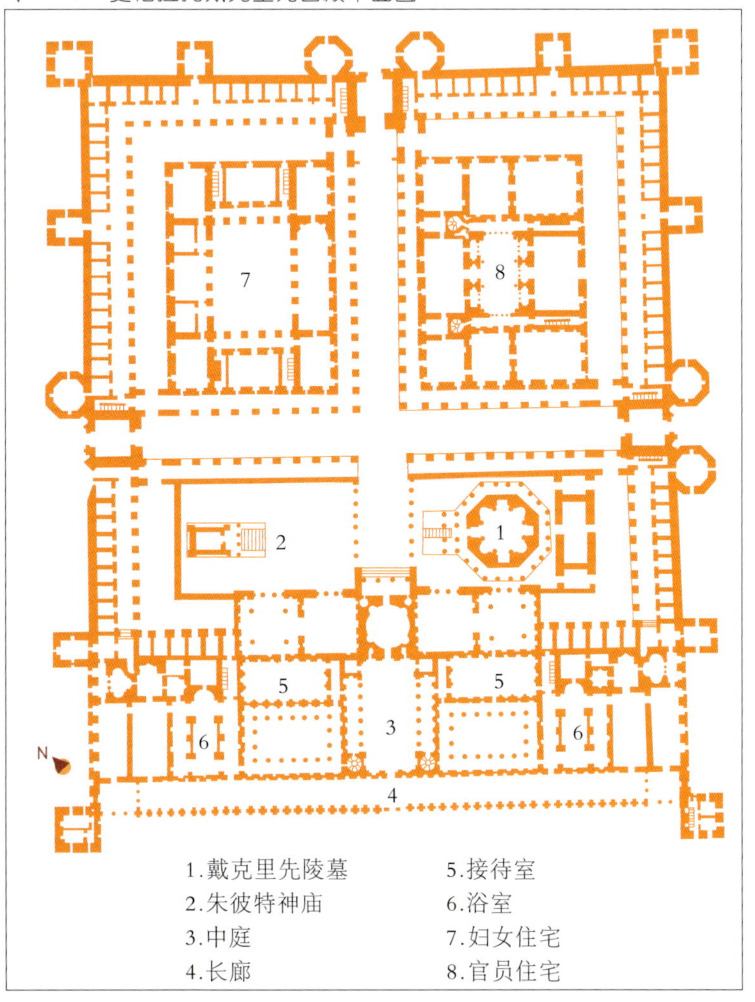

个“圣殿”。戴克里先以军营之形式替他自己建造了这座宫殿主要之出发点应该不只是防御，而是因为其象征了一种神明世界之秩序，而戴克里先本身则控制了这个世界。今日，此宫殿不少遗构仍然存在，并且融入称为史毕利特（Split）之城镇。

△16.36 皮亚萨阿美利那马希米安宫殿现貌

▽16.37 皮亚萨阿美利那马希米安宫殿平面图

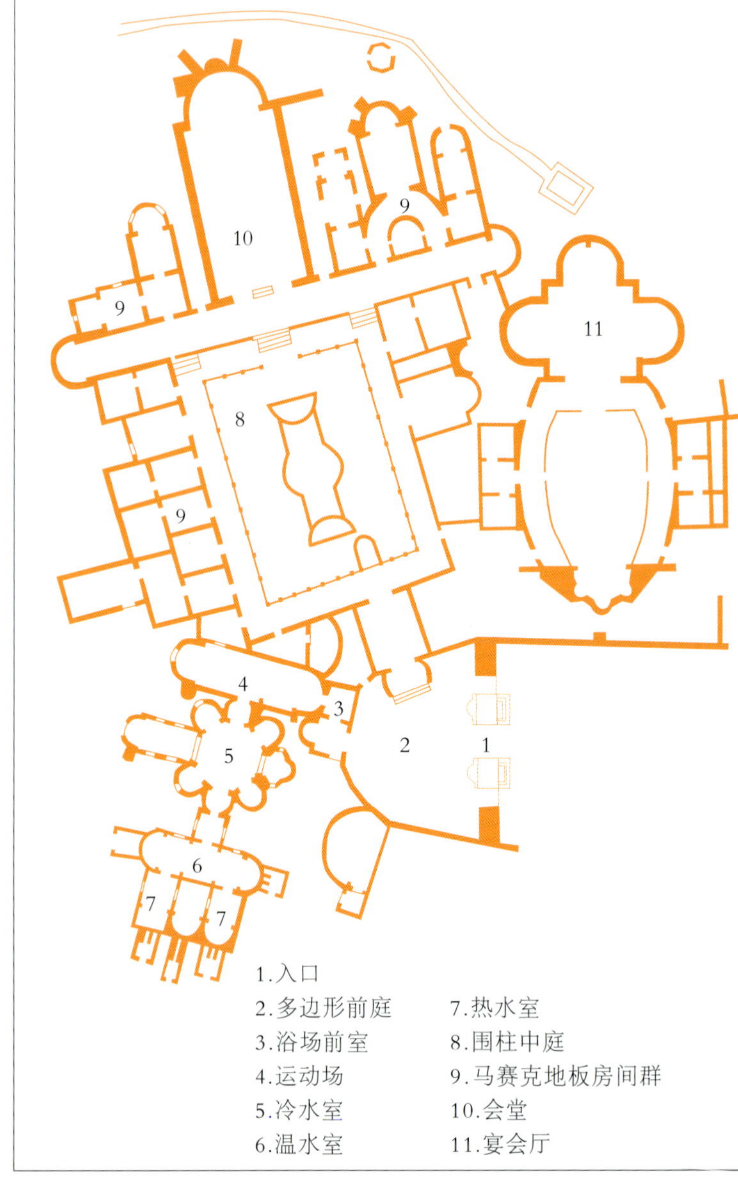

西西里皮亚萨阿美利那马西米安宫殿

公元4世纪初曾经统治帝国一阵子之戴克里先大帝宣告退隐而到史帕拉托宫殿后，他的同僚马希米安也接着跟进，退隐到西西里中央之一处宫殿中，这两座帝王之住宅，在外貌规划上是完全相反，但是却都可以当作是罗马人造环境之一种丰富之经验。马希米安位于西西里之宫殿，位于被称为皮亚萨阿美利那（Piazza Armerina），一般也被称为罗马纳卡萨雷别墅（Villa Romana del Casale），可能是于马希米安所建，其继任者马克森提乌斯继续加以装饰。

此宫殿有一个会堂，一系列之浴场，一个作成凯旋门之正式入口，喷泉、回廊、正式大厅等构成了似画般之秩序，有点像是哈德良别墅，但是组构得比较严谨。虽然不同机能分区之建筑有各自的轴线，但是彼此间的缓冲空间却不大，因此改变较为紧凑。地板上的马赛克镶嵌画为精典之作，描述各种罗马时期皇室之生活及信仰图腾，也有部分属于非洲动物及武士狩猎的图案。

圆形空间之发展

从图拉真市场之市场大厅

到卡拉卡拉浴场之冷水浴室和马克森提乌斯会堂，我们可以看到长向拱顶大厅之发展脉络。而同样的发展脉络亦可见于向心式之圆顶大厅，从尼禄黄金屋之八角厅，罗马城之万神庙，到哈德良别墅之水上剧场，卡拉卡拉浴场及戴克里先浴场热水浴室和罗马智能之神米娜娃梅狄卡（Minerva Medica）神庙及一些帝王之陵墓，均有圆形空间之存在。因为担心结构会不稳定，所以黄金屋八角厅及罗马城万神庙中之开口采光均只局限于中央之天眼。而卡拉卡拉浴场圆形之热水浴室则略有改变，在圆顶之下开有窗户。罗马城之万神庙虽然在厚实之墙壁上空出了几个壁龛，但仍然是一个相当自我封闭之空间，而卡拉卡拉浴场之热水浴室则在这种向心式之空间作了某种程度之开放，而也因之发展出了两种脉络。

第一种则是在主要之圆空间外再配置所谓之外廊（ambulatory），这尤其非常适合于陵墓之建筑，因为帝王举行之仪式总会在放置灵柩主要空间之周围绕上一圈，罗马城作为君士坦丁大帝女儿之陵墓之圣科斯坦察（Santa Costanza）是为代表。另外一种则是在哈德良别墅中已经试验过，但是在罗马城所谓的米娜娃梅狄卡神庙中可以看得比较清楚，在圆形空间外围了一圈的小环形空间，而上头之圆顶可以说是构造于这一圈砖造之环形殿上。虽然基督教盛行的年代，巴西利卡会堂空间成为建筑之主流，但成熟于罗马的圆顶及圆形空间却未曾在建筑史上消失。

△16.38 皮亚萨阿美利那马希米安宫殿现貌

△16.39 皮亚萨阿美利那马希米安宫殿马赛克地板

16.40 皮亚萨阿美利那马希米安宫殿马赛克地板▽

△16.41 皮亚萨阿美利那马希米安宫殿马赛克地板

△16.42 罗马米娜娃梅狄卡神庙平面图

▽16.43 罗马圣科斯坦察内部

第十七章 基督教建筑的兴起与早期基督教建筑

△17.1 光神雕像

▽17.2 罗马圣克雷门特教堂光神庙

东方宗教之兴起

罗马帝国晚期，宗教便自然而然地成为解脱民众疑虑的一种寄托，而3世纪民众对于帝国政府所呈现的普遍不满更助长了宗教的力量。这时候，人们对于帝国政府宗教礼仪之虔诚只是起因于对国家之忠诚，然而忠诚的人是好公民却不一定会是好信徒。帝国原有的信仰没有办法满足人民之心灵，人民只好从东方传来之神秘宗教仪式中去寻找更深一层之信仰。这种经常是高歌狂饮之宗教自然就压过固有的比较没有感情之宗教。东方来的神明被适当地修正后正式引入了罗马帝国之万神庙中。

这时候，在一些流行之宗教中，光神教（Mithraism）与基督教（Christianity）为两个势力比较强之宗教。光神（Mithras）为波斯拜火教（Zeroastrianism）圣神中的一个，在军队中特别地流行，因为其代表所向无敌之神，所以在前线特别受到士兵之信奉，也因而受到帝国官方正式之保护。基督教开始之基础是来自于穷人，然而基督教坚决地信奉一神，并且相当地不合作，所以受到帝国之禁止，教徒屡受到迫害。但是二教在此时都算是神秘之宗教，均有其特殊之入会仪式，这时候之人们往往认为当一个光神教或基督教徒是生活的一部分，信徒们隐密地于室内举行活动仪式以避开大众之眼，这种情形和希腊、罗马往往举行宗教仪式于大庭广众之下是刚好相矛盾的。

罗马圣克雷门特教堂光神庙

在古老之传说中，光神每年12月25日会在一个洞穴内再生一次，信徒必须在邻近有水之一个黑暗洞穴内举行仪式，因此祭祀光神的空间均是位于地下，而且都以拱顶为主，以便看起来像个自然之洞，一方面也象征天穹。在殿中两侧会有连续之座位，中间有低陷之排水槽以排放祭牲之血。从一些描述此礼之说明或者图案浮雕中，我们可以看到光神奉善神之命格杀圣牛以免其遭受恶神指染。而传说中，更描述从牛血及脊髓和尾巴中会生出新的生命。历经不同年代所兴建之罗马圣克雷门特教堂（Bacilica of St Clement）最下层存有目前已罕见的光神庙，祭坛是置放于称为特里克利尼乌姆（Triclinium）之正式房间，坛上的浮雕主题乃是光神宰杀公牛的情景，两侧则有代表日月的守护神。

基督教建筑起源与地下墓室

在基督教方面，基督牺牲了自己以解放世人，他的身体和血即象征着圣饼与圣酒，二者均是基督教仪礼弥撒中最重要的部分，除了洗礼外，基督教最主要之仪式便是圣餐式或者称之为“神圣之交接”。教会引用了基督在“最后的晚餐”中所讲的话：指着饼说“这是我的身体”，指着酒说“这是我的血”。弥撒最主要之特质乃是将圣饼与圣酒借着神父神奇之力量，变质成基督之身体与血，使信徒得以分享基督之身、血及神性。而一个人必须经过洗礼，才可以在弥撒中分享圣饼与圣酒。因此基督教建筑在基本上必须能提供此两项机能：洗礼与弥撒。

因为基督教在开始可以说是一项被压抑之平民运动，所以其进行宗教仪式之地方是非常的朴实。这些民众聚集处通常是位于重新整修过，外表不显眼之住宅内。早期基督教比较特殊的乃是其墓地，往往在一个城市中开放之空地均被用完之后，基督教徒乃和其他异教徒及犹太教徒一样，将墓地地下化成为俗称“卡塔康（Catacomb）”之地下墓室。通常这些地下墓室都有相当秩序化之规划，墓室成列而且垂直相交以地道相连，有时候会有好几层。“卡塔康”这个字原来只是许多地下墓其中一个

△17.3 罗马圣塞巴斯提亚诺地下墓室陵墓现貌

17.4 罗马圣塞巴斯提亚诺地下墓室墙饰▽

▽17.5 罗马圣塞巴斯提亚诺地下墓室壁画（鸟与水果盘）

△17.6 罗马圣普西尔拉地下墓室壁画（死亡妇女的一生）

△17.7 罗马圣加利斯图斯地下墓室壁画（牧羊人）

▽17.8 罗马道明提拉地下墓室现貌

之名称，但后来才延伸为所有地下墓之称呼，原来之字意即永眠之地。

圣塞巴斯提亚诺（San Sebastiano）地下墓之地道有十几公里长，据估计罗马大约有50几个地下墓，地道共有500多公里之长。而在这个阴暗之空间中，仍然画有各种圣经中之图案，例如圣普西尔拉（St. Priscilla）与圣加利斯图斯（St.Callixtus）地下墓室中便有基督牧羊人像，将一只小羊扛在肩上。另外，道明提拉（Domitilla）地下墓室也有很好的设施。因为罗马禁止在城市内埋葬死者，所以这些地下墓室均是位于城郊，但它们之作用应该是以埋葬死人为主，而非以前很多人推测可能是基督教徒为了逃避迫害所建。当然这种地下墓室有时候也会有信徒聚会，但却不频繁，大部分是在主要殉道者周年祭日之时，才会有大量之信徒前来。

基督教之兴起

4个帝王共治之政治系统，在戴克里先之时还算成功，可是在其退隐史帕拉托之后就渐渐动摇。君士坦丁大帝在位于公元306－337年间，其中从公元324年开始为惟一的统治者。公元312年10月28日，在罗马城外之慕尔维（Mulvian）桥上，发生了一件惊天动地，影响整个西方建筑相当大的事。年轻的君士坦丁大帝（Constantine）和对手马克森提乌斯交战，结果君士坦丁大帝获胜。这种帝王间之交战在当时之罗马原非什么大不了之事，但是出人意料之外的是君士坦丁宣布自己归奉基督教。君士坦丁将他的胜利归诸于他的

▽17.9 耶路撒冷圣墓所平面图

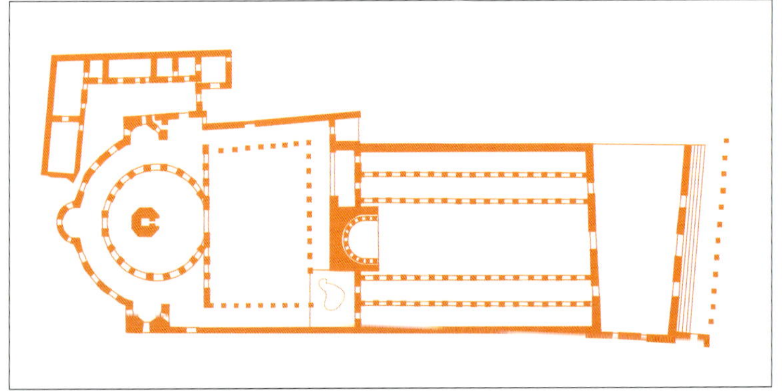

▽17.10 君士坦丁大帝雕像

△17.11 耶路撒冷圣墓所圆形空间想像复原图

△17.12 罗马拉特朗圣约翰教堂洗礼堂平面图

信仰，基督是永恒之神，而君士坦丁为其之仆。整个罗马世界大为震惊，被压沉已久之教堂，突然间被唤醒了，尤其是罗马城更被视为再生之地。

慕尔维桥之役不仅是推动了新的政治及社会秩序，亦展开了新的建筑革命。早期之基督教建筑有两种截然不同之形态，一为巴西利卡式，一为集中向心式。巴西利卡式教堂之原型是来自于罗马时代之法院，通常有一个中殿，在中殿两侧有通廊，东端并且有一祭室，入口通常朝西。和巴西利卡式教堂并行发展之集中式基督教建筑可以溯到君士坦丁建于耶路撒冷之圣墓所（Holy Sepulchre，公元328-336年），其在巴西利卡式的空间之端，出现了一个圆形的集中式空间，内部据推测可能与罗马万神庙类似，后来一些殉道者之墓堂均建成集中式的。另一方面洗礼这种仪式亦助长了这种向心式建筑之发展。

罗马拉特朗圣约翰教堂

罗马拉特朗圣约翰教堂（Basilica of St John Lateran，公元314年-），目前也是罗马主教公署。此教堂是罗马城墙内第一座兴建的大型教堂，其历史却可以溯至君士坦丁大帝时期，创堂的渊源也与其受洗为基督徒之另一种传说有关。据说君士坦丁大帝有一次得了麻疯病，濒临死亡边缘，在梦中得到使徒彼得与保罗之承诺若皈依基督，病痛将可痊愈，于是君士坦丁大帝乃请求教皇席维斯特

17.13 罗马拉特朗圣约翰教堂
▽洗礼堂室内现貌

△17.14 罗马拉特朗圣约翰教堂洗礼堂室内想像复原图

17.15 旧圣彼得教堂壁龛小屋示意图▽

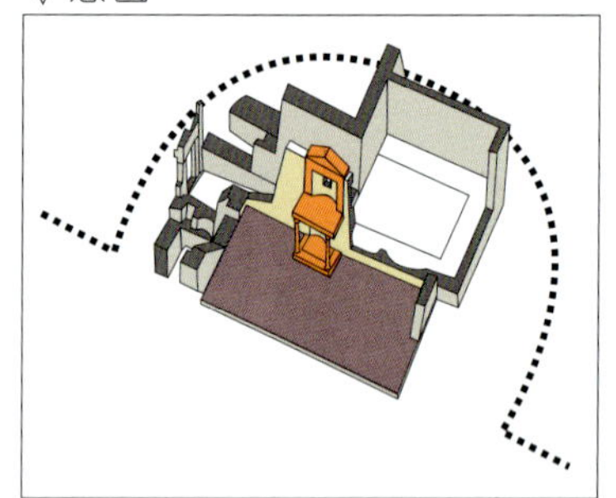

（Pope Sylvester，公元314–335年）替其洗礼。在奇迹式康复之后，君士坦丁大帝于是下令兴建此教堂。虽然有关君士坦丁大帝信奉基督教的说法不一，但罗马拉特朗圣约翰教堂的兴建多少见证了当时罗马帝国对于基督教态度的转变。教堂所在地原为拉特朗家族（Laterani Family）所有，然于公元65年因为叛乱而被尼禄没收。

君士坦丁大帝所建之教堂，为巴西利卡式，长90米，宽56米，有一个较宽较高的中殿与两边两个较窄较低之通廊，中殿以环形殿为端。屋顶以桁架支撑，室内装饰颇丰。君士坦丁大帝将此教堂献给教皇梅基雅德斯（Pope Melchiades，公元311–314年），作为其座坛之所在，并由其于公元314年祝圣落成，奉献给救世主。后来教皇塞吉乌斯（Sergius I，公元904–911年）将其奉献给施洗者约翰，教皇路乌斯（Lucius II，公元1144–1145年）再将其奉献给福音者约翰。此教堂自兴建完成后曾历经修建，直至公元1647年由巴洛克时期重要的建筑师布罗米尼大幅整建成为现貌之主体。而其洗礼堂建于5世纪，由教皇西克斯都二世（Sixtus II，公元432–440年）所创建，可以说是日后许多洗礼堂的空间原型。

▽17.16 旧圣彼得教堂外貌图（17世纪画）

罗马旧圣彼得教堂

基督教的历史发展与梵蒂冈的圣彼得大教堂息息相关，而圣彼得大教堂前身的旧圣彼得教堂（Old St. Peter，公元326年），更是关系着整个西方基督教世界的关键之一。使徒彼得在公元67年因信奉基督被宣告有罪处死时，他请求将其倒挂于十字架上，以有别于耶稣之被钉死于十字架。死刑由尼禄皇帝宣告执行于梵蒂冈山丘下的尼禄跑马场（Nero's Circus），而其遗体则被置放于跑马场旁一个简单的异教徒坟墓中。此地长久以来就是公共墓地，多数的坟是朝向南面的跑马场。不少原来是属于异教徒的坟墓后来则被基督徒加以改变并装潢。例如在一处被称为朱里陵墓（Mausoleum of the Julii）之中，就可以看到耶稣被以太阳神的图像表现出来，墙上也还有其他含有教义的早期基督教图案。到了2世纪末，公共墓地上的坟墓已经向南延伸至当时已经不用之跑马场中央轴线。其中最引人注意的乃是一个有钳把形前庭之圆顶建筑，其旁就是原跑马场的方尖碑，后来被移至新的圣彼得广场之中。

圣彼得埋葬地则于2世纪中已建立起一组现今被称为嘉乌斯胜利碑（Trophy of Gaius）之纪念建筑。其之所以会被称为此名，乃是因为胜利碑可以明确地反映出早期基督教中殉教者坚信信仰战胜死亡之理念，而嘉乌斯则是首次提起胜利碑之长老，不久之后，此地已成为基督徒一处重要的朝圣地。胜利碑的主体是一个立于

△17.17 旧圣彼得教堂室内图（17世纪画）

红色灰泥覆盖墙壁之壁龛小屋（aedicule），前面是一处4米深、7米宽的开放空间，四周则围绕以陵墓与埋葬地。

君士坦丁于公元326年所建的旧圣彼得教堂是最早期之

▽17.18 原旧圣彼得教堂中庭松果

▽17.19 旧圣彼得教堂平面图

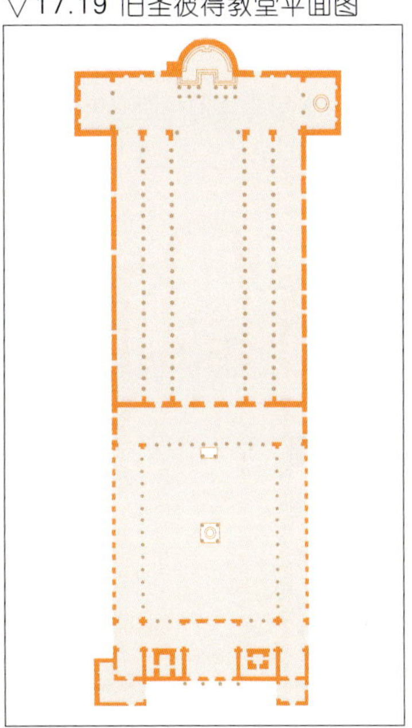

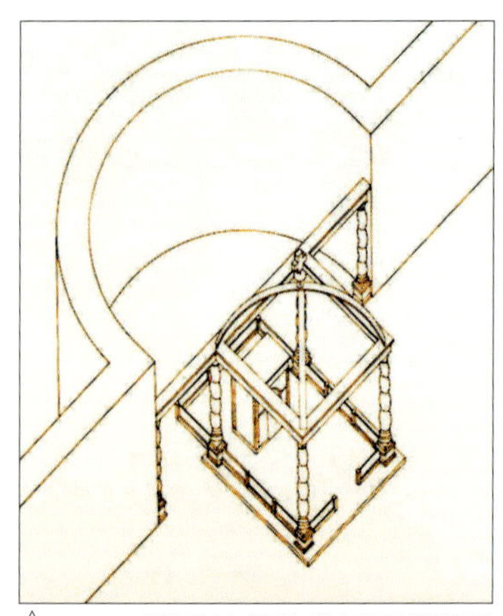

△17.20 旧圣彼得教堂圣坛顶棚图

17.21 象牙盒中的“旧彼得祠”
▽（第5世纪初）

巴西利卡式教堂之一。教堂虽不大，但却分成好几个层次，信徒必须先爬升几阶台经过一个围柱之中庭再经过前廊（narthex）才可以进入长90多米，宽60多米之巴西利卡。中庭中原有一座公元1世纪或2世纪的青铜松果，目前位于梵蒂冈之庭院中。中殿之两侧各有二排通廊，到末端则以五个拱圆作为结束，环形祭殿之前端则有一高座（bema）。在此原有的嘉乌斯胜利碑被整合于新的设计中，其为一个由四根扭曲柱支撑的圣坛顶棚，另外两根同样风格之柱子则分立环形殿与翼殿相交处。虽然此圣坛顶棚在后代改建后已不知去向，但一般相信一座公元5世纪初象牙盒中所雕刻的“圣彼得祠”中的景象就是旧圣彼得教堂中的圣坛。

此教堂中殿最原先之机能是在圣彼得之殉道日举行纪念仪式，这个仪式后来因为其喧哗之本质而遭禁止。在中殿西侧之圆拱上，君士坦丁写下了“因为你的指引，整个世界胜利地朝向天堂”，“君士坦丁，一个胜利者，替你建造了此庙”。很明显地，这座教堂之兴建一方面是昭彰基督之胜利，一方面也暗示了他自己在政治上之胜利。

圣玛丽亚马焦雷教堂

圣玛丽亚马焦雷教堂（Santa Maria Maggiore）是罗马第一个献堂给圣母玛丽亚的教堂，也由教皇西克斯都二世创建于公元432–440年间。此教堂之创建据说是肇因于公元352年圣母玛丽亚托梦给一位罗马贵族，请其于隔天下雪的地点建立一座教堂。这位贵族将此梦

17.22 罗马圣玛丽亚马焦雷教堂
▽平面图

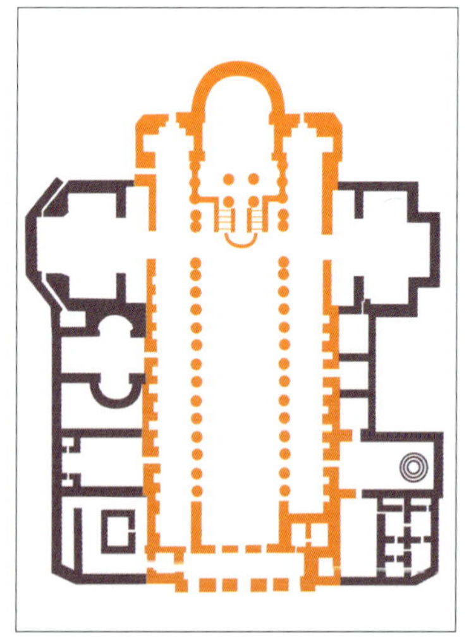

▽17.23 罗马圣玛丽亚马焦雷教堂室内中殿

△17.24 罗马圣沙比那教堂室内

▽17.25 罗马圣沙比那教堂拱腹细部

△17.26 罗马圣沙比那教堂

▽17.27 罗马圣沙比那教堂平面图

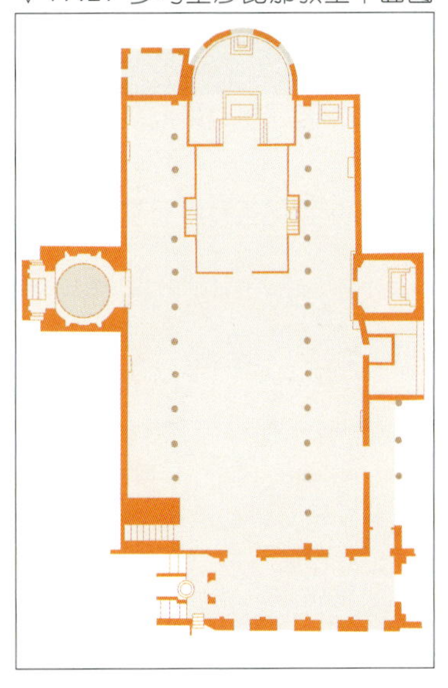

的内容告知新当选的教皇李伯留斯（Liberius），没想到教皇也有同样的梦境。当天正值盛夏，但他们却看到了地上之雪堆，于是教皇乃下令兴建此堂。在空间上，此教堂也是巴西利卡式，中殿与通廊由优雅的爱奥尼克柱所分隔。目前教堂之外貌是历经后代逐渐增建，不过原来的巴西利卡空间仍保有原来之马赛克镶嵌画。

罗马圣沙比那教堂

保存最好之早期基督教巴西利卡教堂之一乃为位于罗马山丘上之圣沙比那教堂（Santa Sabina，公元422-432年）。整个教堂原来之平面相当简单，一个中殿加上两侧之通廊再加上一个环形殿而已。中殿相当高，所以使整个空间感到相当明快优雅，而大理石之科林斯

△17.28 罗马圣科斯坦察室内透视图（19世纪画）

△17.29 罗马圣科斯坦察外貌

▽17.30 罗马圣科斯坦察平面图

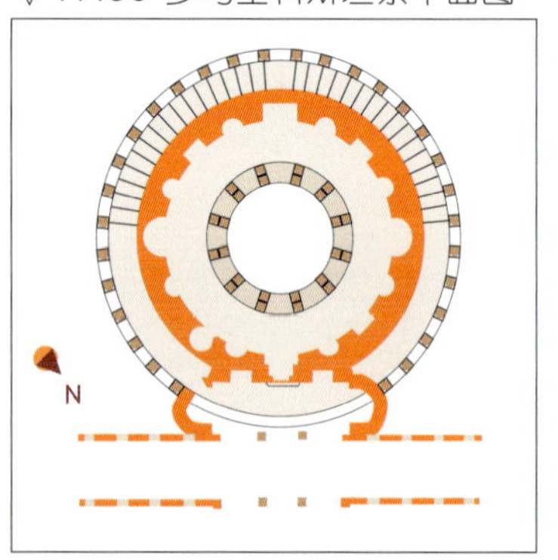

柱更助长了这种感觉。中殿大量之光线是来自于两侧硕大之高窗；与之相对，两侧之通廊是无窗而且阴暗的。中世纪时，在通廊外侧墙上开了一些小口，但并不会很大地影响原有之感觉。高窗上已经使用了格栅，所以光线可以被修正得比较柔和。

▽17.31 罗马圣科斯坦察中央圆顶

近年来教堂原有露明之屋架被加钉为平屋顶天花，大大减少了室内之垂直感。原有之装饰并没有全盘地保留下来，但是我们仍然可以看出整个壁面可以说是没有什么额外之物，而拱腹（Spandrel）则有大理石之外装修，上有圣杯、圣碟等图案。整个室内空间可以说是一个明亮之大厅。在圣沙比那中，基督变成了世界之明灯，他的光线自窗外宣泄而下照亮了整个空间，而半暗之通廊更加强了这种性格，使室内之上半部变成了像天堂般的明亮，所以巴西利卡可以说是一个相当实用的工具，它表白了神之至大至高，它亦可以说是结合了一个精神空间和生命中通往解脱之路。教堂门上的镶板是5世纪之作，也是最早的耶稣受难图像，但画面中并没有十字架之图案。

罗马圣科斯坦察

罗马圣科斯坦察（Santa Costanza），是早期的圆教堂范例之一，原来功能是君士坦丁大帝女儿君士坦蒂娅(Constantia)与海莲娜(Helena)之陵墓，为一座圆形的建筑，建于约公元350年，与君士坦丁时期之圣阿格尼丝巴西利卡（Basilica of St. Agnes）之南侧连接在一起。建筑原应有门廊及前庭与侧面之环形殿。高11.3米的中央圆顶开有16个高窗之鼓环是位于围成一圈之16对柱子之上，柱子与柱子间则有拱券相连，在这个采光良好之核心空间外则绕有一圈筒形拱顶之外廊，外侧直径有22.5米，这种在主要之圆空间外再配置所谓外廊（ambulatory）之空间形态，这尤其适合于陵墓之建筑，因为帝王举行之仪式总会在放置灵柩主要空间之周围绕上一圈。拱顶上有许多早期的马赛克镶嵌画，其中“葡萄收成”虽然主题是世俗的，但意义却是基督教的。在外墙大门正对面及两侧分别挖置3个较深的壁龛，亦装饰以马赛克镶嵌画。

罗马
圣史提法诺圆教堂

罗马圣史提法诺圆教堂（St. Stefano Rotonda，公元468–483年）也是最早的圆形教堂之一，由教皇辛普立修（Pope Simplicius）所建，奉献给圣史提芬（St. Stephen）。室内马赛克装饰则是教皇约翰一世与菲力克斯四世（Felix Ⅳ）在公元523–530年间所完成。就空间形态而言，此教堂最初由三个同心圆所组成，直径有70米，为现存最大之圆教堂，最外圈宽10.6米，历代以来已受损甚多，原来分为八部分，形成数个祭室，彼此由步廊相连，而步廊也同时扮演着与中央圆空间缓冲之功能，中央为爱奥尼柱所围绕，并支撑起直径22米的圆顶。

△17.32 罗马圣科斯坦察《葡萄收成》马赛克

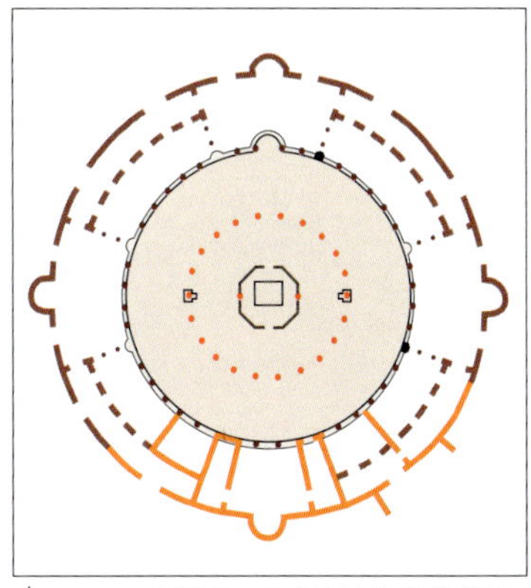

△17.34 罗马圣史提法诺圆教堂平面图

▽17.33 罗马圣史提法诺圆教堂外貌图

▽17.35 罗马圣史提法诺圆教堂室内透视图

▽17.36 罗马圣史提法诺圆教堂室内现貌

第十八章 拜占庭建筑与马赛克镶嵌画

△18.1 查士丁尼大帝马赛克镶嵌画

18.2 拉文纳葛拉帕拉契底亚陵墓外貌▽

18.3 拉文纳葛拉帕拉契底亚陵墓马赛克镶嵌画（鸽子）▽

拜占庭帝国与拉文纳

公元312年，君士坦丁大帝皈依基督教，并决定建立新都于君士坦丁堡（Constantinople）后，罗马帝国面临了历史的转折点。公元395年，东西帝国分裂。公元402年，拉文纳（Ravenna）成为东罗马帝国之都，在西罗马帝国于公元476年灭亡之后，扮演着承继罗马文化之重任。公元540年，拉文纳被拜占庭帝国征服，成为其势力范围。查士丁尼大帝（Justinian）在位的公元527–565年之间，并在公元6世纪前半叶，尝试恢弘日益衰败之罗马帝国，而将国界拓展至图拉真大帝与哈德良大帝时之国界，君士坦丁堡便是他的国都，而拉文纳则是他位于西方之驻在地。

拜占庭帝国与罗马帝国在一开始有某种程度的重叠，因此其建筑也会呈现此种现象。拉文纳是马赛克镶嵌画最出色的城市。城中的圣维他雷教堂代表的是一种宗教建筑的改革，其他则可以看出早期基督教在拜占庭文化下的马赛克艺术奇迹。马赛克镶嵌画的大量使用，使教堂的表现更为丰富，也使其从地下墓穴的阴暗走向更光明的世界。

葛拉帕拉契底亚陵墓

葛拉帕拉契底亚陵墓（Mausoleum of Galla Placidia，450年），建于5世纪前半叶，可能是葛拉帕拉契亚在位权力最大时（425–450年）所建，比拉文纳圣维他雷教堂早了一百年。葛拉帕拉契亚生平颇为复杂，她是狄奥多希乌斯大帝（Theodosius）之女儿，生于公元386年左右。公元395年，大帝死后她只有10岁，两个哥哥亚卡迪乌斯（Arcadius）与宏诺利乌斯（Honorius）分别出任东西帝国之皇帝，在野蛮民族入侵后，葛拉帕拉契亚却被迫成为入侵者之皇后，但旋即守寡。数年之后，葛拉帕拉契亚却想办法让其年幼的儿子成为西罗马帝国之皇帝继承人，自己则摄政至儿子长大为止。她死于公元450年，应是下葬于狄奥家族位于梵蒂冈之家族陵墓，此建筑只是传说中葛拉帕拉契底亚之遗体后来被运回拉文纳后存放之处，但却无史料可以证实。

此建筑为希腊十字形空间，入口翼比其他三翼略长，四翼均有筒形拱顶。室内装修以马赛克镶嵌画，其中以拱顶及半圆壁最为精彩，其中“牧羊人”是早期基督教在西罗马帝国之精彩作品，画中年轻无胡须之基督穿着金色袍子与紫色斗篷，头顶光环，手持十字杖，四周绕以羊群，虽然姿态不一，但眼神却都朝向图中之基督。“鸽子”则是另外一个著名的主题，两只站立于水盆边缘上之鸽子栩栩如生。

△18.4 拉文纳葛拉帕拉契底亚陵墓马赛克镶嵌画（牧羊人）

△18.5 拉文纳新圣雅博理纳教堂外貌

▽18.6 拉文纳新圣雅博理纳教堂室内

新圣雅博理纳教堂

新圣雅博理纳教堂（S. Apollinare Nuovo，493-526年）乃是由狄奥多利克（Theodoric）所建，因此可以推断其兴建时间为自哥特人入侵拉文纳之公元493年到狄奥多利克去逝之526年。教堂位于原来皇帝宫殿之旁，起初称为“吾主基督教堂”，由于对亚利安（Arian）之信仰，狄奥多利克想在拉文纳基督教已应为流传之际，使此教堂带有亚利安之信息。当公元540年，基督教势力完全掌握拉文纳后，此座教堂也顺理成章地献给了基督，其中之装饰也反映出这种改变。9世纪时，教堂被改为现在之名称，因为原存于克拉塞圣雅博理纳教堂（S. Apollinare in Classe）之圣人遗物为了安全之故而迁移至此。名称中有“新（Nuova）”并不

△18.7 拉文纳新圣雅博理纳教堂室内墙壁马赛克

18.8 拉文纳新圣雅博理纳教堂马赛克镶嵌画（二十二个圣女细部）▽

△18.9 拉文纳新圣雅博理纳教堂镶嵌画（三王朝圣细部）

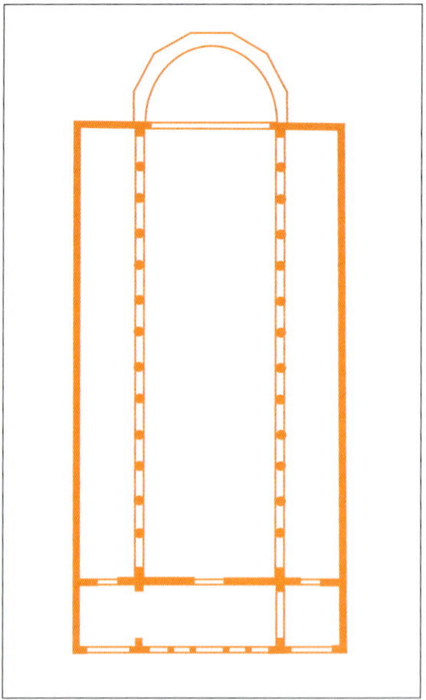

△18.10 拉文纳新圣雅博理纳教堂平面图

是指其比克拉塞同名之教堂新，而是相对于一个位于维可罗（Velco）更早之教堂而言。

新圣雅博理纳教堂室内为巴西利卡式，由2排柱子分成中殿与两侧之通廊，环形殿则为近年所修建，室内中最令人赞赏的为墙上之马赛克镶嵌画，这些马赛克始自于狄奥多德时代，因此有些带有亚利安之意义，也有哥特人物，然而在基督教流行后，上述亚利安之图案有些则被修改。中殿两侧拱券上之部分，多数为查士丁尼大帝时期之作。在左边，主要的主题为“克拉塞市景”、“22个圣女”、“三王朝圣”与“圣母”。右边之主题则是“基督”，“二十六个圣教者”与“宫殿”。教堂中的马赛克，若表现上较为写实，则具罗马传统；若较为抽象图案化，则为拜占庭传统。

克拉塞圣雅博理纳教堂

克拉塞圣雅博理纳教堂（S. Apollinare in Classe）是由主教乌希奇诺（Ursicino）所创建，并由当时政经闻人朱里亚

18.11 克拉塞圣雅博理纳教堂外貌▽

▽18.12 克拉塞圣雅博理纳教堂室内

诺阿真塔利欧（Giuliano Argentario）所赞助，于公元549年献堂。从外观来看，此座教堂相当地简单，没有任何多余的装饰。室内空间也是由2排柱子分成中殿与两侧之通廊，屋架为露明之木桁架。柱间以拱券相连，上有马赛克镶嵌画，中殿尽头为环形殿，上部为半圆顶。此环形殿上之马赛克镶嵌画是拜占庭艺术中的精品。

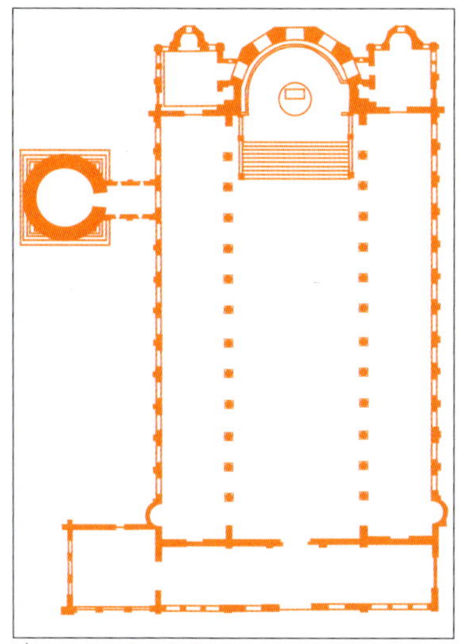

△18.13 克拉塞圣雅博理纳教堂平面图

△18.14 克拉塞圣雅博理纳教堂环形殿

18.15 克拉塞圣雅博理纳教堂环形殿马赛克细部▽

半圆顶中央为一个金色十字架，位于一个圆形之底色上，十字架代表的是基督，圆形底色代表的是蓝天，其上点缀以99颗星星，有羊群之寓意。十字架之中央有一个救世主之脸像，十字架之上端有一排希腊字，代表“耶稣基督、神之子、救世主”之意，下端之文字则为“解救世界”之意。在此组十字架图案下为变成圣人之主教圣雅博理纳，在花木交织的绿色背景中，扮演着牧羊人之角色。十字架图案之上亦有云朵、圣人、羊群等宗教图案。另外亚利安洗礼堂（Arian Baptistry）为狄奥多利克建于5世纪末，八角顶内之马赛克为“基督受洗”，也是精彩的马赛克镶嵌画。

基督教建筑之改革

基督教在合法化之后，巴西利卡式教堂与集中式基督教建筑同时发展。到了公元5世纪及6世纪时，基督教建筑开始进行了一项惊人之实验，也就是两种形态建筑之结合，引起这项革命之前提是：标准的教堂一定要木构架屋顶之巴西利卡吗？如果集中向心式（圆形或者八角形）之建筑可以大得到容纳教会之各种仪式，而且功能也完好如巴西利卡式之教堂，甚至在象征意义上更有帮助的话，为什么教堂设计不能让朝向末端环形殿作礼拜仪式之巴西利卡与垂直强调天堂天空之圆厅直接结合在一起。有两个非常杰出之实例可以代表这种基督教建筑之改革。一个是拉文纳圣维他雷（San Vitale）教堂，另外一个是君士坦丁堡（Constantinople）之圣

18.16 亚利安洗礼堂马赛克顶棚（基督受洗）▽

索菲亚（Hagia Sophia）大教堂。这两个作品均是建于查士丁尼大帝时期。

△18.17 拉文纳圣维他雷教堂外貌

▽18.18 拉文纳圣维他雷教堂外貌

圣维他雷教堂

圣维他雷教堂落成于公元547年左右，早在公元9世纪，就曾被喻为不管是造型或者是空间，都是当时意大利独一无二的建筑。此教堂是由主教艾克勒乌斯（Ecclesius）与教宗共同访问君士坦丁堡后回到拉文纳时所建（公元526年）。据此应是亚曼拉森塔（Amalasunta）在当年继任其父狄奥多利克（Theodoric）职位之际。当时拉文纳仍处于哥特人之势力范围，对于基督教采取了更宽容的态度。此时艾克勒乌斯已死，主教由马希米安（Maximian）担任，他是第一个于拉文纳出任总主教之人。

△18.19 拉文纳圣维他雷教堂柱头细部

▽18.20 拉文纳圣维他雷教堂室内

18.21 拉文纳圣维他雷教堂平面图
▽

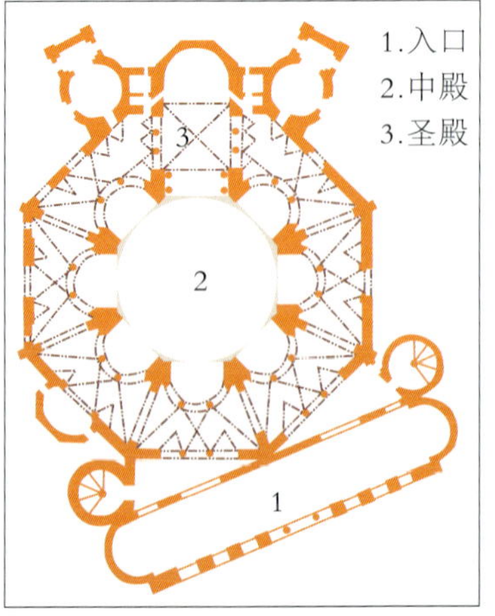

圣维他雷教堂虽然是由当地地方所支持，但是仍然在想法上及实效上，受了君士坦丁堡相当大之影响。

此教堂之平面是由两个同心之八角形所构成，外观也反应出内部之空间构成。内部的同心八角形较高，上为鼓环及圆顶。外部的同心圆八角形则为外围之步廊（ambulatory），其上是妇女的楼座。空间的独特性还存在于环形殿与步廊的相互重叠，而环形殿端部两侧之空间则是拜占庭神圣空间中经常会出现的元素。圆顶及鼓环是位于内层八个楔形之柱子上，这些柱子由拱劵彼此相连。中殿部分由于来自于高窗之光线，而显得相当明亮和周围之空间在柔和之光线下结合成一个进行仪式之最佳空间。而室内之柔和光线更与大理石、壁画及马赛克镶嵌画整合成一个轻质的室内，丝毫不会感觉其外在之厚重。

其实这种集中向心空间，在以往早有所见，只不过以往经常看到之轴线概念，在这里都消失了。入口、中殿、圣殿均不是在一条轴线上。入口与该有的中轴线不一致，不是位于八角形的一边，而是位于一个角上。为何会有如此不寻常的安排，是不少历史学者所讨论之课题。有人认为是因为基地上原有一座小教堂影响所致，有人认为是故意要让入口与众不同，有人认为要使两侧圆楼梯更合理地与主体相结合所致，有人则认为是当时设计者之巧思。八角顶之构造，使用了中空瓶子以减轻重量。因此圣维他雷一方面可以说是承继着某些罗马建筑的传统，但另一方面，如何将力量从八角顶导至八根巨大的柱墩则可以说是新的做法，而拜占庭镂刻图案之柱头与成熟的马赛克之施用也都是当时重要的事。

除了建筑本身外，圣维他雷教堂之壁画亦充满了故事性及象征性。在圣堂内殿，有一幅马赛克镶嵌画，其中查士丁尼大帝身穿紫红袍，头戴皇冠，并且有圣人光圈围绕头顶。他手持圣碟表示其参与圣仪。查士丁尼大帝两侧由军队及教职人员所簇拥，表示他身兼帝国元首及教会领导人。他单独地对位于环形殿上圆顶之救世主负责，在这幅位于环形殿半圆顶上之基督镶嵌画上，主教正将一座教堂之模型颁予地球上之基督，而基督则将一个殉教之冠，赠予教会之守护圣人圣维他雷，完成了教会之捐献。在这幅画之另一侧所描述的是查士丁尼之妻狄奥多拉（Theodora）和其侍卫，在这幅中表达了她对于新教堂之慷慨。皇后拿着一个圣餐杯，当作给予教堂之礼物，而在其衣袍之下亦有三个圣人持礼物，再次地强调了其对于教堂之捐献。而皇后头上之光圈刚好是位于环形殿中之位置，更使这幅画看起来就像是环形殿中之一幅画一样。

△18.22 拉文纳圣维他雷教堂马赛克细部（查士丁尼）

▽18.23 拉文纳圣维他雷教堂马赛克细部（狄奥多拉）

18.24 拉文纳圣维他雷教堂马赛克细部（基督）▷

▽18.25 拉文纳圣维他雷教堂马赛克细部（亚伯拉罕）

△18.26 君士坦丁堡圣索菲亚大教堂外貌

▽18.27 君士坦丁堡圣索菲亚大教堂平面图

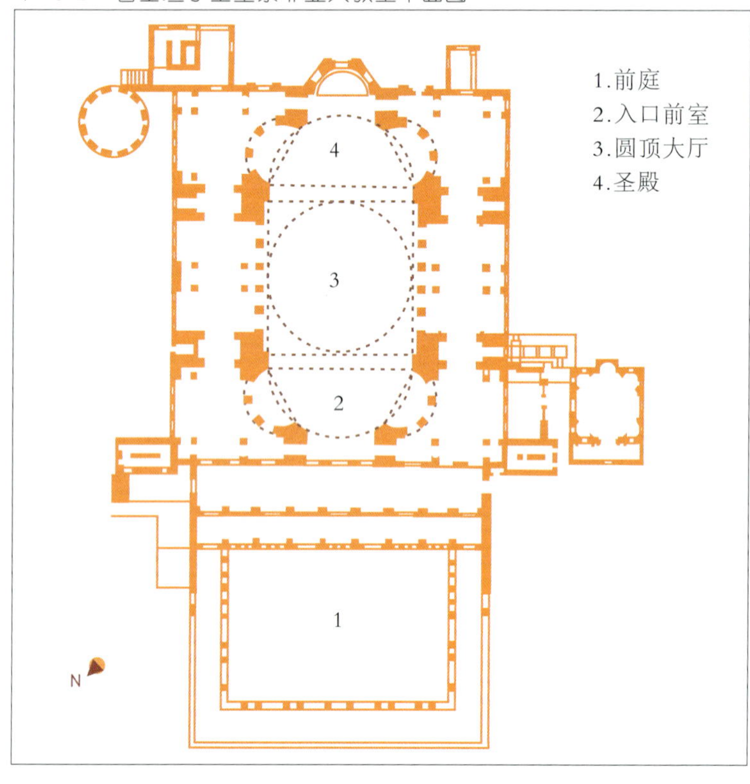

圣索菲亚大教堂

圣维他雷教堂之建筑技术可以说是地方性简单之砖构造；而其圆顶内嵌注了中空之陶土管瓶，在整个设计上可以说是很像前述之米娜娃梅狄卡（Minerva Medica）神庙一样的西方传统。而相对地，在东方君士坦丁堡之圣索菲亚大教堂（532–537年），一个巴西利卡式之空间和一个拱顶超大结构相互抗衡地结合成一体，但是却没有任何一方可以驾驭另外一方。为了确保人潮能够向圣殿，建筑师安提米欧斯（Anthemios）和依希多罗斯（Isidoros）将中殿及两侧通廊略加隔阻，但是中殿并不是以前常见的平顶传统木构造屋顶的巴西利卡空间，而是一个巨大无比的拱顶空间，四个巨大的圆拱上架了一个砖造之大圆顶，高出地面有50米之多。圆顶之基部为40个圆顶窗构成之鼓环。在东西两边，两个较低之半圆顶向外扩张成圣殿（sanctuary）及入口前室（entrance vestibule）。这一个建筑物是大得不可捉摸的，任何一个人在其中就会立刻显得极为渺小。不管是站在中殿或者是侧廊，这个巨大之圆顶总是大得令人无法正视其全部，难以数计之光源，在空间之定义下并非那般地重要，反而是增加神秘之气氛。

西方一些标准教堂，总是喜欢把圣人之遗物置于教堂之中，尤其是祭坛之下，这是因为在“圣约翰启示录”（Apocalypse of St John）中曾经记载：当他打开了第五道印，我向圣坛下看到了他们之灵魂，他们是为神而死。圣索菲亚大教堂之圆顶并不是一个用来纪念事物之构造物，如果硬是要把圣索菲亚之圆顶和宗教结合在一起，那么圆顶和建筑之关系就如同人间与天堂了。整个教堂之中殿乃为一个理想宇宙之缩影，依照这种说法，拜占庭建筑之特殊元素弧三角（pendentive），不仅仅是构造上之一种创新，而是一种精神象征之追求所致。

△18.28 君士坦丁堡圣索菲亚大教堂圆顶内部

在基督教开始之初，所谓的“教堂”即是指基督教徒聚居之处。在教义上，“教堂”意即表示基督之社区，因此并不需要什么特殊形式之建筑，只要能容纳信徒就可以了。而在基督教正式化之后，人民开始进行比较正式之聚会，进而体会到一个永久性建筑之需要，教堂之性质也转变成“神之屋”了，而此也需要比较正式之设计，也可以说，此时是神之力量在主宰教堂建筑。难怪查士丁尼大帝之宫廷史家普罗寇培斯（Procopius）会这样描述圣索菲亚大教堂：“当一个人走入这个教堂前来祈祷时，他会立刻了解到这座建筑得以如此完美地完成，并不是人类的力量或技术，而是受到神之影响。因此他的心是朝升向神，而且是欢愉的，他感觉到不愿意离开，而喜欢停留在此地——他所选择之神之屋。”

如果古典美学之概念是根植于所谓的物质秩序（physical order），是在一个可以理解之范围内。而构造也是如同我们人类之肢体，是一种在合理之原则下，各种元素之组合的话，圣索菲亚大教堂就可以说是现代哲学家所谓的最崇高的、超越肢体的（sublime），它是根植于形而上之秩序（metaphysical order），各部分均是被融合于一个大的构成中而没有个体之美。往昔在建筑中扮演一个非常重要角色之柱子，在此已经被织编成整个墙壁构成图案之一部分。它们像织锦般的柱头，看起来更不像是要去支持建筑之力量，也就是个别之元素已经被全体所吸收。整个尺度可以说是以神为中心，而和以人为中心之古典

△18.29 君士坦丁堡圣索菲亚大教堂室内

18.30 君士坦丁堡圣索菲亚大教堂柱头▽

建筑相异，人们不是以他的身躯来体会这个建筑，而是以心灵来和神交流。

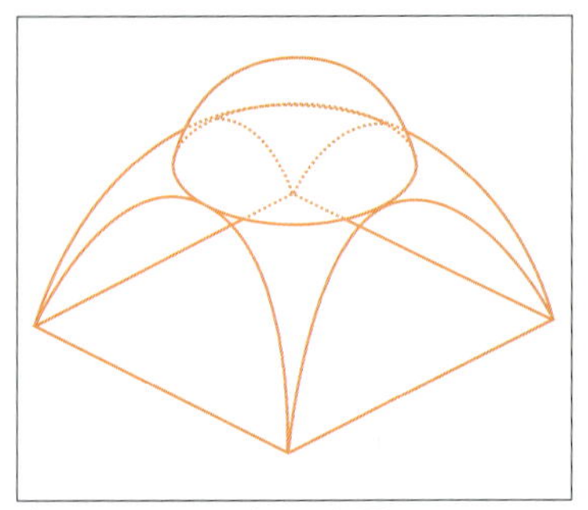

△18.31 弧三角示意图

威尼斯圣马可教堂

威尼斯圣马可广场东侧的圣马可教堂（St. Mark's），则是一个较晚期的拜占庭建筑。早在公元832年时，第一个圣马可教堂已经兴建，然而毁于公元976年，随即于2年后重建。现有的教堂则是自公元1063年开始兴建，主结构完成于公元1071年，并于1094年献堂。一开始，圣马可教堂是作为总督之祭堂，但也作为提供市民与宗教仪式之需，因此可以被视为是总督宫的一部分，一直到公元1807年，才取代卡斯特罗的圣彼得教堂（S. Pietro di Castello）成为威尼斯的大教堂。

就建筑形制而言，圣马可教堂比较接近君士坦丁堡的十二门徒教堂，而不是圣索菲亚教堂。教堂本体基本上是希腊十字形空间，并由方柱区分为中殿与两侧通廊，中央及四端顶上均覆以一个圆顶，由弧三角及拱券支撑。

教堂的最前端，也就是希腊十字形之底部，在三侧均绕

△18.32 威尼斯圣马可教堂平面图

△18.34 威尼斯圣马可教堂室内

▽18.33 威尼斯圣马可教堂外貌

18.35 威尼斯圣马可教堂室内▽圆顶（主体）

以前廊，顶部为数个小圆顶，亦由弧三角所支撑。在教堂主体及前廊之弧三角及圆顶内部，均贴以马赛克镶嵌画。圣马可教堂因为与总督宫相连，主要的立面以西向为主。这一个立面原来相当简洁，由五个拱券构成，其中只有中央拱券较为繁复，然经后代增改，每一个拱券上也都贴以马赛克镶嵌画，其中中央拱券之画主题为“基督的荣耀”是19世纪之作，但最北侧的拱券上之主题为“回归教堂的圣马可遗体”，则是较早之作，也可以看到教堂之旧貌。除了马赛克之外，入口拱券两侧之不少柱头也都呈现出拜占庭风格。

查士丁尼大帝死于公元565年，他梦想重建一个围绕地中海沿岸之罗马帝国并没实现。东半部之拜占庭虽然继续延续了好几世纪，但是西半部则在各个日耳曼民族之压侵下，显得支离破碎。哥特人早在查士丁尼大帝以前就控制了大部分之意大利有一世纪之久，而一个新的日耳曼民族称为伦巴底（Lombard）则在查士丁尼大帝死后3年入侵并定居波河（Po）河谷。而法兰克人（Frank）则非常稳定地控制了高卢地区，而且在法兰克王国最初之王朝梅罗文加王室（Merovingian，481–751年）统治之下渐趋巩固，大部分之北非则在西哥特人（Visigoth）所控制。肤浅地说，这些人均是统一在基督之下，于公元4世纪左右，一个接一个皈依基督教。

△18.36 威尼斯圣马可教堂室内（门廊）

18.37 威尼斯圣马可教堂原立面▽图

▽18.38 威尼斯圣马可教堂正立面中央拱券

△18.39 威尼斯圣马可教堂正立面北侧拱券

18.40 威尼斯圣马可教堂正立面▽柱头

第十九章
仿罗马建筑与中世纪的教会建筑

7–9世纪的欧洲建筑

西方的基督教建筑在拜占庭帝国初期达到一个高潮，拉文纳的圣维他雷教堂与君士坦丁堡的圣索菲亚大教堂都是西方建筑史上的经典之作。虽然所谓的“野蛮民族”于公元4世纪末不断地入侵，但却也在基督的洗礼下，逐渐皈依宗教。然而到了7世纪，一件新奇而且预想不到的发展正逐渐降临地中海沿岸的罗马世界。一个叫做伊斯兰（Islam）之信仰，于公元7世纪前渐渐成熟于阿拉伯沙漠中。和快速冲挤文明世界，没有任何主要计划，无根而且莽撞之日耳曼民族不同的是，伊斯兰教是在一个有纪律之环境中孕育而成，那就是麦加（Mecca）与麦地那（Medina）。伊斯兰教新的秩序很快地成为基督教与犹太教的另一个取代品，而更以其宝典可兰经（Koram）征服了许多地方。而伊斯兰教徒则在所到之处建立起永久性之建筑——清真寺。这个新宗教之创始人为穆罕默德（Muhammed，570?－632年），他亲自到处游说信徒，他是世上惟一剩下最后一个先知，而可兰经则是解放之惟一工具。

△ 19.1 穆罕默德像

▽ 19.2 伊斯兰教宗教建筑清真寺

到了公元711年时，整个回教帝国已经控制了整个地中海南部，从波斯高地到大西洋沿岸，这个冲击当然是大的。以往罗马帝国之都市文明是根植于地中海沿岸之自由贸易，而且在其强大军力之下盛而不衰。但是现在贸易中断，整个地中海沿岸之南欧因而被围堵，整个西方历史因而转移到较北边之阿尔卑斯山区。长程之贸易既然受到窒息，罗马城市也因而萧条。人民生活水准一落千丈，整个西方世界仍趋封闭，许多人因而也将此时期的欧洲称为所谓的黑暗时期，西方文明在日耳曼及回教徒之争执中受损不少。

亚琛查理曼大帝皇宫与教堂

黑暗时期欧洲惟一一个比较著名的统治者为查里曼大帝（Charlemagne，742–814年），他是原来的法兰克王，第一任卡洛林王朝之王丕平三世（Pepin III，714–768年）之子，后来经教皇李奥三世于公元800年圣诞节在罗马圣彼得教堂加冕为神圣罗马帝国之皇帝。查里曼大帝在位时，曾试图在许多方面力加改革，恢复以往之光彩，其中包括建筑在内。这些建筑也被许多人称为“卡洛林（Carolingian）式样”，一直延伸到公元10世纪左右，是此时期内惟一比较著名之建筑发展。

在亚琛（Aachen）地方，查里曼大帝之宫殿和皇室教堂分立于一个超过200米庭园之两端。据说这组建筑是以模距之概念建造而成，如今只有教堂部分保存下来，而且在哥特时期改变了外观成为城市教堂。建筑兴建于公元792年，教堂之前为一中庭，中庭三面均围绕有两层楼之中廊，教堂有一前室，左右各有一圆楼梯，以达上层。在外观上，此教堂为一个16面体，每一面均以拱顶连向中心之8个柱墩。而一个八角形之顶乃覆于中央空间之上。这个教堂可以说是一种罗马及拜占庭之融合。其结构方式可以说是来自于古罗马之砖石结构。而外貌上显然

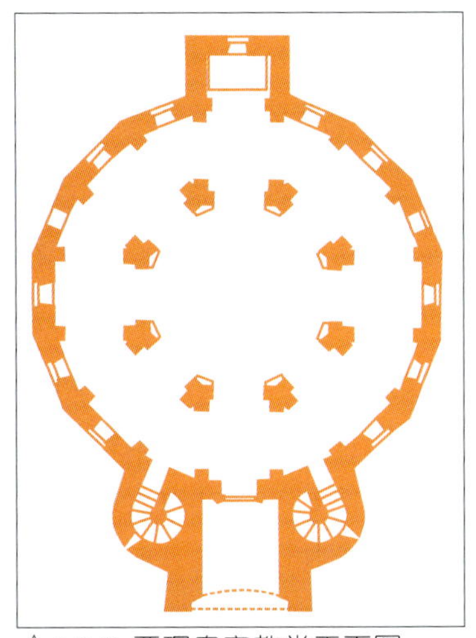

△19.3 亚琛皇室教堂平面图

△19.4 亚琛皇室教堂室内

▽19.5 查理曼大帝巡视工地图

△19.6 科威圣维图斯教堂西端屋

▽19.7 圣本笃画像

明确地带有圣维他雷教堂之影子。但是原来意大利教堂中比较明亮、优雅之个性在这个比较厚实、比较阴暗之空间却看不到。

西端屋

事实上，集中向心式之教堂在西方还是很特殊的，只有在比较特殊之场合才会见到。而相对地，西方之宗教建筑一直对巴西利卡式之教堂有某种成见似地加以支持，而卡洛林时代之建筑更在这一点上献出其力量。这种巴西利卡式之建筑有许多解决方案，但是最简单的计划乃是很直接地在一个简单的长方形大厅外侧加上各种必要之设施，如环形殿，入口两侧之高塔等等。横交之两翼就好像是翼殿，各种小房间可能会加在大厅之一侧、双侧甚至是每一侧，而比较有名或者有规模之教堂则通常都是有两侧通廊之巴西利卡，外面并且有一个中庭，一个人经过中庭后可以进入所谓的西端屋（Westwork）。

西端屋为卡洛林教堂之西端，通常有一个低窄之入口门厅，在其上有一个房间，开设于中殿，通常亦和两侧之长廊相通。在西端屋之上通常会有一个塔顶，两侧也会有楼梯角楼。在德国科威（Corvey）地方之圣维图斯（St.Vitus）本笃修道院教堂，便可以看到保持下来之卡洛林式之西端屋风貌。当然，至今西端屋之作用究竟为何仍有所争议，但是如果我们把卡洛林之巴西利卡教堂和耶路撒冷之圣墓所相比较的话，我们可以发现这部分刚好是基督之墓的所在，是有相当程度上之象征意义，而两侧之高塔就好像是大天使(Archangel)，耶路撒冷天堂之守卫，紧紧地簇拥着基督之墓。

僧　院

除了教堂之外，僧院（或称修道院）之组合可以说是卡洛林建筑中比较重要而且特殊的一项，可惜的是并没有完全保存下来之例子，书面上之记录资料也不是很齐全，位于法国北部之圣李基(St-Riguier)僧院原先有300个僧侣，100个见习僧，还有许多农奴与仆人。它是依附于一个有7000人口之小镇，二者形成了一个小小的圣城。查里曼大帝之女婿也是作家的安基伯特（Angilbert)，身兼僧院长与小镇市长。整个僧院是一个三角形之大组合，有3个教堂以回廊相连。当然，僧院制度并不是卡洛林王朝时才出现，它的起源可以追溯到公元4世纪时，与埃及沙漠或偏远地区与世隔绝，追求与上帝在精神上结合的苦行僧。这些苦修的隐士后来开始有了追随者，也逐渐形成了僧侣的社区，其为僧院之滥觞。6世纪时，圣本笃（St Benedictine）于蒙特卡西诺（Monte Cassino）所创立之僧院及其奉行的修道戒律成为共同遵行的模板。其戒律要求僧侣远离尘俗，寻求清贫之生活。

僧院可以说是神圣罗马帝国此时之中央政治机构，它们亦掌理了防卫、经济、教育等功能。因此僧院之建筑乃为帝国相当重视的一件事。在瑞士圣高尔图书馆所存的圣高尔僧院计画（St. Gall Plan）之蓝图乃是一个非常理想化之卡洛林时期之本笃教派僧院，从这些计画蓝图，我们可以看出当时人们所追求之理想环境。圣高尔僧院是由爱尔兰的僧侣高尔斯（Gallus）创立于公元612年左右。在生了一场大病之后，高尔斯离开了原来所属的哥伦班教会（Columban s Mission），退隐到圣高尔僧院所在的城镇并由此发展出小规模之僧院。公元747年，僧院院长奥特玛（Otmar）将整个社区都感化成遵循本笃教派的规章，然而僧院的土地却在不久之后被贪婪的邻居非法变卖，以致院务一落千丈。公元816年，高兹伯特（Gozbert）继任为院长后，发现僧侣的精神生活十分低潮，于是乃极力重振僧院生活，也就是在这种情况下，他请人完成了僧院计画，作为法兰克帝国僧院兴建之准则。

高尔僧院计画原始的计画已经散佚，但一份于公元820-830年间临摹自原件之摹本在17世纪初出土之后，终于让世人可以了解9世纪的本笃僧院蓝本。这个计划是以大约40英尺

△19.8 圣高尔僧院复原模型

▽19.9 圣高尔僧院平面图
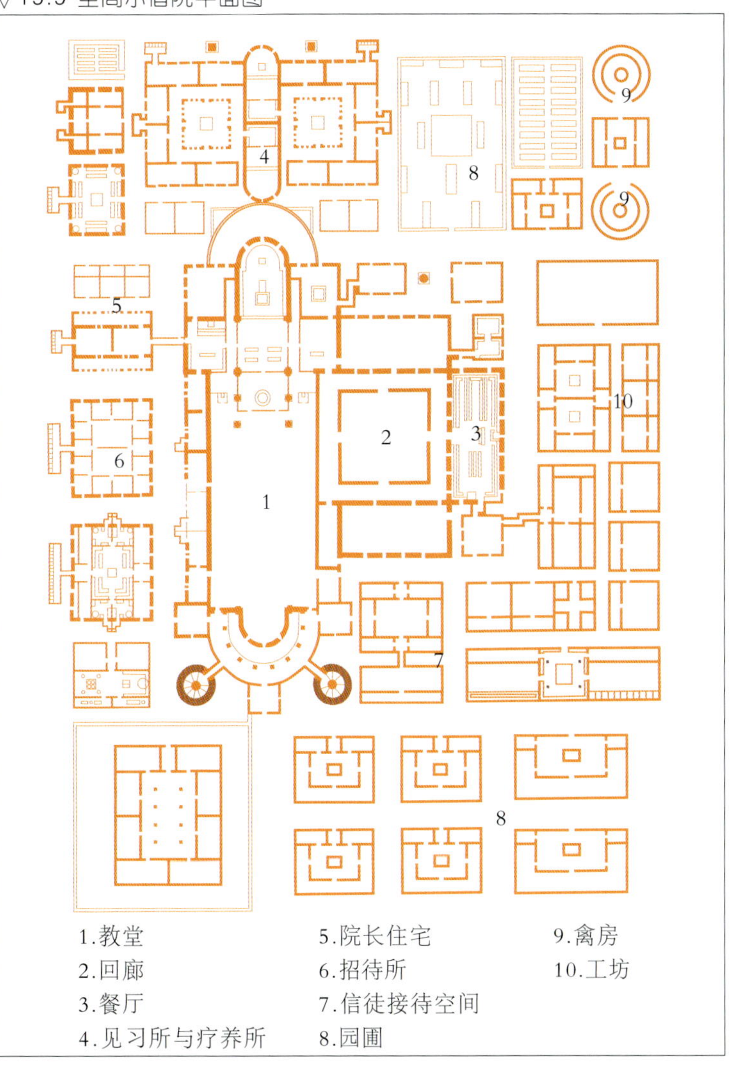

△ 19.10 圣高尔僧院教堂复原图

19.11 圣高尔僧院教堂室内透▽ 视图

19.12 圣高尔僧院餐厅室内透▽ 视图

之模距去完成的，内有各种设施，包括教堂、回廊、宿舍、招待所、医疗所、菜园果园、动物饲养之舍、厂房、学校、墓地等，可以说是一个相当自足之天地。这也是中世纪的一个共同现象。僧院之建筑物基本上为石砌墙面，木屋架上铺瓦作。

虽然查理曼大帝在位之时曾鼓励在法兰克的僧院中采行本笃教派之规章，但是它的接受度并不普遍然而也没引起争议。查理曼在这一部分的理想后来由其儿子，也是继承者、虔诚者路易（Louis the Pious）所发扬，他下定决心要将当时纷乱的僧院生活引导成惟一信仰本笃教派的规章。查里曼大帝死后，它的帝国变得四分五裂，封建制度逐渐扩大，甚至连教会也必须纳入这个体系以求安全。这段约公元850-980之过渡时间内，欧洲，尤其是法国和英国出现了另一种特殊之建筑景观。在法国之每一个郡内，每一个河谷内均可以看到自我防卫性强之城堡兴起，每一个城市都加强修护城墙以御外患，而甚至连教堂和僧院都必须加强它们自我防卫能力。

10世纪的欧洲建筑

到了10世纪末，欧洲之情形渐渐好转，入侵的野蛮民族逐渐定居下来，接受了基督教，也接受了所谓国家之原则与概念。中欧则控制在日耳曼奥托大帝（Otto）之下。政治之稳定很快地又使贸易热络起来，而政治和经济之复苏更直接影响到建筑之发展。这时候教堂建筑和政治有很大之关系，就如同奥托一世（936-973年）自己所说的："我们相信，我们帝国之巩固是和繁荣升起之基督教崇拜有很大的关系。一个强大的教会似乎是一个强大社会秩序之必要条件，仿罗马建筑开始成为建筑之主流。"

仿罗马式样之定义与发展

所谓仿罗马式样，指的是中西欧在公元950-1150年间之艺术与建筑表现方式。其主要特征乃是回归以罗马建筑作为模板，因此会有纪念性尺度之壁画与雕刻为特色。在欧洲历经野蛮民族入侵之动荡几世纪之后，仿罗马式样似乎替欧洲找回了一种可以共同遵循的式样，也强化了其自信心。然而在仿罗马式样的发展过程中，也有几个因素具有着实质上的影响。

首先是僧院制度的持续发展。僧院虽然不是仿罗马建筑发展时才兴起的制度，但在11世纪后却发展颇为迅速。其因之一乃是安然度过有人预言世界会毁灭的公元1000年之后，财富与人口不断增加，在教会，特别是本笃教会支持下，宗教建筑与装饰艺术蓬勃发展。当然10世纪与11世纪之建筑并不是只有仿罗马教堂在扮演独角戏，客栈、道路、桥梁均在建筑发展过程中拥有一份地位，教堂只不过是在这一个环境中比较抢眼的一个。而当时几条朝圣之路线之形成及信徒朝圣之风气炽热，也都助长了当时宗教建筑之活动。在空间上，拜占庭巴西利卡式的空间已经在卡洛林时期逐渐成为以十字形空间为主流。但在朝圣热潮后，在中殿外添加通廊数目并且于翼殿与环形殿后添加小祭室以安置圣人之遗骨或遗物成为风气，因为祭拜它们是许多朝圣者之目的。

基本上，仿罗马建筑教堂由厚重的石墙支撑筒形拱顶之屋顶，并于墙上开有高窗让光线得以进入中殿。罗马的拱券是一种极为普遍的元素。在柱子或柱头上总是会有式样化的人物雕刻。其他部位也经常会出现基督、最后的审判与地狱之折磨等主题之宗教性雕刻。在第一次十字军东征（1095-1099年）之后，由于与东方有所接触，于是也开始出现一些奇幻，充满想像力的异风人物与动植物。

仿罗马式样虽然在欧洲普遍发展，但是在各地方却因为与法国主要的发展地上的距离不同会有所差异。公元1066年，诺曼人征服了英格兰，也将影响扩至于当地。法国本身也因为克伦尼教派的改革也有所修正。一直与南方的伊斯兰势力有所冲突的西班牙北部，将克伦尼的僧院引入西班牙，但因为不管在政治上与经济上都与法国南部与意大利北部较为密切，也使建筑深受影响。

11世纪后僧院建筑的特色与机能

在了解僧院建筑与中世纪历史之密切关系后，我们可以更进一步来了解11世纪僧院建筑的特色。事实上，这时候已经有不同的派别存在。本笃教派因为僧侣穿着黑色僧袍，也经常被称为“黑僧侣”，许多中世纪最富有及最有权力的僧院均属此派。克伦尼教派（The Cluniac Order）是于约公元910年左右自本笃教派中发展而出，完全服从于法国的克伦尼修道院，以祷告为主，花于研习与劳动的时间较少。西妥教派（The Cistercian Order）于公元1098年兴起于法国勃艮第之克莱佛（Clairvaux）僧院，

△ 19.13 仿罗马柱头（西班牙）

▽ 19.14 十字军东征图

△19.15 僧院僧侣抄写经书图

▽19.16 僧院僧侣劳动图

采取更严苛的修行标准。因为身着没有染色的僧袍，也常被称为“白僧侣”。迦特尔教派（The Carthusian Order）于公元1084年成立于法国阿尔卑斯山区，生活戒律更加严格，几乎大部分时间都在祷告，而且每一个僧侣都生活在独自隔离的个人空间。

不同教派之僧院空间结构除了迦特尔教派较为个人化外，其余是大致雷同，与较早的僧院有同亦有异。一个僧院（Monastery 或是Abbey）通常是一个复杂的建筑组群。教堂（Church或是Cathedral）是僧院之主体，是僧院举行各种宗教仪式之处，一般对外开放。教堂旁最大的空间则是所谓的回廊（Cloister），其是由四边有顶拱廊包围中间草地中庭的大空间。在回廊中，僧侣在他们的读书座上研读经文、抄写经文或描绘经书中的插图。僧侣之刮胡须与剃头之工作也是在回廊中进行，僧侣的发型乃是基督刺冠之象征。回廊也是僧侣进入教堂、章法室及餐厅前之集合场所。回廊在一个僧院中有着其一定程度的私密性，为了避免闲人影响僧侣之阅读等工作，通常设有门禁管制。

圣器室（Sacristy或是Vestry）是收藏圣袍、餐盘以及各种祭器之空间，通常介于教堂与回廊之间。藏经阁，则是收藏经书之空间，紧临着回廊，以便僧侣可以方便取读。

▽19.17 标准僧院平面图

章法室（Chapter House）也是紧临着回廊，通常会有较为精致的入口，是僧院相当重要的一个空间，为僧院行政运作之处。每天僧侣在此朗读教派法则中的一章，此乃空间名称之由来。僧侣的奖惩也是在章法室举行。宿舍（Dormitory或是Dorter）是僧侣集体睡眠之处，内部陈设极其简单，厕所位于宿舍旁，经常架高于小溪流或刻意挖掘的沟渠上，洗澡则并不经常允许。餐厅（Refectory或是Frater）是僧侣共同用餐的地方，用餐时必须遵守一定的规范，例如不准交谈，不准东张西望，不准露出牙齿等。每天只有一餐正餐，于中午左右进食，餐点内容以粗面包为主。取暖室（Warming House）则是僧侣惟一可以于寒天取暖之房间。另外医疗所（Infirmary）则是生病及年迈僧侣休养之处。

△ 19.18 僧院回廊（意大利）

仿罗马教堂和卡洛林教堂之区别

在对仿罗马建筑有一些基本的认识之后，我们似乎可以问仿罗马教堂和卡洛林教堂有什么不同之处？很明显，它没有入口中庭，没有所谓的西端屋，整个入口处之立面只是薄薄的一层皮，在这层皮之后直接就是中殿。如果是一个标准的法国仿罗马模式，则会有一个中央拱门，拱门之上不是主要的开窗就是所谓的游廊（loggia）。而内部之改变在圣殿处也是相当明显的，卡洛林教堂为了造成比较多之层次，便使用了栏杆来分割空间，但是仿罗马教堂则提供了另外一种答案，即为东边一些突出而独立之祭殿，而在这些祭殿与主要圣殿之间之环形步廊则作为两侧通廊之一种延续，所以如果信徒要到这部分空间时，也不会妨碍到在中殿举行仪式之其他人。

△ 19.19 僧院回廊僧侣工作图

▽ 19.20 僧院餐厅僧侣用餐图

第二十章
西班牙与法国的仿罗马建筑

圣地亚哥·德·贡波斯代拉教堂

西班牙圣地亚哥·德·贡波斯代拉教堂（Santiago de Compostela），是著名的仿罗马式样之教堂，在设计上受到法国仿罗马教堂之影响，但仍然有许多独到之处。此教堂之兴建乃是肇因于圣雅各（St. James）坟墓之发现。圣雅各是耶稣12门徒之一，负责今日西班牙的传教工作，后来在东方殉教，遗体据传是被埋葬于康波斯特拉。中世纪后，便有许多人想要寻访其墓而不得，直至9世纪（公元820-830年之间）有一天因神秘星光之指示才由主教狄德米鲁斯（Theudemirus）发现，也验证了几世纪以来的传说。事实上现今名称之圣地亚哥·德·贡波斯代拉中的圣地亚哥就是圣雅各之地的意思，而德·贡波斯代拉则是星之地之意。

狄德米鲁斯在发现圣人之遗物之后，随即告知国王阿尔方索二世（Alfonso II），并马上与王室赶到当地，接受圣雅各的庇护，同时也立刻派人通知亚琛神圣罗马帝国的卡洛林王朝。许多人相信，卡洛林王朝于中世纪矢志不移于西方文化之复兴与圣雅各遗物之发现有着密切的关连性，而西班牙的亚斯都王室（Asturian Court）也在整个神圣罗马帝国的文化复兴运动中扮演着一定的角色。

圣墓发现之后，与前往罗

▽ 20.1 圣地亚哥·德·贡波斯代拉教堂原貌透视图

马及耶路撒冷足以抗衡的基督教第三条朝圣路于是开始。当时到圣地亚哥之著名朝圣路有四条，分别由巴黎、亚勒（Arles）、维泽列（Vézelay）及勒普（Le Puy）起程。

在中世纪时，朝圣瞻仰遗物及遗骸之敬圣礼成为民众宗教信仰的一部分，主要是具备真实性的圣者及其遗物往往会比抽象或者传说中的圣者更能打动信徒之心。遗物及遗骸之崇拜不仅是止于信仰上之精神层次，往往会传出对于伤病治愈之实质功能，进而吸引更多之信徒。而教会也往往借由分赐遗物来提升地位。在圣雅各遗物被发现之后，西班牙十字军更利用其为号召，冀图夺回被伊斯兰教徒占领之地区。

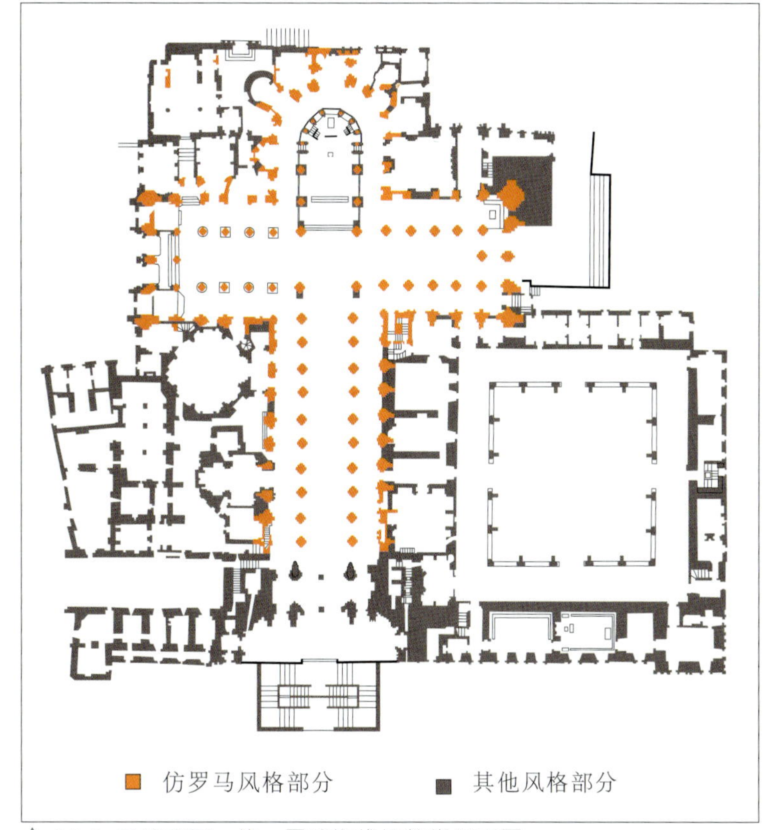

△ 20.2 圣地亚哥·德·贡波斯代拉教堂平面图

经过几世纪以来，建于朝圣路上之一些著名的教堂已纷纷遭到破坏或改建，圣地亚哥·德·贡波斯代拉教堂自然也不例外，在18世纪时更被披上了一件巴洛克式之外衣，整个外观除了少部分外几乎已经不是原来之风貌，但是室内还可以维持以前之风貌。其中仿罗马式样的部分是于公元1075年朝圣潮特别兴盛之后，由当时的主教贝拉耶兹（Diego Pelaez）在国王阿尔方索六世（Alfonso VI）支持赞助下开始建造。建筑的平面是一个拉丁十字形，这种位于朝圣路上共同的教堂语言是从早期基督教和拜占庭教堂发展而来。中殿及翼殿都非常地长，使教堂之外貌更加令人印象深刻。在圣坛（Chancel）外绕有步廊（ambulatory），步廊外加有突出的环形殿，一方面可以不干扰圣坛仪式独立举行祭拜，另一方面也象征着信徒来自于四面八方，这种水平方向的象征亦可由翼殿亦开有大门之事得到证明。

虽然在教堂之记录抄本中，记载着教堂的兴建年代为公元1078年。但是在教堂的一处祭室中却有一块铭刻写着年

20.3 圣地亚哥·德·贡波斯代拉教堂中殿 ▽

▷ 20.4 圣地亚哥·德·贡波斯代拉教堂筒形拱顶

◁ 20.5 圣地亚哥·德·贡波斯代拉教堂光荣门廊雕刻

▷ 20.6 圣地亚哥·德·贡波斯代拉教堂光荣门廊雕刻

△ 20.7 圣地亚哥·德·贡波斯代拉教堂光荣门廊雕刻

代是公元1075年，同时也记载着石匠为老伯纳多（Bernardo the Elder）与罗伯特（Roberto）以及约50名工人。公元1088年，当教堂工程顺利地进行时，主教贝拉耶兹却因叛乱罪被捕，步廊外中央的三个祭室及部分的墙体因而停工。公元1100年，教堂再度复工，最后的工程是由工匠马提欧（Mateo）负责，直至公元1211年由国王阿尔方索九世（Alfonso IX）献堂。目前，教堂室内的主体，包括中殿、左右通廊、南北翼殿、中殿与翼殿相交处、圣坛、步廊与其外的祭室都还是仿罗马时期之原物，有以拱券为主的筒形拱顶及厚重的石柱。因为通廊有两层之关系，光线之集中点乃位于中殿及翼殿交叉处。

△ 20.8 圣地亚哥·德·贡波斯代拉教堂南翼殿立面

20.9 圣地亚哥·德·贡波斯代拉教堂现貌 ▽

原来中殿及通廊之西端称为光荣门廊（The Portico of Glory），是马提欧之作，有丰富的雕刻。中央是圣雅各，旁边则为圣经新约与旧约的故事。在外貌上，西立面方面已由传统之西端屋变成了一层薄薄的屏障，而位于两侧有力的高塔之间。目前教堂之外貌只剩布拉特利亚斯广场（Platerias Facade）是仿罗马时期之作，其为南翼殿之立面。

莱恩伊希多罗教堂国王祠

莱恩伊希多罗教堂国王祠（Pantheon of Kings, San Isidoro, Leon）是艺术史上非常著名的一个纪念建筑，其为方形，每边长约八米，原为一个半开放的门廊，依附于教堂的西面，由莱恩国王费南度圣察（Fernando Sancho）所建，并于公元1063年献堂。室内由两根独立之柱子支撑7个圆拱将空间分为6部分，每一部分均装饰以一个主题之壁画。每一幅画都是仿罗马绘画的精品。

△ 20.10 莱恩伊希多罗教堂外貌

▽ 20.11 莱恩伊希多罗教堂国王祠平面图

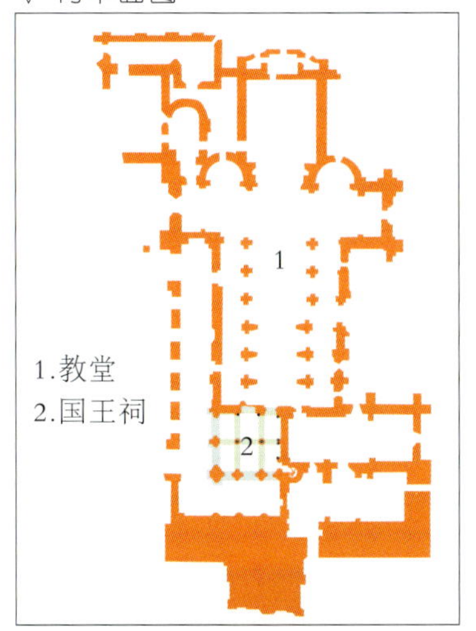

△ 20.12 莱恩伊希多罗教堂钟塔

▽ 20.13 莱恩伊希多罗教堂国王祠室内

▽ 20.14 莱恩伊希多罗教堂国王祠室内壁画

△ 20.15 莱恩伊希多罗教堂室内中殿

▽ 20.16 莱恩伊希多罗教堂羔羊之门雕刻

△ 20.17 西罗斯圣道明哥僧院回廊

▽ 20.18 西罗斯圣道明哥僧院鸟瞰

20.19 西罗斯圣道明哥僧院平面图 ▽

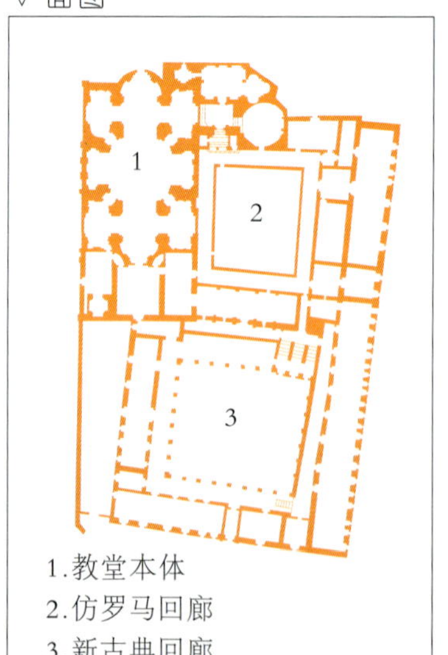

一般而言，教堂中的仿罗马壁画是绝对地具有象征性与宗教性。在表现上则是图案化而不自然写实。虽然来自于天堂与人间的人物及动植物都有可能是画中的主题，在表现上却都是平面化而不立体，但却借由身躯、眼神与略为夸大之手部来呈现其中所含之精神。另一方面伊希多罗教堂本身的中殿、钟塔及主要大门也是一座仿罗马式样的杰作，被称为“羔羊之门”，上有很优美的雕刻。

西罗斯圣道明哥僧院回廊

西罗斯圣道明哥僧院（Santo Dominingo de Silos）位于西班牙重要城市布尔戈斯（Burgos）东南，其兴建于11世纪至12世纪间的回廊是世界有名的仿罗马建筑。此回廊位于兴建于18世纪之教堂南侧，并不是一个正方形，交角也不是90°，南侧与北侧较长，各有16个拱券，东西侧较短，各有14个拱券。两层楼的回廊形态也是此僧院的一大特色。回廊整体的华丽效果使人相信，结合浮雕、柱子与柱头而达成之和谐、优美比例与数学的规则性必然是事先精心规划的结果。虽然到目前为止，有多少工匠参与此作仍是有所争议。当然，致使此回廊成为世界著名的仿罗马之作乃是其构柱浮雕与柱头上生物之原创性。

△ 20.20 西罗斯圣道明哥僧院回廊内部

20.21 西罗斯圣道明哥僧院回廊柱头 ▽

亚维拉圣文森教堂

亚维拉圣文森教堂（Church of San Vicente）创建

20.22 西罗斯圣道明哥僧院构柱浮雕（升天） ▽

于12世纪初，直至12世纪中叶才落成。教堂是奉献给圣文森（San Vicente）、圣莎比娜（San Sabina）与圣克里斯提塔（San Cristeta），他们是殉难于教堂所在地之兄妹。基本上，虽然有些部分已有哥特风格之雏型，此教堂之外貌大部分是属于仿罗马风格，尤其教堂东端三个环形殿，是非常纯的仿罗马风格，有退缩的圆拱窗，其上并且有附壁柱。在中殿及翼殿交叉部分之顶，为一个方形之高塔，这是当地仿罗马教堂中相当标准的一种做法，除了环形殿外，西端塔楼下的主要大门也是仿罗马的杰作，经常被拿来与康波斯特拉圣地亚哥教堂的光荣门廊相比较。除了亚维拉圣文森教堂之外，西班牙境内还有许多仿罗马教堂、塞哥维亚的圣马丁教堂（Church of San Martin）及圣米兰教堂（San Millan）之东端环形殿都有类似之立面处理，而门廊或内回廊之柱头也都别具特色。

康克圣佛伊教堂

仿罗马建筑式样之教堂可以说是没有一个标准型。它们在各地方都有不同之形变与转化。除了一个约略的国际形式外，它们可以说是充满了各地之特色。位于康克（Conques）之圣佛伊教堂（Ste-Foy），是位于著名的圣地亚哥朝圣路线中五六个最佳仿罗马教堂中最出色的一个，也是一个非常早期，但又保存得相当好之例子。当查里曼大帝在孤立阻隔之南亚维侬（Auvergnec）河谷建立一个本笃教修道院时，康克还是一个小镇。现在这个教堂是兴建于11世纪，以取代原

△ 20.23 亚维拉圣文森教堂全貌

▽ 20.24 亚维拉圣文森教堂东端环形殿

▽ 20.25 塞哥维亚圣马丁教堂东端外貌

▽ 20.26 塞哥维亚圣马丁教堂门廊柱头

△ 20.27 康克圣佛伊教堂全貌

▽ 20.28 康克圣佛伊教堂平面图

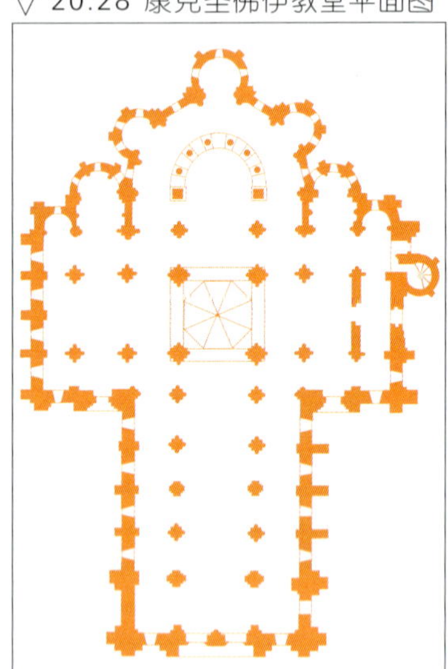

有卡洛林式样之教堂。其实在这条朝圣路线上有许多教堂，像莫萨克（Moissac）和维泽列有比较好之雕刻，圣塞宁（St-Sernin）比较大，还有许多教堂之建筑可以说是比较老练，但是却没有一个能像圣佛伊教堂这样能够掌握到中世纪朝圣而且具永久性之精神。

圣佛伊教堂在中殿两侧有两层楼之通廊，因而不像早期基督教教堂可以直接在中殿上开高窗，东侧有翼殿，而且通廊亦跟着转折，一个展开之圣殿位于中殿与翼殿交叉处之后，并且由柱子形成一个半圆形之步廊，而再由此步廊向外扩张成三个环形殿。在圣殿两侧则还有两个尺度和前述三个不同之小圣殿，西面则做成两个高塔。在东边，一个多边形之高塔则位于圣殿之上，而结合了中殿、翼殿和环形殿。这个屋顶之组合可以说是渐次加强之曲线的一个做法。从最低之外侧环形殿到步廊再到高塔是一种渐次升高之组合。

教堂之立面在当时并没有完成，后来添加于19世纪。这种情形对于当时之仿罗马建筑来说是一种共同之现象。金钱经常在施工到一半就已经用

△ 20.30 康克圣佛伊教堂大门山花雕刻细部（天堂）

20.32 康克圣佛伊教堂大门山花雕刻细部（基督）▽

20.29 康克圣佛伊教堂大门山花最后的审判雕刻 ▽

20.31 康克圣佛伊教堂大门山花雕刻细部（地狱）▽

完，建筑之工作只好延长时期或者作长期之停工。而且当有钱时，只作小部分之加建也没有什么用。基督教之教堂和由连续图案组合而成之清真寺有很大之差异，伊斯兰教之清真寺可以在必要时作某种小部分之增建而不改其大体。但是基督教之教堂是有一定的理想比例，而且是非常严格的要求此原则。所以往往整个教堂之全部重建比部分增建更有意义。所以通常是在经济许可之时，才把教堂从头到尾作一次完成，但是装饰却往往是最后的一件事，所以有时候会显得特别萧瑟。

当然，雕刻对于教堂来说是绝对必要的，圣佛伊教堂当然也不例外，有一组主要雕刻于公元1130年安装于大门之山花（tympanum）上。事实上，教堂在进入仪式空间之前将“最后之审判”以浮雕表现于主要入口处当作是一种开场白，在当时是一件非常严格之要求。而在圣佛伊教堂之例子中，这种安排是处理成3层。最上层是两个天使有力地扛着十字架，而另外两个天使则吹奏着审判日之号角。

在中层，头顶有光环而且星光闪闪飘浮于云上之基督正式地坐着，在这里，他被塑造为一个大胡子，而且又沉默的人，他举其右手而提升那些受到祝福的人，在其上则有横条写着“来吧，受我天父祝福的人”和“享有已经替你们准备好的天国吧!”。而其左手则向下朝着地狱并有文写道“滚开吧！被诅咒的人”。在他的脚边，死者被从坟墓中请出，经过丈量他们之灵魂，有些人则由天使加以引导而离开，有些人则由可怕的魔鬼加以处理。受祝福的这行列是由圣彼得和圣玛丽加以指引，不被祝福之一群则被持有矛、盾之护卫天使加以阻挡，并且有文字道“顽固的人们，到地狱去吧”。在最下层则是相互对照的天堂与地狱。受到这些雕刻内所象征之教诲，一个信徒在进入教堂之内之前就会更加地谦逊而自内发出自然的崇敬之心。

在圣佛伊教堂并且存有一尊中世纪最早雕刻之一的宝石镶嵌圣人像，它和其他一些修道院之宝物均被置于圣殿旁及后面突出之环形殿，所以一个信徒便可以沿着通廊一直走到后边之步廊加以欣赏谟拜。两边的翼殿由石栏杆和中殿分开，在这里圣僧们唱着圣歌，声音便在整个教堂内回荡。今天圣佛伊教堂是呈现一种空无一物之状态，使我们可以非常清楚地看到仿罗马建筑之构造。中殿是筒形拱顶之空间，

△ 20.33 康克圣佛伊教堂圣人像

△ 20.34 康克圣佛伊教堂室内中殿

20.35 康克圣佛伊教堂室内局部 ▷

△ 20.36 康克圣佛伊教堂中殿与翼殿交接处

△ 20.37 克伦尼教堂（第三代）环形殿外貌透视图

但这个筒形拱顶并非是像一些罗马时代之筒形拱顶一样，从头到尾是一成不变的。在中殿里，复合柱中有一边向上伸展至整个高度和拱顶相接，并且横过拱顶。

中殿与翼殿相交处，柱墩相对地变大，从四根大柱墩中形成了四个圆拱，上为八面形之鼓环与高塔，鼓环在每一面均有开窗，而高塔则是尖顶的。通廊在第一层是交叉拱，到了第二层变成了四分拱顶（quadrant vault）。四分拱顶是罗马时代之交叉拱顶经过改良后而成，二者最主要之差别，乃在于罗马之交叉拱、纵弧及横弧均为半圆形，但对角弧为椭圆形，但四分拱顶均为半圆形。换言之，罗马交叉拱顶之拱筋是自然形成之线，但仿罗马之四分拱顶乃先决定拱顶之形状，因为有二层通廊，所以光线必须经过二层楼之通廊再到中殿，而其间还有两个圆拱作为屏障，所以光线到达中殿时已经不强了，而相对地在东部之圣殿则开有大量之窗面，所以显得明亮光耀，而自然而然地将人引导前去。

△ 20.38 克伦尼教堂（第三代）室内中殿透视图

20.39 克伦尼教堂（第三代）▽ 透视图

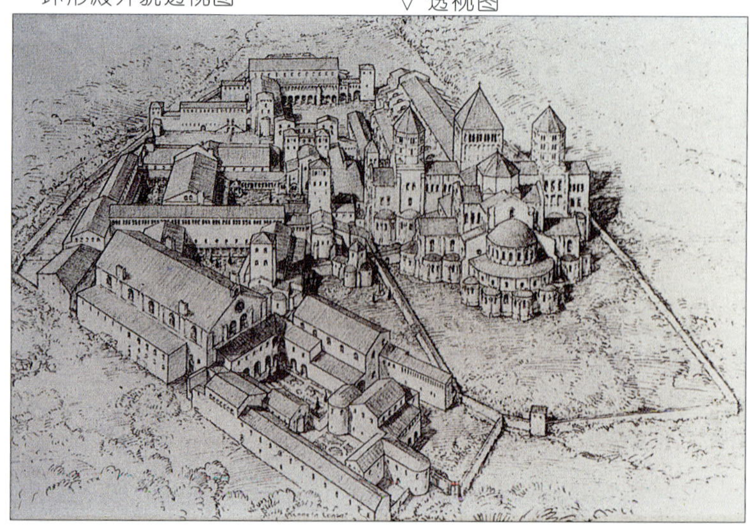

克伦尼教堂群

早至10世纪，僧院之势力日渐增加，许多僧院渐渐自主。到了11世纪位于勃良第

20.40 克伦尼教堂（第三代）▽ 平面图

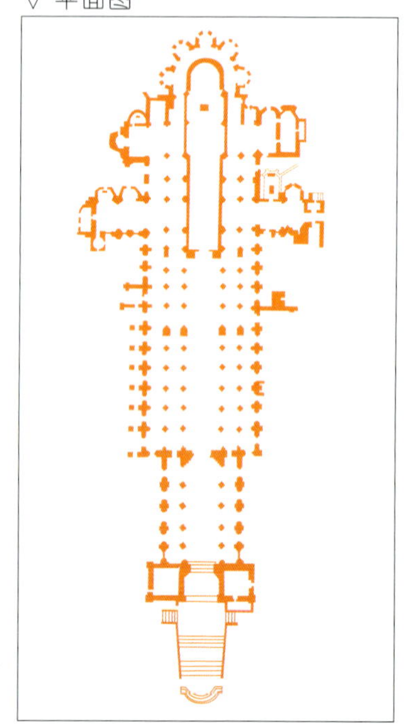

（Burgundy）南部之克伦尼教堂群（Cluny）已经发展成西欧最主要之僧院中心。在历代修道院长经营之下，克伦尼开始吸收其他之僧院，在休士（Hugh）院长最盛时期克伦尼控制有超过1450个建筑并且形成很大之组织。他们一共建了三个主要之教堂，第二代教堂完工于公元955年，但马上就发现不敷使用，而于公元1088年再建第三代教堂，总长有187米，为法国有史以来最长之教堂，很不幸地于公元1810年法国革命时被拆毁，只剩下一点南翼殿。

克伦尼第二代教堂是一个比较封闭之建筑，但是克伦尼第三代教堂已和其他仿罗马教堂一样有环形圣殿外的步廊，有放射状之环形祭殿。但是不同的是翼殿没有通廊，不像西班牙圣地亚哥·德·贡波斯代拉教堂一样构成了两层之空间。深长之中殿有其教化上之意义，它告诉信徒，一个真正之理想并不是马上可以得到的，也就是僧院之生活必须要经过一段路途，慢慢克服一切外在因素才可以达成的。中殿的光源是来自三个不同之层次，而尖拱亦出现了，墙壁只是柱间之一种屏幕而已，复合柱则向上而承接筒形拱顶之横拱。高窗也是以一种三个一组之方式出现，别具用心。此外，两个翼殿之形成更强调了圣殿部分之集中感。到了12世纪时教堂之外被加了一个等候空间和两个高塔。

维泽列圣马德莲教堂及圣吉勒杜加大教堂

由于克伦尼第三代教堂之被毁，仿罗马建筑失掉了它最主要之建筑，今天如果我们想了解克伦尼教堂到底是怎么一回事，就必须到受克伦尼教堂群影响比较大的地方去看，其中位于维泽列（Vézelay）山顶之圣马德莲教堂（Ste. Madeleine，公元12世纪）及圣吉勒杜加大教堂（St. Gilles-du-Gard，1150–1200年）都是很好的例子。维泽列圣马德莲教堂以声称拥有马德莲（即抹大拉的马利亚）著名，筒形拱顶的中殿及门厅的山花与部分柱头都极为出色。大门中央山花中耶稣坐于正中央，光芒从其四射到门徒身上。圣吉勒杜加大教堂其正立面有三个退缩式的圆拱门，有壁柱也有独立柱及额枋等古典建筑的元素，可以让人直接想到罗马凯旋门的建筑。而圆拱与门楣间的半圆形山花则充满了与基督有关的雕像。中央是圣母与圣子，为主要的象征；左山花则是耶稣被钉于十字架之受难图，右山花则是耶稣道成肉身（Incarnation）之景象。

△ 20.41 维泽列圣马德莲教堂室内中殿

20.42 维泽列圣马德莲教堂大门中央山花雕刻 ▽

△ 20.43 维泽列圣马德莲教堂雕刻细部（圣彼得与圣保罗）

20.44 圣吉勒杜加大教堂大门细部 ▽

第二十一章
英国与意大利的仿罗马建筑

△ 21.1 伦敦塔白塔外貌

21.2 伦敦塔白塔圣约翰福音者祭室室内 ▽

英国仿罗马建筑

英国的仿罗马建筑与诺曼人（Normans）之入侵有着密切的关系。诺曼人也经常被称为北方人（Northmen），是属于斯堪的纳维亚的维京人。在公元10世纪中掠夺法国北部并迁居于当地，逐渐放弃海盗生活而采行商业，也采行了法国的宗教信仰及语言。到了公元1060年代，公爵征服者威廉一世（William I the Conqueror）统一了诺曼底，并且在法国西北建立了声名。

当具有一半诺曼血统的自白者英王爱德华（Edward the Confessor）在公元1066年驾崩时并无子嗣，威廉一世有一个强而有力的立场来继承王位。其因乃是爱德华在公元1051年邀请威廉一世到英国时，曾答应其将王位传给他。然而在爱德华在1066年去世时，威塞克斯（Wessex）爵士哈洛德（Harold）却成了国王。受到刺激的威廉一世于是挥兵入侵，在10月14日之哈斯汀战役（Battle of Hastings）中打败了哈洛德，并且在12月25日圣诞节由坎特伯雷总主教在伦敦西敏寺加冕为英国国王。这是诺曼人征服欧洲的盛事，也改变了英国的历史、文化、语言与建筑。基本上，英国的仿罗马建筑指的就是自诺曼人征服英国后至12世纪末13世纪初的建筑，可以说是诺曼建筑的同义词，平实富有量感，在柱子与开口部有几何线条装饰或线脚是共同的特征。

伦敦塔白塔圣约翰福音者祭室

伦敦塔（The Tower of London）始建于征服者威廉一世之时，亦即11世纪的下半叶，最早兴建的白塔（White Tower）在公元1190-1285年间，扩建了围墙与护城河，14世纪以后，伦敦塔再继续发展成为今貌。白塔是目前伦敦塔最古老的建筑，其确实兴建的年代，历史上并无记载，不过一般认为是公元1078年，由精于城堡及教堂工程的罗彻斯特主教刚多尔夫（Gundulf）所建。从外观上而言，伦敦塔可以说是一个巨大的量体，长35.9米，宽32.6米，高27.4米。白塔二楼的东南角则是英国历史上非常重要的圣约翰福音者祭室（The Chapel of St. John the Evangelist），尤其室内简洁的处理更是令人印象深刻。除了分隔中殿与通廊的柱子在柱头及柱础有简单的雕琢外，整个教堂的室内是完全没有任何装饰。柱子与柱子间以半圆拱券相连，二楼的长廊亦是连拱形式，再加上篮式柱头的处理，构成了英国仿罗马建筑最早的雏形。

△ 21.4 伦敦塔白塔圣约翰福音者祭室室内

艾利大教堂

艾利大教堂(Ely Cathedral)

▽ 21.3 艾利大教堂外貌

▽ 21.5 艾利大教堂平面图

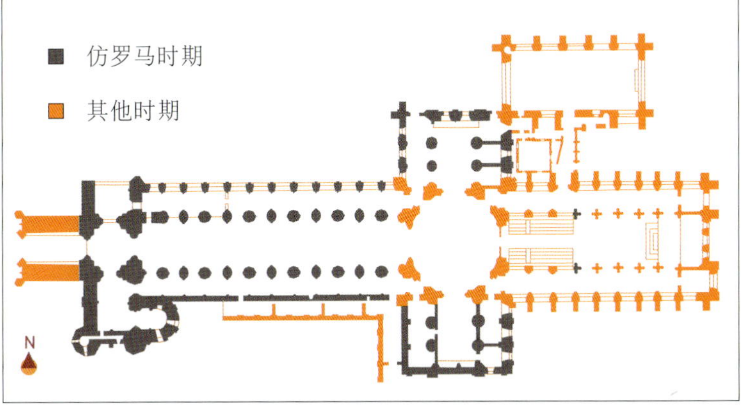

△ 21.6 艾利大教堂室内中殿

▽ 21.7 艾利大教堂室内拱券

的历史可以溯源至公元673年，当时圣埃塞德利达（St. Etheldreda）建立修道院开始。不过现存之教堂建筑则是10世纪的事。公元1081年，征服者威廉一世之一位长者，也是温彻斯特（Winchester）修道院之副院长西梅恩（Simeon）被任命为艾利修道院的院长，他的就任可以说是艾利历史上重要的分水岭。西梅恩开始了现今教堂宏大的营建计画。公元1106年时，教堂的东端已经完成，接着是北面与南面的翼殿。到了公元1189年，西面高塔与大部分的教堂都已完工。由于当时教堂四周有许多沼泽地，远望之教堂有如漂浮其上，也使教堂之昵称“沼泽上的巨船”流传了几世纪。在艾利大教堂中，我们可以看到不同时期诺曼式样建筑的发展，从东端较为粗犷的圆拱券到西端较为优雅的仿罗马风格。艾利大教堂的南北翼殿都是公元1106年之作，当中央高塔与诗歌坛于公元1322年倒塌毁坏之后，翼殿成为教堂中最古老的部分。同样位于英格兰东南的诺维奇大教堂（Norwich Cathedral）为洛辛加主教所建于公元1096年，建材为来自诺曼底的石材。15世纪时，教堂增建高塔及拱顶成为哥特风格，不过室内的柱子仍然保存着仿罗马风格。

坎特伯雷大教堂

坎特伯雷为英国最重要的基督教信仰中心，在公元597年罗马教皇即派遣圣奥古斯丁前来此地教化撒克逊人，后来逐渐发展成宗教圣地。公元1067

▽ 21.8 诺维奇大教堂室内柱头

▽ 21.9 坎特伯雷大教堂南翼殿塔楼

△ 21.10 坎特伯雷大教堂南侧墙面

21.11 坎特伯雷大教堂东北侧
▽ 拱券

年，在征服者威廉一世征服英国一年后，原有教堂在一次毁灭性之火灾中受损严重。公元1077年，第一任诺曼大主教连法兰克（Lanfranc）下令在原有教堂的废墟上新建教堂（Canterbury Cathedral，1077–1179年），并经数次扩建，可谓是集各种中世纪风格。由于连法兰克曾经在诺曼底的圣艾特纳修道院（St. Etienne at Caen）当院长，并且监造教堂，所以坎特伯雷受该教堂之影响是必然的。此时兴建的教堂为诺曼仿罗马风格，有一个中殿及精致的西立面。公元1170年，主教贝克特（St. Tomas a Becket）于此殉教，教堂并于四年后遭受火灾。现存教堂东端部分及南北翼殿的仿罗马风格之部分却是连法兰克的继任者安塞尔姆（Anselm）修建于公元1096年，完成于12世纪末。

△ 21.13 坎特伯雷大教堂南翼殿

达拉莫大教堂

在征服者威廉一世征服英国之后，达拉莫的主教获得了准王室之权力，掌控有王权与军事上的力量。由强而有力之诺曼建物与其他建筑特色与式样组合而成的城堡直至公元1863年改建为大学为止，都是主教之公署与住宅。城堡中的诺曼祭室（Norman Chapel）保存非常原始的诺曼风格，其中

21.12 坎特伯雷大教堂地窖圣母祭室 ▽

21.14 达拉莫大教堂北侧外貌▷

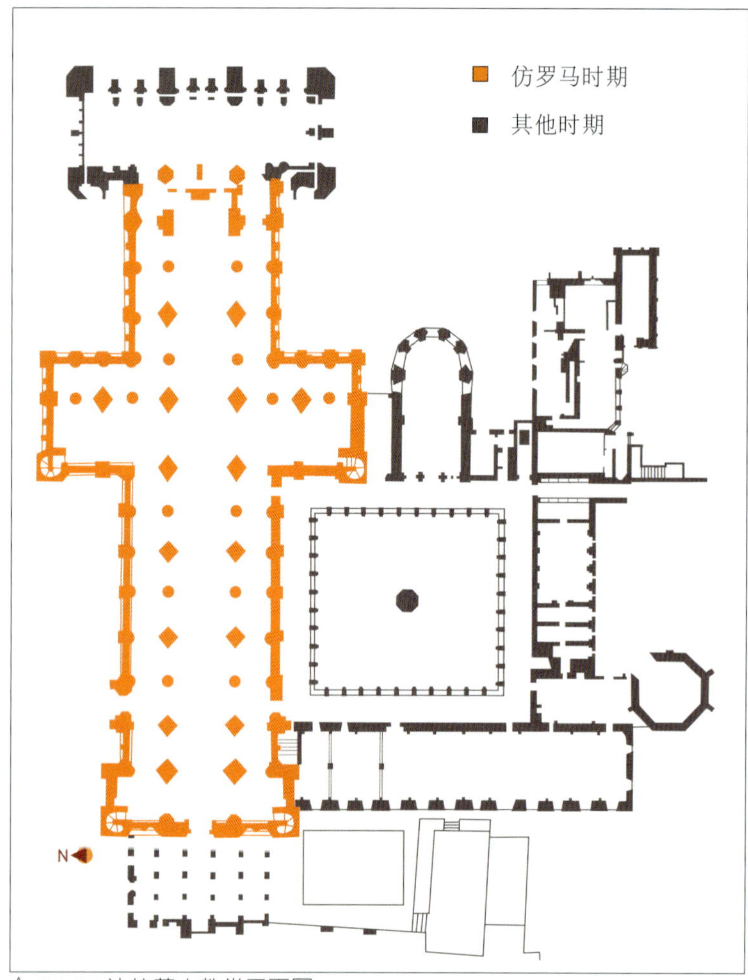

△ 21.15 达拉莫大教堂平面图

▽ 21.16 达拉莫大教堂室内中殿

柱头尤其引人注目。当然，诺曼建筑在不列颠发展最有力的实例，应是位于城堡对侧之达拉莫教堂（Durham Cathedral）。虽然达拉莫教堂的历史可以溯源至公元998年为了供奉英国重要圣人圣卡斯伯特（St. Cuthbert）遗骨而建的白教堂。但目前之教堂却是奠基于公元1093年，由主教卡里雷夫（Carilef）所建，大部分于公元1133年由主教佛拉姆巴德（Flambard）所完成，历代亦曾陆续扩建。教堂最后的规模包括有由中殿、通廊、翼殿、诗歌席及圣坛构成的主体以及位于西端的盖里利祭室（Galille Chapel）和东端的九圣坛祭室（Chapel of the Nine Altars）。教堂的南侧则有回廊及修道院设施。

▽ 21.17 达拉莫大教堂北大门

达拉莫教堂曾被赞誉为世界最美的教堂，也是欧洲最早拱肋与飞扶壁的案例之一。这些元素的出现不但实质上减缓了建筑的重量，也暗示哥特建筑之来临。不过整座教堂最具特色之处仍然是其诺曼仿罗马风格的应用。分隔中殿与通廊之界面是由圆柱与复合柱交替排列，柱上有凹槽、漩涡纹、网饰、折线及其他诺曼人原创之图案，这些图案事实上也缓和了柱子的厚重感使建筑较为轻巧。盖里利祭室为公元1175年所增建，也是圣母祭室。室内的柱子相当密而细长，与中殿柱子之厚实形成强烈的对比，但是柱子上所支撑的圆拱仍然应用大量的折线作为拱饰，呈现出浓厚的诺曼特色。

丹夫林修道院教堂

丹夫林修道院教堂（Dunfermline）是苏格兰许多国王与王室成员长眠之地，也是苏格兰最重要的仿罗马建筑。早在11世纪时，玛格丽特皇后自坎特伯雷带来几位本笃教派僧侣后，丹夫林修道院就开始发展，后来由于公元1124年继承王位之子大卫一世加以扩建。建筑开始兴建于公元1128年，大致完成于公元1150年，不过历代不断成长。丹夫林修道院教堂一开始的建筑计画是要兴建一座比苏格兰任何既存教堂规模更大、装饰更华丽的教堂。由于当地并没有熟练的工匠，因此必须自英格兰寻找工匠。据一些史料显现，首批的工匠可能来自于达拉莫，因为其主教于公元1128年去世之后，达拉莫教堂因而暂时停顿，工匠因此转移至丹夫林工作。

现存中殿部分是原始的仿罗马风格，分成三个楼层。底层是两排由粗大柱子支撑的拱廊，中层亦是拱廊，但没有独立拱柱，只有附壁柱承托拱券，顶层则是高窗。与达拉莫教堂相比，丹夫林的规模约略只有其一半，但在柱子与拱券之处理上却极为类似，东端柱子上环绕的折线饰就是一个明显的部分。在室外部分，后期的扶壁可能会混淆了早期的立面处理，但是西端主要入口及南侧入口之退缩处理都是仿罗马建筑的特色，篮式柱头与拱券的折线装饰都是诺曼风格的代表。

△ 21.18 丹夫林修道院教堂室内中殿

△ 21.19 丹夫林修道院教堂室内中殿柱子

△ 21.20 丹夫林修道院教堂西大门拱券

21.21 丹夫林修道院教堂南侧门拱券 ▽

约克郡泉水修道院

约克郡泉水修道院（Fountain Abbey）是公元1132年因为一场有关宗教纷争后，由本笃教僧侣于史凯尔河畔（River Skell）所建。修道院之名称可能是来自于当地之泉水，也可能是芳腾之圣伯纳（St Bernard de Fontaines）之谐音，其也就是创立西妥教派的克莱佛之圣伯纳（St Bernard of Clairvaux）。此种说法可能是在公元1133年时，泉水修道院之僧侣因为无法维持转由西妥教

△ 21.22 约克郡泉水修道院回廊拱门遗迹

△ 21.23 约克郡泉水修道院遗迹全貌

派接管，因而使修道院与圣伯纳有所关系。12世纪时曾为英格兰最富有的修道院之一，在修道院解散后，逐渐成为废墟。

在泉水修道院中，修道院教堂是规模最大的建筑空间，西立面是公元1160年时以当地河谷所产之石材所建，在风化之后呈现出一种与自然环境十分协调的质感。另一方面，简洁的立面处理也和西妥教派追求的清贫理念十分相近。大门是仿罗马建筑惯用的退缩形式，簇柱与圆拱券也都十分节制。在室内，通敞的中殿空间由粗犷的诺曼式构柱与通廊相隔。南北通廊屋顶为石造筒形拱顶，中殿则覆以木构架。南翼殿是最初教堂兴建之原址，也是目前最古老的部分，由此可以通往回廊及部分修道院空间。回廊东侧的章法室是修道院运作的中枢之一，其入口的处理为联拱形式。在章法室兴建时，西妥教派已经放松原来修道院建筑不可加以雕饰的规定，因此在此建筑中之拱肋托架中，就出现了叶饰或其他简单的图案装饰。

▽ 21.24 约克郡泉水修道院平面图

意大利仿罗马建筑

在意大利，因为时空的因素，古典罗马、拜占庭、伊斯兰教以及保守的中世纪主义经常被融合成一体。这种结果形成了一种独特的中世纪建筑，也可以说意大利之中世纪建筑是一种混血的产品，而且是相当地具有冲力。在意大利中世纪的这些建筑中，并不易归纳之于一个合理的设计模式，它们较精于特殊强烈之效果，也较迷信于建筑表面精致之追求，或者是室内的装饰。早期基督教建筑之遗产，尤其是像旧圣彼得教堂一类之建筑、伦巴底（Lombardy）之砖石传统，或者是部分伊斯兰教的影响，都可能呈现在一栋建筑上。虽然从某个角度来说，意大利并没有很有力地加入法国及西班牙仿罗马建筑之主流行列中，但却无法抗拒部分仿罗马风格的应用。

△ 21.25 约克郡泉水修道院回廊遗迹

△ 21.26 庞波莎修道院教堂外貌

费拉拉（Ferrara）庞波莎修道院（Pomposa Abbey）的本笃修士早在公元7世纪就来到了此地，不过最有名的建树者则是来自于拉文纳的修道院院长圣朱杜（St. Guido）。他是一个有能力的宗教行政领袖，直至公元1046年去世为止，修道院在其领导之下，历经了40年的繁荣发展。远在8世纪时，庞波莎就建立了第一座教堂，巴西利卡式的空间在中殿及两侧通廊末端各设有环形殿，后来圣朱杜才将之扩建为现有的规模，增加壁画、马赛克镶嵌地板以及大理石地板，并于公元1026年献堂。不久之后，增加门廊，再于建于公元1063年兴建钟塔。形成一组修道院建筑的基本形制。

基本上，庞波莎修道院教堂以砖材兴建，红砖、黄砖、砖雕及石雕混合使用，构成了特殊的风格。其中部分雕刻很深的东方（西亚）色彩，应是受到拜占庭或阿拉伯艺术之影响。室内空间相当简单，但环形殿多角形之处理，必然是师法自拉文纳教堂之传统。同样地，部分柱头与马赛克镶嵌地板也是受到拉文纳的影响，甚至有一些地板是移自拉文纳六世纪的建筑。钟塔高9层，每一层之开口增加至四个拱券，这种时尚在公元1110年左右到达罗马，那时一共有20多个教

21.27 庞波莎修道院教堂墙面细部
▽

▽ 21.28 庞波莎修道院教堂平面图

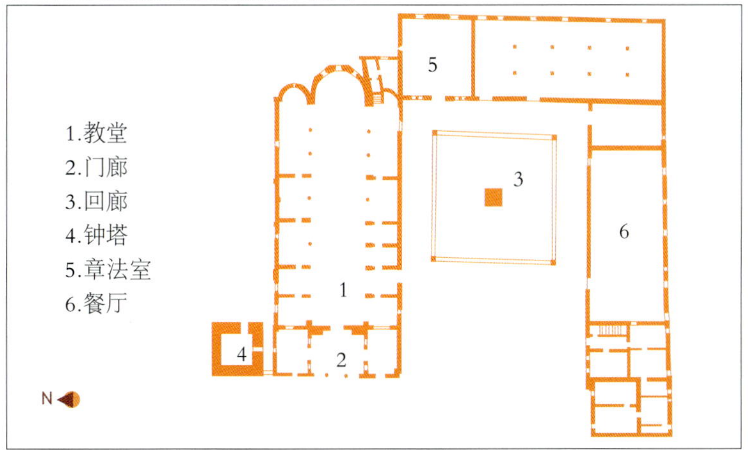

△ 21.29 比萨大教堂洗礼堂外貌

堂建有此类钟楼。

在意大利，钟塔最初的形式是圆的或者是和主建筑不分的，拉文纳新圣雅博理纳教堂及克拉塞圣雅博理纳教堂均可以看到。不久钟塔逐渐演变成了如庞波莎修道院钟塔方形多层之塔。除了钟塔之外，意大利在12世纪于一些小镇中亦兴建有防卫性质的高塔，如波隆那的亚西内利塔（Torre Asinelli，1109年）与加利森达塔（Torre Garisenda，1100年）即为此类之代表。

比萨大教堂

正当仿罗马教堂在法国和西班牙大兴土木之时，在南方意大利比萨（Pisa）地方一个和东方及阿拉伯贸易炽盛的地方，一座纪念城市守护神圣母玛丽亚之教堂（Pisa Cathedral），正在平地而起，建筑工事开始于公元1063年，而由教宗盖拉西斯（Gelasius）二世于公元1118年加以奉献，这时候建筑尚未完成。在教堂之立面上记载建筑师为巴斯克托斯（Busketos），但此人于建筑史上并不可考。话虽如此，他的杰作仍然屹立于比萨城东北角之广大空地上，另外还有一间圆形之洗礼堂及一个钟塔，构成一组可爱的建筑群，也是意大利仿罗马

▽ 21.30 比萨大教堂与钟塔全貌

建筑之典型。钟塔及洗礼堂，以往在欧陆上均附属于主建筑之中，但现在则得到其独立之地位。

而教堂本身在外貌上使用润饰过之石材，非常地美丽、动人，在入口处则和其他地区之教堂一样，有各种富有教诲意义之圣经故事。有三个主要入口分别开向中殿及通廊，其上则为4层开放之游廊。整个平面而言是比较类似早期基督教之教堂，中殿之上为藻井之天花板所覆盖，两侧为双层之通廊，有拱券相连于花岗石之柱子上。两边之翼殿看起来就像是一个小小的罗马会堂，各有其端点之祭堂。在中殿与翼殿交叉处为一个椭圆形之圆顶，东端则是单一的环形殿，这一点，就和法国及西班牙仿罗马建筑中有许多环形祭殿有所不同。钟塔有8层，直径16米，除地面层为实墙之外，其余每层都有连续拱廊环绕，连续小联拱与拱柱上之图案化柱头都是意大利仿罗马建筑之特征。同样地，洗礼堂亦以连续拱券为主要表现，二层以上的尖拱则是哥特时期所添加。

△ 21.31 比萨大教堂室内中殿

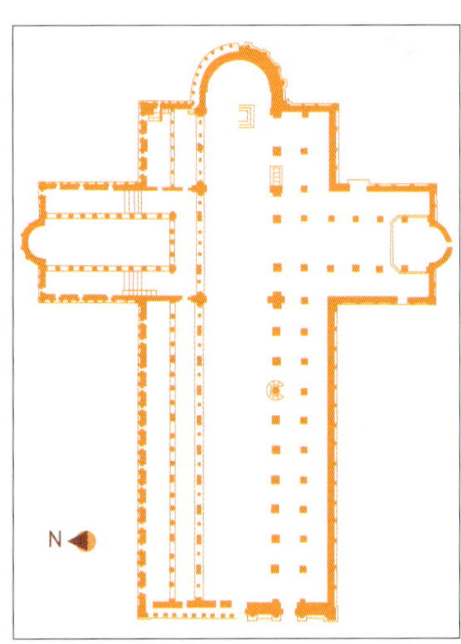

△ 21.33 比萨大教堂平面图

佛罗伦萨蒙特圣米尼亚多教堂

佛罗伦萨蒙特圣米尼亚多教堂（S.Miniato al Monte）位于城市视野最佳之山丘上，兴建于公元1013年，当时的佛罗伦萨主教希德布兰德（Hildebrand）决定兴建此教堂以纪念殉职烈士米尼亚多。教堂完成于公元1063年。整个教堂是遵循基督教修道院制度之发展，在完成后，归属于克伦尼教派。教堂的两层式立面在整个西洋建筑史上具有非常重大之地位，因为其深深影响到文艺复兴以后之建筑，可以说是佛罗伦萨仿罗马建筑之代表。其白色与绿色之大理石与装饰，简洁地表露了内部空间

△ 21.34 比萨大教堂东端环形殿外貌细部

▽ 21.35 比萨大教堂钟塔

▽ 21.32 比萨大教堂东向外貌

△ 21.36 佛罗伦萨蒙特圣米尼亚多教堂远望

之机能，而且充分展现了古典之美学。

两层立面之上部中央宛若一个小型神庙，两侧三角形构件，合理地反映了后面较低之通廊，而此部分之装饰亦比下层精致，尤其在屋檐两端之人物浮雕仿佛是支撑着整个山墙，中央开窗之上有一幅马赛克画，描述基督、圣母与米尼亚多。水平的连续拱券装饰则为伦巴底教堂之传统。教堂之室内由柱子分成中殿与通廊，圣坛抬高，并没有翼殿。柱子则支撑其上之拱券、屋顶则为木构桁架，这是意大利仿罗马教堂之特征，墙上之装饰均为简单之几何图形，其中不少具有宇宙象征意义。

维罗纳圣齐诺教堂

维罗纳圣齐诺教堂（San Zeno, Verona）的历史可以追溯到公元9世纪初，然而在公元10世纪因战火而毁。重建的工作自11世纪就展开，然又受损于公元1117年的地震。现有建筑于公元1123年左右逐渐进行，公元1138年已大抵完成。此教堂是意大利重要的仿罗马建

▽ 21.37 佛罗伦萨蒙特圣米尼亚多教堂正向外貌

▽ 21.38 佛罗伦萨蒙特圣米尼亚多教堂外貌细部

▽ 21.39 佛罗伦萨蒙特圣米尼亚多教堂平面图

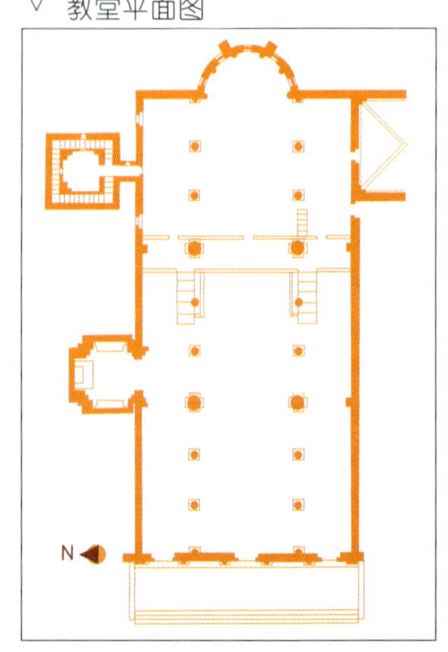

筑，在简单的立面上就呈现出此特色。西向立面中央较高两侧较低，完全反映了室内空间的高度变化。除了屋檐的伦巴底带外，中央大门的处理也极为特别，突出的门廊有两根独立柱，位于两只动物之背上，柱子上承拱券。不管是门廊拱券本身的饰带或者是大门之上的山花，都有关于圣齐诺的雕刻，大门则另外钉有48块铜饰。大门两侧各有一组大理石浮雕，右边的为尼古拉（Nicolo）之作，主题为“圣经旧约的故事”；左边则以基督的一生为主题，为朱格里莫（Guglielmo）之作。门廊上为玫瑰窗及山墙，此玫瑰窗是意大利中北部中同类形式窗户最早案例之一。

在室内空间方面，圣齐诺教堂也应用了当时最盛行之处理方式，圣坛抬高半层，其地下半层则置地窖，收藏圣人遗物。中殿与通廊间以半圆拱券相隔，拱券为双联式，每一组两端为复合构柱，中间为独立柱。天花为弧形，有藻井处理，整体空间相当宽敞。除了本体之外，圣齐诺教堂还有一个高达72米的钟塔，落成于1178年，顶部钟室则开以拱券。

△ 21.42 维罗纳圣齐诺教堂外貌

佛罗伦萨洗礼堂

佛罗伦萨洗礼堂自从创建以来，就一直是城市的精神中心。虽然根据历史考证，此洗礼堂创建的年代可能很早，甚至有可能是4世纪末，但其外

21.43 维罗纳圣齐诺教堂正立面浮雕 ▷

21.44 维罗纳圣齐诺教堂大门铜饰 ◁

21.40 佛罗伦萨蒙特圣米尼亚多教堂外貌细部 ▽

21.41 佛罗伦萨蒙特圣米尼亚多教堂室内中殿 ▽

西洋建筑发展史话

貌无疑的是12世纪仿罗马时期之作，许多雕刻的年代则更晚。八角形的外观主要装修以白色与绿色的大理石。主体分为两层，下层为附壁柱与楣梁，上层则为多角柱上承拱券，下层的装饰图案为长方形。上层则分两个层次，较低的部分处理为伦巴底地区常见的联拱形式，较高的部分以窗户处理成类似壁龛的形式。角柱白绿相间的处理，极为突出，是意大利经常可以看到的表现方式。主体之上另有一阁楼层，亦以附壁柱及长方形图案装修，其与顶上角锥形屋顶都是后期所建。

△ 21.45 佛罗伦萨洗礼堂外貌

巴勒摩皇室教堂与王室山教堂

巴勒摩皇室教堂（Palatine Chapel, Palermo, 1130–1143年）长久以来一直被认为是西西里岛上最精致且具代表性的诺曼建筑艺术，由罗杰二世（Roger II）始建于公元1130年登基意大利国王之时，献堂建于公元1143年。教堂之外观因后代之增建而隐藏于新建筑之中，但室内则保存原有风貌，由古典之柱子区分为中殿及两侧通廊。柱子之上为介乎圆拱与尖拱间的形式。马赛克镶嵌画及装饰性强之木桁架由拜占庭工匠所完成。圆顶上之主题为全能基督（Christ Pantocrator）、使徒及天使，其他部位则为基督一生、圣母及使徒保罗及彼得等人之事迹。

王室山教堂（Duomo, Monreale，1172年）是西西里上最好的诺曼建筑艺术作品之一，由威廉二世兴建于12世纪下半，并在完成之后归属于本笃教会。教堂中最特殊之处乃是

▽ 21.46 巴勒摩皇室教堂室内中殿

▽ 21.47 王室山教堂外貌

其极端美丽之马赛克镶嵌画，画作满布室内创造了一个充满宗教感的空间气氛，而且既庄严又华丽。当初会有如此华丽之装饰乃是希望与巴勒摩之教堂相互抗衡。十字形的室内空间由古典的柱子区分为三部分，取自于柱子之上为介乎圆拱与尖拱间的形式，再上为色彩鲜明又具有特色的装饰。环形殿穹窿上的全能基督高高在上，由于视觉上的错觉，宛若在凝视教堂内所有的人。这些以金黄为底色的马赛克镶嵌画是12及13世纪拜占庭及阿拉伯工匠的杰作。环形殿除了基督之下，还有圣母、使徒及天使。中殿则是圣经新约及旧约的故事。优雅的外观则明显有当时流行的伊斯兰教影响。立面上交叠之拱券则为阿拉伯风格之装饰。与教堂相接之回廊一共有228对对柱，柱头的形制变化多端，是一大特色。

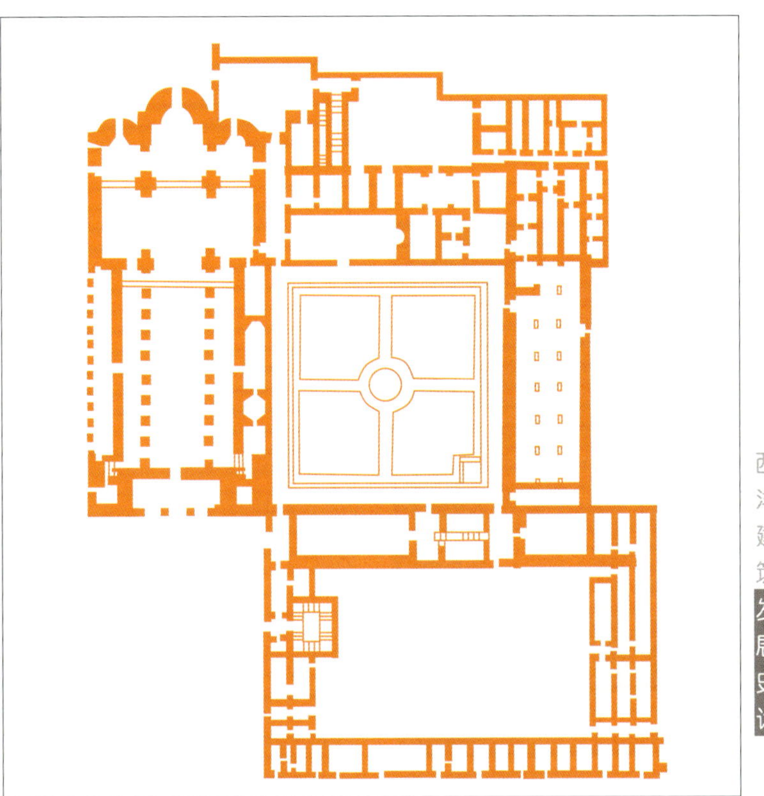

△ 21.49 王室山平面布局图

▽ 21.48 王室山教堂室内中殿

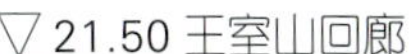

▽ 21.50 王室山回廊

▽ 21.51 王室山回廊柱头

第二十二章
法国哥特建筑与教会的发展

△ 22.1 巴黎圣丹尼修道院教堂外貌

▽ 22.2 圣丹尼像

苏杰与圣丹尼修道院

公元1121年苏杰（Suger）就任圣丹尼（St Denis）修道院院长，对教堂作了一次重大之改变，这件事直接或间接地影响到一个新的建筑形式，即我们所谓的“哥特”式建筑之形成，尤其是圣丹尼这个建于原来一个卡洛林教堂基础上之教堂，是以一种前所未见之风貌出现，墙上之材料被减少到最少之程度而成为透明之物，再以玻璃之光线效果来塑造神存在的一种空间效果，这种效果乃是哥特教堂之一个主要前提。

圣丹尼修道院教堂是位于巴黎附近，在12世纪时，这个地区为法国皇室所控制，国王是于兰斯（Reims）举行仪式就职，而死后则葬之于圣丹尼修道院教堂，如果以宗教建筑而论，这个地区并不是很前卫。对于本笃僧院主义及西妥教团之忠诚和对于法国皇室之忠诚成了两个相抗衡力量，如果我们发现在巴黎附近100英里半径叫Ile-de-France之范围内，以服务僧院或封建主义为主之建筑形式不很发达的话，也没有什么值得吃惊的。当然我们也可以期望得到国王们会寻求一种可以认同之建筑形式，哥特建筑是开始于一个修道院，但却是一个皇家之修道院。苏杰是从僧院中崛起，但是却是为君王服务的，他一直在扮演着王室与教会之间的调解人角色。从圣丹尼开始，这一个新的式样，随着王室之力量和影响向外扩展，像王室统治之城市沙特尔（Chartres）、亚眠（Amiens）、兰斯（Reims）、布尔日（Bourgesu），都绽开了美丽教堂之花，所以在这种情况下，哥特建筑可以说是一种国家运动之宣言，而教堂之财务及各种肖像、偶像乃变成是国王及贵族之一种竞争工具。然而我们却不能因而就说哥特形式就是一种王室之代表，这种认同是由联想而来的，像圣丹尼之政治讯息是存在于它的内涵，它和法国王室之关系。

圣丹尼这位法国宗教之使

徒，可以说是整个国家之圣人，他是罗马派往法国七位主教之一，为巴黎之第一位主教，殉道于公元258年。以他为名之教堂之兴建，一方面是由于宗教之因素，一方面也有爱国、政治上之作用，查理曼大帝便是宣誓就职于此亦埋葬于此。当公元1124年，法王与教宗发生争执，受威胁要入侵法国时，路易六世便以圣丹尼作为号召要大家团结，进而这种风气变成是一种国家的准则，圣丹尼变成了法国真正的宗教中心，而亦变成了王室阵线之象征，路易给了圣丹尼修道院很大之权力，并且把他父亲菲力浦一世之皇冠存放于修道院之宝库，在出发作第二次十字军东征前，路易七世甚至选择了修道院长苏杰作为法国之摄政。

苏杰重建圣丹尼修道院教堂也必然有其意义，一方面是宗教的，一方面他想建立一座后世足以学习模仿之宗教建筑原型。在这时候之所有公共建筑，在纯粹之机能外，均有其深厚之意义，而哥特建筑之意义可以说远超过我们以前所看到之各种式样的建筑，光线一直在宗教上扮演一个神秘之角色，而重新强调光线是使哥特建筑在美学上及神学上突出于仿罗马建筑之最主要原因。在两个时期，教堂均是一种天堂的意象，一个神之城，圣约翰启示录中曾经对于天堂加以描述，但其强调的却是在进入天堂以前，人必须受到之苦难，而这也是仿罗马建筑艺术选择用来阐明之一个主题。但是哥特教堂选择强调的却是那道晶莹、闪亮之墙面，圣丹尼可以说是一个开始。

如果我们将圣丹尼之平面和圣佛依教堂或克伦尼教堂相比较的话，我们可以发现圣丹尼修道院教堂环形殿有两层之步廊，而由其放射出9个祭殿，在这个部分除了必要之支柱外，墙壁可以说是空无一物，全为玻璃所形成之光墙，这种对于光线之重视乃是哥特建筑中之第一个特点，但是哥

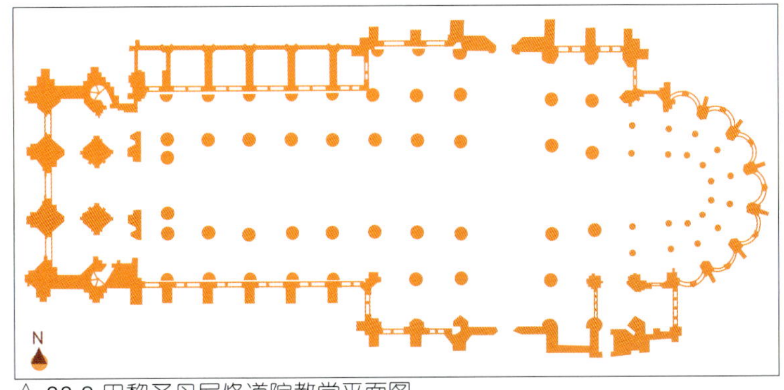

△ 22.3 巴黎圣丹尼修道院教堂平面图

▽ 22.4 巴黎圣丹尼修道院教堂环形殿拱顶

△ 22.5 巴黎圣丹尼修道院教堂环形殿步廊

▽ 22.6 巴黎圣丹尼修道院教堂室内

△ 22.7 哥特建筑拱肋

▽ 22.8 哥特建筑飞扶壁

▽ 22.9 沙特尔大教堂西向外貌

特建筑之光线并不是整片的大光线，而是经过厚重有彩色之玻璃后以另外一个面目呈现出来，就好象天堂般的美丽，而各种神圣之故事也借着光线之诉说力达到了教化之目的，所以在一个哥特教堂中，人的感受会从一个物质的世界进入到一个非物质的世界，是一种很高之精神感受。

哥特建筑三大特征

哥特建筑在结构上之特征也是我们必须要了解的，尤其是三种特殊之元素：尖拱（pointed arch)，肋筋（vault rib）和飞扶壁（flying buttress）。这三者均不是哥特时代之发明，就连前述之彩色玻璃也不是，这三项结构之特色只是经过长期间之累积而渐趋成熟之技术，当然技术必须要有一个新的式样来使其呈现，而哥特式样建筑师刚好把这三项技术结合于一体，再加上彩色玻璃，而表达了光线在宗教上之神秘色彩和在年轻有活力之国王领导下之法国。

尖拱是由两条不同圆心之弧线相交而成，在结构上有它独特之优点。它能更有效（比圆拱）地传达力量，而且比较适合置于一个长方形之柱间中，因为只要调整尖拱之角度，就可以把四个拱之顶线拉齐，即使柱间之距离不一样也没有关系，而圆拱就不行。另一方面，或许有人会问为何不使用筒形拱顶，而要使用交叉拱呢？因为一个筒形拱顶之力量是平均分散于墙上，但如果是交叉拱的话，重量可由交叉之拱肋集中到柱间的四个角。这四个点是力量最强之地方，因此可以在其外再加以相互垂直之半拱来加强，也形成了所谓的飞扶壁，这比在筒形拱顶外侧加上整排之补强物要经济得多，而拱肋在哥特建筑中变成了一项相当自由之元素，它可以像蜘蛛网一样，以三角形之形状一个一个地扩张，而且是先作拱肋，再由其决定拱面，所以可以横跨在各种形状之空间上。

沙特尔大教堂

苏杰改良教堂成功之事，很快地传到了巴黎及周边地区，而深深地影响了此地之建筑。在苏杰尚未有时间将整栋建筑作彻底改建之前，许多地区均已向圣丹尼学到了结构上及美学上之第一课，而表现在其教堂之中。此后之300年，可以说是各式各样哥特建筑相互竞艳的时代。沙特尔大教堂（Chartres Cathedral, 1194–1220年），一间非常高贵而且美丽之哥特式教堂，可以说是早期

22.10 沙特尔大教堂南翼殿外貌

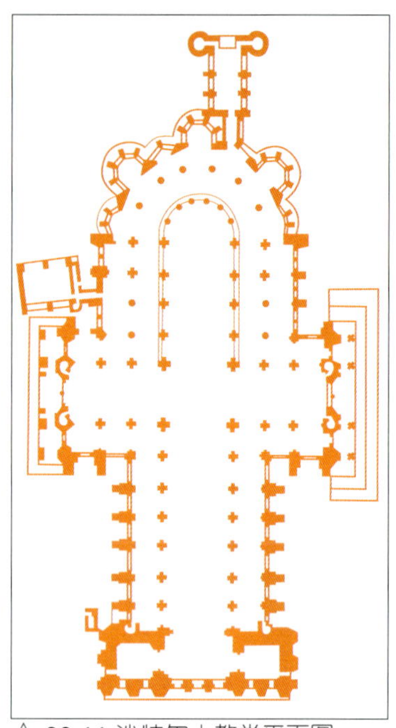
△ 22.11 沙特尔大教堂平面图

△ 22.12 沙特尔大教堂中央大门山花雕刻

22.13 沙特尔大教堂中央大门人像雕刻 ▽

哥特式样之一个缩影。

沙特尔大教堂拥有圣母玛丽亚在基督降生时所穿的衣服，这是查理曼大帝取自君士坦丁堡而送给沙特尔大教堂之礼物，而从此就和法国之王室连在一起。而因为大众对于这件圣衣之崇拜与热爱，使沙特尔大教堂在公元1100年，就已经成为法国圣母崇拜之仪式非常流行的地方。在沙特尔大教堂，圣母玛丽亚被颂赞为司智能之神，即如基督教中之雅典娜一般，对百姓而言，她是温柔而且充满爱心，是一个融合了爱与苦之女性。在每年四次属于她之节庆中，百姓便会聚集在这个镇上，对圣衣加以祭拜，并参与各项圣典。

在11世纪的时候，一间木屋顶仿罗马式之教堂取代了自从早期基督教以来就已重建数次而被火烧毁之原有之巴西利卡，大部分之中殿即圣殿之基础都是原有教堂者。到了公元1130年左右，教堂再次现代化及扩充，钱是来自于沙特尔大教堂大主教谷类贸易及银矿还有城镇中纺织等制造业之收入。原有仿罗马教堂西端部分增建了双塔以作为中殿的一种延续。这一部分之雕刻是完成于苏杰正忙于90公里外改建其教堂之时。原仿罗马建筑教堂之主要大门叫作王室大门（Royal Portals），其上山花的雕刻也反映出了某种程度之改变。但现在这里所呈现的主要是一种理性，对于神之全面诠释，而没有强迫性之可怕地狱情景之灌输。在右边之门上，为基督化为肉身之景（Incarnation），左边之门则为基督升天图（Ascension），而中间则是基督以一种最权威之姿态出现，其下为使徒，再下则为圣经上之人物之像柱出现，这个想法也是源自于苏杰之圣丹尼修道院教堂之立面。

公元1194年6月10日之夜晚，一场大火夺去了沙特尔镇上大部分之建筑，包括此教堂在内，全镇老百姓对于此教堂赖以起家之玛丽亚圣衣被毁莫不感到哀伤，可是过了不久，神职人员在清理善后时，却发现圣衣安然无恙，乃迅速昭告民众，这个奇迹于是变成了教堂需要重建之最好解释，于是教堂很快地重建，到了公元1220年沙特尔大教堂已经可以奉献了。中殿仍然是相当地短，因为教堂东面有地质上之缺陷而无法伸长，但圣殿部分仍然外推。

和圣丹尼修道院相同的，沙特尔大教堂圣殿也有一条外侧步廊，减少了凸出环形殿之深度，使教堂更接近哥特式，教堂西面就紧接着大门，因为教堂没有办法在长度上超越前者，只好在高度上超前，中殿于是乎变高了，正立面上因而也有足够的地方可以加个玫瑰窗，这个发明亦得自于圣丹尼修道院。玫瑰窗代表了太阳，也代表了玫瑰，太阳是基督耶稣，“无刺之玫瑰”则是圣母玛丽亚。不只是中殿，翼殿在这时候也有玫瑰窗。事实上，翼殿在这个时候已经具有相当之纪念性了，当然在翼殿之大门上也会有各种雕刻，大部分是基督、圣母和教堂之关系。其中南翼殿所延伸出的南正面是哥特建筑之代表作之一。

在沙特尔大教堂兴建过程中，石匠、雕刻匠、玻璃匠、金属匠、木匠等毫不懈怠地工作了30年。建筑师并不可考，但无疑问的，他对哥特式样之发展是相当敏感而且将它们表现得非常成功。建筑用的石材是来自于邻近之采石场， 业主，如果严格地说应该是教区之大主教及教会之牧师。但是事实上，许多社会名流和王室都曾加以赞助，所以可以说是整个社会之建筑产物。尤其是王室本来就和沙特尔郡有密切之血缘关系，而很积极地参与了教堂之建筑。例如北面翼殿上之玫瑰窗，拱窗等均是由路易九世之母亲，也就是布朗卡（Blanche）皇后所捐助的。这一种对于教堂之捐献，也可以说是一种自我广告，如果太多了，就容易混淆了教堂原有清纯之一面。但相对地，却也能显现出哥特建筑的另外一种社会特性。哥特建筑教堂在这时候可以说是社区之中心和信仰中心。我们可以在许多纪录上，一再地看到哥特教堂被当作其他之用途如市民集会、审判、剧场、音乐厅等，哥特教堂于是乃成为城市之焦点。

如果我们细看沙特尔大教堂，就可以发现在圣丹尼修道院教堂圣殿中透明之概念现在已经贯穿所有之沙特尔大教堂墙面了。如果我们再把沙特尔大教堂和仿罗马教堂相比较的话，可以发现仿罗马教堂比较注重空间之区分和朝东之方向性，而沙特尔大教堂则承认统一性之好处而加以采用。如果说仿罗马教堂是一个封闭之天堂城堡，而哥特教堂则相对地比较接近早期基督教堂之原型，而其彩色玻璃所构成之灿烂光墙，也完全合乎了启示录上所言之处。有时候甚至在中殿拱顶上都漆上蓝色，然后再点缀以金色星星。另外早期基督教之教堂并没有办法满足教义上崇高之视觉要求，这一点哥特教堂也办到了。

巴黎圣母院

巴黎圣母院（Notre-Dame，1163–1330年）是法国哥特式样建筑代表之一。巴黎圣母院之

△ 22.14 沙特尔大教堂拱顶

△ 22.15 沙特尔大教堂室内中殿

▽ 22.16 沙特尔大教堂玫瑰窗

△ 22.17 巴黎圣母院西向外貌

发展可以说是巴黎历史之缩影，始建于公元1163年。其创建之因乃是因为路易九世想要于西堤岛建一座可以和巴黎第一栋哥特教堂圣丹尼相互比美之教堂，在往后的150年间里，此教堂不断地修建及增建，最后成为法国哥特建筑之代表作之一。整个教堂是兴建于一个罗马神庙之遗迹土地之上，公元1330年建筑完成时，总长有130米，外观尽是美丽的雕刻及扶壁。整个建筑之正立面分为3段，下层为3个大门，每一个门上均有美丽之圣经雕刻，大门之上为所谓的国王长廊（The Kings' Gallery），实即为28个犹太王之雕像，这些雕像在法国大革命期间曾被巴黎市民取下，等动乱之后才恢复上去；中层则有一个大玫瑰窗，描述圣母玛丽亚之故事；最上层则为两座高塔。在南塔则有圣母院之大钟，可循小楼梯到

▽ 22.18 巴黎圣母院南向外貌

△ 22.21 巴黎圣母院西向玫瑰窗外貌

▽ 22.19 巴黎圣母院大门山花雕刻

▽ 22.20 巴黎圣母院大门雕刻细部

▽ 22.22 巴黎圣母院平面图

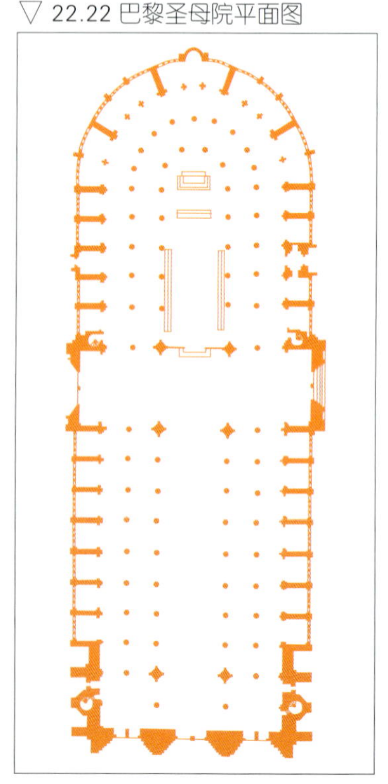

此，一览巴黎之风貌，更可同时细看圣母院著名之各种怪兽落水口（gargoyles），登临此境更可体会雨果“钟楼怪人”之情境。

圣母院之室内在气氛上是叫人震惊的，有些光线透过彩色玻璃窗而入，有些则是信徒捐点之蜡烛，上下呼应，肃穆而美丽。巨大的簇柱上承漂亮之拱肋，其分成中央中殿及两侧两条通廊，翼殿之端尚各有一精致之玫瑰窗，北玫瑰窗描述的是圣母玛丽亚和旧约中的人物，南玫瑰窗则描述基督、12门徒及其他圣人，在圣坛（high alter）后还有两组重要的雕刻，一为路易十三之雕刻，另一为圣殇（Pieta）。翼殿与中殿交接处之尖塔（Spire），高达90米，为晚期维奥勒杜（Viollect-le-Duc）之作，而东西环形殿伸出之扶壁也别有特色。而教堂前广场上有查理曼大帝之雕像，他登帝于公元768年，并将西方所有信奉天主教之人民团结起来。

圣母院所在之西堤岛（Ile-de-la-Cite）可以说是巴黎历史之发源地，早在公元前4世纪就有巴黎斯人（parisii）在此定居，在圣母院前广场之地下，尚可见到两千年前第一批巴黎建筑之遗迹，而罗马人亦于公元前100年左右重建此城，一直到了中世纪时，巴黎才沿

△ 22.23 巴黎圣母院落水口怪兽雕刻

▽ 22.24 巴黎圣母院塔顶怪兽雕刻

▽ 22.25 巴黎圣母院玫瑰窗

▽ 22.26 巴黎神殿小教堂外貌

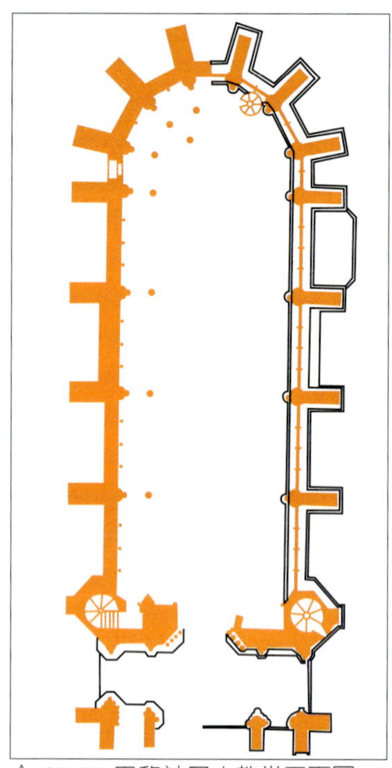
△ 22.27 巴黎神圣小教堂平面图

△ 22.28 巴黎神圣小教堂下祭室室内

▽ 22.29 巴黎神圣小教堂上祭室室内

着塞纳河两岸发展。在公元6–14世纪之时，西堤岛曾为王室之所在，直到查理五世（Charles V）将皇宫迁至马拉伊斯（Marais）为止。

巴黎神圣小教堂

除了沙特尔外，法国之巴黎、兰斯、亚眠等地均是哥特建筑之主要根据地，而也发展出了许多精致之教堂，在往后之时期，教堂之高度相对地增加，而平面也渐趋统一，翼殿比较短小，有的甚至于没有翼殿。然而不管它们之个别变异性如何，哥特建筑在欧洲景观上及宗教上之贡献是毫无疑问的。神圣小教堂（Sainte Chapelle，1245–1248年）被誉为宛如是珠宝般的哥特建筑小品，为路易九世所建，作为皇宫之教堂，以供奉耶稣受难之遗物。建筑师蒙特瑞尔（Pierre de Montreuil），是当时最杰出之建筑师之一，而整座教堂在短短四年之间就全部完成。教堂在空间上是分上下2层，由上层之祭堂及下层之地穴（即下层祭堂组成）。由扶壁所支撑之外观有36米长，17米宽，屋顶上有一尖塔，高达75米，为19世纪重建之物。

神圣小教堂正立面之玫瑰窗系15世纪重建之作品，为查理八世（Charles Ⅷ）所捐献，由86块玻璃板描述启示录（Apocalypse）之故事，在夕阳照射之时更显漂亮。下祭堂为朝臣所用，约有6米高，有一中殿及二个小通廊，且有一圆形螺旋梯通往上祭堂，上祭堂为国王专用较为宽大，为单一空间形式（只有中殿，无通廊），拱顶高达20米。此教堂之彩色镶嵌玻璃为巴黎最古老者之一，总共有1300多个圣经故事图案，为此教堂最具特色之一。

兰斯大教堂

兰斯大教堂（Reims Cathedral）之历史可以追溯到公元5世纪，但目前所见之哥特式大教堂则是兴建自公元1211年，此教堂一直是法国国王重要的加冕地。公元1429年时圣女贞德也曾在此参加查理七世之加冕。此教堂之中殿甚为高大，西正面之玫瑰窗十分精致，而大门上之山花位置也是玫瑰窗形式。西立面上更有数以千计之雕像，其中第三层的国王长廊一共有56座代表法国之国王雕像。外貌上为法国双塔哥特式样，中殿侧面与环形殿所伸出之飞扶壁，也是特色之一。另外此教堂之众多雕像中有许多为天使，因而也使其得到“天使大教堂”之别称。这些天使雕像之表情非常地生动，以“天使报喜”雕像为例，大天使加百利（Gabriel）来到圣母玛丽亚面前，告知其已怀孕，可取名耶稣。大天使脸上露出喜悦又顽皮之笑容，呈现出一股温馨之情，而其左手撩起衣服所呈现之优美曲线，更是与较严肃含蓄之玛丽亚有着风格上之差异。此外雕像上取自于大自然之植栽图像也是极为特别的表现。

亚眠大教堂

亚眠大教堂（Cathedral Notre-Dame of Amiens）为法国最大的哥特教堂，也是最成熟的哥特教堂之一。其是为了供奉公元1206年十字军所带回之施洗者约翰之头骨而开始兴建于公元1220年，工程进行了50年才完工，整个工程由不同的工匠负责不同的部位，因此有些地方有着明显的风格差异。西正面有法国哥特式惯用之国王长廊，上有22座，代表法国国王之雕像。中殿高达42米，有优美之拱顶，室内非常宽敞，外有飞扶壁之支撑。中殿之后为诗歌坛，再接环形殿，环形殿分为7个小祭室，其中中央者特别突出，极为特别。西正面之南北塔楼造型风格不一，分别兴建于公元1360年及1402年。

△ 22.30 兰斯大教堂外貌

22.31 兰斯大教堂大门天使报喜雕刻 ▽

△ 22.32 兰斯大教堂室内中殿

△ 22.33 兰斯大教堂大门

△ 22.34 亚眠大教堂外貌

▽ 22.35 亚眠大教堂正向国王长廊

22.36 亚眠大教堂大门入口雕刻细部 ▷

第二十三章
英国的哥特建筑

△ 23.1 伦敦西敏寺西向外貌

▽ 23.2 伦敦西敏寺北向翼殿入口

哥特建筑在法国大放光芒之后，风潮很快地就扩散到欧洲其他地方，其中成果最为丰硕的就属今日的英国。因为修道院制度的盛行，使得哥特建筑接续仿罗马建筑，继续在宗教建筑上占有重要的舞台。从英格兰到威尔士，从爱尔兰到苏格兰，哥特建筑随着宗教的发展，出现在城镇与乡村，成为英国最重要的文化景观。英国的哥特建筑基本上与法国在结构上大同小异，不过在风格表现上却有其特殊之处。如果依风格的差异来看，英国的哥特建筑可以分为早期英格兰风格(Early English，1190–1300年)、装饰哥特风格(Decorated Gothic，1250–1380年)与垂直哥特风格（Perpendicular Gothic，1350–1550年)三个时期。然而由于一栋教堂之兴建往往持续几百年，因此经常发生一座教堂中同时出现不同风格的表现。

伦敦西敏寺

伦敦西敏寺（Westminister Abbey），是全英国最重要的宗教中心。早在公元960年左右，伦敦主教圣杜斯坦（St. Dunstan）就在西敏地区建立12位僧侣之组织，在艾德嘉国王（King Edgar）之支持下获得土地，并且在王室与教会间扮演极为密切之关系，而此关系更延续至修道院之整个发展过程。西敏寺自从威廉一世登基于公元1066年以后，便一直是英国王室加冕之处。

西敏寺之僧侣奉行本笃教规，虔诚地进行崇拜、劳动与研修。公元1065年，自白者爱德华国王（King Edward the Confessor）在修道院之旁建立了一座大型教堂，原来之企图乃是想作为他自己长眠之地，他也规划了一个较大之修道院并且将土地赠赐予该院。此座教堂除了少数柱基现今仍位于今日教堂中殿西侧之地下外，几乎已完全不存。但是从旧的锦织画中可以看到其为有中央高塔与翼殿，屋顶覆铅之教堂，爱德华于公元1066年死后埋葬在圣坛之前。不久之后，征服者威廉因受到于此墓上所发生之神迹之报告而感召，而于此建立了一座纪念物来纪念爱德华，其并且在公元1161年被奉为圣人。

现今之西敏寺大部分是在亨利三世之令下兴建于公元1220–1272年之间，历经了三位重要的工匠，其分别是亨利狄瑞恩（Henry de Reyns），格罗斯特的约翰（John of Gloucester）及比佛利的罗伯特（Robert of Beverley）。整个教堂之设计本质上是英国式的，通廊只有一道，中殿深长且有突出之翼殿，但也加上了一些法国哥特式之特征，如有放射状祭堂之环形殿，外貌之飞扶壁以及翼殿之玫瑰窗。到了公元1269年，教堂之东半部，包括步廊、祭堂、翼殿、章法室、诗班席、及中殿之东半部大致完成。中殿维持依附在自白者爱德华所建较小之教堂中殿超过一个世纪，而且也建立了一个祭堂来存放自白者爱德华之灵柩。

亨利三世死后，中殿之工程被继续执行于公元1376–1498年之间，而原有自白者爱德华所建之旧中殿被拆除，直至公元1517年整个教堂室内之拱顶与中殿才陆续完成。另外，亨利七世祭堂（亦名圣母祭堂）开始于公元1503年，完成于公元1512年。目前外貌上之双塔则是雷恩爵士（Sir Christopher Wren）之原始设计。但经赫克斯摩尔（Nicholas Hawksmoor）完成于公元1745年。现今之西敏寺外貌上与完成时并无太大差异，但室内则因自宗教改革后不同使用功能而时常更迭。而不同之活动更常在此进行，教会与国家之大型聚会曾于此举行，主教们则在已经塌毁之圣凯瑟琳祭堂祝圣。国会也曾经在僧侣之餐厅

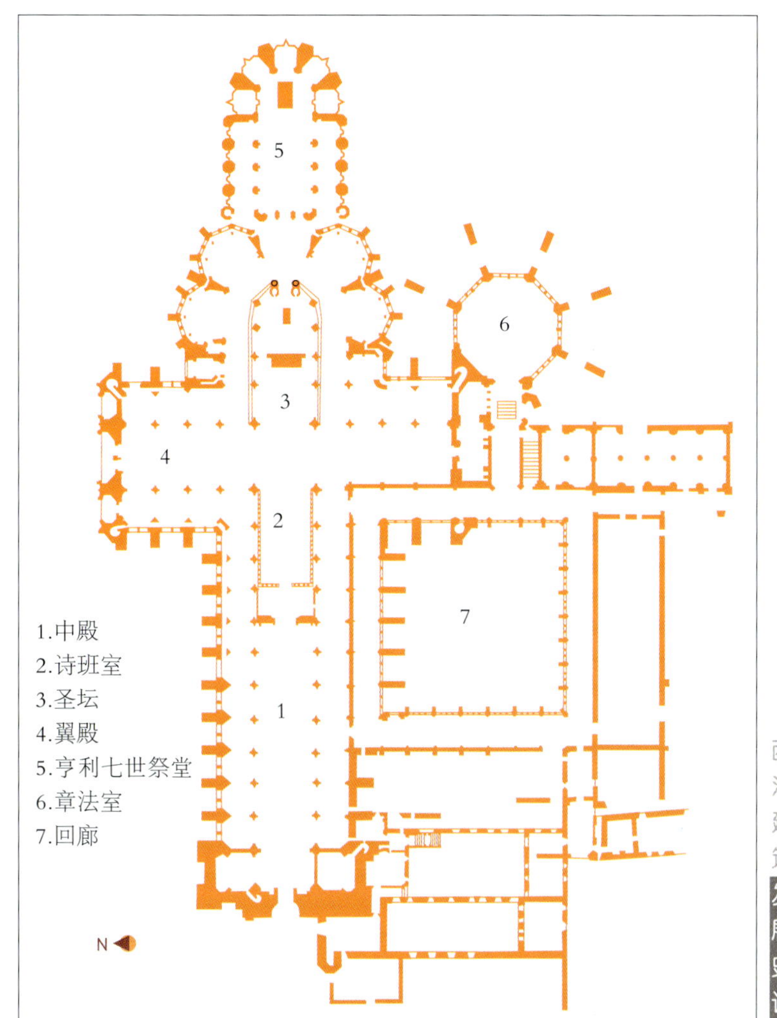

△ 23.3 伦敦西敏寺平面图

▽ 23.4 伦敦西敏寺回廊

西洋建筑发展史话

及章法室中举行，甚至国家档案也曾保存于此。近年亦曾进行了大规模之整修，添加新雕像。

西敏寺之中殿宽10.5米、高31米，总共花费150多年才完成。亨利七世祭堂（圣母祭堂）在完工之后，就被喻为是旷世杰作。扇形拱顶不但精致更是视觉上之一大成就，自白者爱德华祭堂虽然后代有所修建，仍是寺中最有历史意义之空间之一，堂中有三层之祠龛一直是朝圣者热衷于奉献金银财宝之处，而更是不少病患到此祈祷并守夜于祠龛侧以求神迹。此风潮一直到公元1540年因修道院解散才停止，目前所见之祠龛是后代所整修，目前堂中存有5位国王与4位皇后之坟。除了君王之外，西敏寺也是英国历史上不少伟人或名人长眠或纪念之处，丘吉尔、牛顿、达尔文、莎士比亚、狄更斯之名都可以在教堂中找到。

◁ 23.5 伦敦西敏寺中殿室内

▽ 23.6 坎特伯雷大教堂南翼殿与中央高塔

坎特伯雷大教堂

坎特伯雷大教堂（Canterbury Cathedral，1377–1498年）在14世纪时，开始进行第二阶段之整建。公元1377年，原有的仿罗马风格之中殿与华丽的诗班席已经无法匹配，于是乃将之拆除重建，工程由工匠亨利雅维勒（Henry Yevele）负责，雅维勒在西敏

▽ 23.7 坎特伯雷大教堂南向外貌

寺之工程效率在当时已建立名声，因此，在他之监督下，很顺利地进行了中殿之工程。不但是欧洲最长之中殿之一，有170米长，也是现存所谓垂直哥特式（Perpendicular Gothic）中最好之典范，其对于高度之强调与垂直线条所构成量体之美尤其特别值得注意，高耸之拱肋向上于屋顶天花所形成之美丽图案，也十分特别。整个中殿花费了超过28年之时光，连同外观上之扶壁与装饰，创造了英国早期哥特教堂之杰作。

公元1494年，坎特伯雷大教堂又进行一次重要之工程，工匠瓦斯泰尔（John Wastell）受委托进行哈利钟塔（Bell Harry Tower）之兴建，于1498年完成。此塔为教堂中央主要元素，尤其从远处观之更见突出，塔名并不是取自于当时都德王朝的国王，而是来自于艾斯翠之修道院副院长亨利（Prior Henry of Eastry），他在一百年前捐给教堂一口钟以悬挂在原有之塔上。此座新塔拥有当时流行的各种建筑特征。而在室内，即十字型空间之十字交叉处，中殿、翼殿及诗班席交会处可以看到扇型拱肋形成之屋顶，其可以说明晚期垂直哥特式之注册商标。

坎特伯雷教堂一直是英国各代历史上重要之纪念建筑，其中包括了爱德华黑王子

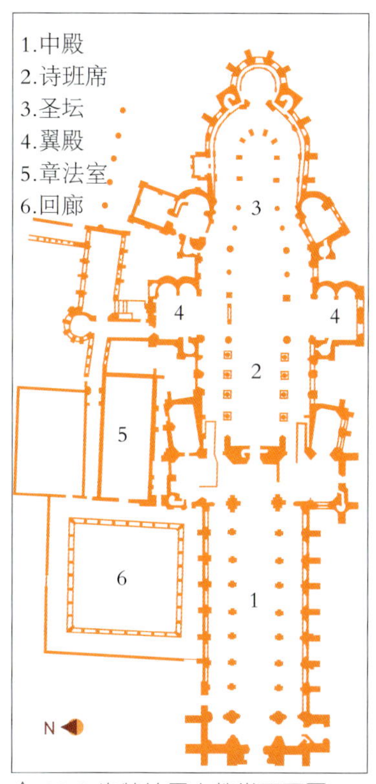

△ 23.8 坎特伯雷大教堂平面图

（Edward the Black Prince）与亨利四世国王。黑王子为爱德华三世长子，死于公元1376年6月8日，与此教堂有着密切之关系。其是生于公元1330年，在中世纪侠义传统中受教育，很自然地成为英国在与法国长期之战争中希望与灵感之象征。作为一个有能力之军事领袖，爱德华之绰号乃是来自于其英勇与凶猛所激发之恐怖，而不是其乃穿戴任何黑色之盔甲。本来黑王子死后要葬于地窖，但来自全国之压力与僧侣对于礼仪之认知，最后决定在圣三一祭堂南侧以铁栏围塑坟墓之形式放置。亨利四世与其皇后

△ 23.9 坎特伯雷大教堂中殿室内

▽ 23.10 坎特伯雷大教堂中央高塔室内

▽ 23.11 坎特伯雷大教堂回廊

纳瓦瑞之琼安（Joan of Navarre）之雪花石膏灵柩则位于圣三一祭堂之北侧，其在莎士比亚之戏曲中曾有生动之描述。

韦尔斯大教堂

韦尔斯大教堂（Wells Cathedral，1179–1340年）是英格兰西部重要的宗教中心。韦尔斯之名乃是源自于主教公署旁之三口井，此地之发展据最近二十年来之考古证实，早在罗马帝国晚期就已有聚落存在。公元705年，当时之雪伯恩（Sherborne）主教艾德罕（Aldhelm）创立了第一所教堂。公元909年，当韦尔斯有了自己之主教区及主教后，原有的教堂成为圣安德鲁（St. Andrew）主教堂。当主教吉索（Giso）于公元1088年去世后，其继任者乃将主教驻在地移至巴斯，原有的教堂乃受到弃置，而不少相关建筑也因而被拆毁。这种情形乃促使李维斯（Lewes）的罗伯主教（1136–1166年）将颓废之教堂加以整建，并且建立了教规及修院院长，负责教堂之业务。目前教堂中尚存有萨克逊时期之洗礼池，其也象征着新旧教堂生命的延续。此洗礼池外观有拱券，拱券内有圣人，后世因整修而敲除。

△ 23.12 韦尔斯大教堂正向外貌

▽ 23.13 韦尔斯大教堂中殿室内

罗伯主教之继任者雷基纳德波胡（Reginald de Bohum，1174–1191年）在担任巴斯主教后，决定重建新教堂于旧教堂北侧，然而因为主教宝座仍存于巴斯修道院，所以新教堂在当时并没有主教堂之地位，但整个工程仍然深具野心。公元1179年，工程开始于中央之诗班席。教堂是以所谓的英格兰哥特风格来整体设计兴建，此风格比后来发展成熟之林肯大教堂早了好几年，工程则由诗班席往西进行到中殿，因为地形限制，主入口位于北面有较突出之设计。教堂献堂于公元1239年，但实际上到公元1260年才大抵完成。

然而就一个教堂而言，几乎修建增建并不会停止，韦尔斯主教堂自13世纪完成后也是不断增建。公元1320年时，整个教堂自诗班席往东扩张，并与圣母祭堂（Lady Chapel）连成一体，教堂立面上明显不同的三个柱间，清楚地显示出此次增建之结果，工程直至公元1340年才完成。目前之诗班席中还有一些留存自14世纪之彩色镶嵌玻璃，在其通廊中存有一些约于公元1200年所造。自旧教堂搬至现今教堂之萨克逊韦尔斯主教之雕像石棺，这些石棺也使韦尔斯在争取多年之后，顺利地于公元1245年，再次获教宗宣布为主教驻地，而教堂也成为主教堂。

现有教堂东端之圣母堂，

建于公元1326年，原是独立之建筑，后来才与主体相接，天花之拱肋极为特别。中殿则是非常令人印象深刻之空间，尤其是剪刀形式之尖拱更是与众不同。中殿之工程由诗班席向西进行，但于公元1209年曾因为教堂与国王之争执而导致所有教堂之暂时关闭。此部分之工匠为亚当洛克（Adam Lock），其死于公元1299年，当时中殿尚未完成，其继位者为汤姆诺瑞斯（Thomas Norreys），西正面则于公元1230–1250年间完成，有精致之雕像。

索尔兹伯里大教堂

索尔兹伯里大教堂（Salisbury Cathedral）建于公元1220–1265年间，是英国较早兴建之哥特教堂，也是相当特殊的一个案例，因为教堂在一个世纪内兴建完成后，并没有重大的更改，因此可以清楚地看到当时完整的哥特风格。此教堂之前身为兴建于公元1075–1092年间的诺曼教堂。到了公元1220年，主教博瑞（Richard Poore）决定兴建一座新的哥特建筑，并委由工匠德汉（Elias de Derham）负责。与其他英格兰之教堂动辄花费数个世纪来兴建，索尔兹伯里大教堂只动员300人，于38年后之公元1258年就大致完成包括中殿、翼殿及诗班席之主体，极为特别。中央高塔及西立面则完成于公元1265年，接着教堂之回廊完成于公元1280年，其规模在英国算是最大者。公元1313年，教堂决定将高塔加高，只花费

23.14 索尔兹伯里大教堂正向外貌 ▷

23.15 索尔兹伯里大教堂中央高塔 ▽

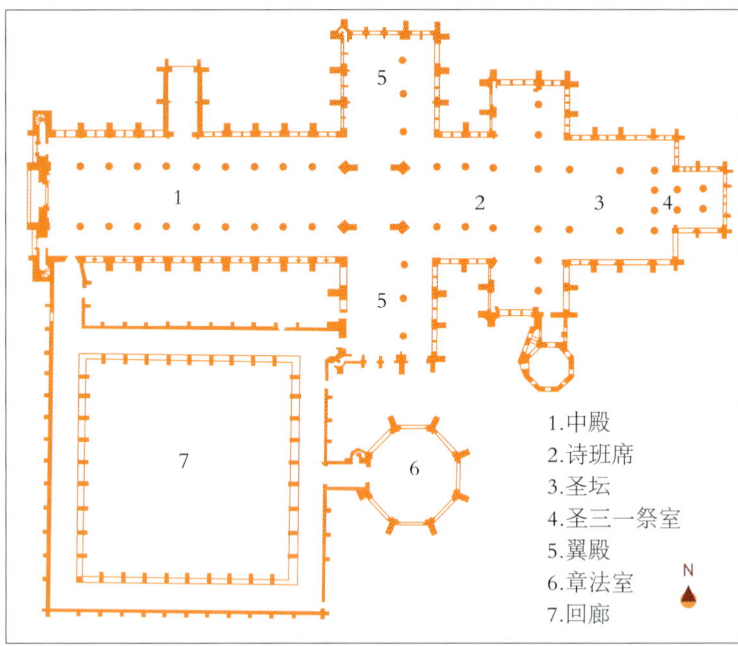

△ 23.16 索尔兹伯里大教堂平面图

索尔兹伯里大教堂由于在两侧通廊之西端设有小型钟塔，所以使中殿与两侧通廊之西立面连成一体，与其他教堂之立面较为不同。在室内方面，中殿深邃，由西而东依序中殿、诗班席、长老席与圣三一祭室。不过与在高耸的中殿与两侧通廊相隔的界面，却由3层明显的水平线条区分为3层，而不像其他哥特教堂会强调垂直感，而由拱肋由地面延伸至顶部。在索尔兹伯里大教堂，第一层为构柱支撑的独立尖拱，第二层则为比例较为矮胖的复合尖拱廊，第三层则为尖拱窗。中殿天花为简单的四分拱顶，然而章法室之顶部为伞形拱顶，拱肋由中央柱子往四面八方扩散，与西敏寺类似。

23.17 索尔兹伯里大教堂中殿室内 ▽

23.19 索尔兹伯里大教堂回廊内部 ▽

23.18 索尔兹伯里大教堂中殿尖拱廊 ▽

两年就完成，形成现貌；高达123米的尖塔也是全世界最高的中世纪高塔。此外，兴建于13世纪的章法室为八角形，是现存英国12个同形章法室之一座。

▽ 23.20 约克大教堂平面图

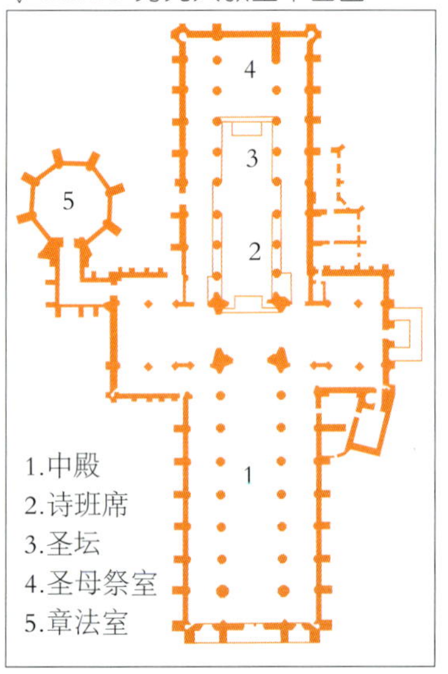

△ 23.21 约克大教堂南翼殿外貌

△ 23.22 约克大教堂中殿室内

▽ 23.23 约克大教堂大门入口细部

▽ 23.24 约克大教堂室内彩色玻璃窗

约克大教堂

约克大教堂（York Minster）兴建于公元1291－1350年之间，为欧洲最宽大的哥特建筑之一。虽然现有之教堂是13世纪之作，但是约克最早的教堂却可回溯到公元627年，当诺森伯里亚国王爱德温（Edwin）接受洗礼之小木屋。此间木造小教堂曾经历多次增改建，直至公元1069年才全部毁坏。不久之后，新的诺曼主教决定重建教堂并迁址至目前坐落地点。这次的工程从公元1080年持续到1100年，后来亦曾由其他总主教加以扩建。公元1220年时，总主教华德葛雷

（Walter Gray）与教会当局决定将诺曼风格的教堂重建以便以实际的建筑来对抗坎特伯雷大教堂。整个工程持续几百年，直至公元1472年才重新献堂。

约克大教堂的空间由中殿、南北翼殿、诗班席、圣母祭室及章法室所构成。装饰哥特风格的中殿始建于公元1291年，为欧洲最宽大的哥特风格教堂中殿，其西端的大窗户高16.5米，宽7.6米，在完工时是教堂中最大的彩色玻璃窗。南北翼殿始建于13世纪初，属于早期英格兰风格，是教堂中较早的部分，亦有精致的彩色玻璃窗。翼殿之东的诗歌坛、圣母祭室为垂直哥特风格，东端的大彩色玻璃是全世界同类窗

▽ 23.27 剑桥大学国王学院教堂西向外貌

△ 23.25 剑桥大学国王学院教堂南向全貌

23.26 剑桥大学国王学院教堂平面图 ▽

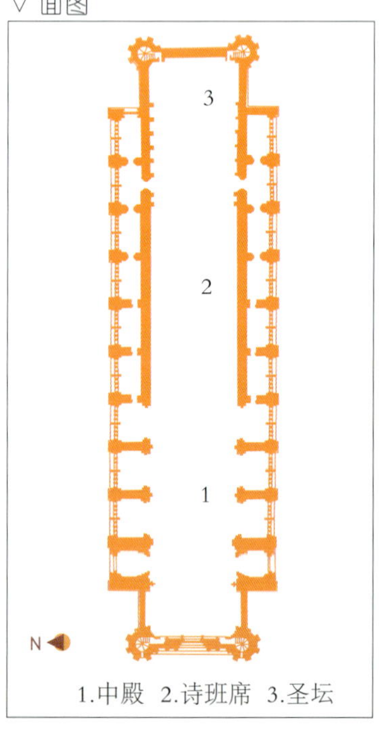

户最大者。中央高塔为原建于公元1407年之高塔倒塌后所重建，为著名工匠柯尔彻斯特（William Colchester）之作。

剑桥大学国王学院教堂

剑桥大学国王学院（King College）教堂是诸多英国教堂中极为特殊的一个，一共历经五位国王、四位工匠才完成。教堂最早由亨利六世创立于公元1441年，而方院北侧之教堂乃是开始兴建于公元1446年，并由亨利八世完成于公元1515年，被喻为是大学之荣耀。在四位参与教堂兴建的工匠中，艾利（Reginald Ely）是最先参与的一位，由亨利六世开始聘雇于公元1444年，直至公元1471年去世为止。在爱德华六世在位其间，工程由沃里奇（John Wolrich）负责，隔年再由参与爱顿学院（Eton College）教堂设计的克勒克（Simon Clerk）接手。在此期间，此教堂的设计也有重大之变化，决定将屋顶由简单的拱顶改为扇形拱顶。此项艰辛的工作由1508年继任的工匠瓦斯泰尔（John Wastell）执行，在公元1512–1515年间完成。

国王学院教堂的规模是由亨利六世亲自制定，其宏大是所有学院之冠，长88米，宽12米，高24米，细长而高耸。在外观上，教堂的4个角落为八角形的柱塔，其间在长向由11根扶壁将墙面分隔成12开间。扶壁之间为小祭室，只有1层楼高，其上为高大的彩色镶嵌玻璃窗。在室内，教堂最令人震惊的乃是四根角落柱塔及两侧各11根扶壁所支撑之扇型拱

△ 23.28 剑桥大学国王学院教堂西向全貌

23.29 剑桥大学国王学院教堂室内透视图 ▽

23.30 剑桥大学国王学院教堂拱顶顶棚 ▽

23.31 剑桥大学国王学院教堂尖拱窗细部 ▽

地层。

巴斯修道院教堂

巴斯修道院教堂（Bath Abbey）的历史可以追溯到公元781年之萨克逊修道院（Saxon Abbey），这里的基督教是由来自威尔斯的圣大卫（St. David of Wales）所建立。到了公元7世纪，圣奥古斯丁（St. Augustine）曾在他一次传道旅行中造访了这个僧侣社区，接着是由马尔梅斯贝利修道院创办人圣阿得罕姆（St. Aldhelm）在许多人的施舍下，将修道院买下，同时更由王室直接赞助，成立了教区。然而这一座萨克逊修道院却在贵族与王室的冲突战争中被毁。到了公元1107年，当时的巴斯主教约翰德文鲁拉（John de Villula）又重新建立了一座诺曼风格的教堂，不过于15世纪沦为废墟。公元1499年，主教奥立佛金（Oliver King）再次将之重建，成为今貌，被认为是英国哥特建筑风潮中最后一座杰作。

在外观上，巴斯修道院教堂与一般哥特教堂基本风格是相似的，不过西立面上一些雕刻却是主教奥利佛梦境建教堂传说之表现。在左右两柱塔上，装饰有自阶梯上爬及下阶之天使，两侧则有12使徒。大

△ 23.32 巴斯修道院教堂南向外貌

▽ 23.33 巴斯修道院教堂西向外貌

▽ 23.34 巴斯修道院教堂中殿尖拱细部

顶，将整个空间装饰成宛如一座拱顶丛林。虽然扇形拱顶看似轻巧，实际上却是非常重，重量由柱塔及扶壁分担并传至

门之两旁较大的雕像则分别是圣彼得与圣保罗，为16世纪之作。巴斯修道院教堂在公元1574年时，曾在伊丽莎白女王一世训令下大肆整修一次，到了维多利亚时期，再次整建，目前室内所见之扇形拱顶，即为当时整修之结果。

除了上述代表性哥特教堂之外，英国各地的哥特教堂数量颇多，而且分布各地，温莎堡圣乔治祭堂（St. Georges Chapel）、艾希特（Exeter）圣彼得大教堂（Cathedral Church of St. Peter）、林肯大教堂（Lincoln Cathedral）、圣大卫大教堂（St. Davids Cathedral）、爱丁堡圣贾尔斯大教堂（St. Giles Cathedral）以及圣安德鲁斯大教堂（St. Andrews Cathedral）也都是不同时期兴建的哥特教堂。

温莎堡圣乔治祭堂是爱德华三世于公元1348年所创立的嘉德勋位（Order of the Garter）之精神中心，此勋位即以圣乔治为守护圣人，祭堂本身是爱德华四世于公元1475年开始兴建，至公元1484年完成了诗班席；并以木屋顶覆盖，亨利七世在公元1509年去世之前完成中殿，并将屋顶改为石拱顶，最后才由亨利八世完成于公元1528年。

整个祭堂可以说是英国哥特建筑晚期佳作，一直被视为是所谓垂直风格最好的代表，与大多数教堂不一样的是，圣乔治祭堂主要面向却是南向的侧面，面对着整个古堡之下区。

△ 23.35 温沙堡圣乔治祭堂外貌

爱丁堡圣贾尔斯大教堂是苏格兰最重要的哥特教堂，其原来只是一个教区之教堂。后来才于查理一世之命令下于公元1633年成为主教堂。目前所见之教堂事实上是经过历代不断增改建后才完成，其中央塔顶类似扶壁之处理手法颇为特别。而英国人对于哥特建筑的喜好，相信对于日后以哥特复古风格为主要表现的浪漫主义建筑有着深远的影响。

23.36 爱丁堡圣贾尔斯大教堂外貌 ▽

▽ 23.37 圣安德鲁斯大教堂遗迹

第二十四章 哥特建筑的扩散

△ 24.1 莱恩大教堂全貌

▽ 24.2 莱恩大教堂南翼殿外貌

哥特建筑在法国出现，并于英国流行之后，很快地因为宗教与民族双重因素而广为流行，各地纷纷兴建了高耸入云霄的哥特教堂。事实上，不只是法国与英国而已，欧洲各地在13世纪后也不断地出现哥特教堂，一直到文艺复兴后才逐渐淡出建筑的主流舞台。

莱恩大教堂

西班牙莱恩大教堂（LeUn Cathedral）由阿尔方索十世（Alfonso X）所支持，由主教费尔南德斯（Martin Fernandez）始建于公元1255年，至公元1303年大致完成。就风格而言，正面双塔的莱恩大教堂是最具法国风格的哥特建筑，甚至有建筑史家认为其该归属到法国建筑史。室内中殿模仿自巴黎圣杰曼拉叶教堂（S. Germain en Laye），环形殿花饰窗格则以巴黎神圣小神殿等13世纪之巴黎教堂为蓝本。正立面有三个退缩甚深而且装饰丰富之大门，由线条鲜明之尖拱所分隔，雕刻有不少是杰作，中央门道柱子上立着的是微笑的圣母玛丽亚，其上是最后的审

▽ 24.3 莱恩大教堂大门

△ 24.4 莱恩大教堂大门雕刻细部

▽ 24.5 莱恩大教堂正立面玫瑰窗

判，深受沙特尔教堂之影响。室内之彩色镶嵌玻璃也极为出色，被誉为是西班牙13世纪与14世纪最佳者之一。南入口立面及西立面南塔则于15世纪末才完成。

莱恩大教堂第一个建筑师是谁，史料并无记载，虽然他创造了一个精致的结构，可惜对于扶壁所能承受之砖石力量太过于乐观，以致错估了设计，使得教堂在16世纪以后陆续发生许多问题，后来介入修护之建筑师也不够敏感，所以使教堂结构更加恶化，后来几经较小心之修复才成现貌。

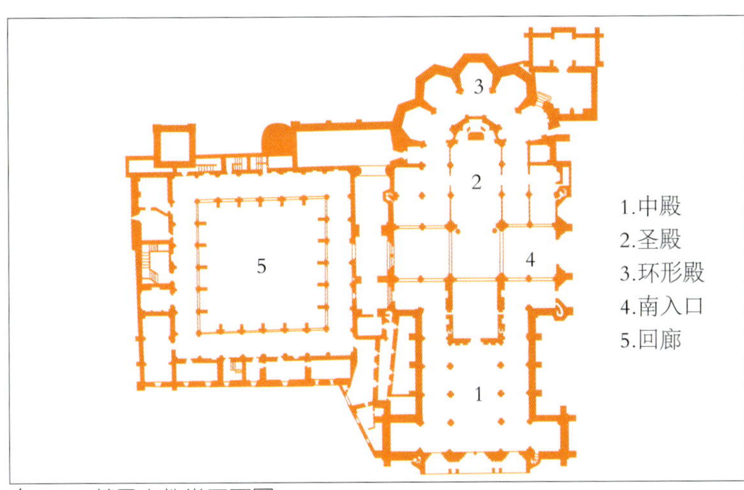

△ 24.6 莱恩大教堂平面图

▽ 24.7 莱恩大教堂正向外貌

布尔戈斯大教堂

布尔戈斯大教堂（Burgos Cathedral）是西班牙最大而且装饰最丰富之教堂之一，提供了一个可以深入观察西班牙建筑发展之佳机，并且展示了法国与德国之影响如何转化成一种独特的西班牙式样。早在公元1077年，教堂现址就兴建有一座仿罗马风格之教堂。现有教堂之第一块石头奠基于公元1221年，由腓迪南三世与毛利斯主教（Bishop Maurice）负责，毛利斯主教具有英国血统，而且长居法国。至于建筑师是谁，史料上亦无记载，不过一般认为是由巴黎跟随主教到西班牙之一位法国人。在布

△ 24.8 布尔戈斯大教堂全貌

24.9 布尔戈斯大教堂巡察祭堂外
▽ 貌

尔戈斯教堂中，明显地呈现出几种不同的法国风格，其中外观为一名受训于兰斯教堂的工匠亨利（Henri）所完成，因此深受该堂的影响。

以施工之速度而言，布尔戈斯教堂之速度是相当快速的，到了13世纪中叶，除了中央灯笼塔顶（Central lantern tower）与西正面双塔之上半部外，大部分的教堂均已完成。接续的重大工程则于15世纪末开始进行，由具有德国血统来自科隆的约翰（Juan de Colonia）家族所负责，包括有其子西蒙（SimUn）与其孙法朗西斯科（Francisco）。中央灯笼形塔顶由他们完成，但于16世纪中叶再重建一次。科隆约翰家族和他们的继承人创造了布尔戈斯教堂奇妙的小尖帽与小钩（crotchet）的外貌，也对造成西班牙建筑特色之许多装饰性注册标记有很大贡献。

▽ 24.10 托莱多大教堂全貌

布尔戈斯大教堂最东北端部分为巡察祭堂（Constable's Chapel），装饰以一种华丽的哥特风格，而且屋顶是有小尖帽的八角顶，它的造型也在更复杂之十字交叉处（Crossing）得到响应。巡察祭堂本身是一个伊莎贝尔（Isabelline）风格之装饰组合，由卡斯提尔（Castilla）之巡察荷南德兹维拉斯科（Hernandez de Velasco）所创建于公元1482年，由科隆之西蒙所设计。教堂其他值得注意的还有十字交叉处之空间以及僧院回廊。外貌上，西北向之门、东北向之门及东南向之门也都是佳作。

托莱多大教堂

托莱多大教堂（Toledo Cathedral），曾是天主教国王之象征，所在地在伊斯兰教统治时期曾为清真寺。现在之建筑是腓迪南三世（Ferdinand Ⅲ）时始建于公元1227年，由来自于法国布尔兹（Bourges）之工匠负责。与邻近教堂不一样的是此教堂之设计一开始就是法国哥特式，虽然工程持续到15世纪时，空间已有所改变，而最后完成之外貌，则已为独特之西班牙风格，教堂内部长113米，宽57米，章法室、诗歌坛均极为特殊，圣器室则有葛雷柯之杰作。主祭坛后之透明圣坛已为18世纪巴洛克之杰作之作。

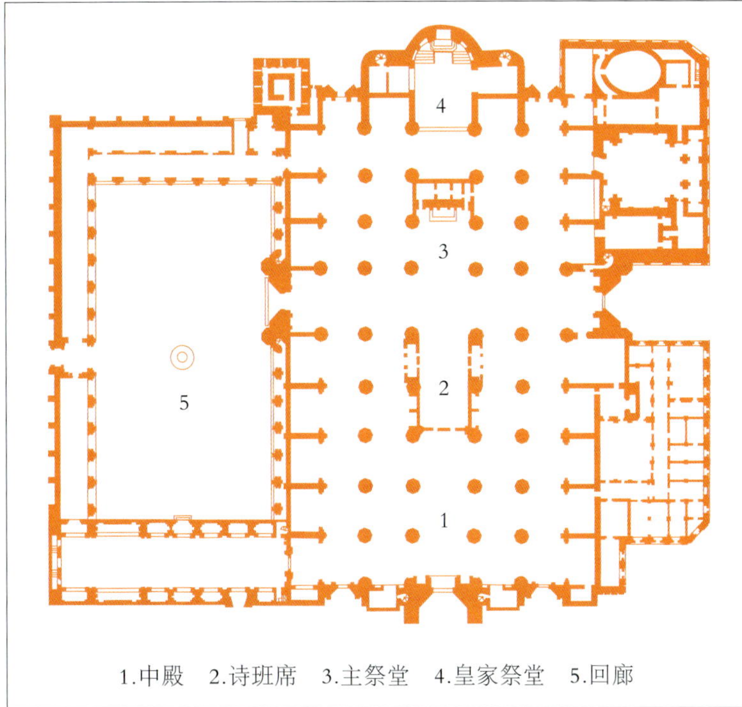

△ 24.11 塞维利亚大教堂平面图

塞维利亚大教堂

公元711–1248年间，塞维利亚（Seville）遭受伊斯兰教统治，13世纪时西班牙天主教堂的国土收复运动逐渐往安达卢西亚推进，公元1248年腓迪南三世终于光复了塞维利亚。塞维利亚在重新成为天主教世界后，逐渐繁荣兴盛，而海外殖民的扩展更累积了大量财富后，塞维利亚就自夸要建一所世界最大之教堂，而他们之努力也达成了。从公元1401年开始施工之塞维利亚大教堂（Seville Cathedral），代表的是天主教精神之展现。这座号称是全世界最大的哥特教堂，面积广达11020平方米，也是天主教世界第三大教堂（次于罗马圣彼得与伦敦圣保罗），至16世纪才完成。

原址为清真寺之塞维利亚大教堂由中央中殿及两侧各两条通廊组成，全长116米，宽76米。皇家祭堂（Capilla Real）、主祭堂（Capilla Mayor）是最主要的空间，皇家祭堂现在是西班牙中世纪各国王之陵寝，为“银匠装饰风格（Plateresque）”之作。主祭堂后有宽20米、高13.2米之镶金屏风（Reredos），是世界最大者，用了4000磅的黄金，雕刻有新约故事1500人之图像。另外哥伦布之坟亦存放于此，由卡斯提尔及莱恩等王国之勇士护柩。教堂旁的吉拉尔达塔（Giralda）原为清真寺高塔，除了哥特语汇外，亦有明显的伊斯兰教风格。

▽ 24.12 塞维利亚大教堂全貌

△ 24.13 塞维利亚大教堂全貌

▽ 24.14 塞维利亚大教堂室内中央交叉处顶棚

米兰大教堂

米兰大教堂为意大利哥特建筑之代表，位于市中心区，马克吐温曾称赞其为大理石之诗篇。这个欧洲大哥特教堂之一的兴建可推溯至当米兰公爵于公元1386年权力极盛之时，然而从一开始，计划中之工事就远超过当地建筑师与工匠之能力，因而产生许多困难，以致于原始设计不断地被修正。一直到公元1813年，整个教堂之兴建才完全完工。

整个教堂外观甚为华丽，全部共有各种不同造型之135座小尖塔，而雕刻也高达2200多尊。所有之排水口也都以怪兽或妖魔之造型呈现，足可以和巴黎圣母院相比美。正面入口高56米，而室外最高之塔高达

△ 24.15 米兰大教堂全貌

▽ 24.16 米兰大教堂尖塔

▽ 24.17 米兰大教堂雕刻细部

▽ 24.18 米兰大教堂雕刻细部

108米。在室内方面则是中殿之外，两侧各还有两条通廊，全长几乎达到150米。中殿则由巨柱撑起，甚为壮观，全部可容纳4000以上之信徒。末端环形殿有3片巨大的彩色玻璃窗，高20米、宽8米多，为意大利哥特建筑中最好之例。

锡耶纳大教堂

锡耶纳大教堂（Siena Cathedral）是意大利少数哥特式样建筑之一，但混用部分仿罗马建筑特征。中殿完成于公元1260年，不久之后圆顶亦告完成。整座建筑以彩色大理石处理成水平线带，异常抢眼，因而有意大利之艺术史家乃戏称人在教堂中宛如身处一只大斑马之腹中，室内亦是满铺五彩缤纷之马赛克。全栋建筑中最具哥特性格的乃是西面装饰华丽之立面墙，此种处理方式是意大利以自己的手法来诠释法国哥特建筑之结果。此面墙之下半部乃毕萨诺（Giovanni Pisano）于公元1284-1320年间所设计并亲自参与雕刻之工作，教堂旁之钟塔则建于公元1313年。

14世纪时，此教堂曾发生过一件有趣之事。公元1316年，可能是为了响应佛罗伦萨与奥维托（Orvieto）均在兴建巨大之教堂，锡耶纳大教堂于是也在原建筑之南侧增建一新的南北向中殿，而原建筑将成为巨大的新教堂之翼殿。由于工事过于浩大，公元1332年终于发生危机。锡耶纳于是组成一委员会调查此事，并警告教堂该停工。可是教会不听劝

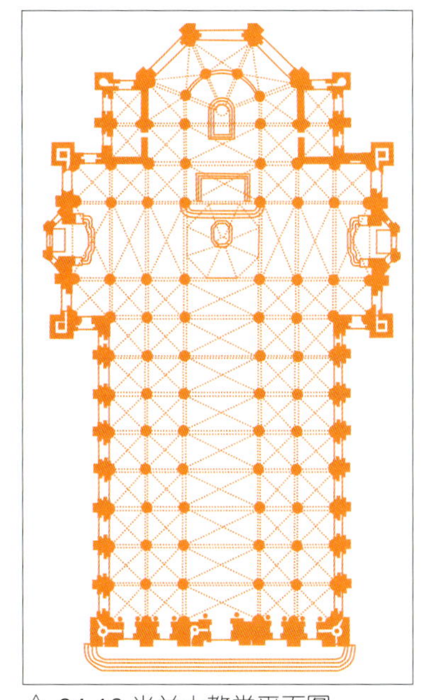
△ 24.19 米兰大教堂平面图

△ 24.20 锡耶纳大教堂全貌

24.21 锡耶纳大教堂未完成之中殿
▽

▽ 24.22 锡耶纳大教堂正向外貌

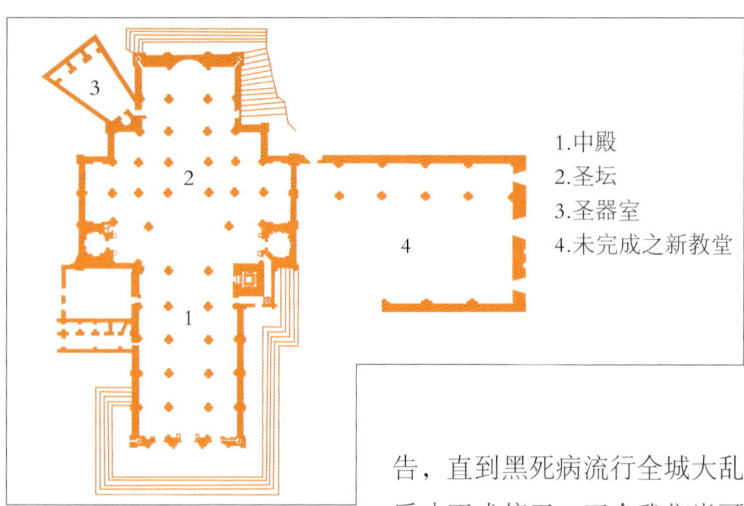

△ 24.23 锡耶纳大教堂平面图

告，直到黑死病流行全城大乱后才正式停工，至今我们尚可看到未曾完工的部分。14世纪时，教堂也曾增加高窗，而立面中央也因应提高以引入光线，工事完工于公元1360年。事实上，带有哥特风格的教堂在意大利虽然不多，但各地都存有案例，佛罗伦萨的圣十字教会也是精彩的一座。

△ 24.24 威尼斯总督府外貌

威尼斯总督府

威尼斯总督府（Palazzo Ducale）为历任威尼斯总督之官邸，原建于9世纪，现貌则为14世纪与15世纪之作，是哥特风格应用于非宗教建筑中一个非常成功之案例，由工匠乔凡尼与巴特罗缪欧（Giovanni & Bartholomeo Buon）所设计。整栋建筑环绕着一个中庭而建，外观立面长达152米，临广场与运河两面处理特别细致。在这两向的立面上，哥特建筑的语汇被优雅地表现出来。明显分为三层的地面层中，威尼斯传统之拱廊以圆柱支撑哥特尖拱呈现。第二层为更细分之尖拱，同时装饰以圆窗。第三层为实墙，表面为粉红色与白色的石材，甚为明亮，墙面中央为一个阳台，两侧则为尖拱窗，屋檐亦有尖形装饰带。整体而言，威尼斯总督府为一栋由极为纤细之哥特风格所主导的建筑。

▽ 24.25 威尼斯总督府中庭

▽ 24.26 威尼斯总督府尖拱廊

△ 24.27 科隆大教堂外貌

△ 24.28 科隆大教堂尖塔

△ 24.30 科隆大教堂翼殿外貌

科隆大教堂

科隆大教堂（Koln Cathedral）是德国最重要的哥特教堂，有两个重要的兴建期，一为自公元1248–1560年，第二阶段乃是自公元1842–1880年。教堂所在地在罗马时期及中世纪时期就有宗教建筑之发展。公元818年，总主教希尔狄包德（Hildebold）建立了一个大教堂，并以罗马的旧圣彼得教堂为模板。公元870年，旧主教堂献堂，在往后一百年间从两侧单一之通廊扩张成两侧各有两个通廊之教堂。到了公元1248年，总主教科纳范霍赫史达登（Konard von Hochstaden）替新的哥特教堂奠定基石。重建教堂之因并不只是当时流行哥特风格，另一个重要之原因乃是总主教莱纳德凡达塞尔（Reinald von Dassel）从米兰携回了三位圣王之遗骨，急需有一座更体面之教堂来安置。

▽ 24.29 科隆大教堂中殿室内

24.31 科隆大教堂中央交叉处拱
▽ 顶

教堂有巨大之外貌，正面双塔高耸入云霄，分别建于公元1390年及公元1437年，高达157米。室内中殿亦有43.5米高，透过彩色玻璃在室内造就

△ 24.32 科隆大教堂环形殿外貌

了天堂之意象，而外貌之飞扶壁也是此教堂之一大特色。公元1842年时由于原始图面之重现，致使教堂重新开始自公元1560年以来之一直停顿之工程，直至公元1880年大致完工成为现貌。

维也纳
圣史提芬大教堂

圣史提芬大教堂（The Cathedral of St. Stephen）是奥地利最著名的哥特建筑，有人甚至认为其拥有全奥地利及德国最好之哥特式尖塔。此教堂之尖塔，经常在诗歌中被赞颂，可以说是维也纳之焦点，甚至对某些维也纳人来说，是世界之顶端，被昵称为史提芬（Steffl）。很多人认为，原有位于教堂北面与之对称之北塔是否有完成，并不是一件重要的事，因为他们怀疑即便北塔能够完成，它不见得会比现存之南塔为佳。

圣史提芬大教堂原来只是一所教区教堂，但因其规模，很快使其提升到大教堂之地位，此事是实现于维也纳之大主教区成立于公元1469年之

▽ 24.33 维也纳圣史提芬教堂全貌

△ 24.35 维也纳圣史提芬教堂中殿室内

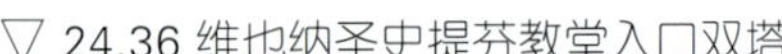

▽ 24.36 维也纳圣史提芬教堂入口双塔

24.34 维也纳圣史提芬教堂装饰拱顶 ▽

时。圣史提芬教堂最初教堂是仿罗马风格（1137-1147年），第二代教堂（1230-1263年）则根基于同一个平面上，是仿罗马晚期之风格，部分之元素至今仍然存在，第三代教堂为哥特式，始建于公元1304年，而133米高之南塔完成于公元1433年，有后期哥特先驱的普希保（Hans Puchsbaum）则于公元1455年完成中殿之后续工程，并且设计了屋顶及北塔，然而北塔一直未曾完成。此教堂设有西端屋（Westwork），其入口及两个像伊斯兰教塔之高塔被人称为“异教塔”，基本上是晚期仿罗马风格。角落之祭殿，大门上的尖拱、高廊及尖塔等为哥特风格之添加物，大门上之雕刻物阐述各种著名宗教上之故事。整座教堂外貌宏大，长100多米，虽然期间历经各次增建改变，但全体而言却是和谐的。

布拉格
圣维图斯大教堂

布拉格常常被称为“百塔之城”，而圣维图斯大教堂（St. Vitus Cathedral）之双塔乃是其中最高者，高度有96.6米，引导人们朝向天际。在室内，圣维图斯大教堂长124米，宽60米，光线透过彩色玻璃洒在地面，极为漂亮。现况之彩色玻璃是19世纪与20世纪在不同赞助下所整修之物，入口之上的玫瑰窗尤其艳丽，由26740块玻璃镶嵌而成。整座教堂一共有21座祭殿，波希米亚帝国皇帝们之墓碑则藏于地下室之中。正立面及大门上之雕刻均值得一看。

24.37 维也纳圣史提芬教堂室内雕刻 ▷

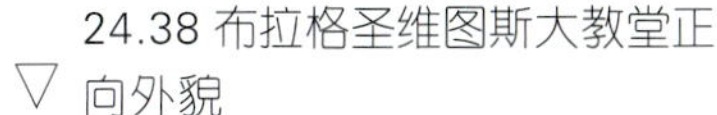

24.38 布拉格圣维图斯大教堂正向外貌 ▽

△ 24.39 布拉格圣维图斯大教堂中殿室内

△ 24.41 布拉格圣维图斯大教堂环形殿外貌

现有之教堂是经过好几个世纪之整建改建才完成。一开始是圣维克拉夫（St. Wenceslas）于公元924年以仿罗马式样所建之圆形殿。公元1060年重建一次，14世纪时，当布拉格之主教被提升为大主教时，再以现有之哥特式样重建于公元1344年，建筑师是为查理四世聘自法国之马修（Matthew），后来由彼得帕勒（Peter Paler，1330-1398年）所接手，直到20世纪为止，有许多建筑师都曾参与其工事。位于教堂南侧的维克拉夫祭殿（St Wenceslas Chapel）中之圣经壁画、圣人事迹壁画、及各种装饰都是不能错过之装饰珍品。南面之大门被指称为金色大门（Goldon Portal）有精彩之雕刻。

除了圣维图斯大教堂外，教堂南侧的维拉迪斯拉夫厅（Valdislav Hall，1493-1502年）虽然是德国建筑师于16世纪完成的作品，却也呈现出独特的波希米亚哥特风格。另一方面，同为彼得帕勒所设计旧城圣母教会（Church of Our Lady before Tyn，1365-），其屋顶特殊的复合尖塔形式也使东欧的哥特风格之建筑与其他地区

▽ 24.40 布拉格圣维图斯大教堂平面图

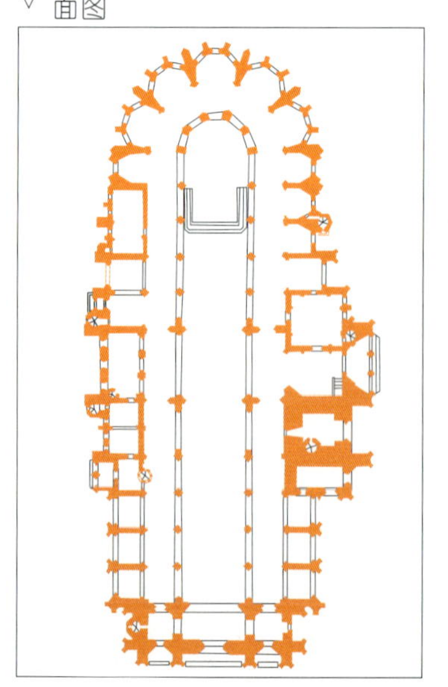

▽ 24.42 布拉格圣维图斯大教堂金色大门

的哥特建筑差异甚大。

库塔霍拉
圣芭芭拉大教堂

库塔霍拉（Kuntá Hora）原为一个采矿小镇，起源于13世纪下半叶。在丰富的银矿被发掘之后，国王马上控制其开采，而且发展成为波希米亚第二重要的城镇。14世纪时，波希米亚一半以上的银矿均开采自此，使得国王成为欧洲最富有的皇室之一。城镇西南的圣芭芭拉大教堂（St. Barbara's Cathedral）为城镇富有后所建，供奉被视为是矿工守护神之圣芭芭拉。负责教堂的工匠起初是布拉格圣维图斯大教堂工匠彼得帕勒之子约翰帕勒（John Parler），采取的是一种相当特殊的波希米亚哥特风格，3座类似圣坛顶棚的高塔尤为特别。

圣芭芭拉教堂创建于公元1388年，大部分是由矿工所赞助捐资兴建。根据记载，此建堂兴建之初曾企图超越布拉格的圣维图斯教堂，规模原本计划为现有建筑之两倍，后来因故停工数次，规模也渐次缩小，直至第16世纪中叶才全部完工。圣芭芭拉教堂的空间由中殿、两侧双通廊、环形圣坛组成。圣坛是目前最古老的部分，献堂于公元1391年，复杂的拱顶则是公元1499年才由马雅斯雷吉塞克（Maty·o Rejesk）完成。中殿部分为工匠比内基特雷吉特（Benekikt Rejt）之作，拱顶的做法已经不似传统哥特强调重直性与构造性，细腻的拱肋由柱子伸出，在屋顶上交会成一个整体。

△ 24.43 布拉格维拉迪斯夫厅

△ 24.44 旧城圣母教会

24.47 库塔霍塔圣芭芭拉大教堂侧向外貌 ▽

24.48 库塔霍塔圣芭芭拉大教堂平面图 ▽
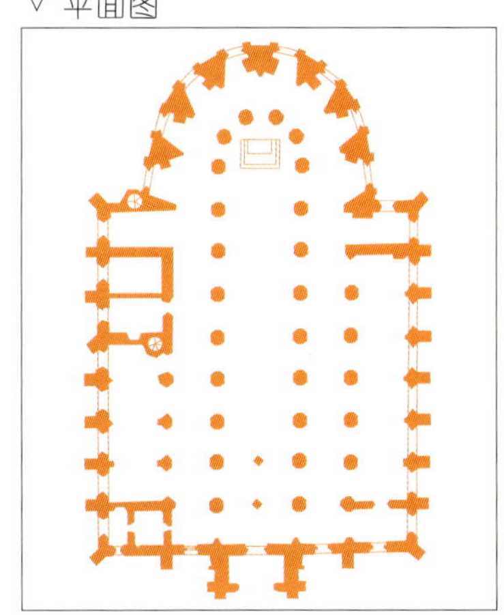

24.45 库塔霍塔圣芭芭拉大教堂中殿室内 ▽

24.46 库塔霍塔圣芭芭拉大教堂环形殿外貌 ▽

第二十五章 中世纪欧洲城堡宫殿与城镇

除了修道院与教堂之外，中世纪的城堡也是西方世界中最重要的建筑。这时候，绝大多数的地方是由帝王或贵族统治，他们营建了不少宫殿，也兴筑了除了居住特质的宫殿外，兼具防御功能的城堡。这些中世纪宫殿与城堡多数在文艺复兴时期已经改建，只剩少数尚可寻获中世纪的遗构。另一方面，中世纪末逐渐兴起的城镇，则在不少地方仍然原貌可寻。与文艺复兴以后较规则性的城市相较，曲折的街巷与不规则的广场，极富特色。此外，在摩尔人统治过的西班牙，不但宫殿与城堡带有浓厚的伊斯兰教色彩，城市中甚至出现了清真寺，与其他地区的仿罗马或哥特建筑相较，显得极为特殊且具意义。

△ 25.1 卡尔卡松城城墙

▽ 25.2 卡尔卡松城远眺

▽ 25.3 卡尔卡松城伯爵堡

▽ 25.4 卡尔卡松城纳荷波恩门

卡尔卡松城

在欧洲的中世纪城镇中，卡尔卡松（Carcassonne）是十分具有代表性的一个。因为自古以来卡尔卡松就是大西洋与地中海间及西班牙与欧洲其他地区两条重要交通要道之交会点，因此战略地位至为重要。早在公元前6世纪，这个地区就有人类活动的记录，3世纪与4世纪时，罗马人更在原为高卢人聚居之处建立了有雉堞堡垒之城镇。这些最早的防御工事后来被整合于12世纪时特宏卡维家族（Les Trencavels）统治时兴建城堡之西侧。13世纪初十字军东征时，卡尔卡松曾被占领，成为皇室之地，而城镇防御工事则持续到13世纪末。卡尔卡松城镇本身就可以被视为是一个大城堡，由双重的城墙防卫，城门设有塔楼，与城墙上的望楼都覆以圆锥顶，甚为壮观，其中奥德门（Aude Gate）与纳尔波恩门（Narbonnise Gate）是为代表。而伯爵堡（Chateau Comtal）则是城堡中的城堡，由于兴建过程历经不同时期，不同石材代表的是不同年代的历史证物。

△ 25.5 卡尔卡松城总平面图

亚维农教皇宫殿

与卡尔卡松一样，亚维农（Avignon）也是一座具有世纪风貌的城镇。公元1309年时，教皇克雷蒙五世曾将教廷迁移至此，直至公元1377年为止。教廷迁至亚维农之这段期间，教宗在此兴筑了一座宫殿，不但四周以厚达4米的高墙环绕，更有十座高耸的塔楼，曾经被赞誉为世界上最宏大且最美丽的住屋。整个宫殿约略分为南北两部分，二者均是环绕着一个回廊。北面宫殿为教宗本笃十二世所建，南面宫殿为克雷蒙六世所建，内有高20米

△ 25.7 亚维农教皇宫殿远眺

▽ 25.6 亚维农教皇宫殿入口

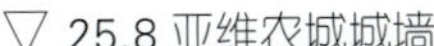
▽ 25.8 亚维农城城墙

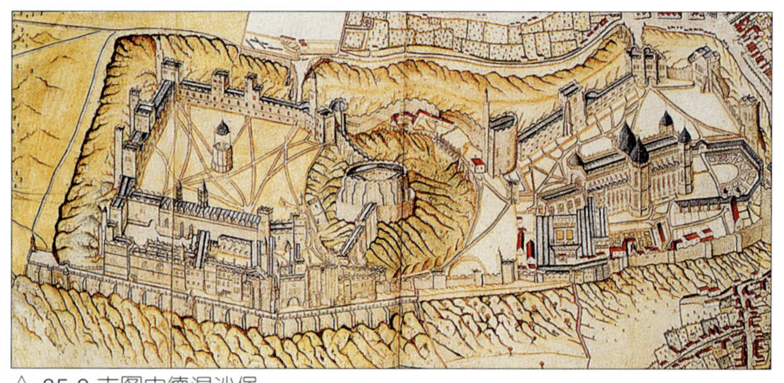

△ 25.9 古图中德温沙堡

▽ 25.10 温沙堡中央圆塔旧貌图

的大祭堂，而谒见大厅中则有五根柱头有动物图案之柱子将空间分为两部分。

伦敦塔与温莎堡

在英格兰，目前最有名的中世纪城堡为征服者威廉一世所建立的伦敦塔与温莎堡。不过源自于诺曼人的城堡，早在哈斯汀（Hastings）战役之前，就曾由威廉一世以一处位于贝文希（Pevensey）之罗马防御工事加以整建成城堡。威廉一世所建立的城堡后来成为英格兰城堡的蓝本，即一般所谓的“土丘与围城”城堡（motte and bailey castle）。这类的城堡通常由有围塑的土地所构成，即所谓的围城，其周围绕以濠沟。挖掘濠沟的废土则用来堆成围城外的土岸，并且在其上置放木桩。在围城里，会有一座陡峭的土丘，丘上建有城堡

▽ 25.11 温沙堡中央圆塔现貌

中最重要的主塔楼。

继贝文希城堡之后，威廉一世又在哈斯汀与多佛（Dover）各建有城堡。威廉一世所建的城堡并不只是士兵驻守之处，其也是统治者的行政中枢。11世纪中叶，英格兰就跟着法国城堡的改变，开始将主塔楼由原有的木结构改为石结构。这些塔楼以长方形为多，但是也可能是正方形、多边形或其他形状，规模大小差异很大。温莎堡（Windsor Castle）是目前仍然持续使用中最古老的英格兰王室城堡，由威廉一世建于约公元1080年，坐落于该泰吾士河河谷于该地区惟一白垩山脊上，是属于典型诺曼城堡的修正，中央土丘上立有一座圆塔，其前后各有一处围城称为上区与下区，与一般只有一侧围城的城堡不太一样。

一开始，温莎堡是完全以防卫为考量，以泥土及木材所建。然而因其可及性等因素，亨利一世早在公元1110年就于此设有住宿空间，而亨利二世则正式将城堡改为皇室住宅，并区分为两个不同的区域。上区为朝廷私密的住宅，下区为朝廷及宴会厅。亨利二世同时将原有土丘上的木造建筑改为石材。朝向目前大街，3个半圆形塔楼为亨利三世建于公元1220年。爱德华三世（1327-1377年）时，温莎堡进行整建，规模可谓是英国王室住宅计画中最大者，而温莎堡也成为兼具皇宫华丽与宗教虔诚之组合。

在二十一章提过的伦敦塔也是威廉一世最早建立的城堡之一，历代以中央的白塔为中心往外扩建了层层向心的堡垒。白塔其形状接近长方形，长36米、宽32.5米、高27.5米、底部墙厚4.5米、顶部则减少至3米。除了伦敦塔与温莎堡外，索塞克斯（Sussex）的阿朗道古堡（Arundel Castle）、康瓦耳（Cornwall）的雷斯托麦尔古堡（Restormel Castle）、约克（York）的克利福德塔（Clifford's Tower）、赫勒福（Hereford）的古德里奇古堡

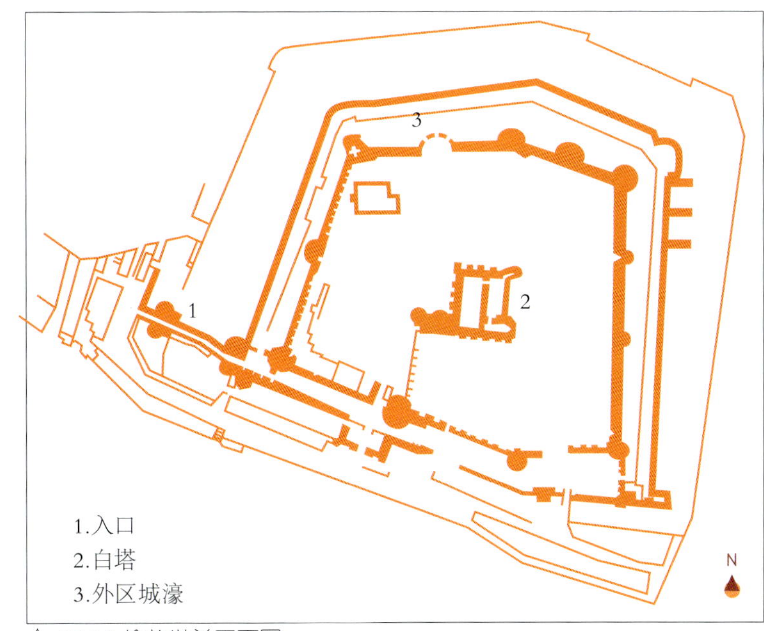

△ 25.12 伦敦塔总平面图

△ 25.13 伦敦塔白塔现貌

▽ 25.14 约克克利福德塔现貌

△ 25.15 爱丁堡古堡远眺

（Goodrich Castle）、渥里克古堡（Warwick Castle）与利兹古堡（Leeds Castle）等都是英格兰较有名的中世纪城堡。

爱丁堡古堡

在苏格兰，多数城堡并不完全依赖人工化的防御措施，而是与自然地形紧密地结合成一体，爱丁堡古堡（Edinburgh Castle）即为一例。就与苏格兰之历史一样，充满着色彩的这座城堡，位于现称为古堡山的突出山头上。虽然它独特隆起的地形使许多人认为其必然自非常早的时期就具有相当重要的战略地位，但事实上它却是一座自11世纪开始才形成的古堡。从黑暗时期，古堡所在地据推测已有一道防卫墙围绕山头，公元1093年玛格丽特皇后（Margaret）死后，古堡也曾沉静一时，以表达对她之哀思。目前古堡中多数建筑多已经后

△ 25.16 爱丁堡古堡圣玛格丽特小祭堂

△ 25.18 康威古堡临河塔楼

▽ 25.17 古画中的康威古堡

▽ 25.19 康威古堡地面层平面图

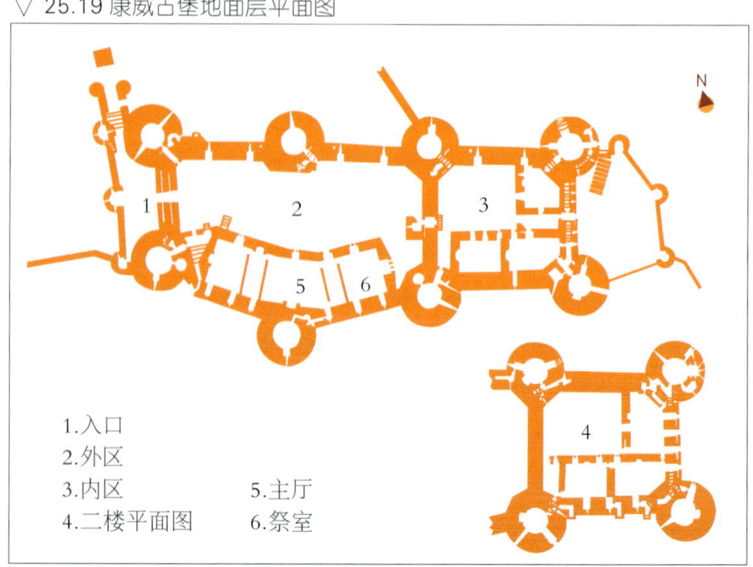

代改建，保存最早的建筑即为是圣玛格丽特小祭堂（St. Margaret's Chapel），它的兴建年代有二种不同的说法，一说是国王马科姆三世（Malcom III）特所建，时约公元1100年左右，另一说是皇后玛格丽特死后到了公元1124年才由她最小的儿子大卫一世为纪念她所建，但自14世纪以来，人们就相信此为玛格丽特生前祷告之处。

圣玛格丽特小祭堂的外貌是一个不规则之长方形，大约是长10米、宽5米。有三个窗户位于南面，北面没有，东西面各一个，圣坛为一个环形殿。一般而言，外观是长方形，但内部是半圆空间的例子在盎格鲁诺曼之教堂中颇为常见，但像这种小尺度之教堂则十分罕见。古堡其他部分都已是公元1706年，英格兰、威尔士和苏格兰缔结了联盟条约（Act of Union）而成为一体后所陆续整修之貌。

△ 25.20 康威古堡塔楼现貌

▽ 25.21 哈立克古堡旧貌图

△ 25.23 哈立克古堡门楼现貌

▽ 25.24 哈立克古堡内部现貌

爱德华一世古堡群

公元1277年起，威尔斯国

▽ 25.22 哈立克古堡地面层平面图

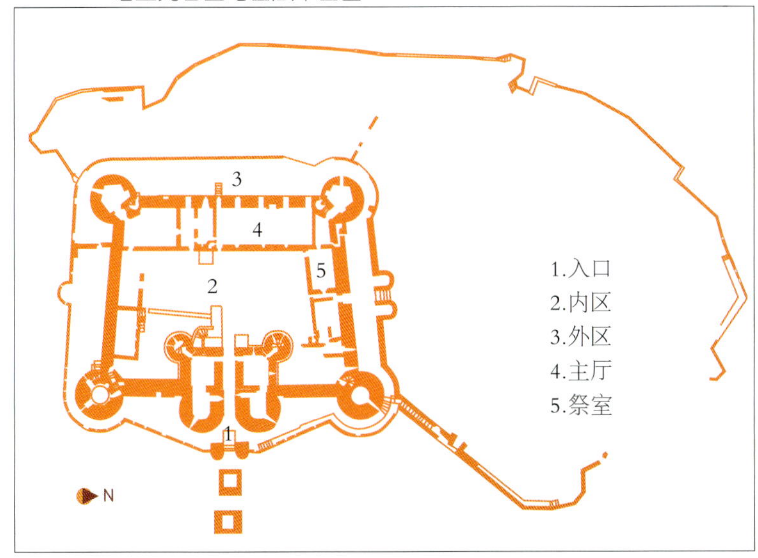

▽ 25.25 毕欧马利斯古堡内庭

△ 25.26 毕欧马利斯古堡旧貌图

△ 25.27 毕欧马利斯古堡外貌

△ 25.28 亚维拉城城墙高塔

▽ 25.29 亚维拉城远眺

王爱德华一世（Edward I,1272-1307年）开始了一系列的城堡营建计画，最后完成了14座。康威古堡（Conway Castle）是其中的一座，兴建于公元1283-1289年之间，是威尔斯典型的中世纪城堡。这些城堡都具有几项共同的营建原则。第一是避免攻击者接近城基的设施，如障碍物、刺物或濠沟。第二是塔楼上檐出挑以增加攀爬的困难度。第三是每一个塔楼或适当部位都是独立的防卫体系，有时候塔楼上另置小塔，以增加对于城堡屋顶的掌控度。城堡的内部则是一个设施相当完备的组织，不但有防御工事，还有起居卧室、宗教祭堂及各种服务设施。负责爱德华一世城堡兴筑的工匠是来自于圣乔治的詹姆斯（James of St. George），他是当时威尔斯最杰出的工匠。

位于河边小山的康威古堡完全依此原则兴建，整个城堡一共有8个塔楼，其中临河的4个形成一组，包被着内庭，同时置有小塔。其他的塔楼则再与前述4个塔楼之两个围塑着外庭。与康威古堡兴建的年代相同，但哈立克古堡（Harlech Castle）采取的是对称处理，略呈梯形。城堡坐落的地点是一个西侧临海高约60米陡峭的山崖上，北面与西面直接利用地势作为屏障，南面与东面则设有濠沟。城堡基本上为石造，正面朝东，正中央为由4个塔楼组成的厚实门楼，其上层为卧室。由大门入内后为内庭，四周设有厨房等服务设施及祭堂。城堡主体4个角落也分别设有塔楼，也设有一圈围墙，其与主体间则为外庭。与康威及哈立克相比，毕欧马利斯堡兴建的年代则较晚，为公元1295-1298年间，只花费3年就已完工。城堡的基本形制与哈立克非常相似，是对称的空间配置，不过正面及背面都设有入口塔楼，城堡主体的塔楼也增加到6个，另外庭之外的六边形外围墙也设置了许多较小的圆塔。

亚维拉城

西班牙也是一个保存甚多中世纪城镇、城堡与宫殿之国家。亚维拉是全西班牙最高的行省首府，位于纬度高1131米之高地上，亚维拉是圣泰瑞莎（St Teresa）之出生地，因而到处都可以看到与圣者有关之事物，有人也称亚维拉为“石头之城，圣人之城”。亚维拉城墙之堞雉非常的完整，可以说是欧洲中世纪最生动之例子之一。城墙总长2516米，城内所包被之部分约为900米长，450米宽。城墙中会有约2500座突出之棱堡与总数88座之高塔，其中大部分完成于11世纪，而且在往后之整建中也都力求与原来的风格统一。

△ 25.30 塞哥维亚阿尔卡萨远眺

塞哥维亚与塞维利亚阿尔卡萨城堡

西班牙因为曾受到摩尔人之统治，因此城堡与法国及英国大不相同，称为阿尔卡萨城堡（Alcazar），其中塞哥维亚（Segovia）与塞维利亚均颇富盛名。塞哥维亚是一个著名的城市，亚尔方索十世（Alfonso X）与亨利四世（Henry Ⅳ）都曾是这里之住民。阿尔卡萨城堡位于城市中俯望河谷之山崖上，建于13世纪初期，并且于15世纪及16世纪分别整修过，外貌上有大小不一之数个圆锥尖塔，自下望之别有一番气势。

塞维利亚阿尔卡萨城堡（Alcazar）目前只剩阿默哈德

△ 25.31 塞哥维亚阿尔卡萨尖塔

25.32 塞维利亚阿尔卡萨谒见厅圆顶 ▽

△ 25.33 塞维利亚阿尔卡萨城堡处女中庭

▽ 25.34 塞维利亚阿尔卡萨城堡处女中庭拱券

墙（Almohade Wall）与耶索中庭（Patio del Yeso），其并与班德拉斯中庭（Patio de Banders）形成连续之体。宫殿部分主要为彼得一世（Pedro Ⅰ）于公元1364年所建，工匠来自格拉纳达及托莱多，后来由约翰二世（John Ⅱ）、伊莎贝尔一世（Isabelle Ⅰ）与腓迪南及查理五世（Charles Ⅴ）分别扩建。兼有天主教及伊斯兰教风格的彼得一世宫殿现为建筑群之中心，内有精彩的彩釉面砖装饰，公元1427年所建之大使谒见厅（Salon de Embajadores）有叫人叹为观止之圆顶，处女中庭（Patio de las Doncellas）及娃娃中庭（Patio de las Munecas）中也都有伊斯兰教之风。

格拉纳达阿尔罕布拉宫

从11世纪开始，格拉纳达（Granada）逐渐发展成重要之城镇，公元1238年，纳苏利德（Nasrids）这个新的王朝在穆罕默德一世（Mohammed I Ibn el-Ahmar, 1232–1273年）之统治下建立起来，从公元1238年到1492年，格拉纳达繁荣的成长，成为重要的经济、文化及艺术之象征中心，并且出现了像阿尔罕布拉宫（The Alhambra）如此杰出之建筑。许多诗人及文学家对其都有美丽而且浪漫之描述。

阿尔罕布拉宫，意为红宫，其实不是一个单一的建筑物，它是位于格拉纳达东方山

▽ 25.35 阿尔罕布拉宫总平面图

▽ 25.36 阿尔罕布拉宫阿尔卡萨巴及水池广场

△ 25.37 阿尔罕布拉宫柘榴院中庭

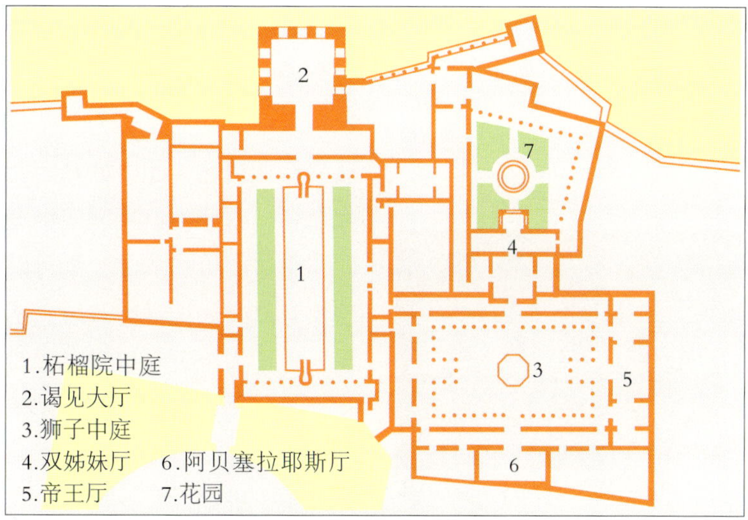

△ 25.38 阿尔罕布拉宫纳苏利德王朝宫殿平面图

25.39 阿尔罕布拉宫柘榴院中庭 ▷

丘上的一个建筑组群，包括有纳苏利德王朝宫殿（Palacios Nazaries）、查理五世宫殿、阿尔卡萨巴城堡（Alcazaba）及吉尼拉丽菲夏宫（Generalife）几个主要部分。阿尔卡萨巴建于9世纪，是阿尔罕布拉中目前最古老的部分，其原来是伊斯兰教王朝为了防御农民叛乱所建。穆罕默德一世（Muhammad I）开始兴建，但由穆罕默德二世逐渐完成，俯望贮水池广场（Plaza de los Aljibes）之高塔为13世纪之物，而西侧之望楼可以提供对附近景观一个非常宽广之视觉景观。

纳苏利德王朝宫殿大部分为穆罕默德五世重建于公元1356年，主要是围绕着两个优雅的中庭而建，一个为长向为南北向的柘榴院中庭（Patio de los Arraynes），中庭中有一个长方形的水池，二处喷泉缓缓喷水入内。水池两侧为两排低矮的柘榴树丛，此中庭乃因此而命名，水池不但可以使中庭四周之房间更加清凉，更可以使拱券产生如天堂般意境之倒影，更可为夜观星星之明镜。正面拱券有7个，都装饰以木

△ 25.40 阿尔罕布拉宫柘榴院中庭

▽ 25.41 阿尔罕布拉宫狮子中庭

△ 25.42 阿尔罕布拉宫狮子中庭

▽ 25.43 阿尔罕布拉宫狮子中庭

雕，中央者特别高以便可以看到内面之拱券，此中庭以谒见大厅（大使厅）为端，为接待各国使节及贵宾之处，墙面、顶棚均有华丽之装饰。

为了要区别宫廷与私人之生活区，穆罕默德五世又建立了一个阿尔罕布拉宫最著名的狮子中庭（Patio de los

Leones）。中央有一喷泉，四周环绕着12头狮子，中庭四周有回廊，内为帝王起居所在，北面为双姊妹之厅（Sala de las Dos Hermanas），南面为阿贝塞拉斯耶厅（Sala de los Abencerrajes）。姊妹厅为王者之寝宫，中央有水池，顶棚系钟乳石装饰之圆顶，富幻想罗曼蒂克之装饰纹样满布厅中，令人叹为观止。查理五世宫殿位于狮子中庭及柘榴院中庭之西北角，外方内圆，是天主教收复失地之后，建于16世纪。吉尼拉丽菲夏宫则是花草扶疏，水池及喷泉相映成趣，是另外一种宁静的天堂。

科多华清真寺

不只是城堡与宫殿受到伊斯兰教的影响，西班牙的城镇内甚至存在着教堂与清真寺共构的情形，科多华（Cordoba）清真寺即为一例。科多华之起源有可能是迦太基，名字可能源自卡图华（Kartuba），其为腓尼基语“富有而珍贵的城市”之意。在罗马统治之下，其为一行省之首府。公元750年，伊斯兰教帝国中的阿巴斯（Abbasids）王朝兴起，原有乌梅叶王朝（Umayyad）之王子阿拉曼一世逃到伊比利亚半岛，于公元756年建立一个独立的新王国，定都科多华。科多华清真寺

△ 25.44 科多华清真寺室内

▽ 25.45 科多华清真寺平面图

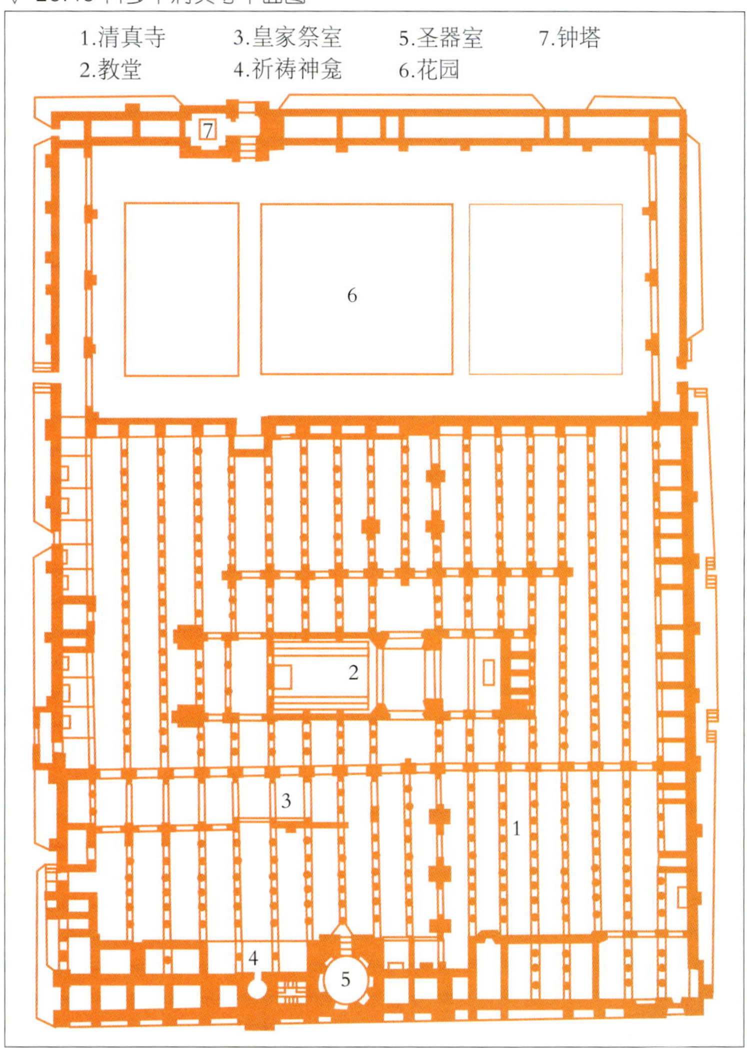

△ 25.46 科多华清真寺顶棚

▽ 25.47 科多华清真寺祈祷神龛

▽ 25.48 圣吉米安诺现貌

（Mezquita）乃是由阿拉曼一世（Abd ar-Rahman I）始建于公元785-787年间。在往后之数个世纪中，不断地发展，包括有阿拉曼二世（822-852年），阿哈卡姆二世（Al Hakam II, 961-976年）及军事领袖阿曼舒尔（Al Mansur, 976-1002年）等人的不断扩建，直到公元987年才大致完成。

阿拉曼一世所见之清真寺原来只有宽12柱间，深12柱间，后来则扩建成宽19柱间，深36柱间。进入其内可以看到850根柱子，支撑着屋顶，叫人叹为观止，柱子之石材有些取自罗马古建筑，有些则来自哥特建筑，拱券为马蹄形多数为红白相间，有的为复层处理，甚为华丽。在阿哈卡姆二世之扩建中，有2项特别值得注意之处，一为祈祷神龛（Mihrab），有非常丰富的马赛克装饰，磨损的石材可更显出信徒朝拜的跪膝之处。神龛旁的国王哈利法围室（Caliph's enclosure, Maqsura），其顶由8条拱券所支撑，装饰有闪闪发光之金色嵌画。公元1212年，阿默哈德之王朝被基督教之军队所击垮，在清真寺内陆续出现基督教堂，公元1523年起，查理五世于寺正中央开始兴建教堂，形成清真寺中有教堂，伊斯兰教建筑中有基督教建筑之特殊景象。事实上，科多华清真寺在阿拉曼创建之时，就自夸此建筑为西方的卡巴（Ka'ba）（卡巴就是从天堂下落于麦加圣地清真寺中庭之黑石），当然建立一个够大之清真寺以便可以容纳阿拉曼统治地之所有信徒于星期五举行祈祷，本身就是一件具信心的政治性举动，同时也有使位于其对手阿巴斯控制下的耶路撒冷岩石圆顶（Dome of the Rock）与大马士革的大清真寺变得逊色之意味。

圣吉米安诺

在意大利，中世纪的城堡与宫殿远不如中世纪的城镇来得引人注意。圣吉米安诺（S. Gimignano）是意大利保存中世纪气氛最好的几个城镇之一，位于佛罗伦萨西南约55公里处，自14世纪以来整个都市之形态并没有什么太大的变化。中世纪时圣吉米安诺高塔林立，最多时曾高达70余座，现则剩下13座。即使高塔的数目远不如从前，每位造访她的游客仍然会被整个城镇之天际线所深深吸引，也因为这样，托次坎尼地方的人喜欢昵称圣吉米安诺为意大利之曼哈顿。圣吉米安诺之所以会有如此多高塔的原因乃是因为在中世纪时每个家族总是习惯建一钟塔以便在有敌人入侵时可以当作卫塔来丢掷石块，而每一家族也竞相把塔筑高以象征其地位与权力。

和其他的托次坎尼城市一样，圣吉米安诺也是由依特拉次坎人所开始发展，但中世纪时教皇与国王之间之纷争不断，圣吉米安诺自然不能幸免。14世纪初，圣吉米安诺成为佛罗伦萨之势力范围，政经逐渐衰退，自此成为现貌至今。城中小径值得一走，西斯特纳广场（Piazza della Cisterna）与教堂广场（Piazza del Duomo）是两个较有名的开放空间，前者之水井与后者之教堂是广场中之焦点。教堂末端有一祭室供奉着圣吉米安诺之守护女神芙伊娜（Santa Fina），据闻在芙伊娜去世的那一天（公元1253年3月12日），天使们敲响了所有圣吉米安诺之钟声，每座高塔上也绽放美丽的花朵。

锡耶纳

锡耶纳（Siena）也是意大利中世纪一颗闪耀的明珠。她曾经是经贸商业重地，更曾在公元1260年在大战中击败佛罗伦萨，在艺术上锡耶纳也曾大放异彩，与佛罗伦萨分庭抗礼，一直到公元1599年，这个美丽之城市才落入佛罗伦萨人之手。锡耶纳于14世纪所创造出的贝壳形康波广场（Piazza del Campo），一般被认为是欧州最美丽之都市广场之一，其开启了自古典以来第一次将美学之考虑与城镇规划整合在一起。锡耶纳曾于公元1298年通过法令，对住宅之尺度与形式加以限制规范，因而造就了锡耶纳这个欧洲最具特色之中世纪城市。康波广场上主导之建筑物为公共大厦（Palazzo Pubblico），其上矗立的是曼吉亚高塔（Torre della Mangia），其从公元1338年起兴建10年才完成，为所有意大利市政厅中最高之高塔，高达100米，其名称则是为了纪念第一位撞钟人曼吉亚而得。

△ 25.49 圣吉米安诺现貌

△ 25.50 锡耶纳康波广场公共大厦

▽ 25.51 锡耶纳康波广场

第二十六章
文艺复兴建筑之兴起

△ 26.1 佛罗伦萨洗礼堂天堂之门

26.2 佛罗伦萨洗礼堂天堂之门细部 ▽

背景

15世纪西方建筑的文艺复兴是西方建筑历史上首度有意识地检视古典文化。这时候由于城市逐渐兴盛，新的专业阶级出现，他们热烈地展开了对古典哲学及思想之注释及研究工作。意大利的佛罗伦萨是这股新思想之源头。此时人们殷切地寻求一种像古代一样完美而且有文明之生活，尘封已久之史籍，纪念物及史迹成为炙热的焦点，人文主义者在图书馆中大肆搜索古代智能之作；他们用心地重新学习已被遗忘的希腊语言及拉丁文。

所谓人文主义即是在探讨人之所以为人之道，此为人文主义者极力提倡古典教养之因。文艺复兴的人文主义所努力的目标乃是要从中世纪封建制度的“非人本性”理念中解放出人存在之本身，恢复本来之“人本性”。人神之间关系之改变因而也解放了创作上之束缚。颂扬（apotheosis）与升天（ascension）成为文艺复兴图像中的重要主题，罗马凯旋门也得以被移用为教堂门面，这就是色狄迈（H.Sedimayr）所提出的结论：文艺复兴表明的并不是基督教的异教化而是异教的基督化。

事实上，古典文化实际上并未因基督教之兴起而消除，史家瓦特金（David Watkin）就指出，佛罗伦萨是一个从未忘怀意大利古典过去之城市。早在11及12世纪所谓“初期文艺复兴雏形”已产生过像蒙特圣米尼亚多（S. Miniato al Monte）之类，以一种连续影响佛罗伦萨几乎是3世纪，诱人地以吸引人的华丽古典式样所设计之建筑。这个现象其实可以归因于哥特式样建筑在意大利是从未像西欧及中欧一样被发展成本土之文化。另一方是古代罗马文化就在附近不时发出召唤，提醒意大利人他们有部光荣的历史。而且佛罗伦萨人一向视哥特式为一种野蛮的北方式样，与蹂躏古典罗马之日耳曼后代有直接的关系。

绘画与雕刻新美学

由于在文艺复兴时期，人性（humanity）成为所有事物之中心，文艺复兴之艺术家乃有一种强烈之企图，要把整个世界依人性尺度诠释出来，也因而发展出一套新的视觉语言及规则，以便将中世纪以神及天为中心之表现转成以人和自然为中心。在绘画中，中世纪中常用的金色背景乃被真实的三度空间世界所取代。在建筑中，中世纪强调指向神与天的垂直表达也被水平其他处理手法所替代。而雕刻家则注重人类之造型与比例。

在文艺复兴初期，佛罗伦萨就曾出现像米开罗佐（Michelozzo Michelozzi），吉伯提（Lorenzo Ghiberti），丹纳特罗（Donatello）及马赛奇欧（Masaccio）等影响后代甚深之艺术家，他们在艺术创造上重新开启一种流畅与庄严的古典式样。米开罗佐从公元1417年开始曾和吉伯提合作制作佛罗伦萨大教堂洗礼堂之北面门扉，而吉伯提则在公元1425-1452年间完成了第二组门扉《天堂之门》（Gates of Paradise），在这个作品中吉伯提将背景空间和取自圣经之情景融合在一起而创造了空体(Volume) 和深度之感。另外米开罗佐也和丹纳特罗于公元1425年左右开始合作进行教宗约翰二十三世（John XXlll）之墓饰等作品的设计。而丹纳特罗自己的作品"大卫"（David, 1430-1432年）则为文艺复兴时期最早的独立裸体人像之一。在绘画方面，马赛奇欧之替佛罗伦萨圣母堂（Church of Santa Maria Novella）所绘之《三位一体》（Trinity，1428年）湿壁画则把基于观察之现实主义与根据数学比例两个文艺复兴绘画之大原则表露无疑，整个图面中一点透视之焦点位置刚好是一个普通高度的人立于圣坛前之高度（1.5米），其他部分也均依比例而绘。

新城镇之开始

自从11世纪后半期，一个新的阶级再度形成，他们组织起来和教会及贵族两大势力相抗衡。一个新的时代也在许多改变中渐渐形成。贸易再度成为人们主要谈论之中心话题，现在的贸易并不是地方性的贸易，而是由市民中之专业人员来作长程之计划与运作。而这种自治城镇（Commune）之兴起，也意味着一些新的建筑形态之将出现，例如商业公会、储仓、市场等商业建筑。而整个城镇之组织也在进行着充满

△ 26.3 佛罗伦萨洗礼堂天堂之门细部

26.4 佛罗伦萨洗礼堂教宗约翰二十三世墓饰 ▽

▽ 26.5《大卫》（丹纳特罗）

△ 26.6《三位一体》（马赛奇欧）

▽ 26.7 佛罗伦萨维琪奥宫远眺

▽ 26.8 佛罗伦萨维琪奥宫外貌

活力之变化。街道和其他公共空间有了新的秩序，而都市中土地之使用也影响了原有之建筑，房地产似乎变成了新的行业，不但是旧有之城镇被加以整治，新的城镇也因应而生。

从封建制度社会转变成地方政府之形式是发生于意大利北部之老教区内。在北部之制度转化过程并不像罗马地区那般的轻率与使用暴力。因为通常一个望族往往就是主教行政区之一部分，当市民非常积极迫切去寻求自治时，这些望族乃化身先成为一种执政官，接着乃成为议会中之代表，议会乃为城镇中政治运作之主体。而老百姓控制了权力之后，乃借着建筑表现出其宣言，这个情形就是促使所谓“市政厅”建筑出现之主要动力。市政厅不仅仅是议会代表聚集之处，也是一些商业公会和市集之所。

市镇厅之出现

早期的意大利市政厅都是形成于原有教堂之邻近，利用原有之宫殿作为基础，而其外之开放空间则作为市场。这个组合就如同古罗马时期之广场一样，并且维持得相当安全，没有任何武器可以被带入这个地区，而犯罪的人也会被处以极刑。早期之市政厅也都还和宗教有密切之关系。例如意大利最早之市政厅是位于科默（Como）之布罗勒托宫（Palazzo Broletto），建于公元1215年，是为了光耀城市之守护圣人圣亚波狄欧（St. Abbondio）而建。而佛罗伦萨之市政厅则是为了光耀圣母玛丽亚所建。

布罗勒托宫是位于科默新旧两栋教堂之间，为一栋两层楼之建筑，外观为石材，黑白红相间，地面层在前后均是以拱开放于外，市集延伸至建筑前，在东边还有一个开放空间，由此处有一座独立之楼梯通往上层之集会厅，此为市民代表集会之处。在地面层则会有各种商业活动，有一个钟塔位于市政厅及旧教堂之间，将两者接合在一起，每当钟声响起，就代表有重大事情发生必须集合讨论或者有外敌必须抵抗。市政厅可以说是自治城镇之心脏，也是市民的一种骄傲。

佛罗伦萨维琪奥宫

科默市政厅之模式产生于意大利北部，是以主教或修道院之宫殿为基础形态发展而来。事实上，有些市政厅有时候也兼有住宿之机能，像在北意大利市政厅亦为任期制市民代表之住宿处。市政厅之另外一种模式则见之于托次坎尼

（Tuscany）地区，此地区城镇中大部分建筑是两层楼之民房，市政厅则相对的是一个比较巨大的建筑。而这种市政厅则已经比较少有市场之功能，地面层是封闭起来，并且当作为军械库及法庭等用途。

佛罗伦萨之维琪奥宫（Palazzo Vecchio,1299–1310年），是托次坎尼地区市镇厅中最著名的一个，整个建筑物就像是一个中世纪之城堡，为粗石所建，周围有突出之雉堞。一般认为是阿诺佛康比欧（Arnolfo di Cambio）所设计，再经毕萨诺等人整修。钟塔从中央主体有力的往上伸，钟塔之位置并不是立面之中央，而是偏向一侧，并且在两个不同之位置均有枪眼，可以说是一个相当有攻击性之建筑。其旁之广场叫领主（Signoria）广场，其旁有

△ 26.10 佛罗伦萨维琪奥宫外貌

△ 26.11 佛罗伦萨维琪奥宫雉堞

26.12 佛罗伦萨维琪奥宫钟塔 ▷

▽ 26.9 佛罗伦萨维琪奥宫平面图

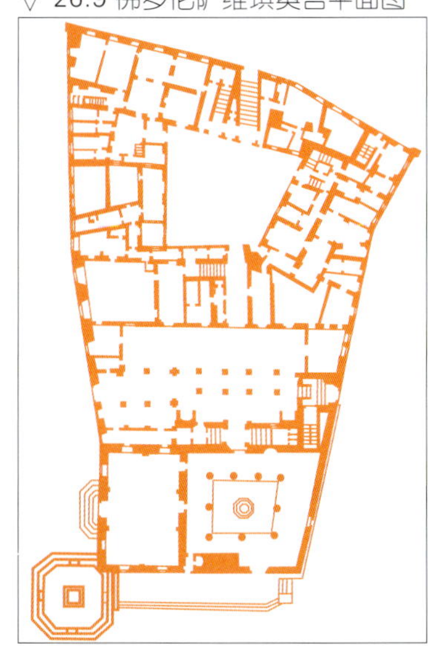

△ 26.13 佛罗伦萨领主凉廊

▽ 26.14 古图中的佛罗伦萨

▽ 26.15 佛罗伦萨远眺

▽ 26.16 佛罗伦萨巴伽罗大厦

一凉廊（loggia），建于14世纪末，虽然它看起来像是一个哥特式之建筑，但也预见了文艺复兴古典建筑之纪念尺度美学。它原先是当作维琪奥宫之主要附属物，机能是如果有各种户外仪式举行之时，官员停驻之处，目前所见之许多雕像为16世纪到19世纪中陆续添加的，其中有一组雕刻叫做《塞宾妇女之掠夺》（Rape of Sabines），为雕刻家姜波隆那（Giambologna）完成于16世纪末，强而有力扭曲之身体使这组雕刻成了螺旋形雕刻美学之代表作。

佛罗伦萨的意义

14世纪之佛罗伦萨，因为其艺术和建筑之成就，理所当然地被视为是光辉夺目。但是如果细看14世纪之佛罗伦萨历史，我们可以看到一连串之战争派系相互拼斗，社会并不十分稳定，佛罗伦萨本来是一个拥挤之小城镇，到了公元1300年，佛罗伦萨却开始其和其他像米兰、比萨等大城市之竞争。而城镇自身内部之竞争也相当明显。贵族与富商之争以及大公会和小公会之争经常发生。复仇于是成为当时之一项重要原则，失败一方之首领必须受到放逐之处置，而其财产也会受到拆毁，但丁（Dante）就是死于放逐之时，佩脱拉克（Petrach），也因其父亲曾遭受到侮辱之放逐，所以拒绝再回城中。但是也因为不稳定，反而加强了佛罗伦萨人共同之力量。

为了排除敌手，所以每一个群体均非常卖力，个人之争执乃因而包容于公众之面子和骄傲之内，一个人可能会怀恨或者压抑其他佛罗伦萨人，但是他却深爱佛罗伦萨这个城市。每当有任何外力逐渐控制整个城镇时，佛罗伦萨人就会起而反对。然而民主政治也是很有限的，只是每个人都很自尊自重，不管他们之地位如何，每一个人均愿意成为一个佛罗伦萨人。到了15世纪，个人自由胜过一切之信念渐渐成熟，每一个市民相信不管他们之社会地位如何，他们均是有充分之自由，均是他们所钟爱城市佛罗伦萨之儿女。

因为佛罗伦萨现在变成了每一个市民之城市，所以每一项城市之建设均可以说是由市民参与的。其实如果把佛罗伦萨交由一个帝王来规划，或许他可以把整个城市规划得更迅速、更明快，就像以前之罗马就是建立于皇帝之意志下，而雅典也是在单一人物贝利克里斯来统筹建设一样。然而佛罗伦萨却不肯这样作，而是让市民参与整个都市设计之过程。

在佛罗伦萨这个城市中，我们可能感受到古典罗马人理想之漂亮宽大而且有铺面之道路，而建筑物则必须壮观，不管在高度上或是外貌上都要超越罗马时代和希腊时代所创造出的任何建筑物。当然，这必须要依赖有才华之艺术家及建筑师来完成。还有，市民必然是强而有力之业主，城市中之税收和人力资源有很大之比例是花费于建筑之上。市民成立了委员会来监督旧有街道之清除和都市更新的工作，而各种商业公会也对建筑兴建出钱出力，例如洗礼堂之更新工作是由成衣公会所支持，新建大教堂是由羊毛制造商公会所支持。

13世纪时，整个佛罗伦萨已经有了许多新的建筑物，最主要的是位于洗礼堂对面之教堂，市政厅维琪奥宫和兴建于公元1250年代之巴伽罗大厦（Palazzo Bargello），为人民代表之总部。这些主要建筑物均位于主要南北大道之东，古罗马城市中之广场在佛罗伦萨则由维琪奥宫边之广场来负担这个功能。这种分配可以说是相当有效而且简洁的，在轴线两端分别是教堂和行政中心，二者并不是要相互抗衡，而是当作一个都市认同之一对相辅相成之元素。到了公元1318年，佛罗伦萨更有一个由3个委员组成之监督委员会成立，负责监督公共建筑之兴建，而市民的角色也日益重要。从公元1350年代新建教堂一事中便可以看出市民在决策中之角色。教堂最先做成木造模型而由12个人组成之委员会评审，在最后阶段，则邀请市民前往发表意见并加以纪录。

佛罗伦萨大教堂钟塔

就空间形态与特性而言，佛罗伦萨市政厅维琪奥宫是一个封闭之建筑。和其相对地，教堂则为一个充满公众生活之信仰中心。这是一种变奏之手法，从沉闷、封闭、严肃之市政厅变奏到明亮、多色彩之教堂。公元1330年代，画家乔托（Giotto），受命替教堂建立一个钟楼。在意义上，这个钟楼之兴建代表了一种市民力量之团结，它的形式和一般常见之塔房作用不同，而是当作一种城市强调之重音。外表覆以优美的大理石，它向上伸高到89米，紧紧的位于教堂左侧，但不相连。依照当时佛罗伦萨人之传统，钟塔应该是紧接着教堂东端之侧，但是乔托所设计之这个钟楼却向前紧靠着主要大道，是为了使这个钟塔成为城中之一项新纪念物，乔托并且舍弃了哥特式之尖塔，而采用与维琪奥宫相似之堞型屋檐。

△ 26.17 佛罗伦萨大教堂钟塔

▽ 26.18 佛罗伦萨大教堂钟塔底部

▽ 26.19 佛罗伦萨大教堂钟塔细部

△ 26.20 佛罗伦萨大教堂钟塔

26.21 佛罗伦萨美狄奇·里卡尔
▽ 多府邸地面层平面图

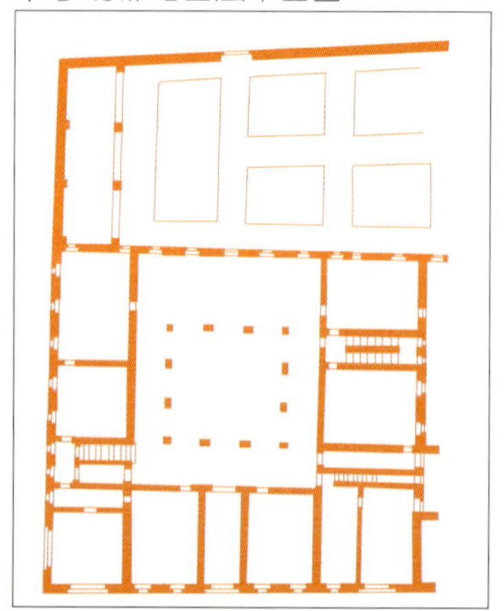

在此钟塔中，我们亦可以看到不同之艺术家如何同心协力为佛罗伦萨尽力。事实上，乔托死于公元1337年，这时候只有最基层之部分完成，这部分之墙面为六角形之装饰。继任者毕萨诺（Andrea Pisano）一方面持续乔托之想法，只把六角形之装饰改成菱形，一方面也寻求突破而在上面两层采用了只有装饰性之假柱。毕萨诺于公元1348年又被解职，由泰连提（Francesco Talenti）继任，作了更多之突破，把钟塔表达的更开放，但基本上仍维持乔托之想法。

都市住宅大厦

14世纪之欧洲其实是多灾多难，人口减少之情形极为普遍，饥荒、瘟疫和战争一直困扰着欧陆。公元1348–1350年间之黑死病更使欧洲人口减少了三分之一，直到14世纪中叶才渐渐好转。然而奇怪的是佛罗伦萨并没有在灾难中停滞，反而继续发展，都市化之情形愈来愈普遍，都市住宅也因此而生。早期之例子是高而狭窄，但最上层已不再做成防卫性之堞口屋檐，而是以回廊之形式开放于街道，和这时已经热络之街道相互呼应。

商业渐渐发达，富商和银行家或大企业家也就产生了，对于这些人来说，都市中之住宅可以说是一种表现他们职业威信及名气之工具，而对于市政当局来说，这些较正式之宅院也可以使更新后之街貌更合时宜而且可以提升环境之品质，因此也非常鼓励这种宅院之兴建。尤其是具有纪念性尺度之正式大楼，市政当局更积极地帮忙取得土地和整顿附近环境，使之看起来更正式，像美狄奇·里卡尔迪府邸（Palazzo Medici-Riccardi）及比提府邸（Palazzo Petti）均是这一类之例子。这些住宅均有一些共同之语汇，包括有室内中庭、层层之立面处理及粗糙之地面层等。其实这些都是中世纪已有之语汇，只不过它们又被加以重新诠释而已。然这些大宅之新处则在于其外观和对称，还有其古典美学比例之掌握。

美狄奇·里卡尔多府邸为米开罗佐为美狄奇家族的柯西摩一世（Cosimo I de Medici）所设计兴建，公元1446年开始动工兴建，20年后落成于公元1460年，为影响佛罗伦萨历史至深的美狄奇家族最大之根据地。包括伟大的圣洛伦佐（Lorenzo the Magnificent），李奥十世（Leo X）及克雷门特七世（Clement VII）二位成为教宗的美狄奇家族成员，与凯瑟琳及玛丽亚两位成为法国皇后的美狄奇家族成员都出生成长于此。建筑面临街角，其中庭与立面之处理对于日后佛罗伦萨府邸有深远的影响，立面上厚重之粗石处理更是佛罗伦萨都市府邸地位之象征。不同楼层强烈之水平分割为罗马古典建筑中常见之特色，整座府邸突出之屋檐，更像是古典建筑之盖盘。

比提府邸，原为15世纪中伯鲁乃列斯基（Filippo Brunelleschi），为佛罗伦萨另外一位富商比提（Luca Petti）所设计，然而最初设计的只有中间部分。整栋建筑之对称与平衡可以说是15世纪佛罗伦萨府邸的另一种典范。公元1465年，建筑工事因为比提之财务恶化而暂停。公元1549年时，科西摩一世取得此建筑，并且

△ 26.23 佛罗伦萨美狄奇·里卡尔多府邸中庭

△ 26.22 佛罗伦萨美狄奇·里卡尔多府邸外貌

△ 26.24 佛罗伦萨美狄奇·里卡尔多府邸细部

▽ 26.25 佛罗伦萨美狄奇·里卡尔多府邸外貌

△ 26.26 佛罗伦萨比提府邸外貌

▽ 26.27 佛罗伦萨比提府邸背向外貌

委托安马那提（Bartolommeo Ammannati）继续完成于公元1558–1570年之间。整栋建筑为3层，由强烈的水平线跨越整个立面加以分割，并开设拱窗，然地面层之拱券内再加置古典形式之山墙。在背面，建筑伸出两翼形成一个中庭，柱子则由粗石叠砌来表现。

教堂的改变与圣十字教堂

除了都市住宅之外，文艺复兴时期的富商也往往借着对神之崇拜来提升自己之光荣，一方面可能是为了赎罪。最简单的方法是在一所教堂内建造一间家庭祭室，并且雇用有名气的艺术家来负责设计装饰。乔托替贝鲁奇（Peruzzi）家族在圣十字教堂（Santa.Croce）中所建祭室，米开朗琪罗替美狄奇家族设计之祭室等均是。佛罗伦萨中世纪晚期之教堂建筑是控制于自治城镇、方济会和道明会教会之修道士上，但是不管是什么样之教堂，它们之语汇总是类似的，而且不同于市政厅或者其他富豪所建之府邸等所谓世俗之建筑。这些建筑之语汇总是来自于当地之塔屋、农庄等。但是宗教建筑则比较倾向于哥特式样之传统，但仍拥有其个别之特点。这种式样是由西妥教团横跨阿尔卑斯山而入意大利，13世纪之教会方济会和道明会加以沿用并且蜕变成自己之风格。

建于公元1294年之方济会教会圣十字教堂，虽然在外观上仍旧可以感受得到哥特建筑之意象，但是在室内却向文艺复兴迈了一步。它的屋顶是一个毫不隐藏之木桁架而非哥特式之拱顶，如果我们再将八角柱换成圆柱，将圆拱取代尖拱，我们甚至可以说这间教堂就是伯鲁乃列斯基在一百年后所建的佛罗伦萨大教堂之前身也不为过。但是这并不是说，这些元素就是历史家所称的文艺复兴。因为一个新的式样可以说是一种新世界之视觉工具，这一点，对于文艺复兴及哥特建筑也是如此。

▽ 26.28 佛罗伦萨圣十字教堂外貌

然而，我们却可以说哥特

建筑比较接近一种“发明”，它并没有很稳固之根源基础，而是比较符合当时一个强烈的政治讯息，忠实地成为法兰西国家主义之一种宣言工具。而于15世纪早期开始出现于佛罗伦萨之文艺复兴建筑可以说是已经早已预期会发生的。与其说它是一种剧变，不如说它是一种成长之高峰，一个文化成熟之顶点。以想法和设计而言，14世纪和15世纪佛罗伦萨之差别只是程度上的而不是本质上的。

美狄奇与佛罗伦萨文艺复兴

在美狄奇家庭之大力支持之下，15世纪之佛罗伦萨成了托次坎尼地方最重要之城市，意大利之至圣及欧洲之监护发言人，于是佛罗伦萨比欧洲任何地方均更快之苏醒，她唤醒了在野蛮民族入侵以来渐渐混杂之古典艺术。

在建筑上，佛罗伦萨的文艺复兴建筑是以文化为基础的，其中有三点特别地重要。第一乃是对于地方传统之尊敬与延续，一些15世纪之最佳建筑均是将原有现存建筑加以更新或者扩张而来，新的式样可以说是一种持续性之衍生出来之结果，城市过去与未来之媒介。第二乃是佛罗伦萨之市民将公共建筑视为是一件公共事物，是每个人都关心之主题，是大家心目中之大事，建筑也因而成为佛罗伦萨人标榜和向外炫耀之工具。第三则是佛罗伦萨成为一个建筑理论持续成长之地方，这种理论认为建筑和其他之艺术均是一种以概念训练为上之设计，而不是一种由技术所主宰之工技。

伯鲁乃列斯基之作品亦阐明了这种态度上之改变。现在之作品是和古典艺术之造型与准则有关，古典艺术是可以重新发现，重新利用，而数学上之透视观念则变成一种表达空间和视觉上准确与否之重要工具，因而也稳固了所谓理想比例之美的产生，阿尔伯蒂（Leon Battista Alberti）则亦是站在这一种阵线上之建筑师。如果和中世纪笃信宗教之情形相比较的话，文艺复兴似乎是一种相当渎神之世俗建筑，是一种新异教建筑，然而佛罗伦萨在15世纪之宗教可以说是和以前一样的，宗教与政治是分开但却又是相互影响依赖的。事实上，不管是对统治者或者是神，“忠诚”仍然是一项很重要的原则，只是更多的“人性”和“学识”已经被认定是重要之考虑因素了。

△ 26.29 佛罗伦萨圣十字教堂外貌山墙

▽ 26.30 佛罗伦萨圣十字教堂大门

▽ 26.31 佛罗伦萨圣十字教堂室内

第二十七章 伯鲁乃列斯基与文艺复兴建筑

伯鲁乃列斯基

△ 27.1 佛罗伦萨伯鲁乃列斯基雕像

▽ 27.2 佛罗伦萨大教堂正向立面

意大利的佛罗伦萨位于市中心佛罗伦萨大教堂巨大的圆顶是城市中最具震撼力的地标。大教堂南侧一栋建筑之前，有一座雕像若有所思的望着圆顶，那就是设计兴建此圆顶的文艺复兴建筑大师——伯鲁乃列斯基。

虽然在绘画及雕刻上，吉伯提与丹纳特罗创造了新的风格，但是他们之影响力却不是造成文艺复兴建筑之主力。文艺复兴建筑之呈现应该是归功于伯鲁乃列斯基，根据其传记作家马内提(Manetti)所记载，伯鲁乃列斯基不但是个建筑师，也是个数学家与杰出的几何专家，更是画家、金匠、雕刻家与发明家。伯鲁乃列斯基善用他当金匠时于钟表上平衡锤激活多齿轮的原理，设计了许多营建时使用的机械设备，他也设计了不少军事、水利及船舶上的设备，同时也参与了剧场表演道具及乐器的设计。

伯鲁乃列斯基之父为公证人，亦为外交官，在佛罗伦萨享有一定的政治及经济地位。在21岁时，伯鲁乃列斯基成为丝绸工会的金匠。然而直到公元1418年，他参加佛罗伦萨大教堂圆顶之竞图时，伯鲁乃列斯基的生平事迹是鲜为人知的。一般人只知伯鲁乃列斯基起初是以雕刻家起身，较早的作品是毕斯多利亚教堂（Cathedral of Pistoria）银制圣堂之雕刻。

公元1401年由佛罗伦萨毛料制造工会支持的佛罗伦萨大教堂洗礼门之雕刻进行竞图，共有7名著名的艺术家参加，伯鲁乃列斯基与吉伯提之作品同获青睐，但伯鲁乃列斯基却不愿与吉伯提合作，负气跑到罗马去旅行并考查古罗马建筑，同时进行了许多测绘工作。回到佛罗伦萨后，他再度于公元1418年参加因故停工之佛罗伦萨大教堂圆顶（Santa Maria del Fiore）之工程。当时虽然无人获奖，伯鲁乃列斯基不同于传统之做法，却深深地打动了评审而将业务委托给他。

佛罗伦萨大教堂圆顶

在伯鲁乃列斯基众多作品之中，佛罗伦萨大教堂的圆顶可以说是最具特色，而且远近驰名。此教堂早于公元1296年就开始兴建，内部仍为哥特风格。新计划则始于公元1367年，现有两侧墙面即是当时所建，后来工程中断，由建筑师毕萨诺（Andrea Pisano）和泰连提（Franceso Talenti）相继接手，但圆顶仍然悬而未决。

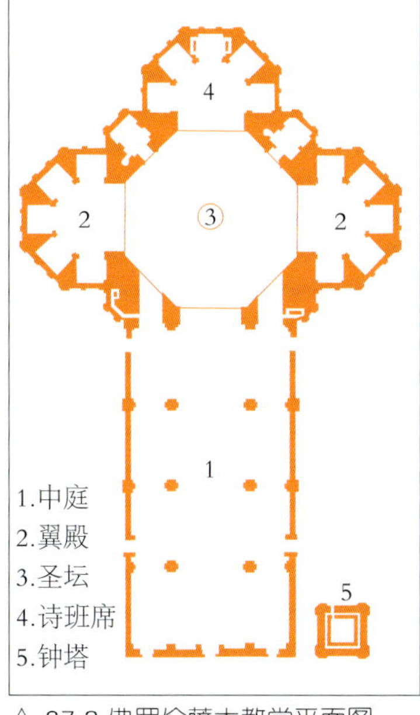

△ 27.3 佛罗伦萨大教堂平面图

△ 27.4 佛罗伦萨大教堂侧向外貌

▽ 27.5 佛罗伦萨大教堂侧向外貌

在佛罗伦萨大教堂之中，两侧之翼殿和诗班席是一样长的，在外观上均有5边，在室内也有5个小祭室。圣坛位于交叉八角处，并且和中殿、翼殿和唱诗班席连成一个大空间。当弥撒时或者有任何市政仪式时，所有聚集之民众便会把这个大空间挤得水泄不通，这种情形和中世纪之教堂以长轴导引慑服人群之手法是截然不同的，而中殿也在这种情形下变得比较没有作用。

但是这个大空间上之屋顶却是个长久以来未能解决之问题，40米之跨度以传统的木料是很难办到的，一直到公元1419年才由伯鲁乃列斯基加以解决。这个像神话般之事实，一直是建筑史上所津津乐道的一件大事。伯鲁乃列斯基之灵感当然有部分是来自于教堂对面的洗礼堂，但却也有部分是源自于罗马万神庙，因为伯鲁乃列斯基曾经到此研习古建筑和其比例，而且他的传记明白地告诉我们：“伯鲁乃列斯基曾细心地观察此建筑之结构支撑和推力，造型及装饰细部”。虽然有些历史前例可循，伯鲁乃列斯基在处理佛罗伦萨教堂大圆顶之解决方案上，却是独一无二的。

伯鲁乃列斯基使用所谓的双层圆顶，每一层圆顶均是八块曲面板所构成，由八条主拱肋及16条副拱肋聚集收敛于圆顶，垂直拱肋之间再由水平方向之构件加以加强，圆顶底部并且加有一圆木箍，外再加铁件以防圆顶爆裂，两层圆顶之间并且还有横肋相连，作用就好像是内圆顶之飞扶壁一样，

△ 27.6 佛罗伦萨大教堂室内

▽ 27.7 佛罗伦萨大教堂远眺

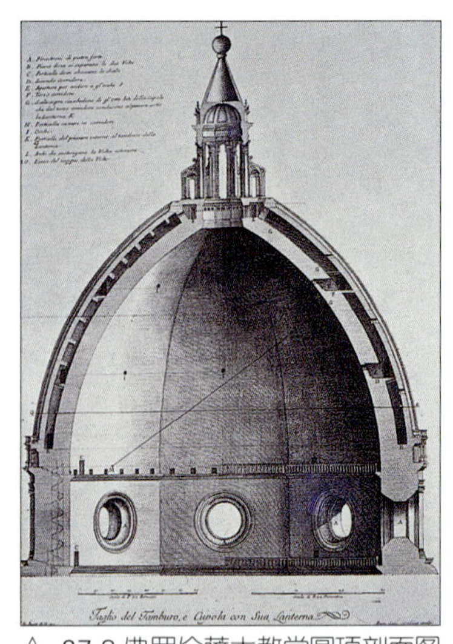

△ 27.8 佛罗伦萨大教堂圆顶剖面图

将力传达到外壳再传至角落。圆顶顶部为灯笼形塔顶，上冠以金色球体及十字架。夹在两层圆顶之间的楼梯不仅提供了上圆顶的路径，也有强化两层圆顶结构的作用。有趣的是两层屋顶之间的空间，在施工期间也是工人休息之处，甚至在其中设置了一间厨房供应餐点，以使工人不必花时间往来于地面和高空。

由于尺度巨大，整个大圆顶的工程自基部之鼓环，屋面到圆顶顶部总共花了将近20年。完工之后，这个圆顶的成就不仅是在工程上之突破而已，亦成了佛罗伦萨市镇天空上之一个有力象征，它的造型不管是从近从远，从任何一个方向来看，均仿若是一个杰出之“雕刻品”。它的影响力非常的大，外出佛罗伦萨人的“思乡症”，往往会变成了“思圆顶症”。

虽然佛罗伦萨大教堂的圆顶可以称得上是旷世杰作，但其却是脱胎换骨自哥特建筑的原理与古典建筑之应用。伯鲁乃列斯基真正叫人尊敬之处该是因为他创造了文艺复兴新风格的建筑。

伯鲁乃列斯基利用“古典”及“科学”两项原则来执业建筑，发现它们是非常地有效，进而引导出一项可以取代哥特建筑之式样。哥特建筑本身是一种比较抽象之系统，建筑中之各种元素和其他元素之间，或者和建筑本身之轮廓并没有某种特定之比例。在建筑过程中一张草图或许就够了，但是建筑师必须要监督兴建过程中的每一步骤，因为许多细部都是在现场决定并且施工的。

然而文艺复兴之建筑师却

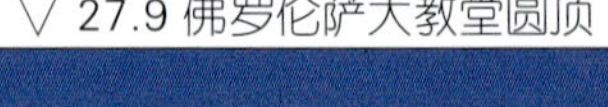

▽ 27.9 佛罗伦萨大教堂圆顶

是相反的，他们对于设计图说非常注重，甚至是每一部分的细部尺寸均在设计之内，所以一栋建筑可能可以不用在建筑师督导之下完成，而且建筑中之元素均有一定之比例，每一个构件也都趋向于标准化，中世纪传统之工会比较狭隘，以技术为主之训练很难再创造出杰出的建筑师了。在这种状况下，在伯鲁乃列斯基下列的作品中，重要的乃是构件上之比例而非它们实际上之长度，柱子小，建筑物也就跟着缩小。建筑中每一个元素都是借由某种数学上之模距而紧紧地扣着其他的元素，就如同古典希腊神庙一样。

当然，佛罗伦萨能成为这种新观念、新建筑之泉源，和工会、富商们与银行家支持伯鲁乃列斯基之实验有直接的关系，佛罗伦萨这些新建筑乃成为新国际运动之最大背后力量，许多人都发现研习古典人文科学可以帮助人们重新了解人过去之长处，进而引导朝向一个完美之文明生活，就如同古典时期一般。人们也深知知识也并非天赐之物，必须加以开发利用，于是一群人开始了重振古典希腊罗马文化之风，人文主义学者钻研于图书馆中，寻求古典文化之精华，重新诠释希腊文和拉丁文之地位。而艺术之重振亦为整个运动中之一部分，大量的学者到罗马旅行，为的不是朝圣，而是去研习古建筑。

△ 27.10 佛罗伦萨大教堂圆顶灯笼形塔顶

△ 27.11 佛罗伦萨大教堂圆顶扶壁

▽ 27.12 佛罗伦萨大教堂圆顶底部

佛罗伦萨育婴院

育婴院（The Foundling Hospital）是由丝绸工会委托伯鲁乃列斯基设计，兴建于公元

▽ 27.13 佛罗伦萨育婴院外貌

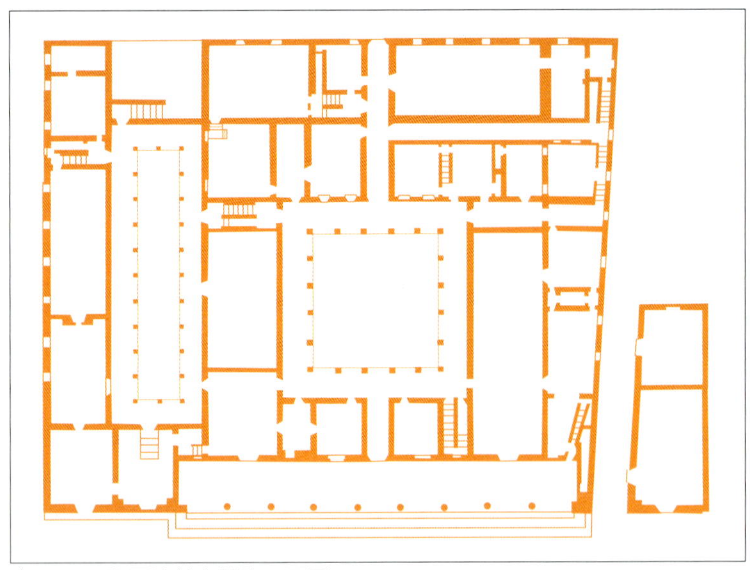

△ 27.14 佛罗伦萨育婴院平面图

▽ 27.15 佛罗伦萨育婴院中庭

▽ 27.16 佛罗伦萨育婴院细部

1419年，直至公元1445年才正式启用，而正向之阶梯则至公元1457年才完成，整栋建筑一般被认为是最早的文艺复兴代表之一。此建筑在室内空间之格局方面，与14世纪创建的圣乔凡尼巴提斯塔医院（Hospital of San Giovanni Battista）与圣玛窦医院（Hospital of San Matteo）相似，但伯鲁乃列斯基却赋予这所原作为弃婴收容所之医院与宗教建筑及其他公共建筑同等之重要性，并且使之成为佛罗伦萨城市意象之重要构成。

此建筑造型之主要元素为由一系列细长之圆柱所支撑之拱券，拱腹上有各种婴儿雕像，其上再为水平带状之额盘，就好像是佛罗伦萨洗礼堂或者是圣米尼亚多（San Miniato）教堂一样之处理，这两者都算是仿罗马式样，但是在当时圣米尼亚多教堂却一直被误认是罗马时代之作品，而伯鲁乃列斯基可能也把它当成是一座早期基督教之教堂。整座医院维持一个和中世纪建筑相当不一样之形式，水平线条的强调，简洁立面之处理，对称，古典建筑元素科林斯柱、壁柱之使用，还有立面窗户上之小山墙等等均表现出一种在性格上趋向古典的感觉。

佛罗伦萨
圣洛伦佐教堂

公元1419年当伯鲁乃列斯基正忙于大教堂圆顶最后设计时，他也得到了一个设计一栋全新建筑之机会。业主是美狄奇家族，最先是请他帮忙在圣洛伦佐教堂（San Lorenzo）加建一间圣器室。兴建于公元1422-1428年之间的旧圣器室，主要的部分为一个正方形的空间，

27.17 佛罗伦萨圣洛伦佐教堂总体布局示意图

▽

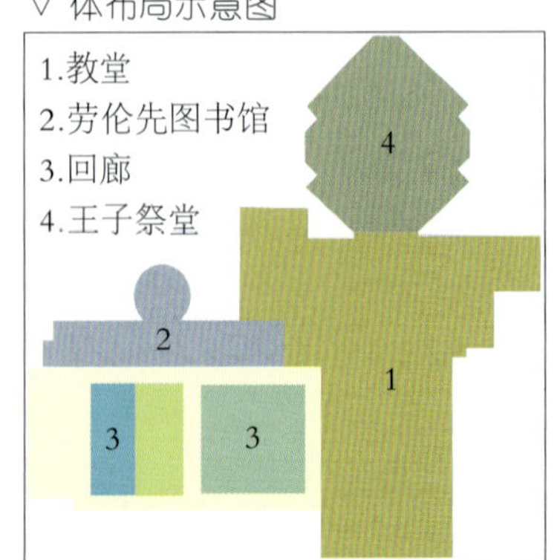

上面覆以一个圆顶。另外一个较小的空间也有类似之处理。整个圣器室中充满了简单几何形体之美。此圣器室虽小，伯鲁乃列斯基的设计却让美狄奇家族称赞不已，于是委请他将整个教堂重新设计，教堂开始兴建于公元1421年，一直到公元1496年才完成，这时他已死了十几年，然而教堂仍然依伯鲁乃列斯基之想法完成，也可以看到他最早对于建筑之理想。

虽然圣洛伦佐教堂历经伯鲁乃列斯基及米开朗琪罗等建筑师均未完成，教堂空间乍看之下，整个轮廓就好像西妥教派之教堂一样，没有拱顶之中殿似乎又和佛罗伦萨的圣十字教堂（Santa Croce）有所关联，而它之所以不同处则在其系统化和规则化。整个教堂是由方形之单元所组成。4个大的方形单元形成了诗歌席、翼殿和十字交口，而另外4个单元则形成了中殿，而面积为大单元四分之一的小单元则构成了两侧通廊和翼殿旁之祭室。我们可以发现伯鲁乃列斯基从哥特建筑中跳了出来，模距之观念，使他的建筑不同于哥特教堂。教堂室内已不再是哥特教堂之感性冲动为主的力量，而是一种

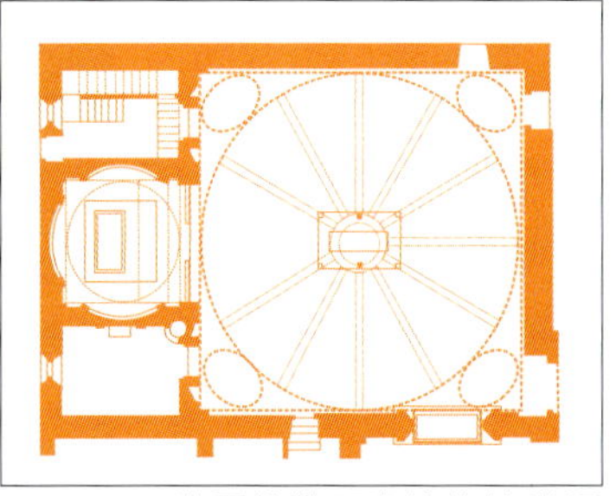
△ 27.19 佛罗伦萨圣洛伦佐教堂旧圣器室平面图

△ 27.20 佛罗伦萨圣洛伦佐教堂旧圣器室室内

△ 27.21 佛罗伦萨圣洛伦佐教堂旧圣器室圆顶

▽ 27.18 佛罗伦萨圣洛伦佐教堂正向外貌

▽ 27.22 佛罗伦萨圣洛伦佐教堂远眺

△ 27.23 佛罗伦萨圣洛伦佐教堂室内

▽ 27.24 佛罗伦萨圣洛伦佐教堂室内顶棚

1.中殿
2.圣坛
3.诗歌席
4.翼殿
5.旧圣器室
6.新圣器室
7.回廊

△ 27.25 佛罗伦萨圣洛伦佐教堂平面图

静力之秩序，就好像一幅一点透视之图画一般。地面之方格与天花之藻井统合了这个透视空间，中轴线上之黑线更助长了这种效果。同样地，如果位于中轴线上往两侧看，视线会经过中殿之拱券，再经过通廊，而集中收敛于相对的祭坛之上。

佛罗伦萨圣灵教堂

在另外一个例子圣灵教堂（圣史毕利托教堂, S. Spirito）中，我们可以看到伯鲁乃列斯基更加成熟之建筑手法，教堂之设计始于公元1436年，但一直到公元1444年才动工兴建。与圣洛伦佐教堂类似，在圣灵教堂中，模距之观念再度被应用上去，十字相交形所成之正方形为圣坛所在，也是单位模距，往后延伸一单位即成诗歌席，往两侧即成翼殿，中殿则是四个单位模距组

▽ 27.26 佛罗伦萨圣灵教堂正向现貌

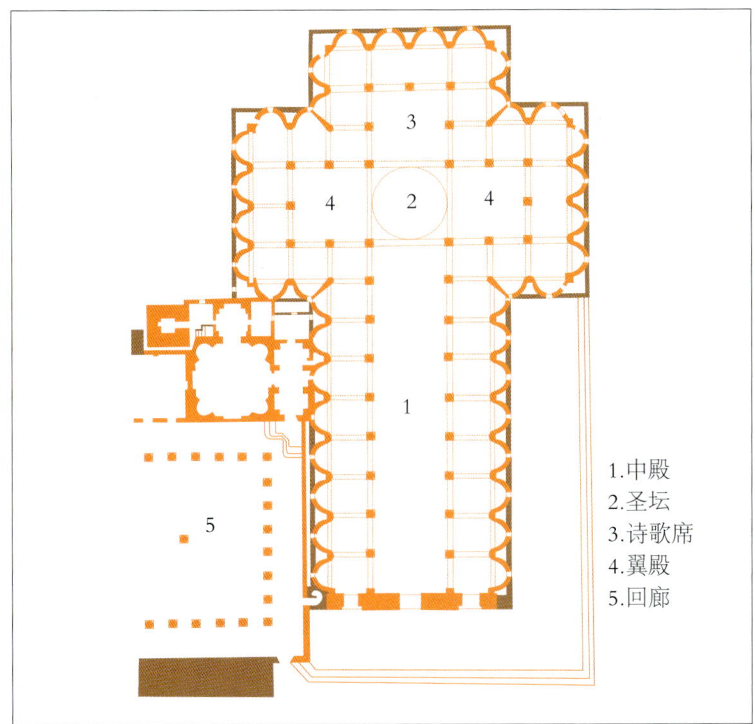

△ 27.27 佛罗伦萨圣灵教堂平面图

成，而且高度为宽度之两倍。高窗（clerestory）部则与拱券（arcade）部同高，侧廊模距则为单位模距之四分之一，而高度则为此模距之二倍，亦即单位模距之宽。而遍及全教堂周

27.28 佛罗伦萨圣灵教堂侧向现貌 ▽

▽ 27.29 佛罗伦萨圣灵教堂圆顶室内

△ 27.30 佛罗伦萨圣灵教堂室内中殿

27.31 佛罗伦萨圣灵教堂室内通廊 ▽

27.32 佛罗伦萨圣灵教堂室内（自中殿望通廊）▽

△ 27.33 佛罗伦萨圣灵教堂柱式

边突出之壁龛，似乎更能加强一点透视之效果，在外貌上也表达出这些半圆之单元，只可惜在建造时并没有完全依照伯鲁乃列斯基之想法，外观也被做成平直的墙。在巴洛克时期，甚至加了一个新的正立面。

就圣洛伦佐教堂与圣灵教堂而言，伯鲁乃列斯基可以说是建筑空间一点透视之发明者，他想让建筑被体验于一张设计者已经打好格子之透视图里。事实上，在文艺复兴时代，建筑和图画有时候很难去做强制性之分野，这种概念基本上是和古典建筑之经验是截然不同的。古典建筑虽然也是以模距为出发点，但是绝对不是要定点上去体验，而是借着走动时在柱间所产生之变化为主。

△ 27.34 佛罗伦萨圣灵教堂顶部

△ 27.35 佛罗伦萨巴齐礼拜堂外貌

佛罗伦萨巴齐小礼拜堂

当然，不管是在圣洛伦佐教堂或是圣灵教堂，我们也都可以看到伯鲁乃列斯基对于所谓集中式空间之兴趣，除了中殿以外，其他三翼可以说是相当对称地向着十字之交叉点，或许我们可以将之称为“拉长的集中式平面”，伯鲁乃列斯基对这种平面之向往几乎在巴齐小礼拜堂（Pazzi Chapel）中

▽ 27.36 佛罗伦萨巴齐礼拜堂圆顶室内

▽ 27.37 佛罗伦萨巴齐礼拜堂平面图

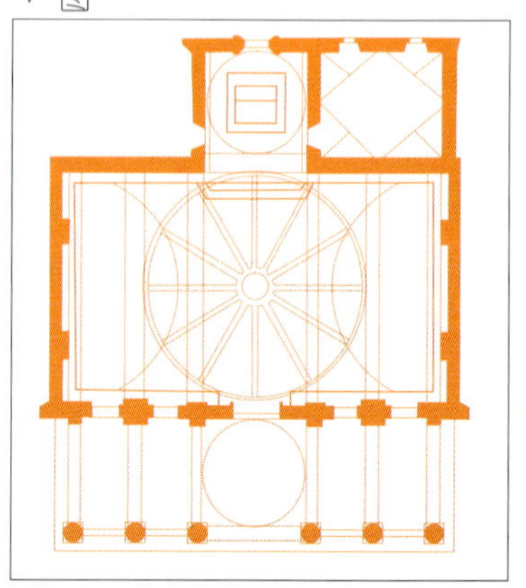

实现。巴齐小礼拜堂位于圣十字教堂之侧，建于公元1440年，一直到公元1460年代才完成。这时候伯鲁乃列斯基已经死了好几年，外观上也可能不是原来伯鲁乃列斯基之设计，前廊也可能不是。但是在前廊之后则是文艺复兴时代第一个依集中向心式平面兴建的独立建筑物。

虽然其平面是长方形而不是方形或圆形，但所有之重点却都集中于中央圆顶之上，中央圆顶两侧较短的筒形拱顶当然也不是意外附加之物，室内暗色之壁柱位于浅色之墙上，直接地诉说了立面和平面上之模距关系而使这个小建筑更加的紧凑。

小结

在建筑方面，伯鲁乃列斯基是先驱，是实验家，伯鲁乃列斯基回归到古典主义的世界乃是因为他深切了解古典建筑的基本原则。佛罗伦萨大教堂之圆顶和周围之祭堂实质上也是一集中向心式之空间。或许一如瓦萨利（Vasari）所称，伯鲁乃列斯基是得自于洗礼堂之灵感，但我们也无法排除其可能是伯鲁乃列斯基研究古代罗马遗迹的结果。虽然伯鲁乃列斯基某些思想是可以很容易地与仿罗马式样相牵连，甚至是他有时会向于以两度空间来认知建筑，他的作品仍然为文艺复兴式样奠下根基。伯鲁乃列斯基重视几何构成，因为他相信几何图形可以代表并且激发美感。圆体、方体再加上建立于数学上之正确比例关系使他的建筑既清爽又整齐；装饰被减少到最低层次；古典建筑之语汇如独立柱、壁柱及额盘等均明晰地陈述它们的个性。从上述伯鲁乃列斯基几个作品中，我们可以发现它们之平衡均是依赖于了解古典建筑之模距概念，亦即根植于一个基本之尺寸，这个尺寸决定了整个建筑之比例，而美学上之执着也都是倾向于古典世界。伯鲁乃列斯基在佛罗伦萨的几个作品诉说的不只是建筑上的成就，更是整个早期文艺复兴建筑的历史。

△ 27.38 佛罗伦萨巴齐礼拜堂圆顶室内

▽ 27.39 佛罗伦萨巴齐礼拜堂室内

第二十八章 阿尔伯蒂与文艺复兴建筑

△ 28.1 阿尔伯蒂雕像

▽ 28.2 《建筑十书》封面

阿尔伯蒂

15世纪，文艺复兴成为一种文化现象，也可以说是一种时尚，许多兴建于中世纪的教堂也都在旧有的空间躯壳上，再披上一件文艺复兴的外衣，摇身一变成为文艺复兴的产物，在众多发生此种情况之教堂中，佛罗伦萨圣母堂是一座精品。在此建筑之立面中，我们可以看到数学与理性如何被成熟地应用在建筑之中，而它的建筑师阿尔伯蒂（Leon Battista Alberti，1404–1472年）更是15世纪下半叶散布文艺复兴建筑思想之重要人物，其成就可以说和伯鲁乃列斯基在15世纪前半叶开启文艺复兴建筑之贡献是一样的大。

阿尔伯蒂是一名因为政治立场不同而遭放逐之佛罗伦萨商人的私生子，曾于帕度亚学习拉丁文及希腊文，并于波隆那大学学习法律同时自修数学与物理。阿尔伯蒂并未跟随任何一位大师学习建筑，他是靠整合各种知识构成对建筑之了解。如果说伯鲁乃列斯基是一个传统的执业建筑师，阿尔伯蒂则是一个非常杰出之学者，他的生涯可以说是多彩多姿，他是古典学者、剧作家、艺术评论家等。

阿尔伯蒂是文艺复兴初期建筑界的一颗奇葩。他虽未曾受过正式的建筑专业训练，却是拥有广博之知识和聪敏之心智，在文化历史写下了不可磨灭之一页。和伯鲁乃列斯基一样，研习古典建筑使阿尔伯蒂得以有稳固的设计基础。然而与伯鲁乃列斯基钻研于构造而少关注于柱式有所区别，阿尔伯蒂注重的是设计原理与柱式之处理。当伯鲁乃列斯基死亡之后，他的许多作品均尚未完成，所以必须由他人继续，往往混淆了原有的设计思想，阿尔伯蒂虽然也有类似之状况，但是他的思想理论却保存于他在公元1452年以拉丁文所写，呈现给教宗尼古拉五世之《建筑十书》(Ten Books on Architecture) 中。

《建筑十书》

《建筑十书》是自罗马时期建筑理论家维特鲁威（Vitruvius）同名之著作问世以来，西方世界最重要的一本建筑理论著作，阿尔伯蒂受到维特鲁威的影响从书名中就可看出。维特鲁威之做法好像是一个大编纂家，把过去古希腊之建筑作了一个总结，但阿尔伯蒂对于建筑之态度则不只是编纂，是把它纳入新知识的一种元素，他这本书并非是以一个执业者告诉其他之执业者该如何如何，而是以一个人文主义者之身份，将建筑这种高贵之职业解释给当时富有及重要之人物，阿尔伯蒂认为只有这些人才能成为建筑师之好业主，因为只有替这些人建筑房舍，他们才会品味建筑之艺术，并提供最好之材料。

在《建筑十书》中，阿尔伯蒂分别于十卷中讨论了轮廓特征、建筑材料、建筑结构、公共建筑、私人建筑、建筑装饰、神圣建筑之装饰、公共建筑之装饰、私人建筑之装饰与建筑之修复。书中，阿尔伯蒂拟下了理想教堂之要求。与维特鲁威不一样的是，阿尔伯蒂忽视巴西利卡式之平面而赞同向心式之平面。他希望教堂是能在激发人类归于虔诚上有极大之用途；借由贯注喜悦于人类心灵，并且以教堂之美的礼赞来娱乐他们。因而教堂必须要置于一高台上以提升于尘世并且装饰以一个如古典建筑一样之门廊。建筑整体必须要在形与色上均丰富但简洁。高窗将会使心智集中于祈祷上，因为伴随着倾向于充斥心灵之阴沉黑暗之恐怖，将自然地升华于我们之敬奉中，阿尔伯蒂认为教堂必须以圆顶来完成，而且充满音乐和几何比例之山墙线条将反映出整个建筑之完美和谐。

此外，在《建筑十书》中，阿尔伯蒂对于材料的运用、建筑的比例、装饰的使用甚至是工具的运用等课题也都有所陈述。自从其于15世纪出版发行以来，不断有人加以重刊或者加注。其对于文艺复兴以来的西方建筑发展，有其不可磨灭的贡献。

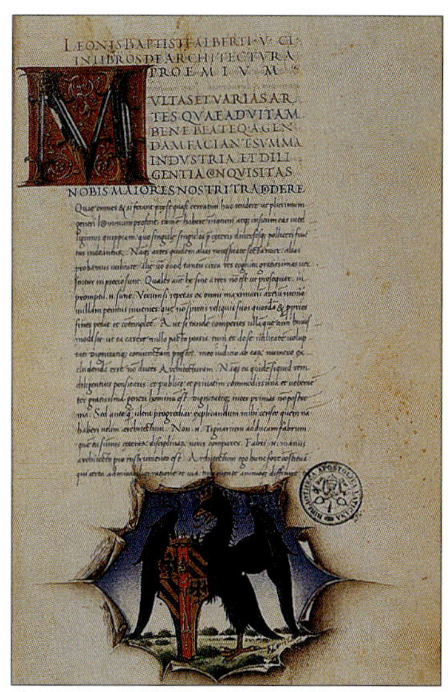

△ 28.3《建筑十书》内文

鲁切拉伊

在实际作品方面，阿尔伯蒂并不多产，佛罗伦萨几个作品，都是来自于鲁切拉伊（Giovanni Rucellai）之委托。鲁切拉伊是当时的一位小政治家，很满意地生活于美狄奇家族于佛罗伦萨的统治，也相当幸运地于经营来自马约卡岛（Majorca）之珍贵红色染料贸易商业中赚了一些钱，其名字

▽ 28.4 佛罗伦萨鲁切拉伊大厦

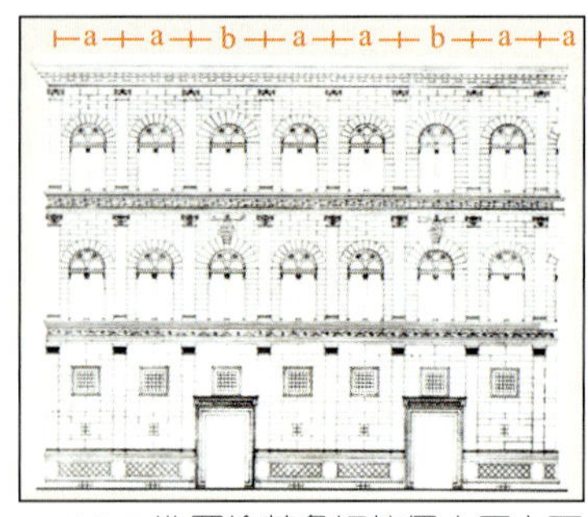

△ 28.5 佛罗伦萨鲁切拉伊大厦立面比例图

△ 28.6 佛罗伦萨圣母堂外貌

▽ 28.7 佛罗伦萨圣母堂外貌

乃是因为此种原料而来。更重要的是鲁切拉伊喜欢将财富用之于建筑之上，因为他认为这样可以光耀神、城市与他自己的记忆。

佛罗伦萨鲁切拉伊宫邸

佛罗伦萨鲁切拉伊宫邸（Palazzo Rucellai）是15世纪中盛行的都市府邸之一例，建于公元1446–1457年之间，为阿尔伯蒂设计，罗塞里诺（Rossellino）所执行兴建。鲁切拉伊宫邸除了有如同古典一样之分割楼层水平线脚外，垂直之壁柱分割线已经加诸于窗户与窗户之间以强调柱间。这些垂直壁柱之位置从地层到顶层是不变的，但是却被连续之水平檐线打断，垂直线与水平线所构成之方格子恰可和地面上之方格子相呼应。

同为佛罗伦萨著名的美狄奇・里卡尔迪府邸（Palazzo Medici Riccardi）立面上是水平层层相叠，透视的效果是靠着地平线、屋檐线和连续拱圆来加强，立面和街道之关系是静态的，然而鲁切拉伊宫邸却在自己之立面中隐藏了某种a-a-b-a-a-b-a-a 之比例（最后一间并没有完成），垂直之分割线亦更接近古典构图，屋顶不再会有飘浮不定之感觉。

垂直支撑是希腊罗马建筑中相当重要之原则，阿尔伯蒂在鲁切拉伊宫邸之做法可和罗马竞技场相比较。罗马竞技场外墙之壁柱是每一层均不一样，而鲁切拉伊宫邸亦是如此，地面层为托次坎柱式，中间为复合柱式，最上层为科林斯柱式。阿尔伯蒂也把半圆柱压平成方柱，和粗糙之墙面相比，显得特别地突出。和伯鲁乃列斯基不一样，阿尔伯蒂认为柱子是装饰性的，伯鲁乃列斯基将柱子当成是荷重与定义空间之元素，但对阿尔伯蒂来说，结构和空间定义则是墙面之机能。阿尔伯蒂认为有二个元素可以带给建筑美学上之满足，即是美和装饰，美是既有之物，根植于比例与和谐，是不能增减的，而装饰则是附加的，就好像是柱子或壁柱，柱墩则是墙面之缩小，所以可以用来支持结构力量，其次才是

△ 28.8 佛罗伦萨圣母堂外貌

方壁柱，拱则必须位架于此二者之上。

佛罗伦萨圣母堂

佛罗伦萨圣母堂（Church of Santa Maria Novella）是成熟又成功的例子，为鲁切拉伊委托阿尔伯蒂设计，整个立面是添加于一座中世纪教堂上，建于公元1460-1467年之间。此教堂之内部为中世纪所建，正面下半部也有部分中世纪式样，但阿尔伯蒂却以巨大之柱作为边框有力地撑起上部之阁楼，在处理手法上分成上下两层无疑的是受到蒙特圣米尼亚多（San Miniato al Monte）这栋教堂之影响。

佛罗伦萨圣母堂正中央门道之上是一个平坦之神庙门面作为内部高起中殿之外壳，而其两侧之涡卷（Scroll）则在美学上作为上下两部之过渡，而且有实际之功能以掩饰两侧廊之斜屋面。不仅于此，此教堂整个构成中是存在着一种细密的比例关系。整个立面就像一块具魔术般之数学分析板一般，每一个尺寸均是那般的严谨，阿尔伯蒂喜欢简单的比例像1:1、1:2、1:3、2:3等都可以在此立面上看出一些。整个立面可以由中轴线和上下两层间之檐线画分为四个正方形，换句话说，整个立面之高度和宽

△ 28.9 佛罗伦萨圣母堂正立面上层

▽ 28.10 佛罗伦萨圣母堂正立面之涡卷

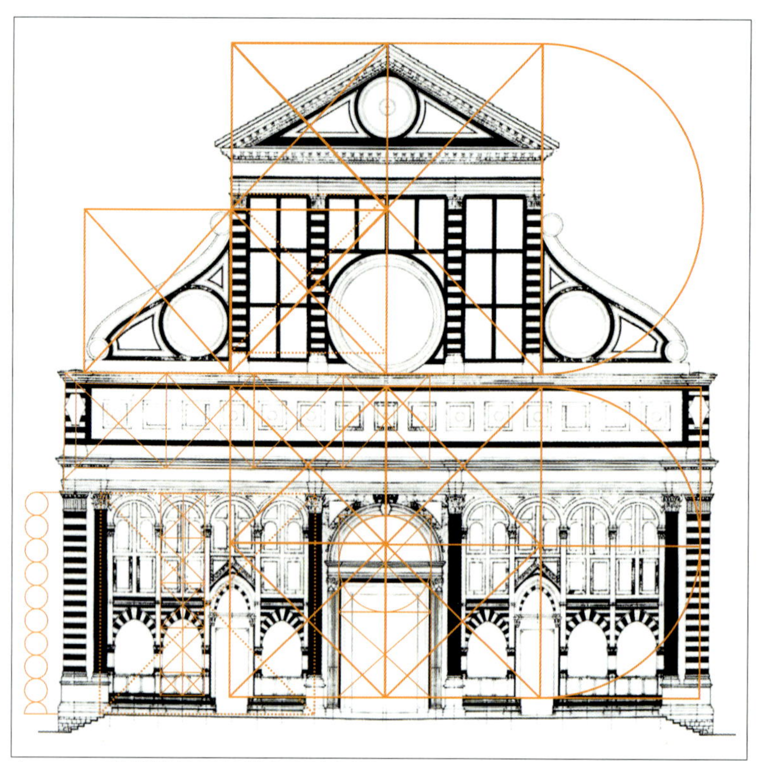

△ 28.11 佛罗伦萨圣母堂立面比例图

▽ 28.12 佛罗伦萨生母堂立面细部

度是一样的，因此可以看成是一个大方形，或者我们可以说整个立面可以容纳在一个圆中；同样地，我们可以再将之细分而得到更细微的比例关系。

从罗马时代开始，我们就看到了圆形在建筑中所扮演的意义，圆是一种完美，更是一种宇宙之象征，罗马万神庙就是一个极致。而可以包容圆或者完美被圆包被的正方形或者正多边形，也是一种完美之象征。如果我们看看达·芬奇之理想人，上帝所创造最完美之物可以完美地伸展在一个圆内或者方形之内，我们就不会怀疑阿尔伯蒂为什么和其他文艺复兴之建筑师这么热衷于此种完美比例之追求了。仔细分析佛罗伦萨圣母堂立面处理之模式，就可以发现其几乎是由正方形与圆形所构成之完美组合，更成为西方文艺复兴以后教堂立面之一种时尚，所以当我们在100年后之罗马耶稣教堂（Il Gesu,1568-1584年）看到类似之处理，一点也不会吃惊。

圣潘可拉齐欧教堂鲁切拉伊墓所祭室

圣潘可拉齐欧教堂鲁切拉伊墓所祭室（Cappella Rucellai, S. Pancrazio）是鲁切拉伊最具野心的建筑计划。圣潘可拉齐欧教堂原创设于公元9世纪，公元1461-1467年间，阿尔伯蒂替其改建了属于文艺复兴风格的立面与入口。但令人更震惊的乃是阿尔伯蒂于公元1467年依耶路撒冷圣墓所（基督之墓）所设计之鲁切拉伊墓所。

多种彩色石材之运用可以在佛罗伦萨圣母堂中看到，而立面上方形构图中之圆形装饰图案，则在一些仿罗马教堂中也可以看到。

里米尼
马拉特斯提亚诺神殿

约在14世纪时，圣方济的教士们在里米尼（Rimini）地方建立了圣方济教堂（S. Francesco）。公元1447年，统治者马拉特斯塔（Sigismondo Pandolfo Malatesta）在教堂内建造了两个家族祭室。公元1450年马拉特斯塔的权力达于高峰，于是请阿尔伯蒂将原中世纪教堂重新整建一个新的立面，室内则由巴斯提（Mateo de'Pasti）共同负责，以便将此教堂改造为纪念马拉特斯塔家族与其包括普勒松（Gemisthus Plethon）等历史名人之纪念性古典殿堂，一般则惯称马拉特斯提亚诺神殿（Tempio Malatestiano）。

马拉特斯塔这位里米尼爵士是文艺复兴早期之一个独裁者，他一直希望能够有一座庙以祭祀伟大之人文学者普勒松之遗骨，这位学者曾梦想能够创立一个新异教以压倒基督教。马拉特斯塔将他之遗骨自希腊带回里米尼；此外，马拉特斯塔也希望他的神庙也能纪念其女主人阿提爱索塔（Isotta degli Atti）。由于马拉特斯塔的特殊性格及此神殿的角色，因此在神殿中可以看到一些属于异教的装饰，因此被教皇庇护二世严厉批判为“亵渎神明的庙”。

阿尔伯蒂全盘罗马式之设计当然会受到这个对古典及异教偏好之独裁者之喜爱，因而

△ 28.13 圣潘可拉斋欧教堂鲁切拉伊墓所祭室

△ 28.14 圣潘可拉斋欧教堂鲁切拉伊墓所祭室

▽ 28.15 里米尼马拉特斯提亚诺神殿正向外貌

28.16 里米尼马拉特斯提亚诺神殿兴建图 ◁

由他所孕育出之计划是一个许多古典模式之综合。阿尔伯蒂将圣方济教堂整个外貌加以改建，建筑有若高置于基座上之神庙，正面就像一个罗马之凯旋门一样，4根巨大之圆形壁柱形成了3个退缩之圆拱之边框，并暧昧地支持其上水平之盖盘，这些柱子并不是整个墙面之一部分，虽然柱子是部分嵌在墙内，但其有力之线条凸出于外，就好像它们是独立之柱子一般，而且他们之基座也是不同于墙所立之平台。无疑的，这是文艺复兴第一个在基督教教堂上使用凯旋门构图之作，其必然是受到里米尼当地之奥古斯都凯旋门和罗马之君士坦丁凯旋门双重影响。

基本上，以凯旋门构成作为教堂之立面，在理论上是可以吻合教堂内部是由中殿及两个侧廊三部分之空间构成，但是实际上却无法表达立面后室内中殿及两侧通廊不一样高之事实。马拉特斯塔神殿立面处理，阐明了阿尔伯蒂对这种状况处理之原型。整个立面之底部为三洞式之凯旋门，3个洞当然可以解决中殿及两侧通廊3部分空间之问题，但是却还不能表达空间之高低关系，于是阿尔伯蒂乃将中央之拱券部分往上重复一次于门道之上而视之为开窗，再于两侧以涡卷形墙面（后来改为三角形）以

△ 28.17 里米尼马拉特斯提亚诺神殿侧向外貌

△ 28.18 里米尼马拉特斯提亚诺神殿入口

▽ 28.19 里米尼马拉特斯提亚诺神殿正立面细部

△ 28.20 里米尼马拉特斯提亚诺神殿室内

▽ 28.21 里米尼马拉特斯提亚诺神殿复原想像图

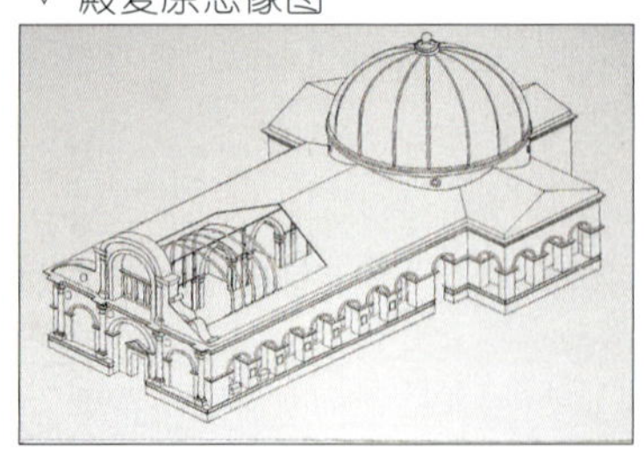

▽ 28.22 里米尼马拉特斯提亚诺神殿纪念币

掩饰里侧之斜屋顶，可惜并非十分成功。阿尔伯蒂并且计划了第二层，但并没有完成。原先在这个第二层上列还有方壁柱并且有圆拱窗，整个立面之处理深具浮雕效果，存有文人石棺遗物之两侧壁龛更助长了此建筑之纪念性尺度，并且在两侧外貌处理成罗马式之连续拱券。这栋建筑虽然没有完成，但是我们却可以在由巴斯提所铸之纪念铜牌中看到建筑之全貌，在立面上中殿较高处与两侧较低处有四分圆之曲线作为接着点，而且还有一个横跨全建筑宽度之大圆顶，使建筑看起来更壮观、更正式。

△ 28.23 曼泰尼亚《迎接》壁画

▽ 28.24 曼泰尼亚《家族》壁画

曼杜瓦冈萨加家族

谈文艺复兴，不能不谈曼杜瓦（Mantua）及冈萨加家族。曼杜瓦位于意大利西北部，自14世纪开始，即为冈萨加家族（Gonzaga）所统治。公元1433年，奇安法朗西斯科（Gianfrancesco）被皇帝西奇蒙（Sigismond Hohenzollern）封为侯爵。其于公元1444年的继任者是鲁多维克（Ludovico），他曾受教于菲尔特烈·维多利诺（Vittorino da Feltre），在其身边总是围绕着人文主义之哲学家、文学家与艺术家。在他有效力的统治之下，曼杜瓦进入了改造重建之高峰。因为鲁多维克二世之故，阿尔伯蒂与曼泰尼亚都成为替冈萨加家族工作的建筑师与画家。另外，鲁多维克之孙法朗西斯科二世之妻伊莎贝拉（Isabella d Este）不但精于政治之术，更是文艺之支持者，赞助了许多文艺复兴艺术家的创作。

曼泰尼亚

与曼杜瓦冈萨加家族密切相关的是安德烈亚·曼泰尼亚(Andrea Mantegna,1431—1506年)

▽ 28.25 曼泰尼亚《圣赛巴斯提亚诺》壁画

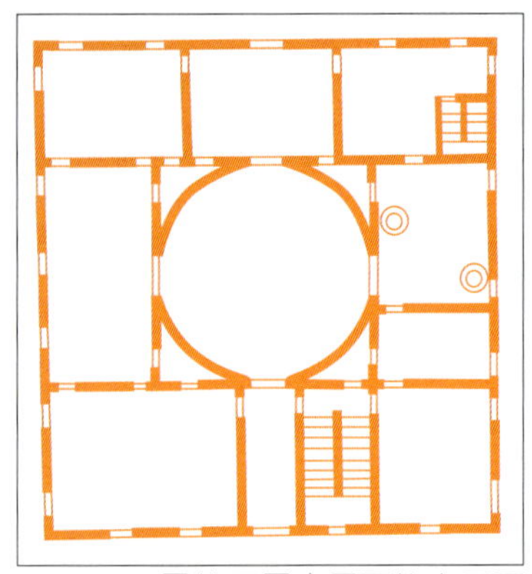

△ 28.26 曼杜瓦曼泰尼亚住宅平面图

28.27 曼杜瓦曼泰尼亚住宅圆形中庭 ▽

28.28 曼杜瓦圣塞巴斯提亚诺教堂外貌 ▽

这位为冈萨加家族三代作画的文艺复兴画家。曼泰尼亚师承喜好罗马古物的画家史夸尔丘内（Francesco Squarcione），因此也对于古典罗马的一切倍感兴趣，其画作之中更有许多是以古罗马城为背景，也有许多有罗马的标志与装扮。公元1448年，曼泰尼亚为其老师于帕杜亚（Padua）之艾瑞米塔尼（Eremitani）教堂作画，在中古时代为背景的画中有古典建筑也带有基督徒气质的罗马士兵，使基督教与异教精神相互结合，也使曼泰尼亚声名大噪。

公元1460年，曼泰尼亚在鲁多维克二世所提供之优渥条件下，来到曼杜瓦为其作画，一直到他于公元1506年去世为止。在曼杜瓦，曼泰尼亚的创作从不间断，然由于后来的公爵们之不当管理与政策，使得曼泰尼亚大部分的作品都流落他乡。在曼杜瓦，他惟一的作品乃是位于圣乔治古堡（Castello di San Giorgio）之婚礼堂（camera degli sposi）。曼泰尼亚于公元1464–1474年间完成此房间之壁画。房间原是方型，只有不规则的小窗户采光，房间阴暗。曼泰尼亚却将之转化成一个古典的露天凉廊，以立于台座上之古典柱子区分为几个空间。其中两幅最有名的为《家族》与《迎接》的壁画与圆顶之画。

△ 28.29 南杜瓦圣塞巴斯提亚诺教堂室内

28.30 曼杜瓦圣塞巴斯提亚诺教堂平面图 ▽

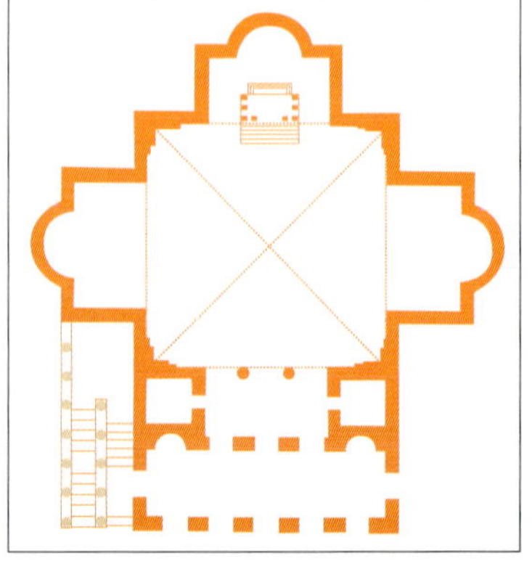

《家族》位于门扇之上，鲁多维克二世侯爵坐于一个简单而帅气的椅子，手中拿着一封信与身旁的恭谦的朝臣（可能是其哥哥亚历山德罗[Alessandro]）讨论其内容，其周围则是家族成员与朝臣。《迎接》则是鲁多维克二世侯爵欢迎成为枢机主教的儿子，周围也尽是家族成员。圆顶则是从建筑正中往上望的景象，有如天穹一样。另外，及《帕纳索斯山》（1497年）、《圣塞巴斯提亚诺》（约1480年）与《贞洁的胜利》（1504年）也均可看到曼泰尼亚从古典世界撷取的灵感。不只是画作，曼泰尼亚在曼杜瓦的住宅内圆外方之空间处理也是充满了古典之精神。

曼杜瓦
圣塞巴斯提亚诺教堂

除了将几个中世纪教堂改建新的立面之外，阿尔伯蒂也有机会在曼杜瓦地方设计两个崭新之教堂，而把古典神庙之立面完全表达出来，工程均是由鲁多维克之宫庭建筑师范契利（Luca Fancelli）所执行。虽然阿尔伯蒂在其书中极力推崇集中式平面之美，但他之努力想重建此类教堂却没有成功。位于曼杜瓦之圣塞巴斯提亚诺教堂（San Sebanstiano）开始设计建造于公元1460年，虽然没有完全实现，却是一个以模距为出发点之集中式教堂。

圣塞巴斯提亚诺教堂原有的设计是以一个正方形作为教堂之中央主空间，再由此于东北南三向各伸出一长方型的空间，并且以环形殿收头，西向则是一个门廊，中央正方形空间之上为圆顶，长方形空间之上则为筒形拱顶。不管在水平向或者是垂直向上，此教堂均是以正方形为主要的形体考量。另一方面，阿尔伯蒂也在此作中展现出他对于古典建筑之依赖，因为空间基本上是一个希腊十字形，而造形则结合了立于高台罗马神庙与陵墓之双重意象。正立面非常简单，只有以分置两高度之5个拱券为装饰，然而在公元1927年一次不正确的整修中，加了两个大楼梯，破坏了原有完美之几何形体。

△ 28.31 曼杜瓦圣安德烈教堂正向外貌

△ 28.32 曼杜瓦圣安德烈教堂侧向外貌

曼杜瓦圣安德烈教堂

公元1470年10月，阿尔伯

蒂开始参与到圣安德烈教堂（Sant Andrea）之设计，公元1471年阿尔伯蒂完成了圣安德烈教堂重修工作计划，但却死于次年，此教堂虽然于阿尔伯蒂死后才完成于公元1481年，但仍可以说是阿尔伯蒂比较完整之作品，也是他最后的杰作。

此教堂之造型是相当的独特，为凯旋门和神庙立面之综合体，为了维持高度和宽度比例一样，立面比教堂还低，这种为了比例之美而牺牲掉建筑之完整性，在文艺复兴时期常常发生。立面上，位于基座上之四根巨大壁柱形成了三间，每一间均有一个门，门上为一个拱形壁龛本来是准备用来放置雕像的，壁龛上则是一个圆拱窗。正中央之一间则为一个

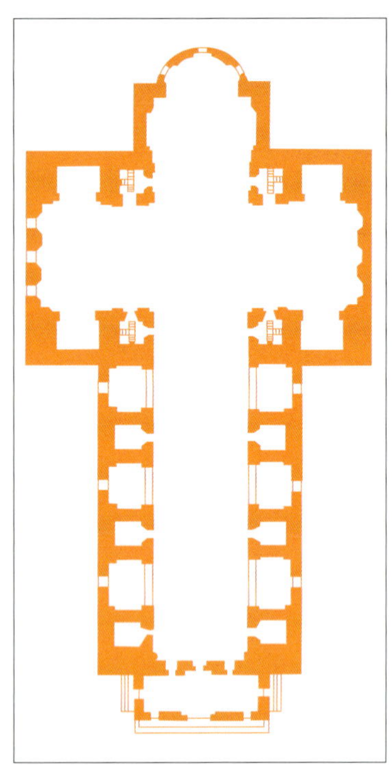

△ 28.33 曼杜瓦圣安德烈教堂平面图

△ 28.35 曼杜瓦圣安德烈教堂入口筒形拱顶

△ 28.36 曼杜瓦圣安德烈教堂圆顶室内

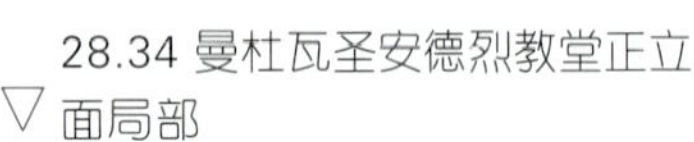

28.34 曼杜瓦圣安德烈教堂正立面局部 ▽

▽ 28.37 曼杜瓦圣安德烈教堂室内全貌

大圆拱作为室内桶形圆拱之边框，并且构成了主要入口。立面这4根大壁柱之高度是和室内中殿一样地高，而宽度亦为中殿之宽度，这是一种结构上之配合。此外室内外之各种元素之比例关系也都证明了阿尔伯蒂对于简单比例之偏好。立面柱间之比例为1∶3，中殿柱间比例为1∶2，翼殿为2∶3，而圣殿则为最完美之1∶1。

在中殿筒形圆顶空间之两侧，垂直地伸出了许多较小的筒形圆顶空间，这种处理使阿尔伯蒂之建筑比伯鲁乃列斯基在佛罗伦萨之教堂更加地接近罗马建筑之精神。从圣安德烈教堂的空间，我们可以很快地想到像马克先提留斯集会堂（Maxentius Basilica）一类之罗马建筑。阿尔伯蒂这样子之发明，影响了文艺复兴建筑好几十年，所以我们在许多其他的建筑中，均可以看到阿尔伯蒂于曼杜瓦教堂之原型，这种原型突破了一千年以来基督教建筑之传统。

梵蒂冈整体设计

尼古拉五世（1447–1465年）是第一个人文主义教皇，他深知知识之重要，因而创立了梵蒂冈图书馆，他也深知建筑可以当成一种宣传工具。教皇之地位，经过了几十年之动荡，需要有一个环境来强调他逐渐巩固之权威，这时候，教皇之办公处早已搬到圣彼得大教堂边之梵蒂冈了。尼古拉五世和阿尔伯蒂共同规划出了一套理想之“神之城”，其中决定了三项主要原则。第一，原有之教堂必须要加以增建，并且巩

△ 28.38 皮恩扎教皇庇护二世广场全貌

▽ 28.39 皮恩扎教皇庇护二世广场平面布局图

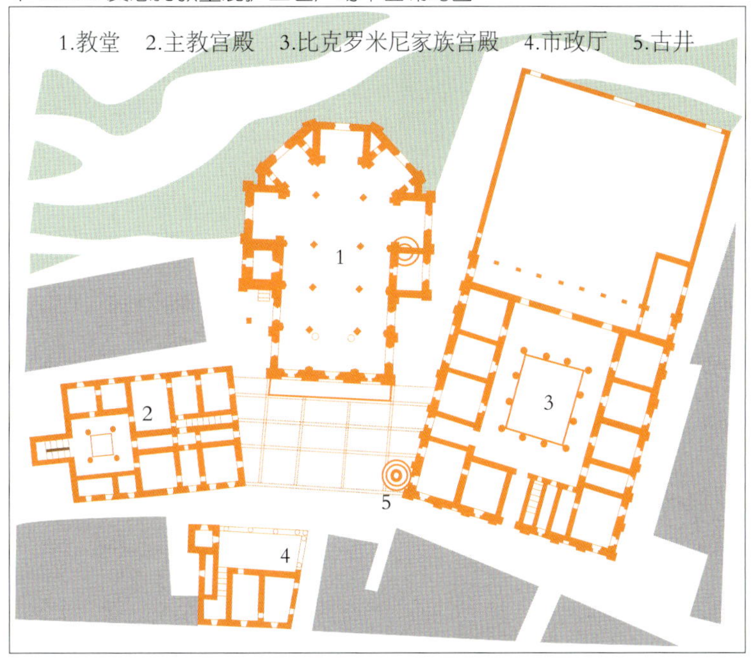

△ 28.40 皮恩扎教皇庇护二世广场教堂

28.41 皮恩扎教堂庇护二世广场比克罗米尼家族宫殿 ▽

固化，宫殿也必须要增大并且翻修，其中世纪之风貌必须加以改变。第二，必须建立一个图书馆，一个小祭殿，一个庭园和一个古典剧场。第三，则是圣彼得大教堂和哈德良陵墓之间的部分地区必须依照阿尔伯蒂之设计加以改变，以有回廊之大道连接各个主要建筑物。虽然这个大胆之乌托邦式计划案并没有实现，然而这个构想却成了圣彼得大教堂和梵蒂冈以后2个世纪之发展蓝图。

皮恩扎教皇庇护二世广场

虽然罗马城之教皇建筑改革并没有实现，但是在距离罗马不远的地方，却有一处教宗建筑之完成，这个地方原叫作科西纳诺（Corsignano），后来改名为皮恩扎（Pienza），为公元1458年登位为教皇之庇护二世（Pius II）之家庭比克罗米尼（Piccolomini）之家乡。建筑师则是罗塞里诺（Bernardor Rossellino），他曾帮忙阿尔伯蒂有关佛罗伦萨之鲁切拉伊宫邸之工作。事实上，阿尔伯蒂在此之影响是非常明显的，教皇庇护二世之宫殿可以说是鲁切拉伊宫邸之翻版。其实庇护二世自己深知所要的是什么样子之环境，他在一条中世纪东西大道上加了一个文艺复兴式之广场，广场铺以砖面，并且以石材做成格子以加强透视效果。

广场之东面是主教之宫殿，西面是比克罗米尼家族宫殿，南面则是教堂，两座宫殿与教堂之间故意形成一种角度，这样可以因为视觉上之效果使教堂之立面更加地正式与纪念性，另一方面也可以透过这个角度所引出之视角，看到其后之山谷。位于大道之北，则是一个市政厅，在其地面层为开放之凉廊。这一组建筑群可以说是相当地成功。原有与大道平行之教堂被修正为与大道垂直，以便入口可以向着城镇。在这个广场中，政治上之涵意并不暧昧，其中最大的建筑物为比克罗米尼宫，教堂是最正式、最光荣的，而市政厅则被尊重而又似排挤地站到一边去。

为了使广场上看起来是对称的，教皇之宫殿在广场上隐藏了大部分之量体，但却把入口移过来广场这一面以便和广场能够产生较直接之关系。广场中一角的一口井，在这个极端理性之空间上扮演了一个画龙点睛之作用，其好像是中世纪之图腾一般，表达了目前之环境是来自于过去的这件事实。

广场上之建筑立面可以说是属于阿尔伯蒂之正统手法。教皇宫殿是以像美狄奇·里卡尔迪府邸一类之早期佛罗伦萨文艺复兴建筑为基础加以改进的。在皮恩扎之教堂上，罗塞里尼并没有遵循他师父之原则，而将拱置放于第二层之柱上，虽然如此我们仍然可以说罗塞里尼是早期希望把教堂立面作出新式样的人。这个问题伯鲁乃列斯基在其所设计之圣洛伦佐和圣史毕利托中并没有达成突破。阿尔伯蒂在里米尼之马拉特斯提亚诺神殿中解开了这个问题。古典神庙毫无疑问地是相当于文艺复兴之教堂，但标准的古典神庙立面却无法满足教堂中殿及两侧通廊不一样高之事实。马拉特斯提亚诺神殿之立面处理阐明了阿尔伯蒂对这种状况处理之原型。整个立面之底部为一个3洞式之凯旋门，3个洞当然可以解决中殿及两侧通廊三部分空间之问题，但是却还不能表达空间之高低关系，因此就将中央之拱门往上抬升一层当成是窗，两边再以涡形墙面掩饰里侧之斜屋顶。

小结

对阿尔伯蒂来说，建筑不仅仅是一种技术之执行，机能和各种空间之适应只是一种世俗之物，可以由营建者非常简单地完成。而建筑师则必须有透视之能力及对数理之理解，并且埋首于古典知识，制定宇宙定律，这个定律对于自然及建筑物均是一样的，也就是建筑师在营建一栋建筑物时，是直接和大自然的力量作面对面之接触，虽然其言论有时甚为夸大堂皇，阿尔伯蒂并没有急着要拒绝中世纪之一切，也不主张将世界视为理想化之文艺复兴城市。

15世纪前半叶是阿尔伯蒂成熟之时期，但是对于建筑界并非是那般的全盘无阻，整个欧洲都尚不很稳定，主要之城市也都卷于纷争之中，而新城镇之计划也因政治及经济上之因素而停滞不前。在其书中谈到城镇规划时，阿尔伯蒂是主张将原有之中世纪城市作为一种新式样之基础，然后加以改造，加上文艺复兴之教堂、宫殿后会使一个城镇更加高贵。在阿尔伯蒂的笔下与图纸之中，文艺复兴绽开了更美、更理性的成果，并为往后几世纪的西方建筑，开启了一盏明灯。

△28.42 皮恩扎教堂庇护二世广场古井

28.43 皮恩扎教堂庇护二世广场市政厅▽

第二十九章
达·芬奇与伯拉孟特

△ 29.1 达·芬奇画像

29.2 达·芬奇特里伏邱墓所设计
▽ 草图

盛文艺复兴

文艺复兴早期之建筑，可以说是完全由伯鲁乃列斯基和阿尔伯蒂所主宰，但伯鲁乃列斯基死于公元1446年，阿尔伯蒂死于公元1472年。到了15世纪末，另外一群艺术家兼建筑师正逐渐兴起，尝试为发展几十年之新式样作一次总结。达·芬奇、伯拉孟特和米开朗琪罗，都是这个时期之代表人物，由于在他们之作品中都呈现出一种追求稳定、力与美之表达之共同风格，有人亦将此段历史称之为盛文艺复兴时期（High Renaissance）。西方建筑的发展经过早期文艺复兴的发展后，在盛文艺复兴时期大放光芒，建筑杰作在诸位大师精心设计之下，一栋栋平地而起，更成为人类日后建筑发展的最大盘石。

达·芬奇

公元1460年左右，费拉烈特（Antonio Filarete）出版了一部《建筑论》（Trattato d Architettura），不仅有大量抄袭阿尔伯蒂《建筑十书》之内容，而且提出了一个以米兰公爵索佛察（Francesco Sforza）为名之理想城市索佛辛达（Sforzinda）。此书是十分重要的，因为费拉烈特等对古典文化之喜爱和对称向心式平面之偏好，无疑地影响了文艺复兴盛期的两员大将达·芬奇（Leonardo da Vinci,1452–1519年）及伯拉孟特（Donato Bramante,1444–1514年），其二人在15世纪之最后20年均在米兰为索佛察家族工作，其中尚有一段时期二人是共事。

达·芬奇是盛文艺复兴时期之第一位大师，于公元1452年出生。他是父母的私生子，但自小就于艺术、数学与音乐中表现杰出，并于公元1469年17岁时跟随父亲的朋友维洛切欧（Verrocchio）之画室习画。几年后，维洛切欧在接受委托画一幅《基督受洗图》时，请达·芬奇帮忙画一个天使，没想到达·芬奇所画的竟是如此杰出，使他的老师感到尴尬，不再画图而转于雕刻之中。公元1481年，达·芬奇接受圣度纳多修道院（Monastery of S. Donato）绘制《贤士朝圣》（The Adoration of the Magi,1481–1482年），开始展现才华，绘制了一些举世闻名的作品，其中以公元1495–1498年达·芬奇完成的《最后之晚餐》与公元1503–1505年间完成的《蒙娜丽莎之微笑》最为著名。《蒙娜丽莎之微笑》笑而不笑是达·芬奇处理事物平衡之最高手法，人物已不再是一种理想型，但却寓理想于其中。除了绘画之外，达·芬奇还设计了许多机械设备，可以说是一位发明家。公元1517年，达·芬奇应法朗西斯一世之邀，前往法国，公元1519年5月与世长辞，使世界少了一位天才中的天才。

达·芬奇的建筑研究与设计速写

达·芬奇作为一位发明家与画家，其地位与成果是绝对受到世人的肯定，不过达·芬奇是否可以被称为“建筑家”，则有许多不同的见解与讨论。在达·芬奇丰富的画稿之中，却有许多与建筑有关，这些图说基本上有四类。第一类为达·芬奇研究特定现存建筑之图，

△ 29.3 达·芬奇特里伏邱墓所设计草图

如米兰大教堂及伯鲁乃列斯基所设计位于佛罗伦萨的一些建筑。第二类为达·芬奇想像理想中特定建筑之图，以各式集中式教堂最具代表性。第三类为研究各种建筑构造或营建机具之图。第四类则是达·芬奇针对某些案例的设计图，如特里伏丘墓所（Trivulzio Sepulchre, 1508–1510年）及部分防御工事都是非常具体的设计研究。不过这四类之间，有时候并不容易将之完全区分开来，也就是说，有时候单就一张图，我们并无法完全判读达·芬奇画的是现存的建筑，或者是他想像中的建筑，或者是他替人设计的建筑。

尽管达·芬奇关于建筑研究的图说并不是非常地有系统，但是我们还是可以从其中了解一些达·芬奇对于文艺复兴建筑的看法。其中集中式教

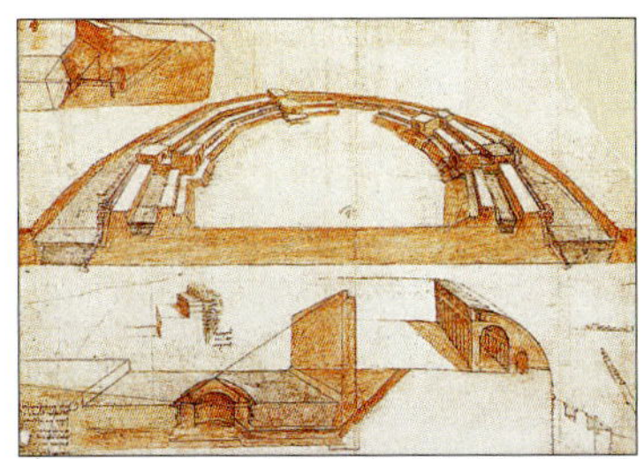
△ 29.4 达·芬奇防御工程设计草图

▽ 29.5 达·芬奇集中教堂设计草图
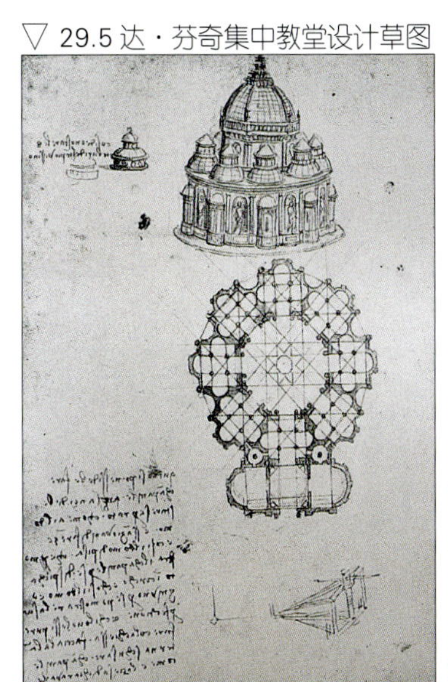

▽ 29.6 达·芬奇集中教堂设计草图
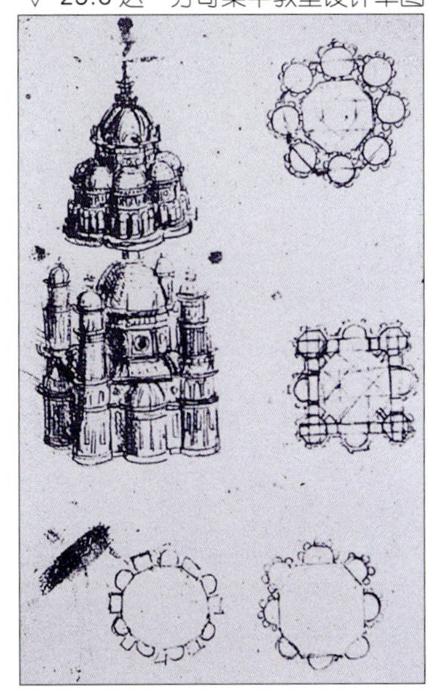

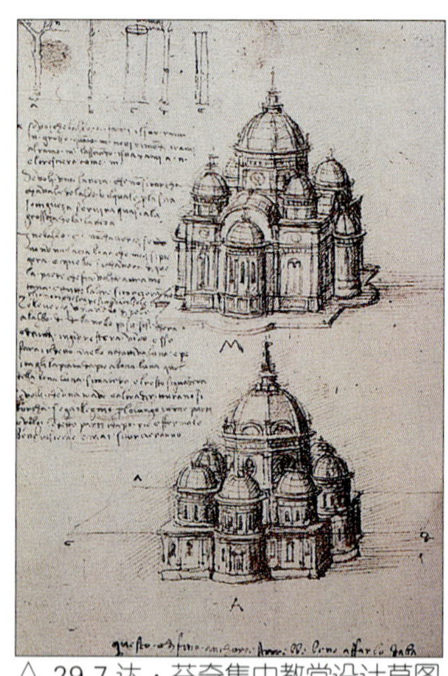

△ 29.7 达·芬奇集中教堂设计草图

▽ 29.8 达·芬奇维特鲁威人

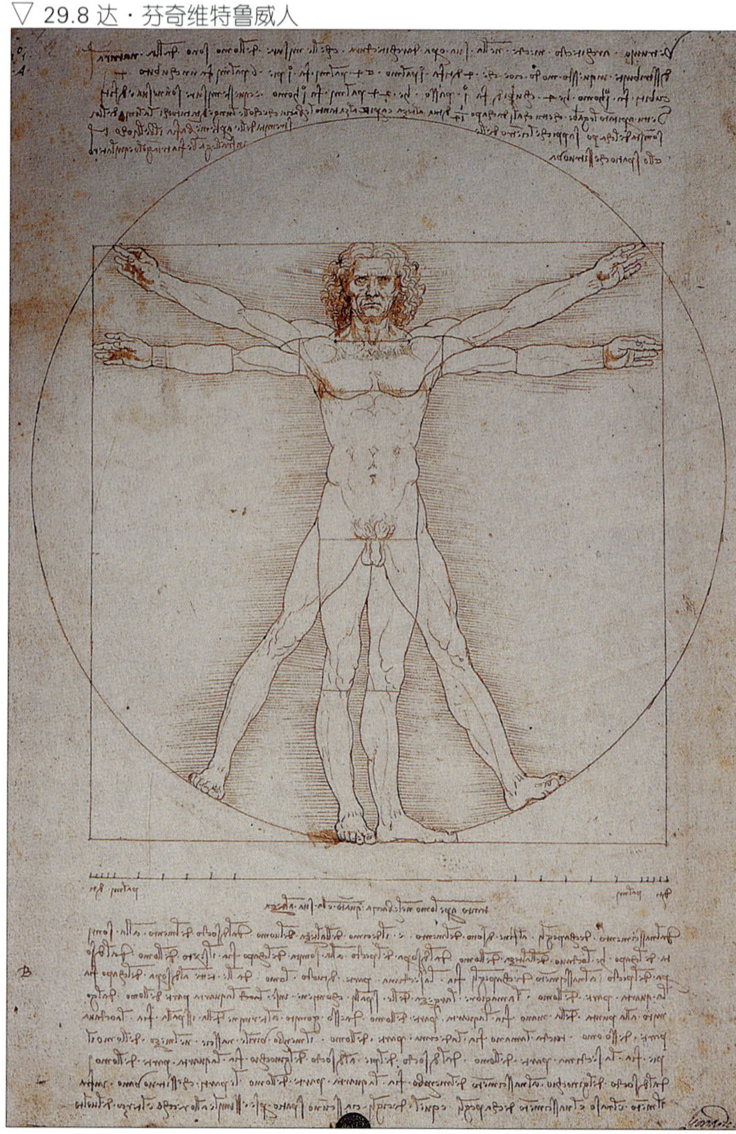

堂的设计，是与文艺复兴教堂之理想精神非常符合。这种对于中心思想的呈现，也可以从他最著名的《维特鲁威人》（The Vitruvian Man, 约1490年）中看出，在此图中一个理想的人体比例是以肚脐为中心，并且包被于正方形与圆形之中。当然，达·芬奇所画的一些军事防御工程都具有非常前瞻性的思想。达·芬奇的建筑研究与创作，基本上都未曾实现，不过却有学者认为法国香波堡中的中央螺旋楼梯据说则是达·芬奇少数的建筑相关作品。

达·芬奇的图像建筑

达·芬奇与建筑的另外一种关系乃是于正式绘画中所呈现出来的建筑景象，这些建筑虽然不是真实的建筑，但是却也是画家根据透视图法，以真实的建筑尺度为假设所求出来的图像，其中当然也蕴藏着达·芬奇对于建筑空间的看法。

△ 29.9 香波堡室内中央螺旋梯模型

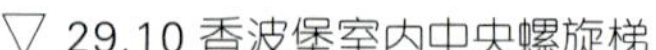

▽ 29.10 香波堡室内中央螺旋梯

换句话说，我们可以将达·芬奇绘画中的建筑视为是一种图像建筑。在达·芬奇之绘画中，《天使报喜图》(Annunciation,1472-1478年)、《贤士朝圣》(The Adoration of the Magi,1481-1482年)与《最后的晚餐》(The Last Supper,1495-1498年)三幅与图像建筑最为有关。在《天使报喜图》中，圣母玛丽亚背后的场景就是一栋建筑，而《贤士朝圣》中的背景则是一处建筑遗址。

《最后之晚餐》是达·芬奇完成于公元1498年的名作，这是一幅以油彩及淡彩所作之画，虽然画曾受损，但残留部分仍证明其为文艺复兴盛期之一种宣言之作。早期文艺复兴以建筑为主之画风已转变以人为主角了。图中窗户上类似光圈之弧形楣饰是一种二元象征，也使画中背景和前景有了密不可分之结果。耶稣三角形之身躯乃为整个构图之焦点，借着它导引出12门徒之生动身躯。姿态与四肢之表达是达·芬奇最喜欢掌握之元素，因为他认为这些元素可以表现出一个人之灵魂。而在一点透视的强烈效果中，整个晚餐所在会堂的空间形式事实上可以被清楚地重现出来。

伯拉孟特

在盛文艺复兴几位大师中，伯拉孟特算是相当特殊的一位。他是达·芬奇到米兰去时之重要伙伴，本来是个画家，可是到了米兰之后放弃了作画，而成为当代一个非常重要之建筑师，是诸位大师中只有著名的建筑作品，而无成名绘画或是雕刻的一位。伯拉孟特出生于意大利中部一接近文艺复兴重要据点乌尔比诺(Urbino)之小镇，生平家世是众说纷纭，其原名为丹纳特·安琪罗·安东尼(Donato di Angelo di Antonio)，昵称伯拉孟特反而较广为人知。伯拉孟特专业知识的背景是如何获取，文献上记载也不多，但乌尔比诺的文艺复兴宫殿相信对他有很大的影响，甚至是他也有可能亲自参与部分的工作。15世纪之最后20年，伯拉孟特已经在米兰为米兰公爵索佛察(Sforza)家族工作。达·芬奇

△ 29.11《贤士朝圣图》(达·芬奇)

▽ 29.12《天使报喜图》(达·芬奇)

▽ 29.13《最后的晚餐》(达·芬奇)

于公元1482年左右到达米兰，也同时为索佛察家族工作，绘制著名的《最后的晚餐》，其与伯拉孟特间的相互影响是很明显的，尤以古典知识与偏好和集中式的教堂为甚。

△ 29.14 罗马圣彼得小神殿透视图

▽ 29.15 罗马圣彼得小神殿全貌

罗马圣彼得小神殿

虽然伯拉孟特醉心于发展一种集中式之教堂平面，但是一直到公元1499年他抵达罗马之后才有机会建立起一座盛文艺复兴标准原型之圆顶宗教建筑，即为位于罗马蒙托里欧（Montorio）圣彼得修院中之“小神殿”（Tempietto），此建筑之所以被称为小神殿，乃是因为它具有古典异教建筑特点之故。建筑完成于公元1508年，为圣彼得被钉死于十字架之处。事实上，有关此建筑开始兴建的年代至今仍争论不休，有一说是圣彼得小神殿是西班牙费迪南（Ferdinand）与伊莎贝尔（Isabella）为了纪念圣彼得的殉教而建。

虽然史料显示修道院及教堂早在30年前就拨给了西班牙的方济会，但为何费迪南及伊莎贝尔要在离教堂紧临数公尺的中庭内再建一所小神殿则是一件令人困惑的事，而亚伯提尼（Francesco Albertini）于公元1510年所出版的罗马导览书籍中曾提及蒙托里欧圣彼得修院及它的西班牙渊源，但对圣彼得小神殿却完全没有提及，因而使其兴建的年代更加具有争议性。

虽然许多人对于圣彼得小神殿的兴建年代看法不一，但是对于伯拉孟特于此建筑中所掌握的文艺复兴精神的肯定却是完全一致的。圣彼得小神殿是一栋充满美感与宗教感的圆空间建筑，在布拉曼德的设计统合之下，此建筑把文艺复兴追求完美无缺的向心式圆空间表现得淋漓尽致。在此建筑中，伯拉孟特企图结合古典罗马的形式于基督教建筑中，这一点他的想法是与教皇朱里阿斯是一致的。教堂外貌就像一个实体之圣器室，事实上原先之设计也是希望如此，因为其惟一的机能就是要在圣彼得殉教处建堂纪念，并不需要做其他的用途，因而建筑可以非常理想地采取圣器室惯用的向心式空间。

整个小神殿位于一个略为抬高的基座上，其下为地窖，可由室内一处小洞观视传说中圣彼得的殉教室，亦可由背后的楼梯到达。造型上，小神殿并没有任何不必要的装饰，第一眼望之人们就可能被其正式与理性之特质所动，冷静的罗马塔司干柱与向心圆空间之平面更助长了此感。但是伯拉孟特对于建筑整体外貌之表达并不因而受限，反而在圆顶、鼓环及基座之间取得了相当优美的平衡；中间的栏杆，突然打破了立面，使视线不得不往后移到鼓环上，鼓环之上之壁柱则再引导视线跳过屋檐线而到达圆顶，这种段落与退缩之手法乃无形中加强了此建筑之雕刻感。这种圆形之平面，位于独立基座上之建筑，不就是阿尔伯蒂以来追求和谐统一之文艺复兴理想教堂之写照吗？

罗马时期的建筑理论家维特鲁威曾经定下古典神庙的基本礼制，其就是多立克神庙适合用之于如战神与大力士神等男性神祇，科林斯神庙适合用之于如戴安娜及葳丝塔等圣女神祇。圣彼得小神殿所使用的塔司干柱式是衍生自多立克

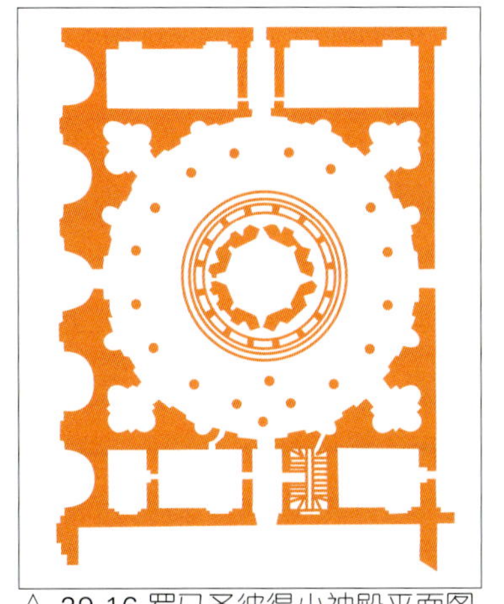

△ 29.16 罗马圣彼得小神殿平面图

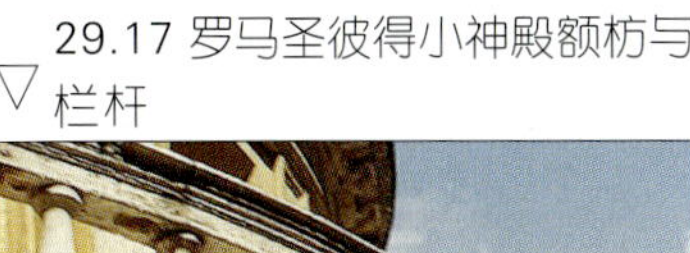

▽ 29.17 罗马圣彼得小神殿额枋与栏杆

△ 29.18 罗马圣彼得小神殿顶部

▽ 29.19 罗马圣彼得小神殿地面层内部

▽ 29.20 罗马圣彼得小神殿地面层室内圣彼得雕像

△ 29.21 罗马圣彼得小神殿地面层基座

▽ 29.22 罗马圣彼得小神殿地窖

▽ 29.23 罗马圣彼得小神殿地窖

柱式，因而我们可以将此建筑称为第一座完全依照多立克柱式精神所兴建的文艺复兴建筑。换句话说，圣彼得小神殿是被视为是一种古典的基督教殉教所，它的建筑传统是与古典的异教纪念堂相同。圣彼得小神殿的额枋部分有标准的三槽石与小间壁元素，小间壁上雕塑有仪典性与象征性的图腾，例如入口之上便有圣餐杯与圣饼碟，其他还有不少有关圣餐仪式及基督教义上的符号。

16世纪之许多艺术家与建筑师尤其欣赏这栋建筑。建筑师帕拉第奥就曾将小神殿列为仔细研究的建筑之一，并且赞美地说“伯拉孟特是自古典以来第一个将已被遗忘之美与好之建筑物（指小神殿）呈现的第一人”。另外一位建筑理论家塞理欧（Serlio）也对此小神殿称赞不已，并认为“伯拉孟特是自古典时期至朱里阿斯时期被埋没的所有好建筑的发掘者与明灯”。

米兰圣沙提洛教堂

米兰圣沙提洛教堂（Santa Maria presso San Satiro）是伯拉孟特一件相当特殊的早期作品，原教堂创建于约公元876年，是一栋向心式的教堂，由一个正方形的空间往四边各延伸一个环形殿而成。直至公元1476年左右，新建教堂的迫切性增加，以便能保存3世纪时一幅重要壁画《圣母与圣子》。伯拉孟特于公元1482年起承接此案，他保留了原有教堂的一处环形殿（圣殇祭殿）及钟塔，并且企图将原有向心式空间转成具有中殿的空间形态，就这点而言，伯拉孟特似乎是熟知伯鲁乃列斯基于佛罗伦萨与阿尔伯蒂于曼杜瓦所设计的教堂。

虽然伯拉孟特的生平较不为人知，但阿尔伯蒂曾多次造访乌尔比诺的宫殿，很有可能伯拉孟特在当时就认识了他。由于受限于地形，伯拉孟特在圣坛后极浅的空间内，以精细的透视图像，再加上人们的视觉错觉，创造了一个几乎可以乱真的筒形拱顶空间。这个作品真实地反应了两件事，第一是伯拉孟特早期的作品相当接近于所谓的舞台设计，第二是伯拉孟特早期曾受画家曼泰尼亚（Mantega）及毕也洛·法兰契斯卡（Piero della Francesca）画风之影响很大。

米兰
感恩圣母玛丽亚教堂

达·芬奇名作《最后的晚餐》所在的米兰感恩圣母玛丽亚教堂(S. Maria delle Grazie，亦称格拉吉圣母院)中，事实上也

△ 29.24 米兰圣沙提洛教堂圣坛

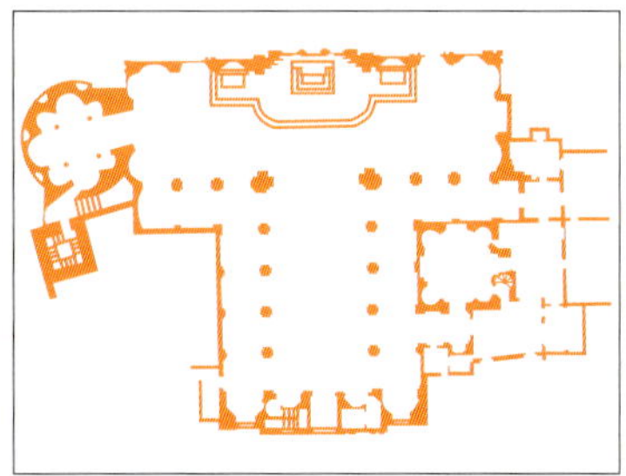

△ 29.25 米兰圣沙提洛教堂平面图

包含着伯拉孟特的建筑杰作。此教堂原为道明会教士所建，由索拉里（Guiniforte Solari）以哥特式样始建于公元1463年，1493年起由伯拉孟特于原有之中殿基础上加以整建，包括有一间圣器室、一处回廊庭院及中殿之后的圣坛及唱诗席。在圣器室中，伯拉孟特非常收敛地处理了一个长方形空间及一个端点的环形殿，平衡是其中最大的特色。回廊庭院则是一个正方形空间，每边均有五个拱券，不同建材的应用，例如砖材拱券及拱腹圆浮雕以及石材柱头均强化了建筑的丰富面貌。这种运用建材的态度也同样出现在自回廊庭院即可瞧见的圣坛外貌。此教堂之圣坛原准备作为索佛察公爵之墓室，伯拉孟特采取了文艺复兴最常用的正方体空间，圣坛的两侧连接的是半圆形的环形殿，后面则是诗歌席。正方体之上为十六边形的鼓环，上置圆顶，在颜色及装饰上均甚为简朴，整个圣坛颇有伯鲁乃列斯基于佛罗伦萨圣洛伦佐教堂所设计的旧圣器室的风格。

新圣彼得大教堂设计

与罗马圣彼得小神殿同样的集中式建筑概念当然也出现于伯拉孟特接受教皇委托所设计之新圣彼得大教堂之中，而这时候罗马已经取代了佛罗伦萨而成为盛文艺复兴之重要据点，大部分之重要建筑也完成于教皇朱里阿斯二世（Julius II）在位之期间，亦即公元1503-1513年间。公元1505年教皇认为原来之巴西利卡式之旧圣彼得教堂已经太老旧失修，

△ 29.26 米兰圣沙提洛教堂圣殿

29.27 米兰感恩圣母玛丽亚教堂背向外貌 ▽

△ 29.28 米兰感恩圣母玛丽亚教堂室内圆顶

无法适合于他充满野心之偏好，决定将原有之教堂重建成一座伟大之建筑，并且期望使教皇之罗马胜过于当年凯撒之罗马。

教堂最先是委由伯拉孟特设计，平面包含了一个十字形，每一面之翼均一样长而以环形殿作为焦点。教堂是纪念圣彼得之殉道，但教皇朱里阿斯二世也希望他自己之墓也能够设计于此。十字形上部为一个大圆顶，在对角上则另外有小圆顶。室内空间可以说是相当复杂，如果我们细看，可以发现其可视为九个相互嵌在一起之十字架，而有五个圆顶。圆顶是巨大无比的，伯拉孟特曾自夸要把万神庙之圆顶搬到此教堂之上，如果我们看看卡拉多索（Caradosso）所设计之纪念币，就可以证明伯拉孟特不是吹牛的。

伯拉孟特设计之圆顶是个半球体，就像万神庙一样，但是教堂之外观尚有两个高塔，加上大小圆顶之组合将巨大之体积打散成比较接近人性之尺度，这可以说是早期文艺复兴之一贯做法及态度。在伯拉孟特有生之年，教堂只建了一些柱子和墙壁，在他死后，接二连三换了好几位建筑师，最后由教宗保罗三世于公元1546年任命米开朗琪罗接续设计工作。

△ 29.29 米兰感恩圣母玛丽亚教堂侧向外貌

29.30 米兰感恩圣母玛丽亚教堂平面图 ▽

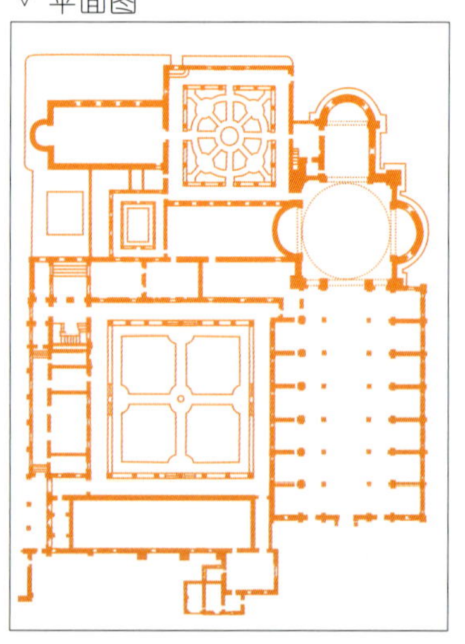

托第
慰籍圣母玛丽亚教堂

在伯拉孟特设计罗马小神殿后，他所设计的圣彼得教堂并没有完全实现，但是位于托第（Todi）地方之慰藉圣母玛丽亚教堂（Santa Maria della Consolazione，或称康索拉锡圣母教堂）却完全表达到了盛文艺复兴时期古典之理想——秩序、简洁、流畅和谐、比例完美。

此教堂位于山丘之上，老远就可以看得到，非常严谨之外观比例形成了自上山朝拜信徒最美丽而且最具吸引力之地标。虽然这个开始建于公元1509年的教堂之主要设计者包括有卡拉马帖奇欧（Cola di Matteuccio）、安布罗基欧（Ambrogio）、小安东尼·桑加洛（Antonio da Sangallo, the Younger）等人，但伯拉孟特也必然参与其事，甚且提供主

29.31 卡拉多索设计圣彼得大教堂纪念币 ▽

要的想法。因为教堂中充满了伯拉孟特之手法，虽然这栋建筑不是他所独立设计，将之称为伯拉孟特风格应也不为过。此教堂平面为简单之希腊十字形，但除圣殿之外每翼均为多边形，室内一目了然，空间的个性十足地反映于外观之上。如果就尺度及空间复杂性来看，这个教堂是刚好介于小神殿与圣彼得教堂之间，比前者大而繁，但是却也比后者精简单纯得多。托第慰藉圣母玛丽亚教堂虽然建筑不大，但却十足地表达了文艺复兴盛期之理想，充满了古典精神。

在文艺复兴诸位大师之中，伯拉孟特虽然不像达·芬奇可怜地连一件完整的建筑作品都没有，但比起米开朗琪罗、伯鲁乃列斯基、阿尔伯蒂及帕拉第奥等人，伯拉孟特的建筑作品可算是非常地少。然而伯拉孟特却用这少数的作品，尤其是圣彼得小神殿，深深地影响了西方的建筑。

文艺复兴时代虽然喜好古典之物，但事实上也同时存在着对古典异教之物一种矛盾，伯拉孟特却巧妙地结合了这种矛盾的双重性格，创造了盛文艺复兴建筑的典范。文艺复兴盛期的建筑与建筑师数目很多，但能受其他建筑师共同推崇的只有伯拉孟特和他设计的圣彼得小神殿，其原因并不是伯拉孟特的年纪稍大，而是他所设计的建筑中表露的正是大家所追求的古典精髓。

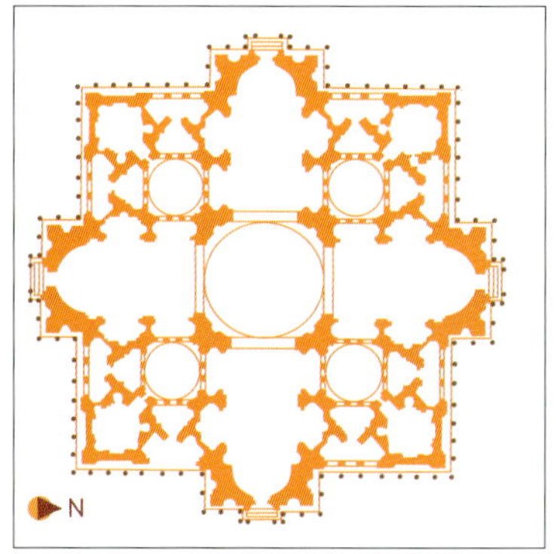

△ 29.32 伯拉孟特设计圣彼得大教堂平面图

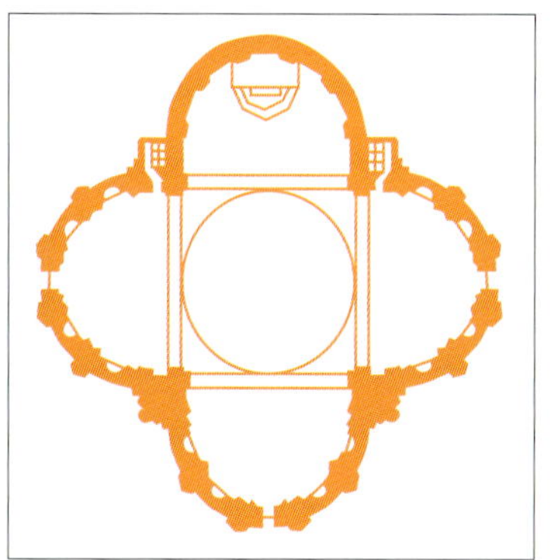
△ 29.34 托第慰藉圣母玛丽亚教堂平面图

▽ 29.33 托第慰藉圣母玛丽亚教堂外貌

△ 29.35 托第慰藉圣母玛丽亚教堂室内

▽ 29.36 托第慰藉圣母玛丽亚教堂室内圆顶

第三十章
米开朗琪罗与文艺复兴建筑

△ 30.1 米开朗琪罗画像

▽ 30.2 大卫雕像

米开朗琪罗

对大多数的人来说，文艺复兴巨匠米开朗琪罗(Michelangelo Buonarroti, 1475–1564年)是一位画家，也是一位雕刻家。但是从建筑专业角度来说，米开朗琪罗更是一位杰出的建筑师。米开朗琪罗是一个连他自己也认为是天才的天才，但却也是一个悲剧英雄，是一个自我矛盾性格相当重的人，但也因为他的性格使艺术成为他情感抒发的对象。米开朗琪罗生于意大利阿勒佐（Arrezzo）附近之镇上，13岁就到画家工作室当学徒，他多才多艺，从小就展露才华，诸多艺术之中，特别喜爱雕刻，一直以雕刻家自居。米开朗琪罗并没有受过正式的建筑教育，甚至也没有于其他建筑师当学徒的记录。换句话说，米开朗琪罗的建筑完全是自学而来，虽然连他自己都不认为他是一位建筑师，但他所完成的建筑作品仍然使其可以跻身文艺复兴伟大建筑师之列。16世纪以后，矫饰主义之风已逐渐笼罩在米开朗琪罗之作品中，静态的平衡逐渐被各种夸张的表现所取代，在建筑之中，米开朗琪罗也表现出一如雕刻中的力感。

朱里阿斯二世陵墓

公元1501–1504年间，米开朗琪罗完成之《大卫》（David）算是他所创造的第一位英雄，他的手足与头是不太成比例的，但是透过整个身躯所表现出来的力与美却是叫人佩服的。在完成大卫雕像之后，教皇朱里阿斯二世（Julius II）于公元1505年聘请米开朗琪罗替他自己设计一个巨大的陵墓，以便他可以在有生之年看到他将来安息之所，米开朗琪罗也认为此项工作是他施展抱负的大好机会。在建筑计划中，米开朗琪罗应用了超过四十个比真人还大的雕像，充分显露出他雕刻家的本质，著名的雕像摩西（Moses）便是其中一个。当然，陵墓本身的设计也是米开朗琪罗的工作，只不过与雕像群相比较，反而好像成为附属工作一样。根据朱里阿斯与米开朗琪罗之构想，整个坟墓是一个9米长、6米宽的独立构造物，室内则是一个椭圆形的墓室。

整座坟墓的基座环绕有以大理石雕刻之被缚奴隶雕像、胜利女神雕像以及铜制浮雕。基座之上略为内缩，在4个角落立有4个大雕像，分别是摩西、保罗、行动之人及思考之人。由此第二层之中央再升起一层作为教宗灵寝之顶，并且由天使承托。当时的人们对此坟墓的构成所蕴含的意义并不十分了解，现今一般人则相信其暗示着基督徒从束缚到解脱的两条途径。坟墓之顶立的是朱里阿斯二世，高高地超出于时空变化的天堂。整个坟墓的造型与处理方式反映的是古典时期的纪念性建筑，而将建筑与雕刻结合在一起也令人想起罗马的凯旋门。可惜后来教宗与米开朗琪罗之间因为伯拉孟特的挑拨离间而发生歧见，坟的规模日益缩小，最后迟至公元1542年才完成于罗马温克立圣彼得教堂（铁链教堂，St.Peter's in Vincoli），但作品规模只成为靠墙的一面纪念物而已，由于教宗一再地修改此作品，使得米开朗琪罗最后将之称为“悲剧之坟”。

西斯汀祭堂拱顶画

提到米开朗琪罗，许多人马上会联想到西斯汀祭堂（Sistine Chapel）拱顶画作，这是公元1508–1512年间，当时33

△ 30.3 朱里阿斯二世陵墓立面图

▽ 30.4 朱里阿斯二世陵墓奴隶雕像

▽ 30.5 摩西雕像

▽ 30.6 西斯汀祭堂拱顶画

△ 30.7 西斯汀祭堂拱顶画（《亚当的创造》细部）

30.8 西斯汀祭堂拱顶画（《亚当的创造》细部）▽

△ 30.9 西斯汀祭堂拱顶画（《亚当的创造》）

岁之米开朗琪罗应教皇朱里阿斯二世之请到教廷完成的作品。据说此作也是伯拉孟特游说教皇委托米开朗琪罗而促成，目的就是想让米氏出丑而离开罗马，以免和他抢业务。一开始，米开朗琪罗也曾以他是雕刻家而非画家而推辞，然而在教皇几乎是强制的要求下，不得不接受此委托。

不过开始作画之后，米开朗琪罗就呈现了他无以伦比之才华。他不但以建筑元素来界定画面之主题，更使画作完全雕刻化。从以创世纪为主之故事内容构思到人物之构图均叫人激赏，众多人物所呈现的却不是一种杂乱，而是一种牵制与平衡，其中最著名的一幅就是《亚当的创造》。在其中，我们可以看到亚当与上帝间力量的构成，开天辟地就在一瞬间完成。米开朗琪罗为第一个把人与上帝并列的艺术家，也表达了自中世纪以神为主的思想已经为人所取代。而亚当不仅朝向上帝，也朝向他背后尚未出世的夏娃，于是人类在文艺复兴中重新诞生。

30.10 佛罗伦萨圣洛伦佐教堂新圣器室朱里亚诺墓 ▽

佛罗伦萨
圣洛伦佐教堂新圣器室

当教宗朱里阿斯二世决定依照伯拉孟特的设计案重建罗马圣彼得大教堂时，他丧失了原有对自己巨坟的兴趣，米开朗琪罗因而对伯拉孟特甚为不谅解，他觉得是伯拉孟特希望有一笔巨款来建教堂因此反对建坟，米开朗琪罗甚至为此事而出走到佛罗伦萨，直到最后被教宗半请半命令回到罗马替西斯汀礼拜堂作画为止。在完成西斯汀祭堂拱顶画后，米开朗琪罗再度为美狄奇（Medici）家族出身之教宗李奥十世（Leo X）及克雷门特七世（Clement VII）工作。

这两位教宗并不像他们之前任者那么热衷执意想建造一座永垂不朽之坟墓建筑，相反地却要米开朗琪罗替他们家族于佛罗伦萨之圣洛伦佐教堂（San Lorenzo）教堂设计一间新圣器室（New Sacristy）。伯鲁乃列斯基设计之旧圣器室是在教堂之左边，而米开朗琪罗之新圣器室则在右边。米开朗琪罗努力要把建筑和雕刻统一于一体，他设计了建筑也设计了坟，使之成为艺术史上一处重要的空间，更是一个兼具智能与美学诉求之作。

此圣器室起源于李奥十世想替父亲、叔父、弟弟与侄儿建造一座永恒的祭室，所以虽然其名之为圣器室，但实际上此室却是一个家族之坟室，由克雷门特七世完成。雕刻和建筑之关系是中世纪建筑中非常重要的一环，如果我们回想哥特建筑中雕刻之大门及彩色镶嵌玻璃就可以了解这点。这种关系在15世纪时被打断了，雕刻变成了一项相当独立的元素，而米开朗琪罗再度将这两种艺术重新整合，在此建筑中虽然没有完全完成，但是却指向了巴洛克艺术之精神——建筑、雕刻和图画一体之标准，而米开朗琪罗也充分展现了他作为一个哲学家、诗人、雕刻家与建筑师的角色。

工程始于公元1520年，直至1534年才完成，其中历经美狄奇家族与佛罗伦萨城市的兴起与动乱。在墓室中最令人注

△ 30.11 佛罗伦萨圣洛伦佐教堂新圣器室雕像（夜）

▽ 30.12 佛罗伦萨圣洛伦佐教堂新圣器室雕像（日）

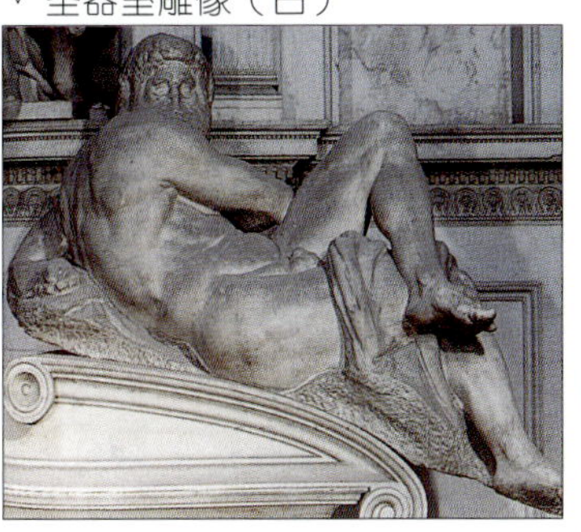

▽ 30.13 佛罗伦萨圣洛伦佐教堂新圣器室雕像（夜鹰）

▽ 30.14 佛罗伦萨圣洛伦佐教堂新圣器室雕像（面具）

△ 30.15 佛罗伦萨圣洛伦佐教堂新圣器室洛伦佐墓

目的乃是朱里亚诺（Giuliano）和洛伦佐之墓。朱里亚诺爵士，为伟大的洛伦佐之子，教宗李奥十世之弟。整个墓室之构图一直是个谜。现在不太稳定之组合也许是米开朗琪罗死后，由别人依米开朗琪罗之意重组合而成的，中间的朱里亚诺代表的是一种“行动之人性”，米开朗琪罗将之打扮成罗马皇帝之模样，手中并且执着象征权威之指挥棒，其下则为石棺，上面倚靠着两个雕像分别代表“日”和“夜”。

“夜”是以一个睡姿之少女出现，亮光之大理石亮的就像是冷静的日光，夜鹰代表了智能，然而面具却是死神的告白，相对地“日”则是一个充满精力、肌肉结实之男性。在“日”、“夜”完成之际，刚好是1530年佛罗伦萨之陷落之时，因此当史特罗奇（Giovan Battista Strozzi）曾写了一首颂扬诗时：“夜，如你所视，美丽无瑕。睡，由天使所雕石，因其眠而有生命如你不信，摇醒她吧，她将与你而谈。”

米开朗琪罗则以“夜”的口吻回了一首诗以反应出当时他对时局的伤感与痛苦：“我珍惜我之眠与我之所以为石。只要伤害与羞辱依旧，我以不听不视为幸。请轻声细语，让我沉睡。”

在朱里亚诺雕像对面为洛伦佐，其为乌尔比诺之爵士，为法兰克皇后美狄奇·凯瑟琳之父。米开朗琪罗将他的雕像用来象征“思考之人性”，雕像呈现的则像是一个哲学家、诗人一般。在这些作品中，米开朗琪罗都是在表达一种不易呈现的心灵力量，他对于张力和受压抑气氛之偏好引出了一种理想无时间性之完美，但他的式样都是不安的。在洛伦佐石棺上则有另外两组代表“黄昏”和“黎明”之雕像。“日”、“夜”、“黄昏”和

△ 30.16 佛罗伦萨圣洛伦佐教堂新圣器室雕像（黎明）

▽ 30.17 佛罗伦萨圣洛伦佐教堂新圣器室雕像（黄昏）

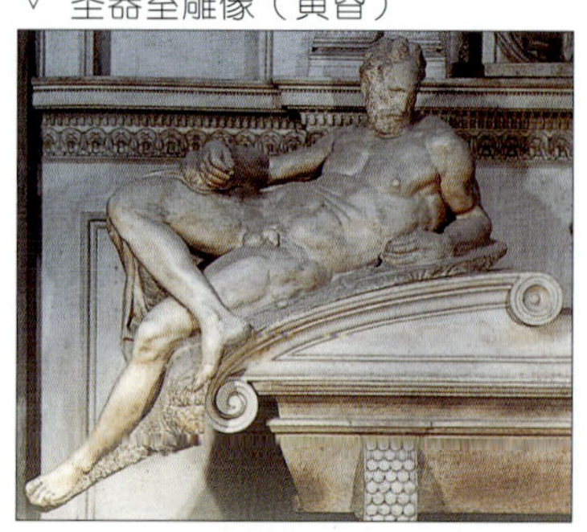

△ 30.18 佛罗伦萨圣洛伦佐教堂新圣器室雕像（黄昏细部）

▽ 30.19 佛罗伦萨劳伦先图书馆外貌

"黎明"构成了完整之时间体系。

佛罗伦萨劳伦先图书馆

圣洛伦佐新圣器室中，米开朗琪罗充满张力及暧昧之式样延伸到日后所谓的矫饰主义(Mannerism)风格，并且可以在劳伦先（Laurentian）图书馆中明白地感受到，此图书馆是克雷门特七世在公元1523年委托米开朗琪罗所设计。图书馆前室为通往阅览室之主要空间，由于开有高窗，所以高度相当高，里面有一个大楼梯占了相当大之面积，一个熟悉伯拉孟特或者盛文艺复兴古典建筑原则的人，必然会对米开朗琪罗对于古典准则、柱式及比例不按牌理出牌感到吃惊。米开朗琪罗使用成对的柱子并且将之深退至墙面之后，而本应有支撑作用之牛腿反而自墙面伸出成为装饰，但是事实上，这些似有若无结构作用之双柱是有结构作用的，它们深入墙面反而增加了墙面之刚性和立体感。

米开朗琪罗恣意地使用各种元素，将一个室内空间雕刻成如其雕像或画像般的那般富有张力，但米开朗琪罗并不像其他之矫饰主义建筑师那般地喜欢塑造迷惑，他在建筑、雕刻和绘画三者上之风格是一致的，这种一致性是来自于他对人体之认识和了解，就如同他自己所说的"建筑结构之元素必须要遵循人体之结构法则，如果一个人不是人体结构的大师，他绝对不会了解建筑之原则"，他的灵感可以说是来自于人体美及人的灵魂。此图书馆的工程进行得很慢，公元1534年米开朗琪罗离开佛罗伦萨时只完成一部分，最后于公元1568年才全部完成。

△ 30.20 佛罗伦萨劳伦先图书馆前室

西斯汀祭堂最后的审判壁画

公元1534年，米开朗琪罗重新回到罗马，并且受教宗保罗三世之委托，进行湿壁画《最后的审判（The last Judgement）》的工作，此画同样是位于西斯汀祭堂。这一幅画的焦点是审判者基督，在其周围环绕着四百多位不同的人物，并且形成一个旋转的构图，只有基督旁的圣母玛利亚是平静地处于这个旋转之动态之外。所有的使徒及殉道者似

▽ 30.21 佛罗伦萨劳伦先图书馆前室

▽ 30.22 佛罗伦萨劳伦先图书馆前室墙面柱子

▽ 30.23 佛罗伦萨劳伦先图书馆平面图

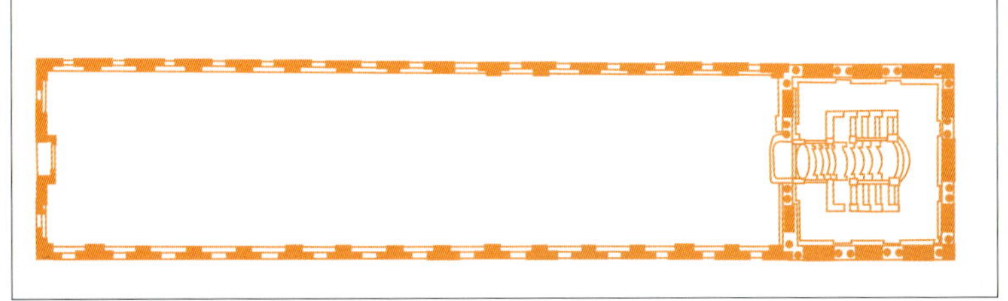

△ 30.24 西斯汀祭堂最后的审判壁画

◁ 30.25 西斯汀祭堂最后的审判局部

乎都激动而焦虑地在等待着判决。图面下方的中央为吹着号角的天使，在他们右边（图面左边）是升上天堂的人，在他们左边（图面右边）则是被打下地狱的人。

在基督正前方云端下方的为其使徒巴拖罗谬（Bartholomew），手中拿着一张殉道时所割下之人皮，皮中之人不是圣人而是米开朗琪罗自己，这是艺术家对自己的一种嘲弄。而在米开朗琪罗这些有力的扭曲人物中，我们已经或多或少地看到了日后巴洛克及矫饰主义之痕迹了。虽然在西斯汀的画作中，米开朗琪罗也有建筑场景的表现，但其基本上还是二度空间之创作。

罗马市政广场

罗马的市中心，除了有无数古典时期的广场与遗迹外，也有许多设计于文艺复兴与巴洛克时期的广场，其中市政广场（Capitoline）可以说是文艺复兴都市设计的典范，为米开朗琪罗晚年建筑业务量增加后的作品。公元1537年，他接受了教宗保罗三世之委托，重新规划罗马之市政广场，这是一个相当具有挑战性之业务，教宗希望把这个过去曾为罗马时代精神与政治焦点之大广场转化成为一个代表教宗统治下罗马之象征。米开朗琪罗面临最大之挑战是他必须和现存的两座建筑协调，这两栋建筑是位于东面之议事大楼（Palace of Senators），亦即市政厅和位于南面之监察大楼（Palace of Conservators）。这两栋既存的建筑物呈现一种80° 的组合，这种情形如果碰到一个比较差的建筑师可能早就被考倒了，但是米开朗琪罗却巧妙地将一个本来会残缺不全之建筑组合，变成了整个文艺复兴时期非常杰出之都市设计。

因为米开朗琪罗深信建筑必须比照人体之关系，他必然曾花费心血对业主说服对称之好处和中轴线之魔力，因此必须在广场上加盖一座建筑来平衡监察大楼，于是他先将两栋原有之建筑披上一件文艺复兴的外衣，然后他设计了一栋新的博物馆，也和议事大楼形成80° ，于是创造了一个梯形之广场，这个广场似乎和意大利小镇皮恩扎（Pienza）的广场非常类似，但是这种类同应该只是一种巧

△ 30.28 罗马市政广场原貌透视

△ 30.26 罗马市政广场市政厅

▽ 30.27 罗马市政广场博物馆

▽ 30.29 罗马市政广场现貌透视

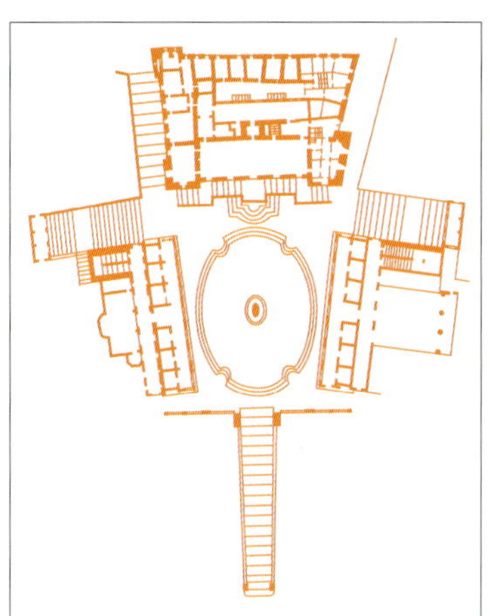

△ 30.30 罗马市政广场平面图

▽ 30.31 罗马市政广场远眺

合，并没有任何实质上之关连。自中世纪留传下来少数罗马皇帝骑马像之一的阿雷留斯（Marcus Aurelius）像则变成了整个设计之焦点。

△ 30.32 罗马市政广场阿雷留斯雕像

▽ 30.33 罗马市政广场西望

这个雕像是由教宗命令搬到这里的，米开朗琪罗并不十分同意，这个焦点本来是想作一件他自己的杰作的，教宗保罗三世之所以违背米开朗琪罗之意思而执意如此，当然是有原因的。因为他当然希望他的罗马城也能像当年罗马帝国之罗马城一样光彩，而这个骑马像就成了一种象征之连续。在不得已之情况下，米开朗琪罗只好替这个雕像做了一个椭圆形之底座，并且置于一个椭圆形之铺面中心，椭圆中心内有12个放射点，可能含有古代或者中世纪之宇宙意义。米开朗琪罗选择使用椭圆形铺面是相当别具用心的，因为椭圆形之形状被老的文艺复兴建筑师视为一种不稳定之形而不敢加以使用。但是在梯形广场内使用椭圆却是最适合的，因为它避开了其他形状所会产生之尴尬，而且依然统合了中轴线及对称强烈之感觉，椭圆形也成了日后巴洛克时期最主要之形体。

△ 30.34 罗马市政广场市政厅与博物馆

▽ 30.35 罗马市政广场监察大楼立面

▽ 30.36 罗马市政广场监察大楼立面细部

广场之南北两侧为两个相同之立面，它们亦使用了曾于阿尔伯蒂所设计位于曼杜瓦的圣安德烈教堂中出现过之巨柱。但是米开朗琪罗更优雅、更有权威地使用了这个元素，这些巨柱不仅仅是结合了上下两层立面，而且形成了一个稳固之框架，表白了作为真正主要结构之机能。地面层上由巨大量体到退缩空体之过渡是借由插入的两根小柱来达成的。在轴线上之议事大楼则也应用了相同的手法，但是塑性较小，由于其高度较高，所以理所当然成了这一组建筑中之重音，在不影响统一之情况下表达了其变异性。

如果依照过去文艺复兴所倡之广场概念来执行的话，罗马市政广场可能也会变成一个四面包被之空间，但是米开朗琪罗再度于这点上突破传统朝向未来。米开朗琪罗在入口之这一面乃摒弃了可能会有的一栋建筑或一面墙，而只使用了低矮之栏杆及古典雕像作为一种空间之界定。因此广场得以开阔地朝向梵蒂冈，这种想法必然是足以取悦教宗的。由于它的成功，这个广场之设计也必然是执着于所谓轴线端景(vista)之巴洛克都市设计师所忠心信奉的。

△ 30.37 罗马市政广场博物馆细部

△ 30.38 米开朗琪罗向教宗献敬教堂模型

罗马圣彼得大教堂整建

在米开朗琪罗设计完罗马市政广场之后几年，他于公元1564年接掌了圣彼得教堂整建之工作，这两个工作在其有生之年都没有完成，圣彼得大教堂对他来说可能又是一种奉献，其实是无奈而且不讨好之事。米开朗琪罗必须克服的是他必须完成伯拉孟特原先之计划，无可讳言的是伯拉孟特为自古以来相当出色的一位建筑师，米开朗琪罗亦十分敬重他，当然会遵循伯拉孟特对圣彼得大教堂原来之构想，米开朗琪罗曾经说过“任何建筑师如果想编修伯拉孟特之平面即是偏出了正途”。事实上，在伯拉孟特死后，圣彼得大教堂的工作曾由拉斐尔、贝鲁奇（Peruzzi）与安东尼桑加洛(Antonio Sangallo)接手过。在原则不变之情况下，米开朗琪罗将伯拉孟特几个十字相互嵌

▽ 30.39 米开朗琪罗设计的罗马圣彼得大教堂平面图

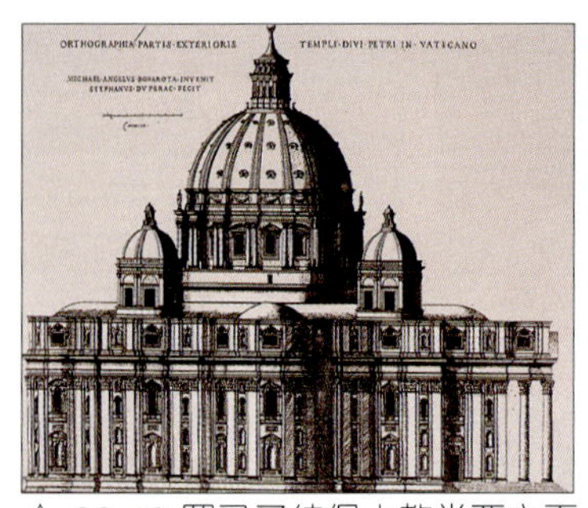

△ 30.40 罗马圣彼得大教堂西立面图

▽ 30.41 罗马圣彼得大教堂圆顶模型

接之复杂平面修改为一个圆顶希腊十字形平面内接于一个方形之间，并且在前面加了一个像万神殿有双重柱之门廊，在不更改伯拉孟特集中式教堂之特色下，米开朗琪罗只用了巨大、聚合力强之统一空间了。这种聚合力及统一性亦可见之于米开朗琪罗对于建筑外观之处理，由于教堂之正面已经经过变更，米开朗琪罗对外貌之诠释可由西侧立面看出，巨柱再度高贵地被应用，在劳伦先图书馆中见到之将建筑视为雕刻之处理概念现在则在圣彼得教堂中自地面层一直延伸到圆顶，巴洛克之建筑师们必然自其中学到了这种整合之设计。

对于圆顶之设计，本来米开朗琪罗是设计了一个像伯鲁乃列斯基设计的佛罗伦萨大圆顶一样高起之外观，但是后来他自己又修正为一个半圆顶以便舒缓下半部之垂直感，而在各种元素中建立一种平衡，但是当米开朗琪罗死后，由奇亚康默（Giacomo della Porta）来执行圆顶之工程时，他却又回到米开朗琪罗原先之设计，而将圆顶拉高，结果使之看起来好像是一个从基座升起之顶，而没有米开朗琪罗所期望的那样稳定，虽然如此，圣彼得大教堂之圆顶仍然是世界上最具力量、最有影响力之圆顶。

圣彼得大教堂的圆顶高耸的突出于天际上，外部高达137米，看似一个巨大的教皇冠，戴于圣彼得之坟上。在完工之际，圣彼得大教堂圆顶是在其高度上，世界最大的圆顶。对许多人来说，圣彼得大教堂圆顶巨大的结构物静止平衡于罗马的天空，就好像是因为奇迹而出现，没有任何的重力。这个绝少强度与优雅，力量与信念的结合，不但总结了米开朗琪罗的天才，并且成了罗马基督教与教皇的象征。圣彼得大教堂圆顶可以在罗马任何地点看到，所有到教廷的朝圣者只要一看到圆顶，就会不由自主地生出崇敬之心。圣彼得大教堂圆顶对许多人而言是精神慰藉与愉悦的泉源，因为圣彼得大教堂的圆顶“既是人类对于神的一个奉献，也是教会展现

▽ 30.42 罗马圣彼得大教堂圆顶（北向）

▽ 30.43 罗马圣彼得大教堂圆顶（中殿屋顶远望）

30.44 罗马圣彼得大教堂园顶（东向）

△ 30.45 罗马圣彼得大教堂圆顶细部

▽ 30.46 罗马圣彼得大教堂圆顶模型

永无止境包容力的象征，它将接纳所有的人，并且庇护所有的人免于天谴及魔鬼之引诱”。

在室内，圆顶从地面到顶塔底有120米，支撑圆顶的四根巨大构柱上的四面拱腹分别有代表四部福音的圣者。每一位圣者所在的圆形饰直径长达8.5米。在鼓环之底有一排2米高的金色大字写着：“你是盘石（彼得），我要把我的教会建造在此盘石上，我要把天国的钥匙给你。”这些字，透过鼓环上16个高窗投射入内的光线而呈现光亮的景象，与圆顶下的圣坛顶棚相互辉映。

罗马 天使圣玛丽亚教堂

公元1561年，罗马时期兴建的戴克里先浴场（Baths of Diocletian）由教宗庇护四世（Pius IV）加以祝圣而成为天使圣玛丽亚教堂（Santa Maria degli Angeli），重建浴场中保存良好的结构为教堂之用的工作乃是由米开朗琪罗所负责。在中世纪初，所谓的早期基督教时期，将罗马异教建筑改为教堂之举曾经被视为是一种传统，但此风于中世纪末期逐渐消退，直到反宗教改革（Counter-Reformation）确定教堂之重要地位后才又恢复。

文艺复兴时期在知识分子中一直存在着对于过去古典异教之喜爱及对基督教教义依存之矛盾症候。由于此教堂于18世纪时又历经改变，许多墙面都加上了华丽的巴洛克装饰，有时候米开朗琪罗之原企图就

▽ 30.47 罗马圣彼得大教堂圆顶内部

▽ 30.48 罗马天使圣玛丽亚教堂室内透视图

比较难看出。事实上，米开朗琪罗在此建筑中最大的成就乃是他如何应用原有罗马浴场空间改变成教堂的“再利用”设计，此设计可以说是历史上最早成功的再利用案例之一。

米开朗琪罗作品小结

米开朗琪罗可以说是一个横跨盛文艺复兴时期与矫饰主义时期的建筑师，多样的建筑风格使我们不容易替他下一个概括性的总结。基本上，米开朗琪罗在早期的建筑作品中呈现的是一种类似浮雕的效果，各种雕刻是建筑立面上的装饰；到了晚期，米开朗琪罗的建筑思考与表达进入了完全立体的层次，雕刻不再是墙面的装饰而已，他们已融入成为空间的一部分，甚至在罗马市政广场中，使开放空间成为主角之一。作为一个艺术全才，米开朗琪罗的建筑作品比起雕刻与绘画在数量上是少了很多，但却是件件佳作，影响后世的建筑发展甚深，从矫饰主义、巴洛克风格到后现代主义建筑，我们都可以看到米开朗琪罗的影子。

▽ 30.49 罗马天使圣玛丽亚教堂外貌

▽ 30.51 罗马天使圣玛丽亚教堂入口

▽ 30.50 罗马天使圣玛丽亚教堂室内现貌

▽ 30.52 罗马天使圣玛丽亚教堂平面图

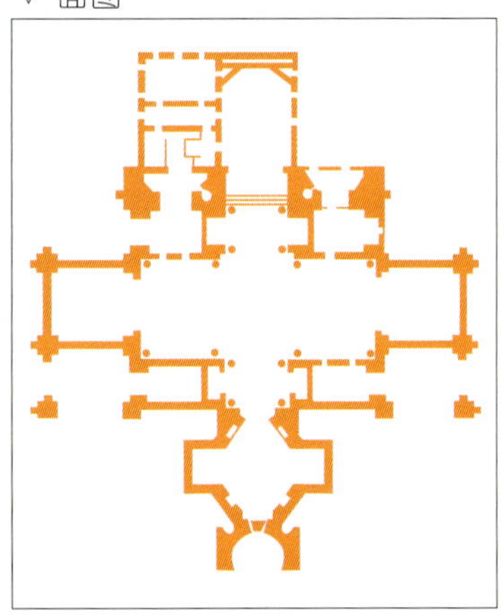

第三十一章
帕拉第奥与文艺复兴建筑

△ 31.1 帕拉第奥画像

▽ 31.2《建筑四书》封面

帕拉第奥小传

帕拉第奥（Andrea Palladio, 1508–1580年）为文艺复兴晚期在威尼斯最重要的一位建筑师。帕拉第奥生于帕杜亚（Padua），为一当地磨坊主人之子，公元1521年，他开始于帕杜瓦一位石匠之处当学徒，公元1524年搬至维琴察（Vicenza），仍以石匠为业，到了30岁时才由特里西诺爵士（Count Giangiorgio Trissino）启迪转向建筑发展。特里西诺爵士是维琴察的一位人文主义者，他曾亲自陪同帕拉第奥前往罗马地区研习古建筑，甚至替帕拉第奥取了这个寓意自希腊智能女神帕拉雅典娜（Pallas Athene）之名，以取代其原有之姓彼得冈铎拉（Pietro della Gondola）。

公元1570年，帕拉第奥发表了对西方建筑发展影响深远之《建筑四书》（I Quattro Libri dell Architettura, Four Books on Architecture），这是一部与阿尔伯蒂《建筑十书》具有同样影响力的巨著。在此著作中，帕拉第奥收录了各种古典柱式，其中有许多重要者是取材自古典罗马，书中也包括了帕拉第奥自己作品的平面图、立面图与剖面图，并附有尺寸与说明，在这种情况下，似乎意味着帕拉第奥之作品和古典建筑具有同等的地位。

在实际建筑方面，帕拉第奥将古典神庙之门面与教堂之圆顶应用至世俗建筑的影响是超越意大利的，尤其是英国和北美殖民地，至今仍可看见许多被称之为帕拉第奥风格（Palladianism）之建筑。帕拉第奥虽然影响力很大，却可以说是一位地域性的建筑师，他的作品大都集中于威尼斯与维琴察附近，其中最著名的乃是其根据文艺复兴重视比例的原则所设计的农庄别墅与教堂。虽然帕拉第奥的建筑看似相当简单，但绝对不是简化到只有门廊加上巨大古典柱的应用而已，机能性的考量在其作品之中经常是与美学的考虑融合而为一体的。也难怪帕拉第奥的建筑作品几世纪以来一直被尊为盛文艺复兴建筑中宁静与和谐之精髓与模板。

维琴察圆厅别墅

在帕拉第奥所设计的农庄别墅中，最著名的乃是建于维琴察东南郊外的圆厅别墅（Villa Rotonda），建于约公元1567年。这个别墅和帕拉第奥设计之其他别墅略有不同，因为它不是一个真正的农场别墅，而是一个退隐之所，是业主社交生活之一部分，它是一个单独之建筑，没有其他附属之翼，是被视为望楼(Belvedere)来设计的。事实上，这栋为教廷退休要员亚默黎各（Paolo Almerico）所设计之别墅实际上就是一处退隐之家，完成于公元1569年左右。这栋不仅影响当代，也深深影响后世之别墅是位于一座山丘之上，其与山丘景观自然协调地融合在一起，仿佛就像建筑长自泥土一样。在《建筑四书》中，帕拉第奥就曾指出建筑与景观必须要有密切的关系："建筑是如此优雅地矗立于那里，人们最希望发现最美丽动人之位置乃是山丘之坡。美丽的山丘环绕四周，提供了视野千里的景致。因为人们都有向四面八方观景之兴致，所以建筑四面均该设有凉廊。"

在此建筑之中，帕拉第奥想展示的是纯粹形体之美，由单纯几何构成所组成的空间中包含着正方形、圆形与长方形等基本形体。以圆厅为心所设计的空间于四面是完全地一样。整栋别墅看似建于一个平台之上，实际上是由3层楼所组成，主要楼层是位于拾阶而上的平台之上，为装饰最华丽之处；地面层主要为厨房、洗衣房与仆人住所，没有什么装饰；第二层原设计为环绕着圆厅的大空间，帕拉第奥称之为"供走动的场所"；各层之间以旋梯相通。

在造型上，此栋建筑可以被看成是由集中式正方体加上四面一样之门廊所构成，正方体之每一个面正对着主要方位以便获得最强的阴影效果。这种设计可以说是相当感性，但十分合乎机能，因为每一个门廊就像是一个平台，可自其中

△ 31.3 维琴察圆厅别墅外貌

△ 31.4 维琴察圆厅别墅外貌

▽ 31.5 维琴察圆厅别墅外貌

▽ 31.6 维琴察圆厅别墅门廊

△ 31.7 维琴察圆厅别墅门廊

▽ 31.8 维琴察圆厅别墅门廊山墙

△ 31.9 维琴察圆厅别墅门廊山墙雕刻

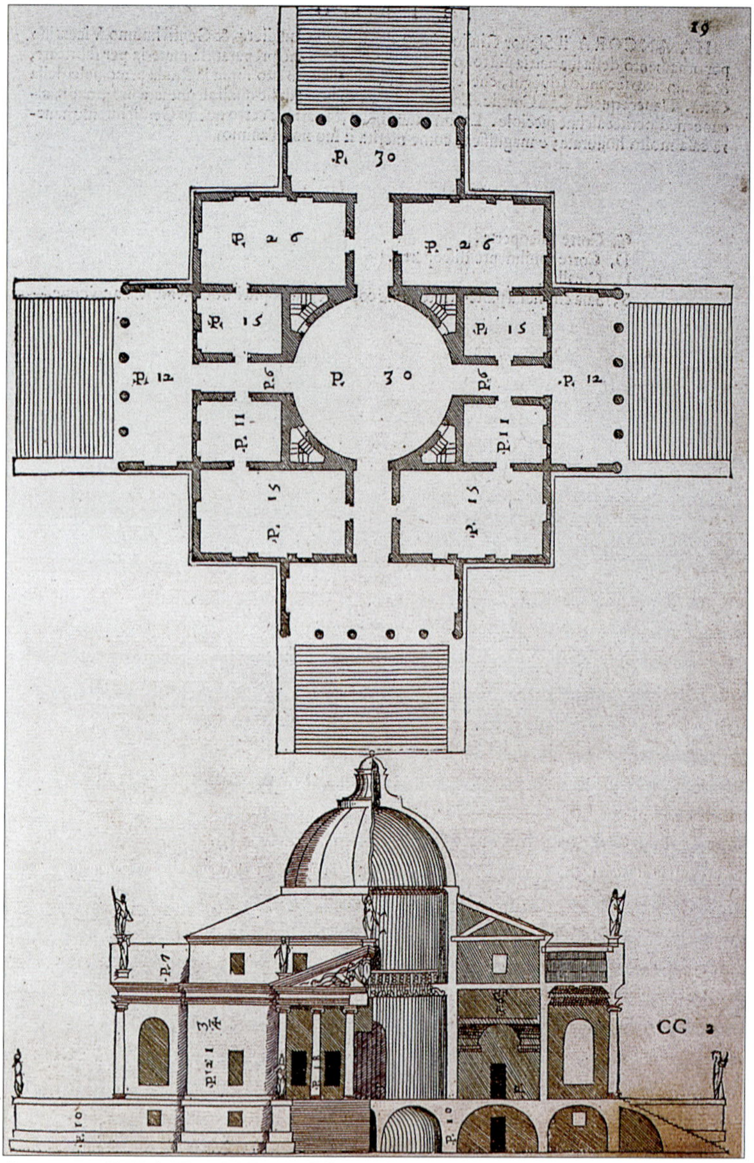

△ 31.11 维琴察圆厅别墅平面图与剖立面图

◁ 31.10 维琴察圆厅别墅圆顶内部

观赏到其下之景观，而圆顶大厅之作用就像是一个旋转台，可将人转到不同的方向。除了机能之外，这个别墅之构成亦是十分理想化，可以圆形、方形及数学比例来诠释，这种情形就好像一些其他文艺复兴之建筑师及理论家一样。在这种情况下，数学的准确性扮演的是一个重要的角色，门廊的宽度刚好是中央正方体宽度的一半，每一面门廊的深度加上阶梯的深度刚好是中央正方体深度的一半。换句话说，四面门廊与阶梯之面积总和刚好是中央正方体的面积。

六根爱奥尼柱所构成的门廊，高达2层，并且由仿佛罗马神庙前大阶梯直通主要楼层。在圆厅别墅中和利用古典神庙门廊作为主要门面同属创举的，乃是应用了圆顶作圆厅之顶。在文艺复兴时期，圆顶一般来说都是应用于宗教建筑上为主，以创造天堂的意象，像帕拉第奥将之大胆地用之于民宅中算是第一回。当然，帕拉第奥在此建筑中应用古典元素的适切性，不但引起当时人们的共鸣与认同，更深远地影响整个西方的建筑发展。

事实上，帕拉第奥早年曾受到阿尔伯蒂的影响，但是到了公元1550年左右，他已经发展出他自己之风格，其是不同于充满暧昧及叛离性格之矫饰主义者，但也和盛文艺复兴时期之风格不一样，或许我们可以说是一种"修正的古典精神"。在帕拉第奥其他的作品中，我们不仅可以欣赏到文艺复兴严谨的古典比例，更可以看到帕拉第奥所展现的个人风格。

△ 31.12 马塞巴巴罗别墅主体外貌

▽ 31.13 马塞巴巴罗别墅平面图

△ 31.14 马塞巴巴罗别墅全貌

巴巴罗别墅

除了圆厅别墅之外，帕拉第奥于维琴察附近所设计之农庄别墅中，最著名的乃是兴建于公元1500年代末左右，位于马塞（Maser）的巴巴罗别墅（Villa Barbro）。此栋别墅是帕拉第奥为好友巴巴罗兄弟所建，兄弟之一的丹尼勒（Daniele）是一名人文主义学者，曾经翻译过由维特鲁威所撰之罗马建筑名著《建筑十书》，并由帕拉第奥负责插图的工作。由于丹尼勒非常喜欢一位名叫李哥利欧（Pirro Ligorio）带有矫饰主义之作品，所以帕拉第奥在设计此别墅时也加入了部分李哥利欧的手法，当然也有部分的想法是取材自罗马的废墟。

在建筑构成上，巴巴罗别墅与圆厅别墅是明显的不同类型，帕拉第奥将之设计为以一

△ 31.15 马塞巴巴罗别墅室内彩绘

▽ 31.16 马塞巴巴罗别墅庭园弧墙

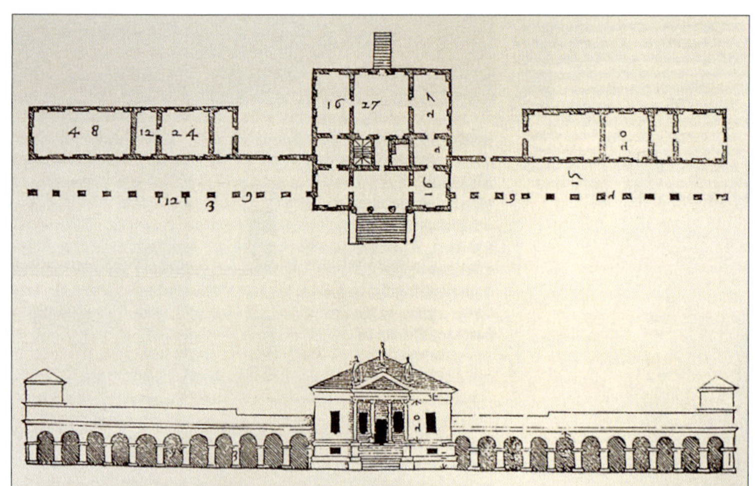

△ 31.17 芳索洛爱默别墅平面图与立面图

▽ 31.18 维琴察神职人员大楼全貌

31.21 维琴察神职人员大楼平面图 ▽

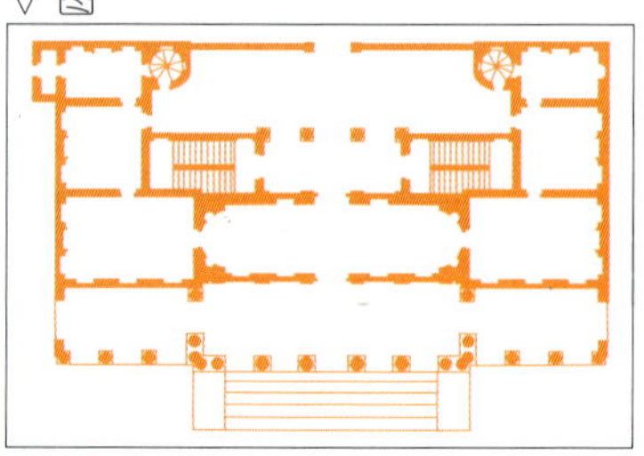

△ 31.19 维琴察神职人员大楼立面细部

◁ 31.20 维琴察神职人员大楼屋檐雕像

间主屋加上两侧伸出附属建筑之长形配置，主屋为神庙门廊的立面，采爱奥尼柱式，但却为壁柱形式，盖盘的形式为一圆拱窗所打破，并由此以灰泥浮雕饰延伸入山墙。左右伸长的两翼于地面层均处理成拱券，端部则于二楼以一简化之古典神庙门面收头，神庙两侧再以曲面连接一楼部分。建筑主体之后尚有古意很重的庭园，其中有一半圆形的花园建筑围绕着一水池，建筑上满布着由维多利亚（Alessandro Vittoria）所雕塑的灰泥雕刻。与巴巴罗别墅非常类似之另一个例子则是位于芳索洛（Fanzolo）之爱默别墅（Villa Emo），建于公元1565年。

维琴察神职人员大楼

维琴察神职人员大楼（Palazzo Chiericati）是帕拉第奥设计具有回廊之都市大厦之代表，反映的也是威尼斯回廊建筑精神之延续。建筑之本体的意象，也会使我们想起古典罗马广场边之柱廊，甚至是柱廊内天花藻井也都袭自古典的传统。此座兴建于公元1551年代大厦中高起的台座很明显地是取材自古典神庙，其不仅将整个大厦抬高至临近河道的泛滥线上，亦有隔离建筑本体与其前面广场之牛墟的机能。在建筑本体上，简单的柱式与女儿墙上的雕刻构成了鲜明的对比，而开口部的雕刻也强化了建筑立面的立体感。在此建筑中，柱廊也扮演着空间整合的角色。由于建筑进深很浅，因此帕拉第奥在正中央的柱列之后设计了一个横向的前室。穿过此前室则是一个由房间环绕的中庭，两座长方形的楼梯与两座小螺旋梯则紧凑地分布在中庭外围。神职人员大楼可以说是当时帕拉第奥建筑手法的缩影，借由高品质的设计与特

△ 31.22 维琴察神职人员大楼柱廊内部

△ 31.23 维琴察瓦尔马拉纳大厦立面

△ 31.24 维琴察巴巴罗大厦立面

▽ 31.25 维琴察大会堂全貌

殊风格的依附，创造了一个比建筑实际尺度更宏大的杰作。

然而神职人员大楼并非帕拉第奥设计都市宅邸之惟一法则，同在维琴察的希内大厦（Palazza Thiene,1550年）中，他使用了粗石墙面，有如矫饰主义大师罗曼诺（Giulio Romano）之手法，在瓦尔马拉纳大厦（Palazzo Valmarana,1566年）与巴巴罗大厦（Palazzo Barbarano, 1570年）中，他使用了巨大之壁柱，又如同米开朗琪罗一般，由后两例中我们都可以看出帕拉第奥如何受到其他建筑师之影响并向他们学习借鉴，也可以看出帕拉第奥部分作品中的矫饰主义倾向。

维琴察大会堂

维琴察是威尼斯的一个附属镇，所以威尼斯盛行之地面层回廊当然会影响到维琴察之建筑。而帕拉第奥本身也对街道上之这些回廊非常喜好，曾经赞赏圣马可图书馆中地面层和上层之处理，这一个事实反映在他所设计之维琴察大会堂（Vicenza Basilica）中。此建筑是帕拉第奥于公元1549年时，以一方案取代原建于中世

▽ 31.26 维琴察大会堂全貌

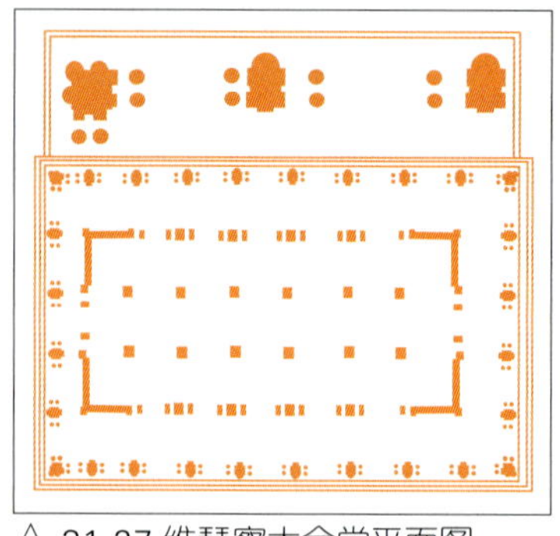
△ 31.27 维琴察大会堂平面图

31.28 维琴察大会堂帕拉第奥母题 ▽

▽ 31.29 维琴察镇都凉廊

纪哥特风格大会堂获得当地议会一致青睐而建。帕拉第奥设计了一个两层楼高，称为凉廊（Loggia）之新立面，将原有建筑完全包在里面，而立面的构成正是影响后世深远的帕拉第奥母题（Palladian Motif）。亦称为塞理欧开口（Serliana Openings）之帕拉第奥母题原系由建筑师塞理欧所发明，但却由帕拉第奥加以发扬光大，广为应用。这种母题之构成单元系由两根外有半圆壁柱之方柱所界定的柱间作为基本单元，每一单元内再由较小的4根独立圆柱分隔成3部分，左右两部分甚小，中间部分宽大上承一拱券。立面之顶围以装饰花瓶栏杆之女儿墙，并冠以各种人物雕像。大会堂的屋顶内为木构架，外则为绿铜，形似一艘覆船。此建筑直到公元1617年才完成，当时帕拉第奥已经去世37年。

镇都凉廊

横过执政广场位于维琴察大会堂对面，亦称为伯纳多凉廊（Loggia Bernardo）之镇督凉廊（Loggia del Capitaninto）也是帕拉第奥的作品，建于公元1571年，内为维琴察行政主管办公之处，亦有一集会堂，凉廊本身则作为镇督面对镇民布达宣告之处，现在则是镇议会之所在。开放式的凉廊反映的是大会堂一样的建筑形态，由四根可能是取自于古典建筑中的巨大壁柱分隔出地面层3个拱券；侧面的形式与正面差异很大，是凯旋门的形式，并且有一描述公元1571年勒潘多战役（Battle of Lepanto）的浮雕，再加上开于盖盘的窗户，作为阳台支撑从来不存在的多立克柱式额枋中生出的三槽石，以及墙面满布的灰泥装饰，多色彩又富有雕刻效果的此建筑作品在帕拉第奥诸作中是极为特殊的一件。

威尼斯圣乔治马焦雷教堂

除了别墅以外，最能表达帕拉第奥之想法与手法的应该是它替威尼斯所设计之两座教

31.30 威尼斯圣乔治马焦雷教堂平面图 ▽

堂，这两栋建筑集合了人文主义和拜占庭、哥特、罗马等元素于一体，淡色之灰泥，轻柔之处理，亦使其和充满装饰壁画之意大利其他地方之圆顶教堂有很大分别。圣乔治马焦雷教堂（San Giorgio Maggiore），始建于公元1565年，一直到公元1610年才竣工，此时帕拉第奥已经过世30年。此教堂属于本笃派之教会，位于圣马可广场横过运河之对岸，是威尼斯最具戏剧化的建筑物之一。因为不满意以前对于中殿及两侧通廊不一样高所产生之立面问题解决方案，帕拉第奥于是将一个比较高细之神庙立面和一个比较宽广之立面结合成一体，这种方式不但反映出了室内之高度状况，而且也借着将中间之四根柱子较为突出而加强了三度空间之感，更创造出一种结合古典神庙门面与天主教空间之新模式。

△31.31 威尼斯圣乔治马焦雷教堂远眺

虽然乍看之下，这种立面或许会太过于严肃，但是它的阴影效果及于水面上之倒影效果却是多彩多姿的。圣乔治马焦雷教堂的室内空间为拉丁十字形，中殿甚短，十字交点为圆顶，翼殿以环形殿作端点。当然空间上最特殊的该是以柱列作为与中殿空间分隔屏障，位于圣坛台座后之圣歌坛。室内之光线非常地充足，有力地缓和了墙面。各种细分之处理，使柱头、柱身、柱基不再看起来那般的有界线，应用了古典

31.33 威尼斯圣乔治马焦雷教堂立面▷

31.32 威尼斯圣乔治马焦雷教堂室内中殿

▽

△ 31.34 威尼斯圣乔治马焦雷教堂中殿顶棚

△ 31.35 威尼斯圣乔治马焦雷教堂室内墙柱

△ 31.36 威尼斯救世主教堂远眺

△ 31.37 威尼斯救世主教堂室内中殿

31.38 威尼斯救世主教堂室内中殿顶棚 ▽

之元素，但却又企图和缓之。

威尼斯救世主教堂

帕拉第奥于圣乔治马焦雷教堂中应用的修正古典精神于其所设计的救世主教堂（Il Redentore）中再度呈现，此教堂兴建于公元1576-1580年，为威尼斯当局为了感念瘟疫之结束所建。教堂同样是位于大运河的对岸，在此帕拉第奥得以将过去的许多想法完整地呈现在一栋建筑之中，教堂正面构成与圣乔治马焦雷教堂相似，但将三角形山墙置于一个方形之阁楼立面下，无疑是取自于万神庙之灵感。在救世主教堂之室内，我们亦可看到帕拉第奥之新的想法，中殿到了圆顶之下则突然变窄，而以柱子围出了一个半圆之空间，因此在主要圣坛处可看到来自于柱后圣歌坛之光线。这层柱列采取的是大胆的弓形处理，也许是帕拉第奥取自于他曾经研究过的罗马浴场。此教堂之结构体

▽ 31.39 威尼斯救世主教堂平面图

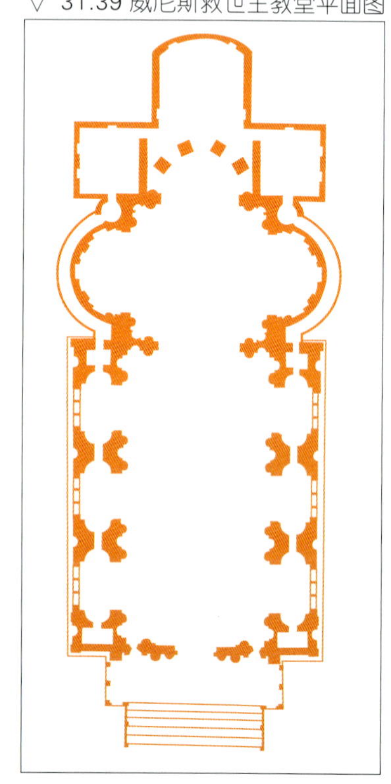

本身也可以说是古典罗马的演变，借由挖有壁龛的大墙体来作为拱顶的支撑，壁面上的柱子反而成为装饰。帕拉第奥认为教堂应当是一种市民之殿堂，因此在他的设计中，比较少有教化上之设计，反而是用一种修正过之古典意象，企图将教堂融入市民活动十分热络之威尼斯景观中，这一点他是成功了。

维琴察奥林匹克剧场

维琴察奥林匹克剧场（Theatro Olympico）开始规划于公元1580年，开幕于1584年，是自古典时期以来，第一个建造的永久性剧场，由帕拉第奥所设计，灵感必然是来自于古典的剧场。为了能够容纳于一栋较早已经存在的建筑之中，此剧场之座位席因而处理成半个椭圆形之形状，舞台之木造背景则真实地描述了一个真正的场景，有非常细致的装饰。背景之后依透视所画之五条街道与建筑则为史卡默齐（Scamozzi）所添加。

小结

在西方的建筑史上，从来没有任何一位建筑师可以同帕拉第奥一样，在他当世与后代同样发挥如此大的影响力。从欧洲到北美洲，从拉丁美洲到亚洲，帕拉第奥在世界的影响力是无法估计的，甚至在台湾日据时期所建的历史性建筑中也有不少帕拉第奥母题的出现。另一方面，台湾许多建设公司所推出的西洋式住宅前使用的古典门廊，都是变形的帕拉第奥风格，也许很多人不知道帕拉第奥这个人，但是却很少人没有看过帕拉第奥风格的建筑。帕拉第奥以古典建筑做基本原型与模板，创造了他独一无二的建筑世界；他的著作《建筑四书》也几乎成为圣经般的建筑读本。许多人都曾赞颂过帕拉第奥，也许哥德的一段话可以作为我们对这位文艺复兴建筑奇才的总结：“只要我们更深入地去研究帕拉第奥，我们就会更加觉得其天才、专业、丰富、多样与优雅的莫测高深。”

△ 31.40 维琴察奥林匹克剧场舞台

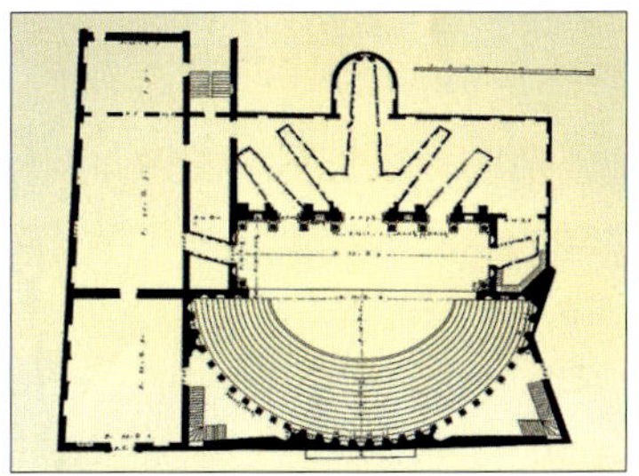

△ 31.41 维琴察奥林匹克剧场舞台平面图

31.42 维琴察奥林匹克剧场舞台剖面图 ▽

△ 31.43 维琴察奥林匹克剧场舞台座位席

31.44 维琴察奥林匹克剧场舞台顶棚 ▽

第三十二章 文艺复兴建筑在欧洲的扩散

自从15世纪初，文艺复兴在佛罗伦萨绽开美丽的花朵后，其思潮就一波波地扩散，从佛罗伦萨到罗马而达于鼎盛，然后再传到意大利其他地区与欧洲各地。虽然各地的作品风格不见得一致，但却都明显地呈现出文艺复兴的特质。而完成文艺复兴佳作的也不再限于少数的大师，还有当时许多不同地区的建筑师。对于文艺复兴精神的追求与作品的实践，已是西方世界一个共同而普遍的现象。

罗马法尔尼斯府邸

△ 32.1 罗马法尔尼斯府邸立面图

▽ 32.2 罗马法尔尼斯府邸正向外貌

法尔尼斯府邸（Palazzo Farnese，1513，1534–1589年）是罗马最具纪念性的盛文艺复兴宅邸，为小安东尼・桑加洛（Antonio da Sangallo, the Younger，1485–1546年）替卡迪内・法尔尼斯（Cardinal Farnese）所设计，他也就是日后之教宗保罗三世，宽阔之立面似乎是在向大众强调法尔尼斯家族之高贵地位。小安东尼・桑加洛为其家庭中最小的一个，他的建筑知识与技术是习自于其叔辈。公元1503年，小安东尼・桑加洛到达罗马，最初为伯拉孟特之绘图员及助理，后来于公元1520年成为拉斐尔于圣彼得教堂工作时之助理，而且成为教宗保罗三世最喜欢之建筑师，而得到许多的业务。他也曾经接续伯拉孟特设计圣彼得教堂之工作，但是并不成功，可是当时他制作之模型仍留传至今。小安东尼・桑加洛可以说是专业建筑师之最好典范，而他的家族也拥有一家建筑公司，经常替其他建筑师绘制图面或者协助设计。因为实质上小安东尼桑加洛该算是一个开发者，所以经常被批评为没有想像力。

法尔尼斯宅邸本来规模不大，可是当保罗三世于公元1534年就任教宗之后，即加以扩建，一方面代表了他家族之兴盛，一方面象征着教宗之野心。当小安东尼・桑加洛死于公元1546年时，工程尚未完成，而由米开朗琪罗完成上层之建筑。法尔尼斯府邸整座建筑之正立面是其最高贵之处，面向着一个有铺面之广场，这个平整之长方形面并无佛罗伦萨府邸常见之粗石面处理，只由角石及屋檐形成了框。地面层之开口部只有简单的出檐作为窗楣，二楼则是由两根细柱支撑三角形及圆弧形之古典山墙作为窗框，交错配置突出地横跨了整个立面，三楼则全为三角形古典山墙窗框。这些窗框并不是贴于壁面，而是微微地突出于墙面，于是立面更加地生动而富立体感。每一个窗框可以说是一个独立之单元，然其变化而避免了因为对称所带来之单调。

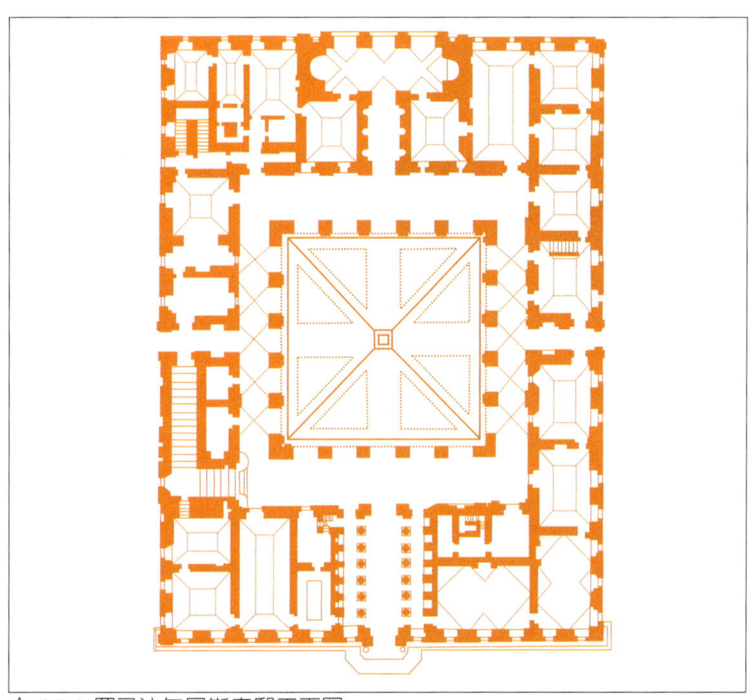
△ 32.3 罗马法尔尼斯府邸平面图

入口之粗石及其上之法尔尼斯家族纹章强调了中轴线，同时而将水平与垂直力量带到了最和谐之情况。这种在阿尔伯蒂或者是米开朗琪罗所设计之宅邸所看不到之向心处理，乃明白地显示于贯穿全建筑及花园之中轴线。入口是经由一筒形拱道进入，中庭就有如许多文艺复兴之宅邸一般，然其中各层之柱式处理则是仿自罗马之竞技场。下两层为小安东尼·桑加洛之原始设计，地面层为拱廊，拱柱间为塔司干柱式，柱上为由准确之小间壁与三槽石构成的额枋，其处理有如伯拉孟特之圣彼得小神殿一般。二楼并无走廊，但墙面分割与地面层类似，只是壁柱为爱奥尼柱式，柱间则为位于盲拱内之三角形山墙窗框。三楼乃为米开朗琪罗修正之作，为科林斯柱式与弧山墙窗框。早期文艺复兴之建筑师发现了古典世界，并且很愉快地运用古典元素，但并不十分在乎其所设计之建筑在与古典原型相比较下是否准确。盛文艺复兴之建筑师相对地则是更准确地在使用古典罗马之语汇，法尔尼斯府邸就是一个很好的例子。

△ 32.4 罗马法尔尼斯府邸中庭

乌尔比诺与帕尔马诺瓦

乌尔比诺（Urbino）是佛

△ 32.5 乌尔比诺远眺

罗伦萨与罗马之外，意大利最重要的文艺复兴重镇。而其关键人物乃是蒙特费特洛公爵费德利科（Federico of Montefeltro），他在公元1444-1482年间统治乌尔比诺，将文艺复兴的精神完全表露在城镇建设上。他认为建筑是国家的象征，因此企图将之结合以人文主义的思潮。在兴建其总督府（Palazzo Ducale）时，蒙特费特洛公爵完全摒弃了传统以防御为主要考虑的城堡，而希望府邸成为一座与民众思潮得以交流的场所。因此他营建了一处外貌和谐而内部又合乎机能的府邸，在规模与形制上宛若一个小城，同时也是一个新文明模式的中心。

整座府邸位于乌尔比诺中

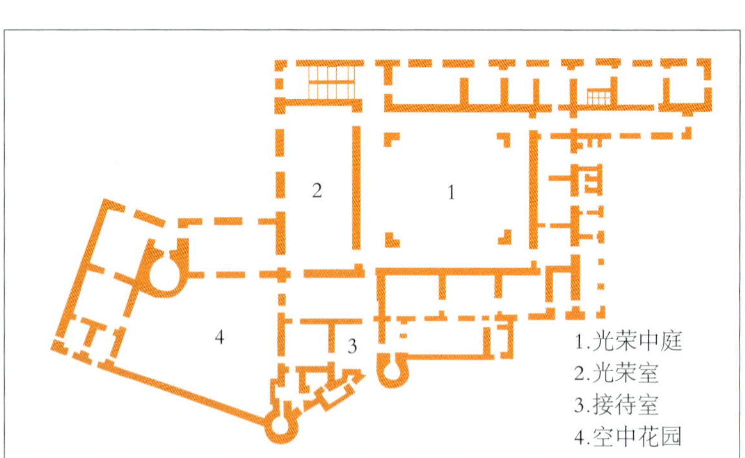

△ 32.6 乌尔比诺总督府平面图

△ 32.8 乌尔比诺总督府中庭

▽ 32.7 乌尔比诺总督府中庭

▽ 32.9 乌尔比诺总督府中庭

心，主体由环绕着光荣中庭（Court of Honour）的建筑所构成，大部分是建筑师劳拉纳（Luciano Laurana，1420−1476年）所设计。西南角两座高耸的塔楼宛如天使般地护卫宫殿，也提供了远眺托次坎尼的场所，在意境上与文艺复兴的摇篮相互呼应。光荣中庭是府邸的中心，也是府邸生活的中心。其中分层的处理与地面层完美的拱券，不但呈现出继承古典几何美，也直接反应了佛罗伦萨文艺复兴府邸中庭的影响。除了建筑硬件之外，乌比诺总督宫内还珍藏着一幅名为《理想城镇》（Ideal Town）的画，画面的正中心为一栋圆形的建筑，周围绕以其他建筑，把城镇的向心性表露无疑。这幅画没有署名，但许多人相信可能是劳拉纳与毕也洛法兰契斯卡（Piero della Francesca）之作。

△ 32.10 理想城镇图（毕也洛法兰契斯卡）

▽ 32.11 理想城镇图（毕也洛法兰契斯卡）

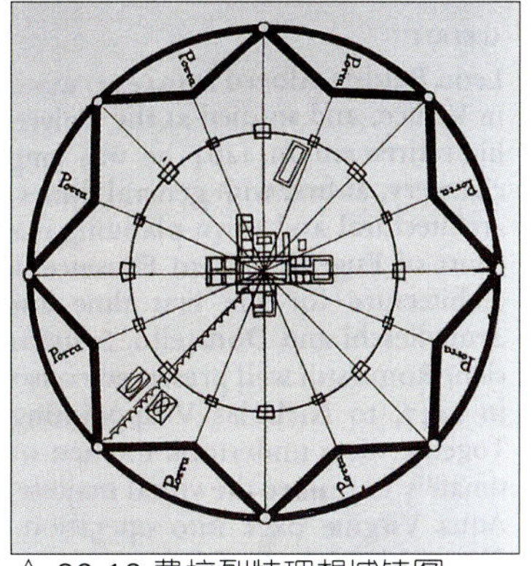

△ 32.12 费拉烈特理想城镇图

▽ 32.13 帕尔马诺瓦规划图

事实上，文艺复兴时期向心式城镇的理想，并不是只存在于虚拟的画作之中。在16世纪时，向心式空间的概念更经由费拉烈特（Antonio Filarete）之《建筑论》（Trattato d'architettura）影响到军事建筑与城镇规划，帕尔马诺瓦（Palmanova）就是一个很好的例子。由沙佛格南（Giulio Savorgnan）与洛里尼（Bonaiuto Lorini）共同规划，城镇则于公元1593年开始兴建，一共设有九个突出的棱堡，中心则为一个六角形的广场，对后代的集中式城镇的影响很深。

拿坡里新堡凯旋门

▽ 32.14 拿坡里新堡入口

拿坡里原为公元前7世纪希腊人所建立的城市，其名称为“新的城市”之意，直至公元4世纪才为罗马人所统治。13世纪时，王室建立了新堡（Castel Nuovo），是一座中世纪风格强烈的城堡。夹于城堡中的凯旋门为亚拉冈（Aragon）王朝的亚尔方索一世（Alfonso I）在公元1442年征服拿坡里后建于公元1452年。凯旋门夹于两座中世纪的圆卫

△ 32.15 拿坡里新堡入口凯旋门

32.16 拿坡里新堡入口凯旋门细部 ▽

▽ 32.17 威尼斯圣马可广场

塔之间，白色的大理石与两旁深色的卫塔形成强烈的对比，凯旋门本身分为两层，每层各有一个拱券，墙面上则有精致的浮雕。事实上，亚尔方索一世对于古罗马的建筑家维特鲁威（Vitruvius）极为欣赏，也经常在各类营建工程时参考维特鲁威的著作。当时，拿坡里各个领域中都充满了文艺复兴的气息，而人文主义思想家洛伦佐·维拉（Lorenzo Valla）更在公元1436-1447年间担任亚尔方索一世之秘书。此凯旋门在完成之后，成为拿坡里最重要的文艺复兴作品。

16世纪的威尼斯

从文艺复兴萌芽到矫饰主义之产生，对于佛罗伦萨及罗马是深远的，可是对于威尼斯之影响却是缓慢的，威尼斯是一个自力更生、早期中世纪之创造物，她并没有受到罗马帝国之恩惠，也没有什么古典遗迹可以恢复光彩，没有古典之情怀，更不须有古典之包袱。威尼斯之过去可以说是她自己创造出来的，所以对自己的过去传统非常执着迷恋。她本身也是一个世界之中心，但是却是贸易之中心而非宗教之中心，她发展之灵感来自于世界各地，拜占庭、阿拉伯世界、哥特世界。她的建筑品味是充满异国风味，而且趋向于像船队一样之豪华。

威尼斯之建筑物可以说是多彩多姿的，有各种的颜色，有质重之石材，有精致之装饰和图案边之花边。而在桑索维诺将意大利北部之文艺复兴式样引入时，地方色彩仍持续不断。而桑索维诺知道如何将古典文艺复兴精神融入地方色彩中乃是其成功之处。再加上当地建筑师帕拉第奥于16世纪下半叶之努力，终于使威尼斯产生了属于她自己之文艺复兴风格，比较折衷而且适应力强，而且充满了光彩与激情。

圣马可广场

圣马可广场可以说是威尼斯之橱窗。圣马可大教堂，总督府和广场本身一直被焦点般地看待。这一组建筑群可以说是于公元1400年时就成形了。这时候位于钟塔西侧之运河被填平，原来横跨其上之圣吉米尼亚诺（S. Geminiano）教堂也被迁移。这时候，这个3面包被之空间包括有行政长官（Procurator）办公室及一个13世纪所建之信徒收容所乃以凉廊相连，感觉就如古罗马之一个广场一样，长轴线则朝向圣马可大教堂。这时候，总督府原有之护城河已经没有什么用途，只剩东面紧靠着运河，钟塔南面向海伸出之土地上亦加了一列建筑，于是形成了一个“小广场”（Piazzetta）。面向小广场之总督府立面是14世纪前半叶修正过之作品，是一种标准的威尼斯模式，尖拱之回廊，鲜明之颜色，织锦似之图案均是威尼斯人民所深爱的。所以虽然经过公元1574年及1577年两次大火，仍然维持原貌整修。但内部中庭和其大楼则是在大火之后不得不屈服于古典偏好之作品，但仍然是丰富的非常适合于威尼斯之口味。公元1537年，当桑索维诺（Jacapo Sansovino，1486–1570年）替威尼斯设计图书馆后，文艺复兴就降临于小广场上了。

桑索维诺拆掉了原有之面包店和一些附属建筑，在小广场西侧建立了这个图书馆。二层之立面统一之处理强调出了水平感，地面层是回廊，上层则是阅览室及书库。这个图书馆之建筑语言可说是文艺复兴成熟型之一种丰富表现，但也可以明显地看出其和对面总督府之呼应，地面层拱廊之间距是一样的，高度和明快之外貌也类似，丰富之装饰及在视觉上消除屋顶之做法均可以看出桑索维诺努力要将总督府哥特语汇转换成现代“文艺复兴”语汇之努力。我们可以说，他是成功的，这两个完全不一样式样、精神的建筑是那般和谐地站在一起，创造出了一个全欧最优雅的都市广场。

远远望之，图书馆好似两层之柱列，近看实则为壁柱，在其间则尚有小柱支撑着圆拱，在小柱与壁柱间则为平板，如果这些平板是开阔的话，这些组合可能是由伯拉孟特所发明之一种母题，但在16世纪时却因为帕拉第奥之大量使用而成为一种时尚。图书馆是比钟塔退缩约5米，最后之三间则成了和取代原有教徒之收容所之新行政长官办公大楼

△ 32.19 威尼斯图书馆

▽ 32.20 威尼斯图书馆细部

△ 32.18 威尼斯圣马可广场钟塔凉廊

▽ 32.21 威尼斯圣马可广场总平面图

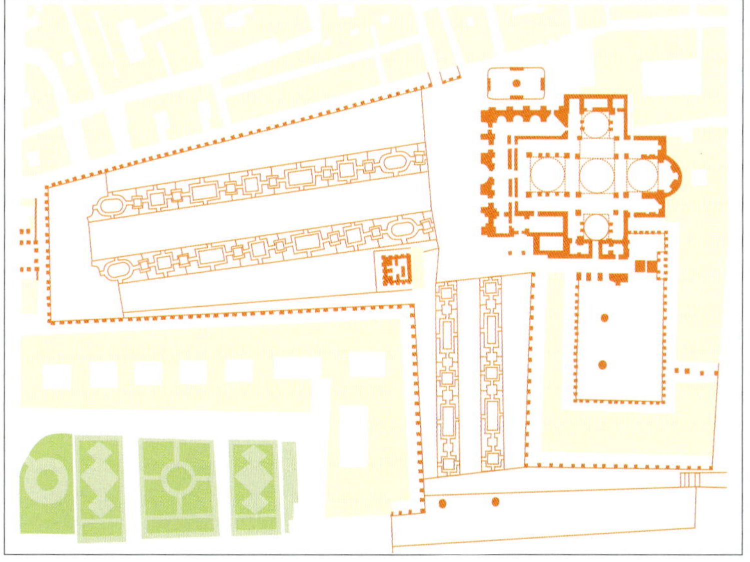

△ 32.22 威尼斯圣马可广场

▽ 32.23 威尼斯圣马可广场

之间的过渡。这栋大楼现在则往后退缩，于是圣马可广场变大了，东边有70米，西面有50米，这个宽度已经足够使原来面对屋角之教堂立面大大方方地正向着广场了。钟塔下也加了一个凉廊，朝向教堂与总督府交接处。另外有一个铸币厂建于图书馆之侧靠海处，从此圣马可广场可以说是定形了，但是我们也不该忘记了在这个广场上所发生的各种社会活动，因为其是促使这个空间成功之最有力元素。这些情景在威尼斯许多画家笔下均保留下来，像贝利尼（Gentile Bellini）之画《圣马可广场中多明尼圣灵之队伍》不但描述了当时之活动，亦使我们看到桑索维诺尚未整治过的广场原貌。

△ 32.24 香波城堡外貌

法朗西斯一世

当伟大的文艺复兴发生于意大利时，在阿尔卑斯山之另一侧还是处于意大利从未深入接受的哥特世界。哥特主义在意大利以外之地区一直持续到16世纪后才被断断续续的文艺复兴风气所打断，其中法国是意大利之外文艺复兴运动真正流行之处。事实上，15世纪的法国还是处于一个分裂而且不安之局面，一直到了15世纪末才在强而有力之君主领导之下重新改革而有能力往外扩张，法朗西斯一世（Francis I）在位之时（1525-1530年），法国已经在米兰附近有一个立足点。

法朗西斯一世非常积极地想把文艺复兴引入法国，他将达·芬奇等艺术家引入宫廷中，但是却没有让法国艺术家留下任何痕迹，倒是几位佛罗伦萨之矫饰主义艺术家将意大利式样引入而取代哥特式。法朗西斯努力地想光耀其国和他自己乃宣告了中世纪宗教艺术之热潮已经结束，也象征着现在在位的是君王而不是宗教。在一幅由让·克罗约特（Jean Clouet，1485-1541年）所画之法朗西斯一世肖画中，我们可以看到这位君王俗气地穿戴着丝绸，也挂着金项链，手里抚摸着短剑，虽然从此画中我们很难体会出君王之才华，但是我们却可以看到对于皇室华丽一切之炫耀，画中带有矫饰主义之味，也是一种时尚。

▽ 32.25 香波城堡外貌

在他执政时期，在法国郊外建立了许多大尺度之城堡。这些城堡均是从中世纪之城堡改建而成的皇室别墅，这也反映了当时和平之政局。

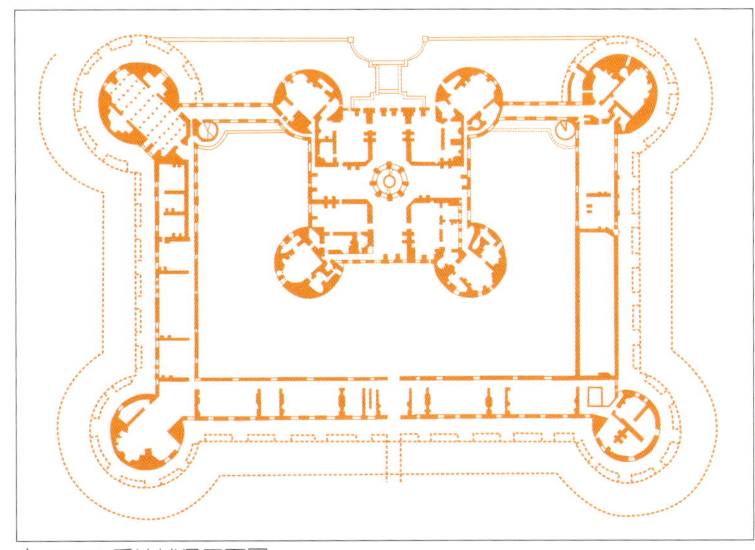

△ 32.26 香波城堡平面图

香波城堡

香波城堡（Chateau Chambord,1519-）可以说是法国文艺复兴时期最为著名的城堡，它最先是由朱里亚诺·桑加洛之一个学生所设计，所以呈现一种意大利对称之概念而在原来不规则之城堡中加入了平衡的力量。中央部分为一个方形之平面，由四条走道构成了一个十字形之空间，中央则是主要螺旋大梯通往上面之房间，四方形之四角则升起了4个圆塔，建筑立面则是相当别致的，水平之线脚强调出了3层之内部，一如早期文艺复兴之大邸一样。可是到了第三层却突然接起各种烟囱、老虎窗及小圆顶，复杂及繁杂就一如法国盛行之哥特建筑一样。香波城堡虽然深受文艺复兴之影响，但仍是法国意象。到了法朗西斯一世之继任者亨利七世（1547-1559年）在位时，意大利文艺复兴建筑之许多理论著作均已被翻译成法文，而意大利之建筑师也来到法国本土工作。另一方面，许多法国之建筑师也到意大利去旅行和学习。这时候一些持续于哥特建筑之元素乃开始受到摒弃。

法朗西斯一世在位时就曾下令扩建卢佛尔宫，但工事尚未开始时，他就死掉了。建筑师勒斯寇特（Pierre Lescot）继续在亨利七世之下工作，并且在雕刻家古乔恩（Jean Goujon，1510-1565年）之协助下建出了法国文艺复兴之古典式样。在卢佛尔宫庭园立面上我们可以看到与意大利盛文艺复兴时期一样之手法，每一层均有完整之柱式，最下层之拱券反映出罗马意象，而其退缩加强这一层作为基座之立体力感。同样地，由法朗西斯一世在位时所重建的枫丹白露（Fontainebleau）在外貌上也呈现出一些文艺复兴的特征。除了法国文艺复兴建筑外，在欧

△ 32.27 香波城堡外貌

▽ 32.28 枫丹白露外貌

洲其他地方之建筑文艺复兴运动并非那么热络，也少见有严谨的古典精神，但是在各地均呈现出一种特殊之风格。

萨拉曼卡大学立面

在西班牙，从15世纪末到16世纪前期左右，是建筑从哥特风格过渡到文艺复兴最关键的年代，这时候最特别的风格乃是结合哥特、文艺复兴与部分回教风格，所谓的“银匠装饰风格（Plateresque）”，萨拉曼卡大学（University of Salamanca）的立面是最有名的例子。萨拉曼卡是西班牙著名的大学城，大学有800多年之历史，发现新大陆之哥伦布与撰写《唐吉诃德（Don Quixote）》的塞万提斯（Cervantes）都曾来过此地，学院广场是其中最重要之开放空间。在中世纪时，萨拉曼卡大学是欧洲最重要的学术据点，教宗、亚历山大四世曾将之与波隆那、牛津与巴黎大学并列。大学的正立面建于公元1514–1529年间，是西班牙建筑中所谓的“银匠装饰风格（Plateresque）”之杰作。虽然其有一个类似哥特风格之框架，但其中的分层处理与雕刻不但展现了工匠之美，也带有文艺复兴的精神，装饰了各种具意大利风之装饰母题。其中腓迪南与伊莎贝尔二位基督教帝王之雕像位于正中。

15世纪末和16世纪，西班牙与萨拉曼卡大学立面一样，带有文艺复兴精神的小型宫殿也陆续出现。塞维亚建于15世纪末和16世纪初之彼拉多宫（Casa de Pilatos）即为一例，由泰利法第一任侯爵

▽ 32.29 萨拉曼卡大学立面

▽ 32.30 萨拉曼卡大学立面细部

▽ 32.31 萨拉曼卡大学立面细部

△ 32.32 塞维亚彼拉多宫中庭

△ 32.33 塞维亚彼拉多宫中庭

(Marquis of Tarifa)唐法德利克(Don Fadrique)所建。据说是基于耶路撒冷将基督判刑的罗马总督比拉多(Pontius Pilatos)之屋为原型所建，是一所结合天主教领域伊斯兰教风(Mudejar)与华丽哥特风格之建筑物。大中庭为天主教伊斯兰教风，仿若是一个华丽的摩尔宫殿，有精致的灰泥饰与彩釉磁砖(azulejos)。16世纪以后，受到文艺复兴之影响，部分雕像，地面层房间的木质镶嵌细工顶棚(artesondo ceiling)、木圆顶及楼梯，开始显示出文艺复兴时期古典特质。

阿尔罕布拉宫查理五世宫殿

16世纪中叶，西班牙文艺复兴进入古典时期，意大利文艺复兴的精神被吸收同化，阿尔罕布拉宫(The Alhambra)的查理五世宫殿就是很好的案例。此宫殿位于狮子中庭及柘榴院中庭之西北角，外方内圆，是天主教收复失地之后，由画家曼朱卡(Pedro Machuca)设计，他曾至意大利工作，公元1520年才回到西班牙。公元1527-1528年，曼朱卡开始进行查理五世宫殿设计，并于公元

32.34 阿尔罕布拉宫查理五世宫殿外貌 ▽

▽ 32.35 阿尔罕布拉宫查理五世宫殿中庭

△ 32.36 阿尔罕布拉宫查理五世宫殿中庭

▽ 32.37 艾斯科丽亚外貌

32.38 艾斯科丽亚圣罗伦斯教堂
▽ 外貌

1550年去世后由其子继续完成。设计方案深受罗马古典建筑及文艺复兴大匠伯拉孟特及拉斐尔之影响，最特殊的部分乃是一个直径约30米之圆形中庭，地面层为塔司干柱式，上层为爱奥尼柱式。这种立面的处理在当时的西班牙极为罕见，文艺复兴的特质在伊斯兰教风格之建筑群中显得特别地突出。

艾斯科丽亚

位于马德里西北方48公里的艾斯科丽亚（El Escorial）是一个集宫殿、陵墓、修院及大学于一体的大建筑。于公元1563年由菲利普二世（Philip II）为纪念战胜法国，以花岗岩所建，由包提斯塔（Juan Bautista）负责整体之设计，他曾是米开朗琪罗在设计兴建罗马圣彼得大教堂时的助手，因此在艾斯科丽亚中企图将圣彼得教堂的基本精神加以应用。包提斯塔死后，赫瑞拉（Juan de Herrera，1530–1597年）从公元1572年开始负责并加以完成，他也曾至意大利考察，因此维持了原有意大利文艺复兴的想法。总体建筑长206米，宽161米，有六个中庭，十字形之圣罗伦萨（S. Laurence）教堂为主体，有92米高之大穹窿，四角各有塔楼，地下室为陵墓。中央大中庭（Patio de los Reyes）之南为修道院，之北为大学，教堂之南为福音中庭（Patio de los Evangelistas），北

△ 32.39 艾斯科丽亚主入口

▽ 32.40 艾斯科丽亚平面图

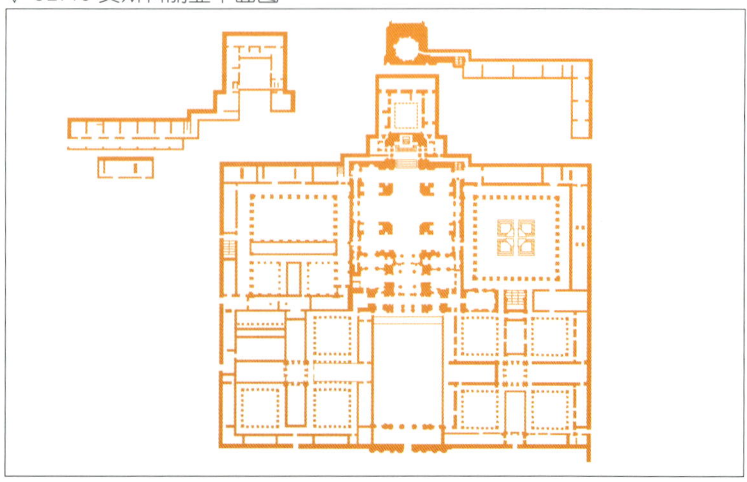

面为宫殿。陵墓中有国王及王后之陵墓，包括有传说中之风流剑侠唐璜，其为菲利普二世同父异母之兄弟。虽然不同的建筑在表现上略为不同，但整个艾斯科丽亚却借由黄灰色的花岗石而整合成一体。这种建材给予建筑师较多的限制，但可能是依菲利普二世自己的爱好才大量使用。

格林威治皇后住宅

与欧洲大陆相较，英国的文艺复兴在时间上似乎是慢了很多，琼斯（Inigo Jones，1573-1652年）是最早把文艺复兴古典主义引入英国的建筑师，他所设计兴建于格林威治（Greenwich）的皇后住宅（Queen's House，1616-1635年）就是最佳的典范。这一栋原来为詹姆斯一世的皇后，来自于丹麦的安娜所设计的住宅原为一栋狩猎小屋。住宅的概念深受帕拉第奥的影响，原为H型平面，后来才扩建为现貌，外貌的处理也是帕拉第奥式的风格，区分为三部分，中央部分较为突出，地面层的处理较为粗糙，而上层则相对地平滑，屋顶女儿墙则饰以栏杆。住宅外部有一座双弧梯通往主要入口，而室内则使用螺旋梯。除了皇后住宅外，同样为琼斯设计的伦敦怀特霍尔宫宴会厅（Banqueting House，Whitehall，1619-1622年）及柯芬园圣保罗教堂（S. Paul，Covent Garden，1630年）也都具有文艺复兴古典精神。

△ 32.41 格林威治皇后住宅远眺

▽ 32.42 格林威治皇后住宅外貌

▽ 32.43 格林威治皇后住宅室内螺旋梯

▽ 32.44 伦敦柯芬园圣保罗教堂透视图

第三十三章 罗曼诺与矫饰主义建筑

矫饰主义

“矫饰主义”(Mannerism)是自文艺复兴盛期末到巴洛克时期间，在西方艺术及建筑发展过程中一种特殊的表现风格。“矫饰”二字虽然不尽恰当，但以之来描述一些艺术家及建筑师作品中所呈现之乖张与叛离却是相当的传神。早期文艺复兴和盛期文艺复兴之式样是衍生自对于自然及古典之研究与师法，但是矫饰主义之艺术家却摒弃了此法，而转向于师法模仿某些大师，尤其是米开朗琪罗和罗马雕刻。在模仿过程中为了突破一种典型，乃形成了反理论之趋势，最明显之例子可以说是为了打破古典精神而出现之蛇形、扭曲、形变、拉长等风格。

“矫饰”的字源是来自于意大利语文中的“风格”(Maniera)，强调人为刻意表现以相对于自然与直觉的表现。基本上，矫饰主义者轻视或者忽略自古典时期到文艺复兴时期在艺术及建筑上已经建立起来的规则。在突破规则中，推翻了以往的表现方式，形成一种新的风格。在艺术与建筑领域方面，最早普遍使用矫饰二字的乃是瓦萨利(Giorgio Vasari)。虽然一开始瓦萨利使用此语的用意是来描述与他自己创作作品类似之风格，在某种程度上带有优雅、美丽、轻快、娇媚、愉悦的美学特质，但因为到了17世纪时，与当时的社会主流有所不同，曾经饱受批评，一直到后代才受到平反而被肯定。

在艺术家方面，雕刻家奇安波隆那(Giambologna，1529–1608年)所作《塞宾妇女之掠夺》(The Rape of Sabines，1579–1583年)是广受注目的矫饰主义作品。整座雕刻扬弃了静态的视点，必须动态地环绕作品来观赏，扭曲的躯干，螺旋状地往上延伸更是充满了扭力。安马那提(Bartolommeo Ammanati，1511–1592年)的《海神雕像》(Neptune，1563–1575年)在表情与肢体上也都有乖张的表现。巴米加尼诺(Francesco Parmigianino，1503–1540年)是

△ 33.1 《塞宾妇女之掠夺》(奇安波隆那)

▽ 33.2 《海神》(安马那提)

矫饰主义最具代表性的画家，画风纤细而优雅，其所作之《拉长脖子之圣母》(Madonna with the Long Neck，1535年)几乎成为矫饰主义绘画之同义词，圣母与圣子的姿态都超乎一般同主题画作的比例与形态。沙维阿提（Francesco Salviati，1510–1563年）也是意大利重要的矫饰主义画家，他是瓦萨利的好友，也深受米开朗琪罗的影响，因此作品中也呈现出这些影响的因子。在其《朝向大卫王的贝希芭》(Bathsheba Goes to King David，1552–1554年）画中，一座变化多端的楼梯成为主要场景，螺旋形的阶面更是将矫饰主义的特质表露无疑。

在建筑上，许多人都认为虽然米开朗琪罗是一个盛文艺复兴时期之建筑师，但他已经实质地影响到所谓矫饰主义之艺术家，劳伦先图书馆就是一个好例子。从另外一个角度来看，劳伦先图书馆的前室大楼梯及阅览室本身之长向空间都具有强迫人在动线上前进之特质，这种在固定空间内强化动线之力量乃是矫饰主义之一种倾向。但事实上，米开朗琪罗虽然非常个人化而且反传统化地使用了古典的元素，并不表示他就是一个道地之矫饰主义者。而劳伦先图书馆中之雕刻般之内部处理，也可以说是出自于一种结构上之需要。同样地，帕拉第奥虽然对于古典主义十分忠实，但有些刻意形塑的风格与比例也被认为具有矫饰之风格，也对真正的矫饰主义者有相当大的启示。20世纪初，矫饰主义之绘画及雕刻早已被非常仔细之研究，而一直到公元1930年代，有人才发现“矫饰”二字亦可用之于一些16世纪之建筑之上，其中罗曼诺（Giulio Romano，1499–1546年）是最重要的代表性人物。

罗曼诺

罗曼诺，原名朱里欧·毕庇(Giulio Pippi)，为继拉斐尔(Raphael)、贝鲁奇(Peruzzi)及小安东尼·桑加洛(Antonio da Sangallo the younger)之后，文艺复兴后期一位重要的建筑师，同时也是一位画家。罗曼诺是位相当早熟之天才，16岁就成了拉斐尔之主要助手，帮忙其从事教廷宫室之绘画工作，且在拉斐尔死于公元1520年时，继续完成工作，并开始独立开业。罗曼诺深知古典建筑的法则，但他并不追随盛文艺复兴大师的风格，反而冀图将古典的主题提升到一种更生动活泼的境界。

公元1523年，罗曼诺完成原由拉斐尔开始设计于公元1518年的罗马兰特别墅(Villa Lante)，公元1524年完成的马卡

△ 33.3《拉长脖子之圣母》(巴米加尼诺）

33.4《朝向大卫王底贝希芭》（沙维阿提）▽

△ 33.5 曼杜瓦得特宫北立面

▽ 33.6 曼杜瓦得特宫平面图

拉尼宫(Palazzo Maccarani)也是一个杰出的作品。在这些作品中，罗曼诺将古典柱式与粗犷的基座结合的处理方式是罗马盛文艺复兴一贯的做法，在伯拉孟特设计的卡布里尼宫(Palazzo Caprini)及拉斐尔设计的阿尔伯尼宫(Palazzo Alberini)都有类似的处理。

公元1524年，罗曼诺在曼杜瓦第二任公爵斐德利·哥冈萨加(Federigo Gonzaga)厚礼邀请之下，来到了曼杜瓦，并且在公元1525–1535年间开始整建了著名的得特宫与曼杜瓦其他的建筑。斐德利·哥冈萨加死于公元1540年，罗曼诺则多活了6年。在西方的历史上，像他们二人之业主与建筑师有如此深厚关系的并不多见，他们两人联手合作，改变的不仅仅是一栋宫殿的外貌，而是整个曼杜瓦城市。斐德利·哥冈萨加死后，埃尔科莱·冈萨加主教(Cardinal Ercole Gonzaga)接掌政权，确保了罗曼诺既有的工作与职位，并继续委托他建筑业务，而罗曼诺也完成了自宅的兴建。

公元1546年，罗曼诺获得了来自罗马一项非常重要的业务，那就是在当时负责梵蒂冈圣彼得大教堂工事的小安东尼·桑加洛去世之后，教廷决定聘请罗曼诺接手。然而罗曼诺一直犹豫不决，主要是来自于埃尔科莱·冈萨加主教的压力，希望罗曼诺继续留在曼杜瓦工作。同年11月，罗曼诺在还不及作出最后决定时，就与世长辞，埋葬在离他家不远的圣巴纳巴教堂(San Barnaba)。埃尔科莱·冈萨加主教深感悲伤，在给他兄弟的信中，惋惜地说：“对于罗曼诺的辞世，我哀伤的感觉就好像是自己失去了右手一般。”

▽ 33.7 曼杜瓦得特宫西立面

曼杜瓦得特宫

罗曼诺设计的曼杜瓦得特

▽ 33.8 曼杜瓦得特宫模型细部

△ 33.9 曼杜瓦得特宫中庭

宫（Palazzo Te，1525-1535年）可以说是矫饰主义建筑的典范。其原先只是想结合一个郊外避暑屋和马房于一体，原为相当朴实之设计，可是当斐德利·哥冈萨加公爵看到罗曼诺之原设计时，非常喜欢，乃要求罗曼诺将之扩大而成宫殿般之尺度，围绕一个方形之中庭，这种空间之处理方式，必然有其古典罗马别墅之根源。这个中庭一方面是一个信道，一方面也是整个设计之重心，带有一点近似广场之味道。得特宫建筑之立面乍看之下仿若是标准文艺复兴宫殿之构成，但细看则会发现其企图挣扎出文艺复兴准则之手法。

整座得特宫的外貌立面几乎是每面都不一样，朝向市区的北立面是令人印象最深的地方，由两个壁柱为框的三联拱券为入口，进入后则是一穿堂，穿堂之后则是面向中庭的凉廊。在西立面，入口只有一个拱券，然而其重要性却是由拱券两侧的成对壁柱夹以内缩的壁龛而彰显出来，这种对柱的处理也重复于端部。在立面的设计上，不管是外貌或内庭我们都可以看到粗糙的墙面配上平滑之壁柱，使用巨大尺度的古典柱式是很适合从两个层面来诠释的。从微观的角度来

△ 33.10 曼杜瓦得特宫细部

▽ 33.11 曼杜瓦得特宫细部

△33.12 曼杜瓦得特宫细部

看，壁柱所构成的方形构图强调了地面层房间与夹层房间的空间关系。夹层的空间有的作为地面层房间的附属空间，有的则是服务设施。但从较宏观的角度来看，从粗石基座一直贯穿到连续无阻断挑檐的巨大壁柱，很清楚地是要减缓整座建筑巨大尺度的量体，使成为一单层建筑的意象。

换句话说，得特宫之立面其实是相当暧昧的，因为它可以被认知为一楼亦可视为二楼，而自中央拱廊到两侧之距离也是不一致的，而壁柱间之开口部亦有偏心之情形，壁柱间之距离也不一样。窗上及拱门上之拱石亦经常是不按常规的突出，好像是在对伯拉孟特一类之建筑师嘲讽一样。当然说笑话也需要有观众捧场，在此，冈萨加公爵乃成为罗曼诺幽默之喝彩者了。除了北立面之外，东立面则应用了类似像帕拉第奥母题之元素朝向花园。中庭面之处理亦是如此，托司干柱有气无力地支撑着屋檐，突然间三槽石脱离了原有

▽33.13 曼杜瓦得特宫细部

△33.15 曼杜瓦得特宫巨人厅室内圆顶彩画

▽33.14 曼杜瓦得特宫室内

▽33.16 曼杜瓦得特宫巨人厅室内壁画

▽33.17 曼杜瓦得特宫巨人厅室内壁画

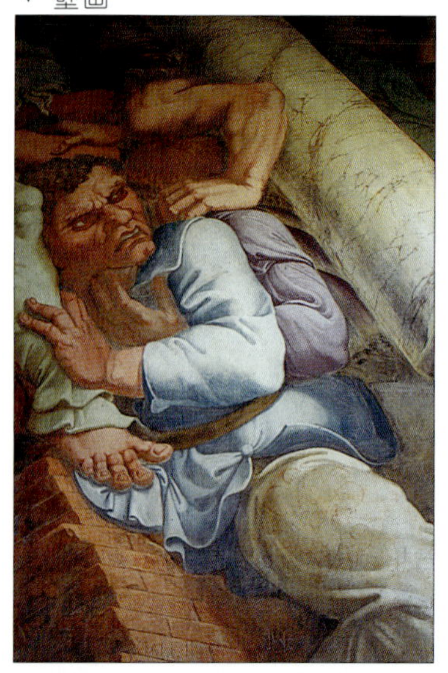

之位置而断落，更加强了此效果。

在室内装饰方面，得特宫的成就也是非凡的。所有房间内之装饰均由罗曼诺勾画草图，精力充沛的想象力发挥得淋漓尽致。宫中每一个房间均有其独特的主题，其中以赛克厅(Hall of Psyche)与巨人厅(The Giants Hall)最为出色。在赛克厅中，罗曼诺想表达的是斐德利·哥冈萨加与伊莎贝尔(Isabella Boschetto)之爱情世界，在色彩构图生动活泼的壁画中，神话与历史人物各展风姿，古典世界与基督世界和谐呈现。在巨人厅中，壁画与顶棚画连成一片，在巨大的人物与纠结断落的古典建筑元素中，充满了乖张与不自然的力量，把矫饰主义的特质呈现无遗。总之，在得特宫内，许多建筑之古典原则均被打破了，各种效果均使人吃惊，而这种造成混淆错乱之企图正是矫饰主义盗取古典元素宝库之具体成果。罗曼诺从古典出发，但是却超越了古典。在得特宫中，古典建筑成了活水泉源，而不是历史包袱。

△ 33.18 曼杜瓦得特宫室内壁画

▽ 33.19 曼杜瓦总督府卡法勒力中庭

曼杜瓦总督府卡法勒力中庭

曼杜瓦市中心的总督府（Palazzo Ducale）是一组经历长时间逐渐发展的建筑组群。参与的艺术家与建筑师相当地多。公元1531年，荣任曼杜瓦公爵的斐德利·哥冈萨加二世决定迎娶公爵夫人以彰显他的地位与荣耀。跟随公爵夫人玛格丽塔(Margherita Paleologo)而来的还有一大笔土地的嫁妆。罗曼诺曾在此时被委托替两间新寓加以装饰，可惜后来遭到

▽ 33.20 曼杜瓦大教堂室内

△ 33.21 曼杜瓦罗曼诺自宅

▽ 33.22 曼杜瓦罗曼诺自宅细部

▽ 33.23 波镇圣本笃教堂外貌

拆除的命运。然而逐渐享有权势的斐德利·哥冈萨加二世对于总督府并不满意，于是罗曼诺再度受命加以增建。由罗曼诺设计，其门徒根据罗曼诺草图加以装饰的图拉真寓(Appartamenti di Troia)完成于公元1536-1539年间，内有古典罗马皇帝战功之图画。卡法勒力中庭（Cortile della Cavallerizza，1538-1539年）周遭的建筑也是罗曼诺之作，整栋建筑是由粗石构成，第二层的壁柱则应用了仿自圣彼得大教堂圣坛顶棚的螺旋形柱。在室外大规模应用这种壁柱在历史上还是第一次，由此可见罗曼诺的创意。

曼杜瓦大教堂室内改建

曼杜瓦大教堂（Mantua Cathedral）早在罗曼诺改建之前数个世纪已经创建，现貌的哥特风格侧面及后面的仿罗马风格钟塔可以追溯到12世纪，巴洛克风格的正立面则是公元1757年巴斯席拉(Nicolo Baschiera)之作。然而在多种风格外貌之内则是由罗曼诺所重建的庄严而优雅的巴西利卡室内空间。整个室内空间看起来有点像是相当早期的基督教堂，然而却以矫饰主义的态度使之更华丽。装饰性强的科林斯柱式将整个巴西利卡分为四个通廊及一个中殿。柱头之上是连续，上有浮雕的额枋，额枋之上则是交错的窗户与壁龛。罗曼诺用很简单的古典建筑语汇，创造了深远的透视感，也塑造了光影变化的效果，成为一个杰出的室内设计作品。

曼杜瓦罗曼诺自宅

公元1538年，罗曼诺在曼杜瓦替自己设计兴建了一栋足以表达身份地位的自宅(Romano House，1538-1544年)。整栋住宅粗面灰泥装饰的立面主要分成地面层、二层与小阁楼，地面层的入口拱券是椭圆形，有夸大的拱心石、怪异的山墙并且伸出穿过第二层部分。二层部分为8个甚为突出的拱券，入口之上设龛置雕像，其余则为窗户，但却无下框。在罗曼诺自宅中，几乎所有的元素都是很平常的语汇，但却被罗曼诺组合成特殊的效果。

波镇圣本笃教堂

曼杜瓦邻近的波镇圣本笃教堂(S. Benedetto Po，1544-1547年)因位于波河畔而得名，是意大利非常重要的本笃教义中心。教堂创建于公元1007年，原为一仿罗马风格的教堂，后来历经数个世纪的不断改建。现有的立面为罗曼诺所设计于公元1544年，至其死后才全部完成。乍看之下，此教堂之立面与文艺复兴许多教堂类似，由上下两部分构成，上层仿佛是小神庙，下层是凯旋门，然而细看之下却可以发现许多与其他教堂相异之处。上层小神庙门面与下层凯旋门门面均以拱券退缩而成凉廊，而凯旋门上部之挑檐在中间部分突然被打断，形成上部小神庙挑檐之栏杆，而整个立面的比例亦比一般教堂宽广。虽然仅是教堂立面之设计，罗曼诺向传统突破之心仍然显露无疑。

虽然罗曼诺在曼杜瓦大放异彩，但他的业务事实上不仅仅是局限于冈萨加管辖的这个城市，维琴察(Vicenza)及威诺纳(Verona)等地都有他参与的作品。而于罗曼诺工作室训练出来的门徒更把他的想法传播到整个北意大利，有些甚至超越阿尔卑斯山而传到中欧。巴伐利亚的兰登斯哈特住宅(Landshut Residece)便是得特宫的一个仿作，而法国的枫丹白露中更可以看到许多仿自罗曼诺思想的做法。许多罗曼诺同时期之评论家及同僚画家也都对其再三赞赏，甚至连大文豪莎士比亚都在其作品中以“绝无仅有的意大利大师”来称赞罗曼诺。罗曼诺寻求突破传统的手法，今日更成为许多后现代建筑师效法的典范。

提弗利艾斯特别墅

位于罗马近郊提弗利(Tivoli)的艾斯特别墅(Villa

▽ 33.24 提弗利艾斯特别墅水风琴喷泉

△ 33.25 提弗利艾斯特别墅水风琴喷泉细部

▽ 33.26 卡布拉罗拉法尔尼斯别墅平面图

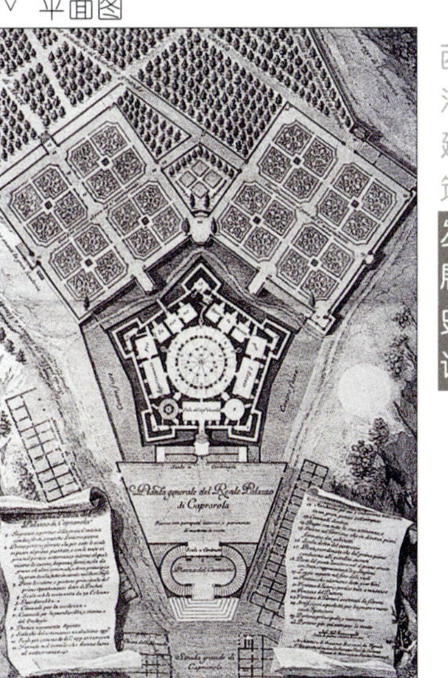

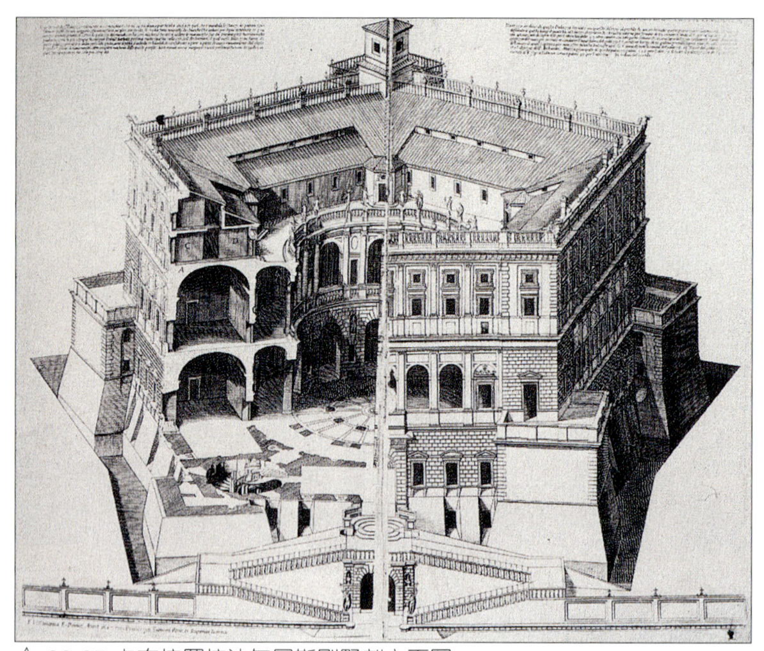

△ 33.27 卡布拉罗拉法尔尼斯别墅剖立面图

△ 33.28 卡布拉罗拉法尔尼斯别墅室内螺旋梯

▽ 33.29 佛罗伦萨乌菲兹宫外貌

d'Este）原为一间老旧的本笃教堂，公元1550年时由枢机主教艾斯特（Ippolito d'Este）委由李哥利欧（Pirro Ligorio，1510–1583年）所规划设计。李哥利欧是一位建筑师兼画家，是16世纪下半矫饰主义的支持者之一。他结合景观与几何、透视与意大利花园设计于一体，利用平台、植栽、喷泉、开放空间、信道，创造了极富曲折变化，但住宅与花园又是和谐共存的一个整体。在所有的设施中，水风琴喷泉（Fontana dell' Organo）最具代表，整个喷泉的背景是一座大型建筑立面，由加利亚多（Pirrin del Gagliardo）所设计。整个立面分为3层，最下层由男性巨像柱支撑着挑檐；第二层则转换成女像柱；顶层则是一个由涡卷构成的破裂山墙。中央部分为一个退缩的半圆壁龛，设有一座小屋，两侧也各有较小的壁龛及雕像。不管是男像柱或女像柱或者是壁龛及其他装饰的处理，都可以看出设计者意图利用尺度差异的手法，刻意地创造出戏剧化的效果。

卡布拉罗拉法尔尼斯别墅

卡布拉罗拉（Caprarola）法尔尼斯别墅（Villa Farnese）在某个程度上也属于矫饰主义的作品，但是在表现上却不似得特宫的异于常规。此别墅原为小安东尼·桑加洛（Antonio da Sangallo, the Younger）所设计于公元1521年，为一座五角型的防卫型别墅，然而工程却因故一直停顿。公元1559年，威诺拉（Giacomo da Vignola，1507–1573年）接手设计监造，五边形的外观内却是一个圆形的中庭，并绕以拱廊。别墅内的螺旋梯与连接不同高层的两座室外大阶梯十分具有戏剧化的空间特质，但是威诺拉却巧妙地避免过度使用不合理的构成，反而回归到类似伯拉孟特的简洁与秩序，也不使用视觉性混淆的装饰，完全以空间来呈现建筑的张力，是矫饰主义相当特别的一个作品。同样地，由瓦萨利设计的佛罗伦萨乌菲兹宫（Palazzo degli Uffizi）也是以特殊比例的空间来彰显建筑特点，两座狭长的建筑彼此相对，围塑出另一狭长的开放空间，并以一座宛若凯旋门的小屋相连作为与广场的屏障，整个建筑有着超乎一般建筑的比例。

△ 33.30 枫丹白露法朗西斯一世长廊外貌

枫丹白露

虽然矫饰主义建筑的发展以意大利为主，但此风潮也很快地因为艺术家与建筑师的受聘至其他国家而传播开来。在法国，法朗西斯一世（Francis I）对宫庭之偏好已经在香波堡中一览无疑。除了追求基本的文艺复兴精神外，法朗西斯一世更将艺术引入一种华丽激情之表现。公元1530年，罗索（Giovanni Battista Rosso）应邀前往法国为其工作和布里马提奇欧（Francesco Primaticcio）之指导下，一群画家和艺术家合力为枫丹白露（Fontainebleau）新皇宫所作之装饰乃是一个好例子。枫丹白露的历史可以追溯到公元1137年，不过最后大规模的整建却是在公元1528年，法朗西斯自马德里回到法国之后。虽然不同时期兴建的建筑，在外貌上为法国文艺复兴或巴洛克风格，但在法朗西斯一世长廊中，罗索在来自不同国家的艺术家协同之下，创作了壁画、马赛克镶嵌、泥塑雕刻、不同之深浅浮雕，还有不同之比例和质感，却是一种矫饰主义的做法。在主要之画作中，不同之比例、材质及手法乃为当时相当流行之式样，一直沿续到巴洛克时期。

△ 33.31 枫丹白露法朗西斯一世长廊室内

△ 33.32 枫丹白露法朗西斯一世长廊装饰（罗索）

33.33 枫丹白露法朗西斯一世长廊装饰（罗索）▽

第三十四章
巴洛克建筑的产生与罗马

巴洛克之定义

△ 34.1 《巴贝里尼的胜利》细部（科托纳）

文艺复兴自发源于意大利佛罗伦萨以来，并没有受到任何明显之阻断，一直到16世纪才有所谓矫饰主义之插曲产生。大约从公元1600-1750年之这段期间，在艺术史上又呈现出另一种风貌。我们习惯称之为巴洛克（Baroque）时期，但是其实并不存在着一个特定的式样，只能够说是有一种共同之趋向。巴洛克一词，可能是源自于葡萄牙语（barroco），意思为一种不规则形状之珍珠。巴洛克时期虽未必可以视为是文艺复兴的一种延续，但实际上却是和文艺复兴之间有着明显之分野。

巴洛克时期可以说是一如它的艺术一样，多彩多姿，宽大、动感、明亮、戏剧化、热情、激情、夸大。这时候，强盛的国家已经将全球之殖民地瓜分了。已往文艺复兴时期城市与城市之间之争执，已由国与国之间的战争所取代。所谓的巴洛克时期其实是西方文明最富表现的年代。在此时刻，欧洲不同国家的人们创造了最适合他们自己的艺术形式。这种表现的多样性更因密集的交通接触及形式交换而加剧。巴洛克时期之扩张特点甚至在伽利略及牛顿新发现之帮助下，超越了地球。但毫无疑问的，罗马可以说是巴洛克艺术及建筑之发源地。

34.2 《塞宾妇女之掠夺》（科托纳）▽

艺术家们及建筑师们如科托纳（Pietro da Cortona）、波佐（Padre Andrea Pozzo）、莫奇

(Francesco Mochi)与伯尼尼(Bernini)等人也以他们的才华，创造了新的风格。伯尼尼的作品无疑的是与巴洛克几乎同义，我们将在独立的篇章讨论。科托纳的绘画是巴洛克时期重要的杰作。罗马巴贝里尼宫(Palazzo Barberini)天花彩绘《巴贝里尼的胜利》(The Triumph of the Barberini，1633-1639年)及《塞宾妇女之掠夺》(The Rape of Sabines，1629年)都已表现出华丽且具动态平衡的巴洛克特质。莫奇位于圣彼得大教堂下的圣佛妮卡(St Veronica)也是巴洛克雕刻的代表，不管是表情或姿态都呈现出强烈的情感。波佐在罗马圣伊纳济欧(S. Ignazio)之天花彩画《圣伊纳提斯的荣耀》(The Glory of Saint Ignatius，1691-1694年)由教堂中殿中央观之，所有的人物宛若升天，不但充满了动感，也有无穷的宗教意涵。

事实上，巴洛克艺术与建筑的发展，与宗教有着密切的关系。从教宗保罗三世到西克斯都五世(Sixtus V)之间(1534-1580年)，罗马之教宗在军事上、政治上及神学上均是领导着一个力量与当时之宗教改革者相抗。他们坚持神职人员与非神职人员之分离，使集中式之教堂被排斥而趋向于长中殿之教堂。公元1563年教会得伦特会议(Council of Trent)中获得一个结论，虽然曾由仪式的改革使对文艺复兴发展出来的集中式教堂可以被接受，但却也对其提出强烈之负面评价，其原因很明显的是要强化以前的教会传统，并抛弃文艺复兴的异教特质。圣彼得教堂之被加长乃是一个最好的例子。在西克斯都五世之后还有好几个有野心之教宗，在他们之努力下，遗留下许多巴洛克之记号，并且扩及到所有天主教的世界。

虽然活泼的塑性与空间的丰富层次是巴洛克建筑之主要特征，但是我们却可以在其中发现非常系统化之组织。这两种巴洛克时期看来是彼此相互矛盾之现象——系统化与动力论(systematization and dynamism)，却构成了非常有意义之整体。17世纪之宗教、科学、经济和政治中心均是辐射力量

△ 34.3《圣佛妮卡》(莫奇)

▽ 34.4《圣伊纳斯的荣耀》(波佐)

△ 34.5 罗马耶稣教堂立面

之焦点，这种力量是没有界限的，它们可以自一点向外扩张于无限远，而这也是巴洛克时期整个系统意义的原动力。巴洛克时期也可以说是一个大舞台，每一个人都想在其中扮演一个重要的角色，但是这种参与却需要有媒介作为工具，具有高想像力与创造力之艺术于是成为最佳之工具，而成为巴洛克时期最重要的一项元素。当然在其中建筑是一项很直截了当的表现，尤其是教堂，更表现出当时罗马天主教之心境。换句话说，天主教堂必须要沿用传统的十字架形，因为圆形集中式平面被认为是异教所用。事实上，在这种共识形成之前，罗马耶稣教堂已经建成。

▽ 34.6 罗马耶稣教堂立面细部

▽ 34.7 罗马耶稣教堂剖立面图

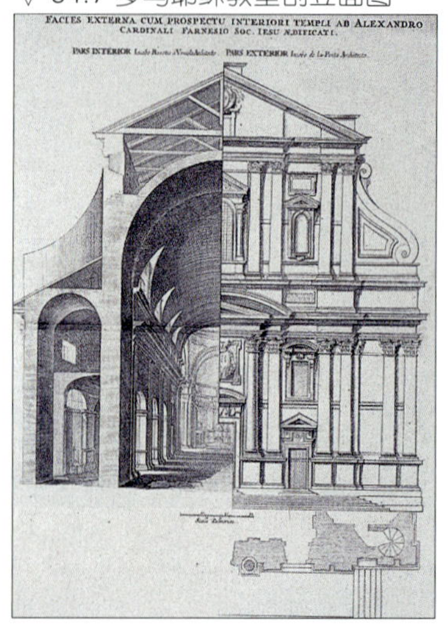

罗马耶稣教堂

耶稣会成立于公元1534年

（保罗三世在位之时），需要有一个像样的教堂来作为创始教会之地，这间教堂叫耶稣教堂（Church of Jeusus, Il Gesu，1568–1584年），本来是请米开朗琪罗设计，但是因为他一直没有完成，所以在公元1568–1584年，改由威诺拉（Giacomo da Vignola，1507–1573年）设计了空间，而波塔（Giacomo della Porta，1537–1602年）则负责强化了入口及轴线立面之事。虽然这栋教堂是16世纪所建，而且在式样上是文艺复兴晚期的样子，它却是一种到巴洛克时期之过渡作品，它的立面可以说是往后2个世纪罗马巴洛克教堂立面的一种原型，而且一再地影响到信奉天主教的国家。

立面并非前所未见，高低两部分间的涡形过渡，很明显地脱离不了阿尔伯蒂设计之佛罗伦萨圣母院之影响，成对的壁柱当然已见之于米开朗琪罗所设计之圣彼得教堂。但是这栋教堂之立面却是如此有技巧地将已有的这些元素作了一次整合，许多戏剧化般的罗马巴洛克立面可以说都是以这间教堂为标准，然后再加以形变的。教堂的平面可以说是阿尔伯蒂位于曼杜瓦之圣安德烈之扩张，中殿占据了主要空间，两侧通廊则处理为一个个筒形屋顶。所以整个建筑就像一个大厅而两侧有附属祭殿一样，耶稣教堂这个平面在天主教世界广为接受，甚至流传至现代就可证明其在仪式上是十分能满足需要的。

将教堂开放成单一的大空间替重大仪式提供了一个戏剧化般的环境，更重要的是，这个空间非常适合大量民众集合于一堂聆听讲道。耶稣会借着他们创始人罗耀拉（Saint Ignatius Loyola）之教义，对当时建筑及艺术产生了相当大之影响，因为罗耀拉认为宗教上之诚信必须要可视化，无形中助长了装饰圣物圣画之风气以及空间与造型之组合。至今，这仍然是罗马天主教之一大原则。圆顶不再是抽象的宇宙和谐之象征，它变成了一种垂直轴线之表现元素，并且和水平动线形成对比。在耶稣教堂中我们明白地看到了日后真正巴

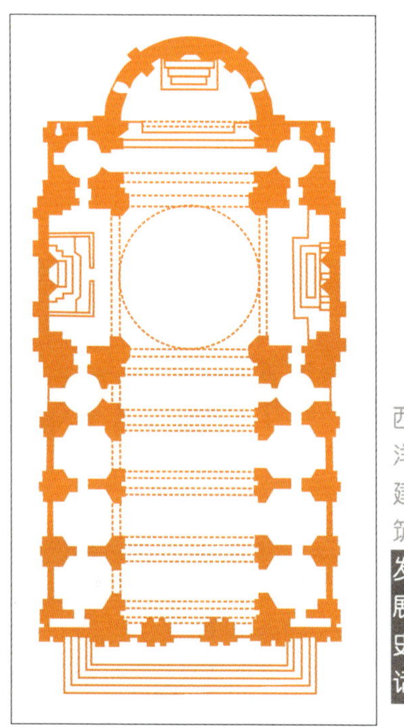
△ 34.8 罗马耶稣教堂平面图

▽ 34.10 罗马新教堂正向立面

34.9 罗马圣苏珊娜教堂正向立面 ▽

洛克建筑教堂之特质：（1）长轴空间与集中式空间之整合；（2）教堂成为都市中的一部分，尤其是在立面之上。往后的巴洛克教堂仍然大致根基于上述两原则，大教堂经常是衍生自巴西利卡式空间，但其中必然有一个中心，可能是圆顶亦可能是圆厅；小教堂则为集中式处理，但必然会有一长轴。不管其规模如何，巴洛克教堂可以说是一个场所（place），在其中教义被宣示出来，因而巴洛克教堂之向心概念与文艺复兴在意义与形式上均是不同的。

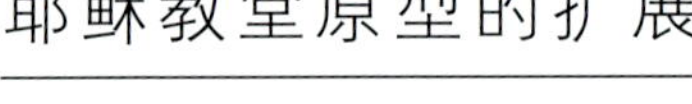

耶稣教堂原型的扩展

在耶稣教堂落成之后，它的空间与造型成为许多罗马教堂的原型，使罗马出现了不少类似的教堂。马德诺（Carlo Maderno，1556–1629年）设计的圣苏珊娜教堂（Santa Susanna，1597–1603年）立面，凸出之壁柱再加上退缩之壁龛，使整个立面之雕刻效果相对地提高，中轴之部分尤其特别强调。事实上，始建于16世纪下半叶，完成于17世纪之初，位于波洛米尼设计的菲力皮尼派祈祷室（Filipini Oratory）旁罗马新教堂（Chiesa Nouva），立面为鲁格塞（Fausto Rughese）于公元1605年之作，与耶稣教堂之立面也有异曲同工之处理。而圣温琴佐与圣阿纳史塔吉欧教堂（Santi Vincenzo e Anastasio）建于公元1650年，则从原型发展成为更为繁复的表现，为小马提诺·隆基（Martino Longhi the Younger）之作。

△ 34.11 罗马圣温佐与圣阿纳史塔吉欧教堂正向立面

34.12 马德诺圣彼得大教堂设计图 ▽

▽ 34.13 罗马圣彼得大教堂正向立面

马德诺与圣彼得大教堂正面

巴洛克建筑于罗马完成的一件很伟大之事就是圣彼得大教堂。伯拉孟特及米开朗琪罗集中式之平面对于17世纪之神职人员来说并不满意，因为他们认为其像个异教之教堂而且也不适合于日渐增多之信徒集会。在教宗保罗五世之命令下于公元1607年举办了一件竞图，由马德诺（Carlo Maderno，1556-1629年）获得委托而于原先集中式之平面外加了3个柱间，并且完成了立面。对整个罗马而言，马德诺在设计上之创造力、想像力、严肃性与纪念性无疑的是一个新方向。圣彼得大教堂之立面（1607-1612年）乃是马德诺将圣苏珊娜教堂立面上之元素再度扩大应用，但是元素扩散得太厉害以致于原有在圣苏珊娜教堂立面上之紧凑感不见了，元素拉的太开以致于有气无力，中间之山墙也因而一点力量都没有。事实上，马德诺之设计也没有完全实现，因为原来两侧尚有高塔以加重力感，但因结构上之问题而作罢，所以现今成为教堂外貌，在当时曾广受艺术家批评之此立面乃是未完成之作品，所以我们也不能过份苛责马德诺。

由于中殿之拉长，所以米开朗琪罗原先理想中之圆顶集中空间之效果在室内已经打了折扣，在室内由于建筑物之拉长，以致于在近处根本看不到圆顶，退后一点也看不到鼓环，如果要看到全部，就必须退到广场之外才可以，但此时圣彼得教堂还不能算完成，这间动用了所有文艺复兴及巴洛克有名建筑师之教堂要到伯尼

△ 34.15 罗马圣彼得大教堂正向立面细部

34.16 罗马圣彼得大教堂正向立面细部 ▽

▽ 34.14 罗马圣彼得大教堂正向立面

△ 34.17 罗马西班牙阶梯广场

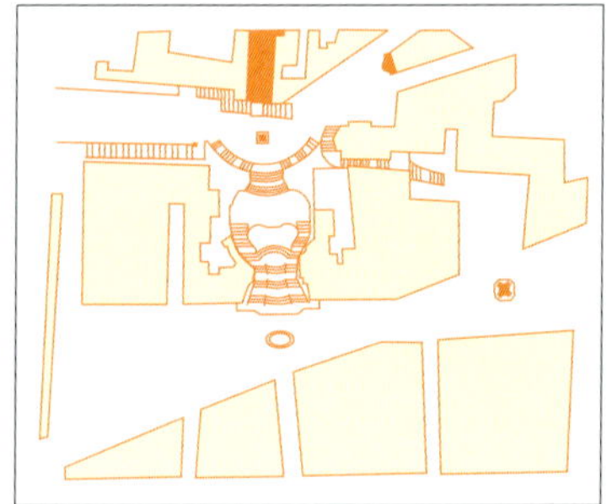

△ 34.18 罗马西班牙阶梯广场平面图

34.19 罗马西班牙阶梯广场山上圣三一教堂 ▽

尼（Bernini）接手之后才算完成。伯尼尼不仅借由一座圣坛顶棚及数座雕像，改变了圣彼得大教堂的室内空间，更借由椭圆形的柱廊，创造了美丽的都市空间，我们将在下一章详述。

△ 34.20 罗马人民广场

▽ 34.21 罗马人民广场总平面图

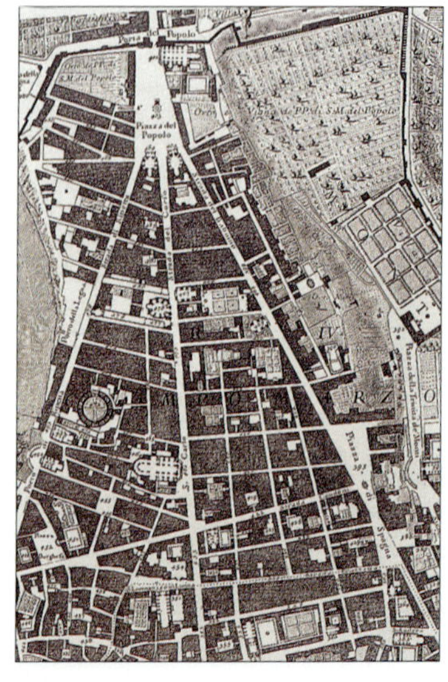

西班牙阶梯广场与人民广场

事实上，在巴洛克时期罗马除了个别建筑上之成就外，整个都市在西克斯都五世（Sixtus V）之推动下的蜕变也是极为成功。虽然早在文艺复兴时期，教宗们已经想把罗马转化成教皇的城市，圣彼得教堂的重建就是一项重要的设计。在反宗教改革时期，某些教宗，特别是西克斯都五世更在建筑师方塔纳（Domenico Fontana）之协助下，规划了笔直的大马路以通往教堂及取自于古代的方尖碑。这种企图无疑地也使到罗马朝圣的天主教信徒可以更简单地在教堂间移动。除了街道之外，更有不少新的都市开放空间也被规划兴建。

桑克提斯（Francesco de Sanctis，1693-1740年）所设计之西班牙阶梯（The Spanish Steps，1721-1725年），它连接了西班牙广场（Piazza di Spagna）与山上圣三一教堂（Church of the Trinita dei Monti），形成一华丽之阶梯，一共有137阶。在大阶梯之基部，踏步分成3部分，中央

部分并且深入广场上，沿阶而上踏步逐渐变窄而且会集于一个宽广之平台之上，再由此分成两道曲线通往上部。在此，阶梯不仅是通往广场及教堂之元素，它本身亦成为视觉及空间之主体。整个阶梯可以说是罗马都市设计中最富有舞台效果的开放空间，设计者巧妙地应用了一座人造物，连接了两处高度不一样的空间，形成一个都市空间。圆弧形的阶梯由低处往上延伸，并且略为修正轴线，以便得以和教堂之前的方尖碑相互对位。圣三一教堂为罗马最重要的方济会据点，早于公元1503年就开始兴建，不过现有的立面也是马德诺的设计，教堂前有栏杆的阶梯则为方塔纳之作。而西班牙阶梯广场最底端的古舟喷泉（Fontana della Barcaccia）则为伯尼尼之父彼得的作品。

罗马人民广场（Piazza del Popolo）从公元1516年于教宗李奥十世（Leo X）时就开始重新规划，直到三百多年后才全部完成，亦可算是巴洛克都市设计重要之作。广场结合了罗马城的出入口与三条交会于广场上的大马路，有非常强烈的透视及轴线效果。广场上的方尖碑是1589年时方塔纳为西克斯都五世所立。广场南侧的双子星教堂，始建于公元1662年，原为雷纳多（Rainaldo）所设计，后来由伯尼尼与方塔纳所完成。现有的形式则又是公元1816-1820年由法国建筑师所完成。

△ 34.22 罗马人民广场

特拉维喷泉

特拉维喷泉（Trevi

▽ 34.23 罗马特拉维喷泉

Fountain，1732-1751年）为罗马最吸引人之开放空间设施。喷泉本身为维哥古水道(Aqua Virgo)之端，水源被称为处女泉，因为其源是一位少女指引阿古力巴之士兵而得。早在巴洛克初期，就有包括伯尼尼在内的艺术家参与了喷泉的工作，但在教宗乌尔班八世过世之后，工程就陷入停顿。一直到教宗克雷门特十二世(Clement XII)上任之后，才委由萨尔威(Niccolo Salvi，1696-1751年）所建。整座喷泉充满了象征与意涵，中间主要部分宛若是一个凯旋门，由四根科林斯柱支撑着上部，中央圣龛宛如是自背后之建筑穿凿而成，中央站立的是海神，两旁也各自另有一壁龛站立其他雕像。海神之前左右各有一匹由小海神拖着马车的骏马，雕像为布拉齐（Bracci）之作，亦是充满力与美之巴洛克精神，大石之处理颇受伯尼尼之影响。事实上，早在西克斯都五世的罗马设计中，就希望每一座喷泉都会搭配一个罗马的神祇，例如另一处有名的四喷泉（Le Quattro Fontane）就位于一个十字路口的每一个角落，四座喷泉分别安置了台伯河神、尼罗河神、天后朱诺（Juno）与月神戴安娜。

△ 34.24 罗马特拉维喷泉全貌

△ 34.25 罗马特拉维喷泉中央部分

34.26 罗马特拉维喷泉中央部分
▽ 顶部

威尼斯安康圣母教堂

17世纪罗马巴洛克建筑很快地就超越了阿尔卑斯山影响到欧洲其他地方。虽然在威尼斯，文艺复兴之古典精神帕拉第奥风格仍然持续存在，但是在一些建筑中仍可以见到巴洛克精神之影响。安康圣母教堂（Santa Maria della Salute,1630-）

▽ 34.27 罗马特拉维喷泉小海神托马像

△ 34.28 罗马四喷泉朱诺像

△ 34.29 威尼斯安康圣母教堂外貌

△ 34.31 威尼斯安康圣母教堂外貌

就是一个好例子。由隆格纳（Badassare Longhena，1598-1682年）所设计，是威尼斯为了纪念黑死病之消失所建，位于大运河口，扮演着一个重要地标之角色。隆格纳也深知此点，所以利用两个圆顶来和附近的教堂圆顶（圣马可教堂、圣乔治马焦雷教堂和救世主教堂）共同构成了威尼斯美丽的天空线。

集中式之教堂对威尼斯来说是一个舶来品。虽然可能受到圣马可教堂中央圆顶之影响，但隆格纳却坚持他的设计要与众不同。平面是八角形，外加一个附属的歌坛，二个圆顶中的一个大的是位于八角形之空间上，小的圆顶则位于歌坛之上，旁还有钟塔。在平面上仍然有浓厚之文艺复兴气氛，但是外貌则非常别致而富有戏剧化，尤其是涡形扶壁好像是由建筑主体长出一般，整个构成充满了巴洛克之刺激。这个教堂是一个既顾到传统而又寻求蜕变的例子。

△ 34.32 威尼斯安康圣母教堂外貌

34.30 威尼斯安康圣母教堂平面图 ▽

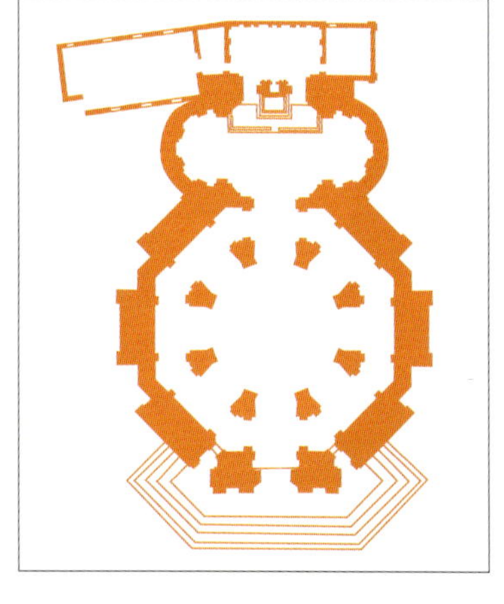

▽ 34.33 威尼斯安康圣母教堂室内

第三十五章 伯尼尼与巴洛克建筑

伯尼尼

△ 35.1 伯尼尼自画像

伯尼尼(Gianlorenzo Bernini，1598–1680年)为巴洛克时期著名的雕刻家与建筑师，出生于拿坡里，父亲为佛罗伦萨人，也是一位矫饰主义雕刻家。伯尼尼于公元1605年左右移居罗马，为教宗保罗五世位于大哉圣母玛丽亚教堂的小祭室工作。在此教堂中，年轻且具有天份的贝尼尼受到希皮奥内主教（Cardinal Scipione Borghese）及后来成为教宗乌尔班八世（Pope Urban VIII）的马费奥·巴贝里尼主教（Cardinal Maffeo Barberini）之赏识而开启了雕刻的生涯。

伯尼尼多产之创作生涯，可以说很多都和圣彼得教堂有关，工作尺度从小到大均有，小的只是作画，大的则是替教堂设计了一个巨大无比的广场。公元1624年，在乌尔班被选为教宗的第二年，他任命了伯尼尼以圣毕比亚纳（S. Bibiana）教堂的修护工作，开

▽ 35.2 《大卫》（伯尼尼）

▽ 35.3 《普西凤的掠夺》（伯尼尼）

▽ 35.4 《阿波罗与达芬妮》（伯尼尼）

启了伯尼尼作为建筑师的业务。同年，乌尔班更委托伯尼尼从事圣彼得教堂主坛顶棚的工作。

公元1629年，伯尼尼接替马德诺（Carlo Maderno）成为圣彼得教堂的建筑师，然而在英诺森十世（Innocent X）在位期间（1644-1655年），伯尼尼的工作较少。公元1655年，当奇基（Chigi）当选亚历山大七世教宗之后，伯尼尼再度活跃起来，而且还担任教宗私人建筑师，为其设计了两所教堂。当然，亚历山大七世给予伯尼尼展现建筑才华的最佳场所乃是圣彼得教堂前的大广场。

除了在建筑上展露其无比影响力之外，伯尼尼还有极大的声望是来自于雕刻，而且和

▽ 35.5《圣泰瑞莎的狂喜》（伯尼尼）

▽ 35.6 罗马圣彼得广场透视图

▽ 35.7 罗马圣彼得广场俯视

△ 35.8 罗马圣彼得广场及教堂平面图

其所设计之建筑一样，将巴洛克的精神表现得十分完美。他的雕刻是具有爆炸性和戏剧性，而且“时间”在其中扮演一个非常重要之元素。如果我们将米开朗琪罗之《大卫》（David）和伯尼尼之《大卫》（1623年）摆在一起比较的话，我们就可以感受到所谓的“一瞬间”在伯尼尼作品中之重要了。在《普西凤的掠夺》（The Rape of Proserpine，1622年）中，力量的呈现更是淋漓尽致，动感的表现则在《阿波罗与达芬妮》（Apollo and Daphne，1624年）中，最为透彻。其他雕刻作品中，如圣彼得教堂中的乌尔班八世墓及亚历山大七世墓，与胜利圣玛丽亚教堂（Santa Maria della Vittoria）中的《圣泰瑞莎的狂喜》（Ecstasy of St. Teresa）及《柯纳洛家族》（The Cornaro Family，

▽ 35.9 罗马圣彼得广场

▽ 35.10 罗马圣彼得广场方尖碑

1652年）雕像群，伯尼尼都把空间及光线在雕刻中的力量完全呈现出来。

就建筑作品而言，伯尼尼可以说是巴洛克时期最伟大的建筑师，也是雕刻家和画家，他对于巴洛克之贡献和地位，就如同伯拉孟特对于文艺复兴一样。如果世界上不曾出现过伯尼尼，那么圣彼得教堂、巴洛克建筑，甚至是天主教的历史都将重写。伯尼尼结合了他在建筑与雕刻的双重技术，于圣彼得教堂中创造了罗马天主教建筑的最高潮。

除了于公元1655年左右，在法王路易十四之邀请下到过巴黎之外，伯尼尼的建筑活动与作品大部分都集中在罗马。在巴黎时，伯尼尼也曾为路易十四设计过卢佛尔宫，然而它凹凸弧面的立面设计却无法受到法国人的认同，以致无法实现。公元1667年，亚历山大七世去逝之后，伯尼尼再也没有任何大规模的建筑业务，只剩以雕刻为生。公元1680年，伯尼尼去世，留下了声名，也留下了财富。

△ 35.11 罗马圣彼得广场

▽ 35.12 罗马圣彼得广场喷泉

△ 35.13 罗马圣彼得广场柱廊外貌

△ 35.14 罗马圣彼得广场柱廊外貌

▽ 35.15 罗马圣彼得广场柱廊内部

罗马圣彼得广场

伯尼尼创造设计之圣彼得广场乃是一个天才之作，展现的就是巴洛克空间的特质。圣彼得大教堂前之广场原是一个没有秩序，毫不起眼之空间。公元1657年，年纪已老但是享有世界声望之伯尼尼接受亚历山大七世的委托，替这个教堂设计一个像样之广场，这个广场必须要能作为成千上万信徒之聚集场所，尤其是复活节时教宗会在马德诺所设计教堂立面上之阳台出现祈福世界及人民，但是

△ 35.16 罗马圣彼得大教堂中殿

△ 35.17 罗马圣彼得大教堂主坛顶棚

35.18 罗马圣彼得大教堂主坛顶棚柱头 ▽

广场又不能太抢眼以致于夺走了教堂之光彩。此外，广场还必须与原有的一些元素配合，包括教堂北面之梵蒂冈入口，一个方尖碑和一个喷泉。

经过数次之尝试之后，伯尼尼采用了由梯形及椭圆形柱廊所构成之设计案。整个广场之形状仿佛是一个巨大的钥匙孔，开启了通往圣彼得教堂的大门；梯形之广场是当作一个教堂入口广场，椭圆形之广场则比教堂还要宽阔，为三个层次广场中之主要重心，在中轴线上本来尚有一广场前室，但却没有实现。

在设计上伯尼尼采用立面上之巨柱作为指引，所以柱子成为广场之主元素。梯形之入口广场在某种程度上似乎是与米开朗琪罗设计之市政广场相同，但是在圣彼得广场，两侧之建筑只是信道，作为一种教堂与椭圆形柱廊之过渡与连接，而且也没有像市政广场一样，在两侧与中轴上之建筑间留有缺口，而是形成一个包被性较强之空间，当然在这种情况下，主体建筑教堂也比较容易被强调出来。在这个梯形之广场则有三分之二部分实际上是渐升的阶梯一直到教堂入口为止。

从梯形广场之两侧则再伸出四排巨大之塔司干柱形成两个半圆形之柱廊，而且每一侧之柱廊更另定出三条有顶之弧形信道，在柱廊内之感受是很奇妙的，因为是弧形的关系所以看不到何处是端点，以致于会觉得空间特别地深远宏大，这也是巴洛克所追求之无限空间效果之一。当信徒由各地来到圣彼得教堂来朝圣时，必然会穿过这个广场，这时候正中心的方尖碑助长了收敛的功能，实际上亦为铺面上放射状图案之发散点，两侧之喷泉也明显地告诉人们这里已是椭圆广场之一半了。

穿过方尖碑往前走很快地就到达梯形广场之层层阶梯，这里有70米长，端底则是圣彼得与圣保罗之雕像。总结地说，圣彼得广场利用圆弧形柱廊追求空间的无限，却又利用方尖碑及喷泉掌握空间的有限，宇宙天体的原理似乎在广场上得到印证，更重要的是它成为梵蒂冈永恒不变的空间焦点。

罗马圣彼得大教堂主坛顶棚

伯尼尼在与圣彼得教堂有关设计中之第一件乃是替主坛盖一个顶棚（Baldacchino，1624-1633年），主坛乃为圣彼得墓之所在，原本于米开朗琪罗所设计之圆顶下，但是在如此大之空间下如果没有一个适当之界定的话，会觉得有迷失感，缺乏神圣领域，伯尼尼乃为其设计了这一个巨大的铜制顶棚，有人亦称为圣体伞，高30几米，和巨大的空间相当配合，而且成为教堂中之一个焦点。

顶棚四根扭曲之柱子，有美丽的橄榄叶装饰，上有天使为顶，且带着一个花絮状之屋顶，很虚伪地像是在节庆中可以被轻轻一抬之篷子，但是这种欺骗是短暂的，因为事实上，这个顶棚相当重而且基础深入地下，工程是如一栋房子般的浩大，但是在造型上却避免看起来太稳定。伯尼尼企图要创造一个有能量之雕刻，充满了动感和光芒，会使人吃惊，亦会使人迷惑，但这却是巴洛克建筑之本质。

罗马圣彼得大教堂圣彼得宝座

穿过马德诺设计的圣彼得教堂立面入口后，映入眼帘的是筒形拱顶并且有藻井之中殿，望眼视之则光束自圆顶射入将伯尼尼所设计之铜制顶棚照得更加敬畏。整个广场之中轴线到此似乎暂时停顿，但是我们却可以通过这个顶棚看到其后另一个高潮，位于环形殿之宝座（Cathedra，1657-1666年）。这是伯尼尼之作品，也是一个充满爆炸性与戏剧性之作品。在环形殿窗户之光芒中我们看到了圣灵之鸽及天使。

殿里4个大的铜雕则奇迹般轻抬着这个宝座，前面两个代表了拉丁教堂之父圣安波罗修（S.Ambrose）和圣奥古斯丁（S.Augustine），后面两个较不显著则是希腊教堂之代表圣亚他那修（S.Athanasius）和圣屈梭多模（S.Chrysostom），4个雕像代表了基督教之统一。但在另一方面也含有西方之教会胜过东方教会之意。这个圣椅代表了巴洛克构图之精髓。它之构成并不是借着元素清晰的线条来达成，而是一个充满能量中心所发散出来之力所凝聚而成，所有的元素均是在动的，整个效果是相当具幻觉的，而这个幻觉乃为基督世界之保证，而重申了教宗之至高权感。雕刻与空间、动态与平衡，经由伯尼尼的精心处理，在此得到最完美的结合。

罗马圣彼得大教堂大阶梯

在圣彼得大教堂与梵蒂冈教廷间有一座教宗专属大阶梯（Scala Regia，1663-1666年），亦是伯尼尼的作品。虽然阶梯所在的位置就其形状与周围建筑破旧之情况而言，有其实际上的困难，然而伯尼尼却将之设计成一个华丽像行进大道般

△ 35.19 罗马圣彼得大教堂圣彼得宝座

35.20 罗马圣彼得大教堂圣彼得宝座细部 ▽

▽ 35.21 罗马圣彼得大教堂大阶梯

△ 35.22 罗马圣彼得大教堂大阶梯设计图

△ 35.23 罗马圣彼得大教堂大阶梯设计图

△ 35.24 罗马奎里纳圣安德烈教堂外貌

35.25 罗马奎里纳圣安德烈教堂平面图 ▽

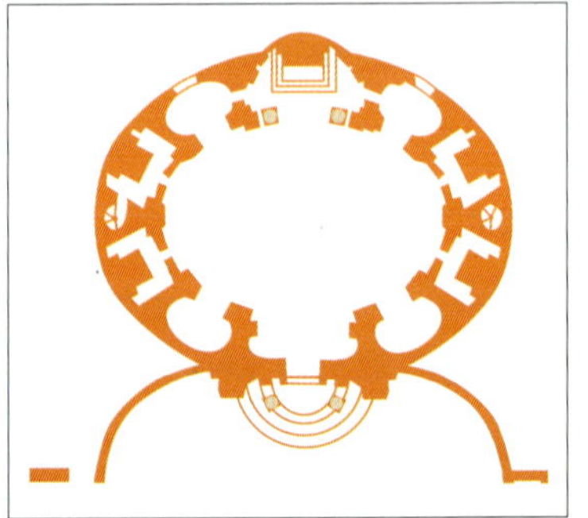

的阶梯，并且利用两端不一样的宽度，创造了很强的透视感。这一个大阶梯所在地原为一近乎梯形的不规则形状，因此不容许建造一座宽广的信道，然而伯尼尼却巧妙地应用视觉的效果来解决问题。伯尼尼将阶梯分为两段，前半段入口处理成华丽且宽广，柱子是与墙面脱离而形成像帕拉第奥母题的形式，任何人自此观之都会以为阶梯自下而上是一样宽且一样高，却没有想到其实际上就是愈高愈窄愈低的空间；到最后，柱子已经和墙面结合在一起。阶梯爬升到一半后，伯尼尼以一平台作为过渡，转折到没有装饰而且较窄的后半段。因为这个大阶梯实际上连接了圣彼得大教堂与梵蒂冈，具有无比的意义，因而伯尼尼在入口处也创作了一个正在皈化基督教的君士坦丁大帝，作为教廷与教堂的转接，也表达了宗教的意义。

罗马奎里纳圣安德烈教堂

罗马奎里纳圣安德烈教堂（S. Andrea al Quirinale，1658-1670年）也是伯尼尼重要的教堂作品，整个教堂之平面空间可以说是充满原创性。教堂的主体是一个横向的椭圆，其中由一个鲜明入口及其相对的圣坛连接之轴线所贯穿。伯尼尼舍弃了原有椭圆之长轴，重新创造了一条张力线，而横向之轴线因为两端都是巨大之壁柱而非圣龛，所以呈现出一种中性化之倾向。

在教堂中，我们也隐约看到两个放射状之焦点，在空间型态上与圣彼得广场非常类似。在教堂的立面上，伯尼尼打破了16世纪与17世纪惯用的双层立面构成，以巨大的科林斯壁柱为框支撑着一个大山墙形成门面，在此门面中再伸出由两根独立柱支撑的圆弧形门廊，门廊本身所在则也是数阶圆梯所构成，直线与弧线交互应用构成了此建筑之立体感。在室内，椭圆形的圆顶亦极为出色，顶尖天眼的采光，顶壁的雕刻，在伯尼尼之组织之下成为巴洛克建筑之经典。

△ 35.27 罗马奎里纳圣安德烈教堂圆顶剖面图

◁ 35.26 罗马奎里纳圣安德烈教堂圆顶内部

△ 35.28 罗马奎里纳圣安德烈教堂外貌细部

罗马巴贝里尼大厦

▽ 35.29 罗马巴贝里尼大厦外貌

罗马巴贝里尼大厦（Palazzo Barberini，1627-1630年）也是伯尼尼的一件佳作。此大厦为法朗西斯科·巴贝里尼主教（Cardinal Francesco Barberini）于公元1625年所购，并在一年后呈献给其兄。教宗乌尔班八世首先任命马德诺重新设计此大厦，不过在马德诺于公元1629年过世后，由教宗任命伯尼尼接手，最后的面貌可以说是完全

△ 35.30 罗马巴贝里尼大厦螺旋梯

▽ 35.31 罗马巴贝里尼广场小海神喷泉

归功于伯尼尼。巴贝里尼大厦最后兴建的空间格局近乎一个英文字母H，传统惯用的中庭并未出现，取而代之的是一个退凹的前庭。主体面宽七间，高3层楼，地面层完全开放形成拱廊，这种空间的变化在当时的罗马并不多见。而从入口拱廊可接一座以塔司干对柱为支撑的椭圆形螺旋梯，也充分地展现了巴洛克的精神。除了巴贝里尼大厦之外，位于巴贝里尼广场（Piazza Barberini）上的小海神喷泉（Triton Fountain，1637年）也是伯尼尼之作品。

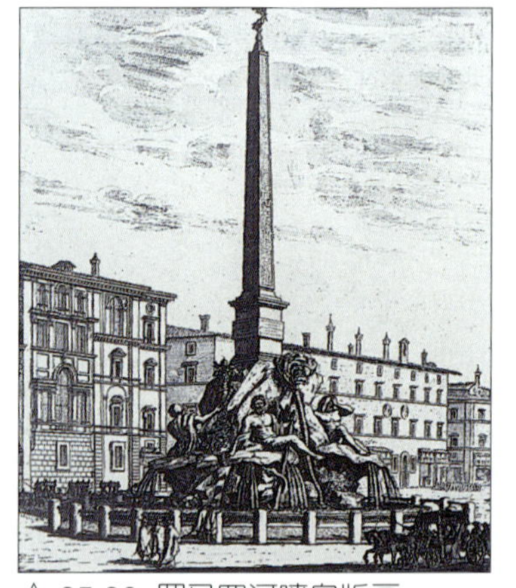

△ 35.32 罗马四河喷泉版画

▽ 35.33 罗马四河喷泉雕像

罗马四河喷泉

谈到喷泉，伯尼尼最有名之作当为罗马四河喷泉（Four Rivers Fountain，1648-1651年）。四河之泉位于由古典罗马杜米仙大帝所建跑马场原址改建的纳佛纳广场（Piazza Navona）之上。在此，伯尼尼利用人物、石穴、动物、原有的方尖碑、尚未完成的教堂及狭长的空间形成了一组巴洛克开放空间中最精彩的喷泉雕塑。在雕刻中，伯尼尼创造了四组大理石人像，分别代表欧

▽ 35.34 罗马四河喷泉

洲的多瑙河、亚洲的恒河、非洲的尼罗河及美洲的拉普拉塔河，在诸神旁的石穴中则有代表诸河之动物，全组雕刻充满了巴洛克动态之美。除了雕刻之美外，我们也在四河喷泉中看到了伯尼尼的幽默，象征拉普拉塔河的雕像惧怕地举手往上顶，原来前方正是伯尼尼宿敌布罗米尼所设计的阿哥尼圣阿尼泽教堂（Sant' Agnese in Agone），伯尼尼似乎在暗示这栋教堂快倒塌了。

在建筑上，伯尼尼非常自由地从他前面的建筑师，特别是拉斐尔、米开朗琪罗及帕拉第奥的作品中，撷取了无数的精华，然后再将之筛选转化，合成他自我独特的风格。当然，伯尼尼最大的成就是他在建筑与雕刻中，找到了最佳的平衡点。伯尼尼的成就在17世纪就完全受到肯定，公元1682年由贝尔丁努奇（Baldinucci）为其所写的传记中就已经清楚地写道：众所皆知的是，伯尼尼是第一个将建筑、雕刻与绘画整合成一完美整体的第一人。

▽ 35.35 罗马四河喷泉雕像

▽ 35.36 罗马四河喷泉雕像

第三十六章 波洛米尼与巴洛克建筑

波洛米尼小传

波洛米尼（Francesco Borromini，1599–1667年）是西方巴洛克建筑的另一颗巨星。虽然同期的伯尼尼在许多方面均有非常大胆的表现，但是如果仔细看，就可以发现他在建筑上要比雕刻上保守许多。而相对地，他同时代之建筑师波洛米尼则是非常不依正统而且相当地具有革命性，我们甚至可以把波洛米尼视为17世纪意大利建筑最伟大之发明天才，也是主导巴洛克风格之人物。波洛米尼出生于今日瑞士卢卡诺（Lugano）湖边的比颂内（Bissone），原名卡斯特罗（Francesco Castello），他最早之训练来自于为米兰威斯康提（Visconti）家族从事营造事务的父亲卡斯特罗布鲁米诺（Giovanni Domenico Castello-Brumino）。早在9岁之时，波洛米尼就被送至米兰学习石刻，曾经参与米兰大教堂装饰细部的工作，那时候米兰为西班牙总督所管，而波洛米尼在其一生中也维持着与罗马政治圈中倾西班牙政党有相当密切之关系，甚至是衣着也十分西班牙化。

▽ 36.1 罗马四泉圣卡罗教堂立面图

公元1619年波洛米尼迁居至罗马，与来自意大利北部伦巴底当时于圣彼得大教堂工作的亲戚住在一起，不久之后，亦自己获得一份类似的工作。此时，波洛米尼经常放弃午餐时间，不断地描绘圣彼得大教堂这个杰作之细部，自我训练建筑知识。在罗马的前几年中，波洛米尼将自己之名字自卡斯特罗改为波洛米尼，以免和众多来自北方同名之工人相互混淆。然而对波洛米尼产生最大影响力的该是负责圣彼得大教堂立面工作的马德诺（Carlo Maderno），波洛米尼是其远亲亦曾在其手下当实习生，负责圣彼得教堂正门门廊上天使头像及其他细部的石雕工作。在乌尔班八世（Urban Ⅷ，1623–1644年）担任教宗前几年，波洛米尼开始与同时代的伯尼尼相识于圣彼得圣大教堂主坛顶棚（baldacchino）之工作中。此顶棚之4根巨大之螺旋形铜柱是于公元1623–1926年间所铸造建立，整个上部巨大之结构则是公元1633年所完成，虽然是伯尼尼主要负责，但却是由波洛米尼负责施工图之绘制及部分花草植栽之设计。

大约是同时，二人也同时参与了巴贝里尼大厦（Palazzo Barberini）之方案。在与伯尼尼合作之同时，波洛米尼开始发展出更自由更具表现性之风格，但却也逐渐与伯尼尼交恶，其因一方面是伯尼尼抢功，分了较多之经费，另一方面则是伯尼尼经常讥笑提拔波洛米尼之马德诺，最后二人完全决裂，并且成为业务上之竞争对手。

罗马四泉圣卡罗教堂

公元1634年，波洛米尼开始罗马四泉圣卡罗教堂（San Carlo alle Quattro Fontane）的工作，此教堂之业主是一群公元1610年到达罗马，并于四泉路购置小屋之西班牙赤足僧侣。公元1634年到1635年，波洛米尼首先设计兴建了住宿部分，公元1635–1636年间则完成僧院及回廊部分，教堂则是始自于公元1638年，然而这时候却产生一个危机，因为许多僧侣不认同波洛米尼的教堂设计，认为其设计太过于复杂，而要求以经费只需五分之一的方案来取代。这时候已成为巴贝里尼主教（Cardinal Francesco Barberini）告解神父之僧侣领导人乔凡尼（Padre Giovanni della Annuziatione）乃央请巴贝里尼出面协调，说服了僧侣接受此案，但波洛米尼也响应作了部分的修正。教堂主体花费了约一年的时光才完成，室内装修则于公元1640–1641年完成，教堂正式祝圣于公元1646年，而室外之装修则一直到公元1670年代才全部完成。

在四泉圣卡罗这个小教堂中，波洛米尼可以说是在追求建筑动态及塑性方面超过了任何以前之建筑师，马德诺设计之圣苏珊娜教堂（Santa Susanna）及圣彼得教堂之立面已经是相当重视立体雕刻之感觉，但所使用的线条则还是直线的。但在波洛米尼于此教堂

△ 36.2 罗马四泉圣卡罗教堂正向外貌

▽ 36.3 罗马四泉圣卡罗教堂

▽ 36.4 罗马四泉圣卡罗教堂平面图

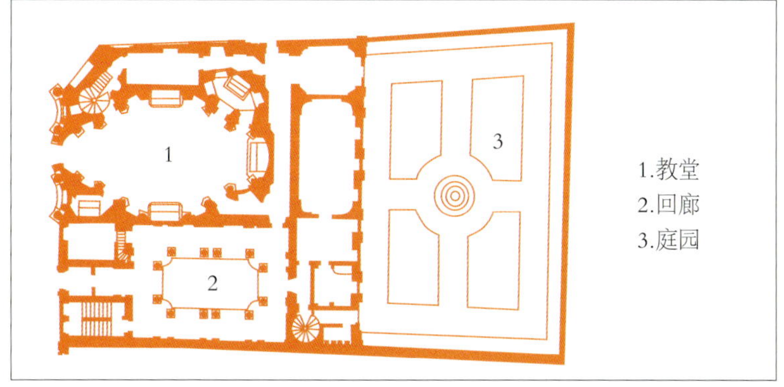

△ 36.5 罗马四泉圣卡罗教堂室内

36.6 罗马四泉圣卡罗教堂圆顶剖面图 ▽

△ 36.7 罗马四泉圣卡罗教堂立面曲线

则以曲线表现出了巴洛克时期的另一种教堂形态——集中式之平面。这种平面在文艺复兴时期曾得到建筑师之喜爱，但在巴洛克初期却因宗教上之不太认同而沉寂一阵子。如今在巴洛克盛期自由创造不受拘束之环境下再度受到溺爱。这种教堂均强调其形或为希腊十字形，或为椭圆形，或为星形，或者是两种形状之组合。在立面上也没有明显的区分，中殿及两侧及通廊之性格也看不出来，整个强调的只是一种令人相当震撼的造型。

任何一个参观四泉圣卡罗教堂的人总会对整个平面之新奇与复杂所震惊，事实上波洛米尼之草图也显示出他一再地于旧图上修订新方案。原来之方案基本的平面是一个集中式之教堂，其中有一圆形之圆顶

36.8 罗马四泉圣卡罗教堂室内

及界定此圆顶之4组双根构柱。后来平面略作修正，形成一个仿若大四叶饰(quartrefoil)之空间，其中4个环形殿是自4组构柱中向外凸出而成，与米开朗琪罗在圣玛嘉烈教堂中之索佛察家族祭殿十分类似，最后，四叶形被压缩，而圆顶则被压成了椭圆形，成为现在之空间形式。入口位于短侧，四个祭殿则自椭圆形之部分往外伸出，所以平面似乎也可以诠释为希腊十字形平面，不管是何种诠释，令我们吃惊的则是轮廓上之曲线，它弯曲之程度就好像墙壁是软的，而受到外力所挤压。巴洛克时期之塑性在此表露无遗。

另一方面，此教堂之室内空间乃借着有藻井之椭圆形圆

△36.9 罗马菲力皮尼派祈祷室立面图

▽36.10 罗马菲力皮尼派祈祷室整体平面图

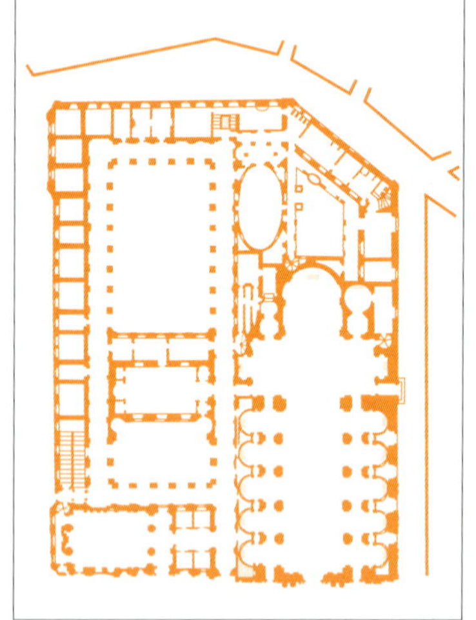

▽36.11 罗马菲力皮尼派祈祷室室内

▽36.12 罗马菲力皮尼派祈祷室立面

顶之力量而形成一个神奇美丽之空间。因为光源并不易见，所以整个圆顶乃于是看起来好像漂浮于光之上，十字形、八角形及六角形之藻井构成更增加了空间之戏剧效果，而椭圆形之长轴亦可引导人朝向圣坛，立面上之各种元素，壁柱、雕像、壁龛、栏杆及几何体之混合使用乃为巴洛克时期教堂之共同特点。从室内空间来看，教堂之塑性墙壁呈现出一种持续的动感，每一边的双构柱感觉上都好像是在下部掏空一样，创造出一种在正常室内边界之外还可以惊鸿一瞥之空间。

此教堂的室内空间实际上不大，但却应用视觉上之效果增加空间之深度，环形殿与椭圆顶之藻井在退缩时都于尺寸上也渐次缩小，使其表面看起来比实际要深远许多，而不寻常之装饰细部也到处可见。不只是室内，整个教堂之立面也是波洛米尼精心之作，其是建立于一种波状之曲线，在凹凸曲线间是缓和地改变，而立面上层一些不寻常之比例改变及伯尼尼式的装修相信是其侄子伯纳多·波洛米尼（Bernado Borromini）于公元1675－1677年所建。四泉圣卡罗教堂落成之后受到各方之注目，许多教会（包括国外者）向波洛米尼请求准许使用该教堂之平面，然而波洛米尼从未首肯，然而却有许多教堂可以说是忠实地模仿此教堂。

罗马菲力皮尼派祈祷室

如果说四泉圣卡罗教堂是波洛米尼在宗教建筑上之杰作，那么菲力皮尼（Filipini）派的祈祷室（Oratory，1637－1640年）与住宅可以说是另一种形态之建筑佳作。菲力皮尼派为圣菲力普尼利（Saint Philip Neri）之追随者，这一群僧侣投注相当多之时间于忏悔之上，而且有一种特别的仪式称之为祈祷（oratory），在这种仪式中，信徒聚集聆听不正式之说教及祷告性质之音乐，事实上这种于说教中聆听之音乐发展成一种称之为圣乐（oratorio）之形式。

这种仪式原来并不需要一个固定之教堂而可以在任何地方举行，然而公元1575－1606年间，圣菲力普与他的门徒在瓦利色拉（Vallicella）建造了大型的圣玛丽亚教堂以容纳日渐增多之信徒，僧侣们则住在新教堂旁较破旧之房舍内，因而重建一座较具规模之僧侣住宅是为一个重要的计划。最先请的建筑师为马鲁色利（Paolo Marncelli），公元1637年波洛米尼接手此案，然而马鲁色利之原方案已大致就绪，

△36.13 罗马菲力皮尼派祈祷室立面细部

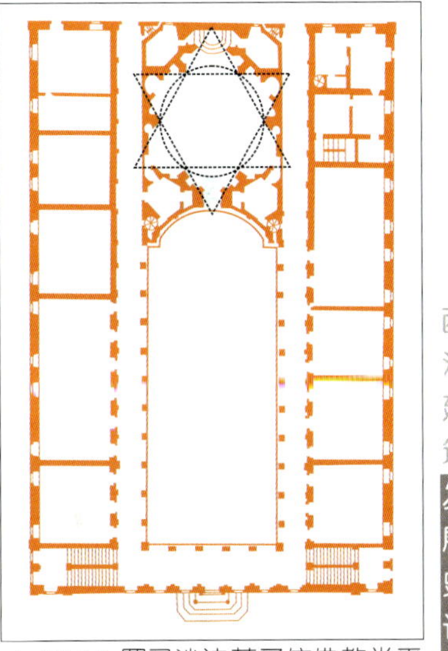

△36.14 罗马沙边萨圣依佛教堂平面图

36.15 罗马沙边萨圣依佛教堂中庭立面 ▽

△ 36.16 罗马沙边萨圣依佛教堂六角星形顶室内

无法大幅度更动，于是波洛米尼从改造祈祷室着手，他赋给了祈祷室一个精致的教堂建筑立面。

祈祷室中央部分的立面，必然和祈祷仪式有相互呼应之关系，是一个凹面的曲线，波洛米尼曾经自己解释在设计此立面时，他想到人体与外伸双臂以迎人之状，中央是胸，两侧为臂，如此地处理，既可以拥抱群众，又可以接纳都市空间之意图，此外立面上也有相当丰富之新奇特征，门窗之山墙外框是一种18世纪后期巴洛克建筑惯用的合成形式。

罗马
沙边萨圣依佛教堂

波洛米尼于罗马四泉圣卡罗教堂所创造的巴洛克之效果在称之为沙边萨（字义为“智能”）之罗马旧大学中庭端点的圣依佛教堂（S.Ivo della Sapienza，1642-1660年）中表现得更为彻底。此教堂的空间是由二个等边三角形相互嵌置而形成一个六角星形，这种形状是为智能的象征。

六角星形中央可以视为是一个六角形，六角中的三个角发展成为环形殿，另外三个角则为壁龛及入口，这种特殊的室内空间更因为室内三凹三凸之屋檐与直接从其长出之圆顶相呼应而成一种前所未见之特殊形状，十分震撼。巴洛克时期之圆顶不似文艺复兴时期之圆顶有一种加上去之感觉，而是类似一种有机之成长，和建筑物之其他部分是有密不可分之关系。虽然整栋建筑的许多细部仍然是古典的，但是整个效果却是充满着动感。

从另一个角度来看，圣依佛的平面看似一只蜜蜂，可以将之视为教宗乌尔班八世之隐喻象征，而他也是于公元1632年将此大学业务委托给波洛米尼的人，其中关连耐人寻味。此教堂也有一些与所罗门神殿（Temple of Solomon）相关之物，包括有翼天使、棕榈叶、榴树及圆顶上之星星，而所罗门正是以其智能而闻名天下。然而教堂外貌圆顶及灯笼形顶塔之特异造型之象征意义则是比较难解读，鼓环之上为阶梯式角锥，锥顶为灯笼形顶塔，其处理是与叙利亚巴尔贝克（Baalbek）一座罗马时期维纳斯神庙完全一样，由对柱及内凹墙面所构成。灯笼形塔顶上面之造型更是叫人迷惑，螺旋形的坡道仿若是古代的巴贝尔通天塔（Tower of Babel）或是巴比伦的塔庙。最高处为由火焰般的桂冠支持着一个铁框架，其上再立十字架与地球，这种造型在西方建筑发展过程中是前所未见的。

△ 36.17 罗马沙边萨圣依佛教堂六角星形顶室内

△ 36.18 罗马沙边萨圣依佛教堂六角星形顶内部

36.19 罗马沙边萨圣依佛教堂塔顶立面图 ▽

36.20 罗马沙边萨圣依佛教堂塔顶细部 ▽

罗马拉特朗圣约翰教堂

公元1646年，教宗英诺森十世（Pope Innocent X）委托波洛米尼整建著名的早期基督教拉特朗圣约翰教堂（Basilica of St John Lateran），这是波洛米尼业务中最大的教堂，然而他在整建过程中并没有太大的自由度，原有建筑的结构必须被保存下来，而工程也必须在公元1650年之圣年完成。波洛米尼在强化逐渐衰败的结构时首先将既存的柱子融入了宽大的方形构柱中，构柱表面则加上

△ 36.21 罗马拉特朗圣约翰教堂正向现貌

36.22 罗马拉特朗圣约翰教堂室内现貌 ▽

△ 36.23 罗马阿哥尼圣阿尼泽教堂正向外貌

▽ 36.24 罗马阿哥尼圣阿尼泽教堂平面图

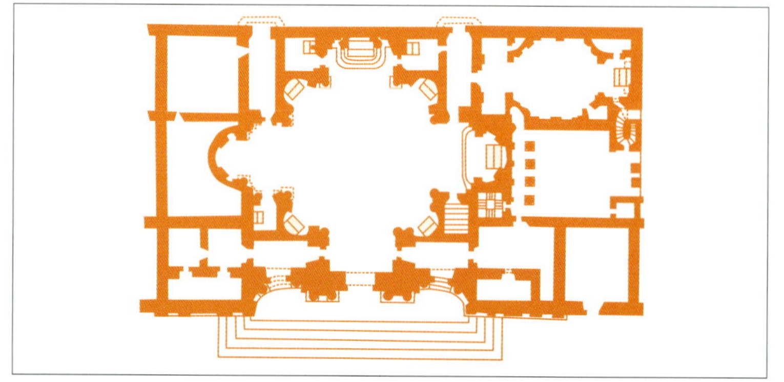

了有巨大柱式的壁柱。壁柱则是相当有韵律地分布以容许拱形开口通往两侧通廊。在原始方案中，波洛米尼原来将中殿处理成拱顶，并且以类似罗马东方三贤人祭室之斜向拱肋连系墙面，然而因花费太大而放弃设计，所以教堂仍然保有自公元1564年以来的藻井天花。虽然波洛米尼的设计没有完全实现，但此教堂的中殿仍然是现存中殿中最华丽的一座。在整个设计概念中，构柱中的空间是开口，而且与通廊的空间形成一体，创造出一序列类似圣棚的空间，由此我们亦可了解波洛米尼对特大空间的态度。

罗马阿哥尼圣阿尼泽教堂

波洛米尼于罗马另外一个作品乃是位于纳佛纳广场上的阿哥尼圣阿尼泽教堂（Sant' Agnese in Agone）。教宗英诺森即位之后，就希望把他家族宫殿所在之纳佛纳广场（原为古罗马跑马场）改造成全罗马最高贵的广场。公元1647年，波洛米尼向教宗提出了一个以方尖碑为中心的喷泉案，然而此业务最后却为伯尼尼以其设计的四河之泉所完成。教宗也委托了雷纳尔迪（Rainaldi）和其父亲圣阿尼泽教堂新教堂的设计工作。公元1653年波洛米尼从雷纳尔迪之手中接过了此案，他将原有立面改造成一个较宽的内凹式门面，以便和圆顶的外凸曲线形成动感的韵律，整个构成还有两侧的两座钟塔所簇拥。公元1657年，波洛米尼于此教堂的工作被一个由不同建筑师组成的委员会所取代，因而屋檐以上及室内装修已非波氏风格。

罗马东方三贤人祭室

除了前述几个教堂之外，位于福音宣播学院（Collegio di Propaganda Fide）之东方三贤人祭室（Capella dei Re Magi）也是一件值得注意的作品，波洛米尼在圣菲力皮尼派之祈祷室之手法被应用得更令人震惊。整个祭室室内的角落是处理成圆角，方形壁柱与屋顶的拱肋构成了骨架系统。壁柱间的墙面基本上是退缩或者是打通，以塑造比实际更宽的空间感。巨大的壁柱上为斜向交叉的拱肋，创造出仿若哥特建筑之气氛。富有动感之特征是从外凸的壁柱基座以至天花之垂直感连续性中可以看出。楣梁与额枋则被简化成区隔两层窗户中的元素而已，水平方向的整体感则由贯穿全室之屋檐来完成。在此建筑中，垂直与水平力量之制衡，长轴与向心空间之平衡以及结构的整体性与空间的穿透性都在波洛米尼的处理下精彩地达成。

在西方建筑发展过程中，波洛米尼的成就不仅仅是创造了一种新形态的建筑，更重要地是他发明了一种处理空间的新方法。波洛米尼这种新方法基本上是建立于连续性、交互独立性与多样性之原则上，因此他所设计建筑中的主要特征之一乃是由彼此独立又相互作用的元素所串联的整体性。米开朗琪罗与伯尼尼把雕塑引入建筑之中，使建筑的立体感加重。波洛米尼则将建筑当作雕刻来处理，他的作品中很少引入外加的雕刻，各种建筑元素在他神来之笔下，组成了深具动感又充满塑性的乐章，古典建筑于是在巴洛克时期飞跃升华。

△ 36.25 罗马阿哥尼圣阿尼泽教堂立面细部

▽ 36.26 罗马阿哥尼圣阿尼泽教堂立面细部

▽ 36.27 罗马东方三贤人祭室室内

36.28 罗马东方三贤人祭室室内

▽ 立面图

第三十七章 雷恩与巴洛克建筑

△ 37.1 雷恩像

▽ 37.2 伦敦圣保罗大教堂旧貌图

雷恩

克里斯多夫·雷恩爵士（Sir Christopher Wren，1632-1723年）可说是英国最有名而且影响力最深的建筑师，也是世界上少数能跃登钞票之伟大人物，英国50英镑纸币背面，印的就是这位杰出的建筑师与他的名作圣保罗大教堂。雷恩的父亲是牛津一位博学的神学家，母亲则早逝，然而因其父亲之职位与社会地位，雷恩是在英国国教与皇室圈子中成长。雷恩之教育过程是在内战与共和政体（Commonwealth，1649-1660年）中进行，他最初于西敏学校就读，受教于著名的巴斯比博士（Dr. Busby），公元1649-1650年间，再进入牛津瓦德汉学院（Wadham College）。瓦德汉学院之学监约翰·卫尔金（John Wilkins）是雷恩家族的朋友，在其负责之下，此学院成为皇室及贵族极力争取下一代进入就读的学校。在牛津，雷恩开始展现出他于数学与科学上之才华，他也对古典学加以研究，在解剖学与生理学方面也高度感兴趣，更精研结构学与工程学，对将来之生涯有莫大之影响。换句话说，雷恩之训练与才能就好像是文艺复兴时期之“宇宙全人”（universal man）一样。

公元1653年，雷恩自学院毕业，并且成为万灵学院（All Souls）院士。公元1657年雷恩成为伦敦葛里斯汉学院（Gresham College）之天文学教授，并且在数年后成为皇家学会（Royal Society）之创始成员之一。公元1661年雷恩成为牛津的天文学教授，这时候他开始有机会接触到建筑方面之工作。公元1665年，雷恩启程到巴黎，这是他一生惟一一趟国外建筑之旅，他的主要目的是研习乡村住宅与宫殿，也对扩建中的卢佛尔宫有着莫大之兴趣。在巴黎，雷恩并且会见了几位当时重要的建筑师，从中得到不少法国文艺复兴古典主义知识，因而在雷恩最早期的作品如牛津的薛尔顿礼堂及剑桥贝姆布罗克学院教堂中均已显露出他古典主义之本质。

从巴黎回伦敦后，雷恩曾替日渐损毁的圣保罗教堂设计有科林斯壁柱及中央圆顶之方案，然公元1666年之伦敦大火中止了这个方案，但却也让雷恩有机会参与到数十个伦敦市区教堂的重建计划，比较重要的包括有瓦布鲁克的圣史蒂芬教堂（S. Stephen Walbrook，1672–1687年）、皮卡地里圣詹姆斯教堂（S.Jame's Piccadilly，1676–1684年）、舰队街圣布莱兹教堂（S. Bride's Fleet Street，1671–1678年）等教堂。雷恩后来也负责伦敦市主管工程的职务，并且在公元1673年受封为爵士。

查理二世在位期间，雷恩积极地参与事务，设计了学校与医院等重要建筑，并且在公元1681–1683年间成了皇家学会之会长。威廉与玛丽（William and Mary，1689–1702年）在位期间是雷恩建筑生涯之高峰期，建筑中更成熟地展现出高贵华丽的巴洛克特质。这期间雷恩完成了不少好作品，其中有些则是助手豪克斯穆尔（Hawksmoor，1661–1736年）在雷恩监督指导之下所设计。

公元1689年，雷恩成为西敏寺之工程主管。公元1711年，雷恩投注了大量心血之圣保罗大教堂大致完成，雷恩已呈半退休状态居住于汉普敦（Hampton Court）。同年雷恩与他任职于公共部门之儿子同时被选为负责建立教堂设计与规划法令的工作，此机会使他得以将教堂择址规划之概念建立起来。公元1713年雷恩买了一栋郊外之别墅，并逐渐卸下工程方面之职务，直至公元1723

△ 37.3 伦敦圣保罗大教堂正向外貌

△ 37.4 伦敦圣保罗大教堂原设计模型

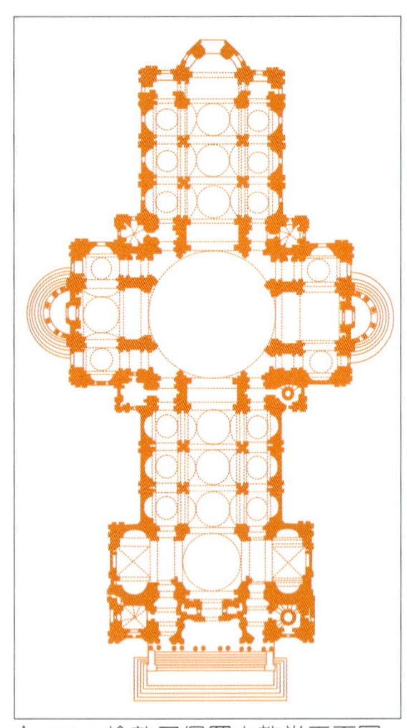

△ 37.5 伦敦圣保罗大教堂平面图

△ 37.6 伦敦圣保罗大教堂室内

▽ 37.7 伦敦圣保罗大教堂正向外貌细部

年与世长辞并下葬于他自己所设计之圣保罗教堂。雷恩的墓碑上风趣地写着“如果你在找纪念碑，那就看看周围的一切吧”。

伦敦圣保罗大教堂

隔着英伦海峡与欧洲相望的英国并不是很积极地接受欧陆文艺复兴以来建筑之影响。一直到16世纪末，伊丽莎白女皇在位之时，正是英国的黄金时代，但是在建筑上仍然属于哥特风格之天下。一直到琼斯（Inigo Jones，1573–1652年）才带动了英国建筑之革命，而雷恩则是继琼斯之后将英国建筑带入巴洛克风格的人。在雷恩多样的建筑作品中，最具代表性的乃为伦敦圣保罗大教堂（St. Paul's Cathedral，1675–1711年）。此教堂原为哥特式，公元1666年伦敦大火之后，雷恩说服了皇室，采用一种接近古典建筑之态度来修建此教堂。在普遍尊崇哥特风格教堂的英国，圣保罗大教堂的古典巴洛克精神无疑地是一种新开始。起初雷恩曾提出一个大计划案，并做了一个精致的模型，然包括皇室在内的许多相关人士并不赞同，雷恩只好反复修正。

公元1673年11月，查理二世批准了修正后的方案，要求再做一座大模型，并且组成一个委员会来监督与募款。这个修正的方案基本上是一个希腊十字形的空间，在造型上兼容了伯拉孟特、米开朗琪罗、琼斯及马萨等著名建筑师之特征，原创性相当高，无奈教会方面认为希腊十字形的空间并无法满足宗教礼仪之进行而加

▽ 37.8 伦敦圣保罗大教堂正向外貌细部

以反对。雷恩只好再度修正，于公元1675年批准的请照图面呈现的已经是拉丁十字形的空间了。

公元1675年6月21日，圣保罗大教堂终于在建筑之东南角举行奠基，整个方案也在兴建过程中不断修改。完成的教堂建筑是由中殿、通廊、十字交叉中央部分、翼殿及圣殿所组成。中央部分是雷恩极力想创造震撼效果的空间，他在此部分的东面加了一道屏障，上立管风琴，因而使教堂中央更富有集中式空间之精神。可惜维多利亚时期的人误认此部分之精神不够哥特化而将之改建。尽管如此，圣保罗大教堂的室内仍然是令人激动的，室内的构柱虽然很粗大，但并不笨重，朝中殿面中央为科林斯壁柱，上有完整的盖盘环绕整个室内，侧面则为较小的壁柱，作为拱券之支撑，而宽厚的拱券则有藻井处理，灰色与棕色的色彩计划极为协调。

外貌上，每面均稳重与平衡。西立面虽然是主立面，却是装饰最少的一面，中间为二层楼之门廊，下为6对科林斯柱，上为4对复合柱，呈现一种古典之意象，加上两侧之高塔还有中央之圆顶，仍成为伦敦最主要之地标。在最初的设计中，雷恩本来设计的是一座高达两层楼的单一门廊，柱高近30米，然而当时的石材并不够长可以放置于柱间的盖盘，所以雷恩只好修正为两层楼的门廊，再把柱子处理成对柱以维持其原有的壮丽感，角塔呈现出的高耸与传统的处理大不相同。

与世界上其他的大教堂一样，雷恩在圣保罗的圆顶获致了兼容美感与沉着的成就。在视觉可及的部分是如此，隐藏在铅质屋顶后的部分更是一项工程与结构之成就，也显露出雷恩如何面对问题并解决之。要了解圣保罗的圆顶，必须里外兼顾，有些重要但无法看得到的部分也扮演极为重要的角色。从一开始，雷恩就认为圣保罗的圆顶应该高大，以便得以成为重要的标志。他的解决之道乃是设计一座半卵形而非半圆形的，并且立于巨大的鼓环上比一般状况还高的阁楼之上。为了使其看起来更高，雷恩在圆顶之端加上石造的灯笼顶，并且立十字架于最高处，使总高度达110米。然而这么高耸的外观处理，从室内观之显然是有如一具在教堂中央的高大烟囱，在视觉上并不舒服。为了解决这个问题，雷恩于是在圆顶里层加了一层真正半圆的屋顶，并且于正中央开一天眼。这道第二层的圆顶的高度，不但从室内观之已经极具

△ 37.9 伦敦圣保罗大教堂侧向外貌

▽ 37.10 伦敦圣保罗大教堂圆顶

▽ 37.11 伦敦圣保罗大教堂圆顶剖面图

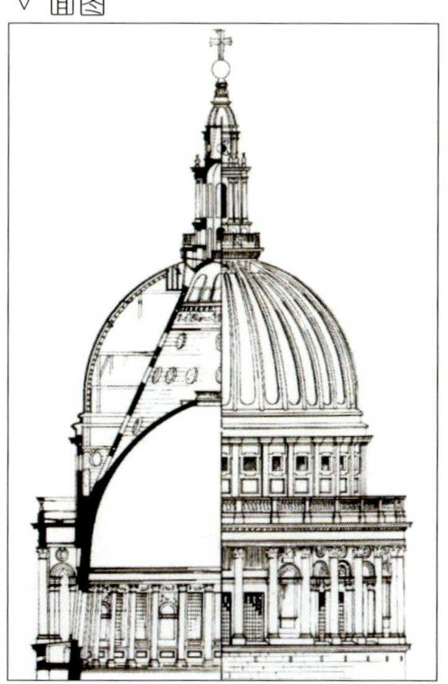

△ 37.12 牛津薛尔顿礼堂正向透视图

▽ 37.13 牛津薛尔顿礼堂正向外貌

▽ 37.14 牛津薛尔顿礼堂平面图

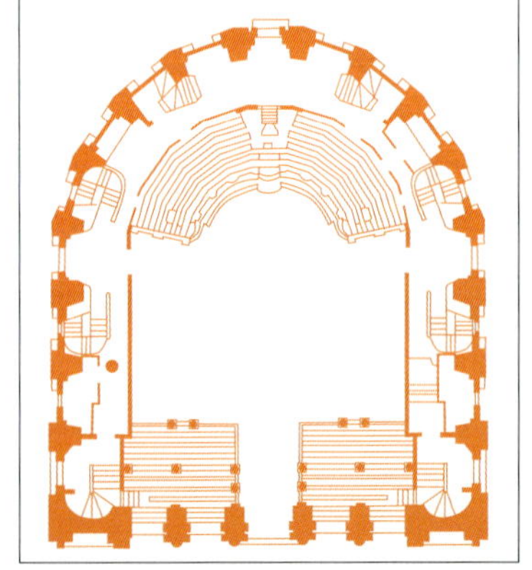

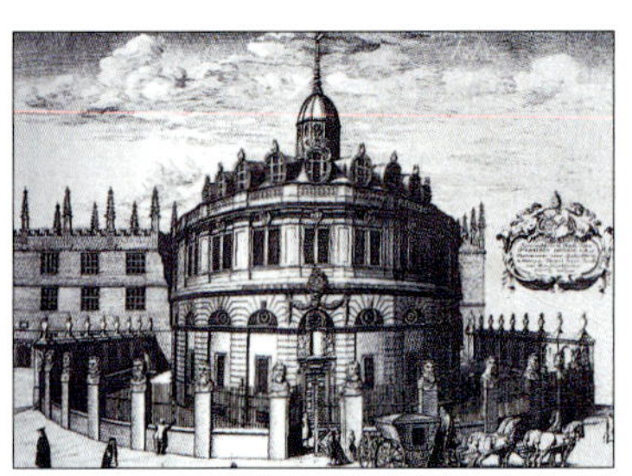

△ 37.15 牛津薛尔顿礼堂背向透视图

▽ 37.16 牛津薛尔顿礼堂背向外貌

▽ 37.17 牛津薛尔顿礼堂室内

震撼，而且非常舒适地覆盖了教堂正中央的部分，这里的光线一部分是来自于鼓环外的窗户，亦自中央天眼而下。

对于任何人而言，圣保罗教堂有内外两层的圆顶似乎是相当合理的事，然而事实上在这两层之间还有一层视线看不到的第三层，这是一层由砖所构成的圆锥形结构，其作用是要承受灯笼顶的重量，因为只靠木结构覆铅的外层圆顶是无法承担灯笼顶石造的重量。圆锥之顶为一开口，光线可自灯笼顶之下的窗户入内，而且只能自室内观察到，自室外则无法观之。换句话说，原本需要三层结构才可以解决的圆顶在雷恩细心设计之下，隐藏了一层重要的结构部分，创造了里外皆美的巴洛克圆顶。

牛津薛尔顿礼堂

薛尔顿礼堂（Sheldonian Theater，1664-1669年）为雷恩替牛津大学举行各种仪式所设计之建筑，以古代剧场作为原型。外观上一楼为粗面之拱券，上层则较为平滑。在室内，一边是半圆形之座位，另一边则纵向配置。顶棚由史楚特（Robert Streater）所绘之图画使室内有置身天穹之感觉，由于历史上并没有类似机能之建筑立面可供参考，于是雷恩应用了一个看似意大利文艺复兴教堂的立面，由圆拱与双层山墙所构成。外观是黄色的砂岩，室内则大部分为木材，但漆成香柏或大理石之纹理，而且广泛地加以镀金。

在这栋结合了考古与巴洛克视觉效果和技术发明之建筑中，雷恩将寻求新式解决了法实用主义之心应用到设计之问题上，因此虽然南向立面看似意大利文艺复兴教堂之立面，但两侧与北面却充分反映出此建筑之功能，因为其考虑到阁楼、观众与采光之需，所以形成此种立面构成，而没有应用古典柱式。薛尔顿礼堂所展现的并非几何美之驾驭，而是整体逻辑化之气势，当然雷恩对于几何美之驾驭也是令人印象深刻。事实上，早在公元1663年雷恩就曾将此礼堂之模型呈现给皇家学会，当时一些同僚就已认同此案将充分反映出学会对建筑之原则。

△ 37.18 剑桥爱曼纽学院教堂外貌

剑桥爱曼纽学院教堂

公元1660年代，雷恩的职业角色有所转变，开始接受建筑上之业务，剑桥贝姆布罗克学院的教堂（Pembroke College Chapel，1663–1665年）是最早的作品之一。几年之后，雷恩再度接受委托设计了爱曼纽学院的教堂（Emmanuel College Chapel，1668–1673年）。虽然雷恩在好几年前就设计了此作，并且做了一个木模型送给学院，教堂的工程却要等到公元1668年才开工进行。在此建筑中，雷恩第一次使用了多量体的组合，而非他较早作品中惯用的单一量体。中央量体很明显地是古典神庙的变形，由巨大的柱子支撑着山墙，山墙并非完整而是于中央破裂放置一座钟，也同时作为上头灯笼顶的基座。两侧在一楼与二楼的构成大致和中央部分相同，不过屋顶却是独立的，也显示出受到法国建筑之影响。整体而言，此栋教堂虽然在许多细部上还不是非常地成熟，但却明白地宣告了雷恩对于古典建筑之态度。

△ 37.19 剑桥爱曼纽学院教堂外貌

▽ 37.20 剑桥爱曼纽学院教堂外貌细部

剑桥三一学院图书馆

虽然伦敦圣保罗教堂与市区一些教堂的设计监造工作占据雷恩从公元1668年到其于1718年退休的大部分时间，然而他也仍然有办法拨出时间来从事一些世俗性的建筑，剑桥

▽ 37.21 剑桥三一学院图书馆背向外貌

△ 37.22 剑桥三一学院图书馆背向立面

△ 37.23 剑桥三一学院图书馆中庭

三一学院图书馆（Trinity College Library，1676–1688年）就是一座非常杰出的作品。此图书馆位于三一学院内维勒中庭（Nevile's Court）西侧，连接两栋有拱廊的院舍。雷恩最早的设计是一栋依据帕拉第奥圆厅别墅为蓝本所设计的外方内圆的建筑，并且以铁栏杆与两侧建筑相接。不知道是什么原因，雷恩放弃了此方案。但从公元1672年2月，现有规模的图书馆已经开始兴建。新的图书馆是一栋两层楼的建筑，占满了中庭的西端，背面朝向着名的剑河。地面层朝向中庭的部分是开放的柱廊，后面则为封闭的墙面与其间的方窗，两者中间则还立有一排柱子以支撑上面的图书馆。雷恩自认为这种空间的处理方式是来自于古罗马广场，虽然他的知识可能大部分来自于帕拉第奥的书中。在完成的作品中，一楼的多立克柱是比两侧的拱廊要高，然而真正的开口部却是和两侧一样的高，这是由于雷恩将圆拱上端的半圆部分填充以雕琢的装饰，使剩下的长方形开口得以和两侧的拱券维持一样的高度。这种处理方式，剑桥方面的业主曾经认为不正统，但雷恩却辩称其是学习自国外的好建筑中。

在一楼多立克柱上方有完整的盖盘，屋檐线则形成强烈的水平线，二楼部分则是爱奥尼柱，柱间则为面积相当大、由小柱支撑之圆拱形开口，这种大小柱并置之外貌构成是与雷恩设计伦敦圣保罗教堂之模型相当类似。此图书馆外貌上强烈的水平线常常会使人以为二楼图书馆室内的楼板高度是与此多立克柱上的水平屋檐线

▽ 37.24 剑桥三一学院图书馆中庭立面

▽ 37.25 牛津基督教堂汤姆塔

一致，然而实际状况并非如此。真正图书馆的楼板高是始自于一楼圆拱之基部，其实这也是为什么雷恩要将圆拱半圆部分全部填以雕饰之真正原因，因为这样的处理会让书架可以置于窗台高度之下，因而读者可以享受到来自于窗户之光线。

在室内安排上，雷恩亦煞费苦心，他设计了与外墙成直角与平行的两种书架，以造形小空间内置阅览桌椅。此图书馆兴建的速度相当缓慢，直至公元1688年才大致完成，室内的最后装饰则于公元1690年以后才由别的建筑师完成。此建筑中所呈现出来的成熟稳重与清晰的设计原则使之成为雷恩最好的作品之一，而古典柱式之大胆应用与垂直水平间的平衡表现使之成为雷恩作品中最具意大利建筑精神的作品。

牛津基督教堂汤姆塔

由于雷恩经常与学术圈往来，他也就不可避免地常会受到学校有关建筑方面的咨询。公元1681年，牛津基督教堂之牧师委请雷恩去完成渥尔西主教大方院（Cardinal Wolsey's Great Quadrangle）之入口，亦即惯称之汤姆塔（Tom Tower, Christ Church，1681-1682年）。在此作中，雷恩表现出他对于哥特式建筑之尊重，整栋两层楼之建筑是充满着哥特风格之表现，究其原因并非是雷恩要刻意设计此风格，乃是借之与原有之建筑相互调和，因而此作甚至可以被诠释为完成旧作而非新创一建筑。

△ 37.26 汉普敦宫外貌

▽ 37.27 汉普敦宫花园立面

△ 37.28 汉普敦宫花园立面细部

汉普敦宫增建

位于伦敦西郊的汉普敦宫（Hampton Court Palace，1689-1702年）是英国最重要的皇宫之一，其是由渥尔西大主教开始兴建于公元1514年，并在公

▽ 37.29 汉普敦宫喷泉中庭立面

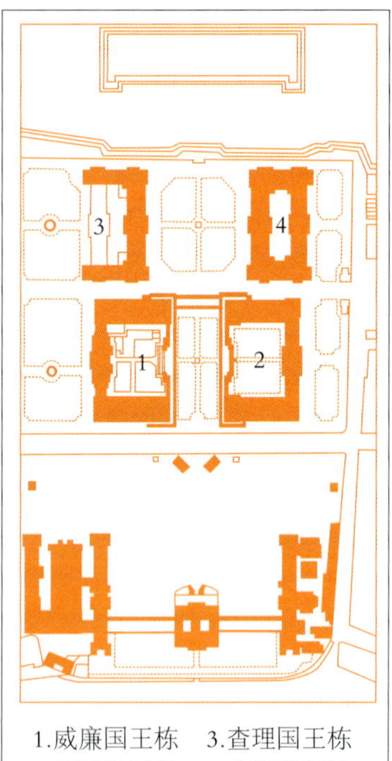

△ 37.30 格林威治皇家医院总平面图

37.31 格林威治皇家医院安妮皇后栋 ▽

▽ 37.32 格林威治皇家医院中庭

元1525年将之呈献给皇室。后来皇宫经过两次较大规模的扩建，第一次是由亨利八世亲自主持，第二次则是由威廉与玛丽（William and Mary）委请雷恩负责。雷恩本来想把原有的宫殿全部拆除重建为一座可以媲美法国凡尔赛宫之宫殿。然因英国政治体系改变，宫殿不再是居住与朝廷共存的设施，原有规模过于浩大而放弃，最后则整合原有都铎时期之建筑而于东面增建环绕喷泉中庭（Fountain Court）之古典宫殿，与原有风格形成强烈的对比。在此建筑中雷恩本来想以石材兴建，但因考量到圣保罗教堂也需要大量的好石材因而作罢，不过最后的结果却是雷恩最好的一栋砖造建筑，红色的砖面与灰白色的装饰形成美丽的构图。

格林威治皇家医院

格林威治皇家医院（Greenwich Royal Hospital，1696–1704年）是雷恩最好而且最后几件非宗教性建筑，与雷恩其他案子一样，此医院第一个方案最后是放弃而不用。替海员们建立一所医院之构想来自于詹姆斯二世，因为他自己也曾于海军服役，然而此构想在其在位时并未实现，在公元1692年战役胜利之后，玛丽皇后乃决定兴建之以作为纪念功勋之物。雷恩最原始之规划完成于公元1694年，在此案中考虑了原有韦伯（John Webb）所设计之查理国王栋，并将之融入方案中，但忽略了琼斯（Inigo Jones）所设计之皇后之家而以一新建筑将之阻挡住了。虽然皇后本身在公元1694年就驾崩，但国王并不认同这样的设计而不加以批准，雷恩只好重新设计新的方案。新方案中，雷恩放弃了于中央轴线端点设置一纪念性建筑之念头，但于最靠近泰晤士河边之一列建筑仍与第一方案相似。

查理国王栋位于西边，而一座与之相同复制的安妮皇后栋则位于东侧，二者间为庭园。在南面第二列建筑中庭院虽然宽度变窄，但在造型却有加重之处理。西面的大厅（Great Hall）与东面之教堂均处理有鼓环与圆顶，并由其构成在视觉上为远程皇后之家的景框。成对的多立克柱廊并由此一直往皇后之家延伸了112米，甚为壮观。一开始雷恩希望每侧在与柱廊垂直方向兴建三座翼栋，以争取较多的空气与光线，但因故未实现改由3栋建筑与柱廊围成一个中庭。公元1696年工程始进行，直至公元1704年，大厅及教堂之上的圆顶才全部完成。

小结

在其丰富的建筑生涯中，雷恩表现出的才华与天份可说是一位数学家与结构专家之本质。他在许多设计中之屋顶、基础壁柱及拱券之应用均有其独到之处。雷恩也有城镇规划方面之知识与创造纪念性尺度之偏好，这在其晚期之作中甚为明白地显露出来，虽然在这方面之设计常因政治与财务问题而被大打折扣。一开始雷恩可以说是相当严谨地跟随意大利及法国古典主义之风格，但不久旋即从许多书中吸收不少他未曾亲眼目睹之意大利及荷兰的建筑，发展开拓他的语汇，最后获致了他自己的巴洛克风格。雷恩作为一位建筑师或者是其他专家之成就都是令人印象深刻的。在建筑上，他一向坚持最好的，例如在建材上偏好波特兰石。雷恩更结合了一批当时最好之营造厂与工匠，从事工程之工作，也训练出几位优秀之下一代。整体而言，雷恩在西方巴洛克建筑史上，烙印下丰富的一页。

△ 37.34 格林威治皇家医院安妮皇后栋外貌

37.33 格林威治皇家医院安妮皇后栋柱廊与圆顶 ▽

37.35 格林威治皇家医院安妮皇后栋圆顶 ▽

▽ 37.36 格林威治皇家医院鸟瞰透视图

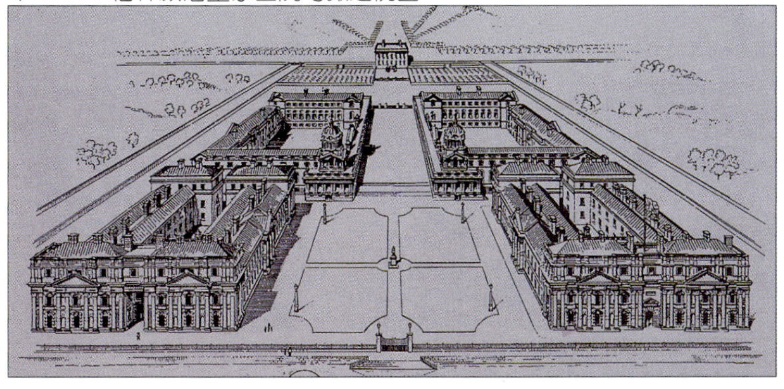

第三十八章
范·厄拉与巴洛克建筑

△ 38.1 维也纳卡尔教堂远眺透视图

▽ 38.2 维也纳卡尔教堂远眺

范·厄拉

费瑟·范·厄拉（Johann Bernhard Fischer von Erlach，1656–1723年）是奥地利皇家巴洛克时期最重要的建筑师，出生于奥地利葛拉兹（Graz），父为一位雕刻家。公元1670年前后，费瑟·范·厄拉前往意大利，在那里待了约15年。在罗马前几年，费瑟·范·厄拉的生活并不如意，后来经由德国后裔之建筑师与画家史霍（Philipp Schor）和其家族的帮忙，才得以顺利求学就业。在史霍的引介之下，费瑟·范·厄拉结识了重要的建筑师、知识分子与社会名流，同时参与各种社交活动。另一方面受到史霍的影响，费瑟·范·厄拉对于花园、望楼、大门与装饰性花瓶产生了持续性的兴趣。

在罗马，费瑟·范·厄拉也开始对建筑史发生兴趣，他亲访各种古典罗马的遗迹，以及著名的文艺复兴与巴洛克建筑，加以速描记录，并极欲探索建筑永恒之道理，因而对波洛米尼及伯尼尼两位天才极为推崇。到底费瑟·范·厄拉在罗马期间是否曾与伯尼尼会面或者共事一直是历史上有所争议之点，但他与伯尼尼圈子的人熟识，并且有机会接触到伯尼尼的画却是不用争辩的事实。公元1686年，费瑟·范·厄拉返抵维也纳，直至去世为止，中间曾造访布拉格、柏林与英格兰，也曾于公元1707年回到意大利。在英格兰期间，费瑟·范·厄拉曾会见雷恩爵士并参访他所设计的伦敦圣保罗大教堂。雷恩对于建筑理论的探索也鼓舞了费瑟·范·厄拉对于建筑史的信心。

公元1698年，费瑟·范·厄拉开始进入宫廷做事，一共历经利欧波德一世（Leopold I，1657–1705年）、约瑟夫一世（Joseph I，1705–1711年）与卡尔六世（Karl VI）3位皇帝。起初，费瑟·范·厄拉之职位是皇储之私人教师。公元1696年，费瑟·范·厄拉被授以爵位，范·厄拉之名乃是此时皇家所赐。公元1705年他被以前的学生，亦即在位的约瑟夫一世任命为总管，然而有关他私人生活与个性，外界了解的实际上不多。

17世纪开始，意大利的建筑观念开始被来自意大利的建筑师引入奥地利，可惜并没有任何人有真正原创性的贡献。可是当费瑟·范·厄拉于罗马工作与学习15年回到维也纳后，他就对当时几乎是由意大利移民与后裔所掌控之大型建筑发挥重要之影响。费瑟·范·厄拉带回了第一手有关波洛米尼与伯尼尼的建筑观念与手法，也显露出受到葛利尼（Guarini）之影响。费瑟·范·厄拉第一个建筑设计开始于公元1687年，是位于葛拉兹之裴迪南二世陵墓之室内。他在草案中提出将圆顶完全覆盖以画作之方案，这种处理方式在当时于阿尔卑斯山以北之地区是不曾见过的。公元1688年，费瑟·范·厄拉开始有许多来自于奥地利贵族之业务，开始设计著名的维也纳丽泉宫，并在公元1690年代，他也在萨尔斯堡设计了几栋非常杰出之作品。

公元1702年后，由于与西班牙的战争，费瑟·范·厄拉对于约瑟夫一世短暂之王朝并无法提供大量之帮助，于是从公元1705年起，费瑟·范·厄拉又开始回归到历史，他开始收集各种资料撰写《建筑史纲要（Entwurff einer historischen Architectur）》巨著，并于公元1712年将之面呈给皇上，但书本直到公元1721年才付梓印行，这是历史上第一次出现的图说建筑史。到了晚年，费瑟·范·厄拉长久以来为奥地利皇室奉献服务之心力终于获得了来自皇室的回报，委托他以卡尔教堂与皇家图书馆两个重要的建筑，时约公元1715年前后。

维也纳卡尔教堂

卡尔教堂（Karlskirche，1715-1718年）被称为维也纳的圣索菲亚（Hagia Sophia of Vienna），是费瑟·范·厄拉最重要的宗教建筑作品之一。公元1713年，当维也纳遭受历史上第17次的黑死病侵袭之时，卡尔六世许了一个愿，如果瘟疫之守护圣者圣波洛梅欧（St Charles Borromeo）能平息此疫的话，他将建堂以示感谢。果然瘟疫于公元1714年2月逐渐平息下来，卡尔六世乃举办一次竞赛，以挑选出一件好的设计作品，虽然参与竞赛的希德布兰特（Johann Lukas von Hildebrandt）与盖理毕贝纳（Ferdinando Galli-Bibiena）都是当时最杰出的建筑师，最后却由费瑟·范·厄拉脱颖而出获得设计权，并于公元1716年2月奠基。

△ 38.3 维也纳卡尔教堂外貌

▽ 38.4 维也纳卡尔教堂外貌细部

▽ 38.5 维也纳卡尔教堂平面图

△ 38.6 维也纳卡尔教堂圆顶外貌

◁ 38.7 维也纳卡尔教堂圆顶室内

卡尔教堂代表的是费瑟·范·厄拉历史建筑整合的高峰，也是巴洛克时期最伟大的纪念性建筑，壮丽的立面表现的是一个丰富的建筑组合，此结果应该是费瑟·范·厄拉从几个不同的方案中逐渐发展而出的。当然，后来集结于《建筑史纲要》中的丰富资料，也必然是教堂设计过程中重要的语汇宝库。基本而言，卡尔教堂的建筑构成是相当异质性的（heterogenous）。建筑之主要空间为一长轴方向的椭圆空间，再加上高耸的圆顶，然而从外观之却是一个面宽甚大的立面，由一对古典的罗马柱及两端的巴洛克卫塔簇拥着中央古典的门廊。

仔细分析卡尔教堂这种构成，我们可以看到费瑟·范·厄拉企图和谐的结合数种纪念性的历史原型于一体，进而构成一种深远的象征性。大圆顶及柱廊带有希腊之风，教堂前之两根巨柱，则无疑是罗马图拉真柱之翻版，两侧之卫塔乍看之下还有东方宝塔之色彩。建筑之处理错落有致，远近兼顾，富有盛巴洛克之风格。当然，这些元素不能只是从肤浅的表象来看，应该被视为是整

▽ 38.8 维也纳卡尔教堂圆顶顶部壁画

▽ 38.9 维也纳卡尔教堂室内

▽ 38.10 维也纳卡尔教堂室内

栋建筑动感与静止间的对照，其间存在一种神秘性的游戏规则。

建筑主体上的鼓环仿若于二度空间上被挤压形成长轴的方向，入口柱列门廊山墙顶端马泰利（Lorenzo Mattielli）所雕之波洛梅欧雕像，塑造了一种突出印象。两根独立柱上之浮雕描述的是主保圣者之生平事迹，具有动感地盘旋而上，柱子本身宛若是一对镇堂之巨大无比守卫。门廊与巨柱是古典取向的表达，然而其后的左右双翼及中央椭圆顶却是巴洛克的风格，建筑表情的二元性甚为明显。

费瑟·范·厄拉深知历史语汇之价值，也巧妙地整合它们成为帝国首都中最重要教堂强而有力的表达象征，整栋建筑乃是这种象征的一种合理追求。教堂内外的雕像与装饰也是表达象征系统的重要媒介。至于在室内方面，卡尔教堂给人的感觉也是震撼的，入堂之人往往会惊讶于空间之大，然而这却是来自于一系列之视觉错觉。椭圆的空间形态使之看起来比实际上要宽大许多，这种效果也借由一些不容易察知的细部来强化。另一方面，室内空间之气氛也经由多变化的柱基，参杂紫檀色般的柱子及镀金的柱头与暗褐色的盖盘组合之活泼色彩计划而生色不少。主空间椭圆顶天花壁画是罗特马（Johann Machael Rottmayr）所画，他是湿壁画技巧之改良者，而画中之人物则突破传统，十分具有动感。

△ 38.11 萨尔斯堡米拉贝尔宫殿花园

38.12 萨尔斯堡米拉贝尔宫殿花园 ▷

38.13 萨尔斯堡米拉贝尔宫殿花园 ▽

38.14 萨尔斯堡米拉贝尔宫殿花园 ▽

米拉贝尔宫殿花园

萨尔斯堡最重要的宫殿是巴洛克风格的米拉贝尔宫（Schloss Mirabell），其附属的米拉贝尔花园（Mirabell Garden）坐落在萨尔察赫河（Salzach）对岸，是费瑟·范·厄拉较早期的作品，花园中融合神话故事和严谨的几何规划，强调左右对称、中间留有广大空间的纯巴洛克式庭园，并以自然界的四大要素——土、水、风、火作为设计之主要概念精神。许多生动的雕像亦为费瑟·范·厄拉所设计，与整齐的几何造园，形成趣味盎然的对比。园中

△38.15 萨尔斯堡圣三一教堂外貌

最美的一景朝向霍亨萨尔堡大要塞的方向，由从前是宫殿的阳台望出。此皇宫于公元1721年由希德布兰特重建，不过却在公元1818年毁于大火。现在的宫殿是由范诺毕尔（Peter von Noble）再度重建的作品。

萨尔斯堡圣三一教堂

圣三一教堂（The Trinity Church，1694–1702年）是费瑟·范·厄拉于萨尔斯堡所设计的重要作品，主体亦为一长轴向的椭圆形空间，立面中央部分以弧线内凹形成一个半椭圆形，两侧以卫塔相簇拥。很明显地，波洛米尼于罗马阿哥尼圣阿尼泽教堂（Sant Agnese in Agone，1653–1657年）的立面扮演着一个重要的原型角色，但塔顶则为费瑟·范·厄拉原创之物 。整个处理有趣地综合了波洛米尼建筑表面之连续性（surface continuity）与伯尼尼对于个别量体之定义。在此教堂中，地面层是一种粗面的处理和统一的开窗，而上部则较为自由开放，整栋建筑之特征是取决于平面、凹面与凸面之关系。中央部分两组对柱上站立的是由曼德尔（Michael B. Mandl）

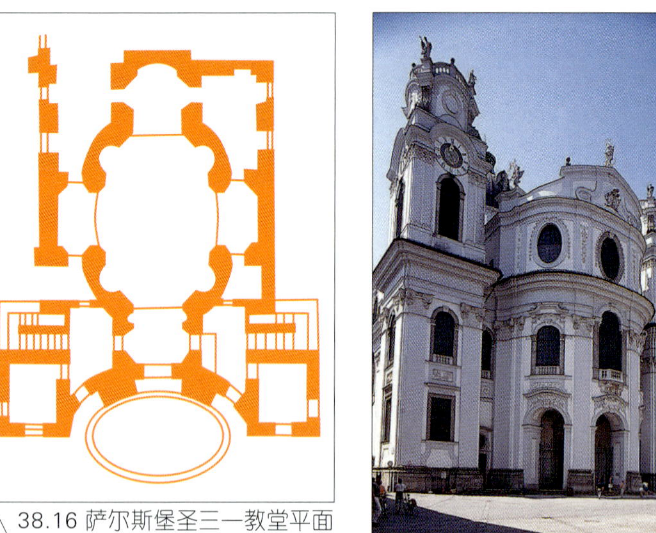

△38.16 萨尔斯堡圣三一教堂平面图

△38.17 萨尔斯堡学院教堂外貌

▽38.18 萨尔斯堡学院教堂外貌

▽38.19 萨尔斯堡学院教堂平面图

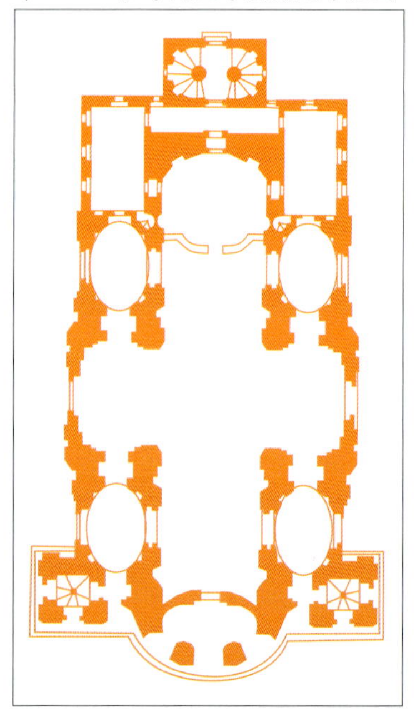

所设计之雕像，分别代表信仰、爱、希望与教会。椭圆顶内则是由罗特马（J.M. Rottmayr）所创作之湿壁画《加冕的圣母》。

萨尔斯堡学院教堂

比起圣三一教堂，学院教堂（The College-Church，1696-1707年）的规模是大了不少，而且重要性也较高。此教堂于公元1696年奠基，但直到公元1707年才献堂。在此教堂中，费瑟·范·厄拉仿效罗马由罗萨提（Rosato Rosati）所设计之卡提纳里圣卡罗教堂（S. Carlo ai Catinari，1612年）中使用的双轴线平面，然而整体的空间性格却是大不相同。教堂中，长向轴线与垂直轴线是分别地被强调出来，以创造一个具有方向性而非向心性的空间。令人印象深刻之中殿则有高耸的比例，仿若一栋哥特教堂一样，纤细的圆顶也强化了此教堂之垂直感，但简单的墙面无疑的是罗马风格的，十字交叉处的四座小圆顶祭堂则有拜占庭的源头。在造型上，学院教堂两端为塔楼，中央为凸出之半椭圆主体，整个处理刚好与圣三一教堂完全相反。不过此教堂之塑性却由主体与两侧高塔中间的退缩而达成，这种想法在伯尼尼所设计之圣彼得大教堂未曾实现的立面中就可以看到。另一方面，此教堂则借由连续的人型壁柱来强化教堂的统一性。

维也纳丽泉宫

维也纳的丽泉宫亦即为舒恩布浓皇宫（Schonbrunn Palace，1696-1711年），因其所在地一口同名之泉水而得名，亦是皇族之夏宫。这里原来就有一间皇族打猎用小屋。在小屋被土耳其人损毁之后，利欧波德一世乃聘请费瑟·范·厄拉将之重建为一所华丽之宫殿以送给其子约瑟夫一世。费瑟·范·厄特原来提出宛如法国凡尔赛宫及花园的大计划，时约公元1688年左右。

在最初的计划中，费瑟整合了许多古典的原型，冀图借由罗马神庙、马德诺所设计的罗马圣彼得大教堂立面与伯尼

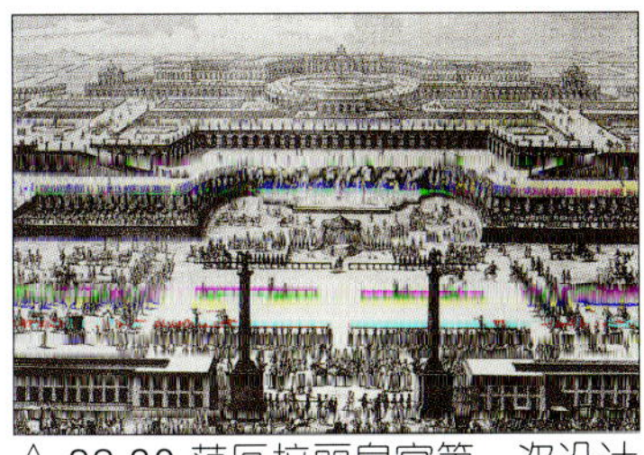

△ 38.20 范厄拉丽泉宫第一次设计透视图

38.21 范厄拉丽泉宫第二次设计透视图 ▽

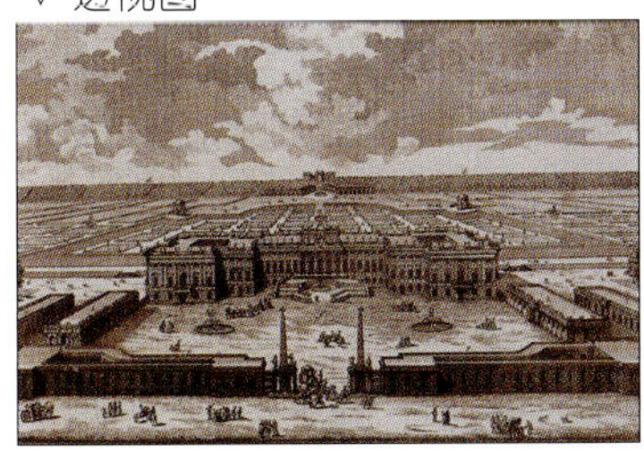

△ 38.22 维也纳丽泉宫正向全貌

▽ 38.23 维也纳丽泉宫正向外貌

△ 38.24 布拉格加拉斯宫

尼的建筑来创造这座足以彰显皇室权力的宫殿。然而此计划野心过于庞大而无法实现，一直到公元1693年，才由费瑟·范·厄拉提出另一较小方案之后，工事才顺利进行。公元1695年花园工程开始进行，中央主体部分则于公元1696年开始兴建，完成后约瑟一世便搬入居住，直到死于公元1711年为止。在这个缩小的计划中，建筑呈现出相当收敛的处理，相当接近法国式的皇宫，花园则亦为法国巴洛克风格。

布拉格加拉斯宫

费瑟·范·厄拉最后一栋重要的宫殿并不是建于维也纳，而是位于布拉格的加拉斯宫（Gallas Palace，1713–1719年）。虽然此作在完成时，费瑟·范·厄拉已经卧病在床，但在其设计时他却仍值高峰，并且继续发展城市宫殿之新想法。加拉斯宫方案主要是于布拉格城整合数栋旧有建筑成为一栋有甚长面宽之宫殿。费瑟·范·厄拉最大创新处乃是创造一个有数个焦点之立面，而非是传统只有中央高潮之立面。整个立面是细分为中央三间具装饰性之主体，左右两侧之翼廊及端点之卫楼。中央主体与卫楼之屋顶均处理为较为突出，两座大门却是位于卫楼，并且装饰以波西米亚风格的巴洛克雕刻。加拉斯宫总结了费瑟·范·厄拉作为一个城市宫殿设计者之生涯，虽然作品中充满了创意与才华，但他自始至终都体认到都市之问题与象征性之内涵。当然，贵族皇室宫殿之功能上需求均是重要的考虑点。

维也纳皇家图书馆

奥地利皇家图书馆（Imperial Library）实际上是霍夫堡皇宫（Hofburg Palace）之一部分。费瑟·范·厄拉最初之设计方案是完成于公元1716–1720年间，然而实际上却因为经费短绌，直到公元1722年才开始动工兴建。由于健康之缘故，费瑟·范·厄拉并没有实际上亲自监造工程，此工作就交付给他儿子约瑟·爱曼纽（Joseph Emanuel Fischer von Erlach）去执行。在原来的设计中，皇家图书馆是单体建筑，现今两翼构成U字型空间之翼殿是由巴卡希所设计。在建筑物中央，费瑟·范·厄拉设计了一个长轴式的椭圆空间，形成了一个向心式之大厅，突出于两水平翼殿之中。椭圆空间之上为一圆顶，满布湿壁画，非常地具有震撼力。两翼采行的则是筒形拱顶，成对的巨柱则位于翼廊中央。一

△ 38.25 维也纳皇家图书馆外貌

▽ 38.26 维也纳皇家图书馆透视图

方面起到分隔中央与两翼空间的作用，同时也作为一种自椭圆厅外望之端景，这种处理方式在古典罗马之建筑中经常可以看到。

在外貌上，虽然日后之整修略微影响了原来之设计，但是我们仍然可以在其中看出古典罗马凯旋门之影子，而也经常出现在费瑟·范·厄拉其他的作品之上，其实凯旋门也是文艺复兴与巴洛克时期许多建筑师共同喜好之主题。当然凯旋门也是相当适合作为神圣罗马帝国图书馆之象征。皇家图书馆内外之装修是亚道夫·范·亚伯瑞特（Conrad Adolph von Albrecht）所构思并与他共同合作完成。

基本上，奥地利皇家图书馆要被塑造成智能的殿堂与皇室殿堂，尤其是以卡尔六世之名所建，因为他是位智能的保护神。图书馆的中央椭圆大厅也是一间家族室，一如费瑟·范·厄拉在亚尔桑家族之家族室（Ancestral Hall of the Althan Family）之概念一样。在此椭圆大厅中，卡尔六世之雕像是立于正中心，而哈布斯堡王朝家族之成员则环绕着他。天花的湿壁画更为葛兰（Daniel Gran）之作，他以许多传说中之人物为主题，也加入一些想像的建筑场景。其中有幅大力士与阿波罗共同扶着查理六世之画像最为著名。在皇家图书馆中，结合绘画、雕刻与建筑之巴洛克特质是十分强烈的。

布鲁诺帕纳索斯喷泉

除了建筑物之外，费瑟·范·厄拉也曾设计著名的喷泉，位于布鲁诺（Brno）之帕纳索斯喷泉（Parnassus Fountain）即为一例，建于公元1693–1695年。整座喷泉由巨石所砌，喷泉上有海克力斯及代表欧洲、波斯、希腊及巴比伦的神话雕像，企图将整组雕像带回古典希腊帕纳索斯山的神话世界中。

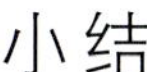

小结

费瑟·范·厄拉的建筑生涯横贯了17世纪到18世纪前25年，他采用了哈布斯堡王朝所热烈接受的建筑风格，整合了巴洛克全盛时期波洛米尼与伯尼尼等人的元素。虽然费瑟·范·厄拉的设计中带有甚为明显的折衷主义倾向，但作品仍然件件具有其原创性。费瑟·范·厄拉活用了历史中的建筑，使许多古典元素重获新生命于新建筑之中，不但总结了过去的历史，更用旧历史写下一页新的建筑史。

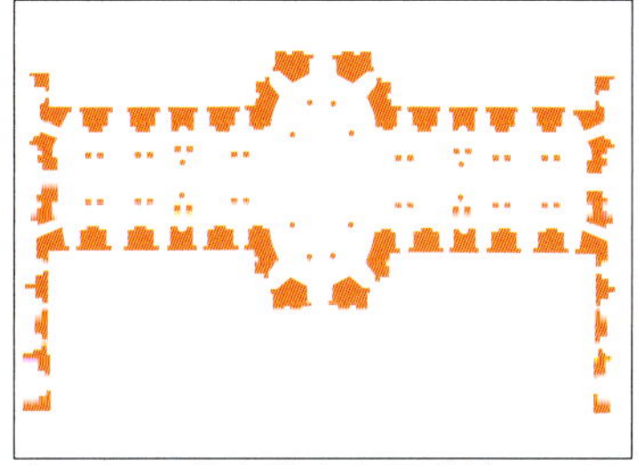

△ 38.27 维也纳皇家图书馆平面图

▽ 38.28 布鲁诺帕纳索斯喷泉

第三十九章 哈杜安·马萨与巴洛克建筑

哈杜安·马萨

朱利·哈杜安·马萨（Jules Hardouin Mansart，1646–1708年）为法国最著名的巴洛克建筑师，由伯父法兰西·马萨（Francois Mansart，1598–1666年）抚养长大，于其处接受建筑教育，甚且承袭了伯父的名字，于法兰西·马萨过世之后并且接收了大批设计图与建筑资料。在过去，由于哈杜安·马萨与其伯父因为名相近，所以在建筑史上时常会被人混淆。事实上，哈杜安·马萨设计了凡尔赛宫、巴黎旺道姆广场与伤兵之家圆顶教堂等著名建筑。

根据有限的相关资料，哈杜安·马萨从小就被训练成为建筑师。虽然哈杜安·马萨后来的作品中曾引用了他伯父的想法，在较早的作品中却很明显地是受到勒佛（Louis Le Vau，1612–1670年）及布鲁安特（Liberal Bruant，1635–1697年）的影响。早在公元1670年，哈杜安·马萨就与布鲁安特共同参与了伤兵之家的设计。那时候，哈杜安·马萨就已经设计过数栋建筑，而也以25岁的年纪开始于凡尔赛宫工作，虽然当时他只扮演一个从属的角色。不久之后，路易十四亲自委托哈杜安·马萨设计位于圣杰曼森林区的佛堡（Chateau du Val）及为蒙特丝姘夫人（Madame de Montespan）所建的克拉格尼堡（Chateau of Clagny）。

公元1678年开始，哈杜安·马萨开始了于凡尔赛宫的设计工作，直至其去世为止，他都是法国最重要的建筑师。哈杜安·马萨曾为皇室与公共建筑暨营建工程的总建筑师职务，公元1683年被授以贵族之衔，1693年任萨贡尼爵士（Comte de Sagonne），1699年晋升为皇家工程总监（Superintendent des Batiments du Roi）。作为一位皇室的建筑师，哈杜安·马萨深深了解国王之需，并且很有效率地提供专业服务。在此同时，哈杜安·马萨也帮忙使巴黎的街屋更加亲切，他所设计的建筑总

▽ 39.1 罗浮宫东向立面

是第一流的，而且也创造了数个欧洲最和谐、最著名的都市广场。

马黎伤兵之家圆顶教堂

巴黎的伤兵之家圆顶教堂（Domes des Invalides，1676-1706，1735年）可以说是哈杜安·马萨的代表作，亦是法国巴洛克建筑的经典之一。法国一直小心且有选择性地接受意大利文艺复兴及巴洛克之影响，所显现的是比较古典高贵的成果，不像意大利巴洛克那般的特异。法兰西·马萨所设计之布罗瓦堡（Blois）之奥连翼（Orlean Wing）建于公元1635-1638年，明白地表达了法国古典巴洛克之注册商标。成立于公元1648年之皇家绘画及雕刻学院（Royal Academy of Painting and Sculpture），由普辛（Poussin）主掌院务，亦助长此风。而法王路易十四更认为艺术应与建筑高贵地为皇室服务。在其统治之下，第一个建筑成就乃为卢佛尔宫之东面扩建，由克洛德·佩罗（Claude Perrault，1613-1688年）、勒佛及勒朋（Charles Le Brun，1619-1690年）共同合作，建于公元1667-1670年间，亦显现了相当古典化之立面。

自从路易十四于公元1659年签定《庇里牛斯和平条约》（Peace of Pyreness）后，他就一直想兴建一所安置伤兵之机构。事实上，这并不是一个新的想法，但亨利三世、亨利四世及路易十三在位之时却都无法将之实现。公元1670年2月24日，路易十四公告于巴黎外围的圣杰曼（Faubourg Saint Germain）建造计划中的伤兵之家，由路易十四的战争大臣罗伏（Louvois）统筹，建筑师是路易十四亲自挑选的当时才36岁的布鲁安特（Liberal Bruant）。公元1671年11月30日奠基，开始进行工事。

公元1674年，由伤兵组成的军乐队吹奏着风笛及鼓乐进入到尚在施工中的伤兵之家，由路易十四、罗伏及伤兵之家主管亲自迎接。许多老兵是30年战争中幸存下来的士兵，使气氛倍感哀荣。这时候伤兵之

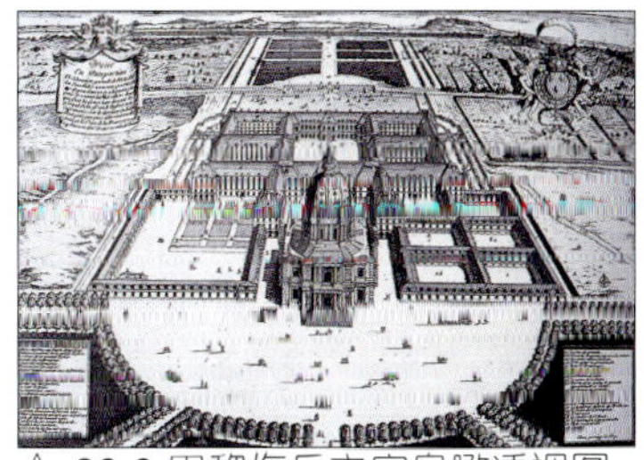

△ 39.2 巴黎伤兵之家鸟瞰透视图

▽ 39.3 巴黎伤兵之家圆顶教堂广场方案（未实现）

▽ 39.4 路易十四巡视圆顶教堂图（1706年）

△ 39.5 巴黎伤兵之家圆顶教堂正向外貌

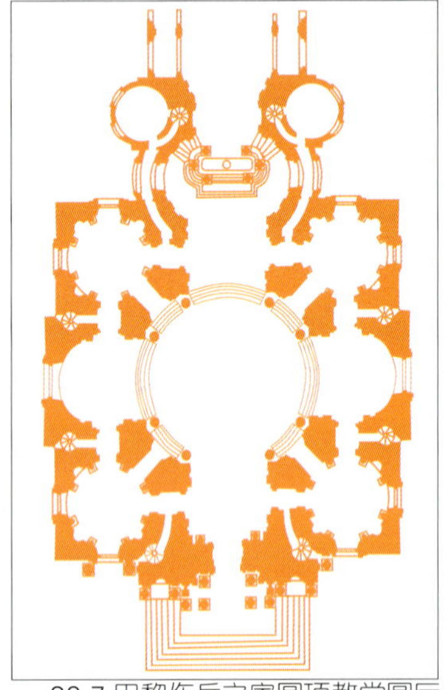

◁ 39.6 巴黎伤兵之家圆顶教堂平面图

家与计划中的教堂距离完成都还有一段时程，布鲁安特对于教堂的方案却又一直犹豫不决，因而触怒了罗伏决定将他革职。公元1676年3月，罗伏央请年仅30岁的哈杜安·马萨重新设计教堂，哈杜安·马萨在3周之内就完成了新的方案，罗伏虽然有一些小意见，但仍然接受了整个计划案，路易十四也很快地批准，工事重新开始。30年后，也就是公元1706年的8月28日，六百位伤兵以战斗行列列队欢迎路易十四及随从，并由路易十四为教堂举行落成大典，并将之奉献给守护神圣路易。

在教堂的入口，哈杜安·马萨向路易十四鞠躬致敬，并且说道："国王陛下，我有此荣幸在您足下将此圣殿之钥匙敬呈给您。这是您怜悯之心导致之神的荣耀，我将会深感愉悦。如果您这30年来信任我的这项工程可以帮助您实现这项最高的理想，这栋至高无上的纪念性建筑将会彰显您王朝的光荣与富贵。"虽然圆顶教堂外貌这时候已完成，室内装修则要等到公元1735年左右才完工。与既存伤兵之家圣路易教堂不同的是，圆顶教堂为路易十四专用的皇家教堂，也是皇家遗体计划安葬之处，是法国王室的光荣圣殿。路易十四死后，原将此教堂作为皇家灵寝之设计被迫放弃，此教堂成为一座纪念波旁王朝光荣之教堂。公元1841年路易·菲利普（Louis-Philippe）决定将拿破仑之遗体自圣赫拿岛迎回归葬于巴黎以作为和其政治对手和谐之

▽ 39.7 巴黎伤兵之家圆顶教堂圆厅室内

▽ 39.8 巴黎伤兵之家圆顶教堂圆厅室内

▽ 39.9 巴黎伤兵之家圆顶教堂圆顶室内

姿态，圆顶教堂因为其与法国军队在历史上之渊源于是成为最佳之抉择。拿破仑之遗体最后被包覆于六层棺木之中，置于地下层之地窖中。除了拿破仑之坟外，圆顶教堂内尚有拿破仑之兄西班牙王约瑟夫（Joseph Bonaparte）等人之坟。

△ 39.10 巴黎伤兵之家圆顶教堂圆厅室内

在建筑构成上，圆顶教堂可以被视为下部方形基座与上部圆顶两大部分。自地面而上，教堂有一个方形的平面，并由此立起一座高两层的量体，其上则是著名的圆顶，由两层的鼓环、完工于公元1715年由金箔装饰之圆屋面、灯笼形顶塔及尖塔所构成，总高为150米，鼓环上并开有窗户一圈。圆顶内之天花壁画为夏尔·富塞（Charles de la Fosse）所画，描述的是“天堂的荣耀”。圆顶之下于地面层为大圆厅，由此可以通往位于斜对角线的四个圆祭室，往四个正向则是高大宽广的筒形拱顶空间，其分别为入口穿堂、左右祭坛及后端圣坛，进而形成一个希腊十字形的空间构成。连接后面圣路易教堂的圣坛有一座圣体顶棚，伯尼尼于圣彼得教堂的同类作品很明显是一个原型。

就整座教堂的比例而言，圆顶教堂也有其特殊之处。鼓环的宽度恰为整座建筑高度的三分之一，而鼓环至顶尖的高度则是下方方形基座的两倍，这种1∶3及1∶2的比例是整栋建筑强化垂直感的宣言。而伤兵之家与圣路易教堂水平趋向的屋顶，使圆顶教堂的天际线更加突出。从建筑物横断面来看，圆顶教堂也是十分杰出。所谓的圆顶，实际上包含三个叠置在一起的部分。最下层在效果上为一巨大有拱肋的覆钵体，顶部留空形成开口部，高度则约是上层鼓环的位置。中间层为一完整的砖石造薄穹窿，位于第一层之上，最高点高度约略位于上层鼓环檐口之上。下面这两层在外貌上并看不出来，外貌实际上为内有木构架外覆屋面的第三层，这一层提供了外貌上的轮廓并支撑上端的顶塔。

在室内，人们所看到的圆顶天花壁画是施作于第二层。下层鼓环的窗户是建筑主体主

▽ 39.11 巴黎伤兵之家圆顶教堂圣坛顶棚

△ 39.12 巴黎伤兵之家圆顶教堂圆顶剖面图

△ 39.13 巴黎伤兵之家中庭立面

▽ 39.14 巴黎伤兵之家外部立面

▽ 39.15 巴黎伤兵之家外部屋顶老虎窗

要的光源，而上层鼓环的窗户则照亮了天花壁画。这种三重屋顶的系统真正的来源并不可考，也许是法兰西·马萨的发明，因为他于未曾实现位于圣丹尼修道院中的波旁王朝祭室，曾有过这种建议。有些学者甚至认为哈杜安·马萨于设计圆顶教堂时，曾利用这些图面。在砖石圆顶之上再加上木构架圆顶在历史上并非史无前例，威尼斯圣马可教堂即为一例。然而雷恩爵士于伦敦圣保罗大教堂所使用的三重圆顶，在伤兵之家圆顶教堂之前不曾以纪念性尺度存在。

圆顶教堂的空间组织也影响着结构系统与外貌，为了要使位于基座圆祭室两侧主要的支撑构柱能有效率地承接圆顶传下的力量，下层鼓环的扶壁是直接立在这些构柱之上，这也意味着它们是位于鼓环的对角线位置，面对着下部方形基座的角落。与罗马圣彼得大教堂类似，这些扶壁是坚实的砖石量体，自圆形的鼓环向外突出而成，并且以四分之三圆的柱子收头，这种于对角线强化的效果更由连接两层鼓环间的涡卷而加重。为了使设计更生动，哈杜安·马萨更将灯笼形顶塔置放于一个突出于圆顶屋面的圆形基座上，使天际线更加地突出，而灯笼形顶塔也于四个方向伸出扶壁，整个外貌的处理可以说是巴洛克式的。

在伤兵之家圆顶教堂中，哈杜安·马萨更展现了他杰出的巴洛克量体处理手法，每一层可以水平分割的量体总是如此逻辑而且满意地立于其下面一层之上。在圆顶教堂的量体中，巴洛克能量自下而上逐层升起，终结于镀金装饰的圆顶上。在室内空间方面，哈杜安·马萨在设计圆顶教堂时心中可能深受米开朗琪罗集中式圣彼得大教堂方案的影响，塑造的是华丽古典的巴洛克视觉与空间经验，室内的垂直性与空间本身的纪念性相当清晰，正确使用的古典柱式更使室内格外地尊贵与冷静。

巴黎伤兵之家圣路易教堂

巴黎伤兵之家（Hotel des Invalides）的兴建历史与建筑组成都相当复杂，整个建筑群包括有疗养院、军事博物馆与教堂。早在公元1670年布鲁安特负责设计时，哈杜安·马萨和他关系不错并且替他工作，参与设计。建筑基本上为格子状，地面层以拱廊相连。建筑物的山墙与阁楼的老虎窗都是以战士和伤兵作为主要的装饰，相当别致。虽然此建筑群之建筑师为布鲁安特，但我们却不能怀疑哈杜安·马萨在其中所扮演的重要角色。圣路易教堂（St. Louis，1676–1680年）亦称为战士教堂（The Soldiers' Church），紧紧位于圆顶教堂北面，并与之相接。教堂的空间并没有翼殿，以细长的筒形拱顶中殿为主体，并经由9个拱券与两侧相连。整个教堂自室内的檐口线处悬吊以各种军旗，这也是一项袭自古代的传统。

凡尔赛宫镜厅

凡尔赛宫（Versailles）位于巴黎郊区，原为路易十三于公元1624年兴建之狩猎小屋。公元1631年路易十三委托菲利柏特·勒·罗伊（Philibert Le Roy）将之扩建为一小型宫殿。此后，凡尔赛宫不断地扩充规模，直到公元1789年为止，其中路易十四在位时之扩张与兴革最大，艺术家、建筑师、室内装饰家、雕刻家都被征召于此共同工作，完成了这个举世罕见之宫殿园林。整座皇宫虽然兴建及扩建于不同之年代，但基本上在外貌上却都可以算是巴洛克风格。由大楼梯可直上二楼之海克力斯厅（Hercules Drawing Room）与皇家教堂之上层前室（Upper Chapel Vestibule）。海克力斯厅为连接皇宫主体与北翼之大房间，由此穿过连续几个房间，到达战争厅（War Drawing Room），其和镜厅（Hall of Mirrors，1678–1689年）及和平厅（Peace Drawing Room）构成了宫殿面向花园之部分，亦即主体之西立面，高3层，地面层较厚重，二、三层较平滑，三楼屋顶之矮墙上有各种雕像。

一直到公元1678年镜厅开始兴建之时，国王之居住空间

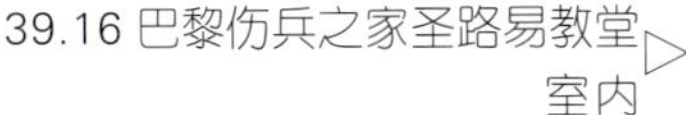

39.16 巴黎伤兵之家圣路易教堂室内 ▷

△ 39.17 凡尔赛宫花园与中央部分外貌

▽ 39.18 凡尔赛宫中央部分外貌

是位于现今之战争厅，而皇后是位于现今之和平厅，两者之间以一平台连接，而从此平台上，更可远眺整座花园之美景。战争厅基本上是歌颂路易十四之战果，其中最引人注目之泥塑乃是路易十四骑马英姿踩着敌人，以一个大勋章之方式呈现。哈杜安·马萨设计了镜厅将战争厅与和平厅连为一体，镜厅长约73米、宽10米、高12.6米，厅中朝向花园之一面开有17座拱型窗户，在另一面墙上则相对应地镶有17面拱型大明镜，人在其中，一边是景，另一边是影，如幻如真。

△ 39.19 凡尔赛宫镜厅外貌

△ 39.20 凡尔赛宫镜厅

△ 39.21 凡尔赛宫中央部分二楼平面图

▽ 39.22 凡尔赛宫战争厅

▽ 39.23 凡尔赛宫战争厅细部

▽ 29.24 凡尔赛宫和平厅

拱窗间与拱镜间为大理石壁柱，其柱头尤为特殊，为卡菲叶力（Caffiori）根据勒朋之草图所塑。和平厅则是位于镜厅之另外一端（南端），在装饰上是与战争厅类同，不过主题却是相对的，壁炉上之画描述年轻的路易十五（十九岁）正将和平赐与欧罗巴女神（Europe），并奉献其生于公元1727年8月14日之双胞胎女儿路易莎·伊丽莎白（Louise-Elisabeth）及安娜·亨利雅特（Anne-Henriette）。虽然有人批评哈杜安·马萨破坏了原有凡尔赛宫的设计，但毫无疑问地是他满足了路易十四的需求，使凡尔赛宫内有了一处仪式化的空间，在此国王可以依其需要行事并接待宾客。

△ 39.25 凡尔赛宫正向外貌

▽ 39.26 凡尔赛宫皇家教堂外貌

▽ 39.27 凡尔赛宫皇家教堂室内

凡尔赛宫皇家教堂

凡尔赛宫皇家教堂（Royal Chapel，1678-1710年）建于公元1678-1710年之间，为凡尔赛宫内路易十四在位时所兴建最后一个作品，为凡尔赛宫之第五个教堂，但也是第一个独立于另一栋建筑之教堂（以前之四个教堂都是属于皇宫内之一部分），是为了供奉法国皇室与祖先之守护神圣路易（Saint-Louis）所建。教堂由朱利·哈杜安·马萨设计，后由其连襟罗伯特·德·寇特（Robert de Cotte）完成于公元1710年。整座教堂有着高大之轮廓线，特别是外貌打破了皇宫水平为主之统一基调。室内有点像是巴黎之神圣小教堂，内为双层，是为所谓的皇宫式教堂（Palatine Chapels）。二层楼部分为回廊（gallery），为科林斯柱环绕，一层部分才为教堂真正之主体，为方柱拱廊所构成。

凡尔赛宫大堤亚依宫

公元1670年，勒佛在凡尔赛宫设计兴建了所谓的青花磁堤亚依宫（Procelain Trianon），整个外貌均装修以青花磁砖。公元1687年，整个建筑之规模与风格再也不能满足国王之需，于是路易十四委托哈杜安·马萨重新设计了现在称为大堤亚依宫（Grand Trianon，1687-1689年）的建筑，以便可以远离正式的宫庭，和情妇梅特侬夫人（Madame de Maintenon）共享花园情趣。因为整栋建筑装饰以许多大理石，所以也被称为大理石堤亚依宫。就空间而言，此建筑是由数个长方形空间所串联成的不对称组合，与对称华丽的凡尔赛宫主体形成强烈的对比，也反应出生活私密性的一面。中央面向花园的柱廊可能有部分是罗伯特·德·寇特的想法，但经哈杜安·马萨的处理后更加成熟。

△ 39.28 凡尔赛宫大堤亚依宫柱列

▽ 39.29 凡尔赛宫大堤亚依宫

巴黎旺道姆广场

旺道姆广场（Place Vendome，1698年）为巴黎最重要的都市广场，起因于国王于公元1685年购地计划兴建一都市广场，并且在四周配置图书馆、造币厂、外国使馆与学院。然而计划实际上到公元1698年才执行，由哈杜安·马萨负责。当时，整个广场的概念也有所更动，国王将土地交给巴黎市政府，并明文规定即将完成，由哈杜安·马萨所设计的立面必须保存，但立面之后的空间则可以售给市民个人，原有设置公共建筑的构想则全部放弃。旺道姆广场的基本型为一长方型的开放空间，4个角落斜切形成一个八角形空间，这种少见的空间效果无疑是巴洛克的想法。广场的两侧短边各留有一个出入口，中央则于公元1699年安置了由基拉顿（Girardon）所设计的路易十四骑马雕像，广场当时称路易十四广场。围塑广场的建筑为四层楼的街屋，地面层为连续的拱券，二层与三层则以科林斯柱分隔，四层则为有老虎窗与统一屋顶的阁楼，所有的建筑均不得超过15米左右高的雕像。法国大革命时，路易十四雕像被毁，公元1810年拿破仑立了一根仿自古典罗马得胜柱的“奥斯特利兹柱（Colonne d'Austerlitz）”，高43米多，端顶为巴黎市区少见的拿破仑雕像，与原有广场的比例似乎不太相称。除了旺道姆广场之外，巴黎的胜利广场（Place des Victoires，1685年）也是哈杜安·马萨的作品，原设计为一圆形广场，中央亦立有国王雕像，可惜今貌已改变甚多。

由于长期被与其伟大的伯父建筑师相混淆，哈杜安·马萨的成就往往被人忽视，可是如果细品他所设计的著名建筑，如圆顶教堂及凡尔赛宫，我们应该可以肯定他一流的专业设计。从某个角度来看，哈杜安·马萨的才华是多方面的，除了是一个称职的建筑师外，他也是一个杰出的工程师、造园家与都市计划师。哈杜安·马萨深知水平性的重要，并且利用其去创造建筑的连续性；他也擅长创造纪念性，所设计的立面经常成为当时代的典范，不过却不会流于俗套而具原创性。哈杜安·马萨以华丽古典的精神，创造了法国巴洛克建筑的巅峰。

▽ 39.30 巴黎旺道姆广场鸟瞰透视图

▽ 39.31 巴黎旺道姆广场现貌

▽ 39.32 巴黎胜利广场鸟瞰透视

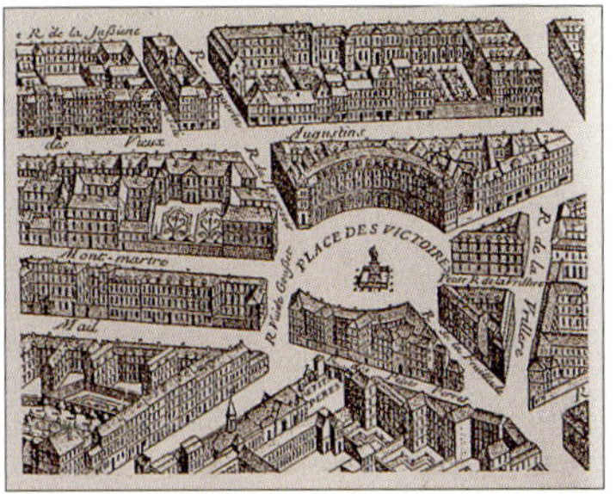

第四十章
从巴洛克建筑到洛可可建筑

△ 40.1 慕尼黑希亚提纳圣卡佳坦教堂外貌

40.2 慕尼黑希亚提纳圣卡佳坦教堂高塔外貌 ▽

巴洛克教堂的扩展

巴洛克建筑在公元17世纪于罗马达于高峰之后就随即往外发展，除了伯尼尼、波洛米尼、雷恩、范·厄拉及哈杜安·马萨等大师之作品之外，各地也纷纷出现华丽的建筑作品。在当时，教宗、主教、贵族与国君都是最热诚的巴洛克支持者，他们殷切地想借由华丽的教堂或宫殿建立起铭记自己的巴洛克纪念物，巴洛克教堂与宫殿几乎已经成为欧洲共同的新标志，尤其在中欧与东欧，更存在着许多较不为人知的佳作。

慕尼黑希亚提纳圣卡佳坦教堂

希亚提纳圣卡佳坦教堂（Theatine Church of St Cajetan）位于慕尼黑，是德国一栋重要的巴洛克教堂。教堂最先于公元1688年以华丽的巴洛克风格所完成，室内部分是盛巴洛克风格，中殿是高大的筒形拱顶，而侧祭殿则冠以圆顶。翼殿相当地短，光线则自中央高圆顶射入，效果非凡。而附壁柱则是装饰以各种灰泥装修、小天使及雕像。皇家圣墓室中则有王室25位成员之墓。整座教堂显得非常有力，而且宏大，强调垂直的正立面，有丰富的分节处理，也有鲜明之韵律感，而立面上之雕像装饰也都是出自名家之手。立面上有些洛可可之语汇则是公元1768年由库维里斯（Cuvillies）父子所完成。

布拉格罗列托

布拉格罗列托（Loretto）建于公元1626年，自始成为一处重要的朝圣地，其为捷克贵族罗科维兹（Lobkowicz）家族之凯莎琳娜（Katerina）所倡建，她是圣卡萨（Santa Casa）之创建者。圣卡萨在西方宗教上极为著名，传说在这间古老的房子中，大天使告诉玛丽亚有关耶稣将出世于意大利小镇罗列托。许多人都相信此屋是

△ 40.3 慕尼黑希亚提纳圣卡佳坦教堂室内

△ 40.4 布拉格罗列托外貌

△ 40.5 布拉格小区圣尼古拉教堂外貌

在公元1278年因为异教徒威胁时，从拿萨勒被迁到罗列托。由于相信这种传说，波西米亚地区一共建造了几十栋仿造之屋。

公元1661年，圣卡萨被包覆于修院之中，并且于60年后加建了一个巴洛克门面。罗列托之钟塔也极为著名，内有27口钟，其中有一个传说，说有一次在布拉格重疾流行时，有一幸存之妇女花了一分钱要敲钟为一死去之孩童祈祷，可是等到死亡降临她自己时，她却无钱敲钟，于是其灵魂升天与孩童相会，所有之钟开始作响，从此故事经常出现在捷克之文学中。现况之教堂是意大利建筑师奥西（Giovanni Batista Orsi）之作，后来由亚利欧（Andern Allio）及卡罗那（Silvestre Carlone）完成。

布拉格小区圣尼古拉教堂

布拉格小区（Lesser Quarter）的圣尼古拉教堂（Church of St Nicholas），是为布拉格巴洛克建筑之最高潮之作。教堂原建于13世纪，为简单的哥特建筑，直至18世纪时才改建为巴洛克风格。重建的工作始于公元1703年，持续了50多年才完成。外貌及立面是迪森霍佛（Christophen Dientzenhofer）所设计，圆顶及内部是其子纪莱恩·迪森霍佛（Kilian Ignaz Dientenhofer）之作。钟塔与圆顶同高，为74

40.6 布拉格小区圣尼古拉教堂外貌细部 ▽

40.7 布拉格小区圣尼古拉教堂室内 ▷

米，于公元1755年由小迪森霍佛之女婿卢拉哥（Anselmo Lurago）所设计，圆顶则是此区最吸引人之地标。在室内，最震撼之处乃是总面积广达1500平方米之壁画《圣尼古拉之飨宴》（The Banquet of St Nicholas），其也是整个欧洲教堂中最华丽的作品之一，圆顶内之壁画为描述“三位一体之圣赞”。圣尼古拉教堂以音响闻名。事实上，当莫扎特居住于布拉格时，曾在此弹奏管风琴。

◁ 40.8 布拉格旧城圣尼古拉教堂外貌

△ 40.9 布拉格旧城圣尼古拉教堂圆顶

▷ 40.10 札勒纳霍拉聂波穆克圣约翰朝圣教堂外貌

△ 40.11 札勒纳霍拉聂波穆克圣约翰朝圣教堂平面图

△ 40.12 札勒纳霍拉聂波穆克圣约翰朝圣教堂外貌细部

▽ 40.13 札勒纳霍拉聂波穆克圣约翰朝圣教堂围墙

布拉格旧城圣尼古拉教堂

旧城之圣尼古拉教堂（St Nicholas Church）原为德国商人创建于13世纪。教堂现貌乃是小迪森霍佛（Kilian Ignaz Dientzenhofer）重建于公元1735年之作，其毫无装饰之白色立面极为特别。圆顶内的壁画出自于巴伐利亚画家亚赛姆（K. D. Asam）之手。公元1781年，约瑟二世将一些与社会活动不甚相当之寺院关闭，此教堂之外立面也同时被清除，并从公元1871年起，成为俄罗斯东正教堂。第一次世界大战时，这座教堂被当作布拉格戍卫部队之军营，负责的将军利用此机会请被征召从军之艺术家将之修复。战争结束后，此教堂成为捷克胡斯教派之教堂。

札勒纳霍拉聂波穆克圣约翰朝圣教堂

聂波穆克圣约翰朝圣教堂（The Pilgrimage Church of St John of Nepomuk）位于札勒纳

△ 40.14 札勒纳霍拉聂波穆克圣约翰朝圣教堂室内

△ 40.15 札勒纳霍拉聂波穆克圣约翰朝圣教堂星形顶内部

霍拉（Zelena Hora），原为公元1252年时由西妥教派所建立，到了公元1706年，由建筑师桑提尼（Jan Blazej Santini）加以重建，于公元1722年落成，成为一栋非常特殊的巴洛克教堂。整座教堂是位于墓地之正中央，主体为星形，周围的围墙则为十角形。由于此教堂不但有巴洛克建筑之动感与韵律，还带有一些哥特建筑之尖角特征，有些人于是直呼其为哥特巴洛克风格，在西方建筑发展过程中，是属于相当特殊的一个案例。

欧罗慕奇三位一体纪念柱

欧罗慕奇（Olomouc）三位一体纪念柱（Holy Trinity Column），建立于公元1716-1754年之间，是中欧及东欧在遭受瘟疫复原后所建立之众多纪念柱中最杰出的案例，为华丽的巴洛克式样，由欧罗慕奇当地的匠师与皇家建筑师瑞德（V·clav Render）共同完成。当初最大的目标是让此瘟疫纪念柱在尺度上史无前例。最后完成的纪念柱高达35米，装饰以许多精致的宗教雕刻，是摩拉维亚艺术家查纳（Ondrei Zahner）之作，是东欧巴洛克艺术表现高峰期之代表，也见证了当时宗教信仰的特殊表

40.16 欧罗慕奇三位一体柱全貌 ▷

40.17 欧罗慕奇三位一体柱顶部 ▷

▽ 40.18 欧罗慕奇三位一体柱细部

现。除了欧罗慕奇之外，布达佩斯古堡山三位一体广场上也矗立着一根三位一体柱，建于公元1713年，亦属于巴洛克风格。

圣地亚哥·德·贡波斯代拉教堂

西班牙圣地亚哥·德·贡波斯代拉教堂（Santiago de Compostela）原是著名的仿罗马式样之教堂，不过历代不断增改建，形成多种风格并存现象，其中除了室内主体的仿罗马风格之外，外观则于18世纪时被改为巴洛克式样。教堂原有的中世纪立面乃是于公元1738年由卡萨斯（Fernando de Casas）拆除，后来又有许多建筑师及艺术家参与重建的工作。被称为欧布拉多依罗立面（The Obradoiro）的主立面目前是此教堂最重要的门面，连同分立两侧的双塔共同形成了圣地亚哥最重要的标志，其尺度的高大与装饰的华丽，在西方建筑史上都是极为特殊的案例，于公元1750年代初大致落成启用。

△ 40.19 布达佩斯三位一体柱全貌

▽ 40.20 圣地亚哥·德·贡波斯代拉教堂正立面

◁ 40.21 圣地亚哥·德·贡波斯代拉教堂正立面中央部分

巴洛克宫殿的扩展

巴洛克时期，除了教堂建筑大放异彩之外，欧洲不少地方也出现规模宏大的宫殿建筑，它们之华丽不但见证了当时欧洲皇室之兴盛，轴线与空间延伸之做法也十足呈现出巴洛克时期无限空间之观念。17世纪之宗教、科学、经济和政治中心均是辐射力量之焦点，这种力量是没有界限的，它们可以自一点向外扩张于无限远，而这也是巴洛克时期整个系统意义的原动力，在欧洲皇宫花园中亦可清楚地看出，凡尔赛宫的花园就是最好的例子。

凡尔赛宫庭园

凡尔赛宫（Versailles）除了有战争厅、和平厅、镜厅、皇家教堂与大堤亚依宫等巴洛克建筑之代表作之外，庭园之大更是无以伦比。路易十四于公元1643年继位，1660年6月7日他和西班牙公主玛丽亚-泰瑞莎（Maria-Theresa）结婚，并于当年10月25日，搬入凡尔赛宫居住。公元1682年，路易十四更将朝廷从卢佛尔宫迁来凡尔赛宫，据说随同迁入之随从高达两万人，每次用膳得动员五百人。目前大门是一个充分应用金饰花边之铁栅门，其门楣之上，为象征法国皇室之皇冠组成之三角形装饰。大门与宫殿之间为大广场，中央立有一座路易十四之骑马铜像，其下为白色大理石基座，完成于公元1837年。事实上雕像之位置乃是当时将广场区分为大中庭（Great Courtyard）与皇家中庭（Royal Courtyard）之处。而皇家中庭与宫殿之间有阶差，较高处叫大理石中庭。

位于凡尔赛宫背面的花园为勒诺特（Le Notre）之作，与宫殿齐名。基本上，花园维持有路易十三时之主架构，但增加了轴线、端景、水景、树丛及17世纪的雕像，其中阿波罗喷泉与大运河最为有名。借由轴线，空间有了延伸的意图；借由端景，空间有了节点；借由树丛，空间有了界定；借由水景，空间有了变化；借由雕像，空间有了传说。凡尔赛宫花园这种极端人工化与装饰性的庭园设计形成了法国巴洛克花园的典范，也成为许多花园竞相模仿的对象。

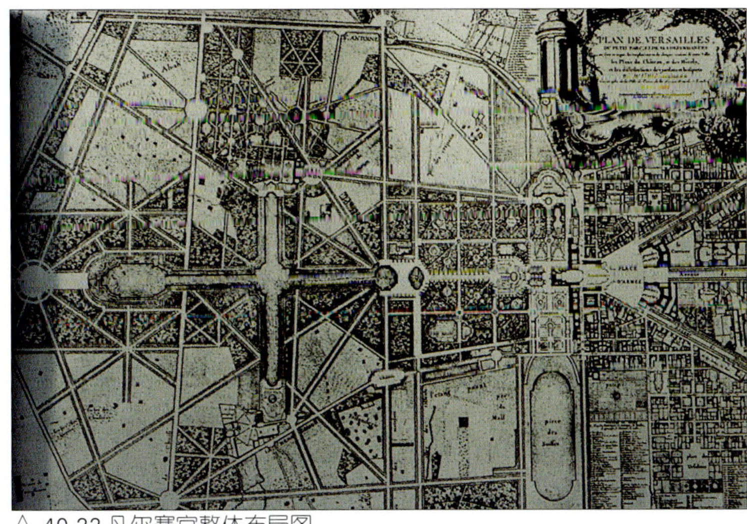

△ 40.22 凡尔赛宫整体布局图

▽ 40.23 凡尔赛宫大门

▽ 40.24 凡尔赛宫花园

△ 40.25 凡尔赛宫花园

▽ 40.26 凡尔赛宫花园

巴黎卢佛尔宫

在路易十四将朝廷迁至凡尔赛宫以前，法国王室的重心是位于卢佛尔宫（The Louvre）。这个原来作为防卫城堡的设施在法王查理五世时才逐渐改成皇宫，但是它也兼有收藏皇家档案及图书的功能。法朗西斯一世（Francis I）开启了中世纪城堡改建之行动，后来皇宫陆续兴建，形成一处兼容有不同时期建筑的组群。目前现存卢佛尔宫较古老的部分位于东半部环绕着方形中庭的部分。东立面为佩罗之作，临拿破仑中庭立面正中央为苏利楼（Sully Pavilion），建于公元1624-1654年，有华丽的马萨顶与装饰细部，充满了巴洛克的精神。由此往西延伸的部分如黎希留楼（Richelieu Pavilion）与丹农楼（Denon

△ 40.27 巴黎卢佛尔宫苏利楼外貌

40.28 巴黎卢佛尔宫黎希留楼外貌 ▽

△ 40.29 维也纳丽泉宫大回廊宴会图

▽ 40.30 维也纳丽泉宫大回廊

Pavilion）虽然兴建年代较新，但多数仍充满巴洛克的基本表现方式。

维也纳丽泉宫的扩建

与凡尔赛宫一样，维也纳丽泉宫（Schonbrunn Palace）也是历经不同朝代的扩建。在约瑟一世死于公元1711年之后的继任者卡尔六世对于居住于此并不热衷，而且正逢战争，因此在其任内丽泉宫并无扩张。公元1740年，卡尔六世长女玛利亚–泰瑞莎公主（Maria Theresa）当政时，决定重回丽泉宫。当时玛利亚–泰瑞莎年仅23岁，

△ 40.31 维也纳丽泉宫花园

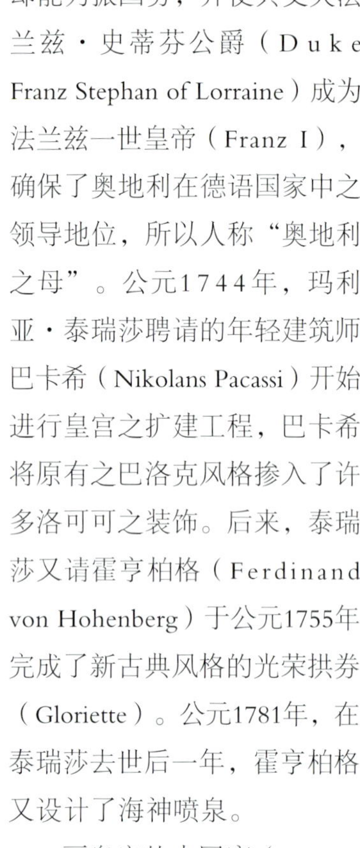

却能力振国势，并使其丈夫法兰兹·史蒂芬公爵（Duke Franz Stephan of Lorraine）成为法兰兹一世皇帝（Franz I），确保了奥地利在德语国家中之领导地位，所以人称“奥地利之母”。公元1744年，玛利亚·泰瑞莎聘请的年轻建筑师巴卡希（Nikolans Pacassi）开始进行皇宫之扩建工程，巴卡希将原有之巴洛克风格掺入了许多洛可可之装饰。后来，泰瑞莎又请霍亨柏格（Ferdinand von Hohenberg）于公元1755年完成了新古典风格的光荣拱券（Gloriette）。公元1781年，在泰瑞莎去世后一年，霍亨柏格又设计了海神喷泉。

丽泉宫的大回廊（Grosse Galerie）位于皇宫主体正面中央，角色有如凡尔赛宫的镜厅，其在费瑟·范·厄拉的原始计划中就已存在，原为皇帝

▽ 40.32 维也纳夏宫全貌

的接待室。巴卡希扩建时，将之转化成宫中最重要的空间，从此可以俯视入口中庭花园及光荣拱券。大回廊在皇宫改建后就成为重要仪式举行的正式场地。室内的装饰非常华丽，柱头与许多线脚均涂以金漆，已略带洛可可风格。天花上三幅巨大的画为意大利画家古莱尔莫（Guglielmo）之作，分别描述哈布斯堡皇室之事迹，其中和平与军事的主题与凡尔赛宫的战争厅和和平厅有异曲同工之妙。

圆形中国室（Round Chinese Cabinet）位于大回廊之后，为一间以当时开始流行的中国风混以巴洛克及洛可可风装饰之房间。室中并且有一秘密楼梯隐藏在一扇门后，以便可以通往总理大臣之办公室。蓝色中国沙龙（Blue Chinese Salon）中也全是中国色彩的装饰。丽泉宫的花园，是皇宫中最具巴洛克风格的设计，几何式的规划无疑是来自于法国花园的影响。雕像、喷泉与花圃都可以看到凡尔赛宫的影子。

维也纳夏宫

除了丽泉宫外，维也纳夏宫（Belvedere）也是巴洛克重要的皇宫，是由希德布兰特（Johann Lukas von Hildebrandt）为王子犹金那（Prince Eugene of Savoy）所建。犹金那是一位英勇之将军，他在公元1683年击退了来犯之土耳其人，然而他也是一个喜欢艺术、有理想主义色彩的人。虽然他已经在城市有居所，但却选择了在郊外一处斜地上，兴建一所夏宫，在夏宫中他要求不要太过于有宫廷气息或太拘谨，但却必须要适合王子身份，而且豪华浪漫。

整个组合分上宫、下宫及夹于其间之花园3大部分。上宫中央部分为八角形，由此延伸两翼，4个角落有角楼，也是八角形，屋顶天际线甚有变化，看似土耳其王之帐篷，这也许是建筑师的隐喻，主入口也有华丽的巴洛克装饰。大门厅中支撑天花拱顶的四座巨大大力士雕像则为马泰利（Lorenzo Mattielli）之作。基本上，当夏宫兴建之时，犹金那是希望以上宫作为正式的场所，下宫则为居所，因而在风格上较为简单，基本上只有一层楼，建于公元1714–1718年之间。主要之立面甚长，朝向花园，而两翼略微内包形成中庭之感，而中央部分则添加二楼以示不同。下宫之旁边还有一橘园温室（The Orangery），花园由吉拉德（Girad）所规划，基本上是以法国巴洛克形式为主。

△ 40.33 维也纳夏宫外貌细部

△ 40.34 维也纳夏宫外貌细部

▽ 40.35 维也纳夏宫内厅大力士雕像

△ 40.36 慕尼黑宁芬堡中央主体外貌

△ 40.37 慕尼黑宁芬堡全貌

△ 40.38 慕尼黑宁芬堡花园

▽ 40.39 慕尼黑宁芬堡整体布局图

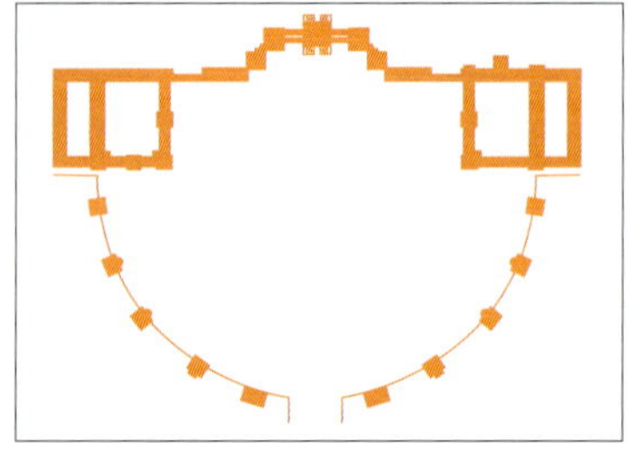

慕尼黑宁芬堡皇宫

宁芬堡皇宫（Nymphen Palace）位于慕尼黑市中心西南面六公里处，为巴伐利亚皇帝及帝选侯之夏宫，为华丽的巴洛克建筑，面宽达八百码，室内装修则从盛期巴洛克至新古典主义均有。整座皇宫建筑之历史是始自帝选侯斐迪南·玛里亚（Ferdinand Maria）在其妻海丽特（Henriette Adelaide）为其生下继承人马克斯·爱曼纽（Max Emanuel）后献其一乡村小屋，当马克斯·爱曼纽继承王位之后便将此屋扩大成一个眺望着一个花园之对称式皇宫，花园中还散布着优雅之阁楼。虽然马克斯·爱曼纽在政治上并不如意，但是他却热衷于建筑，他自法国庭园里聘请许多人来此地工作。从公元1715年，建筑就逐渐往两翼延伸。于皇宫东侧半径超过500米半月形宫廷官员住宅群则建于公元1729–1758年之间。整组建筑在当时可以说是一项崭新而且大胆之杰作。

当宁芬堡皇宫逐渐扩大之时，它附属的花园也随之增大。公元1715年，吉拉德（Girad）重新规划原有的花园，将原有几何形体规划之意大利花园扩大成为法国巴洛克风格之装饰性花园，在花园中，皇家成员们可以在运河中泛起威尼斯之游船，也可以在树林中举办各种宫庭舞会。百年之后，国王与造园者之观念已经转变为对自然的喜爱，因而史克尔（Sckell）乃将之改变成英国式景观花园。虽然自然景致获得了提升，但庭园、皇宫与园中阁楼之间之关系却被削弱了。在正中央仍有一条轴线运河，一直从皇宫沿伸到远处之落差水面，其余之庭园则较休憩式之规划。在花园中，温水浴堡（Badenburg，1719–1721年）与宝塔堡（Pagodenburg，1716–1719年）都值得一看。温水浴堡，可说是近代史上第一座温水游泳池，在风格上偏向巴洛克。宝塔堡为八角形，外观西方、内装东方风格极为有趣。

△ 40.40 慕尼黑宁芬堡温水浴堡外貌

▽ 40.41 慕尼黑宁芬堡宝塔堡外貌

△ 40.42 伍德斯多克布伦亨宫大中庭北立面

▽ 40.43 伍德斯多克布伦亨宫大中庭西立面

▽ 40.44 伍德斯多克布伦亨宫大中庭庭园

伍德斯多克布伦亨宫

伍德斯多克（Woodstock）布伦亨宫（Blenheim Palace）是英国最重要的巴洛克宫殿，由安妮皇后在第一代马堡公爵（Duke of Marlborough）于公元1704年在布伦亨战役击败法国后所赠赐。本来公爵夫人想要聘请雷恩前来设计此宫殿，但因怕雷恩年纪过大而无法顺利完成，而由安妮皇后及公爵聘请建筑师范布鲁（John Vanbrugh）来执行。

整栋宫殿之主体建筑空间几乎是完全对称，在大中庭的南面为主要的房间，其中大厅天花为描绘布伦亨战役的彩绘。大中庭之东西两侧分别为

▽ 40.45 伍德斯多克布伦亨宫大中庭远眺

△ 40.46 伍德斯多克布伦亨宫大中庭喷泉

△ 40.47 维也纳丽泉宫圆形中国室室内

▽ 40.48 慕尼黑宁芬堡大厅室内

厨房栋与马房栋。整组建筑应用了甚多的古典建筑语汇，基本上在每一翼的中央部分均有古典门廊。屋顶及女儿墙上的装饰更是丰富华丽，有瓶饰也有人物雕像。除了建筑之外，布伦亨宫还有精致的庭园，包括有意大利花园、水平台花园及植物园等，不过后代均曾整修及整理，其中模仿伯尼尼在罗马之四河喷泉之缩小版喷泉尤其引人注意。

△ 40.49 慕尼黑宁芬堡狩猎小屋外貌

▽ 40.50 慕尼黑宁芬堡狩猎小屋室内

▽ 40.51 慕尼黑宁芬堡狩猎小屋室内细部

巴洛克皇宫的洛可可装饰

巴洛克时期的教堂与宫殿，经过18世纪的发展后，有些开始出现更强烈的装饰性处理，所谓的洛可可风潮于是开始出现。例如丽泉宫的大回廊与圆形中国室部分装饰都已呈现出洛可可风格。宁芬堡皇宫中央大厅是该建筑的一个高潮，也充满了洛可可之装饰，主要的壁画乃是《宁芬向女神芙罗亚致敬》（Nymphs Paying Homage to the Goddess Flora），其充分地展现出此皇宫之精神。狩猎小屋（Amlienburg，1734–1739年）更是一栋室内外兼具洛可可风格之珍品，为卡维勒（François de Cuvilliés）之作。这种于主体内外加洛可可装饰的情况在成为一种时尚后，存在于几乎是所有的欧洲皇宫建筑，马德里皇宫内于公元1765–1770年由加斯巴里尼（Matias Gasparini）装饰的室内也是一个非常重要的例子。

洛可可教堂的崛起

除了宫殿的洛可可化之

外，西方的不少教堂也在18世纪中发生类似的现象。慕尼黑亚赛姆之屋及教堂（Asam House and Church）规模虽然不大，但是却是洛可可教堂的缩影。住宅与教堂并列在一起之建筑在慕尼黑算是相当特殊之组合，为建筑师艾格德·亚赛姆（Egid Quirin Asam）在自己兴建之教堂旁边营建自宅而成。二者之立面是相互配合的，甚至在住宅中留了一扇窗户，以便可以看到教堂之圣坛。艾格德·亚赛姆是一个出色的建筑师、雕刻家与灰泥装饰家。公元1729年，他买了一栋房子，当年也是殉教者聂波穆克圣约翰（John of Nepomuk）被封为圣徒之年。当邻近的居民请愿请求设立教堂之际，亚赛姆却决定在自己住宅之侧自费兴建一栋教堂。教堂中所有工事、装饰及人物雕像之设计完全出自于艾格德·亚赛姆与其兄科斯玛·亚赛姆（Cosmas Damian Asam）之手。

入口大门上乃是由天使们所扶持聂波穆克圣约翰升天之雕像。大门两侧有粗石作为基座，而整个室内宛若是一个过度装饰的大礼堂与一个神秘的岩穴。建筑、绘画与雕刻完全融合在一起，并创造了一个摇曳不定之动感及光线闪烁之气氛。天花之画乃是科斯玛亚赛姆之作。整体而言，此教堂是亚赛姆兄弟在德国南部建筑之高峰，也是洛可可之代表作。至于在住宅方面，则是艾格德·亚赛姆在1733年将一栋现有住宅之立面加以改修而成。整个立面上充满了哲学性之暗示，各种代表性之人物均出现于其中。

40.54 慕尼黑亚赛姆教堂室内 ▷

40.55 慕尼黑亚赛姆教堂室内细部 △

△ 40.52 马德里皇宫室内装饰

▽ 40.53 慕尼黑亚赛姆教堂外貌

▽ 40.56 慕尼黑亚赛姆之屋

第四十一章
新古典主义的兴起

18世纪中期，西方又兴起了一次古典热潮，从巴黎、维也纳、爱丁堡、柏林、哥本哈根、赫尔辛基到圣彼得堡，延续了一百多年之久，直到19世纪中才渐次消退，然并未完全绝迹。新古典主义忠实于古典希腊罗马文学、艺术、建筑与思想有关系之品味与思潮。它意味着根基于古典生活概念中之完美、永恒与价值。这种概念强调的是思想上的秩序与明晰、精神上的尊贵与沉着、结构上的简洁与平衡以及物品中的适切形式，对于希腊罗马原型有极为严格的模仿。此次思潮被许多人泛称为新古典主义时期。在艺术与建筑表现上，新古典主义者反对满布曲线优雅细腻的表面，纠缠复杂之形式及细分之轮廓，因为它们完全排斥古典主义之原则与表现，有些学者也将之解释为一种自发性的反洛可可风潮。然而新古典主义并非是那般的单纯，而是存在着一些不同的影响因素与重要源头。

△ 41.1 18世纪海克拉纽挖掘图

▽ 41.2 海克拉纽现貌

考古之风潮

新古典主义与18世纪盛行之考古风潮存在着密不可分之关系。在此时，相信古代之物是具有优越性之信念在许多知识分子之心中变成了一种类似宗教性热诚之替代。考古之炙热超越了超自然神祇之权威而成为由历史、文学和艺术之证据所支持之理性狂热。公元1738年对海克拉纽(Herculaneum)及公元1748年对庞贝城之发掘均对文化界产生很大之影响。海克拉纽与庞贝都是因为公元79年维苏威火山爆发而深埋地下，不过两者的状况并不一样。庞贝是被一层相当软的火山砾与火山灰所覆盖，而海克拉纽则由一条火山熔岩所流经，再由暴雨冲击，形成相当坚硬的物质，宛如一个密不可穿的大棺，将整个城镇包被于其中。因此海克拉纽最早的挖掘是利用采矿的原理，利用开采井深入地下核心再以隧道通行。虽然挖掘的工作于公元1766年暂停，但是公元1755年成立的皇家海克拉纽学院（Royal Herculaneum Academy）已经将挖掘出来之对象，包括有壁画、雕刻等整理成数巨册出版。相对地，庞贝的挖掘就较为简单而且顺利，工作一直持续地进行。

古典世界伟大之旅

考古风潮盛行后，许多人开始到古典世界旅行。18世纪初，欧洲上层社会就将到古典遗迹旅行考察视为是人生一种必要的行程。这种被称为伟大之旅的考察通常都会寻找一位受过良好教育的人相伴，特别是建筑师或画家。英国人经常是被认为是伴随旅行作为私人教师或导游最好的人选。甚至是当时候年轻的歌德（J.W.Goethe）都梦想会由一位精通艺术史或历史的英国人伴随前往意大利。这时候在整个欧洲的社会精英都融入对了古典事务的喜爱。早在公元1734年，英格兰成立了迪勒坦提协会（Society of Dilettanti），所有参加的40多位成员都曾经参加过古典之旅。在往后的20多年，这个协会发展出共同的目标，以行动来赞助建筑师或考古学家探索古典世界的知识，组织探勘团队，并且在事后将考察内容出版。这个协会以“希腊品味及罗马精神”为会铭，对于当时的考古活动助益很大。

在考古风潮之后，意大利更是成为热门地点，包括真品与复制的绘画或雕刻被大量购买收藏，运回英法之后，许多人都为之惊艳。除了艺术品之外，遗迹现场更是震撼了许多人的心。就连平常不轻易表露自己外在情感的歌德，在公元1786年到达罗马之后，却也感动地写下一段话：“现在我终于来到了世界首善之都！……现在我已经抵达，我冷静下来并且感觉我已经发现了一种可以让我终生感受的和平。因为我可以这么说，当一个人亲眼看到过去只能片段认知之各种物品之整体时，一个新的生命重新开始。”

与歌德一样，许多人看到了过去曾经只在绘画及版画等图片中之古典对象之后，都深

△ 41.3 海克拉纽现貌

▽ 41.4 18世纪庞贝风貌

▽ 41.5 罗马遗迹前的歌德（18世纪画）

受感动，进而对于古典事物产生莫大的兴趣。然而霍诺（Hugh Honour）却明白地指出这种影响与其被视为一种驱策力倒不如被视为一种触媒，他更进一步指出对古代之物之所以会在18世纪引起重大之变化乃是由于对“异教神话”态度改变之故。这时候希腊及罗马文化被视为理想之型而加以崇拜，然而其却各有不同之支持者。

古典希腊之颂赞

早在公元1650年，罗兰·弗雷亚尔·德尚布雷（Roland Freart de Chambray）出版《比对》（Parallel）一书比较古典文化与被视为进步的文艺复兴文化，对希腊建筑加以肯定并将希腊描述为“神圣国度”。同时代之克洛德·佩罗宣称他有目标冀由回归古代希腊神庙之纯净来礼赞建筑。但是即使是希腊建筑长久以来被视为是完美至上（excellence）之基本而被许多人企图去追忆并开发它的视觉形式，大多数人对它之了解几乎是一片空白。建筑界对希腊建筑之了解仍然停留在文学描述上之理想情状，不过上述所提到的古典世界伟大之旅逐渐弥补了这个问题。

公元1749年，雅克-日尔曼·苏夫洛（Jacques-Germain Soufflot）被喜好赞助艺术家的路易十五情妇庞贝多夫人（Madame de Pompadour）挑选为陪同她兄弟普森（Abel Poisson）前往意大利的随行团员之一。普森后来成为范·狄瑞侯爵（Marquis de Vandieres）与马利基尼侯爵（Marquis de Marigny），而他前往意大利的目的乃是为即将接任营建工程总监一职做准备的工作。整个考察团于公元1749年12月出发，普森于翌年随即返国，但苏夫洛继续留在意大利调查测绘帕艾斯坦（Paestum）的多立克神庙，并且由他的学生杜蒙（G.-P.-M. Dumont）于公元1764年出版调查的成果。此后，西方对希腊古迹认真之检视才由法国人开启，然而法国人也未曾很快地应用这些资料，一直到公元1758年才由苏夫洛在他设计之巴黎圣几内维教堂（Ste-Genevieve）地窖中使用了改良自波厄斯坦神庙中之多立克柱，而他们之测绘则要等到公元1764年才由杜蒙整理公诸于世，但仍然是当时同类资料的第一本。

古典希腊出版品

类似地，虽然对希腊本土及雅典之探索早于17世纪下半叶就开始进行，对其建筑深切之看法要到公元1745年波寇

▽ 41.6 18世纪巴米亚神庙图

克（Richard Pococke）出版之《东方及其他国家之描述》（Description of the East and Some Other Countries）及公元1752年达尔敦（Richard Dalton）出版之《希腊及埃及之古物》（Antiquities of Greece and Egypt）中包含了雅典之神庙实测图后才成形。然而真正学术化之研究，开启古代建筑之真正知识，并且提供竞争与模仿之模式的乃是公元1753年出版的《巴米亚之遗迹》(The Ruins of Palmyra）和公元1757年出版的《波尔贝克之遗迹》(The Ruins of Balbec)。这两部书是道金 (James Dawkins)、伍德 (Robert Wood)、包法利（John Bouverie）和画匠波拉（Giovanni Battista Borra）于公元1750年探索考古之结果。

此时，除了杜蒙对波厄斯坦神庙之测绘资料外，几乎所有重要之考古资料均出自英国人之手，惟一的例外乃是公元1758年出版的由法国人勒・罗伊 (Julien-David Le Roy) 在公元1753年考察希腊后所著的《希腊精美庄严建筑之遗迹》(Les Ruines des plus beaux monuments de la GrEce）。此书虽然测绘不尽准确，但是对法国建筑师之冲击是不小的。勒・罗伊指出他对精细之古典建筑测绘并没有兴趣，他主要想做的乃是研究古典建筑之品质和成效而已。勒・罗伊这种态度也反映在许多法国建筑师上，他们首注的是原则、构成法、比例和技术；他们寻求的是古典之“精神”，而不是“细部”。在这股风气下，法国建筑师于18世纪60年代出现过小小的希腊复古风，称之为“希腊品味”(qout grec)，主要人物为盖拉斯（Comte de Caylus）及勒洛炼 (Louis-Joseph Le Lorrain)。

希腊古典文化的另外一位宣传家乃是温克尔曼（Johann Joachim Wincklemann）。经由他的鼓吹，许多人进而相信希腊艺术中之高贵与简洁为一种理想文化之表现。虽然温克尔曼从未到过希腊遗迹中研究，他却对希腊古典文化之完美度抱持毫无怀疑之态度。温氏出版于公元1764年之《古代艺术史》（Geschichte der Kunst des Altertums）是艺术史上首度对古典艺术作有系统之介绍，其影响自不待言。

△ 41.7 温克尔曼雕像

皮拉尼西与古典罗马

相对于温克尔曼对希腊文化的推崇，皮拉尼西（Giovanni Battista Piranesi）则是古典罗马文化之大力鼓吹者。皮拉尼西是在威尼斯受建筑训练，并于公元1740年移居到罗马。这时候罗马城市中之古典废墟仅被视为好奇者寻幽探胜之处兼发

▽ 41.8 皮拉尼西《古典陵墓》图

掘装饰母题之资源而已。但是皮拉尼西在当时罗马法国学院（French Academy in Rome）之透视学教授潘尼尼（Giovanni Paolo Pannini）之影响下，以潘氏发展出的想像图景（veduta ideata）于公元1743年出版了第一本画册《建筑与透视，第一部分》(Prima Parte di Architetture e Prospettive)，在此书中，皮拉尼西包含了许多想像之罗马遗迹，但其中最值得一提的乃是一幅叫《古典陵墓》者，其是整合了罗马帝国皇家遗迹、波洛米尼设计之圣依凡教堂（S.Ivo）及范·厄拉（Fischer von Erlach）设计之建筑而成为一古典语汇之世界。

公元1745年，皮拉尼西又出版了令人震撼的《监狱》(Carceri)；公元1756年出版《罗马古迹》(Le Antichita Romane)，此书包含了罗马许多古典建筑之平面、立面、剖面及透视，

△ 41.9 皮拉尼西《古桥》图

▽ 41.10 皮拉尼西《葳思塔神庙》图

△ 41.11 皮拉尼西《监狱》插图

▽ 41.12 皮拉尼西《罗马古迹》插图

▽ 41.13 皮拉尼西《监狱》封面

并且十分强调其结构，可以说是罗马考古历史之一个重要转折点。皮拉尼西不仅仅是记录而已，经过他敏锐的双眼，罗马古典遗迹以一种新的、扣人心弦的向度出现，画家傅塞利（H.Fuscli）所画之《受古典遗迹感召之艺术家》（1778－1779年）可以说是最贴切的响应，而对建筑师而言，皮拉尼西最大之贡献则是开启了以考古资料应用到新设计上之可能性。如果我们细心地比较像亚当（Robert Adam）和索恩（John Soane）等建筑师之作品和皮拉尼西之画，例如皮拉尼西公元1762年画的莎卢花园（Gardens of Sallust）与索恩设计的英格兰银行（Bank of England，1789年），许多牵连都是非常明显。

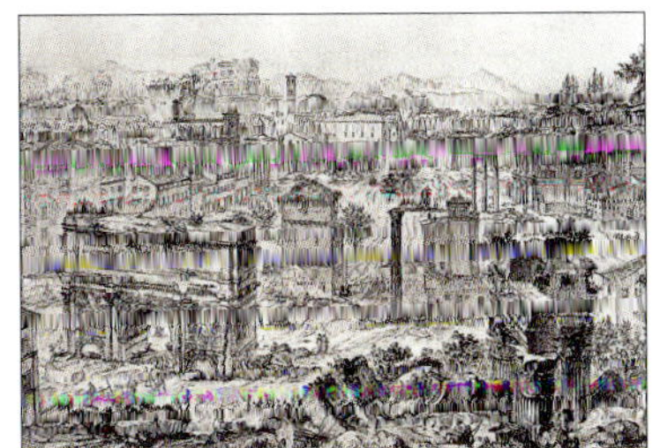

△ 41.14 皮拉尼西《罗马古迹》插图

△ 41.15 皮拉尼西《罗马古迹》插图

41.16 《受古典遗迹感召之艺术家》（傅塞利）▽

▽ 41.17 皮拉尼西《莎卢花园》图

△ 41.18 索恩英格兰银行设计图

▽ 41.19《建筑十书》封面（佩罗）

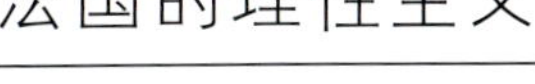

法国的理性主义

新古典主义另一条线索则是源自于法国的理性主义传统，其奉为圭臬的乃是笛卡尔式的清晰及数学上之准确性，法国理性主义之理想是如此重要，因为它提供了整个启蒙运动思想架构之基础。早在17世纪，佩罗设计之巴黎卢佛尔宫东翼就被法国建筑师及评鉴家认为是完美（excellence）之模型。此作其实并非有任何独特之处，然而在佩罗刻意经营之下，成排独立之双柱再度成为具有结构机能的构件。在借由回归过去之举中，佩罗有意识地将古典的原则与民族典范合而为一，然而他所要求的并非是单纯地复古，而是以过去之历史作为一个出发点，而建立新原则。他最重要之成就乃是重新翻译惟一自古代遗传下来之经典之作——维特鲁威（Vitruvius）之《建筑十书》。此翻译加上勒克拉克（Sebastien Le Clerc）精美的插图，首版于公元1673年，再版于公元1684年。在书中，佩罗并不止于翻

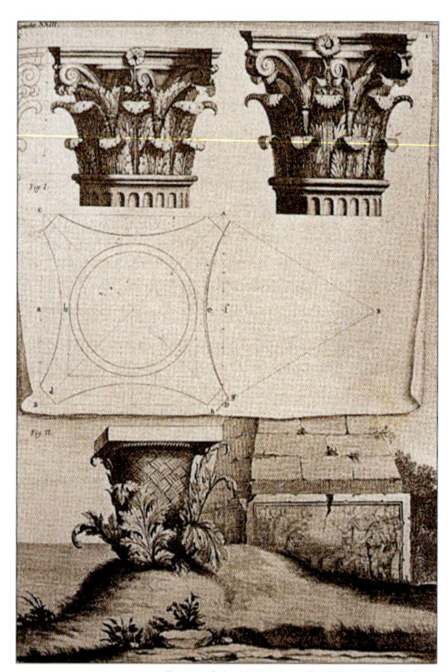

△ 41.20 《科林斯柱式起源图》（佩罗）

▽ 41.21 《科林斯柱式起源图》（科德默伊）

译而已，他还加上了许多自己之诠释与见解，其中有些也见之于他于公元1683年出版的另外一本《古代五种柱式之原则》(Ordonnance des cinq especes de colonnes selon la methode des anciens）中。

佩罗对古典传统之喜好可由他在重译《建筑十书》时所选用之封面图案中看得十分清楚。在此图中，有三栋佩罗所设计之古典式样建筑作为主题，背景为隐约之天文台，中景是卢佛尔宫之东翼，前景为圣安

▽ 41.22 《建筑论丛》封面（洛及尔）

东尼凯旋门廊。虽然佩罗的思想尚未构成一部完整的理论体系，但是他的步趋却很快地被追随，并且渲染成形于18世纪初之者作像由米歇尔·德弗雷曼(Michael de Fremin)所写之《建筑评论集》(1702) 和由科德默伊(Jean-Louis de Cordemoy) 所着之《建筑新论》(1706) 中，科德默伊更提出哥特建筑可以用古典元素加以诠释之说法。

此时另一位佩罗和科德默伊理论之宣传家及诠释家也出现了，洛及尔（Abbe Marc-Antoine Laugier ）于公元1753年出版了《建筑论丛》(Essai sur l'architecture)，成为18世纪建筑与艺术理论之重要文献，在了解新古典主义美学上具有极大的价值。洛及尔非常敬佩佩罗之成就，特别是卢佛尔宫之东翼，另一方面，他也将自己的思想归之科德默伊之影响。但是比起他所推崇的两位前辈，洛及尔该属激进。他提出所有之建筑均是被主观地诠释于来自朴实之小屋。此小屋是由4根仍然在成长之树干作支柱，以圆木作为横楣，更细小之分枝构成斜屋顶。这种诠释很清楚地呈现在公元1755年《建筑论丛》第二版之封面上。

到了19世纪后，新古典主义则与成立于公元1861年，并于3年后正式将建筑列为一科之布扎学院（The Ecole des Beaux-Arts）有密切的关系。布扎学院虽然于19世纪初才成形，但其实并非新创之物，而是源自于创立于公元1671年之皇家建筑学院(Academie Royale d'architecture)，此学院也产生了第一位建筑教授布朗戴（Francois Blondel, 1618–1686年）。从其成立到公元1968年改制之一个半世纪以来，布扎学院造就了许多杰出的建筑人材，然而事实上我们却无法给予受布扎建筑教育熏陶的建筑师之作品一个概括性的分类。但毫无疑问地我们可以从其课程及建筑师之作品中，窥探出古典主义思想及手法所扮演之角色。先入为主之构成原则与古典元素的应用成为许多建筑师共同之概念，并且由法国扩展及于全世界。

古物收藏及展示

在大量有关古典艺术之图书及图画出版之后，单纯的观赏图片及旅行也逐渐无法满足贵族士绅的需求，于是对古典物品的收藏风气也日益上升，成为贵族士绅之嗜好，并且不断地拓展及于更多阶层的人。在个人收藏古物的数量达于一定规模之后，贵族士绅们便会于住宅另建空间，一方面收藏，另一方面也作为展室，著名的陶尼利（Charles Towneley）住

△ 41.23 布扎学院立面表现手法

▽ 41.24 布扎学院平面表现手法

△ 41.25 《贵族古典艺术品收藏室》(陶尼利)

▽ 41.26 《皇家学校收藏室》(佐范尼)

宅艺廊即为一例。在国家层级上，博物馆的兴建也因为收藏品的增加而达到一个高峰。公元1172年，梵蒂冈的庇欧克雷蒙提诺博物馆（Pio Clementino Museum）开幕，收藏了古典精品。但是接续而来的古物一直增加，教宗克雷门特十四世（Clement XIV）及庇护四世（Pius VI）均加以扩建，以彰显教宗之荣耀。除了梵蒂冈之外，欧洲各国的国家博物馆也一一建立，为了与收藏的古物相配合，不少博物馆也习以古典语汇来表现。而当时的画家更把这种现象以画笔描绘下来，佐范尼（Johann Zoffany）与潘尼尼部分画作可为代表。

艺术家与新古典主义

当然建筑师在新古典盛行之风潮中，并非是完全孤寂的一群，画家及雕塑家也热络地在这股潮流下活动。18世纪的社会精英，不只收藏古物，也是艺术的热爱者。几乎是每一个有教养的人或是有财富的人，都会收藏绘画与雕刻。对于许多中产阶级而言，买画远比买屋购地来得简单，又容易获取社会地位。从另一个角度来看，画家与一部分的雕刻家在记录当代生活与事物上扮演着重要的角色。在没有摄影的年代，考古挖掘的景气与古典遗迹之旅，只能借由画布及画笔来记录。较富有的贵族士绅通常会有自己的画家，而较没资金者则往往到了旅行目的地才雇用已经定居当地的穷艺术家，这种风尚造就了不少与古典相关的艺术家。

除了受雇于他人之艺术家之外，不少艺术家也络绎不绝于前往罗马与其他古典遗迹的路上。巴黎的法国学院定期派遣学生到罗马的法国学院学习，其他国家也都为艺术家建立了自己的势力范围。对艺术家来说，绘画与雕刻则比其他艺术或建筑更容易来服务政治，因此不少主题都会与政治事件或人物有关，更有画家以历史画为主题进行创作。而18世纪到19世纪，多变化的世界情势及风起云涌的政治人物，如拿破仑与法国大革命，都给予了艺术家无穷的主题与机会。画家大卫（Jacques-Louis David）、安格尔（Jean-Auguste Dominique Ingres）与雕刻家卡诺瓦（Antonio Canova）是其中翘楚。

风潮之消退

新古典主义于18世纪中蔚成风潮之后，在建筑上的影响就像一把烈火，在1个世纪之间烧遍了西方世界。然而新古典主义建筑之本质在其发展过程中并非均是一成不变。库鲁克（J. Mordaunt Crook）就明白地指出："当建筑中之新古典运动逐渐发展，古典或理性主义之元素就渐次被浪漫或联想的元素所埋没：象征的于是变得比构成的（tectonic）更重要。新的几何形式及新的结构技术被对历史性细部之沉迷所掩盖。"因而他认为有许多古典主义的建筑变成了一种外貌上之建筑，是由眼睛而非由体会来鉴赏。这种看法是与萨默森（Sir John Summerson）称新古典主义是种假设语法（subjunctive）类似；他认为新古典主义是种"好像是"（as if）的建筑，也就是把装饰表现设计成好似机能性之构造系统，19世纪中叶以后，新古典主义在事实与虚构表现上之鸿沟是愈来愈深，古典本质于是渐失，但其于建筑史上所散发之影响力已经无法改变了。

△ 41.27《乌菲兹美术馆收藏室》（佐范尼）

▽ 41.28《想像的罗马美术馆》（潘尼尼）

▽ 41.29 《书房中的拿破仑》（大卫）

第四十二章
法国的新古典主义建筑

△ 42.1 巴黎圣苏尔毕斯教堂外貌

▽ 42.2 巴黎圣几内维教堂圆顶

塞凡多尼与圣苏尔毕斯教堂

在新古典主义的风潮下，18世纪起，佩罗、勒洛炼（Louis-Joseph Le Lorrain）及加布利尔（Ange-Jacques Gabriel）不少建筑作品中都已经呈现出自繁复的巴洛克风格回归简洁之趋势，但真正算是法国新古典主义建筑师先驱的该是意大利建筑师塞凡多尼（Giovanni Niccolo Servandoni），后来再历经苏夫洛等人的发展而广为流行，其中许多热衷新古典主义的建筑师彼此间都存在着师生的关系。塞凡多尼曾于罗马受教于著名教授潘尼尼，深受其对于古典建筑热爱之影响，于公元1726年开始活跃于巴黎建筑界。

巴黎圣苏尔毕斯教堂（St. Sulpice）是塞凡多尼最重要的作品，公元1732年之原案深受伦敦圣保罗教堂之影响，公元1742年修正时，第一层之盖盘（entablature）则变为横过整个立面。公元1752年时，第二层亦作同样处理，而第三层于左右两座高塔之间则加了第三种柱式。然而第三层之柱式却于公元1766年塞凡多尼死后被取下加了一个大山墙，但随即于公元1770年被雷击垮取而代之以现今所建的栏杆。塞凡多尼去世之后，此案由他的学生夏格林（Jean Francois Therese Chalgrin）负责，于公元1777年完工。此作呈显出的几何形体的坚实、建筑物之规则性与古典建筑柱子之清晰性正是日后许多新古典主义建筑共同的特质。

苏夫洛与新古典主义

塞凡多尼之后，苏夫洛成为法国最重要的新古典主义建筑师，然而很特别地是他早期并未于学院中接受正规的建筑教育，而是直接于公元1731年到罗马研习古典建筑，并于三年后进入罗马的法国学院，直至公元1738年为止。从意大利回法国之后，苏夫洛到了里昂设计兴建了数栋重要的建筑，并且成为里昂市政府的建筑师。公元1749年，苏夫洛再次至意大利考察，公元1751年，苏夫洛回到里昂，但于第二年搬至巴黎并且于公元1755年起担任巴黎皇家营建工程总监，同时在马利基尼侯爵推荐下，开始接受委托设计圣几内维教堂，开创了法国新古典建筑的新纪元。

巴黎圣几内维教堂

由苏夫洛设计之巴黎圣几内维教堂（Ste-Genevieve），可以说是新古典主义建筑之先驱。当路易十五于公元1744年大病初愈之时，他是如此地心存感激能获重生，因而构思建一座精致的教堂来纪念圣几内维。圣几内维是法国历史发展过程中两个圣女之一（另外一位是圣女贞德）。据说公元5世纪匈奴人进犯巴黎时，多数巴黎人落荒而逃，惟独圣几内维四处奔走，恳求同胞起而抗敌，最后终于击退强敌，圣几内维教堂即为纪念此位圣女所建。

苏夫洛设计此建筑时刚从意大利旅行回国，他将新古典建筑之原则表达得如此淋漓尽致，甚至是新古典主义之理论

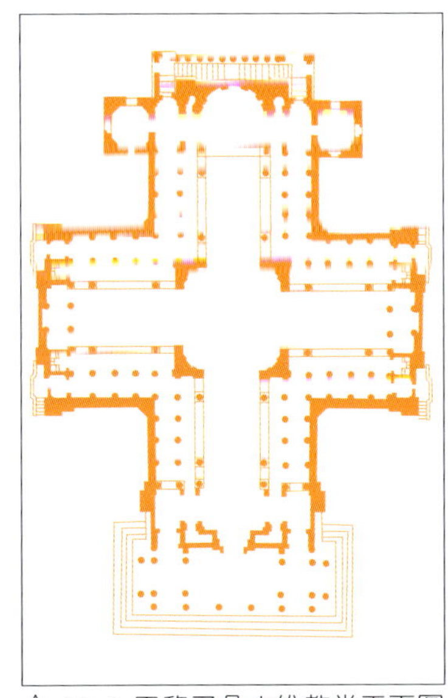

△ 42.4 巴黎圣几内维教堂平面图

▽ 42.3 巴黎圣几内维教堂外貌

家洛及尔也称赞此建筑为“完美建筑之第一例”。教堂的基础始建于公元1757年，地窖完成于公元1763年，而正式的奠基仪式则于公元1764年举行。公元1765-1770年间墙面及门廊逐渐完成，门廊于公元1772年完成屋顶并于隔年拆除鹰架。整个工程于公元1790年，亦即苏夫洛死后十年，才在罗德烈特（Guillaume Rondelet）监督完成。

此教堂原有一希腊十字平面，然而苏夫洛在神职人员压力下，强加了两间，并且在东西面各加了一小室，而使几何形体之纯度大为减少。在室内，巨大的科林斯柱列分隔了中殿及侧廊，柱上支撑着连续之额盘，再由此发展出拱顶及圆顶，整体空间是非比寻常地优雅，在结构及构造上明晰不晦的表达也是前所未见。事实上，苏夫洛在追求一种理性之新建筑式样之时，他并没有将自己限制于古典建筑之研究。他也非常细心地检视哥特建筑，尤其是柱子作为支撑构件，企图结合古典主义和一种他相信是哥特式的结构主义。换句话说，苏夫洛在此教堂中，结合了哥特建筑之轻巧与稳重之希腊建筑，因而我们可以说圣几内维教堂不只是考古般地操作，更是18世纪中叶以来新建筑之出发。

圣几内维教堂设计的核心乃是如何将一个于鼓环上置圆顶的十字型空间形态发挥到极

△ 42.5 巴黎圣几内维教堂墙体

▽ 42.6 巴黎圣几内维教堂门廊细部

△ 42.8 巴黎圣几内维教堂圆顶内部空间

▽ 42.7 巴黎圣几内维教堂室内

▽ 42.9 巴黎圣几内维教堂山墙雕刻

致。当然其中也几经修改才成今貌。此教堂全长110米，翼殿宽82米，中殿则宽32米。正面之门廊高19米，其中精细处理之18根科林斯独立柱，强而有力地支撑着其上的古典山墙，不但效果震惊，也具有前所未有的纪念性，山墙内为描述法国之神法兰西正将桂冠赐予她伟大之国民之浮雕，为狄安及尔（David d'Anger）之作。中殿南面墙上有历史画家狄萧凡尼（Pierre Puvis de Chavannes）之湿壁画，内容为圣几内维之故事。比例优美的圆顶可能是深受伦敦圣保罗教堂之影响，鼓环周围绕有32根柱子，收分的曲线十分优美。在地窖方面，来自于波厄斯坦多利克神庙的影响也清晰可见。

由于革命之进行，圣几内维教堂不久就改为名人祠（Panthenon），以奉祀巴黎之名人与伟人。拿破仑曾于公元1806年将之改回为教堂，但随即又被改回原用途。安葬供奉于此的名人有许多，比较有名的有雨果（Victor Hugo）、伏尔泰（Voltaire）、左拉（Emile Zola）及苏夫洛本人。圣几内维教堂可以说是苏夫洛最精心之作，将到当时为止较进步的建筑理论与设计均具体化于一体，并且深深地影响到后世的建筑师。作为新古典主义的开创者之一，苏夫洛克服了当时对于洛可可品味之潮流，将法国的建筑发展引导前往重视建筑构成术（architectonics）及工程技术层面的方向，更同时在宗教与世俗建筑中，创造了新的典范。巴黎的圣几内维教堂，在苏夫洛兼顾传统与创新的建筑技术与风格下，成为可以与罗马圣彼得大教堂、佛罗伦萨百花大教堂与伦敦圣保罗大教堂并列的极品圆顶教堂。

巴黎凯旋门与马德莲教堂

除了塞凡多尼与苏夫洛之外，巴黎及法国各地都有不少新古典主义的建筑，其中以落成于公元1836年的巴黎凯旋门（Arc de Triomphe）最为著名。此门之兴建乃是公元1805年当拿破仑于奥斯德立兹击溃俄奥联军，获得大胜之后，答应士兵要让他们穿过凯旋门胜利归国之结果，工程于翌年就开始，由夏格林负责设计，然因建筑师之停顿及拿破仑之失权，以致于36年之后才完工。然而在公元1810年时却发生过一件有趣之事，当年拿破仑因为约瑟芬不能生育而与之离婚后，重新迎娶奥地利之公主玛利亚·路易莎时，为了要使其新婚妻子有一个印象深刻之婚礼，乃下令建筑师先建了一座

△ 42.10 巴黎圣几内维教堂圆顶鼓环

▽ 42.11 巴黎圣几内维教堂地窖

▽ 42.12 巴黎凯旋门

△ 42.13 巴黎凯旋门马赛进行曲雕刻

△ 42.14 巴黎凯旋门马赛进行曲雕刻

▽ 42.15 巴黎卡罗赛凯旋门

样品门，以便婚礼可以从门下通过前往卢佛尔宫。巴黎凯旋门是世界上最大的古典形式凯旋门，门高50米，门宽45米，在四个方向均有圆拱门洞。此门完成之时，拿破仑已经死亡，未能亲眼目睹其华丽，直至19年后其灵柩才从圣赫拿岛运回巴黎，穿过此门而归葬。

▽ 42.16 巴黎马德莲教堂外貌

除了建筑本身之外，《马赛进行曲》与《拿破仑的胜利》则是此门上家喻户晓之雕刻。

与巴黎凯旋门相较，位于卢佛尔宫前面，同样是兴建于公元1806年的卡罗赛凯旋门（Arc de Triomphe du Carrousel）则显得规模较小。此座由皮埃尔·方塔纳（Pierre Fontaine）与夏尔·贝希尔（Charles Percier）共同设计的建筑明显是以罗马的赛佛鲁斯凯旋门为蓝本，为三个拱门的形式。凯旋门上的群马像原为拿破仑夺自威尼斯圣马可教堂，但是在奥地利于公元1815年占领巴黎时将之归还，目前所见为复制品。除了两座凯旋门外，分踞巴黎协和广场轴线端点的马德莲教堂（Madeleine）与波旁宫（Palais Bourbon）之正立面则是最富新古典精神之作。

威农（Alexander Pierre Vignon）设计的马德莲教堂（Madeleine）曾被建筑史家赞誉为“法兰西帝国的建筑杰作”。此教堂原为路易十四所建，由狄艾文（Contant d'Ivry）所设计于1761年。原设计为拉丁十字形平面，纵深120米，十字交叉部分为40米，上为像圣几内维教堂一样的圆顶。然而当狄艾文死于公元1777年时，教堂尚未开始，工事乃由高杜瑞（Couture）接手，但他也于公元1799年去世，留下未实现的

△ 42.17 巴黎马德莲教堂门廊

△ 42.18 巴黎波旁宫

△ 42.19 巴黎旺道姆广场拿破仑雕像

作品。公元1806年，拿破仑下令将此教堂改为法国的忠烈祠，亦即光荣圣殿（Temple de la Gloire）。威农在拿破仑的授意下，拆除已兴建的部分，代之以希腊神庙之风格。工程在威农去世之公元1828年尚未完成，后来由胡维（Marie Huvé）接手，于公元1842年落成。波旁宫兴建于18世纪中，公元1807年由拿破仑下令在沿河面新建立面，以便得以和马德莲教堂相互呼应，由伯耶特（Bernard Poyet）设计，采取的也是希腊神庙之正面。由上述三例可知，拿破仑在19世纪初对于巴黎新古典主义建筑之形塑上，扮演着重要的角色，旺道姆广场（Place Vendôme）的拿破仑雕像更忠实地反映了这个现象。它是公元1810年立于一个仿自罗马时期图拉真柱般的独立柱上，不但形成广场的焦点，也彰显了拿破仑心仪罗马皇帝的政治心结。

新古典艺术家

除了苏夫洛于建筑上之成就外，大卫（Jacques-Louis David）则是新古典画家的翘楚。他于1775年得到罗马大奖（Prix de Rome）而受教于当时任法国罗马学院主任维恩（J. Vien），由其开启了对历史性绘画及古典传统之路。大卫自认古典的事物对其启发甚深，甚至曾说到了罗马看到古典文化之后，宛如白内障被摘除一样。从其作《苏格拉底之死》（The Death of Socrate，1787年）、《荷拉提之誓》(The Oath of the Horatii，1787年)，《巴黎与海伦》(Paris and Helen，1788年）、《布鲁特斯》(Brutus，1789年）到《莫拉特之死》(Dead Marat，1793年)、《萨宾妇女》(Sabines，1799年)，我们看到了历史性情节如何利用一种庄严的古典态度表达出来。

▽ 42.20《苏格拉底之死》(大卫)

▽ 42.21《荷拉提之誓》(大卫)

△ 42.22《巴黎与海伦》(大卫)

▽ 42.23《布鲁特斯》(大卫)

《荷拉提之誓》中，爱国情操被以四个坚定信念的男性呈现出来，仿自罗马历史为国而战的主题，对于激励当时市民是相当具震撼力的。在《莫拉特之死》中，没有任何次要人物，赤裸裸的死亡气氛笼罩全作。盒箱上之文字仿如墓碑之铭，表彰了大卫奉为革命烈士之莫拉特。大卫使用了最少之元素：科戴（Charlotte Corday）之自责信，使莫拉特殉身之刀、笔墨及墓铭般之盒箱，来描述莫拉特简朴之生活及死亡之萧索，并且将之渲染成一个理性主义信仰之信徒。稳定之水平构图由下垂之臂剔除了任何升天为神之暗示，大卫借由对死亡及孤独气氛之掌握不朽化了莫拉特。不仅主题是古典的，许多画作之场景也是古典的。例如《荷拉提之誓》背后是三联圆拱，《巴黎与海伦》的背景是雅典卫城伊瑞克提翁的女像柱。当然，大卫的政治主张也一直呈现在一些以纯政治人物或政治事件之作品中，《拿破仑的加冕》（Coronation，1805-1807年）是最好的写照。

安格尔（Jean Auguste Dominique Ingres）是继大卫之后，最有影响力的新古典主义画家，他于公元1797年到巴黎后，成为大卫门下。公元1806年，他前往意大利，一待就是18年。与大卫一样，安格尔的作品中不管是主题或构成，总是充满了古典的气息。和大卫一样，安格尔也同样地借由绘画来表现政治中的涵义。在众多作品之中，《拿破仑一世》（Napoleon I，1806年）、《朱彼特与希缇丝》（Jupiter and Thetis，1811年）以及《荷马之礼赞》

▽ 42.24《莫拉特之死》(大卫)

▽ 42.25《拿破仑一世》(安格尔)

▽ 42.26《朱彼特与希提缇丝》(安格尔)

△ 42.27《荷马之礼赞》(安格尔)

△ 42.28《丘比特与赛姬》(卡诺瓦)

▽ 42.29《赛琳波那帕特波格赛》(卡诺瓦)

(Apotheosis of Homer，1827年)都是佳例。以《荷马之礼赞》为例，图中的背景是一座标准的爱奥尼希腊神庙，中央的荷马正在接受胜利女神尼克之颂赞，在场观礼的有古典时期的诗人、音乐家及雕刻家，也有文艺复兴时期的艺术家及文学家，可以说是将古典主义的大将全部纳入画中。在雕刻家方面，卡诺瓦无疑地是最具代表性的新古典主义者，《丘比特与赛姬》(Cupid and Psyche，1780年)与《宝琳波那帕特波格塞》(Pauline Bonaparte Borghese，1808年)最为脍炙人口。

幻像建筑师与布扎学院

在西方，由于对古典事物之研究，再加上法国理性主义之传统，几何形体之强调也渐为建筑师所重视。早在巴洛克时代，英国建筑师雷恩爵士就曾指出“几何形体是自然地比其他不规则形体要美丽”。公元1754年克比（Joshua Kirby）就曾以各种几何形体置摆于一花园中而完成。同样之手法则实际成形于公元1777年歌德（Goethe）所设计之幸运坛（Altar of Good Fortune）。在此坛中，二个视觉上之象征，代表永无休止欲望之球体，不能动弹地停止于真理之方体之上，所有文艺复兴及巴洛克寓意之添加物均被剔除，而完全地处理成纯几何形，作为置放于一个理想化自然景观中的柏拉图式本质。认为艺术和诗歌均有不可测度之象征之歌德，以最简单永恒的几何体重现了一个复杂之理念。

在建筑上要达到这样纯度之几何性几乎不可能，但是在

▽ 42.30 几何花园设计（克比）

△ 42.31 幸运坛（歌德）

▽ 42.32 大歌剧院方案外貌（布勒）

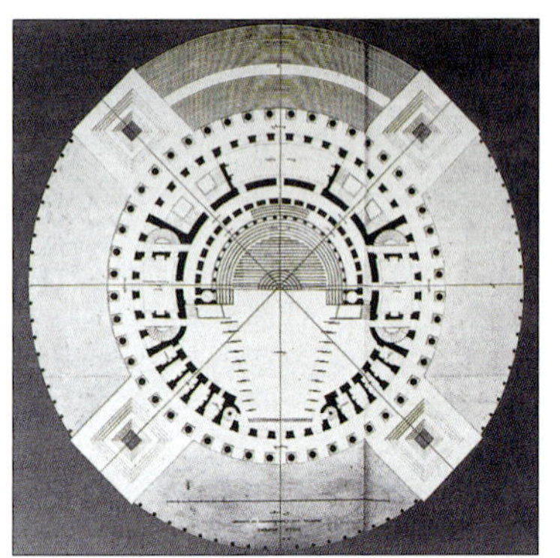

◁ 42.33 大歌剧院方案平面图（布勒）

△ 42.35 大博物馆方案（布勒）

▽ 42.36 图书馆方案（布勒）

法国一些被称之为幻像建筑师（visionary architect）之作品中，我们却可以看到巨大几何形体之魔力，尤其在法国大革命之后，这种超尺度之幻像被认为是可以重激市民之气概，为一种可以重新肯定市民权力及存在之手段，在这批建筑师中，以艾蒂安－路易布勒（Etienne-Louis Boullee）及克洛德·尼古拉·勒杜（Claude-Nicolas Ledoux）二人之影响最大，其二人之作品虽然有某种程度上之关系，但是却有各自之特征。公元1781年，布勒提出了一系列有关歌剧院、教堂及图书馆之设计图样。剧院是一个圆顶之大建筑，虽然布勒应用了大量之柱子，但是整体之效用却是取决于其巨大之量体。在教堂方面，虽然布勒认为他是完成狄艾文未完成之马德莲教堂（Madeleine），但实际上却只是将苏夫洛设计之圣几内维教堂巨量化而已，其光是在室内就需要三千根柱子，是远远超过当时之能力之所能胜任的。到了公元1783年他提出的大博物馆中，几何纯度已增加许多。同样地，在强烈透视桶形拱顶的图书馆（1784年）方

▽ 42.34 大教堂方案（布勒）

案中，显现的是布勒并不太在乎机能的运作。事实上，在这些作品中，布勒设计的是纪念物，人似乎不再那般重要，也只是装饰物，用来衬托纪念物的超尺度而已。

而翌年之牛顿纪念堂（Cenotaph for Newton）则只余单纯圆柱体的基座与圆形主体之几何构成。布勒将其理想化宇宙世界，缩影于一个巨大球体中，纪念堂之主要企图乃是虚构一处无尽宇宙的景象，以成就天体的感知。

△ 42.37 牛顿纪念堂方案（布勒）

与布勒一样，勒杜也经常被归于幻像建筑师，不过与布勒之作品从未实践之情况相比较之下，勒杜可谓实际许多。其虽然也有一些使用纯几何形体的设计，如1780年的牧羊人之屋，但却也有不少实现的作品。阿克西纳盐场（Arc-et-Senans）是勒杜1773年被选为皇家建筑师之后第一个有名的公共建筑作品。此盐场是位于阿克与西纳两个乡村之间。整个方案也形成了索渥（Chaux）理想城镇之核心。虽然盐场的设施实际上很难成为一个城镇的中心，而这个理想城镇也未曾实现，阿克西纳盐场本身仍然可以说是勒杜的一个杰作。整个设计方案在1773年获得核准，1775–1779年兴建完成。整个盐场是一个半圆形的配置，不同制盐过程中的厂房是彼此分离，但都被包被于一个围墙之中。盐场主管的住宅位居直径中央，两旁为蒸发室。在半圆圆周上为各种储藏仓库，入口则于正中，与主管住宅遥遥相对，整个盐场就好像是一个政治实体的缩影。有人认为建筑的配置很有可能是受到凡尔赛宫或宁芬堡等皇家宫殿的影响，但勒杜却认为其更像是简单又纯粹的太阳轨道。

入口之翼，包括有守卫室及拘留所，有一座由六根没有柱础的塔司干柱式所构成的门廊。这虽然不是法国建筑史上第一次应用无柱础的柱式，但是比任何以前的案例更小心且具企图心。其功能更借由门廊两侧之瓮而加重，并且暗示了不仅有水流而已，而且更因为有盐份而凝结，同时更提高了建筑的雕塑性。瓶瓮之隐喻在

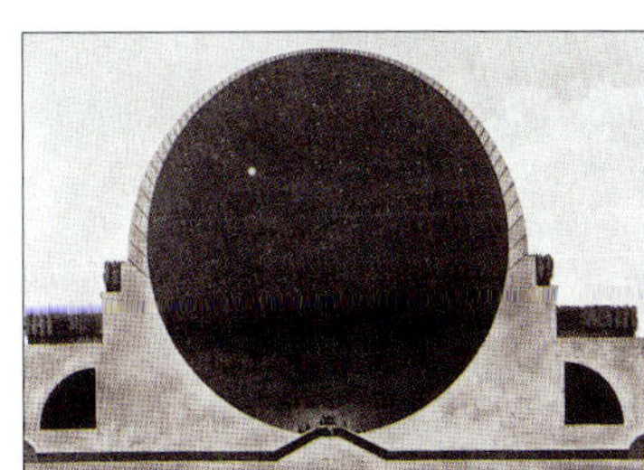

△ 42.38 牛顿纪念堂方案剖面图（布勒）

▽ 42.39 牧羊人之屋方案（勒杜）

▽ 42.40 阿克西纳盐场入口门廊

△ 42.41 索渥盐场主管住宅

门廊中更加清楚，自然摆置的石块就好像是泉水中冒出的水泡，充满了门廊。主管的住宅更像是一栋公共建筑，而不是乡村别墅，以强化其权威性。在盐场兴建之际，勒杜将之扩展成为索渥（Chaux）的理想城市。基本上，这个理想城市是将阿克西纳盐场由半圆形扩充为一个圆形的城镇，并由中心的圆向外扩展其他设施，左侧有教堂，右侧为圆形剧场。

巴黎的门房实际上是关税站，一共有50多个，分布在近郊新的城墙中。在法国大革命时，这些门房成为攻击的对象，但大多数都幸存下来至1860年代才被拆除，只有4座保存至今。勒杜充分地发挥创意，将每一个门房设计成不一样，但却都有类似的性格。所有门房基本上都有雄壮的外貌，带有几分防御特质，这与它们的功能是十分相符的。这些门房从远处观看，不同的造型自然地成为进入巴黎的一种识别标志，这种附加的功能其实是相当地成功。勒杜称呼这些门房为“大门”(Propylees)，就是衍生自雅典卫城的“大门”(propyleaa)的概念。

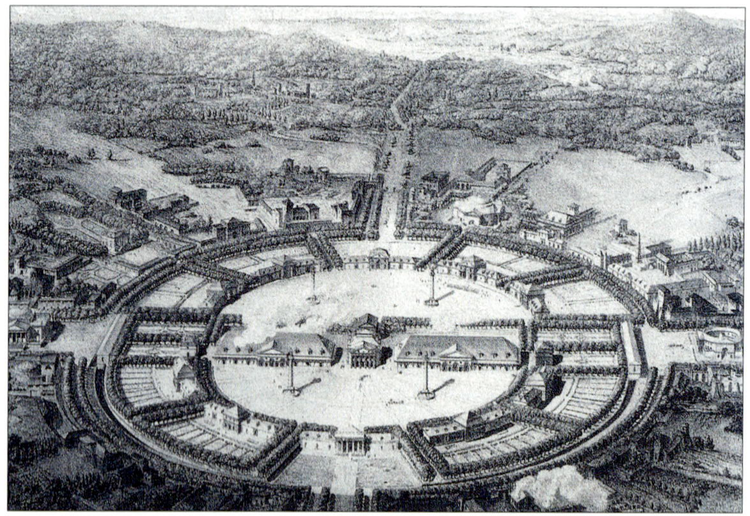

△ 42.42 索渥盐场整体方案图（勒杜）

▽ 42.43 巴黎圆形门房

▽ 42.44 巴黎门房细部

在现存四座门房中，维烈特（La Villette）之门房是规模最大的一座，由一个正方形之主体上置圆柱鼓环而成。门廊与鼓环应用的都是塔司干柱式，开放的柱廊形式将有助于对门其旁运河的监控。上层鼓环的形式类似于水塔之做法，不过却由成对的塔司干柱支撑拱券来表现。比起布勒之作，勒杜之作品是平易多了，而且提供了较多之可行性，换句话说，“布勒提供了高度之理想，勒杜则提供实践之模式，他们一起为被称之为‘革命的’建筑之巨大改变同负其责。”

提到布勒，不能不提他的杰出学生让-尼古拉-路易·迪朗（Jean-Nicolas-Louis Durand），他于公元1795年成为技术学院（Ecole Polytechnique）之教授，一直到公元1834年死亡为止。据说布勒有许多图乃是迪朗所绘，而也因此许多布勒思想及特征皆得以保存在迪朗之图中。迪朗和古典主义思想之关系是相当暧昧的，他的作品有时候是相当地接近古典传统，而且他一向主张在建筑中只使用多立克柱及科林斯柱，后者该用于大型之公共建筑中，例如位于巴黎艾托乐（Place de l Etoile）的纪念殿即是，而前者则该使用于阶层较低之私人建筑。可是在其他方面，迪朗又将古典传统细心修改以便在理论上及实际构成上均可以适合他的理想，迪朗可以说是一位介于两个时代思潮的人，他可以被视为是新古典主义最后之诠释者，但也可被视为是现代功能主义之先驱。虽然迪朗是任教于技术学院，他的建筑活动及思潮其实是和布扎学院有密切的关系。布扎学院虽然于19世纪初才成，事实上我们也很难将布勒及迪朗等人之作品与布扎系统中划出一条明晰之界线，19世纪之法国建筑或多或少均笼罩在布扎之阴影之下。

▽ 42.45 艾托乐纪念殿（杜兰）

第四十三章 英格兰的新古典主义建筑

回归古典的讯息

随着新古典主义在法国的盛行之际，与法国只有一水之隔的英国也同样出现新古典的作品。事实上，英国本身的建筑发展长久以来就与欧洲大陆不尽相同。在巴洛克与洛可可成为17世纪欧陆之主流时，英国仍然保存对古典主义相当忠诚的信赖与支持，尤其是帕拉第奥古典主义，这个现象在雷恩爵士等人所设计的巴洛克建筑中就非常地清楚。从18世纪开始，古典主义之讯息也不断地出现在一些重要的作品之中，伯灵顿爵士（Earl of Burlington）所设计的奇士维克之屋（Chiswick House，1725年）与威廉肯特（William Kent）所设计的霍克翰厅（Holkham Hall，1734年）就是最好的说明。奇士维克之屋虽然有强烈的帕拉第奥圆厅别墅之影子，但是古典罗马建筑的原型却更忠实地呈现。在霍克翰厅的门厅中，古典爱奥尼柱与藻井则被巧妙地应用以形塑大厅的古典氛围。

△ 43.1 奇士维克之屋外貌

这种对于帕拉第奥古典主义的喜好也可以在较晚由老约翰·伍德（John Wood, the Elder）设计的巴斯圆环（Bath Circus，1754年）与小约翰·伍德（John Wood, the Younger）的巴斯皇家月弯（Bath Royal Crescent，1767–1775年）中的街屋立面中看出。公元1740年代，老约翰·伍德开始孕育了一个新想法，希望能借由新的纪念性建筑来恢宏罗马时代巴斯的光彩。他的计画包括有一个皇家体育场、一个广场及一个圆环。

▽ 43.2 霍克翰厅门厅

▽ 43.3 巴斯圆环街屋

可是体育场未曾实现，广场也极为平凡，但圆环却成了不朽之作。它是由33栋街屋分成三段所形成的一个圆，每两段圆弧之间则是一条放射状之街道。这个计画结合了法国庭园中常见的圆节点，和史无前例但非常技巧地将古代罗马竞技场三层不同柱式的圆形外观，翻转向内形成圆环立面之做法。它虽然没有像竞技场一样的拱券，但却有16世纪意大利风格的双柱。地面层三槽石之间的小间壁则有三百多种不同图案之百业母题，以一种图案来代表一种职业。

在巴斯圆环三条放射街道之一条的末端，小约翰·伍德在公元1767年将他父亲对于都市开放空间之想法推展到一个更为动人的层次。他以30栋街屋组成了半椭圆形的皇家月弯，立面的上层是爱奥尼柱式。前面的广大草地，使得巴斯城显得以经由皇家月弯而一览无疑。皇家月弯完成时，它是英格兰第一个月弯的设计，其震慑的视觉效果很快地就被广泛地模仿，在英格兰甚至是苏格兰都引起连锁反应。月弯结合了古典性格与英格兰地景观念，完美地成为18世纪起大不列巅重要的都市设计主题。另一方面，在如吉比斯（James Gibbs）等人所设计的教堂中，

△ 43.5 巴斯圆环街屋

▽ 43.4 巴斯圆环月弯布局图

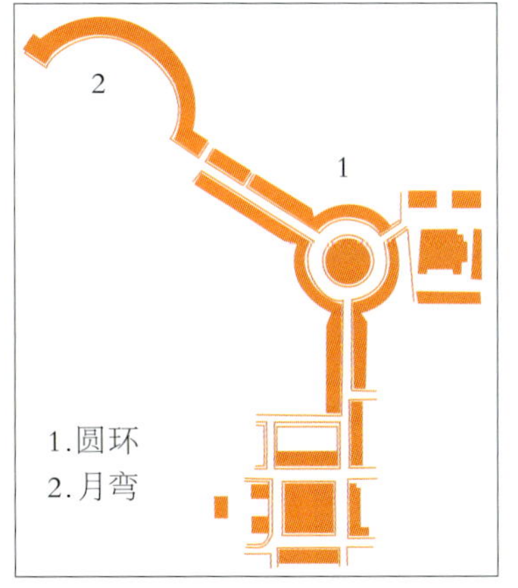

▽ 43.6 巴斯皇家月弯

▽ 43.7 巴斯皇家月弯

▽ 43.8 伦敦圣马丁教堂

△ 43.9 罗伯亚当像

则又有与帕拉第奥古典主义不同的古典取向，伦敦的圣马丁教堂（St Martin-in-the-Fields）就是一个代表，一座科林斯柱式的罗马门廊被设计为一座具有哥特高塔意象的教堂，形成一种前所未见的组合。

亚当风格的形成

虽然18世纪初已有建筑师展现回归古典的企图，罗伯·亚当（Robert Adam，1728–1792年）却是真正将英国建筑推向新古典主义的建筑师。亚当成长于一个建筑世家，其父威廉·亚当是当时苏格兰最有名的建筑师，其弟詹姆斯（James Adam，1730–1794年）也是建筑师。从小受严格的教育，所以在他20岁父亲过世时，已学得一身绘图绝技，可以独挑大梁，与其弟继续父亲之事业。与所有新古典主义的建筑师一样，亚当也不可避免地把罗马之旅视为是一种必要的修习。他于公元1754年到达意大利，随行的人中包括了法国著名的画师克勒苏（Clérisseau），并于公元1757年转往史帕拉托的戴克里先宫殿，随行并且有绘图员加以测绘遗迹。在公元1758年回国后六年，亚当便将当时之调查测绘资料出版。

公元1759年，亚当开始接受委托设计建筑。公元1760年，亚当设计了伦敦白厅（Whitehall）海军总部之柱列围篱。这是一个结合门房与围墙之设计，亚当以一个两侧有古典壁龛之拱券入口主体往两侧延伸塔司干柱式的柱廊，再各以有三个壁龛的端部收头，使此建筑之正向充满了古典特质。公元1761年，他经任命成为国王之建筑师，开启了大量设计之年代。著名的奥斯特利

▽ 43.10 伦敦白厅海军总部围篱

▽ 43.11 伦敦席恩之屋大门设计图

公园建筑组群（Osterley Park）、席恩之屋（Syon House）均是设计于此期。由于作品广受称赞，亚当的委托量于是源源不断。与其他新古典主义的建筑师不一样，亚当并不完全受限于古典建筑的原型，他相当具有创造性。他所创造的风格让他成为当时英国最有名的建筑师之一。他从来不重复相同的设计，每一个方案都具有原创与发明。另一方面，亚当也经常在古典主义的原则下，结合了古典元素与异风元素或其他较不为人知的装饰。由于亚当较早期的作品都是既有建筑的增改建，所以可以说是以室内设计起家，后来才逐渐扩展及于大型的建筑。

在奥斯特利公园建筑组群中，亚当除了设计甚多的室内装修之外，更添加了一座爱奥尼柱式的门廊。席恩之屋是亚当最有名的设计，公元1762年起，亚当接受第一任诺森伯兰公爵（First Duke of Northumberland）之邀，进行既

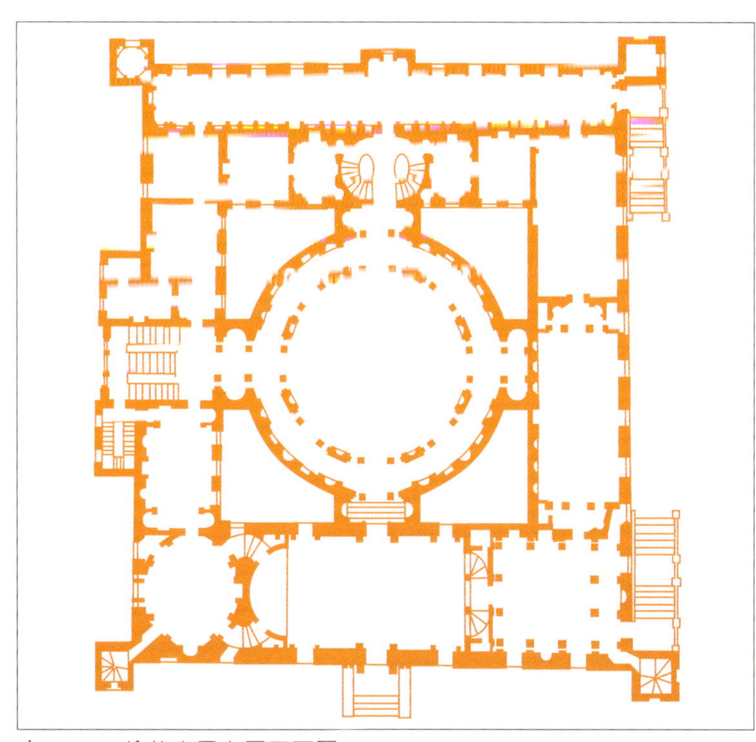

△ 43.12 伦敦席恩之屋平面图

▽ 43.13 伦敦席恩之屋门厅

▽ 43.14 伦敦席恩之屋前厅

▽ 43.15 伦敦席恩之屋装饰板

有建筑之整修工作，其中入口大门，前厅、门厅与长廊最引人注意。大门与海军总部柱列围篱非常类似，不过围墙成为透空栅栏，柱子之柱式则以棕榈叶柱取代塔司干柱式。门厅则充满了古典希腊与罗马精神之呈现，在长方形的房间一侧为半圆凹室，凹室立有古典雕像，顶棚为古典藻井；另一侧以一座希腊化时期雕像“垂死的高卢人”为焦点，位于两根多立克柱之间，再经由两侧的螺旋梯可通往前厅。前厅有12根柱子，为公元1765年直接从意大利进口而来，使之直接地与古典世界搭上关系。长廊的尺度非常地狭长，亚当则应用了62根壁柱作为墙面之装饰来减缓狭长空间的不稳定，同时应用不少细部装饰来增加空间的美感。在席恩之屋中，亚当应用了他在古典建筑上的知识，创造了一个典型的新古典室内空间，而亚当在室内设计上的原创性，也形成日后的亚当风格（Adam Style），具有浓厚的古典风。

△ 43.16 巴斯普特尼桥

除了私人宅邸外，亚当在公元1770年代与1780年代也设计一些公共建筑，巴斯的普特尼桥（Pultney Bridge，1788年）、伦敦的菲特兹罗伊广场（Fitzroy Square，1790-1800年）、格拉斯哥的交易厅（Trades Hall，1791-1799年）与一些爱丁堡的建筑。普特尼桥由三个圆拱券的桥墩支撑，其上为商店所构成的桥体，立面在中央及两端都以古典元素特别加以强化。在其晚年，亚当对军事建筑与城堡产生兴趣，在公元1790年，他也整修设计了库兹颜城堡（Culzean Castle）。虽然外表与一般的城堡类似，但是中间的

▽ 43.17 库兹颜城堡圆厅

▽ 43.18 《罗伯亚当及詹姆斯亚当建筑作品集》封面

圆厅却在不同的楼层分别应用了拱券、科林斯柱式与爱奥尼柱式，其他的室内也都承袭了亚当风格的装修。亚当对于古典事务的喜好，也可以在公元1778年他出版的《罗伯亚当及詹姆斯亚当建筑作品集》封面中看出，在这幅封面中，一个学子正受教于罗马女神米娜娃女神（Minerva），她正用手指着希腊与意大利，古典知识与真理的来源。

索恩与英格兰银行

在亚当之后，约翰·索恩（John Soane，1753-1837年）则是英国影响新古典主义发展最重要的建筑师。早年索恩曾在不同的事务所工作，并于公元1770年开始于皇家学院（Royal Academy）上课。公元1772年索恩获得了皇家学院建筑竞赛之第二名，更于公元1776年获得首奖。公元1777年，索恩在威廉·张伯斯（William Chambers）的支持下，得到了乔治三世学生旅行奖学生，有机会到意大利考察古建筑。他于公元1778年5月到达罗马，也曾前往波厄斯坦、西西里、佛罗伦萨与威尼斯等地考察。公元1788年，索恩出版了《建筑平面（Plans for Buildings）》，展现当时的建筑风潮，也很快地使他成为最主要的新古典主义建筑师。

与其他英国的新古典建筑师相较，索恩是较为不同的一个，他并不直接引用古典原型或帕拉第奥的原型，他结合了古典空间原型、几何形体与光线，创造出一种独特的空间，颇为类似法国幻像建筑师，但却以作品来实践。在索恩的作品中，最为人津津乐道的乃是伦敦的英格兰银行（Bank of England，1799-1800年）。

英格兰银行位于伦敦的经济中心，曾经是商业世界的中心。从公元1732年起，在超过一百年的时间，一共有3位建筑师参与了其建筑的工程。英格兰银行是世界上第一栋为银行功能而建的建筑，也成为日后银行建筑的典范。

索恩在公元1788-1833年

△ 43.19 罗马万神殿剖面图

▽ 43.20 伦敦英格兰银行大圆厅剖面图

△ 43.21 伦敦英格兰银行大厅透视图

43.22 伦敦英格兰银行提佛利角落透视图 ▽

△ 43.23 伦敦英格兰银行洛斯伯利中庭透视图

间，英格兰银行建筑扩展最兴盛的时期开始参与设计，将当时许多不同的古典思潮结合在一起，包括有古典希腊及罗马、帕拉第奥古典主义、考古古典知识及法国幻像建筑师的几何古典手法。他甚至将银行不同的区位以古典的名称命名，如多立克前室及提佛利角落。在此建筑中，索恩应用了来自古典罗马的空间概念，例如大圆厅不仅和皮拉尼西所绘之莎卢花园（Gardens of Sallust）十分类似，也与索恩研究的罗马万神殿有关，甚至连图面上表现的阴影也几乎相同。

银行大厅则深受古典罗马大会堂的概念，让银行的主要空间位居三个圆顶空间之下，中央圆顶的光线经由灯笼塔顶由中央天眼而下，两侧之圆顶则由小塔采光，形成了日后索恩作品中，最为显著的空间特征。不只是室内，在英格兰银行庞大的外貌上，古典的原型也经常出现，例如洛斯伯利中庭（Lothbury Court）的有些出入口就是演变自罗马君士坦丁凯旋门，西北角的提佛利角落就是模仿自提佛利的韦斯太神庙。在索恩的细心经营下，英格兰银行成为古典建筑原型的汇集之处。

事实上，索恩的作品非常地多，除了英格兰银行之外，从住宅、学校、教堂到墓室，应有尽有，而且大多数是以古典精神与原则来设计，其中位于伦敦林肯法学院广场（Lincoln's Inn Fields）13号的自宅，更是将索恩的古典收藏品融入建筑空间中，为索恩对古典的热爱，作了最好的批注。

43.24 伦敦林肯法学院广场住宅圆厅透视图 ▽

△ 43.25 伦敦大英博物馆正向外貌

△ 43.27 伦敦大英博物馆门廊山墙

▽ 43.26 伦敦大英博物馆门廊平面图

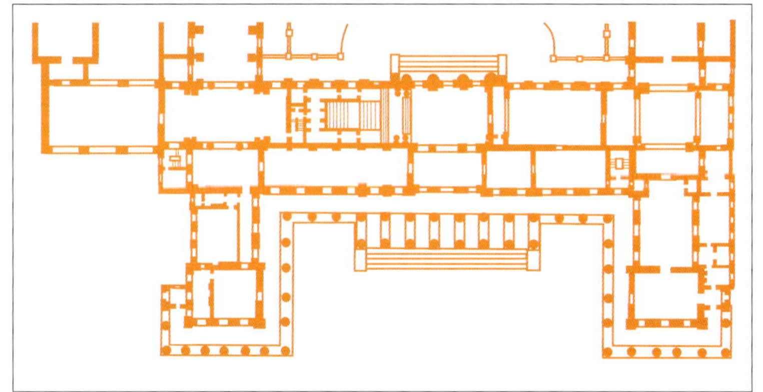

▽ 43.28 伦敦大英博物馆正向柱列

史马克与大英博物馆

除了罗伯亚当之作之外，在英国新古典主义其他作品中，大英博物馆是另外一栋指针性的代表作。大英博物馆创建乃是18世纪欧洲考古风潮中一项直接的成果，创立于公元1753年，以收藏史隆爵士（Sir Hans Sloane）的收藏品，公元1759年正式对外开放。17世纪，原有建筑已经不敷使用，于是展开重建计画，由建筑师史马克（Robert Smirke，1781-1867年）所设计于公元1823年，历经20多年才于公元1847年完成。由于古典希腊的建筑构件与雕刻在大英博物馆的收藏中占有非常重的比重，再加上史马克本身就是希腊复古风潮的大将，曾经至希腊实际旅行考察，因此他在设计时，采

▽ 43.29 伦敦大英博物馆室内顶部

△ 43.30 伦敦大英博物馆室内（埃及雕刻室）

▽ 43.31 《雅典古风物》封面

▽ 43.32 史都亚德描绘雅典神庙图

用了优雅的爱奥尼柱作为建筑的主要语汇，成为英国最重要的新古典主义之作。

史马克设计的大英博物馆，是经过冗长的讨论修正才定案。基本上，博物馆是一个三面临街的合院式建筑。主要门面位于南向，正立面端部突出主入口，形成内凹式的前庭，并以希腊爱奥尼柱环绕一圈。主入口门廊巧妙地与这一圈柱廊结合，既可看成是一座位于柱列前的八柱门廊，也可以视为是一座16柱门廊再往两侧延伸柱列。合院中庭原来在史马克的构想中，是一个市民可及的空间，可以处理成植物园的形态，而朝向中庭四个面中央也都设置有门廊。然而这个想法后来并没有实现，四面的门廊也都只改为立面的处理，而非真正的门廊。中庭也在公元1857年兴建了圆形阅览室。

事实上，大英博物馆新建筑落成的意义是远超出于建筑本身。它也同时是世界市民博物馆年代来临的宣告以及希腊复古风潮在英国的胜利。虽然世界上大型博物馆的创立可以追溯到公元1172年，梵蒂冈的庇欧克雷蒙提诺博物馆（Pio Clementino Museum）的开幕，但是现代博物馆却是以大英博物馆的成立与开放最具意义，因为在它的影响之下，各地的博物馆纷纷设立，甚至彼此竞争，以彰显国力。至于对希腊古典建筑之推崇，早于伍德（Robert Wood）等人于 公元1753年出版的《巴米亚之遗迹》(The Ruins of Palmyra) 和公元1757年出版的《波尔贝克之遗迹》(The Ruins of Ballbec）两部书中就一览无疑。公元1762年詹姆斯·史都亚德（James Stuart）与尼可拉

▽ 43.33 伦敦公园月弯

斯瑞维特（Nicholas Revett）出版的《雅典古风物（Antiquities of Athens）》一书更将古典希腊建筑的影响力，扩及于许多人。史马克对于希腊事务一向向往，自然深受感动。而希腊复古的成就，在某个程度上更有与法国流行的罗马复古风潮相互抗衡之意味。

纳希与伦敦公园月弯

约翰·纳希（John Nash，1752–1835年）是英国19世纪前期非常杰出而且多才多艺的建筑师，其为后来成为乔治四世的摄政王最欣赏的建筑师。年轻时，纳希曾于罗伯·泰勒（Robert Taylor）处当学徒，泰勒的古典倾向对其必然有所影响。虽然纳希作品中有充满异风的布莱顿皇家阁（Royal Pavilion，1815–1822年），也有带有哥特风格的设计，但却也有许多作品中却呈现出新古典风格，伦敦摄政公园与摄政街设计（Plan for Regent Park and Regent Street）中的公园月弯（Park Crescent）是为一个代表。

在摄政公园与摄政街设计中不少区段的建筑都应用了优雅的古典柱式，其中被称为“公园月弯”之半圆形建筑群，是纳希于公元1812年整体计划的一部分，于公元1821年完工。半圆形的都市空间替波特兰大街作了最好的总结。整批连栋街屋高4层楼，外加地下室。而每一层楼不一样的开口形式，似乎是在简洁中寻求一些变化，二层为圆拱窗，三层为长方形窗，四楼尺度较小，端部为圆拱窗，中央为长方形窗。地面层以古典的爱奥尼对柱为主要的语汇，与整栋建筑简洁的立面搭配得十分贴

△ 43.35 伦敦海马克皇家剧院外貌

▽ 43.36 伦敦万灵堂外貌

▽ 43.37 伦敦万灵堂平面图

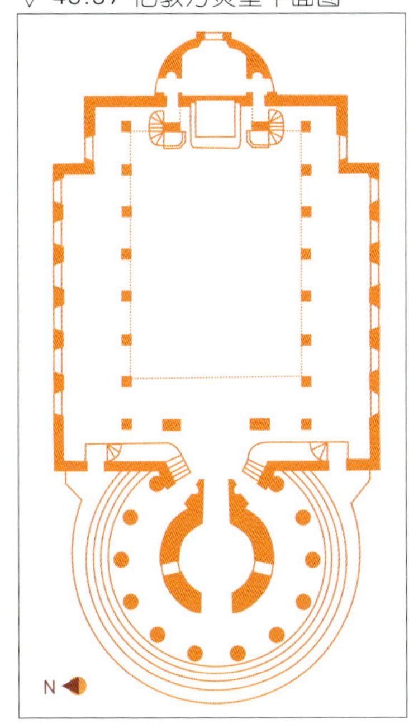

▽ 43.34 伦敦摄政街皮卡地里圆环段透视图

△ 43.38 伦敦坎伯兰连栋街屋

切。而摄政街在接近皮卡地里圆环（Piccadilly Circus）时，本身也是曲面的设计。在这处被惯称为“四分圆”（quadrant）之街道中，纳希用多立克柱创造了一处优雅的都市空间。

另外纳希设计的伦敦海马克皇家剧院（The Theatre Royal Haymarket，1821年）、伦敦万灵堂（All Souls Church，1822-1824年）以及坎伯兰连栋街屋（Cumberland Terrace,1826年）也都有非常古典化的表情与设计。海马克皇家剧院有一个六根科林斯柱式的山墙门廊与其后的墙面形成很大的对比。万灵堂的空间是由一个圆形围柱门廊与长方形的会堂组成。虽然圆形门廊有尖塔为顶，但双层围柱的古典柱式则是十足的新古典风格。坎伯兰连栋街屋与摄政公园周围的许多街屋一样，都是相当成熟地应用了古典柱式于不同的部位。

除了索恩、史马克与纳希前述所提的例子之外，19世纪的伦敦事实上还散布着不少由不同建筑师设计的新古典主义建筑。殷伍德（W. Inwood）设计的圣潘卡拉斯教堂（St Pancras，1819-1822年）不但承袭了吉比斯所设计的圣马丁教堂（St

△ 43.39 伦敦圣潘卡拉斯教堂

△ 43.41 伦敦尼尔逊纪念柱顶部

▽ 43.40 伦敦尼尔逊纪念柱全貌

▽ 43.42 伦敦特拉法叶广场透视图

Martin-in-the-Fields）将八角形的钟塔与六柱爱奥尼门廊之外，还于侧面应用了雅典卫城上伊瑞克提翁女像柱于侧面。雷尔顿（William Railton）设计，位于特拉法加广场的尼尔逊纪念柱（Nelson Column, 1842），怀特（Benjamin Wyatt）设计、位于滑铁卢广场的约克公爵纪念柱（Duke of York Column，1831-1834年）很明显地都是受到古典罗马纪念柱之影响，其中尼尔逊纪念柱很明显地有与巴黎旺道姆广场（Place Vendôme）的拿破仑纪念柱相互抗衡之涵义。

波顿（Decimus Burton）设计的海德公园入口围篱（Hyde Park Screen，1825年）为公园整体计画的一部分，使用优雅的爱奥尼柱式作为公园的入口象征之一。立宪拱门（Constitution Arch，1827-1828年）亦称威灵顿拱门（Wellington Arch），原为白金汉宫庭园的北入口，公元1883年迁移至此，与纳希设计的大理石拱门（Marble Arch，1828年）则都以罗马凯旋门为蓝本。由威尔金（William Wilkins）设计的国家画廊（National Gallery），虽然外貌曾受到批评，中央八柱门廊与两侧四柱门廊之此栋建筑，却也仍然可以视为新古典主义之重要作品。

▽ 43.43 伦敦海德公园入口围篱

△ 43.46 伦敦国家画廊中央门廊

△ 43.44 伦敦立宪拱门

▽ 43.45 伦敦大理石拱门

▽ 43.47 伦敦国家画廊正向全貌

第四十四章 苏格兰的新古典主义建筑

爱丁堡—北方雅典

除了于英格兰的作品之外，罗伯特·亚当（Robert Adam）也在家乡苏格兰设计一些公共建筑，包括有爱丁堡的档案处（Register House，1772-1792年）、爱丁堡大学（1789-1834年）、夏洛蒂广场（Charlotte Square，1791年）。在这些作品中，亚当对于古典元素的应用，仍然甚为精准。爱丁堡的档案处为合院包被圆厅的空间，中央古典神庙立面被置放于二楼作为立面焦点，不管是圆厅或神庙门面都源自于古典的原型。类似的立面也出现在夏洛蒂广场上。夏洛蒂广场是一个长方形的广场，位于乔治大街西侧，南北西三侧绕以建筑，街道则由四个角落进入。南北侧立面的中央也是一个优雅的神庙门面。

△ 44.1 爱丁堡档案处正向立面图

爱丁堡大学于公元1789年奠基，但工程进行非常缓慢，中间也一度中断，至公元1815

▽ 44.2 爱丁堡档案处地面层平面图

▽ 44.3 爱丁堡夏洛蒂广场街屋外

△ 44.4 爱丁堡大学中庭外貌

年才复工，不过亚当已经去世，后来由几位建筑师陆续完成。虽然目前的圆顶为公元1906年才由安德森（Rowand Anderson）完成，与亚当原设计有所差异。尽管如此，在爱丁堡大学之建筑上，亚当设计的塔司干柱式大门却庄严地呈现出罗马建筑厚重的一面。三个拱券的大门，乍看之下亦有几分凯旋门之意味。

除了个别建筑师对于新古典的诠释之外，在苏格兰也出现了一个城市对于新古典的偏好。从爱丁堡市区中许多仿古典主义之建筑所显示的，爱丁堡真的是一个溺爱希腊古典风雅之城市。不但城市被称为“北方的雅典”，居民也被冠之为“现代的雅典人”。然而它之所以会沉迷于这一股希腊古典热，则完全要得诸于一些自认风雅之人士所推波助澜所造成。前述的詹姆斯·史都亚德（James Stuart）就是一例，他极端热爱雅典风物之态度，使他得到了一个昵称“雅典的史都雅德（Athenian Stuart）”。这个有苏格兰血统的伦敦人，乃是将爱丁堡模拟雅典之始作俑者。

在公元1762年出版的《雅典古风物》一书的序文中，詹姆斯·史都亚德提出了一个他

△ 44.5 爱丁堡大学正向透视图（圆顶尚未兴建）

▽ 44.6 爱丁堡大学正向立面图

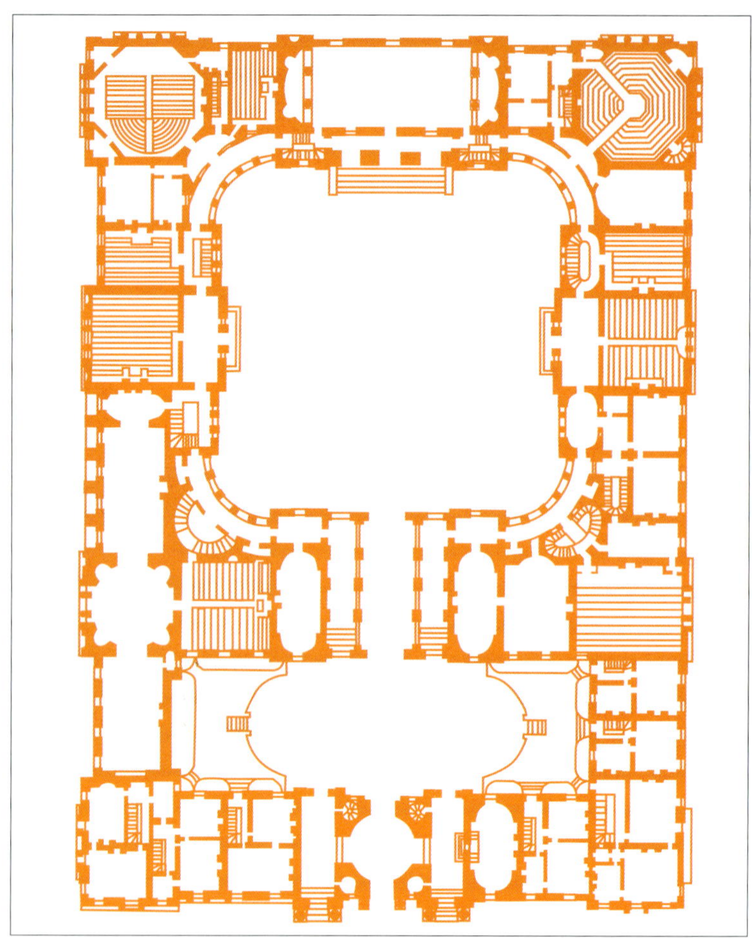

△ 44.7 爱丁堡大学地面层平面图

▽ 44.8 爱丁堡大学正向外貌

的发现。他认为如果站在南边的宾特兰山丘（Pentland Hills）向爱丁堡市区望去，古堡岩看起来就像雅典的卫城，卡尔顿山就像莱卡贝特斯（Lycabetes）等。他这种对雅典与爱丁堡之模拟，在他作了一次希腊之行，并且丈量许多雅典古迹后，更加地广为人们所接受。当然他也因而成为一个家喻户晓的古典艺术家。史都亚德这种努力接着由一位名叫雨格·威廉（Hugh Williams）所继承。一如史都亚德一样，威廉也有一个广为人知之昵称“希腊的威廉（Grecian Williams）”；他曾经数度亲访希腊，并且绘制了许多希腊风光之图画，并且将之与爱丁堡之景象并列展出，以证明这种类似。

然而事实上在两个城市之间存在有一种非常微妙，而且不太容易察觉到之内在类同：爱丁堡的黄金发展时期，从苏格兰启蒙运动达到顶点，而新镇开始建设，只延续了约短短的70年左右（19世纪初）；而恰巧地，雅典城发展的黄金岁月也是大约只有70年左右（公元前5世纪左右）。在两个城市之发展黄金时期之前，均是先存在着一段怀疑与矛盾之时段，然后渐渐地出现了一些前所未见之知识分子，而城市之外貌也渐渐地借由大型纪念性建筑物来肯定自己之认同。在爱丁堡，这种倾古典之风于公元1810年左右当新镇开始如火如荼展开建设之后特别地兴盛。而在爱丁堡全市中，再也没有一个地方可以比卡尔顿山（Calton Hill）更适合去刻意地构筑一系列新古典纪念建筑了。因为从这一个位于市区西北角之山丘上，可以一览无遗地看到几乎整个爱丁堡市区。今日，经过刻意经营的卡尔顿山，有数栋古典建筑，事实上是比古堡岩看起来更接近于雅典之卫城，然而爱丁堡人却小心翼翼地谈论此事，怕僭取了古堡岩原有之权威地位。

苏格兰国家纪念堂

苏格兰国家纪念堂屹立于卡尔顿山上最高点，相当引人注目。这栋建筑原计划是为了纪念于拿破仑战役中殉身之战士所建。早在公元1815年，当建筑师亚契巴德·艾略特（Archibald Elliot），计划在卡尔顿山下之滑铁卢大道上兴建一座凯旋门时，就曾风闻此纪念堂之兴建计划。可是等到2年后，即公元1817年才见到有募款之活动。可是真正的奠基要等到公元1822年乔治四世（George Ⅳ）访问爱丁堡时才执行。这是一座仿照雅典卫城上帕提农神庙所建之建筑物。最先之计划是希望在纪念堂之地下室构筑庞大的地下墓窖，以便容纳苏格兰重要人物死后之灵柩。

公元1823年建筑师库克威尔（C.R Cockerwell）被任命为主要建筑师以便确实掌握到仿建工程之准确性；翌年建筑师威廉·朴列菲尔（William Playfair）被任命为驻地建筑师，亲自在场监督每一个步骤之进行。他是当时爱丁堡最有名望而且最优秀之建筑师之一。而且如果单纯就朴列菲尔在爱丁堡所设计或监造之建筑物而言，爱丁堡之新古典风貌要归功于朴列

▽ 44.9 苏格兰国家纪念堂现貌

△ 44.10 苏格兰国家纪念堂现貌

▽ 44.11 苏格兰国家纪念堂现貌

菲尔甚于其他的任何建筑师。

朴列菲尔是在公元1789年法国大革命之动荡时期出生于伦敦，为一个苏格兰建筑师的儿子，但是他之所以会走上建筑这个行业却不是因为他的父亲，而是因为一场家庭悲剧。这场悲剧发生在朴列菲尔4岁时，他的父亲因故死亡，所以朴列菲尔被带至爱丁堡他一个受人尊敬的伯父——爱丁堡大学数学暨自然科学教授约翰朴列菲尔（John Playfair）家中抚养，也就是在苏格兰长大这段时间，他有机会到苏格兰西部有名的建筑师史塔克（William Stark）的事务所学习。史塔克非常钟爱朴列菲尔，这给予他无以伦比的机会。或许是老天有意安排，史塔克也是死的很早，所以使朴列菲尔这位光芒四射又极具野心之年轻小伙子很快有出头的机会，但是朴列菲尔并没有马上独立开业，他先到欧洲大陆及伦敦去考察，锻炼自己成为一个优秀的建筑师。公元1816年，当朴列菲尔27岁时，他提出一个完成爱丁堡老学院（Old College）之计划来和罗伯特·亚当相对抗。亚当原有的计划有两个中庭，但朴列菲尔将之整合为一个而已。

苏格兰国家纪念堂除了有一流的建筑师外，也有精挑出来均为上驷之选的工匠与严格的施工管理。作为建材之克拉格莱斯石也是全国屈指可数的好材料；像伦敦的白金汉宫之部分宫殿，英格兰银行的总部，大英博物馆也都是采用这种材料。由于建筑尺度相当庞大，有些大石材必须花用12匹马和70名壮汉才可以运上这个不高的山丘上。可是也由于工程太过于浩大了，所以募来的款项很快就透支了，于是工程在公元1829年就宣告停顿，那时只完成了西端之台阶，立于台阶上之12根巨大的多立克柱，及其上之楣梁。由于此时爱丁堡以至于整个苏格兰的经济已逐渐萧条，所以再也没有机会再度募款来完成此纪念堂之工程了。

为了减缓经济窘困所带来之痛苦，于是有人就想出一个冠冕堂皇的理由来解释为什么纪念堂只建了12根柱子：因为一个完全仿造帕提农神庙之建筑是太华丽了，所以当然只建了部分。渐渐地，有许多人相信（或选择相信），没有完成之纪念堂要比完成之纪念堂要好多了。不管大家之看法如何，却没有人可以否定已完全之12根柱子是一项杰出的作品。也许有人会把它看成是一种荒唐之未成品（folly），或许有人会将之诠释为一件被糟蹋之杰作，或许有人会认为它之结果是一种意外的快乐，但这座纪念堂在苏格兰建筑上之地位是不可以被抹杀的。维多利亚女王的丈夫亚伯特亲王，曾经赞美这座纪念堂，认为雅典之卫城再好也不过是如此而已。或许这是真心之赞美？或许只是一种婉转的讽刺吧！？到了20世纪初曾有复原完成纪念堂之计划，但是均未曾实现。

市立天文台与杜加德史特华特纪念碑

除了国家纪念堂外，威廉·朴列菲尔也设计了天文台。这座天文台之设立是为了想提供爱丁堡市一个报时之设施；另一方面则作为成立于公元1812年天文学会之会址。事实上，早在公元1816年工程师詹姆斯·贾第纳（James Jardine）已经设计了一个草案。然而当会长的约翰·朴列菲尔（John Playfair）这位身兼哲学家与数学家的天文教授，却在公元1818年将天文台之设计工作转交给他的侄子威廉·朴列菲尔。整个设计是采用一个希腊十字形平面，每一翼均有一个罗马多立克柱式之门廊，正中央则是一个天文圆顶。公元1825年，威廉·朴列菲尔在天文台围墙之东南角加建了一个古典型式之纪念碑以纪念他的叔父。这个位于一个厚重高台上，希腊多立克四柱式之小建筑，可以说是依据公元前2世纪建立于希腊辛度斯（cnidus）地方之狮子之墓（Lion Tomb）所发展而出，只是顶上之狮子不见了，而柱子也加上了槽纹。

威廉·朴列菲尔在卡尔顿山顶上的另外一个作品乃是完成于公元1831年杜加德史特华特纪念碑（Dugald Stewart Monument），史特华特是爱丁堡大学著名的伦理哲学教授。纪念碑位于卡尔顿山顶之西南边缘上，为一座开放式科林斯围柱式之圆形小建筑，是根据建造于雅典之里希克拉提斯纪念碑（Monument of Lysicrates）之式样发展而成。整座碑是位于一个略分两层之圆形高台上，纤细的科林斯柱立于3层之台阶之上，上则承着一座乍看之下形似帽子之屋顶，顶上

△ 44.12 爱丁堡天文台与约翰朴列菲尔纪念碑透视图

△ 44.13 爱丁堡约翰朴列菲尔纪念碑

▽ 44.14 杜加德史特华特纪念碑远眺爱丁堡

△ 44.15 爱丁堡朋恩斯纪念碑

▽ 44.16 爱丁堡朋恩斯纪念碑细部

还有一中心顶饰，整个屋顶部分除了在横饰带上围绕有一圈花环外，可以说是相当地简洁。碑采用开放式的设计也是可以理解的。因为站在卡尔顿山顶上，往史特华特纪念碑望去，爱丁堡古堡和其他一些重要的建筑均在背后，如果采用封闭式之纪念殿，必然会妨碍到景观上之穿透性。在围柱中心则是一个古瓮，是古典建筑中常见之象征元素，当然也是碑本身的一个视觉焦点。

朋恩斯纪念碑

如果说卡尔顿山顶上是威廉·朴列菲尔大显身手的地方，那么南面山麓该是托马斯·汉弥尔顿（Thomas Hamilton）展露才华的世界。除了旧坟场中的方尖碑外，位于摄政路（Regent Road）东南端的罗伯特·朋恩斯纪念碑（Robert Burns Monument），也是汉弥尔顿设计之作品，完成于公元1831年以纪念苏格兰伟大诗人罗伯特·朋恩斯。很明显地，和前面提及的史特华特纪念碑一样，朋恩斯纪念碑也是以雅典的里希克拉提斯纪念碑为原型而发展的。然而它与前者不同的乃为它并不是一个开放式之设计，在围柱内有一个密封之内殿，外墙上饰以竖琴。这个内殿并且穿过其上之屋顶额盘而形成一个阁楼。阁楼之墙上饰以花环。位于阁楼上之顶饰则由三只希腊神话中常见之怪兽鹫狮（griffin）所支持。整个纪念碑所立之平台，原是一个小祠堂，里面有朋恩斯所留下之遗物，现在则移至他处陈列，所以只成为单纯之平台了。

▽ 44.18 爱丁堡皇家高等学校外貌

44.17 爱丁堡皇家高等学校远眺
▽ 透视图

皇家高等学校

在爱丁堡旧坟场与朋恩斯纪念碑之间的皇家高等学校（Royal High School）可以说是汉弥尔顿最成功的作品。这座设计于公元1825年之作品，虽然曾经在位置及形式上引起很大的争议，然而如果纯粹就新古典建筑之眼光来看，这是一座具有国际水准，并且引起很大共鸣之建筑。詹姆斯·汉弥尔顿爵士（Sir James Hamilton），在《1530—1830年之间的英国建筑》一书中称赞这栋建筑是苏格兰希腊复古式作品中最高贵的纪念物。有许多证据可以显示汉弥尔顿在设计过程中非常小心地考虑地形与配置，以便能够和山顶上之国家纪念堂配合以创造一个爱丁堡之卫城。

基地是块不规则之坡地，地势由北向南，由西向东倾斜。而汉弥尔顿却利用了地形表现出一座纪念性建筑物在庄严之外，多样与变化的美。形式与构成方面，应该是脱胎换骨于雅典卫城之牌楼大门（Propylaeon），有主庙、小庙、长廊等希腊多立克柱式之元素，建筑之主题与节奏非常地明确，汉弥尔顿先以小尺度之神庙式元素自建筑之最外端开始考虑，两个小的神庙式建筑分列于东西两端，每个均有无槽前柱之门廊。两座小神庙

△ 44.19 爱丁堡皇家高等学校外貌

并不彼此相对，而是适应地形而各自微微向外。它们之基座实际上是一座贯穿全基地之挡土墙，到正中央时凸出形成两个有山墙之门道形成一个视觉高峰，以吸引人注意中央主庙。在这两个门道上方，马上又有两个平顶之门道。在这个高度墙壁并没有横越全基地而是顺着中央主神庙及两侧之长廊形成它们之地下室。中央的神庙式大建筑，并不只是一个门廊而已，它是一个真正模仿希腊神庙之建筑，有围绕全栋建筑完整之额盘，在高度上当然也突出于整座建筑群而成为重心。

苏格兰皇家学院与苏格兰国家画廊

威廉·朴列菲尔在爱丁堡新城与旧城之间的小丘（The

△ 44.20 爱丁堡新旧城间小丘远眺

44.21 爱丁堡苏格兰皇家学院正向外貌 ▽

△ 44.22 爱丁堡苏格兰皇家学院正向外貌细部

△ 44.23 爱丁堡苏格兰皇家学院侧向外貌

44.24 爱丁堡苏格兰皇家学院侧向细部 ▽

Mound）也设计有两座相当引人的新古典建筑，分别是苏格兰皇家学院（Royal Scottish Academy）和苏格兰国家画廊（Scottish National Gallery）。爱丁堡旧城与新城之间原为由干竭的北湖所形成的低谷。当新城开始建设于18世纪80年代时，有许多人便觉得新城与旧城之间需要有更密切的联系。虽然在市中心东端之北桥已于公元1772年完成通车，大多数人总觉得其位置不够中心，于是有人就建议利用建设新城所挖出的土方及所遗之垃圾来填一条新路，虽然这个构想是大家的一种共识，到了1834年与1835年之间才由市议会通过实施，也就是目前小丘之面貌。接着市议会于是决定在此丘之基部建立这些公共建筑。

苏格兰皇家学院原是一栋在南北两面各有八柱式门廊之多立克柱式之建筑，角落的屋体是由凸出之壁柱所构成，并且含有向后微斜以容雕像之基座（可是雕像未建）。在建筑物之两侧各有9根柱子，其上则有一完全平直之女儿墙，以遮掩屋顶之采光。这栋朴实严肃之殿堂在中央及两侧均有一系列两层楼高之长廊。公元1831年朴列菲尔将之扩建，主要的改变是长度增为16根柱子；并且将建筑语汇层次丰富化。主要山墙之三角形凹室内加上了雕凿之卷须图案；横饰带三槽石间的小间壁也加上了花圈图案。角落之屋体则被扩大成双柱式的门廊，并且在其上置有两座狮身人面像。朴列菲尔也在北面的门廊多加了一列柱子。在山墙之上则为公元1844年加冕上由史提尔（John Steel）所雕之维多利亚女王

▽ 44.25 爱丁堡苏格兰皇家学院背向外貌

像；她那后袍微微下垂，神采飞扬，给予人一种不列颠女神（Britannia）之意象。

苏格兰国家画廊位于皇家学院南侧，由于兴建那时候必须要同时容纳国家画廊及皇家学会，一种双重性格很明显地出现在南北两侧各有两个门廊之造型上。东西两侧也各有一凸出于平时壁柱墙面之门廊。门廊上之柱子均是纤细、无装饰、无凹槽之爱奥尼式柱子。朴列菲尔最先也是设计一栋多立克式的建筑，可是这在公元1840年代而言有太严肃的新古典品味，后来才逐渐修正而成目前之式样并完成于公元1854年。

事实上，从公元1820年代起，爱丁堡的公共建筑已经完全笼罩在新古典风潮中，许多建筑中都会有不同程度的新古典取向。朋恩（William Burn）设计的圣安德鲁广场梅尔维勒纪念柱（Melville Monument，1820-1823年）、莱德（David Rhind）设计的皇家苏格兰银行（Royal Bank of Scotland，1847年）布利斯（David Bryce）设计的不列颠利年银行（British Linen Bank，1851-1852年）也都是新古典风潮下的作品，更加添爱丁堡作为北方雅典的气息。

△ 44.27 爱丁堡苏格兰国家画廊全貌

▽ 44.26 爱丁堡苏格兰国家画廊背向外貌

▽ 44.28 爱丁堡梅尔维勒纪念柱

▽ 44.29 爱丁堡不列颠利年银行

西洋建筑发展史话

第四十五章 普鲁士与奥匈的新古典主义建筑

普鲁士 新古典主义的萌芽

在普鲁士，新古典主义的兴起与法国新古典主义有密切的关系，而公元1780年代于罗马所建立的据点，也深深影响到如歌德等人的新古典思潮。弗里德里希威廉二世（Friedrich Wilhelm II，1787–1797年）更企图在艺术上建立民族的自明性。在新古典于普鲁士的早期发展中，朗汉斯（Carl Gotthard Langhans，1732–1808年）与弗里德里希·吉利（Friedrich Gilly，1772–1800年）扮演着重要的角色，有着密切的关系。朗汉斯是在公元1788年在弗里德里希威廉二世召唤之下来到柏林。不过在此之前，他就到过意大利旅行，对于古典建筑留下深刻印象，也曾前往法国及英格兰，当地发展中的新古典思潮也对他有所冲击。

在朗汉斯的作品中，柏林的布兰登堡门（Brandenburg Gate，1789–1793年）可以说是早期普鲁士新古典主义的代表。这座城市之门是在皇帝的建议下，以雅典卫城的大门为蓝本所设计，是19世纪欧洲一系列城市大门兴建风潮之始。其基本形式是由多立克的柱列支撑作为阁楼之山墙所构成。不过与希腊厚重的多立克柱相比较，此门的多立克柱则显得纤细许多。另一方面，因为顾忌到无柱础的希腊多立克柱原型在当时重视装饰的年代恐怕很难被接受，于是朗汉斯也在多立克柱子上加上了柱础。正中央顶部为一组雕像，则比较接近罗马的传统。

▽ 45.1 柏林布兰登堡门

弗里德里希纪利之父大卫·吉利（David Gilly）也是建筑师，他们于公元1788年开始在柏林发展。公元1797年到1798年，弗里德里希·吉利到法国与英国旅行，在接触到布勒与勒杜的新古典作品之后，改变了他对建筑的态度。弗里德里希·吉利作品中，真正执行的非常有限，在所有的方案中，弗里德里希大帝纪念堂（Monument to Frederick the Great）是最为人称颂的一个。在此设计中，吉利规划了一个有如宗教圣区的环境，一栋宛若多立克神庙的建筑位于保存大帝灵柩的基座上，入口是一个由多立克柱列簇拥的凯旋门，另一侧则为方尖碑与狮像。在公元1798年的国家剧院中，吉利使用了比较接近法国幻像建筑师的手法，由几何化的量体与部分古典元素构成剧院的主体。吉利的作品在他成为建筑教师之后，影响到许多年轻学子在新古典建筑上的成就，其中最有名的就是卡尔·弗里德里希·辛克尔（Karl Friedrich Schinkel，1781-1841年）。

△ 45.2 腓特烈大帝纪念堂方案（纪利）

辛克尔与德国新古典主义的成熟

辛克尔是将普鲁士新古典主义建筑推展到最成熟的建筑师，因为创造了现代柏林许多著名之建筑而受人怀念。辛克尔是建筑师大卫·吉利的学生，而且是其子弗里德里希·吉利之好友及崇拜者。辛克尔为人谦逊而且工作努力，公元1810年就被任命了公共工程部门之重要职务，并且于公元1815年担任总建筑师，更在公元1831年升任为整个部门之主管。他的作品遍及于全普鲁士且影响及贡献更是深远，甚至被人称赞为所谓“普鲁士民族式样”的创始人之一。辛克尔热心求知，心胸开放，经常旅行，意大利、法国、英国及德国各地都有其足迹。由于其性情浪漫，辛克尔较早的作品多为绘

45.3 腓特烈大帝纪念堂本体
▽（纪利）

▽ 45.4 国家剧院方案（纪利）

△ 45.5 柏林老博物馆透视图

▽ 45.6 柏林老博物馆正面柱廊

画及剧场装饰，其中最有名的乃是歌剧“魔笛”的舞台设计及装饰。

公元1803-1804年间，辛克尔到拿坡里及西西里岛旅行研习，深受中世纪建筑及希腊建筑多采多姿之特质所感动，也实质地影响到他于日后所设计的建筑。对建筑之看法上，辛克尔认为可以将建筑史以结构的角度来加以诠释，这种思想在其于公元1820年代一本未曾出版的教科书中很清楚地呈现出来。在书中，辛克尔并不以传统的方式指引学生去临摹标准的古典柱式，也不提供像迪朗醉心之空间型态组合供人应用，反而是将建筑以构成的方式去分析在建筑历史发展过程中，建筑结构的概念是如何被以形式表现的方式呈现出来。辛克尔认为在建筑之中，所有的构成元素都必须是真实的，任何伪饰或构造隐藏均是错误的。

在柏林，整体的轮廓及规划更与辛克尔息息相关，与稍晚的音乐界的华格纳一样，辛克尔对于艺术的看法是一种整体的呈现，从环境的考量到细部的处理无不深思熟虑。辛克尔在整个西方的建筑发展过程中，虽然不能称为是一位先驱，但却是一位杰出且开创个

▽ 45.7 柏林老博物馆正向外貌

人风格的建筑师，使他在欧洲的新古典建筑与装饰上，留下来无法磨灭的一页。

柏林老博物馆

柏林市中心的老博物馆（Altes Museum，1823-1833年）是该市最古老的博物馆，更是德国最早成立的博物馆之一。从建筑型态的观点来看，老博物馆可以说是世界上十分具代表性的博物馆。在19世纪初，公共博物馆的设置还是一项很新的概念，于德国并没有很好的典范，因而辛克尔于公元1826年被派往英格兰去考察新博物馆的设施，以便作为柏林老博物馆的参考，而他返国后所设计的老博物馆不仅创造了一种日后博物馆建筑型态的基本模式，更创造了一处教化市民大众的艺术圣殿，来提升市民大众观赏贵族阶级收藏品之风气。事实上，把公共大众之教化当作是一种执业目的，一直是辛克尔作品中的中心思想之一。

在柏林老博物馆中，辛克尔创造了一座他全部作品中最和谐之设计。从建筑的观点来看，此座建筑是一座自我个性非常强烈的纪念物，而且也帮

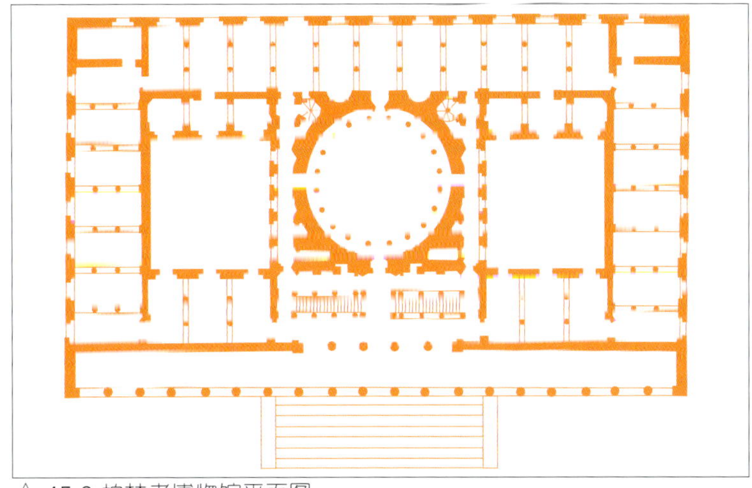
△ 45.9 柏林老博物馆平面图

▽ 45.10 柏林老博物馆室内圆厅透视图

▽ 45.8 柏林老博物馆正面柱廊

▽ 45.11 柏林老博物馆室内圆厅

△ 45.12 柏林老博物馆正面柱廊

▽ 45.13 柏林新皇家侍卫之屋

▽ 45.14 柏林新皇家侍卫之屋

忙重整了附近的都市肌理。在简洁的长方形体之中，由一个中央圆厅及两侧画廊组合的空间型态，也许曾经受到迪朗空间型态论述之影响，也可能是辛克尔主观的创见。然而在简单的外貌之内，却存在着一个刻意经营而且具有教诲功能的空间序列，以便可以提升参观大众接受教育之成效。在辛克尔的室内计画中，下层收藏的是古物，上层则为画作，墙壁悬挂的是暗红色的织锦，天花则漆白、黄及红三色。以有如万神殿（Pantheon）般的中央圆厅可以说是整栋建筑之焦点，这种自古典即有的空间原型，在文艺复兴之后就被建筑师有意识地使用。在构成上，20根科林斯柱支撑着上方有方形壁龛之游廊，柱间与壁龛内都安置有雕像，圆顶则有藻井天花逐层而上所构成。

面宽长达约80米的正立面上有18根高达12米之爱奥尼柱式形成之柱廊，形成了大众到博物馆室内之中介空间，一方面将整栋建筑完全封围在内，另一方面却诱导人们进入其内。爱奥尼柱本身就是一种偏好希腊文化之表征，庄严的立面缓和了建筑量体之厚实感与广场之生活，而柱廊令人想起古典希腊广场旁之长廊。与古代之原型类似，辛克尔之柱廊内也有壁画之处理，而且有上下两层以符合墙后两层展览室之特质。在柱廊的正中央，退缩形成一处入口的穿堂，由此可经由角锥般的阶梯抵达上层，这种同时兼有室内外空间特质的处理，可以说有如画般的效果，辛克尔利用学自历史前例的知识，将此空间室内外的藩篱打破，创造了一处当时候最优美的建筑透视效果。19世纪迄今，世界上有许多公共建筑均是在长方形的量体中央摆置有一处圆形空间，辛克尔老博物馆的原型即清晰可见。

柏林新皇家侍卫之屋

新皇家侍卫之屋（Neue Wache，1816–1820年）是辛克尔从较早华丽的哥特风格，转型到严峻的新古典式样一项重要的见证。在最后完成的作品中，辛克尔放弃了最早计画中中世纪之设计，转而应用了以后变成普鲁士军队象征——武断的希腊多立克传统。在这栋辛克尔自认是沿袭自古罗马军营的小作品中，一个无基座的多立克柱式门廊，与一个角落有突出类似牌楼处理的立方体结合在一起。虽然这个建筑规模不大，辛克尔在比例及尺度之处理上却精心处理，而庄重简洁的纪念性，比起周遭的大型巴洛克或是帕拉第奥风格之建筑却毫不逊色。在门廊之后，新皇家侍卫之屋的空间是不对称的，这个现象也展现了辛克尔在一个因应环境肌理与象征之对称外壳中，处理不同机能为复杂建筑之能力。在环境上，新皇家侍卫之屋也巧妙地自街道退缩，并且和周围几何秩序之肌理紧紧地结合在一起。

柏林国家剧院

柏林国家剧院（Schauspielhaus，1818-1821年）是19世纪德国最重要的表演艺术中心，辛克尔在接受设计时，被要求要重新利用被火所烧毁、由朗汉斯较早设计的国家剧院中遗留下来的基础及6根爱奥尼柱。在杰出简洁性的量体组合中，柏林国家剧院成熟地于中央山墙量体中，安置了一个相当小的观众席及一座舞台，两侧较低的量体中则分别容纳了音乐厅及排演室。虽然就整体的轮廓而言，此建筑与同时代范·费瑟（Karl von Fischer）于慕尼黑所设计的国家剧场极为相似，却无其传统华丽的巴洛克处理。在此建筑中，辛克尔自认要极力效法希腊之形式及结构方式，直至可以被应用在一个复合建筑之中。除了爱奥尼柱式的门廊之外，此建筑最值得注意之处乃是其多次使用的功能性壁柱，并且于不同之量体上使用共同之檐口线脚，以强化整栋建筑之整体性。

克里米亚奥里安达皇宫

普鲁士国王弗里德里希·

△ 45.15 柏林国家剧院外貌

△ 45.16 柏林国家剧院外貌

▽ 45.17 柏林国家剧院门廊

▽ 45.18 克里米亚奥里安达皇宫女像柱透视图

△ 45.19 克里米亚奥里安达皇宫回廊透视图

△ 45.20 慕尼黑国王广场大山门透视图

45.21 慕尼黑国王广场大山门平面图 ▽

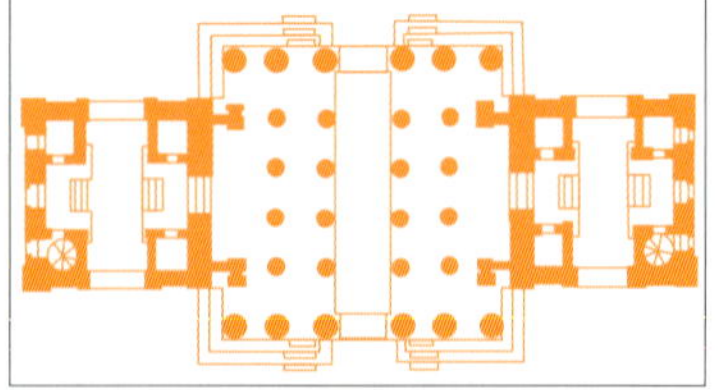

△ 45.22 慕尼黑国王广场大山门现貌

45.23 慕尼黑国王广场大山门山墙细部 ▽

威廉三世（Friedrich Wilhelm Ⅲ）之女儿后来成为俄罗斯皇后，并请身为王储的兄长替她于黑海边一块称为亚奥里安达之土地上兴建一座皇宫（Palace at Orianda, Crimea，1838年）。辛克尔应邀为其设计，最先提出的是哥特风格之方案，后来再修正完成为古典的计画。全案虽然没有实现，在留存后世的各种图面中，我们却可以看到丰富的色彩计画，而且也可以看到辛克尔技巧地将原本严谨对称之希腊形式安置于非对称之景观中，创造出一种华丽的布景效果，也显示出浪漫主义对于辛克尔之影响。花园中庭在四周都是开放的柱廊，而外部平台上更可以看到女像柱构成的门廊，其两侧则为应用爱奥尼柱之半圆门廊，很明显地有希腊雅典卫城伊瑞克提翁之影子。奥里安达皇宫令人吃惊的效果是辛克尔企图用来象征俄罗斯帝国之权力，然而皇后并不认同这般华丽的古典形式，最后只在这一处美丽的基地上建了一栋朴实的小屋。

克伦泽

克伦泽（Leo von Klenze，

▽ 45.24 慕尼黑雕刻馆透视图

1784–1864年）为辛克尔之外，普鲁士最重要的新古典主义建筑师。他原于柏林大学修习法律课程，然而在受到吉利作品之影响转而学习建筑，并成为吉利的学生，与同为吉利门生之辛克尔相识。在吉利之影响之下，克伦泽希望在其作品中发展希腊风格的建筑，而不是单纯地模仿抄袭。在克伦泽的作品中，国王广场（Konigsplatz）与雕刻馆（Glyptothek，1816–1830年）最为有名。

国王广场是一处新古典建筑之典范，由鲁德威克一世（Ludwig I）与克伦泽共同策划而成，目的就是要替慕尼黑创造一处艺术殿堂的组合。在这里，克伦泽不只是引用模仿古典之语汇，他也将之创造成一种新时代之精神。广场上共有三座建筑，西面为大山门，北面为雕刻馆，南面为古物馆。其中雕刻馆可以说是世界上最早的同类建筑之一，主要是收藏希腊与罗马的各种雕刻，包括有鲁德威克一世于公元1804–1805年古典文明黄金之旅所收集而来的建筑，也有自公元1811年于雅吉纳（Aegina）神庙发掘出来之各种雕刻。

公元1811年，鲁德威克一世起初将雕刻馆的设计委托给意大利建筑师贾科莫·夸伦吉（Giacomo Quarenghi，1744–1817年）；到了公元1813年时又委托吉利的学生希腊考古学者哈勒斯坦（Karl Haller von Hallerstein）。后来再由克伦泽接手于公元1816年。雕刻馆是非常优雅的希腊复古建筑，门廊为爱奥尼柱，门廊的山墙上是被艺术家簇拥的雅典娜，正立面上处理以神龛，分列几位代表古代之人物，如火神黑腓斯塔斯、大力士普罗美修斯、巧匠泰达鲁斯、雅典政治家贝利克利斯与罗马大帝哈德良。设计完雕刻馆后，克伦泽又设计了国王广场的大山门（Propylaeum，1817–1862年），不管是概念上或实际上，雅典卫城的大门都是基本的原型。同样地，慕尼黑的名人祠（Ruhmeshalle，1843–1854年）也是克伦泽以多立克柱式所设计，在整栋建筑之正面与侧面，全部绕以柱列，正前方则立以巴伐利亚女神雕像。

除了慕尼黑之作外，瑞根斯堡（Regensburg）附近的瓦哈拉（Wahalla，1830–1842年）与克尔罕（Kelheim）的自由殿堂

▽ 45.25 慕尼黑雕刻馆外貌

△ 45.26 慕尼黑名人祠外貌

▽ 45.27 慕尼黑名人祠平面图

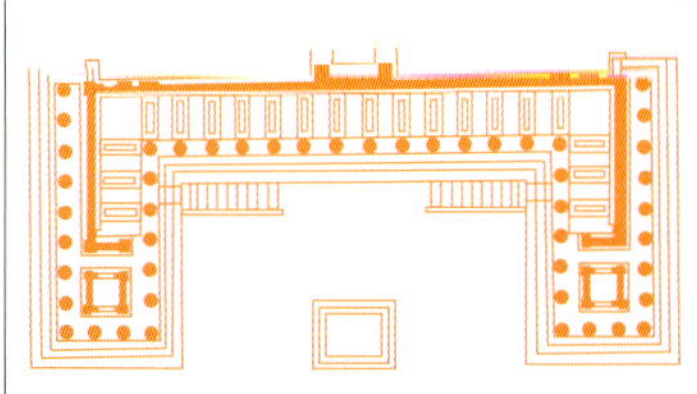

△ 45.28 瑞根斯堡瓦哈拉外貌

▽ 45.29 瑞根斯堡瓦哈拉室内

△ 45.30 克尔罕自由殿堂

▽ 45.31 克尔罕自由殿堂室内

（Befreiungshalle）也是克伦泽重要的新古典主义成果。瓦哈拉一词乃是源自于斯堪的 纳维亚的神话，意指因战争为国捐躯英雄之灵栖息之地。基本上，瓦哈拉是一栋希腊复古式的新古典主义建筑，以雅典卫城上的帕提农神庙作为原型。与克伦泽其他多立克风格的建筑相比较，此座自由殿堂是极为特殊的，而且也比较具有原创性。建筑是纪念德国对抗拿破仑之解放战争。原为葛特内（Friedrich von Gartner）用一种较为暧昧不清的风格所设计，后来由克伦泽于公元1847年葛特内去世后修正完成。纪念堂是圆柱体的量体，有几分像拉文纳地方的狄奥多陵寝（Mausoleum of Theodric）。外墙封闭而无窗，绕以由哈尔比（Jahann Halbig）所雕，代表德国行省的18尊女性雕像。室内多色彩处理，并环绕以34尊天使或有翼的胜利女神，由施万塔勒（Schwanthaler）以大理石所雕。

▽ 45.32 维也纳奥地利国会外貌

▽ 45.33 维也纳奥地利国会透视图

狄奥菲罗斯·汉森

在与德国相邻的奥地利，狄奥菲罗斯·汉森（Theophilos Hansen，1813-1891年）于维也纳设计的奥地利国会之泉源与灵感都是来自古典希腊。狄奥菲罗斯·汉森出生于丹麦哥本哈根，与同为建筑师之兄长克利斯汀·汉森（Christian Hansen）同时于美术学院接受训练，二人均受教于赫特希（Gustav Friedrich Hetsch）。赫氏是将德国辛克尔（K.F.Schinkel）新古典主义引入丹麦的人，汉森兄弟深受影响，都成为西方建筑史上重要的新古典主义建筑师。公元1835年，狄奥菲罗斯·汉森自美术学院毕业，留在学院中担任助教。公元1838年启程前往希腊，中途曾经过德国参访辛克尔之作品。

公元1846年，狄奥菲罗斯·汉森接受奥地利建筑师范·佛洛斯特（Ludwig von Froster）之邀前往维也纳共同执业，曾经设计了一些住宅与别墅，大多带有希腊及拜占庭之色彩，但却因为军事博物馆（The Army Musuem）设计上之意见不合而分手，由狄奥菲罗斯·汉森独力完成，公元1859年维也纳环城大道开辟之后，狄奥菲罗斯·汉森曾设计了证券交易所（Exchange，1869–1877年）与艺术学院（Academy of Fine Arts，1871–1877年）等作品，但随后完成的奥地利国会却是其最著名之作品。

维也纳奥地利国会

维也纳奥地利国会（Austrian Parliament）位于该市重要的环城大道上。环城大道是19世纪时维也纳一项非常重要的城市建设，于公元1857年由法兰兹·约瑟夫皇帝（Franz Joseph）拆除旧有城墙所建，公元1858年动工开筑，公元1865年正式通车，使维也纳城迈向大都会的层级。在这条长约4.8公里，宽60多米的街道上有各种重要的公共建筑及中产阶级的都市住宅。大学、教堂、市政厅、剧场、博物馆、歌剧院以各种不同的风格呈现在都市之中，其中由狄奥菲罗斯·汉森所设计于公元1871年，兴建于公元1874–1884年间的奥地利国会，是一栋新古典主义的杰作，也是汉森代表作，此件作品使汉森获得颁赠维也纳大学荣誉博士学位与英国皇家建筑学会金质奖章之双重殊荣。

△ 45.34 维也纳奥地利国会正向外貌

45.35 维也纳奥地利国会正向入口山墙 ▽

45.36 维也纳奥地利国会侧向外貌 ▽

△ 45.37 维也纳奥地利国会女像柱

45.38 维也纳奥地利国会屋顶装饰 ▽

△ 45.39 布达佩斯国家博物馆圆厅

▽ 45.40 布达佩斯国家博物馆外貌

维也纳奥地利国会是由奥地利之内阁所委托设计，狄奥菲罗斯·汉森也因为自己是一位外国建筑师而倍感光荣，决心将之设计成一栋不朽的纪念性建筑。整栋建筑可以说是建筑、雕刻与装饰完美的组合，而且整栋建筑之设计泉源与灵感都是来自于古典希腊。狄奥菲罗斯·汉森自己认为建筑不能恣意独断，必须要与雕刻与装饰密切结合，而希腊古典建筑正是最简洁而高贵的典范。在空间配置上，奥地利国会仍然以布扎学院之组构型态为主，中间为主要量体，左右两侧则是数块量体簇拥而成，四个角落则略微突出形成端楼。左右每边之中央配置一半圆形的议事厅以安置下议院（Nationalrat，国民议会）与上议院（Bundsrat，联邦议会），两处议事厅之量体则略微抬高与中央主体一样。当然，半圆形的议事厅本身就是古典希腊“包勒特尼（Bouleuterion）”议事建筑的再现。中央主体包括有门廊、门厅及市民大厅几个主要部分，市民大厅中则有柱子围绕一圈，宛若一希腊神庙之室内。

在造型与装饰方面，奥地利国会可以说是希腊古典精神在新古典主义表现上之总结。就象征意义而言，希腊民主政治与希腊古典建筑被汉森用来诠释君主立宪首都之议会。就实际语汇而言，整体与细部都是希腊古典原型的再现。中央量体八柱门廊为科林斯柱式，山墙内为希腊古典雕刻，议事厅立面为仿自卫城伊瑞克提翁神庙（Erectheion）之女像柱，四角端楼六柱门廊也为科林斯柱式。整座建筑是位于由底层所构成之基座，由坡道通往主楼层，坡道上有各种希腊古典人物之雕刻。议事厅屋顶四角落有古典马车雕像，女儿墙则也立有各种古典人物雕像。除了建筑本体之外，建筑正前方还有一水池，池中有代表行政与立法之雕像，池中的独立柱上为希腊女神雅典娜用以代表智能与公正，为昆得曼（Kundmann）之作。另外，各种门窗开口部及屋脊屋檐的装饰也都出自于希腊古典的原型。新古典建筑与古典建筑原是有其构成上的关联，然而在

△ 45.41 布达佩斯英雄广场

△ 45.42 布达佩斯英雄广场

维也纳奥地利国会中，二者又加添了其象征意义上的成就。

布达佩斯国家博物馆与英雄广场

在布达佩斯，最主要的新古典建筑乃是波拉克（Michael Pollack，1773–1855年）所设计的匈牙利国家博物馆（Hungarian National Museum，1837–1844年）。波拉克出生于维也纳，但于米兰接受建筑训练，对于意大利新古典思潮十分熟悉。公元1799年，波拉克开始在布达佩斯执业，国家博物馆是他最著名的作品。在此建筑中，波拉克应用了一个八柱门廊作为博物馆的主要门面，其后是一个平实的长方形立面。在室内，入口圆厅毫无疑问地是以罗马万神殿为蓝本所建。

英雄广场也是布达佩斯一个具有新古典思潮之作品，为辛克丹兹（Albert Schickedanz）所设计，正中央的千年纪念柱（Millennium Monument）乃是公元1896年为了纪念匈牙利马札尔人在此建国一千年所建。纪念柱的概念来自于古典罗马，顶部为大天使正在将王冠赐予国王史蒂芬，此乃匈牙利建国传说。纪念柱的基座为参与建国七个族人之雕像，两侧的柱列，则为历代国家英雄的事迹与雕像。广场北侧的匈牙利美术馆也是一个新古典主义之作，除了正面的古典山墙门廊之外，不同的室内空间则依不同的古典原型与柱式所建，将古典的意象表露无疑。

▽ 45.43 布达佩斯匈牙利美术馆入口门廊

▽ 45.44 布达佩斯匈牙利美术馆室内

第四十六章 欧洲新古典主义建筑的扩散

△ 46.1 雅典新古典三步曲全区透视图

△ 46.2 雅典雅典大学正向立面图

南欧的新古典主义

新古典主义于18世纪中蔚成风潮之后，在建筑上影响就像一把烈火，在一世纪之间烧遍了西方世界。其中虽有泛泛之作，但也产生了许多传世佳品，除了法国、英国及德国之外，在古典主义发源的南欧，也存在着新古典主义的建筑。从单纯的建筑表现的层面来看，遍地可见古典建筑的南欧实不必再有新古典主义之存在，因为以古典建筑为原型的新古典主义，从“古典”的意义来看，似乎是多余的。但实际的情况却是，因为社会的进步，原有古典建筑的躯壳并无法满足所有新建筑类型的产生，因此新建筑是不可避免的事。然而在面对古典的环境肌理时，新古典风格也许是最稳当的一种表现。尤其在希腊，因为长期受到外来政权的统治，所以古典建筑的精神成为

▽ 46.3 雅典雅典大学正向外貌

▽ 46.4 雅典雅典大学门廊山墙

希腊人民寻回自我认同的一项利器。

雅典新古典三部曲

古典建筑发源地之一的雅典在19世纪开始了一连串的民族自觉运动，市区内兴建了一批公共建筑，其中被称为雅典三部曲（Athenian Trilogy）的建筑，包括有大学、图书馆及学院，可以说是这个古典建筑发源地最醒目之新古典建筑作品群，设计兴建于公元1839－1892年之间。而令人惊讶的是，这些新古典主义的作品，都是由来自北欧丹麦的建筑师所设计，其中以克里斯蒂安·汉森（Christian Hansen）与狄奥菲罗斯·汉森（Theophilos Hansen）兄弟最为重要，分别于公元1833年与1838年来到雅典。其中克里斯蒂安·汉森本来只是在一次南欧之旅想到希腊一探古典建筑之真理与色彩计画，预定停留的时间很短，但却因为受到古典建筑之美的感召，

▽ 46.5 雅典雅典学院转角细部

△ 46.6 雅典雅典学院全貌

△ 46.7 雅典雅典大学正向立面图

▽ 46.8 雅典雅典大学地面层平面图

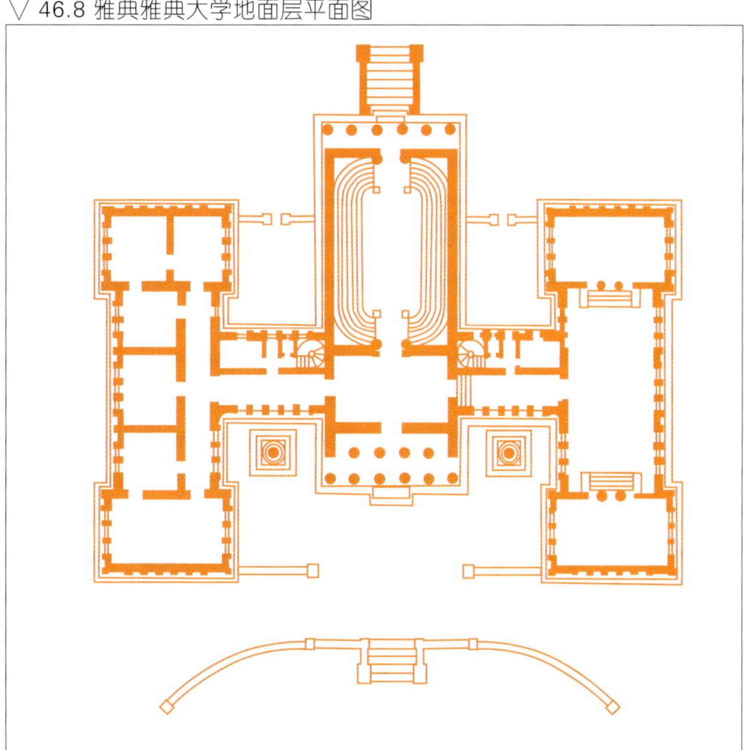

△ 46.9 雅典雅典学院墙柱细部

▽ 46.10 雅典雅典学院门廊内部

一停就是17年。

雅典大学

克里斯蒂安·汉森所设计的雅典大学（1839–1889年）是三部曲中最先设计者，更是独立后希腊新国家的第一栋公共建筑。由于建筑师曾参与卫城建筑的修复，深知古典建筑对希腊人民之意义，也熟谙古典建筑之原则与细部，因此有意识地希望能以古典建筑语汇来强化人民的民族情怀。整栋建筑为工字形空间，大学正面以标准的古典语汇表现，四柱门廊中央两圆柱为爱奥尼柱式，外面两根方柱为塔司干方柱，两侧亦为塔司干柱列，柱列后有奥图国王为女神所簇拥的彩绘。建筑外观的表现可谓兼有卫城伊瑞克提翁北侧门廊、卫城大门与尼克胜利女神小庙之影子。

雅典学院

克里斯蒂安·汉森之弟狄奥菲罗斯·汉森曾设计维也纳奥地利国会，也因于希腊雅典任教，设计了学院及图书馆。雅典学院（Athens Academy，1859–1887年），由中央主体、两翼及连接二者之过渡空间所构成。中央主体外观可以被视为是一座有6柱门廊的希腊神庙，其内则为集会厅，两翼之前后也各以一座没有门廊、但与中央主体类似之端楼收头，但在构成上却是与主体之方向相互垂直，整组建筑是立于一高台之上。

学院主体使用的是古典希腊的爱奥尼柱式，翼殿端楼之

▽ 46.11 雅典雅典学院翼部

▽ 46.12 雅典雅典学院苏格拉底雕像

▽ 46.13 雅典雅典学院雅典娜雕像

前后也为爱奥尼柱，但其他则为简化之柱头，内有包括金色之各种丰富色彩装修，除了建筑本体之外，雕刻计画在此建筑中，也是极富象征意义的元素，台阶之前的苏格拉底及柏拉图为感性与理性之代表，两根独立的爱奥尼柱上之雅典娜及阿波罗，则是代表夜与日、智能与公正之代表，两者合成了一种古典希腊完整的价值观与宇宙观。正面山墙之上为雅典娜诞生之历史雕像，为希腊雕刻家杜罗希斯（Drossis）之作品。

雅典国立图书馆

公元1868年，雅典大学预定在雅典大学旁建立一座实验室，原来之建筑师为齐勒（Ernst Ziller），然而校方并不满意，而由希腊驻奥地利维也纳之大使叶毕希兰提斯（Gregor Ypsilantis）邀请狄奥菲罗斯·汉森设计一座国立图书馆（The National Library，1885—1892年），汉森为了回报决定不收任何费用。在此建筑中，汉森再度展现了他对于希腊古典建筑之驾驭。在空间上，此座图书馆与雅典学院极为类似，也是中央主体与两翼所构成，而且三者之方向性之一致的，中央主体也是六柱门廊，采用的是多立克柱式，内部为大阅览室，且有一圈爱奥

△ 46.15 雅典国立图书馆正向立面图

▽ 46.16 雅典国立图书馆正向外貌

▽ 46.14 雅典国立图书馆正向外貌

△ 46.17 雅典国立图书馆转角细部

尼柱围绕，两翼以方形壁柱为主，内为书库。此座建筑另外一个极大的特点乃是其主要楼层也是立于一基座之上，但却是由一座带巴洛克风格之大楼梯作为主动线。在装饰上，国立图书馆与雅典学院刚好相反，在外貌上并没有耀眼的装饰，呈现的反而是多立克神庙直截了当的阳刚气息。

雅典天文台

▽ 46.18 雅典天文台透视图

雅典天文台（Athens Observatory，1842-1846年）也是狄奥菲罗斯·汉森之作。事实上，此案原为建筑师萧伯特（Eduard Schaubert）所设计。然而奥图国王（King Otto）却认为原设计的拜占庭风格对于一个与卫城如此相近的公共建筑而言，并不恰当，而将设计的工作重新交给狄奥菲罗斯·汉森。而汉森也成功地以他习自卫城古典建筑之知识为出发点，将天文台所需要的一个观测圆顶与古典建筑结合，同时以之象征希腊的新国家。在此建筑中，大多数的语汇与元素都是自卫城上的原型而来，而成果在当时也令人刮目相看。

意大利半岛的新古典主义建筑

同样是位于南欧，意大利半岛的新古典主义就显得较不热络。一方面可能是其本身已有太多的古典建筑，实不需要再费力发展新古典风格的建筑。另一方面则是政治环境使然，当新古典主义盛行时，意大利并不是一个统一的国家，不同地区的新古典风潮直接或间接都受到外国势力的影响。从区域来看，古典建筑发源的罗马地区反而没有杰出的新古典主义之作，倒是北部的米兰、威尼斯以及南部的拿坡里曾经出现了几个值得讨论的作品。

▽ 46.19 米兰史卡拉歌剧院外貌

米兰史卡拉歌剧院

米兰史卡拉歌剧院（La Scala）始建于公元1777年，其乃肇因于公元1776年皇家剧院的火灾，公元1778年正式开幕。整个建筑的立面为皮尔马里尼（Giuseppe Piermarini）所设计，分为3个层次，第一层为拱券门廊，第二层为科林斯柱夹以山墙框窗户，顶层为夹层，中央部分为山墙。公元1830年歌剧院向外延伸了两翼。节制简单的新古典外貌与华丽的马蹄形室内空间有着非常大的对照与落差。从建筑风格的表现来说，史卡拉歌剧院并不是最顶级的建筑，但是却深深地影响到19世纪欧洲不少歌剧院都采行新古典风格的时尚，而与以巴黎歌剧院一类新巴洛克风格的歌剧院形成两股势均力敌的力量。

米兰和平凯旋门

米兰的和平凯旋门（Arco Della Pace）始建于公元1807年，是米兰最好的新古典主义建筑，由卡诺拉（Luigi Cagnola）设计，原来是为了庆祝拿破仑胜利而建，因此也被昵称为胜利凯旋门，而造型很明显地是来自古罗马的原型。虽然自19世纪初设计兴建，可是工程进行缓慢，一直到公元1838年左右才完成。凯旋门的顶部铭刻有文字，一则为献给拿破仑三世与维多爱曼纽二世的进城，另一则为庆祝意大利的独立。

米兰圣卡罗教堂（Basilica of S. Carlo al Corso）建于公元1838-1847年间，有一座科林斯柱式的八柱门廊，并由门廊向两侧延伸柱子形成柱列。室内则是一个大圆厅，圆厅屋顶的鼓环也绕以科林斯柱。这种具有古典门廊及室内圆厅的教堂在此时期数量不少，其有些可

△ 46.20 米兰和平凯旋门

▽ 46.21 米兰圣卡罗教堂正向外貌

▽ 46.22 米兰圣卡罗教堂门廊

▽ 46.23 威尼斯小圣西门教堂外貌

△ 46.24 威尼斯小圣西门教堂外貌

▽ 46.25 拿坡里宝拉圣法朗西斯教堂

能是受到法国圣几内维教堂之影响，有的则是直接采行了罗马万神殿的原型，威尼斯小圣西门教堂（San Simeone Piccolo）建于公元1738年，就明显地属于后者，由古典门廊与其后的圆厅组成。

拿坡里宝拉圣法朗西斯教堂（Basilica of St Francis of Paola）位于普乐毕齐托广场（Piazza Plebiscito），最初设计于公元1809年，当时拿坡里为法国所控制。后来教堂之设计以竞赛方式征选，建筑师为班奇（Pietro Bianchi，1787-1849），公元1817年重新设计，完成于公元1831年。入口门廊为爱奥尼八柱山墙形式，其中边柱为方形，其余部分为圆柱，山尖与两端分别立有雕像，两侧以弧形柱廊环绕。教堂主体是一个圆厅，也是以罗马万神殿为蓝本所建，完工之际是意大利最好的新教堂。

克里斯蒂安·弗雷德里克·汉森

在北欧，从19世纪开始，新古典主义的思潮就不断地从法德传入。当时丹麦的克里斯蒂安·弗雷德里克·汉森（Christian Frederik Hansen，1756-1845年）深受其师赫特希（Gustav Friedrich Hetsch）将德国辛克尔（K.F. Schinkel）新古典主义引入之影响。他曾至意大利旅行，并于各地执业，最后于公元1804年回到哥本哈根，担任学院教授与公共工程之总监。在实际作品上，克里斯蒂安·弗雷德里克·汉森不但有来自于德国，也明显地有法国新古典主义，特别是幻像建筑师之作之影响。

克里斯蒂安·弗雷德里克·汉森最著名的设计乃是哥

本哈根的圣母教会（Church of Our Lady，1817–1829年）。这个教堂原为巴洛克风格，但于公元1807年被战火损毁。汉森保留了大部分的建筑遗构，但将之全部以简洁的新古典风格表现。入口为六柱多立克柱式门廊，紧靠着一片平实的大墙，中央高塔为方形，除了部分开口部的古典框饰及分层的檐口之外，基本上也都没有装饰。在室内，分隔中殿与通廊的部分，一楼是拱券，二楼则是多立克柱列，再由其上支撑着有藻井及天窗的筒形拱顶。这种构成很明显地有着布勒图书馆方案室内设计的影子。

塞瓦尔德森博物馆

除了克里斯蒂安·弗雷德里克·汉森之外，宾德斯波（M.G. Bindesbøll）也有重要的新古典主义作品，塞瓦尔德森博物馆（Thorvaldsen Museum）便是其中一个。这个作品是在丹麦面临着一次国家危机时所建。在当时，丹麦需要一个文化纪念物以便可以表现新的民主立宪，也可以用来象征并强化国家的自明性。这时候，有一位已经在罗马工作超过半世纪的著名丹麦艺术家塞瓦尔德森开始成为人众注目的对象。有人建议他在哥本哈根建立一座自己的博物馆，必然可以成为国家的荣耀。公元1834年，哥本哈根艺术学会宣布了塞瓦尔德森博物馆。参赛的人包括了赫特希，他提出了一个模仿罗马万神殿的作品，不过塞瓦尔德森却中意赫特希的学生，年轻的宾德斯波作为博物馆的建筑师。

不过一开始，塞瓦尔德森也不完全认同宾德斯波类似辛格尔风格的作品。他不想让自己的珍藏被建筑的光环所遮掩。塞瓦尔德森同时认为博物馆中的展示不能只被视为是室内装修的一部分。公元1834年，宾德斯波有机会获得奖学金到罗马旅行，更有机会与塞瓦尔德森共同讨论博物馆的设计。在罗马宾德斯波体认到将罗马、希腊与埃及式样结合的

△ 46.27 哥本哈根圣母教会正向外貌透视图

△ 46.28 哥本哈根圣母教会背向外貌透视图

46.29 哥本哈根圣母教会室内中殿 ▽

▽ 46.26 塞瓦尔德森博物馆原方案立面图

46.30 塞瓦尔德森博物馆完成方案立面图 ▽

的风格，但不少细部则是衍生自希腊古典建筑。

△ 46.31 赫尔辛基路德大教堂全貌

△ 46.34 赫尔辛基路德大教堂入口门廊

△ 46.32赫尔辛基路德大教堂圆顶内部

可能性。在一次希腊之旅中，他更了解了古典建筑的多色彩计画，而决定将此概念应用于博物馆中。像画室般较小的开窗则是塞瓦尔德森之意。在这些需求与观念下，成为今日之塞瓦尔德森博物馆。建筑以一个中庭为中心，四周围绕画廊，外貌的处理带有几分埃及

赫尔辛基国家广场

虽然克里斯蒂安·弗雷德里克·汉森在丹麦开启了北欧的新古典主义建筑，但却由德国建筑师恩格尔（Johann Carl Ludwig Engel，1778–1840年）引介至赫尔辛基之作品达于新古典主义的高峰。恩格尔在柏林建筑学院接受建筑教育，并曾至爱沙尼亚执业，也曾造访圣彼得堡，最后于1816年到达赫尔辛基，并且在公元1824年成为芬兰公共工程的主管。他的作品深受圣彼得堡新古典主义之影响，其中位于国会广场周边的国会（Senate House，1812–1822年）、路德大教堂（Lutheran Cathedral，1830–1851年）、赫尔辛基医院（1826年）、赫尔辛基大学（Helsinki

46.33赫尔辛基赫尔辛基大学图书馆室内 ▽

▽ 46.35 赫尔辛基大学图书馆外貌

University Building，1836–1845年）与大学图书馆（University Library，1836–1845年）最为有名，均是北欧建筑史上重要而且杰出之例。

在国会广场上，恩格尔巧妙地应用地形，将教堂置放于最高点，以之来营造整个计画的焦点。教堂之正面为六柱古典科林斯柱式门廊，中央则为圆顶，鼓环也绕以古典柱式。其他面对着广场之建筑在处理上相当类似，多数都是在平实的立面上突出古典的门廊，有些也于端部略为凸出形成。赫尔辛基医院的正立面以附壁柱列处理，中央八根为圆柱，两侧为方柱。大学图书馆内，古典柱式的阅览室则创造了一种特殊的氛围。

圣彼得堡新古典主义建筑

与北欧的新古典主义建筑相比较，俄罗斯的新古典建筑更加值得注意。而整个新古典主义的发展更与俄罗斯帝国的发展密不可分。自从16世纪依凡四世（Ivan IV）受加冕为沙皇之后，俄罗斯帝国就逐渐稳定地发展。到了彼得大帝（Peter the Great）在公元1682年起就担任沙皇，但于公元1721年以后改称皇帝后，俄罗斯的新古典主义更是趁势发展。彼得大帝对于包括建筑在内的西方事物非常感兴趣，然而风格的成熟则要到其继任者凯瑟琳女皇（Catherine the Great，在位1763–1796年）才达成。（其中曾经历安娜伊凡诺夫娜Anna Ivanovna，1730–1740年与伊丽莎白彼得罗夫娜Elizabeth Petrovna，1741–1761年）。

彼得大帝对人文深感兴趣，企图建立一个可以与西方世界城市可以抗衡的新城市圣彼得堡，他并且礼聘西欧国家的建筑师，而也有一些俄国的建筑师开始到法国学习考察。圣彼得堡在公元1703年奠基，成为俄罗斯最重要的新古典主义建筑集中地。公元1762年凯瑟琳女皇加冕后，更对建筑十分热衷，希望让俄罗斯的建筑可以与英法齐名。在18世纪末，跨越芳坦卡河（Fontanka）之塞米诺夫桥（Semenov）两端就出现不少广场，而城市中的建筑也逐渐都披上古典的外衣。

事实上，18世纪中叶，圣彼得堡的建筑与法国建筑有着密切的关系。公元1759年，布朗戴的学生范林·德·拉·莫德（Jean-Baptiste-Michel de la Mothe）应邀到圣彼得堡的艺术学院教授建筑，并与俄罗斯建筑师科可里诺夫（Alexander Kokorinov）的合作之下，范林德拉莫德在面临涅瓦河（Neva）的河岸边，设计了庞大的艺术学院，企图以之作为学院学生他出生于意大利北部，在罗马习画，并于公元1780年到达俄罗斯，从公元1783年起就已替女皇工作。

△ 46.36 圣彼得堡证券交易所外貌透视图

△ 46.37 圣彼得堡证券交易所柱廊

古典建筑的典范。公元1779年，凯瑟琳女皇聘请了意大利建筑师贾科莫·夸伦吉，并且设计了科学院（Academy of Sciences）与赫米塔奇剧院（Hemitage Theater，1782–1787年）等带有古典色彩的建筑，对于圣彼得堡古典主义的形成，扮演着相当重要的角色。

46.38 圣彼得堡海军总部外貌透视图 ▽

46.39 圣彼得堡海军总部中央塔楼外貌 ▽

证券交易所

到了亚历山大一世（Alexander I）时，俄罗斯的新古典主义达于高峰。法国建筑师汤蒙（Thomas de Thomon，1754–1813年）所设计的证券交易所（Bourse，1804–1810年）与俄罗斯建筑师沙卡洛夫（Adrian Dimitrievich Zakharov，1761–1811年）之海军总部（Admiralty，1806–1823年）是为其中之代表。证券交易所外貌以古典神庙为原型，包括有取自汤蒙考察之帕厄斯坦希腊神庙的元素，也有法国幻像建筑师设计方案的影响。建筑的周围绕以柱列，这种处理方式甚至比巴黎的证券交易所类似设计要早。正面山墙上开有大窗绕以拱石框则为勒杜设计常用之手法。

海军总部

海军总部则是全世界规模属一属二的新古典主义建筑，面宽长达408米。如何创造一栋超大建筑而不会单调，是建筑师必须克服的困难。沙卡洛夫曾为法国凯旋门建筑师夏格林的学生，因此建筑中呈现出部分受到巴黎建筑之影响。他将立面的重点转换为数个简单而具有古典风格的塔楼。基本上这些塔楼的概念非常接近勒杜在巴黎设计的门房，不过主体却都稍带有凯旋门的意象与构成。两侧塔楼在中央主体外应用了古典塔司干柱成为柱列，中央塔楼则于主体之上绕以一圈爱奥尼柱列。柱列上为24座雕像，顶部则尚有尖塔一座，是建筑师去世之后才建成。

喀山大教堂

除了上述案例之外，在1820年代以后也陆续于圣彼得堡出现一些新古典主义建筑之作。位于国会广场，建于公元1829-1833年间的国会（The Senate，1829-1833年），为罗西（Carlo Rossi）所设计，建筑上层有优雅的柱式。同样是位于广场上的圣以萨大教堂（St Issac Cathedral）所依据的原型，可能有罗马的万神殿、伦敦的圣保罗大教堂与巴黎的圣几内维教堂。除了圣以萨大教堂外，喀山大教堂（Kazan Cathedral）也是一座新古典主义的作品。此座教堂是保罗一世在位时，委托俄罗斯建筑师佛洛尼克辛（Andrei Voronikhin）设计兴建于公元1801年到1811年间。教堂的空间也是拉丁十字形，外观看似巨大，但室内实际较小。在皇帝的坚持要求下，建筑师在教堂朝向涅夫斯基大道（Nevsky Prospekt）立面两侧设计了一个宛若伯尼尼罗马圣彼得广场椭圆形柱廊的两翼，由94根科林斯柱子所组成，以构成一处公共广场。本来在教堂的另一面也要兴建同样形式的柱廊，但后来因故没有实现。

△46.40 圣彼得堡海军总部侧部塔楼外貌透视图

▽ 46.41 喀山大教堂透视图

第四十七章
美国的新古典主义建筑

公元1776年，美国独立，成为一个新的国家，展开新的建设。这个时期，刚好是欧洲新古典主义盛行的年代，这种新的知识与时尚，很快地就获得知识分子及社会精英的认同，成为新国家新建筑的重要风格。其中，第三任总统托马斯·杰斐逊个人的品味与新首都华盛顿特区的成立与建设，扮演着非常重要的角色。

杰斐逊与美国新古典主义建筑

托马斯·杰斐逊（Thomas Jefferson, 1743–1826年）为美国独立宣言起草人与第三任总统，也是18世纪中叶至19世纪中叶美国本土最杰出的建筑师。杰斐逊的建筑知识是自学而来，当时美国也没有任何建筑学校，但是杰斐逊却拥有为数可观的建筑图书资料，包括有数个版本的帕拉第奥之《建筑四书》。公元1784年，杰斐逊代表美国出使法国，直至公元1789年为止。在法国，杰斐逊被引介法国新古典主义的建筑，而且也十分震撼于法国幻象建筑师的理性与理想。5年在法国其间对于法国文化的浸透使杰斐逊对于建筑之品味渐由英国转向法国。杰斐逊设计、兴建并且亲自监造数栋房子、两栋法院、一栋州政府、一栋教堂与一间美国最出色的大学校园。在每栋建筑设计过程中，杰斐逊均以素描及各种图面来表达，因而也留下了数以百计的图说资料，成为美国早期建筑发展的重要档案。

杰斐逊深信人类大部分的问题都已经在古典希腊罗马中讨论过或者已经解决，他也深信过去的经验可以作为将来的一种指引。杰斐逊欣赏并认为帕拉第奥为古典建筑的理想诠释者，因为其建筑设计是根基于数学与自然法则。当然，杰斐逊自己也是一个古典建筑的诠释者，他喜好设计各种事物，甚至为自己设计了墓碑与碑文，碑文如此写道：“托马

47.1 夏洛特维尔蒙提赛罗原设计立面图 ▽

斯·杰斐逊葬于此，独立宣言起草人，弗吉尼亚宗教自由法之撰文人，弗吉尼亚大学之父。生于公元1743年4月2日，死于公元1826年7月4日。"

蒙提赛罗住宅

在美国甚至是世界建筑史上，迷人的蒙提赛罗住宅（Monticello，1768-1782年，1793-1808年）声誉都是难以匹敌的，这是杰斐逊的自宅，也是其所设计的几栋住宅中，最为有名者。此宅屡经修葺整建，充分反应出杰斐逊不同时期对于建筑不同的观点。很多人都不太了解蒙提赛罗的字义，其实它是杰斐逊对于一座位于其父亲座落于夏洛特维尔（Charlottesville）附近土地小山的昵称。杰斐逊从小就非常迷恋此山，梦想在山顶筑屋而居，甚且与童年好友卡尔（Dabney Carr）相约死后共同长眠于此，后来果真实现。公元1768年，杰斐逊开始在此兴建居住之所，蒙提赛罗于是成形诞生，其原始空间组织可以追溯到文艺复兴建筑师帕拉第奥设计建筑之空间，有主体与两侧细长之护翼，其因是杰斐逊一直把帕拉第奥之著作奉为圣经般在研读。

始建之初，蒙提赛罗主体是宽而空，而且天花的高度相当高，一楼中央为起居客厅，一侧为餐厅与茶室，另外一侧为卧室与书房，二者之间连系以走道；前面设有阳台及内藏楼梯的凹室，二楼则为图书室，阁楼为卧室；门廊则为双层形式。在不同的空间内，杰斐逊使用不同时期的古典建筑语汇及装饰，有人因而称其为第一栋以古典艺术来装修住宅的人。然而蒙提赛罗这个原始的风貌并没有维持太久，因为杰斐逊不断地加以修正，而他也自言将房舍东敲西补是一种娱乐，只因奉派驻法而暂停。公元1789年，杰斐逊自法国返美。公元1793年，杰斐逊时值51岁，但是妻子与6个小孩中的4位已经辞世，其国务卿的任期也即将届满，杰斐逊决定再度开始整建蒙提赛罗。

这时候的杰斐逊已是法国文化的热爱者，且自法国带回

△ 47.2 夏洛特维尔蒙提赛罗立面图

▽ 47.3 夏洛特维尔蒙提赛罗平面图

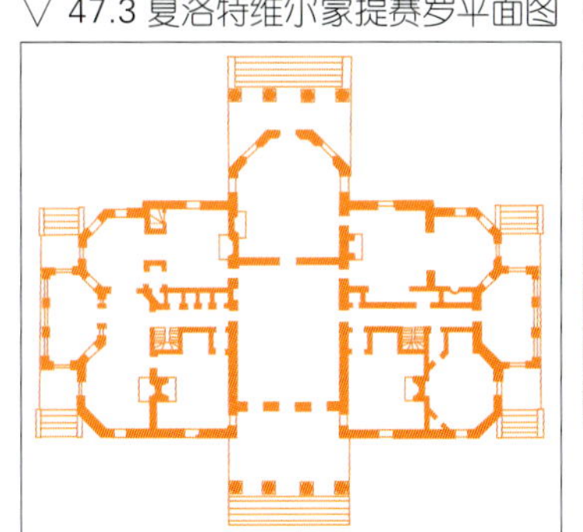

▽ 47.4 夏洛特维尔蒙提赛罗外貌

△ 47.5 弗吉尼亚大学整体校园透视图

▽ 47.6 弗吉尼亚大学整体校园透视图

△ 47.7 弗吉尼亚大学学院村

▽ 47.8 弗吉尼亚大学图书馆正向外貌

大批的法式家具与法国建筑相关图书资料，其将原有英格兰帕拉第奥式的特征一一除去，加入法式品味是可以被理解的，整建的工程大致于公元1808年完工。经历了30多年的漫长岁月，蒙提赛罗从原有的2层变成了3层，但外貌却巧妙地处理成只有1层。室内的空间几乎加倍，立面的门廊成了单层四柱式整体性的处理，也部分成为带有浓厚的法国品味的二层阁楼的阳台，阁楼的墙面开有圆窗，其上新加的八角屋顶应为法国沙尔姆之屋（Hotel de Salm）之影响。当然，在整栋住宅中，还可以看到许多小细部是杰斐逊的精彩创意。总之，在蒙提赛罗中，杰斐逊表露了他对于古典建筑与法国建筑的喜好，更展现了惊人的原创性与想像力。

弗吉尼亚大学

美国著名的高等学府弗吉尼亚大学（University of Virginia，1817-1826年）一直到公元1819年才正式登记立案，然而其却早自公元1800年就开始蕴育成立。对于当时美国大学校园建筑浩大昂贵之时尚，杰斐逊曾严加批评，他认为比较好的模式应该是为每一位教授兴建一栋小巧而独立之住屋，下层为一间教室，上层则为两间专用的房间，而这些个别的房舍再以有顶棚的走道加以连接，全部则是配置在一个开放而且种植花草的开放空间。在这种概念下，大学将是一个学院村（academic village），而不是一个大而吵杂之地。杰斐逊曾经把他的大学校园理念推介给东田纳西学院，但不被加以重视，直至公元1817-1826年间，他的教育与建筑理想终于在弗吉尼亚大学中获得实现的机会。

从大概念到小细节，整个弗吉尼亚大学几乎全是杰斐逊之个人化创作。他游说政治家准许大学之成立，他亲自向人劳款，他自己设计建筑物，聘请木匠、石匠与泥水匠，设计课程并聘任教师，杰斐逊之校园规划包括有十栋神庙般的阁楼，每一栋中有教授的空间与教室，而且与宿舍相距不远，全部以柱廊相结，并平行配置。柱廊本来均有平顶和中国式栅栏扶手。两侧阁楼之后则为花园，以波浪形之墙围塑。开放空间轴线之顶则是一个巨大的圆顶图书馆，象征着启蒙之殿堂，但其原型很清楚地可以回溯到罗马时期的万神殿。在两侧的阁楼方面，杰斐逊想要把这些阁楼成为纯洁与正确建筑的典范，所以在设计上每栋均不同以作为建筑上课之样本。

李奇蒙弗吉尼亚州厅

弗吉尼亚州厅（The Virginia Capital，1785-1799年）是美国第一栋依照古典神庙风格所建的公共性建筑，位于李奇蒙（Richmond），其原型是杰斐逊于公元1787年所造访的法国尼姆建于公元第一世纪的罗马方形神庙（Maison Carree）。原本弗吉尼亚州政府要杰斐逊在法国寻找一位适合的建筑师，但杰斐逊却不甘心将这种规模的建筑设计拱手让给一位陌生的法国人，因而在法国著名的建筑权威克拉苏（Clérisseau）之协助下，亲自完成了设计，并且绘制了一系列图说与一个精致的石膏模型。从图说、模型到实际完成的建筑物，原设计的精神与风格是相当一致地被呈现出来，而且可以说是以古典原型来寻找现代功能的一种典范。事实上，杰斐逊一直认为以古典风格来建造州厅建筑可以提升美国人对于古典艺术之品味。正面六根爱奥尼柱的门廊之后则为大厅与各种办公场所，与古典原型不一样的是考虑功能性的采光窗户，但这也使之不同于古典罗马的神庙。

在美国独立之前，建筑并不是一种专业，而对于杰斐逊来说，建筑却是一项穷毕身精力学习之物，更是一种嗜好。要不是他有包括总统与律师等多项杰出的政经头衔加以掩盖过其于建筑上的光芒，恐怕杰

△ 47.9 弗吉尼亚大学图书馆侧向外貌

▽ 47.10 弗吉尼亚大学图书馆圆顶室内

▽ 47.11 李奇蒙弗吉尼亚州厅外貌透视图

△ 47.12 华盛顿特区未规划前地图

▽ 47.13 华盛顿特区1792年规划图

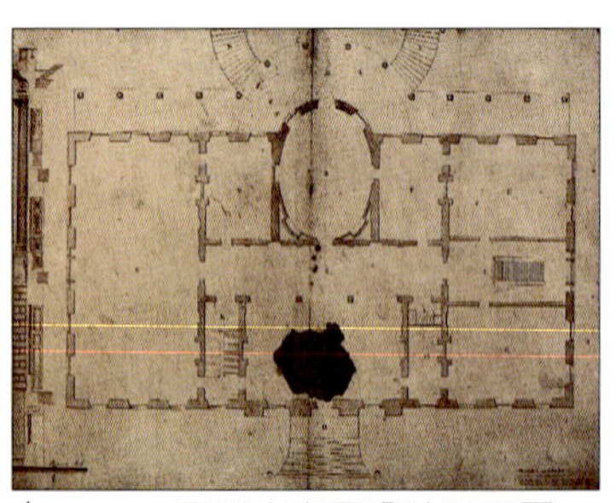

△ 47.14 霍班白宫原设计平面图

▽ 47.15 霍班白宫原设计立面图

斐逊将是美国建筑史上最有影响力与最重要的建筑师了。虽然杰斐逊的建筑作品在美国建筑史上占有极崇高的地位，但是其对当时美国建筑的影响更是深远。杰斐逊对于古典建筑的热爱，是独立革命后美国重要的古典复古运动的最有力的冲劲，这个运动使美国各地在19世纪充满了古典形式与细部的住宅、教堂与公共建筑。

华盛顿特区的新古典主义建筑

在美国，除了弗吉尼亚之外，在18世纪末到19世纪中，出现最多新古典主义的地区应该是华盛顿特区。在美国独立之后，费城成为暂时性的首都，可是有愈来愈多的人认为应该建立一处新的首都。公元1787年，宪法会议的代表达成一致的决议，提出“新首都必须像新国家一样独特，而且不受任何州的管辖，首都应该是属于全体人民”的共识。这时候，几乎是每一个州都提出优厚的条件，希望新的“联邦城市”能落脚于自己州内。在经过讨论与辩论之后，位于波多马克河（Potomac）旁的新址脱颖而出，成为新首都的所在地，而公元1790年的一项法案也通过以10年的时间来建设，而在此之前，首都仍设于费城。公元1791年，华盛顿总统任命拉恩坊（Major Pierre Charles L'Enfant）担任新首都的规划者，以轴线、大道与公园相互串联，开启了新首都的建设。许多政府建筑也在城市规划大致定案之后，逐一兴建。其中最富有政治涵义的总统府及国会，呈现的都是新古典的精神。

华盛顿特区白宫

位于华盛顿特区的白宫（The White House，1792–1830年）是美国总统之正式办公室及寓所，也是一栋新古典风潮下产生的建筑。在公元1792年3月的一次总统住宅公开竞赛中，由爱尔兰的开业建筑师兼营造者霍班（James Hoban）打败了来自学院派的建筑师所雀屏中选。其实霍班是参赛者中间仅有的两名真正在执业的建筑师之一，而且许多人都相信，霍班并不是因为他设计的杰出而得奖，而是他对于此竞赛之热衷打动了包括华盛顿总统在内的委员会成员。

霍班最原始的设计有地下室及地上2层楼，但在兴建的过程中，取消了地下室，而将地面层略为提高以符合当时的法国潮流。不过基本上霍班的设计是参考18世纪中期英国帕拉第奥风格宫殿的设计，在一个水平的长方体中，于北面加上了一座四柱的爱奥尼门廊，南面则是一个贯穿整个立面的柱廊。在空间上，中轴的北端为大型的方形入口大厅，再接着椭圆厅及南端的半圆厅。东面是大宴会厅，西面则区分为三间公共厅。住宿的功能则全部位于二楼。

虽然霍班的设计具有一定的特色，但在当时却质疑声不少。其中最大的争议乃是被批评为抄袭之作。后来协助霍班执行此工程的建筑师拉特罗比（Benjamin Henry Latrobe）就曾在公元1806年公开指出霍班的设计缺乏原创性，充其量只是一栋在都柏林设计不良房舍的抄袭。拉特罗比所指的其实就是都柏林的连恩斯特公爵之屋（Duke of Leinster House）。然而支持霍班的人却认为其虽自既有的建筑中抄袭了不同的元素，但却将之重新组成一种新的模式，而这种设计态度在当时是极为普遍。霍班深知古典建筑之奥妙，因此将古典建筑重视比例此事发扬光大。在就总统所提之意见修正后，此工程很快就展开，不但增加了装饰，也增加了约五分之一的规模，然而经费也因此增加，只好在公元1793年将原有的3层楼设计修改为2层楼。

公元1800年时，虽然只完成一些房间，但总统约翰·亚当（John Adam）仍然搬入新房。不过其继任者杰斐逊总统一开始却认为设施不足而拒绝迁入。事实上，杰斐逊本身对于国家元首的住宅有着自己独特的看法，当年举行竞赛时，他就曾以化名“AZ”参赛，以一个模仿自帕拉第奥圆厅别墅的设计方案应征，但并没有入选，而此一秘辛也一直至公元1915年才被发现。在霍班的合约于公元1802年到期之后，

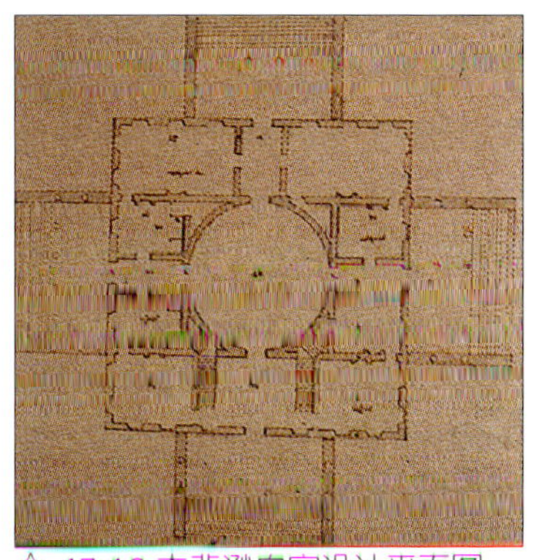
△ 47.16 杰斐逊白宫设计平面图

▽ 47.17 杰斐逊白宫设计立面图

△ 47.18 华盛顿特区白宫北向外貌

▽ 47.19 华盛顿特区白宫南向外貌

△ 47.20 商顿美国国会设计立面图

47.21 商顿美国国会设计立面图
▽ 中央圆厅部分

▽ 47.22 商顿美国国会设计平面图

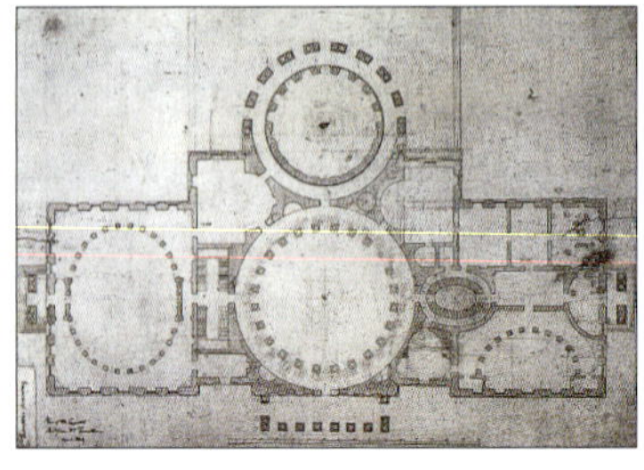

47.23 拉特罗比美国国会设计透
▽ 视图

杰斐逊则另聘拉特罗比加以整建。白宫在公元1830年正式开幕，隔年霍班就与世长辞。“白宫”一词是在内战后之公元1861–1865年间被广泛使用，而于公元1902年才成为法定之用词。公元1807年时，拉特罗比曾重新设计南北两面，但因故没有实现。目前白宫北面的门廊并非是霍班原始的设计，但经他于公元1829年所增设，南面的圆门廊则建于公元1824年。

华盛顿特区美国国会

美国国会（United States Capitol，1793–1867年）是华盛顿特区另外一栋充满古典色彩的建筑。而长达数十年的整个兴建过程，设计也不断地更动。而整个国会山庄的规划与国会建筑的兴建更是华盛顿特区作为联邦政府所在地的最直接象征，在公元1791年4月份由杰斐逊写给特区规划者拉恩坊（L’Enfant）的一封信中，就曾表达了他对国会建筑的期许为根据“可以传之千年之古典原型”所建之建筑。就在截止提交方案之公元1792年7月15日前六天，出生于西印度群岛，并且于公元1787年移居美国的物理学家兼画家、发明家及业余建筑师威廉商顿（William Thornton）向官方提出了迟交方案的请求。没想到这个迟来的方案，最后竟然吸引了所有评委的眼光。公元1793年9月18日，华盛顿总统亲自奠基，从此美国国会展开了冗长的建筑生命史。

评委们对于威廉商顿设计的评语是华丽、简洁与实用，中央为圆顶大厅，两翼由此延伸。中央圆厅与二层楼的门廊看似带有罗马万神殿的影子。威廉商顿一直担任国会的建筑师至公元1802年。在此期间，他经常与获得竞赛第二名而被聘为营建监造之建筑师霍勒特（Stephen Hallet）发生摩擦。霍勒特则于1794年因为总是想在工程中强加入自己的想法而被解雇。而参议会与最高法院所在的部分则是最先完成的建筑。公元1803年，已任总统的杰斐逊聘请拉特罗比为公共建筑之营建总监。由于国会的外部设计多少已经设计，拉特罗比于是将精神置于室内，也发明了著名的玉米柱头及烟草叶柱头。公元1810年时，拉特罗比曾企图修改商顿的设计，将参众两院以柱列连结。公元1814年，国会曾受英军攻击而受损，也是由拉特罗比所修缮。

公元1818年，布尔芬奇（Charles Bulfinch）接替拉特罗比成为国会的建筑师。这位波士顿出生的建筑师成为第一位负责国会兴建的本土建筑师。布尔芬奇虽然曾修改部分西立面的比例，但大多数的工作却是执行以前几位建筑师的设计，许多人也因此将国会的完工归功于他。布尔芬奇于公元1829年离职，这时候圆顶及大部分的工程已完成，一直到公元1851年，国会建筑并没有再聘请任何建筑师。从本质来看，拉特罗比与布尔芬奇的设计都属于新古典传统，然而两者表现的方式并不一样，拉特罗比较大胆，企图应用不同时代的风格，布尔芬奇则比较重视装饰性的效果。公元1851年，华尔特（Thomas Ustick Walter）继任国会的建筑师，展开两翼扩建及圆顶增高的计画，代表自由的雕像则于公元1863年高置于圆顶之上。圆顶内为彩画，为布鲁明迪（Constantino Brumidi）之作"华盛顿的礼赞"（The Apotheosis of Washington），画中当时的美国政治人物被拿来与罗马神明相互结合。

△ 47.24 布尔芬奇美国国会设计正立面图

47.25 布尔芬奇美国国会设计圆厅剖面图 ▽

△ 47.26 华盛顿特区美国国会远眺

47.27 华盛顿特区美国国会圆顶外貌 ▽

除了白宫与国会之外，华盛顿特区还有许多重要公共建筑都在新古典主义的风潮中，披上了不同程度的古典外衣。而这股风潮甚至延续到20世纪上半。由米尔斯（Robert Mills）设计于公元1845－1854年间，公元1876－1884年由凯西（Thomas Lincoln Casey）与美国工兵完成的的华盛顿纪念碑

△ 47.28 华盛顿美国国会圆顶内部

△ 47.29 美国国会圆顶内部彩画

▽ 47.30 美国国会圆顶内部彩画

（Washington Monument）在完成时是世界最高的建筑，采用的就是埃及的方尖碑。培根（Henry Bacon）于1912-1922年设计的林肯纪念堂（Lincoln Memorial）则明显地有希腊帕提农神庙的影子。波普（John Russell Pope）于1939-1943年设计监造的杰斐逊纪念堂（Jefferson Memorial）则有罗马建筑的基因。而国会、白宫、林肯纪念堂与杰斐逊纪念堂更以华盛顿纪念碑为中心，构成了一个完整的菱形空间体系。财政大楼（Treasury Building，1836-1871年）、最高法院（Supreme Court，1929-1935年）及国家档案局（National Archives，1935年）等都是新古典建筑的案例。

当然其他地区也在此风潮中都陆续出现新古典风格的建筑，并且在不少案例中都有明显的古典建筑原型。拉特罗比（Benjamin Henry Latrobe）设计的巴尔的摩大教堂（Baltimore Cathedral，1804年）明显地有罗马万神殿的影子。米尔斯设计的李奇蒙纪念教堂（Richmond Monumental Church，1812年），在门廊的设计上则模仿希腊德耳菲雅典人的宝库。史特利克兰（William Strickland）设计的费城的商业交易所（Merchants' Exchange，1832-1834年）在顶部则为雅典里希克拉提斯纪念碑（Monument of Lysicrates）之翻版；同一建筑师设计的费城美国第二银行（Second Bank of the United States，1818年）则是一栋标准的多立克神庙建筑。亨利·沃尔特

▽ 47.31 华盛顿特区华盛顿纪念碑设计方案

▽ 47.32 华盛顿特区华盛顿纪念碑远眺

△ 47.33 华盛顿特区华盛顿纪念堂外貌

▽ 47.34 华盛顿特区杰佛逊纪念堂

（Henry Walters）设计的俄亥俄州州厅（Ohio State Capitol，1838年）以勒杜在巴黎设计的门房之一为蓝本。

纽约自由女神神像

除了建筑之外，美国重要的标志纽约自由女神神像在某个程度上也带有新古典的精神，因为她与古希腊在室外的神祇巨像具有异曲同工之妙。自由女神神像全名为“照耀世界自由之神”，是法国民众送给美国民众作为美国建国一百周年庆祝之贺礼。然而因为资金筹措等诸多事项，一直到公元1885年才将雕像送达纽约，公元1886年10月由美国总统克里夫兰（Grover Cleveland）主持揭幕仪式。

自由女神神像骨架为钢铁，外覆铜材，重达225吨（铁125吨、铜100吨），高度为46.5米，加上基座总共高出海拔92.9米，雕刻为巴陶地（Auguste Bartholdi）所设计，结构则为法国著名工程师艾菲尔（Gustave Eiffel）所作。雕像内部中空，分为22层（354阶），女神的顶部设有可供数十人共同眺望之瞭望台，并设有瞭望口。花岗岩的基座为移民纪念馆。基座有一块铜版，上面镌刻着犹太裔女诗人爱玛拉沙拉斯（Emma Lazarus）所写的一首诗，名为“巨人”，强调庇护争取自由的人。在自由女神追求自由希望的感召之下，许多来自于欧洲的移民，纷纷搭船来到纽约。据统计，在1892–1954年间，到美国的2400万移民中，有七成左右是经过自由女神神像而由艾利斯岛（Ellis Island）上岸。百多年来，头戴皇冠，身着长袍，右手高举火炬，左手拿着独立宣言的自由女神神像，一直是新移民的希望象征。

从弗吉尼亚、华盛顿特区到各地的新古典主义建筑，甚至是纽约自由女神神像，美国的新古典主义似乎与美国人对于刚成立不久的新国家的期许有着密切的关系。

△ 47.35 华盛顿特区美国最高法院外貌

▽ 47.36 华盛顿特区美国国家档案局

△ 47.37 俄亥俄州州厅外貌

▽ 47.38 费城商业交易所外貌

▽ 47.39 纽约自由女神神像

第四十八章 浪漫主义与哥特复古风潮

浪漫主义的兴起

正当新古典主义如火如荼地展开之时，一股与之相互抗衡的力量也逐渐兴起，那就是浪漫主义（Romanticism）。

△ 48.1 出浴之苏珊娜（夏谢里奥）

△ 48.3 华尔波住宅

48.2 愤怒的美蒂亚（德拉克洛瓦）▽

▽ 48.4 普金画像

“浪漫”一词乃是从中世纪的传奇“Romances”所逐步演化而来，因此浪漫主义与中世纪的精神有一定的联想。一般而言，浪漫主义与新古典主义有分庭抗礼的现象。从文学、艺术到建筑，浪漫主义在不同的领域中发展出不同的风貌与成果。在文学上，浪漫主义寻求解脱古典文学制式化的形式，也追求人性束缚的解放。在艺术上，夏谢里奥（Theodore Chasseriau）的“出浴之苏珊娜（Suzanne in Bath）”（1839年）以及德拉克洛瓦（Delacroix）的“愤怒的美蒂亚（The Fury of Medee）”（1963年）都已远离古典绘画之表现，呈现出更多的情感认知与个人特质。

在建筑上，虽然有人认为浪漫主义没有明确的历史与固定的风格，但却有不少人仍然肯定英国在浪漫主义上所扮演的角色，而浪漫主义更与哥特复古风潮有着密切的关系，彼此呼应而于欧洲遍地开花。在

18世纪时，对于哥特式样的事物有兴趣成为贵族与有钱人的一种嗜好。在拥有哥特复古式样住宅之浪漫主义作家华尔波（Hugh Walpole）之哥特风格住宅影响下，许多人也开始将他们的住宅设计成哥特式样。这些业主并不是将哥特式样视为是一种不变的历史精准的实行，而是一种如画般的发展。他们多数会将这种哥特住宅视为是一种逃避商业或政治现实的地方。与哥特式样兴起有关的另一个原因乃是日益增加的古物热。受到18世纪末学院与文学品味的引导，英国19世纪初最流行的时尚乃是收藏古物并以之和真实的建筑细部来装修一个人的住宅。哥特式样促使了中世纪对象的品味，中世纪徽章、彩色镶嵌玻璃及雕刻的砖石都是重要的特征。

△ 48.5《哥特家具》封面

▽ 48.6《对照》内文

△ 48.7《基督教或尖拱建筑的真正原则》封面

48.8《英格兰基督教建筑复兴的礼赞》插图
▽

普金与哥特式样

浪漫主义英国最重要的建筑师兼理论家为普金（Augustus Welby Northmore Pugin），他比任何的建筑师都要努力地将哥特式样发展成为英国国家式样，也是一个多产的建筑师与设计师，不仅设计建筑，更设计了许多家具、灯具、壁纸与珠宝等。普金生于公元1812年，在15岁时就曾为温莎堡设计过哥特式的家具，21岁时完成了其父所着《哥特建筑案例选》（Examples of Gothic Architecture）。公元1835年，普金出版了第一本著作《哥特家具》（Gothic Furniture），同时成为天主教（罗马公教）徒。同年他也和查尔斯·贝利（Charles Barry）共同参与了英国国会（Houses of Parliament）的竞赛，并且赢得设计权。

▽ 48.9《宗教装饰及服饰之语汇》

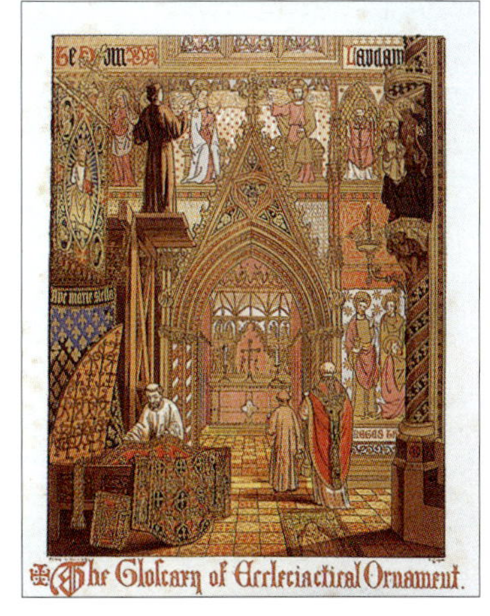

△ 48.10 普金9岁时教堂速描

△ 48.12 却德勒圣吉尔斯教堂透视图

▽ 48.13 南华克圣乔治教堂设计图

▽ 48.11 兰斯盖特农庄与教堂透视图

公元1836年，普金出版了引起广泛讨论的书《对照》（Contrasts）。这本书是普金最重要的著作。在这本书中，普金将14、15世纪重要的建筑及都市景观与当时的现况以图像相互比较，其中普金对于中世纪的事物，特别是哥特式样的偏好表露无疑。公元1841年、1843年及1844年，普金又陆续出版了《基督教或尖拱建筑的真正原则》（The True Principles of Pointed or Christian Architecture）、《英格兰基督教建筑复兴的礼赞》（An Apology for the Revival of Christian Architecture in England）及《宗教装饰及服饰之语汇》（The Glossary of Ecclesiastical Ornament and Costume），赋予中世纪哥特装饰及建筑更多的宗教意义。

在实际建筑作品上，普金的才华早在他9岁时所画的一幅教堂速描中可以看出。公元1836年独立开业后的作品包括有伯明翰（Birmingham）主教住宅、兰斯盖特（Ramsgate）的农庄（Grange）与圣奥古斯丁教堂（St. Augustine s）、奇德尔（Cheadle）圣吉尔斯教堂（St Giles s）以及南华克（Southwark）的圣乔治教堂（St George s Cathedral）等建筑都是哥特式样。

伦敦英国国会

虽然普金设计了不少哥特式样的教堂及其他设施，但是在他设计的作品中最有名的应该是伦敦英国国会（Houses of Parliament）。这个国会所在的位置，原为白白者爱德华原来的西敏皇宫。不过该皇宫在公元1834年的一场大火中烧毁，只余西敏厅（Westminster Hall）等少数空间。公元1835年，英国政府决定在此兴建新国会，并且规定只能使用哥特式样或者伊丽莎白式样（Elizabethan），这种限制很明显地反映了当时英国建筑发展的趋向，古典风潮已经逐渐消退。许多英国人都已经可以接受哥特式样作为国家式样，英国国会自当呈现出民族的自信与骄傲。

普金和贝利共同经由竞赛而取得的设计，其中贝利负责空间的安排与组织，普金则主导了哥特式样的设计及室内装修。在空间上，英国国会主要的房间都是安排于一条南北向的主要动线上。依层级分别置放了下议院（House of Commons）、下议院门厅、中央门厅、上议院（House of Lords）、王子厅及皇家长廊。第二次世界大战时，下议院曾

△ 48.14 伦敦英国国会外貌

48.15 伦敦英国国会外貌 ▷

▽ 48.16 英国伦敦国会维多利亚塔

▽ 48.17 英国伦敦国会钟塔

48.18 英国伦敦国会下议院室内透视图 ▽

△ 48.19 牛津自然史博物馆外貌透视图

遭轰炸，后来由史考特加以修复。不过上议院却仍然维持原貌，丰富的装饰是普金在伦敦地区的杰作。在外貌上北面的钟塔高98米，是伦敦有名的标志；南面的维多利亚塔高更达103米。公元1852年，上下议院都已开始启用，面宽甚长的英国国会成为伦敦泰晤士河畔最重要的建筑，也因为哥特建筑与宗教之间的关联性，此栋建筑更成为英国人心目中最美丽的建筑之一。

△ 48.20 伦敦爱伯特纪念碑外貌

约翰拉斯金

普金虽然大力推动哥特复古建筑，但是许多与他同时代的人却因为他改信罗马天主教而加以排斥。事实上，约翰·拉斯金（John Ruskin）也是当时有关式样最重要的理论家。虽然在其于公元1849年出版的《建筑的七盏明灯》（The Seven Lamps of Architecture）与公元1851-1853年出版的《威尼斯之石》（The Stones of Venice）中很明显地有些部分是受到普金思潮的影响，但普金的宗教信仰却使拉斯金刻意与他保持距离。在拉斯金的著作中，他与普金同样关注手工、诚实、神明性（Godliness）与国家式样。他认为年轻的英国设计师可以从中世纪的手工传统中发现最好的案例。与普金一样，拉斯金也是认为中世纪的好社会可以生产出美好的事物。

在公元1830及1840年代，英国的哥特复古建筑大多数为英国惯用的垂直哥特式样。不过当有愈来愈多的建筑师以哥特式样为主要的创造表现，而且有更多的年轻建筑师加入执业后，哥特式样愈趋折衷。在维多利亚时期的时尚与拉斯金影响双重因素下，建筑师开始将法国、德国及意大利哥特式样的元素加入他们的设计，牛津自然史博物馆（The Natural History Museum in Oxford，1855-1860年）就是一个很好的例子，多色彩计画受到14世纪威尼斯哥特建筑的影响，陡峭的金属屋顶则有荷兰哥特建筑的影子。原来英国哥特建筑的垂直性已被意大利式样的垂直性所改变。

▽ 48.21 伦敦爱伯特纪念碑细部

伦敦爱伯特亲王纪念碑

在以哥特式样来表现英国国家色彩的呼声中，由史考特（George Gilbert Scott）设计的伦敦爱伯特纪念碑（The Albert Memorial）可以说是最具体的响应。这座纪念碑乃是维多利亚女王为了纪念过世于公元1861年之爱伯特亲王而建，史考特是当时最重要的建筑师，他不仅设计教堂，也将哥特式样应用到非宗教建筑上。他从7名应征者中脱颖而出很明显的原因乃是他使用了爱伯特最喜爱的哥特式样，因为其他六个方案都是使用古典式样。整个工程于公元1864年开工，直至公元1872年才落成。

爱伯特纪念碑高约22米，基本的构成是一个装饰精美的建筑顶棚，顶棚内是面向南方的爱伯特坐姿像。顶棚位于一个台基之上，台基的4个角落各有一组雕像分别代表制造、农业、商业与工程，这些都是维多利亚时期财富的基石。在通往顶棚台阶之底另有4组雕像分别代表欧洲、美洲、非洲与亚洲，这些地方都是维多利亚时期英国国力所及之处。顶棚山墙内之马赛克镶嵌画乃是订自于威尼斯，山墙下另有一横饰带写着“维多利亚女王及她的人民－纪念爱伯特亲王”。

△ 48.22 伦敦圣班卡拉斯车站外貌

△ 48.23 伦敦圣班卡拉斯车站钟塔

48.24 爱丁堡沃尔特·斯科特爵士纪念塔▷

伦敦圣班卡拉斯车站

在爱伯特纪念碑后，史考特紧接着又于1865年设计了伦

△ 48.25 爱丁堡沃尔特·斯科特爵士纪念塔

敦圣班卡拉斯车站（St. Pancras Station）及附属的密德兰旅馆（Midland Hotel）。在一座标榜维多利亚时期进步象征的新型车站前面设计了13世纪哥特式样的门面，其实是一件非常争议的事。但是业主密德兰铁道公司却只想兴建一座新的车站与旅馆以超越邻近的国王十字车站（King's Cross），史考特以这座哥特式样的建筑帮业主实现了愿望。整座位于超大跨度车站主体前的门面有细致的哥特语汇，在西端并由一座钟塔收头。除了有如画般的品质之外，史考特更企图在此建筑中证明哥特式样也是适用于现代社会，而在某些开放空间之顶部使用了钢铁等现代构材。

◁ 48.26 爱丁堡沃尔特·斯科特爵士纪念塔

▷ 48.27 爱丁堡沃尔特·斯科特爵士纪念塔基部

▽ 48.28 拱肋音乐厅室内透视图（维奥列多）

巴特菲德

在英格兰，建筑师巴特菲德（William Butterfield）也是一位非常重要的哥特复古大将。他所设计的伦敦全圣教堂（All Saints，1849–1859年）规模虽然不大，但却被认为是英格兰哥特复古建筑一个非常重要的转折点。此教堂兴建之初，就被视为是英国教会的一个典范，特别是位于都市中的教堂而言。建筑以砖为主要建材并非是经济上的考量，而是因为其耐久性与颜色。不同颜色的砖材与饰带使此教堂成为多色彩的建筑，创造了一种哥特复古建筑的新美学经验。同为巴特菲德设计的牛津克布勒学院与教堂（Keble College and Chapel，1867–1883年）也是在同样的设计思考下而兴建的建筑。

爱丁堡沃尔特·斯科特爵士纪念塔

位于爱丁堡王子大街上的沃尔特·斯科特爵士纪念塔（Sir Walter Scott Monument，1836–1846年）为苏格兰最重要的浪漫主义建筑，在充满新古典建筑的爱丁堡算是一个相当特殊的案例。沃尔特·斯科特爵士出生于爱丁堡，为苏格兰作家，他的作品中充满了苏格兰民族精神，曾被喻为欧洲浪漫主义的重要领导人，更被苏格兰人视为是民族英雄。在浪漫主义与民族主义双重影响之下，建筑师肯普（George M Kemp）以哥特式样完成了此作。纪念塔是一座高耸的尖塔，从四对交叉之拱券从壁向上升起达于61米左右的高度。塔中有287阶的楼梯可以直达顶部，内部则为斯科特与其爱犬之雕像。另外在塔的内外也有64座斯科特作品中的人物之雕像，使之成为斯科特作品的大集锦。落成之后，立即成为王子大街上的标志。

维奥列多与法国哥特复古建筑

在法国方面，浪漫主义深受卢梭（Rousseau）及维克多·雨果（Victor Hugo）之影响。在建筑上，维奥列多（Eugene-Emmanuel Viollet-le-Duc，1814–1879年）可以说是哥特式样最重要的信徒。除了是一位重要的建筑作家之外，维奥列多也从公元1840年接受委托进行许多中世纪建筑之整修工作，包括有巴黎的神圣小教堂与圣母院（1845年）、卡尔卡松的城堡（1853年）以及拿破仑三世之夏宫皮埃尔芳堡（Chateau de Pierrefonds，1863–1870年）。

△ 48.29 巴黎神圣小教堂整修图（维奥列多）

△ 48.30 巴黎圣母院整修立面图（维奥列多）

48.31 理想哥特教堂透视图（维奥列多）▷

△ 48.32 皮耶丰堡整修图（维奥列多）

维奥列多最主要的企图并不是传播古代知识，而是传播一种理想的建筑。哥特建筑被维奥列多认为是一种最理性与科学的追求。在维奥列多心中，一栋哥特大教堂，有着骨架式的框架，再加上拱肋与扶壁，在整体性上是无与伦比的杰作。中世纪的城堡与防御工事，若从功能与实用的观点来看也是十分地成功。维奥列多甚至认为哥特式样的装饰，是与构造的基本有密切的关系，清晰可见。由于太过于热衷于哥特式样，维奥列多甚至认为布扎学院与其古典建筑之教育，是其最主要敌人。不过这种观点在当时也引起辩论，最后导致维奥列多辞去教职。维奥列多所整修的建筑，由于太过于执着于哥特式样的纯度，容易使原建筑的历史性受质疑。

△ 48.33 布达佩斯匈牙利国会远眺

▽ 48.34 布达佩斯匈牙利国会

欧洲其他地区的回响

哥特复古风潮，在英法盛行之后，在欧洲各地引起很大的回响，匈牙利、奥地利及德国均有不少实例，布达佩斯多瑙河畔的匈牙利国会（Hungarian Parliament）就是一个例子，也是匈牙利国家与民主之象征。工程开始于公元1885年，第一阶段于公元1896年，即马札尔人占领匈牙利一百年后完成，但全部则等到公元1902年才完成，建筑是以新哥特风格所建，受到伦敦英国国会很大的影响。整个建筑沿多瑙河面共有268米，中央圆顶高96米，建筑上应用了许多匈牙利国王、王子或民族英雄之雕像，是城市中最主要的标志，也是最受欢迎的建筑之一。

布达佩斯马提亚斯教堂（Matthias Church）之名乃是因为15世纪之国王马提亚斯科维纳斯在此结婚两次而得。整栋教堂高塔耸入云霄，在附近无以匹敌。事实上，早在13世纪，日耳曼人就曾将之使用作为教区之教堂，巴洛克时期亦曾改建。19世纪末，建筑师施乐克（Frigyes Schulek）将之重建为哥特式样，有人亦认为其带有法国哥特风格。在此，施乐克保存了部分教堂原有构件，再创造以其他部分。高塔达80米，北面祭室之屋瓦则多彩多姿。这种建筑组合亦可以在布达佩斯其他地方看到。除了哥特风格之外，建筑中亦可见到一点新艺术之笔触，再加上设计者的想像，形成布达佩斯浪漫主义之一部分。教堂彩色镶嵌玻璃与壁画，亦是浪漫主义之作。

维也纳福提夫教堂（Votivkirche，1856–1879年）位于环城大道上，是法兰兹约瑟夫城市计划中的一栋重要建筑，由费史提尔（Heinrich Ferstel）所设计。相对于环城大道上的新古典建筑或其他历史主义的建筑，高耸的哥特式样使此教堂显得特别地突出。教堂的正面有3个入口，中央者最大，其上并有一座玫瑰窗，而两座细长的尖塔更是气势不凡。

慕尼黑玛丽亚广场由建筑师霍柏利塞（Hauberrisser）从公元1867–1908年分三期完成的新市政厅（News Rathaus），也是一座浪漫主义之作。虽然这座带有荷兰哥特风格之建筑并非本土之式样，但却融入慕尼黑的浪漫运动之中。其主要立面宽达一百多米，上面有各种历史人物之雕像，而建筑本身为砖石所建，塔高83米，内部有六个中庭，其中最有名的布伦克霍夫（Prunkhof）中有一座螺旋阶梯之塔。

△ 48.35 布达佩斯匈牙利国会

▽ 48.36 布达佩斯匈牙利国会室内

48.39 慕尼黑市政厅外貌 ▷

▽ 48.37 布达佩斯马提亚斯教堂外貌

△ 48.38 布达佩斯马提亚斯教堂外貌

▽ 48.40 慕尼黑市政厅高塔

第四十九章
历史主义的盛行

西洋历史式样的流传

除了新古典主义与浪漫主义之外，到了19世纪中叶，全世界几乎笼罩在西方历史主义之潮流中。这个时候，许多建筑师开始更积极地引用过去的历史语汇，他们不再坚持纯粹的古典式样或是哥特式样，而是更自由地撷取他们心目中理想的历史原型，再将之转化应用到新的建筑之上，历史主义于是成为建筑发展主流之一。这股风潮，不仅于欧洲广受欢迎，更随着西方列强于美洲、非洲与亚洲等地的殖民与影响

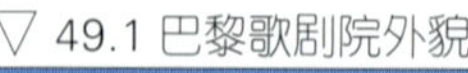

▽ 49.1 巴黎歌剧院外貌

而在世界各地流行。这一批因历史主义兴盛而产生的建筑，我们可以概称为西洋历史式样建筑。

△ 49.2 巴黎歌剧院外貌细部

巴黎歌剧院

巴黎歌剧院（Opéra）是一座华丽的建筑，为法国19世纪最重要的建筑之一，有人称之为新巴洛克式样，但是当有人问此座建筑之设计者夏尔·甘尼尔（Charles Garnier）他是以什么式样来设计此歌剧院时，甘氏回答说是以“拿破仑三世式样”（Napoleon Ⅲ Style）而建。此建筑之特色乃是其混用各种材料（包括石材、大理石与铜）及各种式样（从古典到巴洛克均有）。由于兴建之时碰到普法战争，所以工事一度停顿，直到1875年才开幕。

公元1858年，奥西尼（Orsini）在歌剧院前刺杀拿破仑未遂，此事件使得甘尼尔特别在歌剧院之侧加建一个皇帝专用之阁楼（Emperor's Pavilion）并且有一坡道直通此部分以防止有人企图对皇帝不轨。在造型与空间之表达上，歌剧院之功能也充分表达出来，华丽门面之后为前室，在此正面上有16根大科林斯柱及14根小科林斯柱，及许多音乐家之雕像。另外，雕刻家卡波（Jean Baptiste Carpeaux，1827－1875年）之名作“舞”（The Dance）也位于立面之上，此座雕像完工之后曾受到卫道人士之非议，甚至有人主张该将之移走，但因普法战争爆发而未采取行动。通过前室大厅内有一大楼梯（Grand Staircase），以白色大理石为主要建材，栏杆则为红色与绿色之大理石，前室之天花为圆弧形，贴有漂亮之马赛克，观众席部分可容纳两千多人，其上为绿铜覆盖之圆顶。

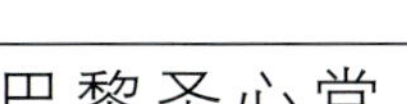

巴黎圣心堂

公元1870年普法战争爆发之时，两个巴黎之天主教商人乐吉堤（Alexander Legentil）与弗屋里（Rohault de Fleury）许了一个愿，若是法国能免于普鲁士逼近之大屠杀，他们就捐建一所教堂，后来虽有战事，巴黎也一度陷落，但两位商人却安然无恙，因而承诺开始兴建教堂，此乃巴黎圣心堂（Sacre-Coeur，1875－1914年）之始。工事由巴黎之基伯特主教（Archbishop Guibert of Paris）负责，依亚伯

△ 49.3 巴黎歌剧院室内大厅透视图

▽ 49.4 巴黎歌剧院室内大厅

▽ 49.5 巴黎歌剧院立面雕刻《舞》

特（Paul Abadie）之设计而建，整座教堂是采取仿罗马与拜占庭混合之形式，破土于公元1875年，完工于公元1914年，但因第二次世界大战爆发，迟至1919年才献堂。

整座教堂位于山丘之上，入口有门廊，门廊之上立面有两尊骑马雕像，门廊之后正立面山墙之下立有一耶稣雕像，圣心堂之圆顶曾经仅次于艾菲尔铁塔，为巴黎第二高之点，教堂之后的钟塔也高达83米，并且有一号称世界最重之钟，钟之重量高达18吨。

△ 49.6 巴黎圣心堂外貌

△ 49.7 巴黎圣心堂外貌

布莱顿皇家阁

布莱顿（Brighton）位于英格兰的一处海边，为18世纪海水浴与海风浴健康疗法中心。英王乔治四世，于公元1783年首度造访此地，深觉喜好，于是租房居住，称之为“布莱顿之屋”。两年之后，随即改建为新古典式样。公元1802年以后，克雷丝（Crace）公司又以中国风装饰室内，建筑也被称之为“皇家阁”。公元1812年，乔治四世摄政王（Prince Regent），便积极地想把原来的皇家阁改成印度式

▽ 49.8 布莱顿皇家阁外貌

△ 49.9 布莱顿皇家阁全貌透视图

▽ 49.10 布莱顿皇家阁外貌

样。公元1815年，约翰·纳希（John Nash，1752–1835年）成为摄政王的御用建筑师，开始替其实现皇家阁改头换面的工作，一直到公元1822年已完成了叫人震惊的印度哥特外貌。其实约翰·纳希于皇家阁的工作，与其说是设计，还不如说是整合，他接受了大部分以前建筑师与室内设计师的结果，将之统合为一个整体。从某个角度来看，皇家阁被约翰纳希成熟地整合了各种式样与风格这件事，也可以被视为当时贵族迷惑于一种理想化东风世界之最极端及最彻底的表现。

阿姆斯特丹拉吉克斯博物馆

阿姆斯特丹拉吉克斯博物馆（Rijksmuseum）建于公元1877–1885年。建筑师克伊珀斯（Petrus Josephus Hubertus Cuypers）在历经两次竞赛之后才脱颖而出，获得设计权。在实际兴建时，克伊珀斯局部修改了原来参加竞赛时的设计，使整栋建筑更加地自由。他取消了原有位于立面窗户之间的壁柱，而阁楼窗也以更细长的尖拱窗取代，正立面三座窗户的尺度也相对加大。最后完成之博物馆为对称的空间组织，左右各有两个中庭。建筑形式结合了当地的建筑传统与新的语汇，基本上存在着一些文艺复兴建筑的精神。

拉吉克斯博物馆外貌上的主要建材为红砖，只有壁柱及部分装饰为石材。大量体与陡峭的屋顶，明显地带有法国的特质，也有哥特建筑的意象。但是细部却是取之于荷兰的建筑，尤其是临街面更企图模仿阿姆斯特丹17世纪运河两侧建筑的表现。除了建筑本体之外，拉吉克斯博物馆于外观上的各种装饰也是建筑整体的一部分，包括有雕刻、浮雕、磁砖与饰带。由于宗教问题在当时的荷兰是一个非常敏感的课题，此建筑由于部分语汇带有哥特风格，也在当时引起新教人士的强烈攻击，认为建筑的表现是不恰当的。然而从历史主义的角度来看，拉吉克斯博物馆却是忠实地表现了当时建筑的思潮。

△ 49.11 阿姆斯特丹拉吉克斯博物馆全貌透视图

▽ 49.12 阿姆斯特丹拉吉克斯博物馆外貌

斯德哥尔摩市政厅

斯德哥尔摩市政厅（Stockholm City Hall，1909–1923年）为欧斯特伯格（Ragnar Ostberg）之作，是瑞典最重要的历史主义之作。整栋建筑很明显地应用了仿罗马建筑回廊、北欧的城堡以及威尼斯总督府的原型，但却在建筑师熟练的处理之下，成为一栋崭新风格的建筑。此建筑坐落于湖

▽ 49.13 斯德哥尔摩市政厅外貌

△ 49.14 罗马爱曼纽二世纪念堂外貌

边，两个立面俯视湖水，角落高起的塔楼已成为重要的标志。外貌上，红砖是最主要的建材，并整合了少数的石材。室内之集会厅装修以精致的马赛克镶嵌画，则又使此作添加几分拜占庭的色彩。

罗马爱曼纽二世纪念堂

罗马爱曼纽二世纪念堂（Victor Emmanuel II Monument，1855–1911年）位于卡比托林山丘的斜坡上，是为了纪念意大利统一及第一任总统所建，建筑师为沙康尼（Giuseppe Sacconi）。整座建筑是以大理石所建，外貌上宛若层层平台叠积而成，其中最主要的平台上站立着国王骑马雕像，上层略成凹面之科林斯柱列则成为其背景。柱列两端各有一座小型神庙门面作为收头，之上则有一层小阁楼。

美国的西洋历史式样建筑

美国在公元1776年独立之后，有相当多的欧洲人民移居到此，不但带来了文化的影响，也带来了建筑的改变。在19世纪时，更纳入整个西方历史主义的洪流之中。波士顿的圣三一教堂（Trinity Church，1872–1877年），由理查森（H. H. Richardson）设计，有厚重的仿罗马风格，是美国最重要的历史主义建筑。全栋建筑为希腊十字形空间，外观为红色色调之花岗岩，构成紧凑，造型优雅。

同样位于波士顿一公共图

△ 49.15 波士顿圣三一教堂外貌

▽ 49.16 波士顿公共图书馆外貌

▽ 49.17 旧金山市政厅外貌

书馆（Boston Public Library，1887-1893年）表现方式就大不相同，为麦金、米德与怀特事务所（McKim，Mead and White）以巴黎圣几内维图书馆为原型所建，上层的连续拱券是全栋建筑最重要的造型特色。事实上，美国在19世纪末流行的城市美化运动（City Beautiful Movement）也适时地跟历史主义结合，产生了许多古典风格的州政府及市政厅，由贝克威尔与布朗（Bakerwell & Brown）设计的旧金山市政厅（San Francesco City Hall，1915年）就是一例。

费城宾夕法尼亚艺术学院（Pennsylvania Academy of the Fine Arts）成立于公元1805年，是美国最早的艺术学校及博物馆。现有建筑兴建于公元1872-1876年间，为建筑师法尼斯（Frank Furness）最杰出的作品，而且也是美国境内带有维多利亚建筑特征之重要建筑之一。整栋建筑可以说是不同的历史式样在个人化的态度下的整合。尖拱、植栽装饰以及色彩的应用是衍化自英国哥特风格；马萨屋顶，突出的中央量体则受到来自法国建筑的影响。而整个外观则应用了不同的建材，形成极富装饰性的表现。

作为艺术文化设施，纽约的大都会博物馆（Metropolitan Museum of Art）的表现则完全不一样，临第五街的主要立面建于公元1895－1902年之间，建筑师为理查德·莫里斯·亨特（Richard Morris Hunt）与理查德·郝兰德·亨特（Richard Howland Hunt）。整个门面由两对巨大的科林斯柱式支撑额盘而形成主要入口，其他部位也大部分采古典的语汇，室内空间部分则采圆顶。

除了单栋建筑之外，历史主义也成为至公元1910年代为止，美国各地大型博览会的主要语言，公元1893年芝加哥哥伦比亚博览会（Columbian Exposition）是为滥觞。整个博览会场位于密西根湖畔，核心区主要的展览馆都环绕于人工湖四周。最重要的人工湖是一个长方形的空间，行政大楼位居轴线端点，湖中东端为共和雕像，西端为哥伦比亚喷泉。位于此核心区四周的建筑基本上都是应用各种古典建筑的语汇，形成整体风貌非常古典化的场区。此博览会的成功不仅在当时吸引了成千上万的参观者，更对美国城市风貌有着深远的影响。

为了庆祝巴拿马运河的通

△ 49.18 费城宾夕法尼亚艺术学院外貌

▽ 49.19 纽约大都会博物馆外貌

△ 49.20 芝加哥哥伦比亚博览会（1893年）人工湖

49.21 芝加哥哥伦比亚博览会（1893年）行政大楼 ▽

49.22 旧金山巴拿马太平洋博览会（1915年）鸟瞰图 ▷

△ 49.23 旧金山巴拿马太平洋博览会（1915年）艺术宫现貌

▽ 49.24 旧金山巴拿马太平洋博览会（1915年）艺术宫现貌

△ 49.25 北京清华学堂外貌

▽ 49.26 香港上环街市外貌

航，旧金山在公元1915年举办了旧金山巴拿马太平洋博览会（Panama Pacific International Exposition），是在美国举行的大型博览会，最后一次以西洋历史主义作为博览会的表现。整个博览会共由数个不同的建筑共同组成，目前只有艺术宫（Palace of Fine Arts）保存下来。此栋建筑是由梅贝克（Bernard Maybeck）设计，在布扎建筑组成的原则下，自由地运用了古典罗马建筑的语汇，创造了相当迷人的风貌。

中国的西洋历史式样建筑

除了欧美之外，亚洲各地从19世纪中叶，就不断地受西方的影响而出现历史主义之作。以中国大陆为例，从公元1842年（清道光22年）中英签订“南京条约”，西方人被允许在中国租地建屋之后就有大量之受西方影响之建筑出现。到了公元1860年左右，清廷在穷于应付内忧外患中，突然觉得中国原有的一切需要改良，而改良的标准便是学习西洋事务，于是发生了洋务运动，企图“师夷之长技以制夷”。在这30多年间清廷建立了大批模仿西方之机构，其中便有许多在新建房舍时采用西方式样，西洋历史式样成为许多新建筑的特色。

▽ 49.27 香港最高法院外貌

北京清华学堂（1911年）具有布扎学院建筑风格，且具有法国式屋顶，而由墨菲（H. K. Murphy）及丹纳（Dana）所设计之大礼堂（1918年）则引用19世纪末大学校园常见之建筑语汇。汇丰银行于公元1925年兴建的总行为英商公和洋行(Palmer and Turner)所设计，亦为历史主义之作，建筑立面水平与垂直均分3段处理，垂直方面基座为大块花岗岩砌成，中段有贯穿3层之柱列，顶层为厚檐；水平方面，左右对称，中央有突出之圆顶作为整栋建筑之重点。在香港，上环街市（1906年，今西港城）以红砖建筑语汇为主、香港大学本部大楼（1912年）与最高法院（1912年，今立法局）则应用较多古典元素，都属于历史主义下的产物。

日本的西洋历史式样建筑

当19世纪全世界几乎笼罩在西方历史主义之潮流中时，日本适逢明治维新，不管是日本政府招募来的西方建筑师或者是前往西方就读的日本留学生，所接触到的也几乎是西洋历史主义之建筑。由于日本于明治维新时广泛地向欧洲各国招聘技师或者派遣留学生至各国求学受训，因而在建筑上受到的影响是多方面的，有古典系与非古典系两大类。古典系指的是希腊罗马时期的古典风格及其所衍生的风格，其主要源头有二，其一是来自于英国维多利亚时期英格兰砖造建筑，其二是来自于欧陆之古典建筑。在非古典系方面，主要源头亦有二，一为中世纪宗教建筑，另一为非西方主流文明，如埃及、印度、马雅及西班牙之建筑。

在实例方面，由辰野金吾参与设计的日本银行京都支店（1906年）、福冈日本生命九州支店（1909年）、东京中央车站（1914年）与大阪中央公会堂（1918年）都是属于受到英国维多利亚时期英格兰砖造建筑影响之实例，在这些建筑中红色的砖面都是建筑的主体，但是红砖中都应用了白色饰带及甚为自由的古典语汇。另一方面，由片山东熊参与的京都博物馆（1895年）、东京表庆馆（1908年）以及松室重光设计的京都府厅（1904年）应用的则都是标准的欧洲大陆古典建筑语汇，门廊、圆顶或马萨顶是其中重要的特色。中世纪风格则可在西方宗教建筑如大浦天主堂（1864年）中看到。

△ 49.28 日本银行京都支店外貌

△ 49.29 福冈日本生命九州支店外貌

49.30 东京中央车站外貌 ▷

49.31 京都博物馆外貌 △

49.32 东京表庆馆外貌 ◁

台湾的西洋历史式样建筑

日本统治台湾后，遵循西洋历史式样建筑构成的建筑随

△ 49.33 台北台湾总督府外貌

◁ 49.34 台北帝国大学病院细部
△ 49.35 台北总督府博物馆外貌

着受过专业建筑训练的技师于公元1910年代大量来到台湾，台湾日治时期的西洋历史式样在经过初期之发展后，逐渐绽放出美丽的花朵。几乎是重要的公共建筑莫不披上西洋历史式样的彩衣，当然专业建筑师的参与再加上技术日渐成熟的本地工匠终于造就了许多建筑佳作。台北台湾总督府专卖局（1913年，高塔1922年，总督官房营缮课，今公卖局）、台北台湾总督府（1919年，长野宇平治、森山松之助，今总统府）与台北帝国大学病院（1924年，近藤十郎，今台大医院旧楼）均可算是台湾日治时期受英格兰红砖建筑影响之经典之作。其中台湾总督府占有整个街廓，建筑前有一个大广场，中央轴线面对着马路，建筑形成端景，有强烈的纪念性。正面中央上塔楼，是全栋建筑造型上的重点，高约60米，是完工时全台北最高的建筑，角部屋顶也略为高于其他的屋身部分。翼部方面地面层为仿石材弧拱构成；二层与三层以砖材为主，分别设有平拱及弧拱为主。建筑除红色面砖外，水平白色饰带当然是重要特征之一，另外像勋章饰、拱石、线脚、灯具等也都深具西洋风情。

台北总督府博物馆（1915年，野村一郎、荒木荣一，今国立台湾博物馆）、台南地方法院（1912年，森山松之助）、台北总督官邸改建（1912年，野村一郎，今台北宾馆）、台中厅舍（1913年，森山松之助，今台中市政府）与台南厅舍（1916年，森山松之助，今台湾文学馆暨国立文化资产保存研究中心）都是受欧陆古典系统建筑影响之建筑。台湾总督府博物馆中央南北两座六柱式门廊是整栋建筑最具西方古典建筑原型之处，采标准的希腊神庙形式，其中北门廊是博物馆主入口所在。另外在两翼端部南北两向也分别设有四柱式门廊，柱式为全台湾最标准的多立克柱式。台南地方法院主次入口门厅、主入口大厅上的圆顶，八角形鼓环与圆顶本体构成、屋面牛眼窗都是佳作，而整个圆顶可以算是台湾日治时期建筑中最精致富动力感的一个。三个门廊均为古典山墙形式，各有不同的处理，应用不同的柱式，甚为精致。

1920年代中期以后，台湾开始出现了几种非古典系统之式样，而且广为流传。在这些非古典系统之式样中以中世纪之仿罗马、简化哥特风格以及异风风格为多。台北日本基督教团幸町教会（1916年，今济南基督长老教会）、苓雅寮天主堂（1931年，今天主教高雄玫瑰主教座堂）及淡水基督长老教会（1932年）等建筑都具有小型哥特建筑的特色。在非宗教建筑方面，台北帝国大学文政学部（1929年，总督府官房营缮课，今台大文学院）、台北帝国大学图书馆事务室（1929年，总督府官房营缮课，前台大图书馆）及台南第二中学讲堂（1931年，总督府官房营缮课，今台南一中小礼堂）是为仿罗马风格。台北高等学校本馆（1928年，总督府官房营缮课，今师范大学行政大楼）以及台北高等学校讲堂（1929年，总督府官房营缮课，今师范大学礼堂）则是简化哥特风格。

△ 49.38 台北总督官邸鸟瞰

▽ 49.39 高雄苓雅寮天主堂外貌

▽ 49.36 台南地方法院外貌

▽ 49.37 台南州厅外貌

▽ 49.40 台南第二中学校讲堂外貌

第五十章 新建筑的曙光

工业革命与建筑革命

18世纪，新古典主义和浪漫主义广为流行，在此同时另外一股超乎传统建筑之势力也在渐渐地滋长壮大，准备应付因为工业革命提供给它们之机会，这一股新的力量就是由一群所谓的工程师所组成。从古代一直到18世纪，整个营造技术和建筑技术可以说是一个文化分水岭。从此以后，能源之利用、科技知识之应用和传播速度之快使西方世界以一个前所未有的速度在成长发展，源始于英国之工业革命很快地就在19世纪以前传遍了法国、德国、比利时、瑞士，而在20世纪起也传到了意大利、瑞典和俄国。

应用发展自工业革命的新材料及新技术，建筑师超越了传统的建筑结构方式，钢材与玻璃的结合意味着古典建筑之体量与强烈之稳定感将被融合光线于空间之建筑所取代。19世纪新材料与新技术提供建筑师一个重新认知造型与空间之最佳的新机会，而这个现象代表了与古典建筑绝裂的契机。古典建筑可以说是在光线之下，有技巧的、正确和华丽的使用玩弄体量，然而19世纪之设计，在得自于哥特教堂之启发之后，变成了一个色彩与光线交织的万花筒。在其中，空间与丰富层次之装饰的重要性是远胜于强大具纪念性之体量，这种前卫之改变，根基于一种多变化之步趋，提供了对抗长久以来学院派建筑的新建筑语汇。工业革命加速了这项转变并且提供方式给予这种新建筑语汇一个明确具体的形式。

铁材与新世界

铸铁（cast iron）可以说明18世纪建筑革命之核心，当然18世纪主要科技发展的另一大特征就是煤铁工业之相互依赖，煤已经被人类使用当成燃料有好几世纪之历史，但是其

▽ 50.1 库尔布鲁克戴尔铁桥现貌

△ 50.2 库布布鲁克戴尔铁桥现貌

在19世纪所带来之梦想不到的力量却是来自于18世纪开始和铁的一起使用，因为将铁同煤之应用进而影响蒸汽动力。当然18世纪末蒸汽动力发展和铁之生产和应用可以说是经过三个人相互关系而产生，瓦特（James Watt）、亚伯拉翰·达比三世（Abraham Darby Ⅲ）和约翰·威尔金森（John Wilkinson）。

18世纪中叶以后，制铁方法已经不是一个大秘密，因为达比早在公元1709年就在库尔布鲁克戴尔（Coalbrookdale）地方租了一个熔炉试行大量制铁。约翰·威尔金森可以说是那时代使用铁材的一个大人物，亦可称之为铁大师，他在公元1775年发明了汽缸钻孔机，可以说是瓦特在公元1799年完成之蒸气引擎不可缺少之一项因素。威尔金森于铁材工作之经验也是第一个铁结构成功之因素之一，因为他协助了亚伯拉翰·达比三世和他的建筑师毕利查德（T.F. Pritchard）于公元1779年设计并且建造了横跨塞凡河（Severn）位于库尔布鲁克戴尔之铁桥。

库尔布鲁克戴尔铁桥虽然是科技发展初期的产品，但它却是当时一项了不起之作品。就建筑而论，它是对18世纪之景观，一项戏剧化和浪漫化之改变；就结构而言，它是一项单纯、简单之表现；当然就历史而论，它是第一个使用铸铁之建筑物，至今仍矗立在英国，跨距约32米，桥面高有14.4米，由五根铸铁筋构成一个半圆形之圆拱，拱腹之环圈为装饰之用但也加强了整个骨架之结构，构造非常纯洁，美感表露无疑。

铸铁与建筑

当然铸铁除了造桥以外还应用到建筑物上面，当时欧洲之剧院的木屋顶常常引起火灾，所以当铁产量够时，建筑师便加以引用为屋顶之材，维克多·路易斯（Victor Louis）在法兰西戏院用锻铁作屋顶便是一项尝试，其时为公元1786年。此外当巴黎谷仓（The Paris Granary）之木屋顶在公元1802年大火

△ 50.3 巴黎谷仓室内透视图

▽ 50.4 奥尔良长廊室内透视图

▽ 50.5 布莱顿皇家阁厨房透视图

△ 50.6 米兰爱曼纽长廊外貌

▽ 50.7 米兰爱曼纽长廊室内

后，1811年重建便也使用铁铜结构，是由建筑师贝兰吉（Bellange）和工程师贝鲁内特（Brunet）所共同负责，此建物也是建筑上第一次工程与建筑分家负责之例。这栋建筑物虽然是以老方法来使用新材料，用铁筋来代替木材，并没有多少突破之处，但它完成之后却广受赞赏，拿破仑还亲自为此开幕剪彩。19世纪起玻璃开始渐渐普遍，成为主要建材，而获得很高之成就，法国建筑师方丹（Fontaine）把两个建材混合大量使用于建筑上，在公元1829-1831年间，他用锻铁和玻璃构架了巴黎皇宫之奥尔良长廊（Gallery of Orleans）之玻璃屋顶，其不仅是名流人士新聚集之处亦是米兰爱曼纽长廊之先驱，更对以后之建筑产生莫大之影响至今仍存在。

铸铁既然是一种新的材料当然会引起人们的好奇而加以使用，英国约翰·纳希（John Nash）在公元1815年重建布莱顿皇家阁（Royal Pavilion）时便加以采用了，其之主要楼梯全部为铁制，其他地方之使用铸铁也很多，厨房内平顶亦是用细铁支柱，铁柱之顶端是以铜制棕榈叶，而餐厅之铸铁柱也是大胆的暴露在外面。公元1833年，第一个完全由玻璃和铁架建成之大建筑为劳汉特（Rouhault）设计，建于巴黎植物园之温室。这一个温室玻璃空间非常大，一共有9000立方米之体积，加上光线大片宣泄下来，人们喻之为玻璃花园。从此应用铁材和玻璃之例子不断出现，一直到公元1851年伦敦大展览会之水晶宫可以说是发挥到极致。

米兰爱曼纽长廊

米兰爱曼纽长廊（Galleria Vittorio Emanuele，1865-1877年）是为了纪念意大利统一而建，为工程师孟格尼（Giuseppe Mengoni）所设计，由两条成直角之人行步道所组成，旁边有优美古典门面之商店立面，而整个屋顶为铁和玻璃所构成之半圆筒顶，十字形平面加上一圆顶使之从某个层面上看起来好像一个大教堂，但是它实际之气氛是非常亲切，而一点都不像教堂那般神秘，而成为一个世俗非宗教之地。米兰艾曼纽长廊为现代建筑发展过程中一件非常重要的作品，虽然在外观上仍然运用了古典的语汇，但也开创性地使用钢制新建材，更成为现代购物中心之始祖。今天这种米玻璃天光之长廊在各地都可以看到的，不只是欧美甚至在亚洲各大都市也都可以见到其影响之所在。

△ 50.8 米兰爱曼纽长廊室内

亨利拉布罗斯特

19世纪新材料之发展与装饰元素之量产化是同步进行的，预铸的泥塑被做成屋檐及天花之装饰，陶瓷则做成花瓶饰、柱头，而铁则作为扶手。然而这些元素只不过是在传统构造之建筑上增添各种光彩而已。亨利·拉布罗斯特（Henri Labrouste）彻底地改变了这种情况，他于公元1843–1850年间设计，由克里斯多夫卡拉所营建之巴黎圣几内维图书馆（The Ste-Genevieve Library）中，使用了钢铁作为柱子与拱券，铁件不再只是装饰，它变成了具关键性之结构材料。

除了圣几内维图书馆外，拉布罗斯特之另一代表杰作是巴黎国立图书馆（Bibliothèque Nationale, 1868年），在其阅览室中，拉布罗斯特之构想是创造一个屋顶采光之阅览室，包含有9个圆顶由16根铸铁柱所支持，而圆顶是架在铸铁半圆拱，每一个圆顶穹窿之上有一个圆孔如同罗马万神庙里之情形一样，每一个阅览桌都可以得到良好之光线。当然，由于书本之大量增加，书库也相对地变得非常重要，巴黎之国立图书馆书库位于与阅览室同一个轴线上，一共有4层楼，3层在地上，1层在地下，可容纳90万册书。为了采光，书库之屋顶天花当然是由玻璃所做成，各层楼的地板为铸铁格子所组成，留有很大之空隙，所以光线可以照到书库的几乎每一个地点，这种使用格子地板之做法最先是使用于船之引擎室内，而此处则完全为采光之用，光线与阴影相互交错之效果很容易激发人们之灵感的，拉布罗斯特不受当时流行之拘

△ 50.9 巴黎圣几内维图书馆室内透视图

▽ 50.10 巴黎国立图书馆室内

△ 50.11 伦敦博览会（1851年）整体透视图

△ 50.12 伦敦水晶宫（1851年）外貌透视图

50.13 伦敦水晶宫（1851年）室内透视图 ▽

束，他充分地利用新材料的自由，替建筑提供了另一个新的可能性。

1851年伦敦大展览会与水晶宫

除了新建材之外，另一项影响世界建筑发展的乃是所谓的展览会或博览会。第一个世界性之展览会是于公元1851年在英国伦敦开幕，这个展览会之发起人是爱伯特亲王（Prince Albert）与亨利寇尔爵士（Henry Cole），海德公园是被选来当作基地。亚伯特亲王与维多利亚女王于公元1840年结婚，可是一直到公元1857年才正式被封为亲王，此时距离他于42岁英年早逝只有3年。

从一开始，亚伯特就因为其无法于政治上发挥影响之从属地位感到挫折，于是他转而把心力放置于艺术与文化之世界中。亲王拥有学术之心，并且喜好维多利亚建筑与设计之历史倾向，他同时也体认到艺术与设计对于大英帝国之重要性，他组织了一队令人印象深刻之团队，其中最重要的人是科学与艺术部之秘书亨利·寇尔。寇尔曾于公元1849年率团前往巴黎参观展览会，此项展览会可以说明公元1851年伦敦大展览会直接之灵感泉源。另一方面公元1847年至1849年之艺术协会（Society of Arts）之年度展览可以说是公元1851年大展览会之前身。

公元1850年，此展览会举办了一项世界性之公开竞赛，吸引245个参与者，包括有27个法国人。第一奖为由一个叫霍鲁（Horeau）的人以一个玻璃和铁获得首奖，但是没有任何一件作品被认为是可能的，因为所有的都是使用大的构件，在拆除后就完全没有用了。为了这个原因，筹建委员会就重新有了自己之构想，并且邀请营造商参与意见和承标，就在这个时候约瑟·帕克斯顿（Joseph Paxton，1803-1865年）匆匆忙忙地参加了一份作品并且获得了委员之一的罗伯史蒂芬生之青睐。此项大展览会于公元1851年5月1日于伦敦水晶宫（Crystal Palace）隆重举行。由约瑟·帕克斯顿所设计之水晶宫，利用周详之工程技术，在5个月左右之时间就完成了，整个结构本身可以说是当时工程技术之极限。

当水晶宫落成时，其庞大无以伦比之结构造成了一股震撼，在整个19世纪里除了公元1889年之机械宫可与之相比美外，水晶宫可以说是独霸建筑舞台之焦点。室内中不仅有各式各样的展览品，更可瞧见蓝天白云，美景不断呈现眼前。这座完全以铁材和玻璃建造之建筑物占地18英亩，而建筑只花了4个月，这个数字必须要与那时期正常的时间来作比较，才可以体会到其重要性，如果是同样大小之建筑物用传统之方式建筑可能要历时数年甚至10年以上。水晶宫全长563米，宽124米，中间之主殿为高宽均为22米，每一间距由三个模距组成，换句话说就是有三种可能性之墙版。公元1852-1854年，在西登翰（Sydenham）地方重建，一直到公元1936年经大火烧为平地。

水晶宫的成就，很快地影响到英国建筑的发展，使不少建筑竞相学习模仿。爱丁堡皇家苏格兰博物馆（Royal Museum of Scotland）就是一个很好的例子。此建筑由皇家工程师开普顿福克（Captain Fowke）设计，兴建于公元1861-1888年间，是爱丁堡旧城中最重要的维多利亚时期之建筑。此栋建筑外观为非常厚重的意大利宫殿风格，但室内却有着由根据水晶宫原则之钢材与天窗所构成之空间，与外貌之性格差异很大，尤其大厅更是充满了天光，不过柱头部分却仍然维持着古典的形式。

除了英国之外，水晶宫也给了法国很大之震撼，使其努力地将法国巴黎变成了公元1850年代以后世界展览会之中心。在公元1855年之展览会之跨距已达48米超越水晶宫甚多，成为当时期最宽之建筑

△ 50.14 伦敦水晶宫（1851年）室内透视图

▽ 50.15 爱丁堡皇家苏格兰博物馆室内

▽ 50.16 爱丁堡皇家苏格兰博物馆外貌

▽ 50.17 爱丁堡皇家苏格兰博物馆室内柱头细部

△ 50.18 巴黎环球博览会(1889年)

△ 50.19 巴黎机械宫(1889年)室内

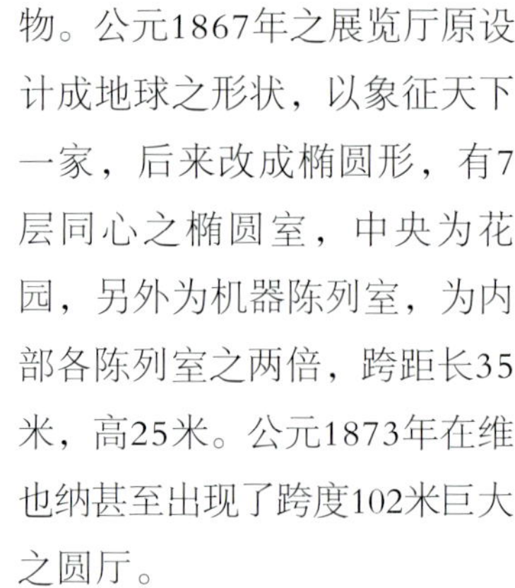

物。公元1867年之展览厅原设计成地球之形状，以象征天下一家，后来改成椭圆形，有7层同心之椭圆室，中央为花园，另外为机器陈列室，为内部各陈列室之两倍，跨距长35米，高25米。公元1873年在维也纳甚至出现了跨度102米巨大之圆厅。

1889年巴黎环球博览会与机械宫

公元1889年巴黎环球博览会可以说是世界性展览会的一个高峰，包括了一个内部相通之建筑群，一个主要大厅，机械宫和埃菲尔铁塔（Eiffel Tower）。机械宫和埃菲尔铁塔，虽然可能有太多之装饰，但是可以说是在当时最主要之建筑物，而它们之尺度也给了建筑界一个新的开头和挑战。机械宫之建筑师设计者为杜特尔特（Ch.L.F. Dutert，1845–1906年），工程师为康塔明（Contamin），这个馆之大规模可以说是空前的，跨距长115米，高45米，总长428米，屋架包括20个桁架，旁边装以巨大之玻璃墙。这个建筑物有两个最大的特色，也是突破。第一为审美观念之改变，传统的石结构建筑，墙的底部应力增大，但是在钢材建筑中支撑框架结构在基部可以缩小而非加大，机械宫系采用三铰拱结构，推力平均施于冠顶和基础之铰点上，梁柱已经不是分开的单元了，结构系由顶到基础一气呵成，为一项新观念的突破，也可以说每个弓形之桁架由二段组成，在屋顶中央用锚钉结合。另外一个创新，则是使用两侧由大面玻璃构成，而成为室内外空间的一层透明膜，而有一种室内外合一之构想出现。

▽ 50.20 巴黎机械宫(1889年)室内

▽ 50.21 埃菲尔铁塔现貌

埃菲尔铁塔

公元1889年巴黎环球博览会另外一个杰作则是高耸入云霄之铁塔，由工程师埃菲尔（Gustave Eiffel，1832–1923年）

所设计。整座塔总高307米，如果包括其上之通讯铁塔，则有320米。埃菲尔曾经在艺术学校和工艺学校学习过，也设计过几个百货公司及拱桥，加拉比特桥（The Garabit Viaduct，1880－1884年）最为有名，总长超过525米，中央拱券跨度达165米，高122米。虽有一些成就，埃菲尔却一直默默无名，即如像纽约自由女神之铁架也是他所做，他成名是因为埃菲尔铁塔是以他之名而故。当他最初在设计此塔时也担心将这一个丑陋之塔建在巴黎之心脏地带是否会引起争议和反感，但是经过参与之瑞士工程师考奇林（Maurice Koechlin）之鼓励才继续完成，而后在埃菲尔和巴黎市签约于公元1887年2月建造完成之时，也受到一批又一批之维护传统之攻击和诋毁，幸好那时候博览会之主席霍斯曼（Haussmann）为一个相当有远见之人，在他强烈支持下得以完成，但也证明了他们之远见，而其对以后之影响也是无法衡量的。

△ 50.22 埃菲尔铁塔现貌

整座铁塔可以分成三部，庞大之躯干，4个构架逐渐上升而会合于顶端，4个构架之中包含了一个非常大之空间。整个塔之工程之进度也是令人赞叹，公元1887年6月基础做好，1888年3月，第一层平台完成，一年以后全部完成。整个埃菲尔铁塔完全是由钢材所建，构件共有12000个预铸铁件（另一说为15000个），锚钉则有250万枚，钢材总重7000吨（一说为10000吨）。交织如网状之构件于基座是由4个巨大之方基座支撑，据说其结构设

△ 50.23 埃菲尔铁塔基部

计是如此之精密，当力量由上传达至地面时只有每平方公分4公斤之力量（约如一个大人坐于椅子上之状况），而其上部因风而产生之位移也在12厘米以内。

在埃菲尔铁塔兴建之时，有许多巴黎市民是起而反对的，有些人认为这样一个大怪物会破坏巴黎都市美丽的历史风貌；有些人担心其结构不稳会有倒塌之危险，承包的营造厂甚至被迫签下保证，如果有人因为埃菲尔铁塔之结构不安全而受伤，该公司将全数赔偿。至今埃菲尔铁塔已经渡过它一百多个年头，事实证明这是一个经得起时间考验的伟大杰作。

功成身退的西洋历史式样建筑

△ 50.24 巴黎大皇宫外貌

▽ 50.25 巴黎小皇宫外貌

虽然埃菲尔铁塔在落成之后引起很大的震憾，不过仍有许多人依旧无法忘怀古典建筑优雅的外貌。公元1900年巴黎再次举办第三共和万国博览会，其中的大皇宫（Grand Palais）与小皇宫（Petit Palais）都是身着古典外衣，但内部却应用了大量的新建材。事实上，到了20世纪初，以新的建材及工程技术为主导的建筑，已经成为世界建筑的舞台。曾经在世界建筑发展过程中影响深远长达两千多年的各种西洋历史式样建筑，已经悄悄退居次要的角色。20世纪开始，所谓的现代建筑和社会的进步被划上等号，各地的现代建筑也不断地推陈出新。在二次世界大战之间，因为民族主义的兴起曾经短暂地鼓励了古典主义的再现，不过终究是无法抵挡现代建筑的魅力而消退。

虽然人类目前已经不再以过去的式样来兴建重要的建筑，但过去两千年来西方世界的建筑却忠实地见证了西方历史的发展。从古典到新古典形形色色的建筑，已经成为人类历史的一部分。在公元1972年联合国教科文组织通过的《世界文化与自然遗产保护公约》，展开“世界遗产”指定与保护工作以后，不少各个时期的西方建筑也已列名文化遗产，重新站在世界的舞台，成为世人共同关注的对象。

▽ 50.26 小皇宫外貌

参考书目

综合

派屈克纳特金斯. 建筑的故事. 台北：木马文化事业有限公司，2001

冯作民. 西洋神话全集. 台北：星光出版社，1977

De Haan, Hilde with Ids Haagsma. Architects in Competition. London：Thames and Hudson，1988

Giedion, Sigfried. Time, Space and Architecture — The Growth of a New Tradition. Cambridge：Harvard University Press，1954

Greenhalgh, Michael. Classical Tradition in Art. London：Duckworth，1978

Hartt, Frederick. Art — A History of Painting, Sculpture, Architecture. New York：Harry N. Abrams, Inc.，1976

Hedgecoe, John. England's World Heritage. London：Collins & Brown Ltd，1997

Janson, H.W. History of Art. New York：Harry N. Abrams，1977

Kostof, Spiro. A History of Architecture — Settings and Rituals. Oxford：Oxford University Press, 1985

Marseille, Jacques. Les Grands Évenements de L'Historie de L'Art. Paris：Larousse，1994

Morris, A.E.J. History of Urban Form. New York：John Wiley & Sons，1979

Musgrove, John. Sir Banister Fletcher's A History of Architecture. London：Butterworths，1987

Norberg-Schulz,Christian. Meaning in Western Architecture. New York：Rizzoli，1980

Norwich, Julius John. Great Architecture of the World. New York：Bonanza Books，1982

Patrick, Richard & Peter Croft. Classic Ancient Mythology. London：Galley Press, 1987

Pevsner, Nikolaus. An Outline of European Architecture. Harmondsworth, Middlesex：Penguin Books, 1960

Richards, J.M. Who's Who in Architecture. New York：Holt, Rinehart and Winston，1977

Trachtenberg, Marvin with Isabelle Hyman. Architecture from Prehistory to Post-Modernism. London：Academy Editions, 1986

Watkin , David. A History of Western Architecture. London：Barrie & Jenkins，1986

Watkin , David. Sir John Soane — The Royal Academy Lectures. Cambridge：Cambridge University Press

埃及与西亚

Jean Vercoutter. 古埃及探秘. 吴岳添译. 台北：时报文化出版企业股份有限

公司，1994
Will Durant. 埃及与近东. 幼狮翻译中心译. 台北：幼狮文化事业公司，1973
Nouveaux-Loisirs. 埃及. 猫头鹰出版社译. 台北：猫头鹰出版社，1995
张丰荣编译. 罗浮宫美术馆全集Ⅲ—神的王国与人类都市. 台北：龙和出版有限公司，1988
萧淑美编. 北非. 台北：锦绣出版事业股份有限公司
陈秀莲编. 美索不达米亚与波斯. 台北：华园出版有限公司，1988
黄世孟编. 世界建筑全集1古代中东、古代美洲建筑. 台北：光复书局股份有限公司，1984
Aldred, Cyril. Egypt to the End of the Old Kingdom. London：Thames and Hudson，1965
Amiet, Pierre. L’art Antique du Proche-orient. Paris： Éditions Mazenod，1977
Baines, John & Jaromir Malek. Atlas of Ancient Egypt. New York：Facts On File Publications
Kitchen, K.A. Pharaoh Triumphant — The Life and Times of Ramesses II. Cairo：The American University in Cairo Press
Lehner, Mark. The Complete Pyramids. London：Thames & Hudson，1997
Magi, Giovanna. Luxor. Firenze：Bonechi，1988
Rachet, Guy with Jean-Claude Simoen. Voyage En Egypte. Paris：Bibliotheque de l’Image，1995
Reade, Julian. Assyrian Sculpture. London：British Museum Press，1983
Smith, Stevenson. The Art and Architecture of Ancient Egypt. London：Penguin Books, 1988
Säve-Söoderbergh, Torgny. Temples and Tombs of Ancient Nubia. Paris：UNESCO，1987
Van Der Heyden, A. Abydos-Esna Edfu-Komombo Aswan-Kalabsha Philae Abu Simbel. Cairo：Al Ahram
朝日新闻社. イラン/サウジアラビア/南北イエメン. 东京：朝日新闻社，1979
朝日新闻社. イラク/アフガニスタン/パキスタン. 东京：朝日新闻社，1979
铃木勤. Travel in Arabia. 东京：世界文化社，1971

希腊

Pierre Briant. 亚历山大大帝：在版图的最前线. 吴岳添译. 台北：时报文化出版企业股份有限公司，1996
何恭上. 希腊罗马神话. 台北：艺术图书公司，1995
游礼毅译. 图说世界历史2希腊与罗马的盛衰. 台北：光复书局股份有限公司，1981
李政隆编. 世界建筑全集2希腊罗马建筑. 台北：光复书局股份有限公司，1984
萧淑美编. 巴尔干半岛. 台北：锦绣出版事业股份有限公司
Andronicos, Manolis. Olpmpia. Athens：Ekdotike Athenon S.A.，1976
Andronicos, Manolis. The Acropolis. Athens：Ekdotike Athenon S.A.，1983

Bilello, Francesco. Selinunte — History and Guide. Castelvetrano: Publischer SAVA, 1992
Brouskari, Maria. The Acropolis. Athens: Art & Civilization, 1978
Cipriani Marina & Giovanni Avagliano. Art and History of Paestum. Firenze: Casa Editrice Bonechi, 1994
Charitonidou, Angeliki. Epidaurus — The Sanctuary of Asclepios and The Museum. Athens: Clio Editions, 1978
Dinsmoor, William Bell. The Architecture of Ancient Greece. New York: W.W. Norton & Company, Inc, 1975
Green, Peter. The Parthenon. New York: Newsweek, 1973
Iakovidis, S.E. Mycenae-Epidaurus. Athens: Ekdotike Athenon S.A., 1978
Karpodini-Dimitriadi, E. The Peloponnese. Athens: Ekdotike Athenon S.A., 1982
Kokkinou, Sophia. Greek Mythology. Athens: Intercarta, 1989
Krontira, Leda. A Day in Pericles' Athens. Athens: Ekdotike Athenon S.A., 1993
Magi, Giovanna. Athens. Firenze: Delta Art Editions, 1976
Mallwitz, A. Olympia und seine Bauten. Munchen: Prestel-Verlag, 1972
Maranti, Anna. Olympia and Olympic Games. Athens: Editions M. Toubis S. A., 1999
Michailidou, Anna. Knossos. Ekdotike Athenon S.A., 1982
Mylonas, George E. Mycenae. Athens: Ekdotike Athenon S.A., 1981
Papapostolou, J.A. Crete. Athens: Clio Editions, 1981
Papastamos, Demetrios. Acropolis of Athens. Athens: Olympic Color, 1983
Papathanassopoulos, G. The Acropolis — Monuments and Museum. Athens, Krene Editions, 1977
Petrakos, Basil. Delphi. Athens: Clio Editions, 1977
Preka-Alexandri, Kalliope. Eleusis. Athens: Archaeological Receipts Fund, 1995
Sakellaraki, E. Sapouna. Minoan Crete. Rome: Vision S.R.L., 1994
Sakellarakis, J.A. Herakleion Museum. Athens: Ekdotike Athenon S.A., 1994
Servi, Katerina. Greek Mythology. Athens: Ekdotike Athenon S.A., 1998
Souli, Sofia. Greek Mythology. Athens: Editions M. Toubis S.A., 1995
Stassinopoulos, Arianna & Roloff Beny. The Gods of Greece. New York: Harry N. Abrams Inc. Publishers, 1983
Steel, James. Hellenistic Architecture in Asia Minor. London: Academy Editions, 1992
Stierlin, Henri. Greece — From Mycenae to the Parthenon. Koln: Taschen, 2001
Trianti, Ismini. Olympia. Athens: Art & Civilization, 1978
Valdes, Giuliano. Art and History of Sicily. Firenze: Casa Editrice Bonechi, 1998
Vingopoulou, Loli & Melina Casulli. Art and History of Athens. Firenze: Casa

Editrice Bonechi，1995
Whitman, Alice. Athens-Attica. Athens：Kedros，1991
水田彻编. 世界美术大全集4 -ギリシア・クラシックとレニズム. 东京：小学馆，1995

罗马

陈颖青（主编），《罗马》，台北：猫头鹰出版社有限公司，1995。
陈秀莲编. 罗马帝国的光荣. 台北：华园出版有限公司，1987
黄秀慧主编. 罗马. 台北：远流出版公司，1995
杨宗翰（译，Moses Hadas原著），纽约：时代公司，1979
Claude Moatti. 罗马考古. 郑克鲁译. 台北：时报文化出版企业股份有限公司，1996
Adembri, Benedetta. Hadrian's Villa. Milan：Electa，2000
Adkins, Lesley and Roy Adkins. Introduction to the Romans. Secaucus, New Jersey：Chartwell Books，1991
Boëthius Axel. Etruscan and Early Roman Architecture. New York：Penguin Books，1978
Capriceci, Albero Carlo. Pompeii 2000 Years Ago. Firenze：Bonechi，1982
Ciurca, Salvatore. Mosaics of Villa Ercula in Piazza Armerina. Piazza Armerina：Nicolo Maltese，1996
Connolly, Peter with Hazel Dodge. The Ancient City — Life in Classical Athens & Rome. Oxford University Press，1998
Conticello, Baldassare. Archaeology in Rome and Latium. Rome：Istiyuto Geografico de Agostini，1985
Converso, Claudia. Herculaneum. Milan：Editions Kina，no dated
Cornell, Tim & John Matthews. Atlas of the Roman World. New York：Facts on Files, Inc.，1982
Cunliffe, Barry. Rome and Her Empire. London：Constable，1994
Dal Maso, Leonardo B. Rome of the Caesars. Firenze：Bonechi-Edisioni，1974
De Caro, Stefano. The National Archaeological Museum of Naples. Napoli：Electa，1996
Ennabli, Abdelmajid & Alain Rebourg. Carthage — The Archaeological Site. Tunis：
Cérës Production，1994
Franchi dell'Orto, Luisa. Ancient Rome. Firenze：SCALA，1982
Giovanni, Giuseppe . Agrigento. Agrigento：Giuseppe di Giovanni，1998
Giuntoli, Stefano. Art and History of Pompeii. Firenze：Bonechi-Edisioni，2001
Guidobaldi, Paola. The Roman Forum. Milan：Electa，1998
Haynes, Sybille. Etruscan Civilization. Los Angeles：The J.Paul Getty Museuma，2000
Khader Aicha Ben Abed Ben. The Bardo Museum — A guided Tour. Tunis：Cérës Production，1994
MacDonald, William and John A. Pinto. Hadrian's Villa and Its Legacy. New

Haven：Yale University Press，1995
Papafava, Francesco. Rome and the Vatican. Firenze：SCALA，1990
Papafava, Francesco. Guide to the Forums and Coliseum. Roma：Editoriale Museum，1995
Quennell, Peter. The Colosseum. New York：Newsweek，1971
Rebourg, Alain and Abdelmajid Ennabli. Carthage, the Archaeological Site. Tunis：Ceres Editions，1971
Ruggieri, Gianfranco. Guide to the Pantheon. Rome：Editoriale Museum，1990
Seval, Mehlika. Ephesus. Istanbul：Minyatür Publication，1989
Tagliamonte, Gianluca. Baths of Diocletian. Milan：Electa，1998
Tomei, Maria Antonietta. The Palatine. Milano：Electa，1998
Tomkinson, Michael. Tunisia. Tunisia：Tomkinson, Michael Publishing，1994
Sitwell, N.H.H. Roman Roads of Europe. London：Cassell，1981
Wild, Fiona (ed.) . Rome. London：Dorling Kindersley，1993
Zanker, Paul. Pompeii. Cambridge：Harvard University Press，1998
青柳正规编. 世界美术大全集5 - 古代地中海とローマ. 东京：小学馆，1997

中世纪

李健二编. 世界建筑全集4罗马式、东方基督教建筑. 台北：光复书局股份有限公司，1984
Antonino, Lopes. The Basilicas of Rome. Narni：Plurigraf，1998
Bacchion, Eugenio. The Basilica of St. Mark. Venice：Ardo/Edizioni d'Arte，1972
Bendazzi, Wladimiro. Ravenna — Guide to the Knowledge of the City. Ravenna：Sirri，1993
Bovini, Giuseppe Bovini. Ravenna — Art and History. Ravenna：Longo Publisher，1991
Braghin, Andrea. The Four Basilicas The Great Pilgrimage. Vaticano：Libreria Editrice Vaticana, 1998
Bracons, Jose. The Key to Gothic Art. Tunbridge Wells：Search Press，1990
Bustacchini, Gianfranco. Ravenna — Mosaics, Monuments and Environment. Ravenna：Cartolibreria Salbaroli，1984
Caccin, P. Angelo Maria. Santa Maria delle Grazie and Leonardo's Last Supper. Milan：Nicolini Editore，1994
Cantor, Norman F. The Pimlico Encyclopedia of the Middle Ages. London：Pimlico，1999
Cutt, Samuel. Wells Cathedral. Andover：Pitkin，1993
Erlande-Brandenburg, Alain. Life in a Monastery. Paris：Editions D'Art Lucien Mazenod，1983
Fabbri, Patrizia. Art and History Palermo and Monreale. Firenze：Bonechi-Edisioni，1989
Fawcett, Richard. The Abbey and Palace of Dunfermline. Edinburgh：Historic Scotland, 1990

Fidalgo, Ana Marin. Real Alcazar of Seville. Marid：Aldeasa，1995
Francesco, Carla. Pomposa — History and Art of the Abbey. Bologna：Italcards，1988
Hebron, Stephen. Life in a Monastery. Andover：Pikin，1998
Iglesias, Alejandro Barral. A Guide to Santiago Cathedral. Leon．Edilesa，1994
Jung-Inglessis, E.M. St Peter's. Firenze：SCALA，1980
Mackworth Young, Robin. Windsor Castle. Andover：Pitkin，1994
Mainstone, Rowland J. and Ahmet S. Çakmak. Hagia Sophia. New York：Thames and Hudson，1992
Mancinelli, Fabrizio. The Catacombs of Rome. Firenze：SCALA，1981
Mark, Robert. Hagia Sophia. Cambridge：Cambridge University Press，1988
Martinez, Josefina Diez with Emma Bayon Blanco and Rosa Maria Sanchez Rodriguez. The Cathedral of Leon — The Dream of the Gothic. Leon：Edilesa，1993
Mauchline, Mary and Lydia Greeves. Fountains Abbey & Studley Royal. London：National Trust，1988
Prache, Anne. Chartres Cathedral. Paris：CNRS Editions，1993
Price, Lorna. The Plan of St Gall in Brief. Berkeley：University of California Press，1982
Santi, Bruno. San Miniato. Frienze：Bonechi-Edisioni，1994
Snyder, James. Medieval Art — Painting, Sculpture, Architecture. New York：Harry N. Abrams, Inc., Publisher，1989
Stewart, Desmond. The Alhambra. New York：Newsweek，1974
Taylor, Arnold. Harlech Castle. Cardiff：CADW，1997
Taylor, Arnold. Conwy Castle. Cardiff：CADW，1998
Taylor, Arnold. Beaumaris Castle. Cardiff：CADW，1999
Woodward, G.W.O. Dissolution of the Monasteries. Andover：Pikin，1993
Yarza, Joaquin with Mariano Palacios and Rafael Torres. Monasterio de Silos. Leon：Everest，1996
冢安司编. 世界美术大全集8 -ロマネスク. 东京：小学馆，1996
饭田喜四郎、黑江光彦编. 世界美术大全集9 -ゴシック1. 东京：小学馆，1996

文艺复兴与巴洛克

李荣杰编. 世界建筑全集6文艺复兴、矫饰主义建筑. 台北：光复书局股份有限公司，1984
John R. Hale. 文艺复兴. 杨宗翰译. 纽约：时代公司，1979
张心龙. 文艺复兴之旅. 台北：雄狮图书公司，1996
奥拉齐奥彼得罗西洛. 梵蒂冈城. 梵蒂冈：梵蒂冈博物馆，1997
Alberti, Leon Battista. The Ten Books of Architecture.（The 1755 Leoni Editionz）. New York：Dover Publications, Inc.，1986
Alberti, Leon Battista. On the Art of Building in Ten Books.（translated by Joseph）.

Andres, Glenn with John M. Hunisak, A.Richard Turner. The Art of Florence. New York: Abbeville Press, 1988

Ackerman, James S. The Architecture of Michelangelo. Chicago: The University of Chicago Press, 1986

Angelu, Lanfranco with Marco Olmeda, Franco Vignati. Urbino and the Ducal Palace. Rimini: Riccardo Cesari, 1986

Argan, Giulio Carlo with Bruno Contardi. Michelangelo Architect. New York: Harry N. Abrams, Inc., Publishers, 1993

Bazin, Germain. Baroque and Rococo. London: Thames and Hudson, 1964

Borsi, Franco. Bernini. New York: Rizzoli, 1984

Borsi, Franco. Leon Battista Alberti. New York: Rizzoli, 1989

Bottineau, Yves. L'Art Baroque. Paris: Citadelles, 1986

Boucher, Bruce. Andrea Palladio — The Architect in His Style. New York:: Abbeville Press Publishers, 1994

Burian, Jiri. Prague's Churches. Prague: Fronta, Mladá , 1980

Cabanne, Pierre. L'Art Classique et le Baroque. Paris: Larousse, 1988

Capretti, Elena. The Building Complex of Santo Spirito. Frienze: Becocci/ SCALA, 1991

Castagna, Rita. Mantua — History and Art. Frienze: SCALA, 1979

Chiarelli, Renzo. Rimini and the Malatesta Temple. Firenze: Bonechi-Edisioni, 1988

Fanelli, Giovanni. Brunelleschi. Firenze: Scala, 1980

Fusi, Rolando with Piero Fusi. Florence. Firenze: Benechi-Edizioni, 1977

Giuliani, Giovanni. Guide to Saint Peter's Basilica. Rome: ATS Italia, 1995

Grimal, Pierre. Churches of Rome. New York: The Vendome Press, 1997

Hartt, Frederick. History of Italian Renaissance Art. London: Thames and Hudson, 1987

Heusinger, Lutz. Michelangelo. Frienze: SCALA, , 1989

Klotz, Heinrich. Filippo Brunelleschi. New York: Rizzoli, 1990

Kugler, Georg. Schönbrunn Palace The State Apartments. Wien: Verlag Christian

Brandstätter, 1995

Marchini, Giuseppe. The Baptistery and the Cathedral of Florence. Firenze: Becocci-Editore, 1972

Meyer, Daniel. Versailles. Paris: Editions d'Art Lys, 1992

Micheletti, Emma. Santa Croce. Firenze: Becocci-Editore, 1982

Micheletti, Emma. The Medici of Florence. Firenze: Becocci-Editore, 1993

Millon, Henry A. and Vittorio Magnago Lampugnani. The Renaissance from

Monti, Raffaele. Michelangelo Buonarroti. Frienze: Sillabe, 2000

Moser, Erich Peter. Salzburg. Salzburg: MM-Verlag, 1994

Murray, Linda. The High Renaissance and Mannerism. London: Thames and Hudson, 1986

Murray, Peter. Renaissance Architecture. Milan: Electa, 1985

Pedretti, Carlo. Leonardo Architect. London：Thames and Hudson，1986
Rykwert Joseph (ed.). Leon Battista Alberti. London：Architectural Design，1977
Santi, Bruno. San Lorenzo. Firenze：Becocci, 1992
Scalia, Fiorenza. Palazzo Vecchio. Firenze: Saverio Becocci, 1979
Shearman, John. Mannerism. New York：Penguin Books，1981
Smith, Gil R. Architectural Diplomacy — Rome and Paris in the Late Baroque. New York，The Architectural History Foundation，1993
Sutti, Nicolo. St. Peter's. Vaticano：Libreria Editrice Vaticana, 1998
Sutcliffe, Anthony. Paris An Architectural History. New Haven：Yale University Press，1993
Samoyault, Jean-Pierre. Fontainebleau. Paris：Réunion des Musées Nationaux，1994
Wasserman, Jack. Art and Architecture in Italy 1600-1750. London：Penguin Books，1982
Wittkower, Rudolf. Viollet-le-Duc. London：Academy Editions，1980
Wundram, Manfred. The Renaissance. London：The Herbert Press，1988
Wundram, Manfred. Andrea Palladio. Köln：Benedikt Taschen，1992
Vantaggi, Rosella. Mantua and Her Art Treasures. Narni-Terni：Plurigraf，1994
Zanella, Andrea. Bernini — All his works from all the World. Rome：Fratelli Palombi，1993
森洋子编. 世界美术大全集15－マニエリスム. 东京：小学馆，1996
神吉敬三编. 世界美术大全集16－バロック1. 东京：小学馆，1994

新古典主义与历史主义

Applebaum, Stanley. The Chicago World's Fair of 1893. New York：Dover Publications, Inc.，1980
Architectural Design. Viollet-le-Duc. London：Academy Editions，1980
Allenov, Mikhail with Nina Dmitrieva, Olga Medvedkova. L'Art Russe. Paris：Editions Citadelles，1991
Atterburry, Paul with Clive Wainwright. Pugin — A Gothic Passion. New Haven：Yale University Press，1994
Beard, Geoffrey. The Work of Robert Adam. New York：Arco Publishing Company, Inc.，1978
Beaux-Arts Magazine. The Invalides and the Army Museum. Paris：Beaux-Art Magazine，1993
Bergdoll, Barry. European Architecture 1750-1890. Oxford：Oxford University Press，2000
Braham, Allan. The Architecture of the French Enlightenment. Berkeley：University of California Press，1980
Britton, John. Modern Athens — Edinburgh in the Nineteenth Century. New York：ArnoPress，1978
Brownell, Charles E. with Calder Loth, William M.S. Rasmussen, Richard Guy

Wilson. The Making of Virginia Architecture. ichmond: Virginia Museum of Fine Arts, 1992
Clifton-Mogg, Caroline. The Neoclassical Source Book. London: Cassell
Converso, Claudia. Milan — Churches, Museums and Monuments. Milan: KINA
Crowley, David. Introduction to Victorian Style. London: The Apple Press
Drexlerm, Arthur. The Architecture of the Ecole des Beaux-Arts. New York: The Museum of Modern Art, 1977
Dunster, David (ed.). John Soane. London: Academy Editions, 1983
Garrett, Wendell. Classic America — The Federal Style & Beyond. New York: Rizzoli, 1992
Gifford, John and Colin McWilliam. Edinburgh. London: Penguin Books, 1984
Groth, Håakan. Neoclassicism in the North. New York: Rizzoli, 1990
Honour, Hugh. Neo-classicism. New York: Penguin Books, 1968
Jouffre, Valérie-Noëlle. The Patheon. Paris: Ministère de la Culture, 1989
Kersting, Anthony F. and Maurice Lindsay. The Buildings of Edinburgh. London: Batsford, 1987
Kiers, Judilje with Fieke Tissink. The Building of the Rijksmuseum. London: SCALA Books
Lane, Mills. The Architecture of the Old South. New York: Abbeville, 1993
Mansbridge, Michael. John Nash. New York: Rizzoli, 1991
Middleton, Robin (ed.) . The Beaux-Arts and Nineteenth-Century Architecture. London: Thames and Hudson, 1977
Middleton, Robin and David Watkin. Neoclassical and 19 th Century Architecture. New York: Harry N.Abrams, Inc., 1982
Mignot, Claude. Architecture of the Nineteenth Century. Koln: Evergreen, 1983
National Archives and Records Service. Washington — Design of the Federal City. Washington DC: Acropolis Book Ltd., 1981
Nöel, Bernard. David. Liechtenstein: Bonfini Press, 1983
Oresko, Robert (ed.). The Works in Architecture of Robert and James Adam. London: Academy Editions, 1975
Parissien, Steven. Adam Style. Washington D.C.: The Preservation Press, 1992
Penny, Nicholas. Piranesi. London: Bloomsbury Books, 1978
Pierson, William JR. American Builders and Their Architects — The Colonial and Neo-Classical Styles. Garden City: Anchor Books, 1976
Rouse, Parke Jr. Virginia — A Pictorial History. New York: Charles Scribner's Sons, 1975
Rykwert, Joseph . The First Moderns - The Architects of the Eighteenth Century. Cambridge, Massachusetts: The MIT Press, 1980
Porphyrios, Demetri with L.Balslev Jørgensen. Neoclassical Architecture in Copenhagen & Athens. London: Architectural Design, 1987

Saliger, Arthur. The Cathedral of St. Stephen in Vienna. Grazn：Verlag Styria，1992

Schinkel, Karl Friedrich. Collection of Architectural Designs. New York：Princeton Architectural Press，1989

Schumann-Bacia, Eva. John Soane and The Bank of England. London：Longman，1991

Scott, Pamlea with Antoinette J. Lee. Buildings of the District of Columbia. Oxford：Oxford University Press，1993

Tait, A. A. Robert Adam Drawings and Inagination. Cambridge：Cambridge University Press，1993

United States Capitol Historical Society. We, the People The Story of the United States Capitol. Washington DC，United States Capitol Historical Society，1981

Vaughan, W. L'art du XIXe Siècle — 1780-1850. Paris：Editions Citadelles，1989

Vidler, Anthony. Claude-Nicolas Ledoux. Basel：Birkhäuser Verlag，1988

Watkin, David with Tilman Mellinghoff. German Architecture and the Classical Ideal. Cambridge：The MIT Press，1987

铃木杜几子. アングル. 东京：讲谈社，1997

高阶秀尔编. 世界美术大全集20－ロマン主义. 东京：小学馆，1993

重要名词中英对照索引

图片来源

第一章

1.1,1.11,1.12,1.14,1.15,1.19,1.21,1.22,1.23,1.24,1.26,1.27,1.28,1.29,1.30,1.31,1.32：傅朝卿。1.13,1.17,1.18,1.20,1.25：汤钰媗。1.2,1.3,1.4,1.5, 1.6,1.7,1.8：《Luxor》。1.9：《Classic Ancient Mythology》。1.10：Louver。1.16：《Sir Banister Fletcher' s A History of Architecture》。

第二章

2.2,2.3,2.4,2.5,2.6,2.7,2.9,2.10,2.12,2.13,2.14,2.15,2.17,2.18,2.19,2.20,2.22,2.23,2.24：傅朝卿。2.1,2.11,2.16,2.25：汤钰媗。2.8：《Luxor》。2.21：Victoria and Albert Museum。2.26,2.29：《Temples and Tombs of Ancient Nubia》。2.27,2.31：《Abydos-Esna Edfu-Komombo Aswan-Kalabsha Philae Abu Simbel》。2.28,2.30：Victoria and Albert Museum。

第三章

3.9,3.10,3.12,3.13,3.14,3.15：傅朝卿。3.1,3.23：汤钰媗。3.2：German Architecture Institute, Baghdad。3.3：《A History of Architecture–Settings and Rituals》。3.5,3.11,3.27：《イラク/アフガニスタン/パキスタン》。3.6：《Architecture from Prehistory to Post-Modernism》。3.7,3.20,3.24,3.26：《Lart Antique du Proche-orient》。3.8：《Assyrian Sculpture》。3.16,3.25：Oriental Institute, University of Chicago。3.17：Berlin Museum。3.18,3.19：Louvre。3.22：《イラン/サウジアラビア/南北イエメン》。

第四章

4.2,4.6,4.9,4.10,4.12,4.13,4.16,4.17,4.20,4.22,4.24,4.27,4.28,4.29,4.31,4.32,4.35,4.37：傅朝卿。4.8,4.25,4.36：汤钰媗。4.1：《Greek Mythology》。4.3,4.4,4.14,4.19：《Crete》。4.5,4.18,4.21：《Knossos》。4.7,4.15：The Herakleion Museum。4.11：《Minoan Crete》。4.23：《The Peloponnese》。4.26：《Mycenae》。4.30,4.33,4.34,4.38,4.39,4.40,4.41：《Mycenae-Epidaurus》。

第五章

5.8,5.9,5.10,5.12,5.13,5.14,5.15,5.16,5.18,5.19,5.21,5.23,5.24,5.25,5.27,5.28,5.29,5.30：傅朝卿。5.1,5.6,5.7,5.11,5.17,5.22,5.31：汤钰媗。5.2：《Mycenae-Epidaurus》。5.3：Acropolis Museum。5.4,5.5：《Greek Mythology》。5.20：《The Acropolis–Monuments and Museum》。5.26：《Meaning in Western Architecture》。

第六章

6.1,6.6,6.7,6.9,6.11,6.12,6.17,6.20,6.22,6.25,6.26,6.27,6.29,6.33,6.34,6.38,6.39：傅朝卿。6.2,6.14,6.30,：汤钰媗。6.3,6.5,6.8,6.10,6.13,6.19,6.23：《Olympia and Olympic Games》。6.4,6.18,6.21,6.24,6.28：《Olpmpia》。6.15：Greek Archaeological Service。6.16：《The Beaux-Arts and Nineteenth-Century French Architecture》。6.31,6.32,6.35,6.36,6.37：《Delphi》。

第七章

7.4,7.5,7.7,7.9,7.10,7.13,7.16,7.19,7.20,7.21,7.22,7.23,7.31,7.32,7.33,7.34,7.35,7.36,7.41,7.43,7.44,7.45,7.46,7.48：傅朝卿。7.3,7.8,7.17,7.29,7.37,7.40,7.47：汤钰媗。7.1,7.2：《A Day in Pericles' s Athens》。7.6,7.11,7.12,7.15,7.18,7.25,7.30,7.42：《The Acropolis》。7.14,7.38：《The Acropolis–Monuments and Museum》。7.24：British Museum。7.26,7.27,7.28：Acropolis Museum。7.39：《Acropolis of Athens》。

第八章

8.13,8.14,8.15,8.18,8.19,8.20,8.21,8.22,8.24,8.25,8.26,8.28,8.29,8.30,8.32,8.33,8.34,8.36,8.37,8.39,8.40,8.41,8.42：傅朝卿。8.5,8.6,8.17,8.23,8.31,8.35,8.38：汤钰媗。8.1,8.2,8.3,8.4,8.7,8.8,8.9,8.10,8.11,8.12：《Art and History of Paestum》。8.16：《Agrigento》。8.27：《Art and History Sicily》。

第九章

9.11,9.13,9.15,9.16,9.17,9.18,9.20,9.21,9.22,9.23,9.24：傅朝卿。9.1,9.2,9.4,9.8,9.14,9.19：汤钰媗。9.3,9.5：《A Day in Pericles' s Athens》。9.6,9.7,9.9,9.10：《Eleusis》。9.12：《The Acropolis》。9.25,9.26：《世界美术大全集4 –ギリシア・クラシックとレニズム》。

第十章

10.1,10.2,10.4,10.5,10.6：傅朝卿。10.8,10.11,10.12,10.16,10.22：汤钰媗。10.3：Capitoline Museum。10.7,10.17,10.18,10.19,10.20,10.26：《The Architecture of Ancient Greece》。10.9,10.21,10.24,10.25：《Hellenistic Architecture in Asia Minor》。10.10,10.13,10.14,10.23：《世界美术大全集4 –ギリシア・クラシックとレニズム》。10.15：《Greece–From Mycenae to the Parthenon》。

第十一章

11.9,11.10,11.11,11.12,11.13,11.16,11.23,11.28,11.29,11.30,11.31,11.32：傅朝卿。11.8,11.18,11.21：汤钰媗。11.26,11.27：曾逸仁。11.1,11.19：《Rome of the Caesars》。11.2：《Rome and Her Empire》。11.3,11.22：Vatican Museum。11.4：National Roman Museum。11.5,11.6,11.7,11.14：《世界美术大全集5 – 古代地中海とローマ》。11.15,11.20：《Archaeology in Rome and Latium》。11.17：（Museo dell' Istituto di Etruscologia e di Antichit à dell' Universit à die Roma）。11.24,11.25：《Ancient Rome》。

第十二章

12.1,12.2,12.4,12.5,12.6,12.8,12.9,12.10,12.12,12.13,12.14,12.15.12.17,12.18,12.21,12.23,12.26,12.27,12.29,12.30,12.31,12.33,12.34,12.35,12.36,12.39,12.40,12.51：傅朝卿。12.7,12.20,12.25,12.37,12.43：汤钰媗。12.42,12.44,12.45,12.46,12.47,12.48,12.49,12.50：曾逸仁。12.3：《The Golden Book of Rome》。12.11,12.16,12.19,12.22,12.24,12.28：《Rome of the Caesars》。12.32,12.38,12.41：《Pompeii 2000 Years Ago》。

第十三章

13.7,13.8,13.9,13.10,13.13,13.14,13.16,13.17,13.26,13.27,13.28,13.29,13.30,13.31,13.32,13.33,13.34,13.35,13.36,13.39,13.40,13.46：傅朝卿。13.5,13.15,13.18,13.25,13.50：汤钰媗。13.11,13.12,13.37,13.38：曾逸仁。13.1,13.2,13.42：《Ancient Rome》。13.3,13.4,13.6,13.19,13.23,13.24,13.47,13.48,13.49,13.51：《Rome of the Caesars》。13.20：《The Ancient City–Life in Classical Athens & Rome》。13.21：《Introduction to the Romans》。13.22：《Pompeii 2000 Years Ago》。13.41：《Tunisia》。13.43：《The Romans》。13.44：National Roman

Museum。13.45：《Mosaics of Villa Ercula in Piazza Armerina》。

第十四章

14.3,14.4,14.8,14.9,14.10,14.11,14.12,14.14,14.15,14.27,14.29,14.30,14.32：傅朝卿。14.2,14.6,14.13,14.21,14.24,14.28：汤钰媗。14.1,14.33,14.34：《Ancient Rome》。14.5：《Rome of the Caesars》。14.7：《The Palatine》。14.16,14.20,14.25：《Pompeii 2000 Years Ago》。14.17：《Art and History of Pompeii》。14.18,14.19,14.22,14.23,14.26：《世界美术大全集5 – 古代地中海とローマ》。14.31：《Herculaneum》。

第十五章

15.3,15.5,15.6,15.7,15.8,15.9,15.10,15.13,15.14,15.15,15.16,15.17,15.18,15.20,15.21,15.23,15.25,15.26,15.27,15.28,15.29,15.30,15.31,15.32,15.33,15.34,15.35,15.36,15.40,15.41,15.42,15.43,15.45：傅朝卿。15.1,15.38：《世界美术大全集5–古代地中海とローマ》。15.2,15.44：《Rome of the Caesars》。15.12：《The Neoclassical Source Book》。15.37：《Ephesus》。15.39：《Roman Roads of Europe》。

第十六章

16.1,16.3,16.9,16.12,16.13,16.14,16.15,16.16,16.17,16.20,16.22,16.23,16.24,16.25,16.26,16.32,16.36,16.38,16.43：傅朝卿。16.5,16.7,16.10,16.21,16.29,16.34,16.37,16.42：汤钰媗。16.2：《Pompeii 2000 Years Ago》。16.4,16.35：《Rome and Her Empire》。16.6：《Herculaneum》。16.8：《Ancient Rome》。16.11,16.18,16.27,16.30：《Rome of the Caesars》。16.19,16.31,16.33：《An Outline of European Architecture》。16.39,16.41：《Mosaics of Villa Ercula in Piazza Armerina》。16.40：《世界美术大全集5–古代地中海とローマ》。

第十七章

17.1,17.18,17.24,17.25,17.29,17.31,17.36：傅朝卿。17.9,17.15,17.19,17.22,17.27,17.30,17.34：汤钰媗。17.2：《The Ancient City–Life in Classical Athens & Rome》。17.3,17.4,17.5,17.6,17.7,17.8,17.12,17.16,17.21,17.23,17.26,17.32：《The Catacombs of Rome and the Origins of Christianity》。17.10：（Museo dei Conservatori, Roma）。17.11,17.14：《Sir John Soane–The Royal Academy Lectures》。17.13：《The Four Basilicas The Great Pilgrimage》。17.17：Vatican Museum。17.20：《Medieval Art》。17.28：《A History of Architecture》。17.33：《Medieval Art–Painting, Sculpture, Architecture》。17.35：《The Renaissance from Brunelleschi to Michelangelo》。

第十八章

18.5,18.6,18.11,18.12,18.14,18.17,18.18,18.33,18.35,18.36,18.38,18.39,18.40：傅朝卿。18.10,18.13,18.21,18.27,18.21,18.27,18.31,18.32：汤钰媗。18.1,18.2,18.3,18.4,18.8,18.9,18.24,18.25：《Ravenna–Art and History》。18.7,18.15,18.16,18.19,18.22,18.23：《Ravenna–Mosaics, Monuments and Environment》。18.20：《Art of the Western World》。18.26,18.28：Hagia Sophia Museum。18.29：《Atlas of the Roman World》。18.30：《ビザンティン美术》。18.34,18.37：《The Basilica of St. Mark》。

第十九章

19.2,19.13,19.18：傅朝卿。19.3,19.9,19.17：汤钰媗。19.1,19.14：《The Pimlico Encyclopedia of the Middle Ages》。19.4：Royal Palace Achen。19.5：Delevant。19.6：《An Outline of European Architecture》。19.7,19.19,19.20：《Life in a Monastery》。19.8,19.10,19.11,19.12：《The Plan of St Gall in Brief》。19.14：《The Pimlico Encyclopedia of the Middle Ages》。19.15：《Dissolution of the Monasteries》。19.16：《Fountains Abbey & Studley Royal》。

第二十章

20.3,20.4,20.5,20.6,20.7,20.8,20.9,20.10,20.12,20.15,20.23,20.24,20.25,20.26：傅朝卿。20.2,20.11,20.19,20.28,20.40：汤钰媗。20.1：《A Guide to Santiago Cathedral》。20.13,20.14：San Isidoro。20.16,20.27,20.29,20.30,20.31,20.32,20.33,20.35,20.42,20.44：《ロマネスク》。20.17,20.18,20.20,20.21,20.22：《Monasterio de Silos》。20.34：《Architecture of the Western World》。20.36,20.37,20.38,20.43：《History of Medieval Art》。20.39：《Medieval Art》。20.41：《Romanesque Art》。

第二十一章

21.1,21.2,21.3,21.4,21.6,21.7,21.8,21.9,21.10,21.11,21.12,21.13,21.14, 21.17,21.19,21.20,21.21,21.22,21.23,21.25,21.26,21.27,21.29,21.30,21.31,21.32,21.34,21.35,21.37,21.38,21.40,21.41,21.42,21.43,21.44,21.47,21.48,21.50,21.51：傅朝卿。21.5,21.15,21.24,21.28,21.33,21.39,21.49：汤钰媗。21.16：《ロマネスク》。21.18：《The Abbey and Palace of Dunfermline》。21.36：《San Miniato》。21.45：《The Art of Florence》。21.46：《Art and History Palermo and Monreale》。

第二十二章

22.1,22.4,22.5,22.6,22.7,22.8,22.9,22.10,22.12,22.13,22.17,22.18,22.19,22.20,22.21,22.23,22.24,22.26：傅朝卿。22.3,22.11,22.22,22.27：汤钰媗。22.30,22.31,22.32,22.33,22.34,22.35,22.36：曾逸仁。22.2：《St. Denis》。22.14,22.16：Editions Houvet。22.15：《ゴシック1》。22.25,22.28,22.29：La Goelette。

第二十三章

23.1,23.2,23.4,23.6,23.7,23.9,23.10,23.11,23.14,23.15,23.17,23.18,23.19,23.21,23.22,23.23,23.24,23.25,23.27,23.28,23.30,23.31,23.32,23.33,23.34,23.35,23.36,23.37：傅朝卿。23.3,23.8,23.16,23.20,23.26：汤钰媗。23.5：Westminster Abbey。23.12,23.13：《Wells Cathedral》。23.29：King' s College。

第二十四章

24.1,24.2,24.3,24.4,24.5,24.7,24.8,24.9,24.10,24.13,24.14,24.15,24.16,24.17,24.18,24.20,24.21,24.22,24.24,24.25,24.26,24.30,24.32,24.38,24.39,24.41,24.42,24.43,24.44,24.45,24.46,24.47：傅朝卿。24.6,24.11,24.19,24.23,24.40,24.48：汤钰媗。24.34,24.35,24.36,24.37：曾逸仁。24.12：《All Seville》。24.27：《K ¨ oln Cathedral》。24.28,24.29,24.31：Verlag。24.33：《The Cathedral of St. Steohen in Vienna》。

第二十五章

25.11,25.13,25.14,25.15,25.16,25.18,25.20,25.23,25.24,25.25,25.27,25.28,25.29,25.30,25.31,25.32,25.33,25.34,25.36,25.37,25.39,25.40,25.41,25.42,25.43,25.44,25.45,25.46,25.47,25.48,25.49,25.50：傅朝卿。25.5,25.12,25.19,25.22,25.35,25.38：汤钰媗。25.1,25.2,25.3,25.4,25.6,25.7,25.8：曾逸仁。25.9,25.10：《Windor Castle》（Mackworth-Young）。25.17：《Conwy Castle》。25.21：《Harlech Castle》。25.26：《Beaumaris Castle》。

第二十六章

26.1,26.2,26.3,26.7,26.8,26.10,26.11,26.12,26.13,26.15,26.16,26.17,26.18,26.19,26.20,26.22,26.23,26.24,26.25,26.26,26.27,26.28,26.29,26.30：傅朝卿。26.9,26.21：汤钰媗。26.4：《The Baptistery and the Cathedral of Florence》。26.5：The National Museum of Bargello。26.6：Santa Maria Novella。26.14：《Palazzo Vecchio》。26.31：《Santa Croce》。

第二十七章

27.1,27.2,27.4,27.5,27.6,27.9,27.10,27.11,27.12,27.13,27.15,27.16,27.18,27.22,27.24,27.26,27.28,27.29,27.30,27.32,27.34,27.35,27.36,27.38,27.39：傅朝卿。27.3,27.14,27.17,27.19,27.25,27.27,27.37：汤钰婠。27.7：《Brunelleschi》。27.8：《The Baptistery and the Cathedral of Florence》。27.20,27.21：《San Lorenzo》。27.23：《The Art of Florence》。27.31,27.33：SCALA。

第二十八章

28.4,28.6,28.7,28.8,28.9,28.10,28.12,28.15,28.17,28.18,28.19,28.20,28.28,28.31,28.32,28.34,28.35,28.36,28.37,28.38,28.40,28.41,28.42：傅朝卿。28.5,28.11,28.26,28.30,28.33,28.39：汤钰婠。28.1,28.2,28.3,28.14,28.16,28.22,28.29：《The Renaissance from Brunelleschi to Michelangelo》。28.13,28.21：《Leon Battista Alberti》。28.23,28.24,28.25,28.27：《Mantua–History and Art》。

第二十九章

29.9,29.10,29.15,29.17,29.18,29.19,29.20,29.21,29.22,29.23,29.25,29.27,29.28,29.29,29.33,29.35,29.36：傅朝卿。29.16.29.24,29.30,29.32,29.34：汤钰婠。29.1：Biblioteca Reale Turin。29.2,29.3,29.4：《Leonardo Architect》。29.5：《An Outline of European Architecture》。29.6：《Art–A History of Painting, Sculpture, Architecture》。29.7,29.26,29.31：《The Renaissance from Brunelleschi to Michelangelo》。29.8：Gallerie dell Accademia。29.11,29.12,29.14：Galleria degli Uffizi。29.13：S. Maria delle Grazie。

第三十章

30.2,30.4,30.19,30.26,30.27,30.31,30.32,30.33,30.34,30.35,30.36,30.37,30.42,30.43,30.44,30.45,30.46,30.47,30.49,30.50,30.51：傅朝卿。30.23,30.30,30.39,30.52：汤钰婠。30.1,30.3,30.38,30.41：《The Renaissance from Brunelleschi to Michelangelo》。30.5,30.18,30.21,30.22：《The Art of Florence》。30.6,30.7,30.8,30.9：Libreria Editrice Vaticana。30.10,30.20,30.24,30.25：《Michelangelo》。30.11,30.12,30.13,30.14,30.16,30.17：《San Lorenzo》。30.28：《Degisn of Cities》。30.29,30.40：《Michelangelo Architect》。30.48：《The Architecture of Michelangelo》。

第三十一章

31.3,31.4,31.5,31.6,31.7,31.8,31.9,31.18,31.19,31.20,31.22,31.23,31.24,31.25,31.26,31.28,31.29,31.31,31.32,31.33,31.34.31.35,31.36,31.37,31.38,31,40,31.43,31.44：傅朝卿。31.13,31.21,31.27,31.30,31.39：汤钰婠。31.1：Ashmolean Museum。31.2,31.11,31.17：《Quattro Libri》。31.10,31.12,31.15,31.16,31.41,31.42：《Andrea Palladio》31.14：SCALA。

第三十二章

32.7,32.8,32.9,32.14,32.15,32.16,32.17,32.18,32.19,32.20,32.22,32.23,32.24,32.25,32.27,32.28,32.29,32.30,32.31,32.32,32.33,32.34,32.35,32.36,32.37,32.38,32.39,32.41,32.42,32.43：傅朝卿。32.3,32.6,32.21,32.26,32.40：汤钰婠。32.1：《Michelangelo–Architect》。32.2,32.4：《An Outline of European Architecture》。32.5：Archivo APT/Urbino。32.10,32.11：Palazzo Ducale Urbino。32.12,32.13：《The Renaissance from Brunelleschi to Michelangelo》。

第三十三章

33.2,33.5,33.7,33.8,33.9,33.10,33.11,33.12,33.13,33.14,33.16,33.17,33.18,33.21,33.22,33.24,33.25,33.29,33.31,33.32：傅朝卿。33.6：汤钰婠。33.1,33.15,33.26：Palazzo Te。33.3：Galleria degli Uffizi。33.4,33.27：Palazzo Sacchetti。33.19,33.20,33.23：《Mantua and Her Art Treasures》。33.28：《マニエリスム》。33.30：《Fontainebleau》。

第三十四章

34.5,34.6,34.9,34.10,34.11,34.13,34.14,34.15,34.16,34.17,34.19,34.20,34.22,34.23,34.24,34.25,34.26,34.27,34.28,34.29,34.31,34.32,34.33：傅朝卿。34.8,34.18,34.30：汤钰婠。34.1：Palazzo Barberini。34.2：Capitoline Museum。34.3：《Guide to Saint Peter' s Basilica》。34.4：S. Ignazio。34.7：《An Outline of European Architecture》。34.12：《Architectural Diplomacy–Rome and Paris in the Late Baroque》。34.21：《History of Urban Form》。

第三十五章

35.7,35.9,35.10,35.11,35.12,35.13,35.14,35.15,35.17,35.21,35.24,35.26,35.28,35.29,35.30,35.31,35.33,35.34,35.35,35.36：傅朝卿。35.8,35.25：汤钰婠。35.1,35.2,35.3,35.4：Galleria Borghese。35.5：Santa Maria della Vittoria。35.6,35.18,35.22,35.23,35.27,35.32：《Bernini》。35.16：《Citt á del Vaticano》。35.19,35.20：《Bernini–All his works from all the World》。

第三十六章

36.2,36.3,36.5,36.7,36.8,36.12,36.13,36.15,36.16,36.17,36.18,36.20,36.23,36.25,36.26：傅朝卿。36.4,36.10,36.14,36.24：汤钰婠。36.1：《Sir John Soane–The Royal Academy Lectures》。36.6,36.9,36.11,36.19,36.22,36.27：《Art and Architecture in Italy》。36.21：《Citt á del Vaticano》。36.28：《Architectural Diplomacy–Rome and Paris in the Late Baroque》。

第三十七章

37.3,37.7,37.8,37.9,37.10,37.13,37.16,37.18,37.19,37.20,37.21,37.22,37.23,37.24,37.25,37.26,37.27,37.28,37.29,37.31,37.32,37.33,37.34,37.35：傅朝卿。37.5,37.14,37.30：汤钰婠。37.1,37.2,37.6：St. Paul Cathedral。37.4,37.11,37.12：《Wren》。37.15,37.36：《Sir Banister Fletcher' s A History of Architecture》。37.17：《A History of Architecture》。

第三十八章

38.2,38.10,38.11,38.12,38.13,38.14,38.17,38.18,38.22,38.23,38.28：傅朝卿。38.5,38.16,38.19,38.27：汤钰婠。38.4,38.6：曾逸仁。38.1,38.3,38.8,38.9：Karlskirche。38.7：《L' Art Classique et le Baroque》。38.15：《Salzburg》。38.20,38.21：《Sch ¨ onbrunn Palace The State Apartments》。38.24,38.25：《Late Baroque and Rococo Architecture》。38.26：《Architectural Diplomacy–Rome and Paris in the Late Baroque》。

第三十九章

39.1,39.5,39.7,39.8,39.9,39.10,39.11,39.13,39.14,39.15,39.17,39.18,39.19,39.20,39.23,39.25,39.26,39.27,39.31：傅朝卿。39.6,39.21：汤钰婠。39.2,39.3,39.4,39.16：《The Invalides and the Army Museum》。39.12：《Sir Banister Fletcher' s A History of Architecture》。39.22,39.24,39.28,39.29：《Versailles》。39.30,39.32：《History of Urban Form》。

第四十章

40.1,40.2,40.3,40.4,40.5,40.6,40.10,40.12,40.13,40.14,40.15,40.16,40.17,40.18,40.19,40.20,40.21,40.23,40.24,40.25,40.26,40.27,40.28,40.29,40.30,40.31,40.32,40.33,40.34,40.35,40.36,40.37,40.38,40.40,40.41,40.42,40.43,40.44,40.45,40.46,40.47,40.48,40.49,40.50,40.51,40.52,40.53,40.54,40.55,40.56：傅朝卿。40.11,40.39：汤钰婠。40.7,40.8,40.9：《Prague' s Churches》。40.22：《History of Urban Form》。

第四十一章

41.2,41.3：傅朝卿。41.1,41.4,41.6,41.7,41.14,41.15,41.25：《The Neoclassical Source Book》。41.5,41.26,41.27,41.28：《新古典主义と革命期美术》。41.8,41.9,41.10,41.11,41.12,41.13：《Piranesi》（Nicholas Penny）。41.16：Kunsthaus Zurich。41.17：《Neo-classicism》。41.18：《John Soane and The Bank of England》。41.19,41.23,41.24：《The Beaux-Arts and Nineteenth Century French Architecture》。41.20,41.21：《The First Moderns-The Architects of the Eighteenth Century》。41.22：《The Architecture of the French Enlightenment》。41.29：National Gallery of Art, Washington D.C.。

第四十二章

42.1,42.2,42.3,42.5,42.6,42.8,42.9,42.10,42.12,42.13,42.14,42.15,42.16,42.17,42.19,42.43,42.44：傅朝卿。42.4：汤钰媗。42.7,42.11：《The Pantheon》。42.18：《Paris An Architectural History》。42.20：The Metropolitan Museum of Art。42.21,42.22,42.23,42.27：Mus é e du Louvre。42.24：Mus é e Royaux des Beaux-Arts de Belgique。42.25：Mus é e de l' Arm é e。42.26：Mus é e Granet。42.28：《新古典主义と革命期美术》。41.29：Borghese Gallery。42.30,42.31：《Neo-classicism》。42.32,42.33,42.34,42.35,42.39,42.42,42.45：《Neoclassical and 19 th Century Architecture》。42.36,42.37,42.38：《European Architecture 1750－1890》。42.40,42.41：《L' Aventure au XIXe Siecle》。

第四十三章

43.3,43.5,43.6,43.7,43.8,43.16,43.25,43.27,43.29,43.30,43.33,43.35,43.39,43.40,43.41,43.43,43.44,43.45,43.46,43.47：傅朝卿。43.4,43.12,43.26,43.28,43.37：汤钰媗。43.1,43.13：《新古典主义と革命期美术》。43.2：Holkham Hall。43.9：《Adam Style》。43.10,43.11,43.18：《The Works in Architecture of Robert and James Adam》。43.14,43.15,43.17：《The Works of Robert Adam》。43.19,43.20,43.21,43.22,43.23：《John Soane and The Bank of England》。43.24,43.31,43.32：British Library。43.34,43.36,43.38：《John Nash》。43.42：《L' Aventure au XIXe Siécle》。

第四十四章

44.3,44.4,44.8,44.9,44.10,44.11,44.13,44.14,44.15,44.16,44.18,44.19,44.20,44.21,44.22,44.23,44.24,44.25,44.26,44.27,44.28,44.29：傅朝卿。44.2,44.7：汤钰媗。44.1,44.6：《The Works in Architecture of Robert and James Adam》。44.5,44.12,44.17：《Modern Athens-Edinburgh in the Nineteenth Century》。

第四十五章

45.1,45.6,45.7,45.8,45.12,45.13,45.14,45.15,45.16,45.17,45.22,45.23,45.25,45.32,45.34,45.35,45.36,45.37,45.38,45.39,45.40,45.41,45.42,45.43,45.44：傅朝卿。45.9,45.21,45.27汤钰媗。45.2,45.4,45.11,45.18,45.19,45.20,45.24,45.31：《German Architecture and the Classical Ideal》。45.3：《European Architecture 1750－1890》。45.5,45.10：《Collection of Architectural Designs》。45.26：《Munchen Kunst & Kultur Lexikon》。45.28：《新古典主义と革命期美术》。45.29：《L' art du XIXe Si é cle》。45.30：《The Neoclassical Source Book》。45.33：《Neoclassical Architecture in Copenhagen & Athens》。

第四十六章

46.3,46.4,46.5,46.6,46.7,46.9,46.10,46.11,46.12,46.13,46.14,46.16,46.17,46.19,46.21,46.22,46.23,46.24,46.25,46.31,46.32,46.33,46.34,46.35：傅朝卿。46.8：汤钰媗。46.1,46.2,46.15,46.18,46.26,46.27,46.28,46.30：《Neoclassical Architecture in Copenhagen & Athens》。46.20：《Milan Churches, Museums and Monuments》。46.36,46.37,46.38,46.40,46.41：《St. Petersburg Architecture of the Tsars》。46.39：《L' Art Russe》。

第四十七章

47.4,47.8,47.9,47.10,47.18,47.19,47.26,47.27,47.28,47.32,47.33,47.34,47.35,47.36,47.37,47.38,47.39傅朝卿。47.3：汤钰媗。47.1,47.2,47.7,47.11：《The Making of Virginia Architecture》。47.5：《American Builders and Their Architects－The Colonial and Neo-Classical Styles》。47.6：《Architecture of the Old South》。47.12,47.13：《Washington－Design of the Federal City》。47.14,47.15,47.16,47.17：《Architects in Competition》。47.20,47.22,47.24,47.25：《Buildings of the District of Columbia》。47.21,47.23,47.29,47.30：《We, the People The Story of the United States Capitol》。47.31：《Washington－Design of the Federal City》。

第四十八章

48.14,48.15,48.16,48.17,48.20,48.21,48.22,48.23,48.25,48.26,48.27,48.33,48.34,48.35,48.36,48.37,48.38,48.39,48.40：傅朝卿。48.1,48.2：《ロマン主义》。48.3：《Introduction to Victorian Style》。48.4,48.5,48.6,48.7,48.8,48.9,48.10,48.11,48.12,48.13,48.18：《Pugin－A Gothic Passion》。48.19,48.24：《Sir Banister Fletcher' s A History of Architecture》。48.28,48.29,48.30,48.31,48.32：《Viollet-le-Duc》。

第四十九章

49.1,49.2,49.4,49.5,49.6,49.7,49.8,49.10,49.12,49.13,49.14,49.15,49.16,49.17,49.18,49.19,49.23,49.24,49.25,49.26,49.27,49.28,49.29,49.30,49.31,49.32,49.33,49.34,49.35,49.36,49.37,49.38,49.39,49.40：傅朝卿。49.3：《The Architecture of the Ecole des Beaux-Arts》。49.9：《L' art du XIXe Si é cle－1780-1850》。49.11：《The Building of the Rijksmuseum》。49.20,49.21：《The Chicago World s Fair of 1893》。49.22：Panama Pacific International Exposition。

第五十章

50.1,50.2,50.6,50.7,50.8,50.15,50.16,50.17,50.21,50.22,50.23,50.24,50.25,50.26：傅朝卿。50.3,50.4,50.5,50.9：《Time, Space and Architecture》。50.10,50.12,50.18：《L' art du XIXe Si é cle－1780-1850》。50.11,50.14：《Introduction to Victorian Style》。50.13,50.19,50.20：《Architecture in the Nineteenth Century》。

后记

从1983年以手写方式完成本书之初稿，至今整整已经过了20年，其间手稿内容当然也经过数次的增修，不过基本上都维持是以文字为主的上课讲义。大约是五年前，我决定将原来只是为了上课而编印的讲义，以正式的书本出版，不过五年来却因为有太多的公事，致使出版的时程一拖再拖。如今书成出版，总算可以放下心中一颗大石，面对学生及朋友一再的询问本书的出版时间，也可以有个交待了。

以台湾目前的学术研究环境与出版市场，要出版一本由国人自行撰写的西洋建筑史专书并不是一件容易的事，也因而大多数的相关著作仍然以翻译居多。为了让更多人深入地了解西方文明，20年来我一直有个愿望，希望以本土学者的角度来撰写一本可供社会大众阅读的西洋建筑史。为了达成此目的，我不断地收集资料以补强自己的知识，另一方面更以实际行动到西洋建筑名作参观，以求取第一手的现场体验。20年来，有非常多的人上过我开设的西洋建筑史相关课程，包括有成功大学的学生、高雄芥子书会及无愿书会的学生、台北中国时报讲堂的学生以及许多演讲的听众。他们让我有机会一再重新检视我所撰写的讲义，提供了教学相长的机会，可以说都是本书背后的助力功臣。当然，家人持续的支持与两个女儿成长带来的喜悦和欢笑，也都是成书的动力与触媒。

本书全文超过20万字，图片超过1900张，讨论介绍的个案超过500栋，内容相当广泛。虽然20年来，我已尽最大的努力，走访书中大部分的建筑，亲自收集资料拍摄照片，但总是还有一些个案因为交通不便或者不对外开放等因素，无法亲临现场。然而为了顾及全书的完整性，这些建筑仍然必须纳入书中的讨论，因此适度地引用其他资料的图片是不可避免的事。当然，更期望将来台湾的学术资源可以更加地充足，有一天我也可以亲临访问这些尚未参观过的建筑，一偿宿愿。一本书的出版，背后都有许多人的辛苦，在此献上万分的谢意，尤其最后排版阶段，博士班学生明志、蕙玟、思玲与芳杰细心的校读，让此书在文字上的错误，得以减至最低。助理钰媗多年来细心的编辑，也功不可没。然而书中文图俱多，疏漏之处仍在所难免，尚祈读者包涵指正。

图书在版编目（CIP）数据

西洋建筑发展史话：从古典到新古典的西洋建筑变迁／傅朝卿著. —北京：中国建筑工业出版社，2005
ISBN 7-112-07106-2

I.西… II.傅… III.建筑史－西方国家 IV.TU-091

中国版本图书馆 CIP 数据核字（2004）第 142273 号

责任编辑：王莉慧
责任设计：刘向阳
责任校对：李志瑛　赵明霞

西洋建筑发展史话
从古典到新古典的西洋建筑变迁
傅朝卿　著
*
中国建筑工业出版社出版、发行（北京西郊百万庄）
新 华 书 店 经 销
伊诺丽杰设计室制版
北京华联印刷有限公司印刷
*
开本：787 × 1092 毫米　1/16　印张：35½　字数：880 千字
2005 年 5 月第一版　2005 年 5 月第一次印刷
印数：1-2, 000 册　定价：160.00 元
ISBN 7-112-07106-2
TU・6339（13060）

（邮政编码 100037）
本社网址：http://www.china-abp.com.cn
网上书店：http://www.china-building.com.cn